中国地质大学(武汉)国家级一流本科专业建设规划教材

基础工程施工技术

JICHU GONGCHENG SHIGONG JISHU

（第二版）

李粮纲　向先超　陈惟明　主编

图书在版编目(CIP)数据

基础工程施工技术/李粮纲，向先超，陈惟明主编.—2版.—武汉：中国地质大学出版社，2023.5

ISBN 978-7-5625-5589-6

Ⅰ.①基… Ⅱ.①李… ②向… ③陈… Ⅲ.①基础施工-高等学校-教材 Ⅳ.①TU753

中国国家版本馆CIP数据核字(2023)第091271号

基础工程施工技术(第二版) 李粮纲 向先超 陈惟明 **主编**

责任编辑:谢媛华 选题策划:毕克成 江广长 责任校对:何澍语

出版发行:中国地质大学出版社(武汉市洪山区鲁磨路388号) 邮编:430074

电 话:(027)67883511 传 真:(027)67883580 E-mail:cbb@cug.edu.cn

经 销:全国新华书店 http://cugp.cug.edu.cn

开本:787毫米×1092毫米 1/16 字数:602千字 印张:23.5

版次:2023年5月第1版 印次:2023年5月第1次印刷

印刷:武汉中远印务有限公司

ISBN 978-7-5625-5589-6 定价:58.00元

前　言

随着我国经济的高速发展，大型和超大型的建筑工程越来越多，基础工程施工技术越来越受到重视。在高层建筑、公路铁路、桥梁港口、重型厂房、海洋工程及核电站等现代建设工程中，基础工程施工技术占有极为重要的地位。

提高工程质量和效率、降低工程成本以及减少对环境的不良影响是工程界永无止境的研究课题，而培养人才是科学进步、技术创新的关键。专业教材必须紧随科学技术的发展不断修订完善。

为此，编者在原有教材和教学内容的基础上，参考国内外有关基础工程施工新技术的专著和文献，依据国家和行业颁布的相关新标准、新规范，重新编写了《基础工程施工技术》。尽可能使教学内容紧跟时代和技术的发展，但是教材主要还是强调学习基本概念、基本原理和基本方法，使学生掌握从事这方面技术和管理工作的基本技能。此外，“基础工程施工技术”是一门实践性很强的课程，必须把课堂学习与实验、实习等实践性教学紧密结合起来，才能收到良好的教学效果。

本教材主要内容包括绪论、桩基础施工技术、桩基础质量测控技术、地基处理技术、地下连续墙施工技术、锚固技术、基坑工程技术和托换技术。对比原教材，新增了第一章“绪论”，更加强调了地基与基础对于建筑工程的重要性。新增了第七章“基坑工程技术”，深基坑开挖与支护技术是建筑工程，尤其是高层、超高层建筑工程中的重要技术手段。此外，在多个章节中增加了工程质量的检测和控制方面的内容。由于岩土工程性质的多变性和复杂性，工程施工中经常需要根据工程实际情况变化调整和修改施工设计与施工方案，采用信息化施工新方法以实现提高工程质量和施工效率、降低工程成本、减少环境污染的目标。

本教材可作为地质工程、勘察与基础工程、岩土工程、地下建筑工程、工业与民用建筑、测量工程、水工环境工程等专业的教材或参考书，也可供从事土木工程、地质工程、岩土工程等相关专业技术和管理人员参考。

本书第一章、第二章、第三章、第六章、第七章由李粮纲编写，第四章由陈惟明编写，第五章、第八章由向先超编写。全书由李粮纲统稿。

本书在编写出版的过程中得到了中国地质大学（武汉）教务处、中国地质大学出版社、中国地质大学（武汉）工程学院等有关部门的大力支持，在此表示衷心的感谢！同时向为本教材编写提供参考资料和文献的编著者以及参与编辑和图件描绘的工作者致谢！

由于编者的理论水平和实践经验有限，书中难免存在不妥之处，恳请读者提出批评指正。

编　者

2022 年 6 月于武汉

目 录

第一章 绪 论 …… (1)
第一节 地基与基础的概念及重要性 …… (1)
第二节 本课程的特点与基本要求 …… (4)
第二章 桩基础施工技术 …… (6)
第一节 概 述 …… (6)
一、桩基础的概念及适用条件 …… (6)
二、桩的分类 …… (7)
三、桩型和成桩工艺选择原则 …… (9)
第二节 钻孔灌注桩施工技术 …… (10)
一、钻孔灌注桩的功能特点 …… (11)
二、施工设计及施工前的准备 …… (11)
三、正循环回转钻进成孔工艺 …… (18)
四、反循环回转钻进成孔工艺 …… (28)
五、无循环回转钻进成孔工艺 …… (36)
六、冲击钻进成孔工艺和冲抓成孔工艺 …… (45)
七、清孔工艺 …… (50)
八、灌注混凝土成桩工艺 …… (52)
第三节 灌注桩其他施工方法 …… (61)
一、沉管灌注桩 …… (61)
二、夯扩桩 …… (66)
三、爆扩桩 …… (67)
第四节 钢筋混凝土预制桩及钢管桩施工技术 …… (68)
一、钢筋混凝土预制桩施工 …… (68)
二、钢管桩施工 …… (74)
第三章 桩基础质量测控技术 …… (78)
第一节 桩基施工质量检测 …… (78)
一、桩孔质量检测 …… (78)
二、桩位检测 …… (81)

三、混凝土取样与强度测试 …… (81)
四、钻探取芯验桩 …… (82)
第二节 桩基承载力检测 …… (82)
一、影响桩基承载力的因素分析 …… (82)
二、单桩承载力的确定方法 …… (83)
三、单桩荷载试验 …… (87)
四、桩的动测 …… (100)
五、提高灌注桩承载力的技术方法 …… (106)
第三节 灌注桩施工质量控制 …… (110)
第四章 地基处理技术 …… (124)
第一节 概 述 …… (124)
一、地基处理方法分类 …… (124)
二、地基处理设计方案选择 …… (128)
三、地基处理工程施工管理 …… (130)
第二节 振冲法 …… (130)
一、振冲法加固地基的机理 …… (131)
二、振冲碎石桩设计与计算 …… (132)
三、振冲碎石桩施工工艺 …… (135)
四、振冲法施工质量检验 …… (139)
第三节 高压喷射注浆法 …… (140)
一、高压喷射注浆法的工艺类型 …… (141)
二、高压喷射注浆法的加固机理 …… (144)
三、高压喷射注浆设计计算 …… (145)
四、高压喷射注浆施工工艺 …… (147)
五、高压喷射注浆施工质量检验 …… (151)
第四节 深层搅拌法 …… (151)
一、深层搅拌法加固地基的机理 …… (152)
二、深层搅拌桩的设计与计算 …… (154)
三、深层搅拌桩施工工艺 …… (157)
四、深层搅拌桩施工质量检验 …… (164)
第五节 挤密桩施工法 …… (166)
一、土桩及灰土桩施工技术 …… (166)
二、石灰桩及石灰粉煤灰桩施工技术 …… (170)
三、水泥粉煤灰碎石桩(CFG 桩)施工技术 …… (172)
第六节 静压灌浆法 …… (176)
一、概 述 …… (176)
二、灌浆浆液材料 …… (177)

三、灌浆理论简述 …………………………………………………………………… (180)
四、灌浆设计计算 …………………………………………………………………… (182)
五、注浆施工工艺 …………………………………………………………………… (189)
六、灌浆施工质量检验 ……………………………………………………………… (194)
第七节 复合地基理论 ……………………………………………………………… (194)
一、概　述 …………………………………………………………………………… (194)
二、复合地基作用机理和破坏模式 ………………………………………………… (195)
三、复合地基的应力特性 …………………………………………………………… (198)
四、复合地基承载力 ………………………………………………………………… (201)
五、复合地基变形 …………………………………………………………………… (206)
第八节 地基沉降监测 ……………………………………………………………… (207)
一、沉降观测的内容与方法 ………………………………………………………… (207)
二、监测数据分析 …………………………………………………………………… (211)
三、地基沉降监测工程实例 ………………………………………………………… (214)
第五章 地下连续墙施工技术 …………………………………………………… (216)
第一节 概　述 ……………………………………………………………………… (216)
一、地下连续墙的分类 ……………………………………………………………… (216)
二、地下连续墙的功能特点 ………………………………………………………… (217)
三、地下连续墙的应用和发展 ……………………………………………………… (218)
第二节 地下连续墙施工设计 ……………………………………………………… (219)
一、施工地质环境条件调查 ………………………………………………………… (219)
二、施工方案制订 …………………………………………………………………… (220)
三、挖槽机械设备选配 ……………………………………………………………… (221)
四、单元槽段的划分 ………………………………………………………………… (221)
第三节 地下连续墙施工工艺 ……………………………………………………… (225)
一、导墙修筑 ………………………………………………………………………… (226)
二、护壁泥浆配制 …………………………………………………………………… (227)
三、深槽挖掘 ………………………………………………………………………… (231)
四、清槽工艺 ………………………………………………………………………… (241)
五、钢筋笼的制作与吊放 …………………………………………………………… (242)
六、墙体混凝土灌注工艺 …………………………………………………………… (245)
第四节 地下连续墙接缝技术 ……………………………………………………… (246)
一、地下连续墙接头的形式及施工方法 …………………………………………… (246)
二、接缝表面处理及接头管起拔时间 ……………………………………………… (251)
第五节 地下连续墙检测技术 ……………………………………………………… (251)
一、导墙质量检测 …………………………………………………………………… (253)
二、成槽质量检测 …………………………………………………………………… (253)

三、墙体质量检测 …………………………………………………………………………… (255)
四、接头质量检测 …………………………………………………………………………… (259)
第六章　锚固技术 ……………………………………………………………………………… (261)
第一节　概　述 ………………………………………………………………………………… (261)
一、锚固技术的特点 ………………………………………………………………………… (261)
二、锚固技术的应用 ………………………………………………………………………… (262)
三、锚固技术的发展 ………………………………………………………………………… (266)
第二节　锚杆的承载机理 ……………………………………………………………………… (267)
一、锚杆的构造 ……………………………………………………………………………… (267)
二、灌浆锚杆的工作原理 …………………………………………………………………… (270)
三、灌浆锚杆的抗拔力 ……………………………………………………………………… (270)
第三节　锚杆的施工技术 ……………………………………………………………………… (273)
一、锚杆的成孔工艺 ………………………………………………………………………… (274)
二、锚杆杆体的制作与安放 ………………………………………………………………… (279)
三、锚杆注浆材料与注浆工艺 ……………………………………………………………… (282)
四、锚杆的张拉与锁定 ……………………………………………………………………… (285)
第四节　锚杆的测试 …………………………………………………………………………… (287)
一、锚杆试验 ………………………………………………………………………………… (287)
二、锚杆的长期观测 ………………………………………………………………………… (292)
第五节　锚固技术应用工程实例 ……………………………………………………………… (294)
一、锚固工程背景与条件 …………………………………………………………………… (294)
二、锚固技术方案 …………………………………………………………………………… (294)
三、锚固设计与施工 ………………………………………………………………………… (295)
四、锚固效果及特点 ………………………………………………………………………… (297)
第七章　基坑工程技术 ………………………………………………………………………… (298)
第一节　概　述 ………………………………………………………………………………… (298)
一、基坑工程的主要内容 …………………………………………………………………… (298)
二、基坑工程的主要特点 …………………………………………………………………… (298)
三、基坑工程类型及适用范围 ……………………………………………………………… (299)
第二节　基坑的稳定性与支护选型设计 ……………………………………………………… (299)
一、基坑的稳定性 …………………………………………………………………………… (299)
二、基坑支护结构选型设计 ………………………………………………………………… (308)
第三节　桩(墙)式支护结构设计与施工 ……………………………………………………… (308)
一、钻孔灌注桩支护结构 …………………………………………………………………… (310)
二、钢板桩支护结构 ………………………………………………………………………… (311)
三、钢筋混凝土板桩支护结构 ……………………………………………………………… (312)

第四节　撑锚支护结构设计与施工 …………………………………………… (313)
一、内支撑材料的选择 ………………………………………………………… (314)
二、内支撑体系选型和布置 …………………………………………………… (315)
三、支撑结构的设计与施工 …………………………………………………… (319)
第五节　土钉与喷锚支护结构 ………………………………………………… (326)
一、土钉墙 ……………………………………………………………………… (327)
二、喷　锚 ……………………………………………………………………… (328)
第六节　基坑变形监测与信息化施工 ………………………………………… (329)
一、基坑变形监测 ……………………………………………………………… (329)
二、基坑工程信息化施工 ……………………………………………………… (337)
第八章　托换技术 ………………………………………………………………… (339)
第一节　概　述 ………………………………………………………………… (339)
一、托换技术方法分类 ………………………………………………………… (339)
二、托换施工前地质环境条件调查 …………………………………………… (340)
第二节　托换施工技术方法 …………………………………………………… (342)
一、基础扩大托换法 …………………………………………………………… (342)
二、坑式托换法 ………………………………………………………………… (343)
三、桩式托换法 ………………………………………………………………… (345)
四、灌浆托换法 ………………………………………………………………… (351)
五、热加固托换法 ……………………………………………………………… (354)
第三节　建筑纠偏技术 ………………………………………………………… (354)
一、堆载加压纠偏 ……………………………………………………………… (355)
二、锚桩加压纠偏 ……………………………………………………………… (355)
三、掏(排)土纠偏 ……………………………………………………………… (356)
四、降水掏土纠偏 ……………………………………………………………… (357)
五、压桩掏土纠偏 ……………………………………………………………… (358)
六、浸水纠偏 …………………………………………………………………… (359)
七、顶升纠偏 …………………………………………………………………… (359)
附　件　部分基础工程施工技术视频 ……………………………………………… (363)
主要参考文献 ……………………………………………………………………… (364)

第一章 绪 论

第一节 地基与基础的概念及重要性

任何建造在陆地上的建筑物,它的全部荷载都由它下面的地层来承担。通常把承受建筑物的荷载并产生变形影响的那一部分地层称为地基。建筑物向地基传递荷载的下部结构称为基础。基础底面接触的第一层地基岩土层称为持力层,持力层以下的地基岩土层称为下卧层。未经人工加固处理就直接建造建筑物的地基称为天然地基。因承载力较低,必须经过人工加固才能在其上修筑建筑基础的地基称为人工地基。

根据埋深和施工方法可将基础分为深基础和浅基础两大类。埋深小于基础底面宽度或小于5m,且可用普通开挖和排水方法修筑的基础称为浅基础。埋深大于5m,需采用特殊施工设备和工艺方法修筑的基础称为深基础。常用的深基础有桩基础、沉井基础、沉箱基础和地下连续墙等。

地基与基础的设计和施工质量好坏直接影响建筑物的安危、经济性和正常使用。建筑工程施工后,地基承受上部建筑物荷载产生的附加应力,使地基土产生压缩变形,导致建筑物地基发生沉降。如果地基沉降量太大,尤其是地基不均匀沉降量超过某一数值时,建筑物将会倾斜甚至倒塌。地基不均匀沉降的主要原因是同一建筑物不同部位的地基土软硬不同,或受压层范围内压缩性高的土层厚薄不均、基岩面倾斜、其上覆盖层厚薄悬殊以及上部建筑物层数和高度不一等。建筑物严重倾斜不仅影响建筑物的正常使用,而且危及建筑物和人员的安全。我国国家标准《建筑地基基础设计规范》(GB 50007—2011)规定了不同高度建筑物允许的倾斜值范围,详见表1-1、表1-2。

表1-1 多层和高层建筑基础的倾斜允许值

建筑物高 H/m	$H\leqslant 24$	$24<H\leqslant 60$	$60<H\leqslant 100$	$H>100$
倾斜允许值	0.004	0.003	0.002 5	0.002

表1-2 高耸结构基础的倾斜允许值

建筑物高 H/m	$H\leqslant 20$	$20<H\leqslant 50$	$50<H\leqslant 100$	$100<H\leqslant 150$	$150<H\leqslant 200$	$200<H\leqslant 250$
倾斜允许值	0.008	0.006	0.005	0.004	0.003	0.002

基础设计必须满足3个基本条件:①作用于地基上的荷载不得超过地基容许承载力;②基础沉降不得超过建筑物的地基特征变形允许值,以免引起基础和上部结构的损坏,或影响建筑物的使用功能和外观;③基础的形式、构造和尺寸,除应能适应上部结构、符合使用需要、满足地基承载力(稳定性)和变形要求外,还应满足对基础结构的强度、刚度和耐久性的要求。

基础工程属隐蔽工程,施工常常在地下或水下进行,每一个施工环节都直接影响工程质量。古往今来很多工程案例表明地基与基础对于建筑物的正常使用和安全有非常重要的影响。

1. 意大利比萨斜塔

举世闻名的意大利比萨斜塔就是建筑物因地基不均匀沉降导致倾斜的一个典型案例。比萨斜塔是意大利比萨大教堂的一座钟塔,始建于1173年,全塔共8层,高度为55m。至1990年,塔北侧沉降量约90cm,南侧沉降量约270cm,塔顶离开垂直线的水平距离已达5.27m,塔倾斜约5.5°。比萨斜塔倾斜已达到极危险的状态,随时有可能倒塌。

根据一些学者提供的相关资料,比萨斜塔地基土由上至下可分为8层:①表层为耕植土,厚1.60m;②第2层为粉砂,夹黏质粉土透镜体,厚5.40m;③第3层为粉土,厚3.00m;④第4层为上层黏土,厚10.50m;⑤第5层为中间黏土,厚5.00m;⑥第6层为砂土,厚2.00m;⑦第7层为下层黏土,厚12.50m;⑧第8层为砂土,厚度超过20.00m。也可将这8层合为三大层:1~3层为砂质粉土层,4~7层为黏土层,8层为砂质土层。地下水埋深1.6m,位于粉砂层。

经分析研究,比萨斜塔发生倾斜的主要原因是塔基底压力超过了持力层粉砂的承载力,地基产生塑性变形使塔下沉。塔南侧接触压力,塑性变形大于北侧,使塔的倾斜加剧。此外,比萨斜塔地基中的黏土层厚达30m,位于地下水位以下,呈饱和状态。在长期重荷作用下,土体发生蠕变也是比萨斜塔继续缓慢倾斜的一个原因。塔基经先后多次加固处理,特别是经过2000年6月的纠斜加固处理,已达到了相对稳定状态。

2. 中国苏州虎丘塔

中国苏州虎丘塔也是因地基不均匀沉降导致塔身严重倾斜。虎丘塔原名云岩寺塔,始建于宋太祖建隆二年(公元961年),距今已有1062年的悠久历史。全塔共7层,高47.5m。1961年3月4日被列为中国重点保护文物。1980年6月现场调查发现,由于全塔向东北方向严重倾斜,不仅塔顶离中心线已达2.31m,而且底层塔身产生不少裂缝,因此虎丘塔成为危险建筑而封闭,停止开放。1981—1986年中国工程界对这座古塔进行了全面加固修缮,采用多种工程技术方法分期加固塔基。

第一期加固工程是在塔四周建造一圈桩排式地下连续墙,其目的是减少塔基土流失和地基土的侧向变形。在离塔外约3m处,用人工挖直径1.4m的桩孔,深入基岩50cm,浇筑钢筋混凝土。人工挖孔灌注桩可以避免机械钻孔的振动。地基加固先从不利的塔东北方向开始,逆时针排列,一共用了44根灌注桩。施工中,每挖深80cm即浇15cm厚井圈护壁;每完成

6～7根桩，即在桩顶浇筑高450mm圈梁，把桩、梁连成整体。

第二期加固工程是进行钻孔注浆和采用树根桩加固塔基。在第一期工程桩排式圆环形地下连续墙帷幕内，向塔基地层钻孔注水泥浆，孔径90mm，共113孔，由外及里分3排圆环形注浆，注入浆液达26 637m^3；沿回廊中心在塔身内的8个壶门下，共增设32根树根桩。

虎丘塔地基加固完工后，经检测达到了稳定状态。

3. 加拿大特朗斯康谷仓

加拿大特朗斯康谷仓是因地基土滑动导致建筑物发生倾倒的典型案例。特朗斯康谷仓为5排圆筒仓，每排13个，一共65个，长59.44m，宽23.47m，高31.00m，容积36 368m^3。谷仓的基础为钢筋混凝土筏基，厚61cm，基础埋深3.66m。谷仓于1911年开始施工，1913年秋完工。由于施工前未了解清楚基础下埋藏有厚达16m的软黏土，谷仓装谷后基底平均压力为320kPa，超过了地基的极限承载力。1913年10月，当装了31 822m^3谷物时，谷仓1h内垂直沉降达30.5cm。结构物向西倾斜，并在24h内谷仓倾倒，倾斜度离垂线达26°53′。谷仓西端下沉7.32m，东端上抬1.52m。

谷仓倾倒后，因上部钢筋混凝土筒仓结构强度高，仅有极少的表面裂缝。通过在基础下面设置70个支承于基岩上的混凝土墩，使用388个50t的千斤顶进行顶升纠偏，纠偏后标高比原来降低了4m，恢复了谷仓储谷的功能。

4. 中国上海展览中心馆

1954年建设的上海展览中心馆由于不均匀沉降过大，严重影响正常使用。上海展览中心馆的中央大厅为框架结构，采用箱型基础。两翼展览馆采用条形基础，地基为高压缩性淤泥质黏土。展览中心馆于1954年开工建设，当年年底实测基础平均沉降量为60cm。1957年6月，展览中心馆中央大厅四角的沉降量最大达146.55cm，最小沉降量为122.80cm。1979年9月，中央大厅的平均沉降量达到160cm。由于不均匀沉降过大，中央大厅与两翼展览馆连接以及室内外连接的地下管线断裂，严重影响展览馆的正常使用。

5. 珠海某工业园平房

2004年我国珠海某工业园在填土和海积淤泥地层之上建造的一栋一层平房因部分桩基质量没达到要求而废弃。该平房的基础设计为直径300mm预制管桩基础。由于一部分管桩在施工时遇到大的石块而未穿透淤泥层达到设计深度，虽然经过补桩，且测得桩的承载力达到了设计值，但因部分管桩桩底淤泥层沉降变形差异太大，平房墙体产生长3～5m、宽1～5mm的裂缝，门窗变形无法正常使用。

6. 上海闵行区某住宅小区

2009年，我国上海闵行区某住宅小区有一栋刚建成的13层住宅楼整体倒塌。倒塌原因是在楼的一侧开挖车库基坑，而在另一侧堆积约10m高的土方。楼房两侧的压力差使地基土体产生水平位移，导致楼房倒塌。

因此，基础是建筑物的根本，无论是高层建筑物还是一层平房，或是其他类型的建筑物，基础都必须牢固。基础工程设计与施工都应满足以下各项稳定性、变形及经济与环保要求：①埋深应足以防止基础底面下的物质向侧面挤出，对单独基础及筏形基础尤其重要；②埋深应在冻融及植物生长引起的季节性体积变化区以下；③体系在抗倾覆、转动、滑动或防止土破坏（抗剪强度破坏）方面必须是安全的；④体系对抗土中有害物质所引起的锈蚀或腐蚀方面必须是安全的，在利用垃圾堆筑地时，以及对有些海洋基础，这点尤其重要；⑤体系应足以应对以后场地或施工几何尺寸方面出现的某些变化，并在万一出现重大变化时能便于变更；⑥从设置方法的角度看，基础应具有经济性；⑦地基总沉降量及沉降差应被基础构件和上部结构构件所允许；⑧基础及其施工应符合环境保护标准的要求。

第二节　本课程的特点与基本要求

1. 本课程特点

本课程主要学习基础工程施工的多种技术方法和基本原理，也涉及部分基础工程设计理论和设计方法，是地质工程、勘察工程和地下建筑工程专业大学本科生学习的主干专业课程，也可作为岩土工程、水文环境工程、安全工程、测量工程等专业大学本科生的选修课程。本教材主要内容包括桩基础施工技术、桩基础质量测控技术、软地基处理技术、地下连续墙施工技术、锚固技术、基坑工程技术、托换技术等。

本课程的教学目标是使学生掌握现代基础工程施工技术的基本原理、施工工艺流程和施工技术参数优化方法，具备从事基础工程施工设计和组织管理能力，以及从事基础工程新技术新方法研究和开发的能力。

2. 本课程基本要求

本课程与多门理科基础课程有密切的联系，涉及“岩土钻掘工程学”“岩石力学”“土力学”“工程地质概论”“地基土原位测试技术”“地基与基础设计概论”等专业课程，学习时应灵活运用已学的基础理论，将知识融会贯通。同时，本课程也是一门实践性很强的专业课程，除了课堂重点讲授的基础工程施工基本原理及部分设计理论外，对施工工艺技术、施工机械设备及工程效果等方面的内容，采用多媒体课件和实验、实习、现场参观及研讨互动等多种学习方式，以达到良好的学习效果。

针对本教材不同章节内容，通过学习和实践需达到以下基本要求：

（1）桩基工程。了解基础工程施工应用的领域、基础和桩的分类、基础工程施工技术方法的类型；掌握钻孔灌注桩施工的工艺流程、钻孔灌注桩施工中所用的成孔方法（正循环、反循环、钢绳冲击、冲击反循环、振动、螺旋、旋挖、冲抓、潜水钻、潜孔锤）的基本原理、施工工艺流程，适用的范围、优缺点、工艺技术参数优选；了解钻孔灌注桩灌注工艺流程、所用设备及器具、灌注导管的选择和埋深的确定；掌握灌注桩水下灌注混凝土时，对灌注混凝土拌合物的原材料和配比的要求；了解钻孔灌注桩在成孔和成桩过程中发生质量问题的类型、原因、预防措施、解决方法；熟悉钻孔灌注桩质量检测和荷载试验的方法；掌握提高桩基承载力的技术方法。

(2)地下连续墙施工技术。了解地下连续墙在基础工程中的应用、类型、优缺点；熟悉桩排式地下连续墙的类型、施工工艺方法、存在的问题、改进的途径和方法；掌握槽段式地下连续墙的施工工艺流程、现代挖槽设备机械工作原理和特点、槽段的划分和连接方式；了解槽段式地下连续墙施工中导墙的作用、导墙的类型、成槽机械的类型；了解地下连续墙工程质量测量的方法。

(3)软地基处理技术。了解软地基处理的目的、处理方法的分类、部分地基处理方法的适用范围；掌握振冲法处理方法的基本原理、工艺流程、应用范围；了解振冲器的工作原理、型号、选择使用的依据；掌握影响碎石桩成桩质量的施工工艺因素(填料的选择、填料方法、填料量、振动时间、密实电流、留振时间)；熟悉高压喷射注浆法的基本原理、类型、工艺流程、应用范围；掌握不同类型的高压旋喷注浆法的工艺技术参数(水压、气力、浆液压力)优选方法；了解高压喷射注浆法所用设备类型和基本技术参数；了解深层搅拌法加固地基的原理、类型、应用范围；熟悉水泥浆液深层搅拌法的工艺流程、所用设备和技术参数；熟悉粉体深层喷射搅拌法的工艺流程、所用设备和技术参数；掌握碎石桩、旋喷桩、搅拌桩及复合地基的有关计算(承载力、沉降量)和质量检测方法；了解有关复合地基的理论。

(4)锚固技术。了解锚固技术的特点及在工程中的应用；熟悉土层锚杆设计和试验方法；掌握土层锚杆施工技术方法(设备、成孔、下锚)；熟悉岩层灌浆锚杆设计；掌握岩层灌浆锚杆施工工艺。

(5)基坑工程技术。了解工程的主要特点和基坑支护结构类型；熟悉基坑的稳定性验算方法和选型设计；掌握基坑支护结构设计与施工技术(桩支护结构、撑锚支护结构、土钉与喷锚支护结构)；熟悉基坑监测方法，建立信息化施工的新理念。

(6)托换技术。了解托换技术应用的领域、托换工程的一般流程与类型；了解桩式托换的类型、应用、施工流程。

第二章　桩基础施工技术

第一节　概　述

一、桩基础的概念及适用条件

桩是竖直或微倾斜的基础构件，它的横截面尺寸比长度小得多。设置在岩土中的桩是通过桩侧摩阻力和桩端阻力将上部结构的荷载传递到地基，或是通过桩身将横向荷载传给侧向土体。通常桩基础由若干根桩和承台组成，上部荷载通过承台传递到各桩桩顶，再由桩传到较深的地基持力层。

桩基础在下列情况下可优先考虑作为深基础方案：

(1)荷载较大，地基上部土层软弱，适宜的地基持力层位置较深时，宜采用桩基础。

(2)河床冲刷严重、河道不稳或冲刷深度不易准确计算时，采用桩基础可以借桩群穿过水流将荷载传到地基中，以减少水下工程，并可提高基础的安全度。

(3)当地基计算沉降过大或结构对不均匀沉降敏感时，采用桩基础穿过松软(高压缩性)土层，将荷载传到较坚实(低压缩性)土层，减少结构沉降并使沉降均匀。此外，桩基础还能增强结构物的抗震能力。

(4)当施工水位或地下水位较高时，采用桩基础可简化施工设备和技术要求，缩短施工周期，并改善施工条件。

桩基础的一些应用示例如图 2-1 所示。

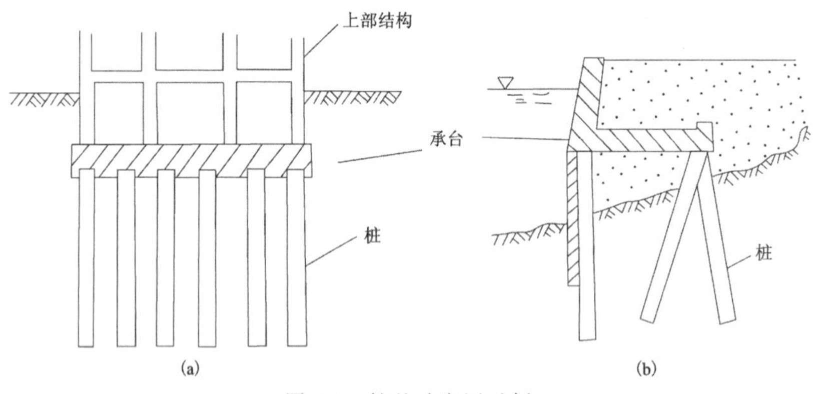

图 2-1　桩基础应用示例

(a)竖直桩；(b)竖直桩与斜桩

二、桩的分类

桩可按功能、荷载传递机理、截面形状、尺寸、材料、施工方法等多种方法进行分类。

(一)根据桩身材料分类

1. 木桩

木桩桩身材料为木材。在有文字记载以前,人类就开始采用树木在地基条件不良的河谷和洪积地带做桩来支承房屋与木桥。公元247年修建的上海龙华塔和10世纪筑成的杭州湾大海塘的石砌岸壁是目前我国发现较早采用木桩基础而完好保存至今的著名工程。目前,在盛产木材的地区修筑或抢修桥梁以及建造施工便桥时,仍有采用木桩的工程。但因木桩强度低,抗腐蚀能力差,现代基础工程中已不采用木桩。

2. 钢桩

钢桩桩身材料为钢材。桩的断面可根据荷载特征制成有利于提高承载力的不同形状。例如管形和箱形断面的钢桩,其桩端常做成敞口式以减小沉桩过程中的挤土效应,并可以通过在管内或箱内灌注混凝土以提高桩的轴向抗压强度。"H"形断面的钢桩,其沉桩过程的排土量较小、贯入性好,并因比表面积大,常用于承受竖向荷载时能提供较大的摩阻力。钢桩还具有抗冲击性能好、节头易处理、运输方便、施工质量稳定等优点,但因造价高,我国仅限于在极少数深厚软土上的高重建筑物或海洋平台基础中使用。

3. 钢筋混凝土桩

钢筋混凝土桩桩身为钢筋混凝土,具有抗压强度高、耐久性好、混凝土取材方便、价格便宜等优点。施工时既可以预先浇制成桩,又可以在现场灌注成桩。另外,钢筋混凝土桩的桩径和桩可变范围大,适用于各种地层。因此,桩基工程绝大部分是钢筋混凝土桩,桩基工程的主要研究对象和主要发展方向也是钢筋混凝土桩。

(二)根据桩的受力情况分类

1. 抗压桩(承受轴向压力的桩)

各类建筑物、构筑物的桩基大部分都为抗压桩,即都以承受垂直向下的荷载为主,通过桩侧的摩阻力和桩端阻力将上部荷载传递到地基。因此,抗压桩又可分为端承桩和摩擦桩,如图2-2所示。

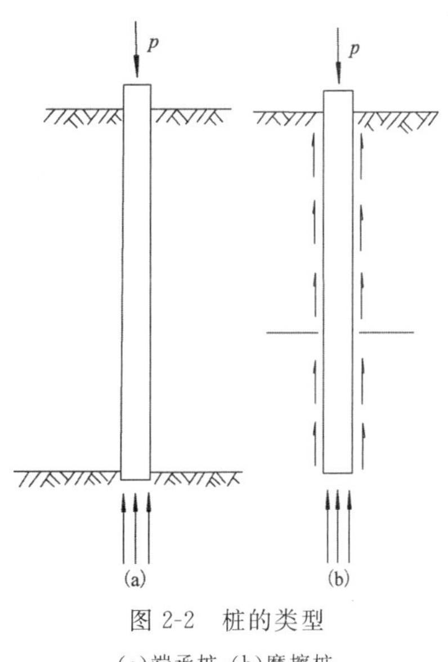

图2-2 桩的类型

(a)端承桩;(b)摩擦桩

(1)端承桩。桩穿过较松软的土层,桩端支承在岩层或硬土层等实际非压缩性土层时,垂直荷载主要依靠桩端反力支承。由于把大部分荷载传递到下部的坚硬岩土层,因此这种桩基不易受地下水位升降或土层压缩的影响而造成不均匀沉降,具有较高的承载力和稳定性。通常,规模较大、较为重要的结构物为避免基础不均匀沉降以保持结构物稳定,多采用端承桩。

(2)摩擦桩。桩上的垂直荷载主要由桩侧的摩阻力承担,而桩端反力承担的荷载只占很小的部分。当岩层埋置很深,第四系软弱层很厚,地基上部无良好持力层或单桩设计荷载较小时,多采用摩擦桩。

端承桩和摩擦桩由于在土中的工作条件不同,它们与土共同作用的特点也不一样,因此在设计计算时所采用的方法和有关参数也不一样。

2. 抗拔桩(承受轴向拔力的桩)

抗拔桩主要是由桩周摩阻力或扩大桩头的阻力构成抗拔力,以承受向上拔力为特征。例如水下建筑抗浮桩基、牵缆桩基、输电塔和微波发射塔桩基等。

3. 抗横向推力桩

抗横向推力桩荷载以力或力矩形式沿与桩身轴相垂直的方向作用于桩体,如深基坑支护桩、防止滑坡的抗滑桩、防止桥墩被冲刷的防护桩等。由于混凝土的抗拉、抗剪强度远低于抗压强度,为预防水力作用产生的变位所引起的较大弯曲应力使桩身破坏,一般需要增大桩径及配筋率,提高混凝土标号。

(三)按施工方法分类

按施工方法分类主要是针对钢筋混凝土桩。由于施工时所采用的机具设备和成桩的工艺过程不同,对桩与桩周土接触边界处的状态以及桩土间的共同作用性能影响不同,因此桩的特点也有所不同。

桩基按施工方法分类大致归纳如图 2-3 所示。

1. 预制桩

预制桩主要是指预先制好的钢筋混凝土桩,通过锤击、静压或振动等方法沉入地基内到达所需要的深度,形成桩基础。这种施工方法适用于桩径较小(一般直径在 0.6m 以下),地基土质为砂性土、粉土、细砂以及松散的不含大卵砾石的土层的情况。预制桩有普通钢筋混凝土预制桩和预应力钢筋混凝土预制桩之分。

(1)普通钢筋混凝土预制桩。截面多为实心方形(截面边长×边长为 250cm×250cm～500cm×500cm),在工厂通过模板控制尺寸,用钢筋混凝土浇筑而成。采用高温蒸气养护可大大加速桩的强度增长。

(2)预应力钢筋混凝土预制桩。制桩前对桩身主筋施加预拉应力,成桩后混凝土受预压应力,从而提高起吊时桩身的抗弯能力和沉桩时抗冲击能力。这种桩的制作方法有离心法和捣注法。采用离心法制成的环形断面的管桩,有利于减少沉桩时的排土量和提高沉桩贯入能力。

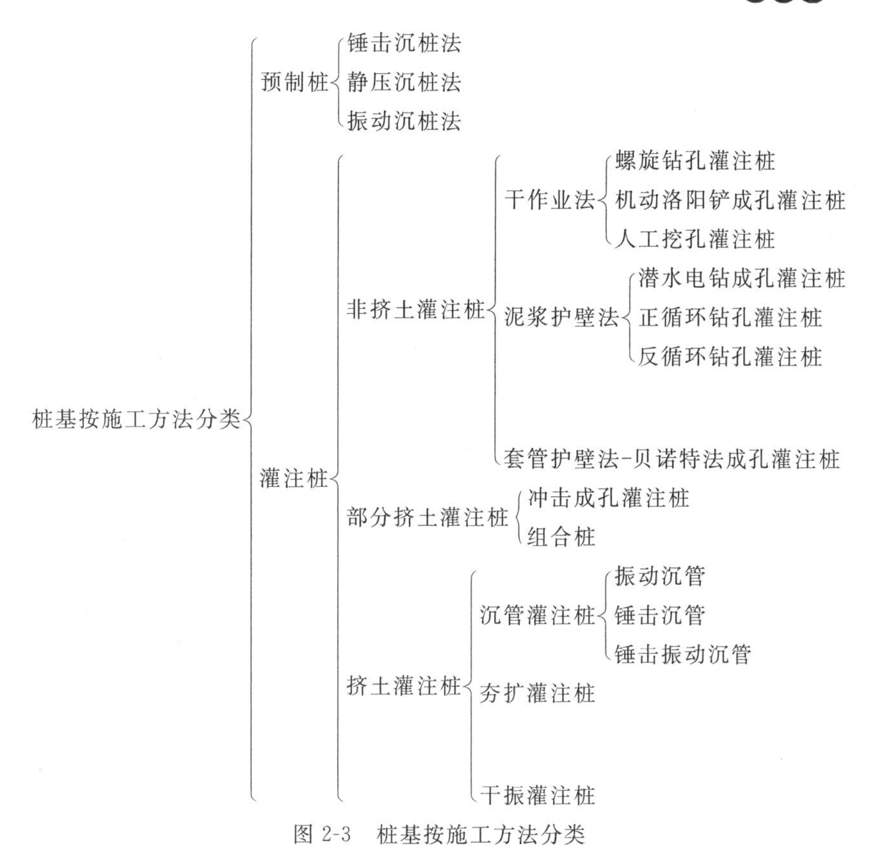

图 2-3　桩基按施工方法分类

2. 灌注桩

灌注桩是在施工现场的桩位上，通过机械钻冲或人工挖掘等方法形成桩孔，然后在孔内下入钢筋笼，灌注混凝土，形成钢筋混凝土灌注桩。混凝土灌注桩既适用于各种砂性土、黏性土，也适用于卵砾石类土层和岩层，而且桩长和桩径变化范围大，因此这类桩作为深基础应用很广。近年来，我国灌注桩的施工技术发展很快，施工方法也很多。在成孔过程中常采用的方法有正反循环回转钻进成孔、冲击钻进成孔、冲抓成孔、振动沉管法成孔、潜水电钻成孔、螺旋钻进成孔等。这些方法各有特点，适应地层、成孔直径、作业深度都有一定的局限性，单一的一种方法很难满足各类钻孔灌注桩施工的要求。大量的实践证明，施工方法选择是否合适及技术条件的优劣，不仅对桩孔质量和施工速度有至关重要的影响，且对孔壁的稳定性、混凝土浇灌质量乃至桩的承载能力具有决定性意义。

三、桩型和成桩工艺选择原则

在确定桩型和选择成桩工艺时应考虑以下因素：

(1)建筑物的性质和荷载。

(2)工程地质、水文地质条件。

(3)施工环境条件。

(4)材料供应与施工技术条件。

(5)经济指标和施工工期。

调查和分析上述因素之后，在确定桩型和选择成桩工艺时应遵循以下原则：

(1)重要的建筑物和对不均匀沉降敏感的建筑物，要选择成桩质量稳定性好的桩型。

(2)荷载大的高重建筑物，首先要考虑选择单桩承载力足够大的桩型，在有限的平面范围内合理布置桩距、桩数。如在有坚硬持力层的地区应优先选用大直径桩，在深厚软土层地区应优先选用长摩擦桩等。

(3)地震设防区或受其他动荷载的桩基，要考虑选用既能满足竖向承载力又有利于提高横向承载力的桩型。

(4)当坚实持力层埋深较浅时，应优先采用端承桩，包括扩大底桩；当坚实持力层埋深较深时，则应根据单桩承载力的要求，选择合适的长径比。

(5)选择桩型时要考虑持力层的土性。对于砂、砾层，采用挤土桩更加有利，当存在粉砂、细砂等夹层时，采用预制桩则应慎重。土层若为湿陷性黄土，为消除湿陷性，可考虑采用小桩距挤土桩；若为膨胀土，一般情况下可采用短扩底桩。

(6)地下水位与地下水补给条件是选择桩的施工方法的主要因素。土体在水的作用下，有可能产生管涌、砂涌现象，应周密考虑在低渗透性的饱和软土下采用挤土桩所引起的挤土效应。

(7)当土层有可液化或震沉特性时，则应考虑桩承受因液化、震沉产生的负摩擦力嵌入稳定土层中一定深度。

(8)当施工场地距相邻建筑物、道路、地下管线、堤坝等很近时采用挤土桩，其施工过程中引起的挤土、振动等次生效应，可能使邻近建筑物及设施遭到破坏，应采用有效措施加以防治。

(9)若施工现场面积小，不能采用沉淀方法处理泥浆时，则应尽可能不采用泥浆护壁法施工，因为我国的废浆机械处理技术尚不成熟。

(10)成桩设备进出场和成孔成桩过程所需空间尺寸与建筑物的净距等各有不同要求，选择成桩方法时必须予以考虑。

(11)灌注桩和预制桩对于现场施工材料供应与设备和技术要求不同，选择成桩方法时不要盲目追求先进而忽视现实可能性。

(12)不同类型的桩，其材料、人力、设备、能源、时间等消耗各有不同，选择桩型及工艺时必须以综合经济效益好、满足施工工期要求为先决条件。

第二节　钻孔灌注桩施工技术

随着国民经济的发展，工业与民用建筑、桥梁、港口码头等高重建筑物增多，钻孔灌注桩作为深基础应用越来越多、越来越广。对钻孔灌注桩设计、机械设备、施工工艺方法和钻孔灌注桩质量检测技术的深入研究，使得钻孔灌注桩的设计理论、施工技术和质量检测方法有了很大的发展和完善。在分析大量试桩资料的基础上，制订了适合钻孔灌注桩特点的垂直承载力和水平承载力的计算方法和参数，有了相应配套的灌注桩设计与施工的规程、规范；研制成功了施工桩径为3.0～4.0m的功能多样化的专用钻机与器具。在钻进工艺方面，解决了桩底沉渣控制、松散地层稳定孔壁、硬岩成孔以及深长桩与斜桩施工等复杂技术问题。在桩基质量检测方面,单桩垂直静载试验和水平静载试验日趋完善;通过桩内埋设应变测量元件,可直接测定桩侧各土层的极限摩阻力、桩底端承力和桩身内应变,并由此求得桩身弯矩分布;采用动测法进行基桩无损检测,可在一定的误差许可范围内求得桩的极限承载力,并能较准确地分辨出桩身质量缺陷的性质与部位,诸如桩底沉渣、断桩、超径、缩径以及混凝土离析、稀释、固结不良等问题,且检测费用低、检测面宽,从而使钻孔灌注桩这种地下隐蔽工程的质量得到有效监控。钻孔灌注桩后压浆技术的应用,根除了桩底沉渣隐患,桩身强度得到补强,桩与桩周土的黏结力得到提高,从而使钻孔灌注桩单桩承载力得到提高。这些技术上的完善与进步,使钻孔灌注桩得到了广泛的应用。

一、钻孔灌注桩的功能特点

相比其他类型的基础,钻孔灌注桩具有以下特点:

(1)适应性广。钻孔灌注桩施工不受地域、地质条件、地下水位高低、桩径大小、桩深长度的限制,可以在各类松散的砂、土层中和各类基岩中成桩。在成孔过程中,能够进一步查核地质情况,根据地层构造和设计要求选定适当的桩径和桩长,尤其适应于桩端持力层标高起伏变化复杂的地区。

(2)单桩承载力大。由于钻孔灌注桩的结构设计可根据需要选择任何尺寸的桩径、桩长和最合适的持力层,因此单桩承载力可达到很高的指标。目前国内钻孔灌注桩的单桩垂直容许荷载已达到7000～10 000kN,有的甚至达到61 000kN,能充分满足高层建筑的框架结构、筒体结构和剪力墙结构体系对基础承重的需要。

(3)建造费用较低。钻孔灌注桩桩身配筋可根据载荷大小与性质、荷载沿深度的传递特征以及土层的变化来配置,无需像预制桩那样配置起吊、运输、打击应力筋,其配筋率远低于预制桩。此外,灌注桩不需要浇注木模板,从而节省了钢材和木材,降低了工程造价。

(4)抗震性能好。钻孔灌注桩能嵌入基岩与基岩胶结成一体,承受较大的水平荷载,因此抗震性能好。根据1976年唐山大地震之后的震害调查,凡是采用灌注桩基础的建筑物,其上部结构震害都较轻,而且变形小。从抗震设防的角度考虑,灌注桩是一种较理想的基础形式。

(5)施工中噪声小、公害少。钻孔灌注桩不像预制桩在打桩过程中产生强烈震动,土体受强烈挤压,因此避免了土体挤压造成邻近建筑物损坏、地下管道破裂及公路路面隆起或开裂等不良事故。另外,钻孔灌注桩在施工过程中噪声污染也较小。

二、施工设计及施工前的准备

钻孔灌注桩是一项工序多、技术要求高、工作量较大并需要在一个短时间内连续完成的地下(或水下)隐蔽工程。要保质、保量、按期完成施工工程,首先必须认真做好施工前的各项准备工作。

(一)编写施工设计

施工设计是施工过程中各项工作的指南。施工单位在接受钻孔灌注桩施工任务后,应组织有关人员全面了解工程的技术要求,详细进行现场调查,收集和了解该工程的技术资料,综合考虑工程地质、水文地质、机具设备材料供应及劳动力等因素，编写出切合实际、具有较高的预见性和可靠性的施工设计。

1. 编写施工设计需要掌握的技术资料

(1)建筑场地的工程地质、水文地质勘察报告和附图。

(2)钻孔灌注桩设计图，包括桩位平面图、桩身结构设计图、钢筋笼制作图。

(3)施工场地及邻近区域地表和地下电缆、管道和其他工程设施或障碍物的资料。

(4)工程合同书与超过有关规范的工程质量要求文件。

(5)施工场地供电、供水、排污运渣条件等资料。

(6)国内外同行当前的技术水平，以及新机具、新工艺、新方法和有关经济技术的资料。

2. 施工设计的主要内容

(1)工程概况和设计要求。工程类型、地理位置、交通运输条件、桩的规格、工作量(含成孔工作量、灌注混凝土工作量)、工程地质和水文地质情况、工程质量要求、持力层情况设计荷载以及工期要求等都必须在施工设计书中表述清楚。

(2)施工工艺方案和设备选型配套。①在确定成孔工艺方法和灌注方案的基础上绘制出工艺流程图(图 2-4)；②计算成孔与灌注速度，确定工程进度、顺序和总工期，绘制出工程进度表；③根据施工要求确定设备配套表，包括动力机、成孔设备、灌注设备、吊装设备、运输设备以及主要机具等。绘制现场设施平面布置图，以便合理摆放各类设备、循环系统、搅拌站及堆放各种材料。

(3)施工力量部署。在工艺方法和设备类型确定后，提出工地人员组成与岗位分工，并列表说明各岗位人数和职责范围。

(4)编制主要消耗材料和备用机件数量、规格表，并按工期进度提出材料分期分批进场要求。

(5)工艺技术设计。包括以下几个方面：①成孔工艺。包括设备安装调试、钻头选型、护筒埋设、冲洗液类型、循环方式和净化处理方法、清孔要求、成孔施工的技术参数和成孔质量检查措施等。②成桩工艺。包括编制钢筋笼制作图，混凝土配比和配制工序检查，混凝土灌注工艺和灌注质量检查，混凝土现场取样、养护和送检的技术要求等。

(6)验桩要求。包括验桩数量、检验方法、有关设备及材料计划。

(7)安全生产和全面质量管理措施。

(二)施工场地准备

施工前应根据施工地点的地质、地形资料，综合考虑施工作业、材料堆置、废孔废渣排放、运输道路等多方面的要求，合理规划布置施工场地，绘制场地布置平面图。在设备进场前做到“三通一平”(即通水、通电、通路和平整场地)。

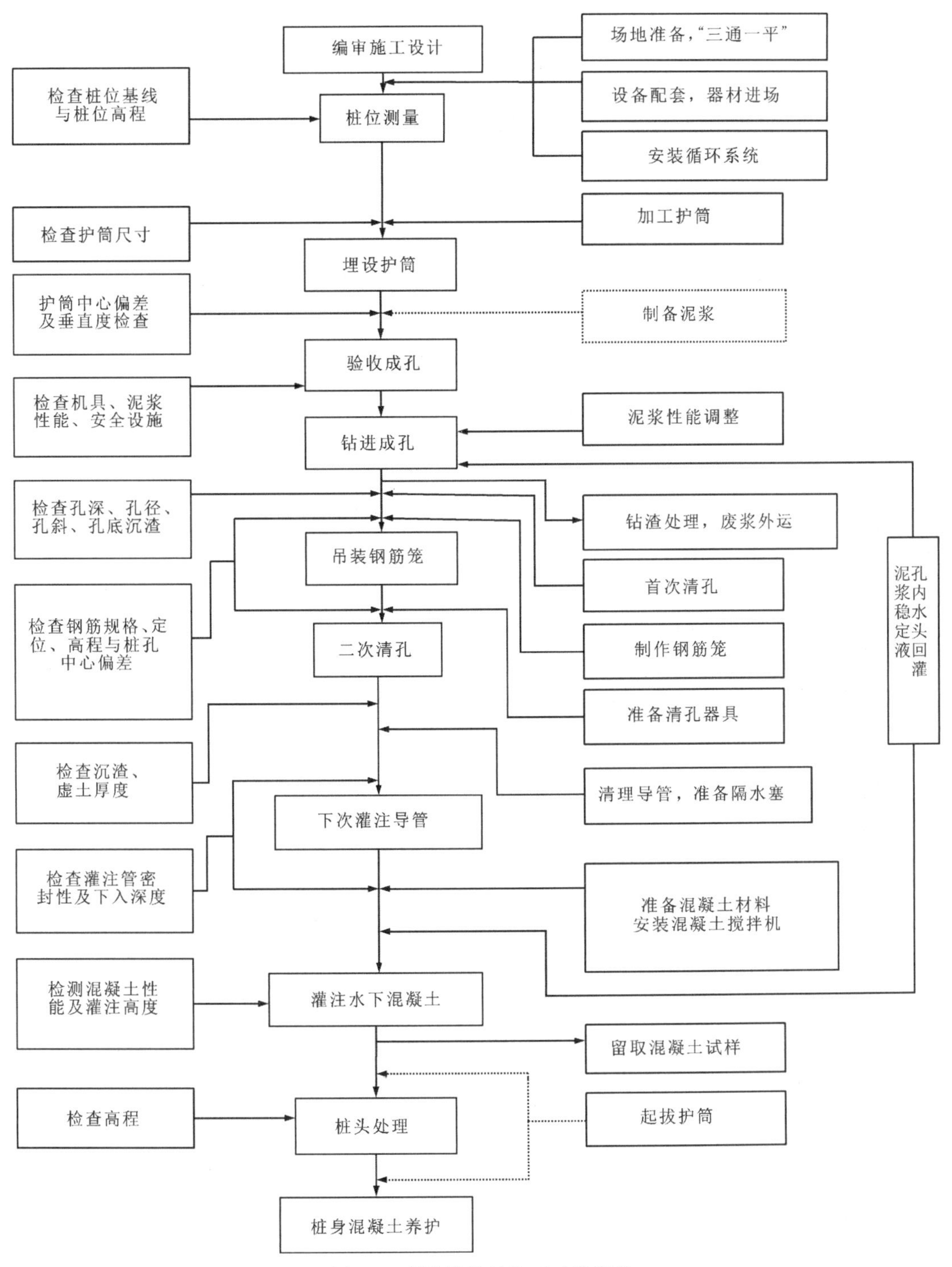

图 2-4　钻孔灌注桩施工工序流程

场地准备工作的一些具体做法如下：

(1)场地为旱地时，应清除地面杂物，换除软土，填平低洼，夯打密实，以防施工设备坐落在不坚实的填土上而下陷。

(2)在浅水水域施工时,宜采用围堰筑岛法,使施工场地高出水面0.5～1.0m。

(3)在深水水域施工时,可根据水深、流速及水底地层等情况,采用固定式施工平台或浮动式作业船。施工平台应具有足够的承重能力和稳定性。

(4)在城市市区施工时,应查清施工现场是否有妨碍施工的地下埋设物(如水管、煤气管道、电缆等)以及地下构筑物(如地下沟渠、护坡、地下硐室等)。如有妨碍施工的地下埋设物和地下构筑物,则应预先消除或拆移。

(5)施工前应对设计单位交付的测量资料进行检查,复核测量基线和基点,标定钻孔灌注桩的桩位和高程。在测定的桩位点打入铁质标志。水域场地桩位的测量,通常采用极坐标法或前方交会法。测量桩孔的中心位置偏差不大于5mm。

(三)护筒制作和埋设

1. 护筒的作用

在钻孔灌注桩的桩孔上部预先埋设符合一定尺寸要求的钢制或混凝土圆筒,即护筒,其作用如下:

(1)控制桩位,导正钻具。

(2)保护孔口,防止孔口土层坍塌。

(3)提高孔内的水头高度,增加对孔壁静水压力以稳定孔壁。

(4)护筒顶面可作为测量钻孔深度、钢筋笼下放深度、混凝土面位置及导管埋深的基准面。

2. 对护筒的一般要求

(1)护筒内径。护筒内径一般应比钻孔桩设计直径稍大,采用回转钻进时大0.1～0.2m,采用冲抓或冲击钻进方法时大0.2～0.3m。

(2)护筒顶端高度。控制护筒顶端高度的目的是使孔内水位高于地下水位而形成一定的水头,使孔壁在静水压力的作用下趋于稳定。因此,在旱地施工时,护筒顶端应高出地面0～3m;在水域施工时,护筒顶端应高出施工水位1.0～1.5m;若孔壁容易坍塌,则护筒顶端宜高出地下水位1.5～2.0m;当孔内有承压水时,护筒顶端应高出稳定水位1.5～2.0m。

(3)护筒的材料选择和结构设计。通常护筒是反复回收使用的,因而要求它具有一定的强度和刚度,不易损坏变形,便于运输、安装、埋设和起拔拆卸。常用的护筒多采用钢板卷制焊接而成,有时也使用钢筋混凝土护筒。

3. 护筒的制作

(1)钢制护筒。这种护筒一般采用4～10mm的钢板卷制而成,具有坚固耐用、密封性好、能重复使用多次等优点。钢制护筒每节长15～20m,顶节护筒上部留有高400mm、宽200mm左右的进出浆口,并焊有起拔吊环。每节护筒之间的连接方式有焊接、法兰连接等。对于直径大于1.0m的护筒,为了增加其刚度防止变形,可在护筒上下端和中部的外侧各加焊一道加强箍。

(2)钢筋混凝土护筒。这种护筒多用于水域钻孔灌注桩施工。它有较好的防水性能,可依靠自重沉入或打入(振入)土中。钢筋混凝土护筒壁厚一般为8～10cm,每节长度为2～3m。所采用的水泥标号不低于300#。护筒内钢筋的配置则是根据吊装和下沉埋设加压方法来计算确定的。每节护筒之间的连接一般采用焊接,即先在每节护筒上下两端的主筋上焊上连接钢板圈,再将对应的连接钢板圈焊接起来。连接时,可在钢板圈外侧贴焊加劲钢板,以提高护筒的连接强度,如图2-5所示。这种护筒一般在成桩时与桩身混凝土浇筑在一起,成为桩的一部分,不再起拔。

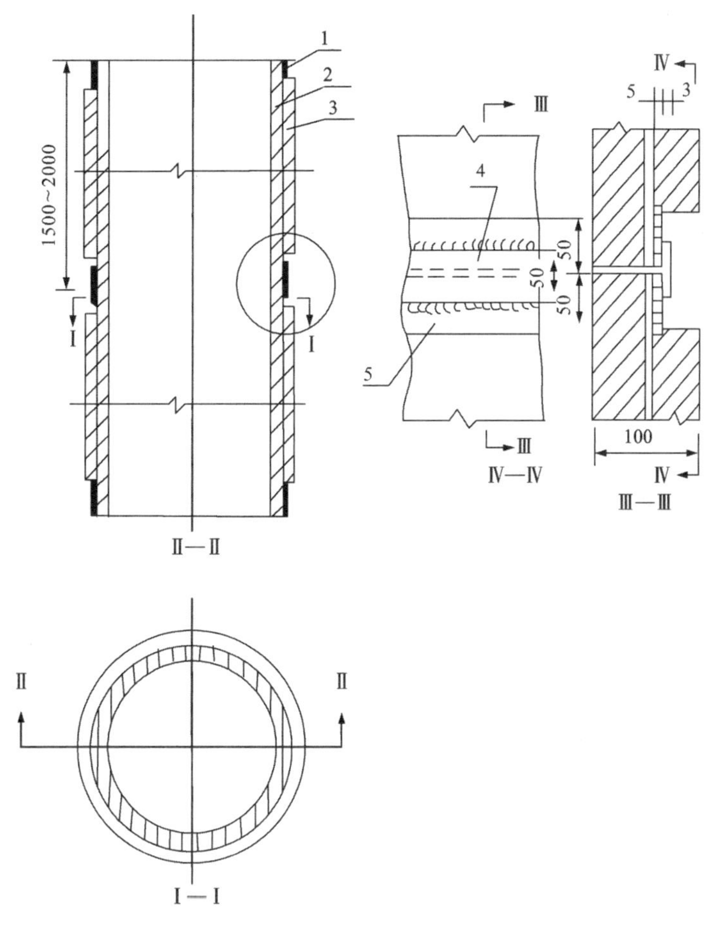

图2-5　钢筋混凝土护筒结构

1-预埋钢板;2-箍筋;3-主筋;4-连接钢板;5-预埋钢板

4. 护筒的埋设

埋设护筒时,除了应按前述控制好护筒的顶端高度外,还要保证护筒埋设位置与垂直度符合《公路桥涵施工技术规范》(JTG/T 3650—2020)规定,护筒中心与桩位中心的偏差不得大于50mm,护筒在竖直方向的倾斜度应不大于1%,并且应选择合适的埋置深度。通常采用挖坑法埋设和填筑法埋设两种方式。

(1)挖坑法埋设。当地下水位在地面以下超过 1m 时,可采用挖坑埋设法,如图 2-6 所示。在砂类土中挖坑埋设护筒时,先在桩位处挖出比护筒外径大 0.8～1.0m 的圆坑,然后在坑底填筑 50cm 左右厚的黏土,分层夯实,以便护筒底口坐实。在黏性土中挖埋护筒时,坑的直径与上述相同,坑底挖平。在松散砂层中埋设护筒时,由于挖坑不易成型,可采用双层护筒,即在外层护筒内挖砂或射水使外层筒下沉到要求的深度,再在外层护筒内安设正式护筒。安放护筒时,通过定位的控制桩放样,把钻孔中心位置标于坑底,再把护筒吊放进坑内,用十字架在护筒顶部或底部找出护筒的中心,移动护筒使护筒中心与钻孔中心位置重合。同时用水平尺或重锤校准护筒的垂直度。此后,在护筒周围对称地、均匀地回填黏土,并分层夯实。

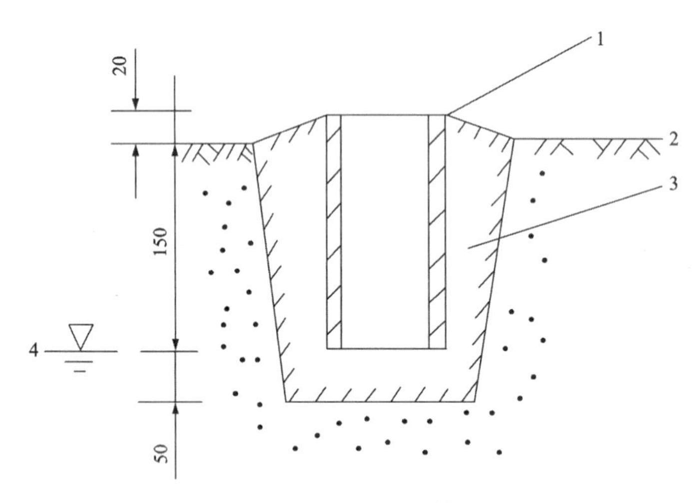

图 2-6　挖坑法埋设护筒(单位:cm)

1-护筒;2-地面;3-夯填黏土;4-施工水位

(2)填筑法埋设。当地下水位较高,挖埋比较困难时,宜采用填筑法安装护筒,如图 2-7 所示。先填筑工作土台,然后挖坑埋设护筒。填筑土台的高度应使护筒顶端比施工水位(或地下水位)高 1.5～2.0m。土台的边坡以 1∶1.5～1∶2.0 为宜。顶面平面尺寸应满足钻孔机具布置的需要,并便于施工操作。在水域施工时,护筒沉至河床表面后,通过在护筒内射高压水、吸泥、抓泥和在护筒上压重、反拉或震打等方法使护筒埋设至要求的深度。

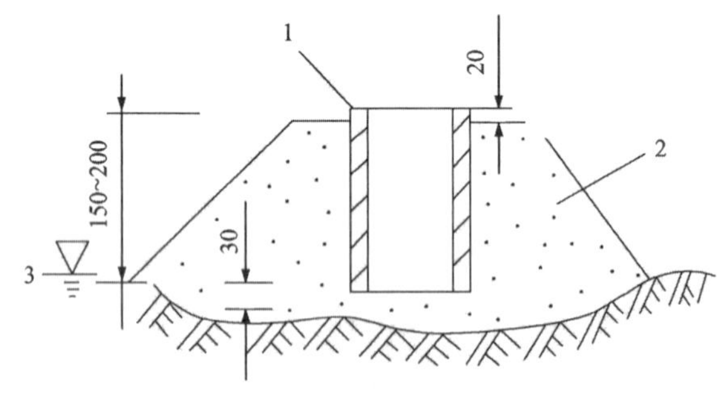

图 2-7　填筑法埋设护筒(单位:cm)

1-护筒;2-土台;3-地下水位

（四）泥浆配制、循环及处理系统

1. 泥浆的功用

泥浆在桩孔施工中作为冲洗液（或稳定液），其主要功用是稳定孔壁、携带和悬浮钻渣。

（1）稳定孔壁。通过泥浆在孔内维持一定的水头高度，形成对孔壁的静水压力来防止孔壁坍塌。在砂、砾石等渗漏性地层，泥浆可在孔壁表面形成一层泥皮，有效阻止孔壁内外相互渗流，稳定孔内水位，维持孔壁的静水压力，达到护壁效果。

（2）携带和悬浮钻渣。通过泥浆在孔内循环，及时将孔底钻渣带出孔外，减少重复破碎和对钻头的磨损，提高钻进效率。合理调整泥浆的密度、切力、黏度等性能指标可以提高泥浆携带和悬浮钻渣的能力。

2. 泥浆的配制

泥浆是由黏土、清水和泥浆化学处理剂按一定的配比搅拌配制而成。由于钻孔灌注桩口径大，需要的泥浆量很大，结合经济方面的考虑，通常可利用所钻地层中的黏土，采用清水钻进自然造浆，必要时可掺入一定量的膨润土，以改善泥浆的性能。若所钻地层为砂性重、稳定性差、松散易塌地层，就应选择水化性能好、造浆率高、含砂量少的黏土或膨润土粉来配制泥浆。通常要求用来造浆的黏土其胶体率不低于95%，含砂率不大于4%，造浆率不小于8m^3/t。

配制泥浆时，除了要考虑地层条件之外，还要考虑不同成孔工艺方法对泥浆性能的要求（表2-1），并且应在施工中根据孔壁稳定、孔底沉渣和泵组工作情况，对泥浆性能进行维护和调整。

表 2-1 泥浆基本性能指标

工艺方法	地层条件	相对密度 γ	黏度 T/s	胶体率/%	含砂率 S/%	稠度 K	pH 值
反循环法	一般地层	1.02～1.05	16～18	>95	<4	0.4	7～8
	松散易塌地层	1.06～1.10	18～22	>95	<4	0.5～0.7	7～8
正循环法	一般地层	1.10～1.15	20～22	>96	<4	0.5	7～8
	松散易塌地层	1.12～1.16	24～28	>96	<4	0.6～0.7	8～9
冲击、冲抓方法	一般地层	1.15～1.20	22～26	>90		0.6	7～8
	松散易塌地层	1.20～1.30	25～30	>90		0.7～0.8	7～8

3. 泥浆循环系统

泥浆循环系统通常包括泥浆池、沉淀池、贮浆池或搅拌池、循环槽等。布设泥浆循环系统时，应综合考虑场地条件、桩位分布、桩孔容积、地层情况、工艺方法、钻渣废浆的清除外运等因素。

泥浆池的容积一般不小于同时施工的桩孔实际容积的1～2倍，以保证同时施工的桩孔在灌注混凝土时泥浆不至于外溢。沉淀池容积可用同时开动的泥浆泵每分钟总排量乘以沉淀时间来决定,沉淀时间由试验决定,一般为 20min。例如,两个同时施工的钻孔共用一套泥浆循环系统,两台泥浆泵的排量都为 850L/min,所需的沉淀池容积为:$V=2\times850\text{L/min}\times20\text{min}=34\ 000\text{L}=34\text{m}^3$。

若场地允许,可设两个沉淀池轮换使用。循环槽断面尺寸与长度应根据钻进工艺方法、场地条件、废浆处理方式来确定。反循环法因泵量大,采用较大断面的循环槽[通常为 500mm×300mm(宽×高)]。正循环法因泵量较小,可采用较小断面的循环槽[可选 300mm×250mm(宽×高)]。

4. 泥浆净化

钻进过程中由于钻渣不断混入泥浆中,泥浆的相对密度、黏度、含砂量等性能将发生变化,因此需要在泥浆返出地表后除去泥浆中的钻渣,这项工作称为泥浆净化。泥浆净化的方法有自然沉降法、机械净化法和化学净化法等。

(1)自然沉降法。泥浆在流经循环槽和沉淀池时,其中的钻渣在自重作用下产生沉淀,从而得以净化。从提高泥浆的净化效果考虑,可在循环槽中设挡板改变泥浆流态,破坏泥浆结构,以利于钻渣沉淀。

(2)机械净化法。即采用专门的机械设备对泥浆中的钻渣进行分离处理,最常用的两种净化设备是高频振动筛和旋流除砂器。一般采用高频振动筛把泥浆中粒径在 0.5mm 以上的大颗粒钻渣筛出,剩下混有粒径在 0.5mm 以下砂粒的泥浆可采用旋流除砂器进一步净化。

(3)化学净化法。在泥浆中加入化学絮凝剂,使钻渣颗粒聚集而加速沉淀,达到净化泥浆的目的。常用的化学絮凝剂有水解聚丙烯酰胺、铁铬木质素磺酸钠盐等。化学净化法可配合机械净化法使用。

三、正循环回转钻进成孔工艺

目前国内钻孔灌注桩常用的成孔方法主要有螺旋钻成孔、振动沉管法成孔、冲击钻进成孔、冲抓锥成孔、潜水电钻成孔、正循环回转钻进成孔、反循环回转钻进成孔等。这些方法各有特点,它们的适应地层、成孔直径、作业深度都有一定的局限性,应根据工程的具体情况,并结合现有的技术装备水平进行技术分析,合理选择成孔方法。施工方法的选择是否合理及技术条件的优劣,不仅对桩的成孔质量和施工速度至关重要,而且对混凝土浇灌质量乃至桩的承载力具有决定性的意义。国内常用钻孔灌注桩成孔方法及主要特性见表 2-2。

正循环回转钻进成孔是采用钻机回转装置通过钻杆带动钻头回转切削破碎岩土;泥浆泵泵送的泥浆经过钻杆内腔输送到孔底,悬浮并携带钻渣,再经钻杆与孔壁之间的环状空间返回地面,实现排渣和护壁。这种成孔方法工艺技术成熟,操作简单,易于掌握,适用于各类黏土层、砂土层和基岩,也可在砂砾、卵石含量小于 15%的土层中使用。必须指出的是,对于大直径的桩孔,采用正循环回转钻进时,钻杆与孔壁之间的环状断面积大,泥浆上返流速低,排除钻渣能力差,岩土重复破碎现象严重。因此,采用正循环回转钻进成孔,桩孔直径一般不宜大于 1000mm。

表 2-2 国内常用钻孔灌注桩成孔方法及主要特性

特性		成孔方法					
		螺旋钻	振动沉管法	冲击钻进、冲抓锥	潜水电钻	正循环回转钻进	反循环回转钻进
破碎土层方法及排渣方式		螺旋钻头破碎土层，并通过螺旋钻杆将土渣输送至孔口	用重锤或偏心振击器贯入钢管，土层被挤密实，无土渣排出	利用冲击钻头或冲抓锥自重冲击破碎土层，部分渣用抓斗或捞渣管捞出	利用潜水电机带动钻头回转钻进，渣土用冲洗液排出（可采用正、反循环方式排渣）	用地面钻机驱动钻具钻进，渣土用正循环冲洗液携带，经钻孔环空排出	用地面钻机驱动钻具钻进，渣土利用反循环冲洗液由孔底吸入钻杆内高速排出
桩径/cm		＜50	＜40	＜120	60～150	＜100	60～200（或更大）
经济成孔深度/m		12	20	30	50	50	70
适用土质及水位条件	黏土、淤泥层	△	○	△	○	○	○
	砂土层	○	○	○	○	○	○
	砂砾、砾石层	○	△	○	○	△	○
	卵石层	×	×	○	△	×	△
	漂石层	×	×	○	×	×	×
	基岩层	×	×	△	×	○	○
	地下水位以下	×	△	○	○	○	○
施工条件	所需场地大小	小	小	较大	小	大	大
	钻渣清除难度	容易	无	较容易	难	难	难
	产生噪声、振动	小	大	较大	很小	小	小
	混凝土灌注方式	孔口倒入	沉管内灌入	导管水下灌注	导管水下灌	导管水下灌	导管水下灌
	正常成孔作业人员/(人·班$^{-1}$)	3～4	3	5～6	3～4	3～4	5～6

注：○表示适合；△表示采取措施后可用；×表示不适合。

1. 钻机的选择和改装

与岩芯钻探相比较，桩孔施工具有口径大、孔浅、钻机移位频繁的特点，因此选用钻机时应满足以下要求：

(1)转速低、扭矩大。桩孔直径大于 800mm 时，扭矩应大于 5kN·m；桩孔直径大于 1000mm时，扭矩应大于 12kN·m。

(2)通孔直径大。便于大直径钻头起、下钻操作。

(3)移位搬迁方便。目前国内用于桩孔施工的正循环钻机主要有 GPS-10 型、XY-5G 型、GJC40H 型以及稍加改进以适应桩孔施工需要的水文水井钻机和地质岩芯钻机。它们的主要技术性能如表 2-3 所示。

(4)选用低速马达,并且改变传动带轮轮径的级配,或在动力机与钻机之间增设一减速器来获得低转速、大扭矩。

(5)将钻机、钻塔安装在能自行的车辆上或将钻机、钻塔安装在平台上,用起重吊车整体吊运移位,也可以在平台上安装行走滚轮,在施工现场桩孔之间铺设纵横轨道,增强钻机移位的灵活性。

图 2-8 为某施工单位改装后的 SPJ-300 型钻机安装示意图。采用转速为 970r/min、功率为 28～30kW 的电动机驱动钻机,采用 18＃工字钢加工组装成“井”字形钻机底架。底架下装有可以上下升降的滚轮,纵向 8 个、横向 8 个,在轨道上可以纵横移动和调平,两排滚轮的轮距为 2.5～3.5m。钻架用管子塔改装,有效高度约 8m;转盘安装在底架的滑道上,拆开万向轴接头,转盘即可移开让出孔口。

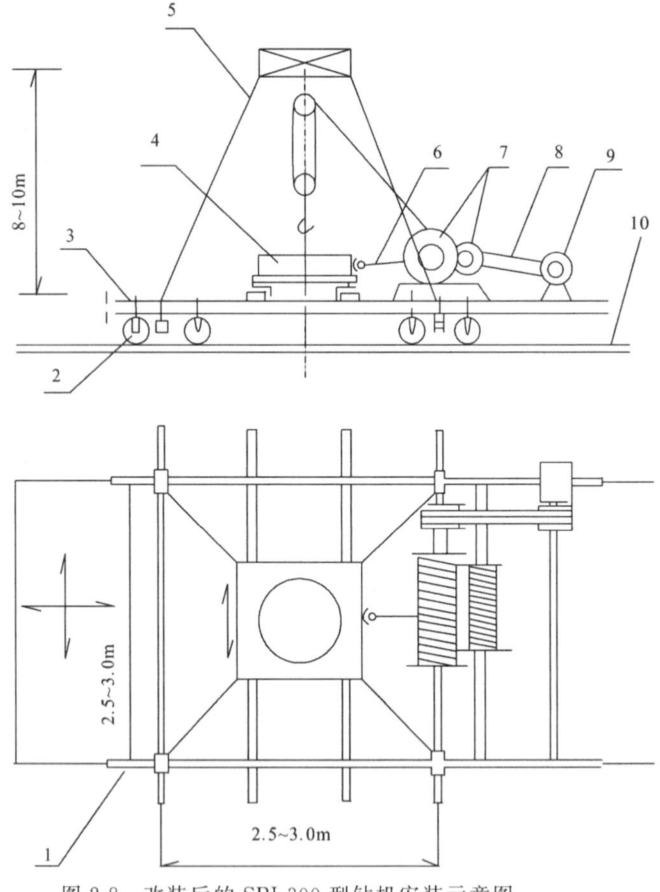

图 2-8 改装后的 SPJ-300 型钻机安装示意图

1-底架;2-滚轮;3-平台;4-转盘;5-钻架;6-万向轴;

7-升降机;8-皮带;9-电动机;10-轨道

表 2-3 常用正循环回转钻机的主要技术性能表

生产厂家	钻机型号	技术性能								
		钻孔直径/m	钻孔深度/m	扭矩/(kN·m)	提升能力/kN		钻机动力/kW	钻机装载形式	钻机质量/t	备注
					主卷扬机	副卷扬机				
上海探矿机械厂	GPS-10 型	40～1.2	50	8	29.4	19.6	37	散装	8.4	正、反循环两用
	GPS-15 型	0.8～1.5		18	30				15	组装式转盘钻机
	SPJ-300 型	0.5	300	7	29.4	19.6	60	散装	6.5	
	SPC-500 型	0.5	500	13	49	9.8	75	车装	26	
天津探矿机械厂	SPC-300H 型	0.5	300		30	20	6135 柴油机	车装	15	正循环回转和冲击两用
	GJC-40H 型	0.5～1.5	40	13.9	30	20	6135 柴油机	车装	15	
铁道部大桥局桥梁机械制造厂	BRM-08 型	0.6～1.2	40～60	7.8	30		22		13.6	
	BRM-1 型	0.8～1.5	40～60	12	30		22		9.2	正、反循环
	BRM-2 型	0.8～1.5	40～60	28	30		28		13	正、反循环
郑州勘察机械厂	ZJ-150 型	1.5～2.0	70～100	20			55	拖车散装		正、反循环
	红星-400 型	0.65	400	13.2				拖车散装		
石家庄煤矿机械厂	0.8-1.5M/50M 型	0.8～1.5	50	15			100			
张家口探矿厂	XY-5G 型	0.8～1.2	40	25	40		45		8	
重庆探矿厂	GQ-80 型	0.6～0.8	40	5.5	30		22		2.5	

2. 泥浆泵的选择

采用正循环回转钻进成孔法施工桩孔时，由于孔壁与钻杆之间的环状断面积大，为了获得有效排渣的上返流速，要求选用大排量的泥浆泵。此外，桩孔施工时一般是多个桩孔同用一套泥浆池，设置在泥浆池旁的泵站与钻机间有一定距离，地面泥浆管道较长，因此要求泥浆泵能提供一定的泵压。常用的泥浆泵有离心式泥浆泵和往复式泥浆泵。离心式泥浆泵具有流量大、结构简单、重量轻、价格便宜等优点，但它排出的流量是随管道阻力的增加而减小的。泥浆越浓，地面泥浆管道越长，钻孔越深，离心泵排出的流量就越小。桩孔施工中较多地采用了 PN 系列的离心式泥浆泵，其主要参数见表 2-4。

表 2-4　PN 系列离心式泥浆泵技术性能参数表

型号	技术性能			
	流量/($m^3 \cdot h^{-1}$)	扬程/m	转速/($r \cdot min^{-1}$)	配备动力/kW
3PN	108	21	1470	22
4PN	100～200	41～37	1470	55

往复式泥浆泵的优点是泵量基本上不随输出管道阻力的变化而变化，并可以将多台往复泵并联使用，以增大泥浆输出的排量。常用的往复式泥浆泵技术性能如表 2-5 所示。

表 2-5　常用的往复式泥浆泵技术性能表

生产厂家	技术性能					
	型号	流量/($L \cdot min^{-1}$)	压力/MPa	输入功率/kW	排水管直径/mm	质量/kg
上海探矿机械厂	BW-850 型	600～850	2～3	54	63	1500
天津探矿机械厂	BW-600/30 型	420～600	3～4	52	63.5	1450
衡阳探矿机械厂	BW-250 型	35～250	2.5～7	15	51	500
	BW-450 型	35～450	1.2～2	18.5	51	540
	SBW-600 型	150～600	1.5～3	22	64	720
石家庄煤矿机械厂	TBW-150/40 型	250	4	24		1352
	TBW-600/60 型	600	6	100		2850
	TBW-850/50 型	850	5	100		2850
郑州勘察机械厂	NB-30 型	670～1000	1.3～2			
	NB-40 型	1200	1.6			

3. 钻头的选择

正循环回转钻进成孔时，根据地层的岩土性质，可以选择不同材质的切削研磨材料和不同结构形式的钻头，以求达到最佳钻进效果。结合国内现场使用情况，通常采用合金钻头钻进各种砂土层、黏土层和软—中硬的基岩；钢粒钻头主要用于中硬以上的基岩；牙轮钻头既可用于第四系也可用于基岩钻进，但牙轮钻头需要比较大的钻压才能获得较高的钻进效率。下面具体介绍几种常用的钻头。

(1)鱼尾钻头(图 2-9)。采用 40～50mm 厚的钢板做成鱼尾形钻头翼板，在其中部切削成宽度同钻杆接头直径相等、长约 300mm 的切口，将钻杆接头嵌入并焊接成一体。在翼板的两侧，钻杆接头下口各焊一段 90mm×90mm 的角钢，形成方向相反的两个出浆口。在翼板切削边缘镶焊硬质合金。鱼尾钻头适用于钻进黏土和砂土层，制作简单，但钻头导向性差，遇局部阻力或侧向挤压力易偏斜。

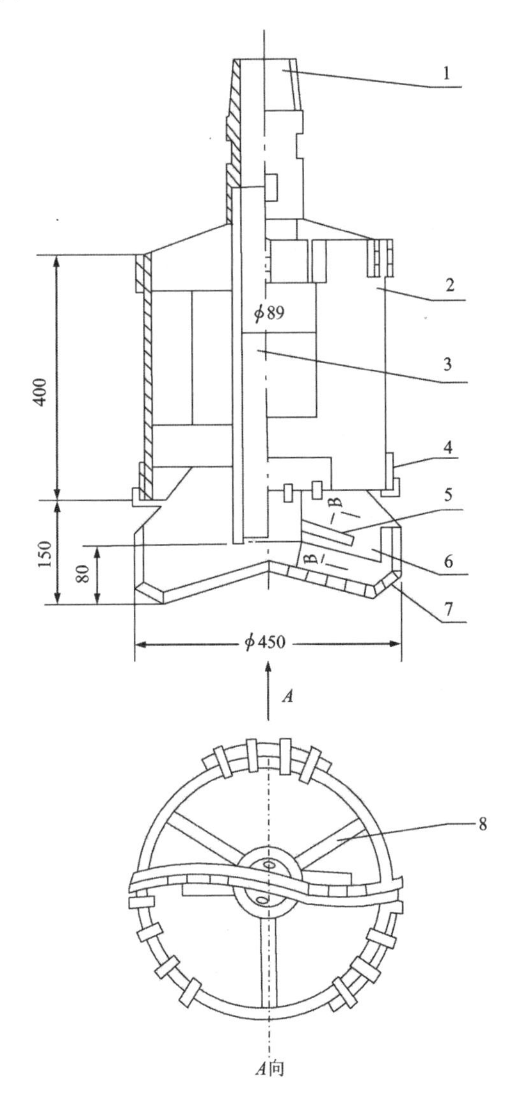

图 2-9 鱼尾钻头结构

1-接头；2-导向笼；3-芯管；4-肋骨片；5-侧水道；
6-鱼尾翼板；7-硬质合金片；8-加强板

(2)笼式刮刀钻头(也称双腰带笼式钻头)(图 2-10)。这种钻头由中心管、翼板、上下导正圈(通称腰带)、立柱、横支杆、斜支杆和超前小钻头等组成。钻进时由于上下腰带的导正作用及小钻头的定心导向,钻头工作平稳、摆动少。钻孔的垂直精度较高。对于少量不易破碎的卵砾石可挤进由腰带、立柱和支杆组成的圆笼内,不妨碍继续钻进。笼式刮刀钻头适用于黏土,粉、细、中粗砂和含砾石的土层。

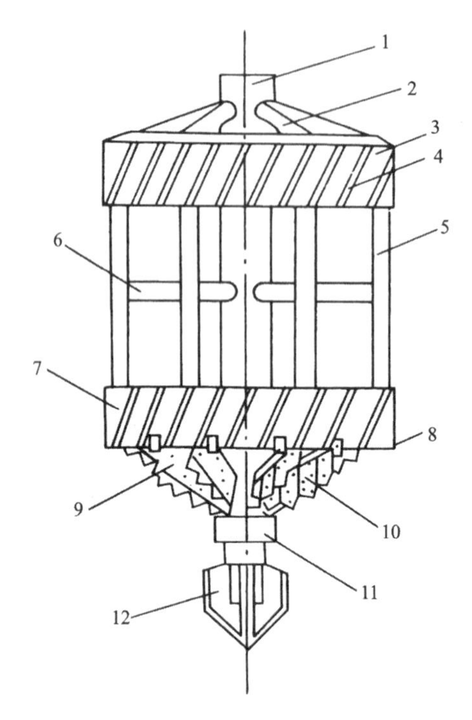

图 2-10　笼式刮刀钻头结构

1-芯管;2-斜支杆;3-上导正圈;4-肋骨;5-立柱;6-横支杆;
7-下导正圈;8-肋骨块;9-翼板;10-刀体;11-接头;12-小钻头

(3)内外压砂块式钢粒钻头(图 2-11)。这种钻头由芯管、外管、内压砂块、外压砂块、加强筋板和钻杆接头等组成。钻进时内外压砂块压住投放到孔底的钢粒,并带动它们在孔底翻滚而破碎岩石。这种钻头适用于中硬以上的岩层全面钻进。

(4)牙轮钻头。大直径牙轮钻头是采用石油钻进的牙轮组装焊接而成。图 2-12 为阶梯盘形组合式牙轮钻头的结构示意图。前导钻头为 $9\frac{5}{8}''$(244.5mm)三牙轮钻头,其余牙轮、轮掌均用 $12\frac{1}{4}''$(311mm)和 $9\frac{5}{8}''$(244.5mm)牙轮钻头切割成单件,对称地焊在托盘上。钻进时牙轮在孔底既绕钻头轴心旋转,同时还绕自身轴心旋转。牙轮切削齿对孔底岩土进行冲击压碎作用和剪切破碎作用,碎岩效率较高。牙轮钻头适用于硬土、基岩或卵砾石层。

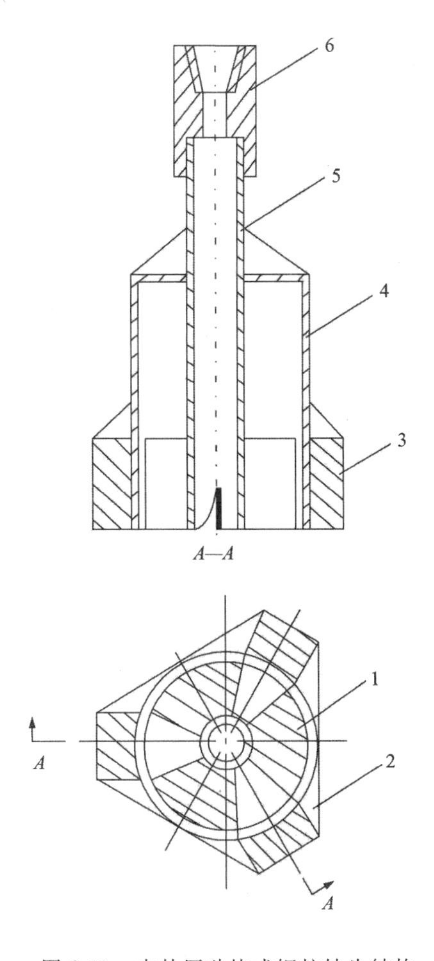

图 2-11 内外压砂块式钢粒钻头结构

1-内压砂块；2-接头；3-钻头体；
4-筋板；5-外压砂块；6-接头

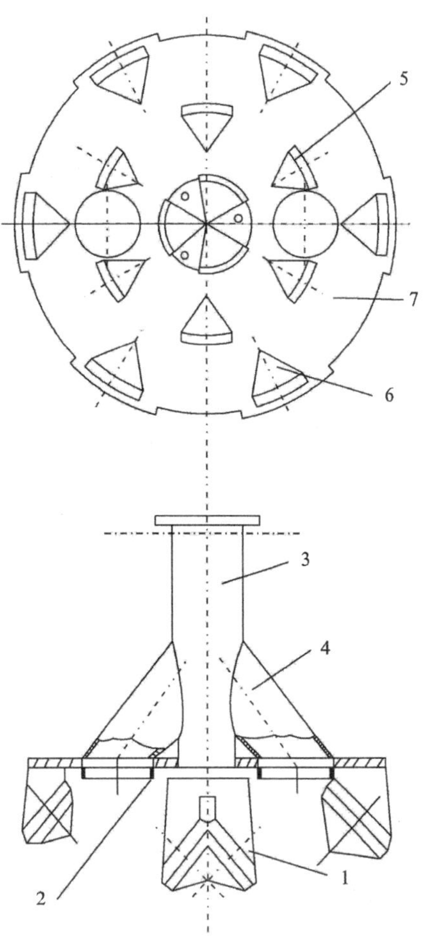

图 2-12 阶梯盘形组合式牙轮钻头结构

1-超前三牙轮钻头；2-吸渣口；3-中心管；4-导管；
5-正刀($9\frac{5}{8}$″牙轮)；6-边刀($9\frac{5}{8}$″牙轮)；7-刀盘

4. 钻进工艺参数的选择

1)钻压

钻压是指钻头作用于孔底岩石上的轴向压力，通常根据地层条件、钻头类型、设备能力和钻具强度等因素综合考虑确定。

在松散地层钻进时，钻压应以保证冲洗液畅通、钻渣清除及时为前提，灵活加以掌握。在钻进基岩时，如果采用合金钻头，则应保证每颗硬质合金切削具上具有足够的压力，取值范围一般为 400～600N/颗。如果采用钢粒钻头，则应保证钻头底唇面上有效单位面积上的压力为 200～300N/cm^2。如果采用牙轮钻头，则一般要求每平方厘米钻头直径上的钻压不小于300～500N。对于口径较大的桩孔，现有的钻头和钻具难以满足上述压力要求，通常采取配置加重钻铤或加重块来增加钻压，提高碎岩效率。

2)转速

转速(n)是指钻头每分钟回转的次数,它的选择除了满足破土碎岩的扭矩需要外,还要考虑钻头不同部位切削具的磨耗情况。因此常按钻头旋转的圆周线速度达到 0.8～1.6m/s 来选取,并按下式计算:

$$n = \frac{60v_{线}}{\pi D} \tag{2-1}$$

式中:v 线为钻头旋转线速度(m/s),取 0.8～1.6m/s;D 为钻头直径(m)。

一般均质地层,相应转速范围为 40～80r/min。对于较硬或非均质地层钻头转速可相应减少到 20～40r/min。

3)冲洗液量

每分钟送往孔内的冲洗液量应保证冲洗液在桩孔内上返流速足以及时排出孔底的钻屑。泵量(Q)的计算式为:

$$Q = \frac{\pi}{4}(D^2 - d^2) \cdot v_{上返} = 4.71 \times 10^4 (D^2 - d^2) \cdot v_{上返} \tag{2-2}$$

式中:D 为桩孔直径(m);d 为钻具外径(m);$v_{上返}$ 为桩孔内上返流速(m/s)。

上返流速究竟为多大时才能有效、及时地排除钻屑以获得最好的钻速,这涉及物体的悬浮速度、流体压力损失等概念。在实际钻进中,钻屑是不规则的几何形体,并在有限的流体空间内运动。为了由简到繁地分析问题,先假设钻屑是几何形状规则的球形,然后用形状系数和管路系数加以修正。

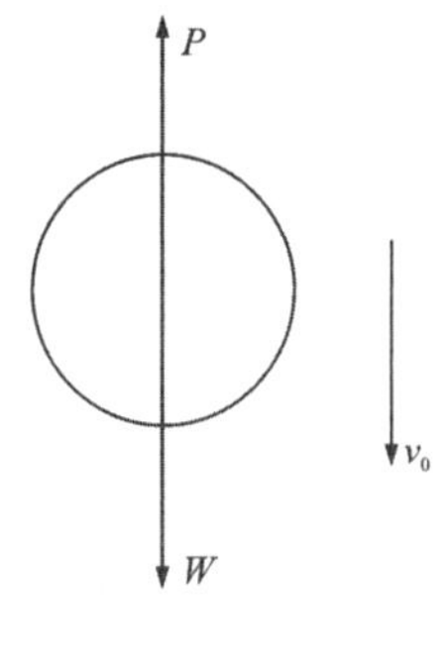

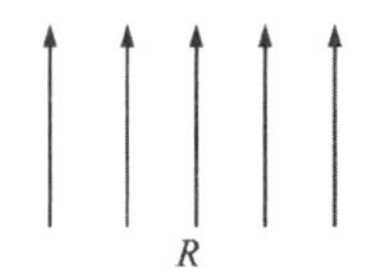

图 2-13 钻屑沉降受力分析

首先考虑球形物体自由沉降速度,当球形物体在无限大断面静止的流体中自由下沉时,作用在球体上的力有重力(W)、浮力(P)和流体阻力(R),如图 2-13 所示。由于阻力与沉降速度的平方成正比,因此在重力作用下沉降速度逐渐增大时,阻力随之迅速增大。最后当沉降速度到达某一值时,作用在球体上的重力、阻力和浮力这三力平衡,即 $W=P+R$。这时,球体将以恒定的速度下沉。这一恒定的速度 v_0 称为该物体的自由沉降速度。如果流体以小于球体的自由沉降速度向上运动,则球体下沉;如果流体以大于球体自由沉降速度向上运动,则球体上升;如果流体以等于球体的自由沉降速度向上流动,则球体既不上升也不下降,而是处在某一水平面上摆动。此时流体的流速称为该球体的自由悬浮速度。显然,悬浮速度与沉降速度在数值上相等、在方向上相反。

对于直径为 d_s 的球体,其重力、浮力和阻力分别为:

$$W = \frac{\pi d_s^3}{6} \cdot \gamma_s \tag{2-3}$$

$$P = \frac{\pi d_s^3}{6} \cdot \gamma_a \tag{2-4}$$

$$R = C \cdot \frac{\pi d_s^3}{4} d_s^2 \cdot \frac{v_0^2}{2g} \cdot \gamma_a \tag{2-5}$$

当球体悬浮时，重力、浮力、阻力达到平衡状态，即 $W=P+R$，代入整理后得：

$$v_0 = 3.62\sqrt{\frac{d_s(\gamma_s-\gamma_a)}{C\cdot\gamma_a}} \tag{2-6}$$

式中：v_0 为钻屑的自由悬浮速度(m/s)；d_s 为钻屑的直径(m)；γ_s 为钻屑的重度(N/m^3)；γ_a 为流体的重度(N/m^3)；C 为阻力系数，与雷诺数 R_e 有关，当 $R_e>500$ 时，$C=0.44$。

通过式(2-6)可以求出球体自由悬浮速度值，但因钻屑是在有限截面的通道内运动的，并且钻屑形状千变万化，钻屑颗粒之间也相互影响，因此计算钻屑的悬浮速度时，要考虑以下影响因素。

(1)管壁的影响。由于冲洗液上返的流道截面积有限，钻屑颗粒本身也挤占一定的过流截面积，因此冲洗液流通截面减小，钻屑周围流体流速增大，使钻屑获得附加的流体动压力，悬浮速度减少。苏联科学家乌斯品斯基用一组粒径为1.99～24.43mm的钢球在4种不同管径的垂直管道中进行悬浮试验。结果表明，当球体直径 d_s 与管道直径 d 的比值为0.45时，悬浮速度达到最大值。根据这一试验，乌斯品斯基提出了在考虑管壁影响条件下球体的悬浮速度 v_0' 的计算式为：

$$v_0' = v_0\left[1-\left(\frac{d_s}{d}\right)^m\right] \tag{2-7}$$

式中：d 为管道内径(mm)；其他各参数意义同式(2-6)。由 $dv_0'/dd_s'=0$，可求得系数 $m=2.22$，一般近似取为2。

(2)颗粒形状的影响。不同形状的颗粒在流体中做相对运动时，其阻力是不同的。相对密度相同的颗粒，以球形颗粒的阻力最小，悬浮速度最大。假设不规则形状的阻力系数为 C_1，则称 C_1 与球体阻力系数 C 的比值为形状系数(K_s)。形状系数(K_s)亦与流体的物理性质和流速有关，其值可由流体力学书中查得，亦可近似取为1.17。

(3)颗粒群的影响。在钻进过程中，钻屑以颗粒群的形式存在于冲洗液中，颗粒越多，颗粒之间相互摩擦和局部撞击的影响也就越大。同时，颗粒群的存在使流体流通的有效过流面积减少，液流局部流速增大，因此颗粒群的悬浮速度比单颗粒的悬浮速度要小。

综上所述，钻屑的悬浮速度可用下式近似计算：

$$v_0'' = 5.04\sqrt{\frac{d_s(\gamma_s-\gamma_a)}{\gamma_a}}\left[1-\left(\frac{d_s}{d}\right)^2\right] \tag{2-8}$$

式中各参数意义同式(2-6)、式(2-7)。

要使钻屑向上移动，冲洗液的上返流速必须大于钻屑的悬浮速度，即 $v_{上返}-v_0''=v_s>0$。因此，在求得钻屑的悬浮速度后，可根据式求得冲洗液的上返流速：

$$v_{上返} = v_s + v_0'' \tag{2-9}$$

式中，v_s 为钻屑上返速度(m/s)。

v_0''一定时，$v_{上返}$越大，则 v_s 越大，即钻屑排出越快，钻进效率越高。但 $v_{上返}$太大，管路液流的沿程阻力损失增大。经分析研究得出，有效排屑的冲洗液上返流速的最低值约为0.3m/s。由此可以确定有效排屑的最小泵量值为：

$$Q = 4.71\times10^4(D^2-d^2)\times0.3 = 1.413\times10^4(D^2-d^2)$$

在钻孔桩实际施工中，由于受到泥浆泵排量和钻具、水龙头断面尺寸的限制，要获得正循环有效排渣的上返流速（约大于 0.3m/s）是非常困难的。如采用 ϕ127mm 钻杆，钻进直径为 800mm 的桩孔，要达到泥浆上返流速为 0.3m/s，则所需泥浆泵排量达 8800L/min。事实上，这是难以做到的。虽然通过增大泥浆相对密度和黏度，可以改善泥浆性能、提高泥浆悬浮和携带钻屑的能力，但是由于不能及时排除钻屑并且泥浆稠度大，致使孔壁泥皮厚，增加了清孔工作量和难度，对成桩质量也有不利影响。因此，国内外在大口径桩孔钻进施工中，广泛采用反循环回转钻进方法，有效解决了排渣的问题。

四、反循环回转钻进成孔工艺

反循环回转钻进是指循环介质从钻杆与孔壁之间的环状间隙中进入钻孔，再从钻杆内返回孔口，如此循环的一种钻进方法。

大口径桩孔钻进时，由于环隙断面大，泵量有限，采用正循环其上返流速低，钻屑必须经充分破碎才能被排出孔外。这会带来 3 个问题：①影响钻进效率并加快钻头磨损，因为钻屑的重复破碎需要消耗较多的能量和时间；②钻屑越细，则越难从泥浆中分离，因而泥浆的维护与处理难度增大；③通过增大泥浆黏度和相对密度虽有利于上返钻屑，但这会使孔壁泥皮厚度增加，影响桩的质量且增大泵的功耗。

采用反循环回转钻进，泥浆上返速度一般可达 2～3.5m/s（约 10 倍于最低临界上返流速），因此能够及时有效地将孔底钻屑清除并带出孔口。即使是在卵砾石层钻进，只要卵砾石粒度小于钻杆内径，就可以不经破碎直接排出孔口。这种钻进方法已在大口径钻孔施工中得到广泛的应用。

1. 反循环实现方法

反循环实现方法有直接压送法和抽吸法两大类。直接压送法是将循环介质从孔壁与钻具之间的环状间隙中（或从双壁钻杆的内外管壁之间）压送到孔底，再从钻杆中心通孔上返。这种方法主要用于非漏失地层或小口径中心取样钻进。抽吸法是利用离心泵、气举泵或射流泵从循环管路的出口处或中段某处形成负压或反向压差，并由此产生抽吸力，从钻杆中心通孔抽吸循环介质，形成冲洗介质的连续反循环。在大口径桩孔钻进中，多采用抽吸法，即泵吸反循环、气举反循环和射流反循环。

1）泵吸反循环

泵吸反循环的关键设备是砂石泵。砂石泵的吸入口与胶管、水龙头上面的弯管及整个钻杆相连，砂石泵的排出口对着沉淀池，利用砂石泵（离心泵）的抽吸作用，在钻杆柱内腔造成负压状态，将孔底带有钻屑的泥浆抽到沉淀池，泥浆经沉淀处理后再回流至孔内，从而实现泥浆的反循环。图 2-14 是泵吸反循环钻进成孔原理示意图，砂石泵通常为离心式泵，为了增大通道直径，一般设计两个叶片，泵的效率则因叶片的减少而降低到 50%～60%。

在启动砂石泵进行反循环之前，由于吸入管路中的胶管、水龙头及弯管、主动钻杆均充满空气，而离心泵抽吸空气的能力非常有限，因此要启动砂石泵形成反循环，就必须先排除砂石泵吸入管路中的空气。排气一般有两种方法：真空泵抽吸空气法和灌注泵灌液排气法。施工

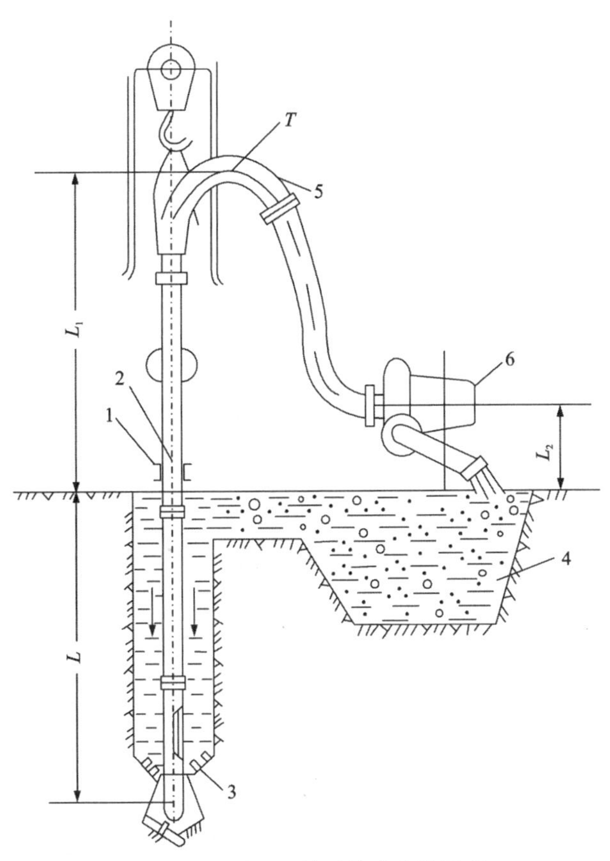

图 2-14 泵吸反循环钻进成孔原理

1-转盘;2-钻杆;3-钻头;4-沉淀池;5-水龙头排渣管;6-砂石泵;

L、L_1、L_2-尺寸符号

中多采用灌注泵灌液排气法,即用清水泵、3PN 泥浆泵、砂石泵组成三泵反循环系统,如图2-15所示。启动砂石泵之前,利用清水泵向泥浆泵内灌水,灌满后启动泥浆泵,并打开弯管阀门,关闭排渣阀门,泥浆泵向砂石泵及吸水管路灌注泥浆,形成正循环。然后启动砂石泵,待运转正常后,迅速打开排渣阀门,即可实现反循环。清水泵排出的清水可以用胶管引到泥浆泵和砂石泵轴端密封盒内起强制密封和润滑作用。泵吸反循环必须满足下述两个条件才能保持正常工作。

(1)水龙头弯管最高点的压力不小于泥浆的汽化压力 p_r 。

(2)吸入口处的压力应大于砂石泵的吸入压力 p_b(大气压与泵的吸入压力之差即为泵所能达到的真空度)。计算公式如下:

$$p_a-(\Delta p_1+\Delta p_3+L_1\gamma_m)\geqslant p_r \tag{2-10}$$

$$p_a-(\Delta p_1+\Delta p_3+L_2\gamma_m)\geqslant p_b \tag{2-11}$$

其中:

$$\Delta p_1=\lambda\cdot\frac{L}{d}\cdot\frac{v_a^2}{2g}\cdot\gamma_a+\frac{v_a^2}{2g}\cdot\gamma_a \tag{2-12}$$

$$\Delta p_2=\xi\cdot\gamma_a\cdot\frac{v_a^2}{2g} \tag{2-13}$$

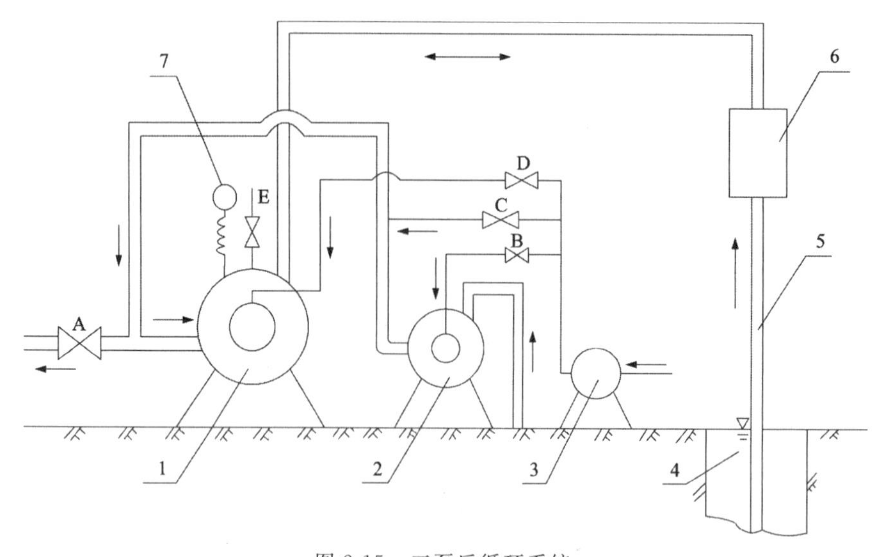

图 2-15　三泵反循环系统

1-砂石泵；2-灌注泵；3-清水泵；4-钻孔；5-钻杆；6-水龙头；7-真空表

$$\Delta p_3 = L(\gamma_m - \gamma_a) \tag{2-14}$$

式中：p_a 为大气压(kPa)，为 100kPa；p_r 为汽化压力(kPa)，与温度有关；γ_m 为混合液重度(kN/m^3)；p_b 为吸入口压力(kPa)，GPS15 钻机的砂石泵吸程为 7m，则 $p_b=30kPa$；ξ 为局部阻力系数，$\xi=2\sim4$；γ_a 为泥浆的重度(kN/m^3)；L 为桩孔深度(m)；L_1 为水龙头弯管最高点与钻孔液面之间的高度(m)；L_2 为砂石泵吸入口与钻孔液面之间的高度(m)，即泵的安装高度；Δp_1 为沿程压力损失(kPa)；Δp_2 为钻头处的吸入阻力产生的压力损失(kPa)；Δp_3 为钻杆柱内外的液体重度差所形成的压差(kPa)；v_a 为钻杆内泥浆流速(m/s)；g 为重力加速度(m/s^2)。

根据以上公式，要想获得大的抽吸力，则必须降低泵的吸入口压力(p_b)；但 p_b 又不能小于液体的汽化压力，因此采用泵吸反循环时，钻孔深度和钻进速度受到限制。通常孔深在 50m 以内效率较高。

泵吸反循环有关参数选择：

(1)钻杆内径。可通过增大钻屑颗粒直径，从而增大内径(d)，降低阻力，但要求泵量(Q)增大，因此综合考虑后，取 $d=D/10$(D 为桩孔直径)。通常 d 不小于 100mm。

(2)上返流速。增大上返流速($v_{上返}$)，则排渣效果加强，但阻力损失与流速的平方成正比，$v_{上返}$ 太大，沿程及局部阻力损失剧增。总结国内外经验，一般认为 $v_{上返}$ 取 2～4m/s，最低可取 1.5m/s。孔壁与钻杆之间环隙中的流速为 0.02～0.04m/s，最大不超过 0.16m/s。

(3)泵量。根据公式：$Q = v_{上返} \cdot \pi d^2/4$，只要 $v_{上返}$ 确定，泵量即确定。

(4)主动钻杆长度。泵吸反循环管路中，压力最低点在水龙头上的弯管顶部，采用较短的主动钻杆，有利于保证该部位的压力不低于泥浆的汽化压力。主动钻杆长度通常不大于 3.5m。

2)射流反循环

该方法采用射流泵驱动泥浆实现反循环进行钻进成孔。射流泵工作原理(图 2-16)：

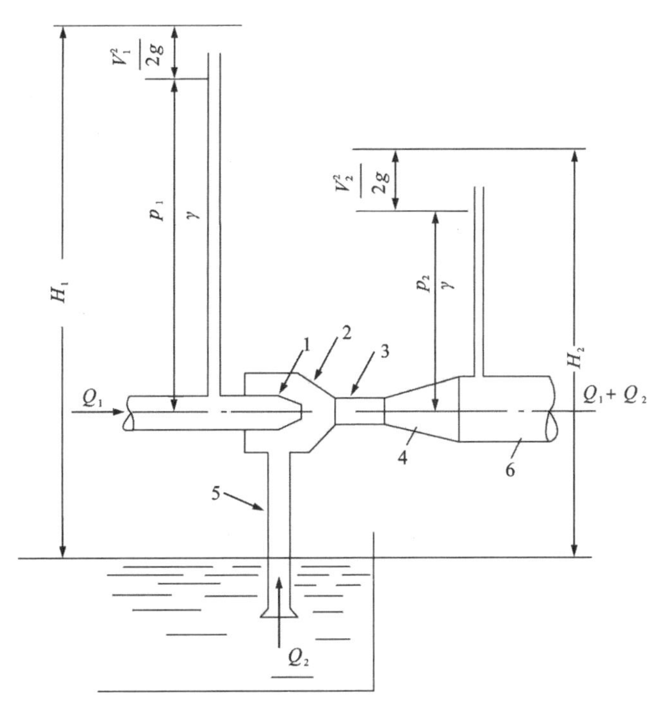

图 2-16　射流泵工作原理

1-喷嘴；2-吸入室；3-喉管；4-扩压管；5-吸水管；6-排出管

(1)高压流体从喷嘴高速喷出，进入吸入室，速度加快，压力降低，形成高速射流。

(2)高压射流对周围的介质有卷吸作用，可带着周围介质一起向前运动。

(3)吸入室的一部分流体被带走后，压力下降，形成一定真空度，从而使引射流体通过吸入管不断被吸入吸入室，又不断被高速射流带走。

(4)工作流体与引射流体在喉管内进行动量和能量交换达到充分混合。

(5)混合流体经过扩压管时，流速降低，压力增大，把大部分动能转化为压力能，并通过排出管排出。

实际施工中，射流泵通常安置在地表循环管路的排出口处，靠射流泵的吸程工作，如图2-17所示。驱动泥浆循环的压力值不超过一个标准大气压。

射流反循环的特点：

(1)射流泵既能抽吸液体又能抽吸气体，不像砂石泵那样需要启动装置。

(2)射流泵结构简单，无运动部件，工作可靠，钻屑在循环系统中所经的管路通畅。

(3)机械效率偏低(在25%以下)，消耗功率较大。

(4)射流反循环过程中有可能出现的特有故障是工作泵吸水龙头被杂物堵塞和喷嘴被堵塞。因为喷嘴出口直径小，为了防止钻屑或杂物堵塞喷嘴，需要在工作泵的吸水管端装上吸水龙头。因此，及时清除泥浆池里的杂物和吸水龙头上的泥砂是保证射流反循环正常进行的关键。

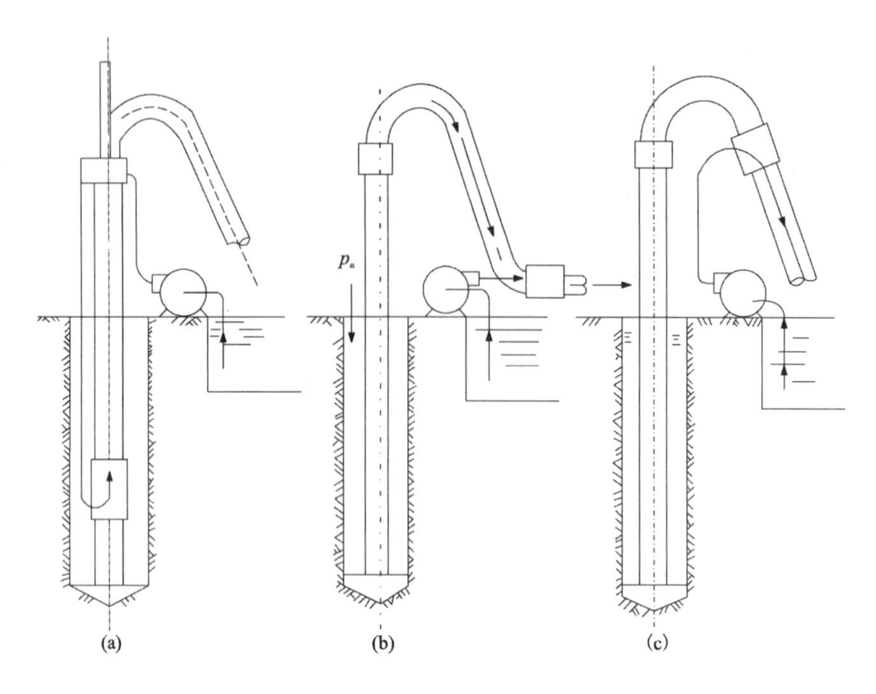

图 2-17　安装在不同位置的射流泵工作示意图

3)气举反循环

(1)工作原理。

气举反循环又称压气反循环,其基本原理是将压缩空气通过供气管路送至孔内气液混合室,压缩空气膨胀,并与浆液混合后形成一种密度小于液体的液气混合物,在钻杆内外重度差和压气动量联合作用下,沿钻杆内孔上升,带动孔内的冲洗液和岩屑一起向上流动,形成空气、冲洗液和岩屑混合的三相流。当三相流流至地面沉淀池时,空气逸散,钻屑沉淀冲洗液流回钻孔进行循环,工作原理如图 2-18 所示。

当混合器沉入孔内水中一定深度时,气液混合后在钻杆内外形成的压差可由下式计算:

$$\Delta p = \gamma_a h_0 - \gamma_m (h_0 + h_1) = (\gamma_a - \gamma_m) h_0 - \gamma_m h_1 \tag{2-15}$$

式中:h_0 为混合器沉没深度(m);h_1 为升液高度(m)。

由此可见,在冲洗液重度(γ_a)和升液高度(h_1)一定的情况下,增大混合器的沉没深度,降低三相流的重度,将会提高驱动气举反循环的压力差。因此,混合器的沉没深度、风压和风量是影响气举反循环钻进能力和钻进效率的重要参数。

(2)参数选择与计算。

①钻孔直径与钻杆内径。钻孔的直径决定钻杆内径,即钻孔直径越大,钻杆的通孔应越大。表 2-6 列出了气举反循环的钻孔直径与钻杆内径之间的匹配关系,供选择时参考。

②混合器的沉没深度(h_0)。根据式(2-15),在其他参数不变的情况下,混合器沉没深度越大,则驱动浆液反循环的压差 Δp 越大。很明显,当沉没深度(h_0)为零(即开孔)时,$\Delta p \leqslant 0$,无法进行反循环。考虑到升液高度 h_1 也为可变参数,从而引出沉没系数(ε)的概念:

$$\varepsilon = \frac{h_0}{h_1 + h_0} \tag{2-16}$$

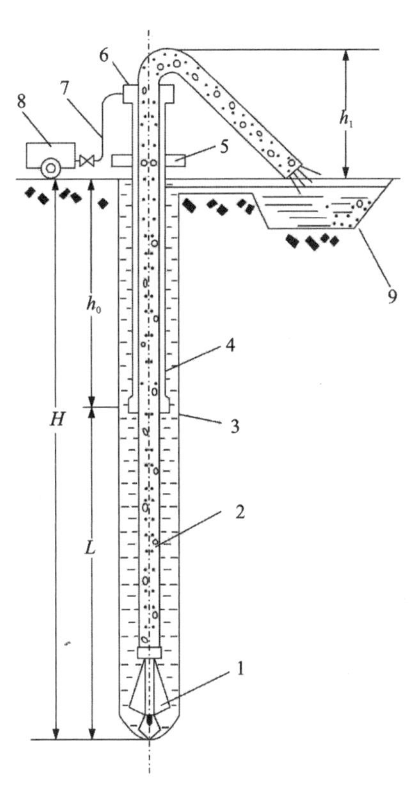

图 2-18 气举反循环工作原理

1-钻头;2-钻杆;3-混合器;4-双壁钻杆;5-转盘;6-气水龙头;7-风管;8-空压机;9-沉淀池;

H、h_0、L-尺寸符号

表 2-6 气举反循环钻孔直径与钻杆内径的匹配关系 单位:mm

钻孔直径	200	400	500	590	760	1100	1500	2300	3200	5000
钻杆内径	80	80 94 120	80 94 120	94 120 50	150 200	150 200 300	150 200 300 315	200 300 315	300 315	315

式中:沉没系数在 0~1 之间变动,沉没系数越大,则气举反循环时驱动流体循环的压差就越大。若泥浆相对密度为 1.1,气液混合物的相对密度为 0.4~0.6,要使 $\Delta p>0$,则必须 $h_0>1.2h_1$ 。也就是说,沉没系数(ε)要大于 0.55 时,气举反循环才能工作。若所用的主动钻杆为 3m 长,升液高度 h_1 为 4m 左右,则混合器必须沉没 4.8m 以上才能实现气举反循环。因此,气举反循环方法不能用于开孔钻进。

③空气压力(p)。空气压力可按下式计算:

$$p=\frac{\gamma_a h_0}{1000}+\Delta p \tag{2-17}$$

式中:γ_a 为孔内泥浆重度(kN/m³);Δp 为供气管道压力损失(MPa),一般为 0.05~0.1MPa。当空压机的额定气压 p 选定后,可用式(2-16)反算混合器的最大允许沉没深度。

④压气量(Q)。空气压缩机压气量的计算,可根据钻杆内混合流体上升速度(v)和钻杆内径(d)来进行估算,其经验公式为:

$$Q = (2 \sim 2.4)d^2 v \tag{2-18}$$

式中:d 为钻杆内径(m);v 为钻杆内混合流体上返速度(m/min)。除此之外,空气压缩机压气量也可以根据钻杆内径(d)按表 2-7 选择空压机风量。

表 2-7 钻杆内径与空压机风量关系

钻杆内径/mm	80	94	120	150	200	300
空压机风量/($m^3 \cdot min^{-1}$)	2.5	4	5	6	10	20

⑤尾管长度(L)。尾管长度是指从混合室到钻头吸水口处的距离。L 越长,沿程阻力损失越大。实践经验证明,尾管长度以小于或等于 2~3 倍沉没深度为宜[$L \leqslant (2 \sim 3)h_0$],其极限值为 $L_{max} = 4h_0$。需指出的是,在此情况下,钻进效率很低,经常发生堵塞事故。因此,气举反循环的安全钻进长度为:$L \leqslant 3h_0$。

(3)气举反循环送风方式。

气举反循环的供气方式有 3 种(图 2-19):并列式、环隙式和中心式。

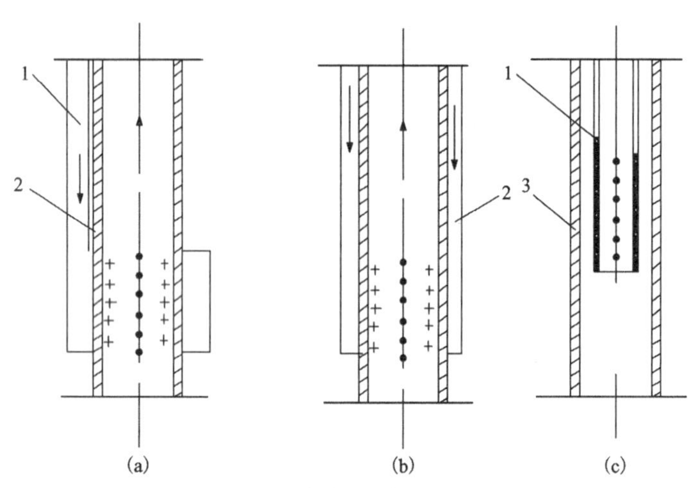

图 2-19 气举反循环的送风方式

1-风管;2-双壁钻杆;3-钻杆

(a)并列式;(b)环缝式;(c)中心式

并列式采用外供风式钻杆,环隙式采用双壁钻杆,中心式则采用中心风管。并列供风方式结构非常简单,且不像中心式那样因中心风管占据钻杆一定截面积容易造成堵塞故障,因此目前桩孔施工气举反循环大多采用并列供风方式。

(4)气举反循环钻进的特点。

突出的优点:只要有高压空气机提供高压缩空气,就能钻进较深的孔。此外,它对管路密封没有高的要求。缺点:不能用于开孔钻进,浅孔段效率较低。

2. 反循环钻进成孔技术要点

(1)应根据地层条件、钻头类型和设备能力来确定钻进堆积规程参数。钻压的大小主要由单颗切削具切入岩石所要求的压力来确定。对于合金钻头,钻压(P)可由下式计算:

$$P = p \cdot m \tag{2-19}$$

式中:p 为单颗合金破碎岩石所需钻压(kN/颗)。对于土层,p=0.6～0.8kN/颗;对于中硬基岩,p=0.9～1.6kN/颗。m 为钻头上切削岩石的合金颗数。对于不同的地层,不同类型钻头的钻压选择可参考表 2-8。

表 2-8　不同地层不同类型钻压选择表　　单位:kN

钻头类别尺寸/mm		地层			
		黏土层	砂层、砾石层卵石层	软基岩	中硬基岩
三翼合金钻头	φ800	8～10	6～12	10～30	
	φ1000	9～12	8～15	15～35	
	φ1200	12～15	10～20	25～40	
	φ1500	15～30	12～25	30～45	
	φ1800	20～35	15～30	40～50	
	φ2000	25～45	20～35	50～80	
牙轮钻头	φ800		20～30	>100	
	φ1000 φ1200		>50	≥150	
	φ1500 φ1800 φ2000		≥80	≥200	

转速(n)的控制则按下式计算确定:

$$n = \frac{60v_{线}}{\pi D} \tag{2-20}$$

式中:$v_{线}$ 为钻头外径的线速度(m/s)。对于中软岩层,$v_{线}$=1.4～1.7m/s;对于硬土层,$v_{线}$=2.0～3.0m/s;对于砂砾卵石层,$v_{线}$=1.2～2.2m/s。D 为钻头直径(m)。实际操作时一般以不蹩车、岩屑正常排出为宜。

(2)由正循环改为反循环时,因孔底有很多未排除的岩粉,下钻时应防止岩粉堵塞循环管路。通常钻具下到孔底 2～3m 就开始反循环,然后慢慢下放钻具至孔底。

(3)钻进过程中,可根据排渣口的排渣情况及返水量大小判断孔内工况。发现岩屑突然减少或水量减小时,应及时提动钻具,减少孔底压力,减慢进尺或停止钻进,以解除循环管路不畅的故障。

(4)气举反循环钻进时,应经常监视空气压力表。表压突然增大是管路堵塞或垮孔,表压突然降低是管路漏气或地层漏失。孔内冒泡是外管漏气。压力表值下降很多,排渣减少,进尺减慢,则可能是内管损坏。

发生任何异常,都应及时停钻处理。

五、无循环回转钻进成孔工艺

无循环回转钻进是指钻进过程中无循环液(干钻)或孔内浆液不循环。这方面最有代表性的两种方法是螺旋钻进和旋挖钻进。

1. 螺旋钻进

螺旋钻进是利用螺旋钻具储存或输送岩屑的干式机械回转钻进方法,根据螺旋钻具的长度又分为长螺旋钻和短螺旋钻。

1)特点

(1)在均质软土层,可获得很高的小时效率(每小时可达几十米),因为该钻进方法能及时排除钻屑,无重复破碎,也无液柱压力影响。

(2)不用冲洗液,无泥浆污染,减少了设备数量,降低了费用。

(3)在黏性大的黏土层,钻进效率低,更不适于大粒径卵石层。

(4)不能在地下水位以下层位钻进,因为地下水会使岩屑与钻具叶片的摩擦系数减小,岩屑易从叶片上滑落集于孔底,影响钻进。

2)钻具结构及分析

螺旋钻具由芯管、螺旋叶片和连接部分组成(图 2-20),螺旋叶片以开口环形锰钢片用热压模法加工成形。

按螺旋形成原理,螺旋面上不同半径处的螺旋线倾角是不同的,螺旋叶片与芯管的交线称内螺旋线,倾角为 α_1 ;螺旋叶片的外缘称外螺旋线,倾角为 α_2 (图 2-21)。

螺旋叶片面上的任意螺旋线的倾角(α_i)必定满足: $\alpha_2 \leqslant \alpha_i \leqslant \alpha_1$ 。为了保证螺旋面上被输送的钻屑不因其自重而滑落,应使其螺旋角小于钻屑与螺旋面之间的摩擦角。土与螺旋叶片的摩擦系数(f)一般为 0.3～0.6,若取 $f=0.5$,即要求 $\tan\alpha \leqslant 0.5$,即 $\alpha \leqslant 26°34'$。这一要求在靠近叶片外径处容易实现,而靠近中心管处则难以达到。因此,钻进时应使钻具以必要的速度回转,靠钻具旋转的离心力使钻屑移到螺旋叶片外侧,以保证岩屑不向下滑,并顺利地排出。否则,先切削的钻屑会被后续切削的钻屑相继推举、挤压、密实,以至堵塞。芯管的直径(d)是根据其强度和刚度确定的,一般不会太大。而螺旋钻具的外径(即孔径)是根据工程要求来确定的。螺旋叶片的螺距(S)视地层情况与螺旋钻具外径(D)呈以下不同比例关系,从而获得不同的螺旋角。

泥岩: $S=(0.45\sim0.5)D$;软湿地层: $S=(0.5\sim0.7)D$;干硬地层: $S=(0.8\sim1.0)D$。多数情况下,螺旋钻具的螺距为钻具外径(D)的 0.5～0.7 倍。

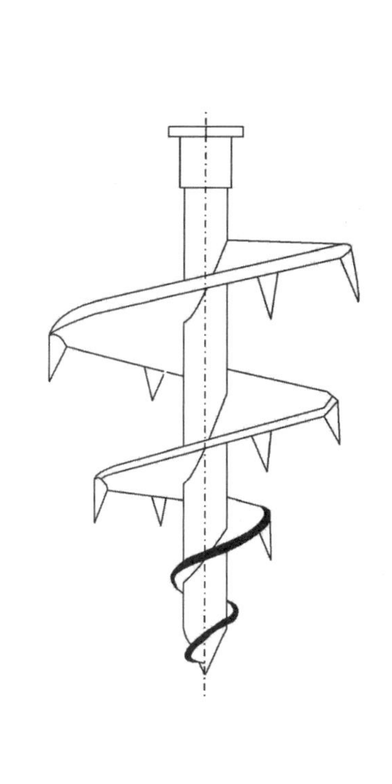
图 2-20　螺旋钻具

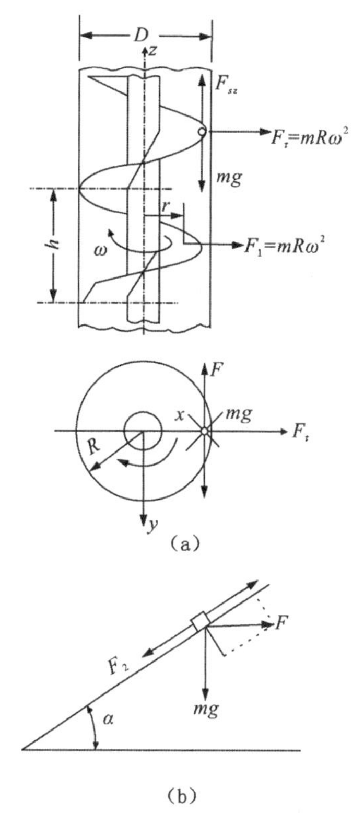

图 2-21　钻屑受力分析

3)螺旋钻进的工艺参数

(1)钻压。螺旋钻进的轴向压力应视地层性质、钻孔直径、钻头结构(切削刃与孔底接触面积的大小)等情况来选择不同的值。

经分析研究得出经验公式为:

$$p_j = 9.07\sigma^{0.46} \tag{2-21}$$

$$p = p_j D \tag{2-22}$$

式中:p 为轴向压力(N);p_j 为钻头直径方向上单位长度的轴心压力(N/cm);σ 为岩土单轴抗压强度(N),一般取 0.23N;D 为钻孔直径(cm)。

(2)转速。螺旋钻具转速是一项重要的工艺参数。螺旋钻具回转时,螺旋面上的钻屑也随之以相同的角速度(ω)绕轴回转,这样钻屑同时受到离心力和重力作用,如图 2-20 所示。为了使钻屑在离心力作用下克服与螺旋面的摩阻力而向螺旋叶片外缘方向移动,其条件是钻屑所受的离心力应大于钻屑与叶片之间的摩擦力。即:

$$F_1 > N \cdot f_1 \tag{2-23}$$

又

$$F_1 = mr\omega^2\ ,\ N = mg\cos\alpha$$

所以

$$\omega > \sqrt{\frac{g}{r}\cos\alpha \cdot f_1} \tag{2-24}$$

也即

$$n > \frac{30}{\pi}\sqrt{\frac{g}{r}\cos\alpha \cdot f_1} \tag{2-25}$$

式中：F 为螺旋面上钻屑所受的离心力(N)；N 为正压力(N)；f_1 为钻屑与螺旋叶片之间的摩擦系数；α 为螺旋角(°)；m 为钻屑的质量(kg)；g 为重力加速度(m/s^2)；ω 为钻具旋转角速度(弧度/s)；r 为钻屑与钻具轴线的距离(旋转半径)(m)；n 为转速(r/min)。

在此条件下，钻屑将甩向叶片边缘并对孔壁产生压力(F)。此压力以及钻具的旋转将引起孔壁对钻屑的切向(即钻具圆周方向)的摩擦力，摩擦阻力的作用方向与钻具回转方向相反。正是在这个摩擦力(F)(准确地说，是此摩擦力沿螺旋斜面的分力)推动下，钻屑沿螺旋叶片面上升。因此，钻屑沿螺旋叶片面上升的前提条件是孔壁对钻屑摩擦力沿螺旋面的分力应大于钻屑自重在此方向上的分力以及钻屑与螺旋面的摩擦阻力。即：

$$F\cos\alpha \geqslant mg\sin\alpha + (mg\cos\alpha + F\sin\alpha)f_1 \tag{2-26}$$

其中

$$F = mR\omega^2 \cdot f_2$$

所以

$$\omega \geqslant \sqrt{\frac{g(\tan\alpha + f_1)}{Rf_2(1 - f_1\tan\alpha)}} \tag{2-27}$$

又

$$\omega = \frac{2\pi n}{60}$$

也即

$$n_0 \geqslant \frac{30}{\pi}\sqrt{\frac{g(\tan\alpha + f_1)}{Rf_2(1 - f_1\tan\alpha)}} \tag{2-28}$$

式中：n_0 为临界转速(r/min)；f_2 为钻屑与孔壁之间的摩擦系数，$f_2=0.3\sim0.6$；R 为螺旋钻具半径(m)；其余符号意义与式(2-24)、式(2-25)相同。

实际钻进中，螺旋钻具的转速应高于临界转速，一般取实际转速 $n = 1.3n_0$ 。应用上述理论时应注意：转速越高，越有利于向上输送钻屑，但所需的功率也越大。对于短螺旋钻来说，它主要用于钻大直径桩孔，扭矩大，因受钻机功率限制，钻进时转速不可能太高，钻屑先积聚在螺旋叶片上，然后随钻具提出孔口，并反向旋转钻具来消除。因此，短螺旋钻的转速可以小于临界转速。

4)钻进技术措施与注意事项

(1)长螺旋钻进时，可通过适当控制给进速度保证钻屑顺利上升，防止钻屑量太大而产生堵塞。

(2)采用长螺旋钻达到要求孔深时，一般应在原处空转清屑(清除孔底和叶片上的钻屑)，然后停止回转，提钻。如果孔底虚土超过容许厚度，则应使用掏土工具掏除或用夯实工具夯实孔底。

(3)短螺旋钻进时，应注意根据地层性质和钻头长度正确掌握回次进尺。钻进砂、粉土层，回次进尺可达 0.8～1.2m，而对黏土、粉土地层，每次进尺宜控制在 0.6m 以下，甚至为 0.3～0.4m。回次进尺一般不宜超过短螺旋钻头长度的 2/3，否则在钻头上部将形成泥包，增加提钻阻力，严重时甚至提不动钻具。

（4）螺旋钻进应注意防止钻孔偏斜。主要防斜措施有：调平钻机，使钻机回转轴线符合钻孔轴线方向；严格检查钻杆的垂直度和钻杆接头的同心度，不使用弯曲的钻杆和偏心接头；使用钻具导向套，以防止钻杆中部弯曲。钻进软硬交互层时，适当控制进尺速度，以保证钻进平稳，钻孔不斜。

2. 旋挖钻进

旋挖钻进成孔法是 20 世纪 20 年代末美国 CALWELD 公司改造钻探机械用于灌注桩施工的一种钻进方法，英文称“Earth Drill”（即土层钻机或土钻）。这种技术引入欧洲、日本后得到快速发展。日本基础建设协会 1993 年对 31 家施工单位的 10.09 万根桩进行调查统计，旋挖钻进成孔的灌注桩占 66.6%。

我国在 20 世纪 80 年代末开始从美国 RDI 公司、德国宝峨公司、意大利土力公司、英国 BSP 公司等公司引进旋挖钻机。由于施工效率高、节能环保等优势，旋挖钻机成为很多重点工程指定施工设备。在国家重点工程青藏铁路格拉段施工中，地层多是永冻的土层、砂砾、不规则泥页岩，以及软硬互层灰岩，有的冻土厚度达到百米以上。中铁建设集团有限公司在青藏铁路基础工程施工中各标段的施工公司都投入了大量的旋挖钻机，采用旋挖钻进施工工艺在该路段进行桩基施工，取得了良好的工程效果。在上海世博会、北京奥运会工程等其他国家重点工程中旋挖钻进技术也取得了良好的工程应用效果，从而大大促进了我国旋挖钻进技术的进步与发展。通过不断引进、消化、吸收国外先进技术，目前国内生产旋挖钻机的厂商有几十家，主要有徐州徐工基础工程机械有限公司、三一重工股份有限公司、中联中科股份有限公司、中国中车集团有限公司、山河智能装备股份有限公司、郑州宇通集团有限公司、上海金泰工程机械有限公司、福田雷沃国际重工股份有限公司、奥盛特重工科技有限公司等企业。

旋挖钻进方法已成为目前我国钻孔灌注桩施工中首选的工法之一。

1）结构与原理

旋挖钻斗是指连接在钻杆下端的一个底部带耙齿的筒状钻具，如图 2-22 所示。钻进过程中，借助钻具自重和钻斗的回转，耙齿压入并切削土层，切削下的土渣被收入斗内。待斗内土渣装到相当数量后把钻斗提到孔外，打开钻斗，卸去土渣。由此可见，旋挖钻进排土不需通过泥浆循环，属无循环钻进。孔内的泥浆只是起平衡孔内与地层压力的作用，以保证孔壁稳定而不发生坍塌。由于钻进与排土是分两道工序进行的，因此升降钻具的辅助工作占很大比例。为了缩短升降辅助时间，钻机常配用伸缩式钻杆，如图 2-23 所示。

2）旋挖钻进主要特点

旋挖钻进主要特点如下：①振动小，噪声低。②既可钻进干土层，又可钻进地下水位以下的湿地层，可以采用泥浆作为稳定液，防止钻孔坍塌。③采用钻斗取土排渣，不需要泥浆循环系统，简化了施工设备，减少了污染，降低了施工成本。④钻机装有履带底盘，在施工场地内移动方便，施工效率高。⑤适用于填土、黏土、淤泥、砂土以及含部分石、碎石的地层钻进。如

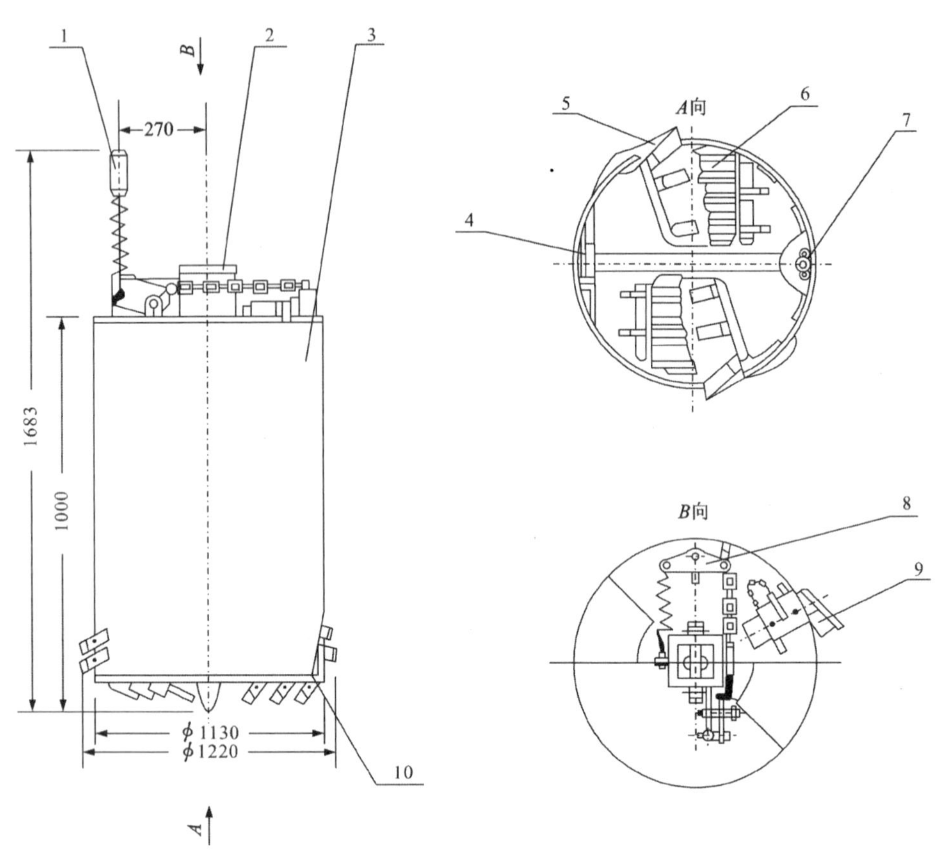

图 2-22 底开门式钻斗

1-顶杆;2-方接头;3-钻斗体;4-销轴;5-套齿;6-挡土板;

7-锁栓;8-锁栓控制板;9-修孔切削齿;10-底盘

采用特殊措施,可以在软岩和强风化岩层钻进。

3)旋挖钻进的主要设备机具

旋挖钻进的主要设备机具有钻机、钻头和钻杆。

(1)钻机旋挖钻机配备的底盘有履带式、步履式和车装式 3 种类型。按钻机的动力头输出扭矩、发动机功率及钻深能力可分为大型、中型、小型和微型钻机;按钻进工艺可分为单工艺钻机和多功能钻机。

(2)钻头是旋挖钻进的关键部件。选用合适的钻头可以提高成孔速度和质量。根据钻头的结构和使用功能不同可分为以下几大类:捞砂斗、筒钻、螺旋钻头、扩底钻头及特殊钻头。

①捞砂斗在各类旋挖钻头中使用范围最广,其最突出的优点是携渣效果好。根据进土口数量、底板形式、钻齿类型等结构参数的不同,捞砂斗又可分为双底双开门截齿捞砂斗、双底单开门截齿捞砂斗、双底双开门斗齿捞砂斗以及单底双开门斗齿捞砂斗,如图 2-24 所示。

②筒钻结构较为简单,如图 2-25 所示,主要应用于岩层钻进,采用取芯钻进方法提高钻进岩层的效率,根据钻齿的不同分为截齿筒钻和牙轮筒钻。牙轮筒钻适合强度较大的岩层钻进。

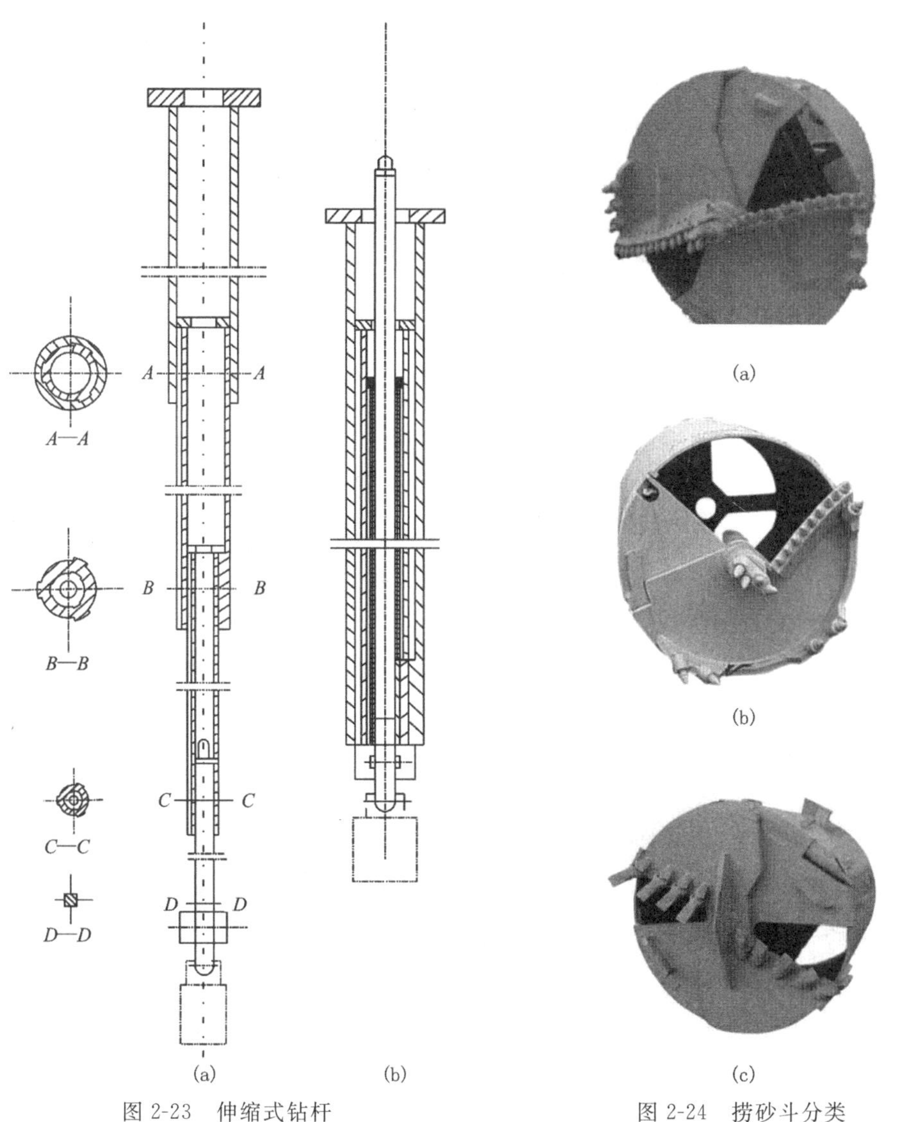

图 2-23　伸缩式钻杆

(a)钻杆伸长状态;(b)钻杆收缩状态

图 2-24　捞砂斗分类

(a)双底双开门截齿捞砂斗;(b)双底单开门截齿捞砂斗;(c)双底双开门斗齿捞砂斗

③螺旋钻头是利用螺旋叶片储存或输送钻屑,如图 2-26 所示。根据不同的螺旋叶片的数量、钻齿排布、钻齿类型以及整体形状等可以分为多种不同的类型。其中双头单螺截齿锥螺旋钻头和单头单螺截齿锥螺旋钻头都具有以下特点:在密实卵砾石地层及强风化岩层,这类钻头对地层松动效果较好,螺距大,带渣能力强,但大直径钻头螺旋叶片易变形,在地下水位以下地层钻进时,带土效果不佳。

④扩底钻头的结构相对复杂,主要用于扩底桩扩孔钻进。桩底地层为土层时选用斗齿扩底钻头,岩层则选用截齿扩底钻头或牙轮扩底钻头。

⑤针对特殊性地层施工,可选用特殊结构和性能的钻头来提高钻进效率,例如分体式钻头、取芯式钻筒及“Y”形钻筒等。

图 2-25　截齿筒钻

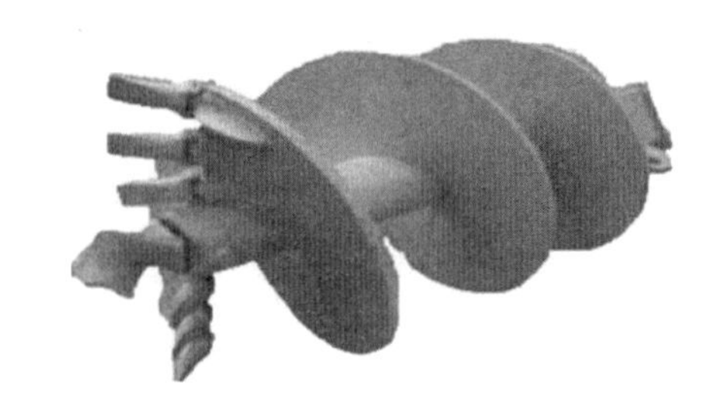

图 2-26　螺旋钻头

钻头的切削齿主要有斗齿、截齿和牙轮齿 3 种类型。

①斗齿采用硬度较大的耐磨合金铸造而成，目前使用的斗齿类型主要有 25T、V19、V20 等几种，主要用于土层钻进。当地层强度较大时，斗齿易损坏。德国宝峨公司针对硬地层专门设计了一种斗齿，如图 2-27 所示，适宜在密实砂层、密实卵砾石层、强风化基岩、中风化泥岩、中风化泥质胶结的砂岩（灰岩）等软岩和极软岩地层的钻进。

②截齿由基体和齿头组成，如图 2-28 所示。基体一般为高强度合金钢，齿头为硬质合金。齿尖与地层接触面积小，能够提供较大的切入力，适宜在密实砂卵砾石层、坚硬冻土、硬岩等地层中施工。

图 2-27　斗齿（宝峨齿）

图 2-28　截齿

③牙轮齿钻进平稳，对设备损伤小，但钻齿价格较高，钻压过大时，钻齿极易损坏，工程成本增加，中风化及微风化花岗岩、闪长岩、硅质灰岩、硅质砂岩等坚硬岩地层较适宜。

表 2-9 针对常见的地质情况与岩土性质分别列出了推荐使用的钻头类型。

(3)钻杆。旋挖钻机配备的钻杆也是一个非常关键的部件，它为伸缩式，可将动力头输出的动力以扭矩和加压力的方式传递给其下端的钻具，受力状态比较复杂。按截面形式，钻杆可分为正方形、正多边形和圆管形。正方形钻杆制造简单，但不能加压，并有应力集中点；正多边形钻杆强度有所提高，工作时应力分布较合理；圆管形钻杆工作时受力效果好，使用最为普遍。按钻进加压方式，钻杆可分为摩阻式、机锁式、多锁式和组合式。旋挖钻进施工时应根据地层条件合理选用不同形式的钻杆（表 2-10），配合相应的钻具，以达到提高施工效率和质量的目的。

表 2-9 常见地质情况及推荐使用钻头

地质情况					选配
地层	最大地基基本承载力/kPa	最大单轴饱和抗压强度/MPa	有无地下水	钻杆	钻头
淤泥层、粉土、粉质黏土、松软砂层、松散卵砾石层、粉质黏土	—	—	无	摩阻杆	双头单螺斗齿直螺旋钻头
			有		双底双开门斗齿捞砂斗
黏土	—	—	有		斗齿分体式钻头
	—	—	无		单底双开门斗齿捞砂斗
密实卵石层、密实砂层、半成岩	≤450	≤10	—		单头单螺锥螺旋钻头＋双底双开门截齿捞砂斗
含大石块的回填层、含大石块的卵砾石	—	—	—	机锁杆	取芯式筒钻＋双底单开门截齿捞砂斗、“Y”形筒钻
强风化地层、中风化泥岩、中风化泥质粉砂岩、中风化泥质灰岩	≤800	≤15	—		双底双开门宝峨齿捞砂斗、截齿分体式钻头
中风化灰岩、中风化砂岩、裂隙发育的的中风化花岗岩	≤2000	≤60	—		截齿筒钻＋双底双开门截齿捞砂斗
有溶洞、斜岩、岩石强度不均	—	—	—		加长筒钻＋双底双开门截齿捞砂斗
微风化灰岩、微风化砂岩、花岗岩	＞2000	＞60	—		牙轮筒钻＋双底双开门截齿捞砂斗

表 2-10 各类钻杆技术特性参数

钻杆类型	摩阻式	机锁式	多锁式	组合式
钻杆特点	每节钻杆由钢管和焊在其表面的无台阶键条组成,向下的推进力和向上的起拔力均由键条之间的摩擦力传递	每节钻杆由钢管和焊在其表面的带台阶键条组成,向下的推进力和向上的起拔力均由台阶处的键条直接传递	每节钻杆由钢管和焊在其表面上的具有连续台阶的键条组成,形成自动内锁互扣式钻杆系统,使向下推进力和向上起拔力直接传递至钻具	由摩阻式和机挡风式钻杆组成,一般采用 5 节钻杆,外边 3 节钻杆是机锁式,里边 2 节钻杆是摩阻式

续表 2-10

钻杆类型	摩阻式	机锁式	多锁式	组合式
适用地层	普通地层，如地表覆盖土、游泥、黏土、淤泥质粉质黏土、砂土、粉土、中小粒径卵砾石层	较硬地层，如大粒径卵砾石层，胶结性较好的卵砾石层，永冻土，强、中风化基岩	普通地层，更适用于硬土层	适用于桩孔上部30m以内地层较硬而下部地层较软的情况
钻杆节数及钻孔深度	5节钻杆，最大深度65m	4节钻杆，最大深度55m	4～5节钻杆，最大深度62m	5节钻杆，最大深度65m

注：表中的钻杆节数及钻孔深度是动力头输出扭矩为200～220kN·m的中型旋挖钻机的数据。

4)旋挖钻进技术应用案例

(1)位于吉林省四平市内的哈大铁路曲家屯特大桥的桥基为钻孔灌注桩，桩孔直径为1.0～1.25m。

桥基主要地层：第四系全新统粉质黏土、中砂、粗砂、砾砂及细圆砾土；第四系上更新统冲粉质黏土和砾砂；下伏下白垩统泥岩夹砂岩、富峰山期玄岩。该桥所在区域土壤最大季节冻土深度156cm。其中，黏质黄土和砂质黄土的承载力小于180kPa，静探比贯入阻力P_s质小于3.0MPa，属松软土，具非自重失陷性，失陷等级Ⅰ级；饱和砂土及粉土、砂土，粗砂层都存在砂土液化现象；下白垩统泥岩具弱膨胀性和易崩塌性。

桥基灌注桩选用旋挖钻进施工方法。施工中如果仅用螺旋钻头几乎不能成孔，而且取土排渣效果也不能满足成孔的要求；采用单层底旋挖钻斗时，砂土易漏回孔底，降低钻进效率，孔底沉渣较多；使用双层底旋挖钻斗遇到承载力为400kPa以上的地层时难以切削钻进，容易发生钻齿折断现象，遇到砂岩时钻屑不易进入双层底钻斗，钻进速度缓慢。综合考虑上述因素，将钻斗底部改为单层整块底板构造，两侧对称开切进屑口，调整钻齿与底板间角度为35°。经过改进钻斗，并根据钻遇的地层不同，配合使用螺旋钻头，在泥岩夹砂岩的复杂地层钻进时，改善了钻斗进屑和排屑效果，大幅度提高了钻进效率。单孔成孔时间由初始的15～18h缩短到3～5h，效率提高了2～3倍。

(2)重庆市重点建设工程新白沙沱长江特大桥主桥墩桩基础由直径ϕ3.2m的群桩构成，桩深设计60m左右，施工地点位于小南海长江北岸的河滩上。

地层特点：上部主要以卵砾石层为主，深度2～5m不等；下部主要为软岩，以泥岩、砂岩为主，岩石最大饱和单轴抗压强度15MPa，地下水丰富。

选用XRS1050型号的旋挖钻机进行钻进施工，钻机主要技术参数如表2-11所示。由于XRS1050钻机设计最大钻孔直径为2.5～3.0m，要完成ϕ3.2m超大桩孔钻进，必须采用相应的技术措施，即采用分级钻进施工工艺。先采用ϕ1.5m直径的钻头钻进，然后分别采用ϕ2.0m、ϕ2.5m、ϕ2.8m、ϕ3.2m直径的钻头逐级扩孔钻进。分级钻进增加了破碎自由面，降低了钻进阻力。其具体操作如下：①采用ϕ1.5m直径的宝峨齿捞砂斗直接钻进到设计深度。②采用

ϕ2.0m 直径的筒钻进行扩孔钻进，当扩孔钻进切削下来的岩土填满 ϕ1.5m 钻孔后，使用 ϕ1.5m 的捞砂斗清理钻渣。再继续使用 ϕ2.0m 的筒钻进行扩孔钻进，如此反复，直至桩孔设计深度。③按同样操作方法进行 ϕ2.5m、ϕ2.8m、ϕ3.2m 分级扩孔钻进。

表 2-11　XRS1050 型旋挖钻机主要技术参数

序号	名称		单位	参数值
1	最大钻孔直径		mm	ϕ2500
2	最大钻孔深度		m	105
3	发动机	发动机型号		CUMMINS　QSM11-C400
		发动机额定功率/转速	kW	298/(2100r/min)
		发动机最大扭矩	N·m	1898/(1400r/min)
4	液压系统	主泵最大工作压力	MPa	33
		副泵最大工作压力	MPa	30
5	动力头	动力头的最大扭矩	kN·m	360
		动力头的转速	r/min	7～18
6	加压油缸	加压油缸最大加压力	kN	240

最后一级 ϕ3.2m 扩孔钻进时钻头与桅杆可能会相互干涉，可将 ϕ3.2m 筒钻高度降低到 0.6m，这样可以避免钻头与钻桅产生干涉的问题。此外，在筒钻上增加了 8 排扫扩截齿，扩孔时将筒钻内的岩石完全破碎。采用上述方法，有效降低了钻进阻力，避免了钻头干涉问题，使用 XRS1050 型钻机完成 ϕ3.2m 超大直径桩孔钻进。

六、冲击钻进成孔工艺和冲抓成孔工艺

（一）冲击钻进成孔工艺

冲击钻进方法有着悠久的历史，是卵砾石层钻进的最有效方法之一。

1. 钻进原理

冲击钻进采用钢丝绳周期性地将钻头提离孔底一定高度后，让钻头在自身重力作用下加速降落，冲击孔底，以破碎岩石。每次冲击以后，钻头在钢丝绳的带动下回转一定角度，从而形成圆形截面的钻孔。破碎的岩屑一部分挤入孔壁，另一部分用抽砂筒抽捞，可采用泥浆作钻孔稳定液，无需循环。

2. 主要设备与机具

冲击钻进设备与机具较为简单，主要有钻机、冲击式钻头和抽砂筒。

(1)钻机。目前国内所使用的钢绳冲击式钻机有两类：一类是专用的钢绳冲击钻机，该类

钻机本身配有冲击机构、卷扬机、桅杆和动力机等，如 CZ-20 型、CZ-22 型和 CZ-30 型钻机。另一类是改装型，使用起重量为 3～5t 的带离合器的双卷筒作冲击卷扬机构，自配底盘和简易钻架，组成简便式冲击钻机，如广东基础工程公司用的 CZ-3 型、CZ-5 型钻机。带有游梁式冲击机构的 CZ-22 型钻机工作时，冲击梁向下摆动，压轮下压钢绳，将钻具提离孔底一定高度；冲击梁向上摆动，则压轮随之向上摆，放松钢绳，钻具在重力作用下加速降落而冲击孔底破碎岩石，并解决了钻进过程中的缓冲和补偿问题，如图 2-29 所示。这种钻机的冲击缓冲和补偿作用原理如图 2-30 所示，当压轮到达上止点并开始下压钢绳的瞬时，由于钢绳受钻具重力和惯性力 Q 的作用，压轮和压轮轴将受钢绳的反作用力 P，这个反作用力作用时间虽短，但数值却很大，并且有冲击荷载的性质。在 P 作用下，压轮、压轮轴和支臂将绕冲击梁前端的销轴转动一个角度，并带动支杆后移，缓冲弹簧在 R 的作用下压缩，弹簧吸收冲击能量，保护钻机不受刚性冲击，并减少振动，起到缓冲作用。当钻头下落接触孔底的瞬间，P 变为零，缓冲弹簧伸张，推动支臂逆转，压轮被抬高，放松一段钢绳，使钻具不受钢绳牵制地冲击孔底。钻具落底后，钢绳松弛，缓冲弹簧将伸长并推动支杆前移，支臂和压轮顺向转回原位，压轮位置降低预紧原已松弛的钢绳，避免下一循环开始时出现钢绳抖动现象。对钢绳这一小距离的松放和预紧作用，即为缓冲装置的补偿功能。这种钻机还可通过改变曲杆与连杆的绞接位置来改变冲程，调节转速即可改变冲次。

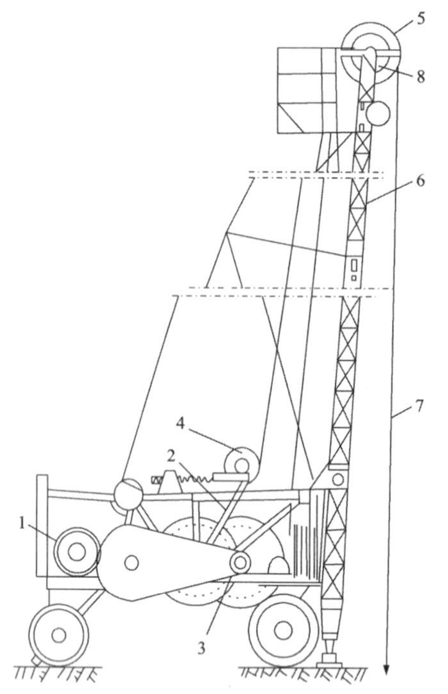

图 2-29　CZ-22 型冲击钻结构

1-电动机；2-冲击连杆；3-主轴；4-压轮；
5-钻具天轮；6-桅杆；7-钢绳；8-抽筒天轮

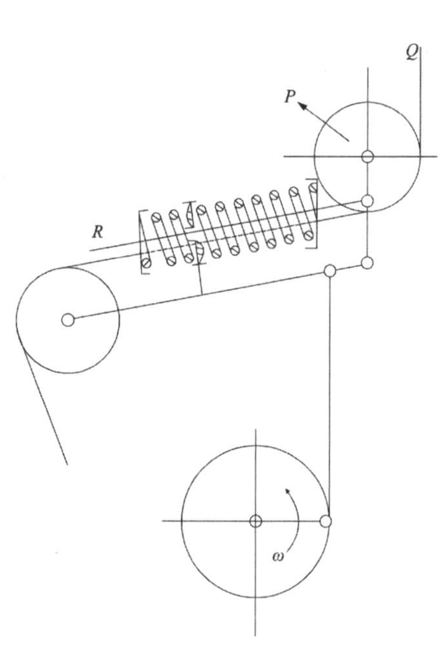

图 2-29　缓冲装置的缓冲补偿作用

(2)钻头。冲击钻头的类型很多,而大直径钻孔多使用十字形钻头。典型的十字形钻头结构如图 2-31 所示。钻头包括冲击刃、锥体和接头 3 部分。冲击刃分为底刃和侧刃,底刃主要是用以破碎孔底岩石,侧刃用于切削孔壁岩石并修圆钻孔,影响十字形钻头钻进效率和寿命的结构参数主要有钻头质量(Q)、钻头底刃刃角(β)和侧刃刃角(α)、底刃中心角(φ)和边刃外壁倾角(γ)等。上述结构参数应根据地层性质(地层硬度、可钻性、研磨性、裂隙发育程度和岩性均匀程度等)正确选择,选择时具体参数可参考表 2-12。

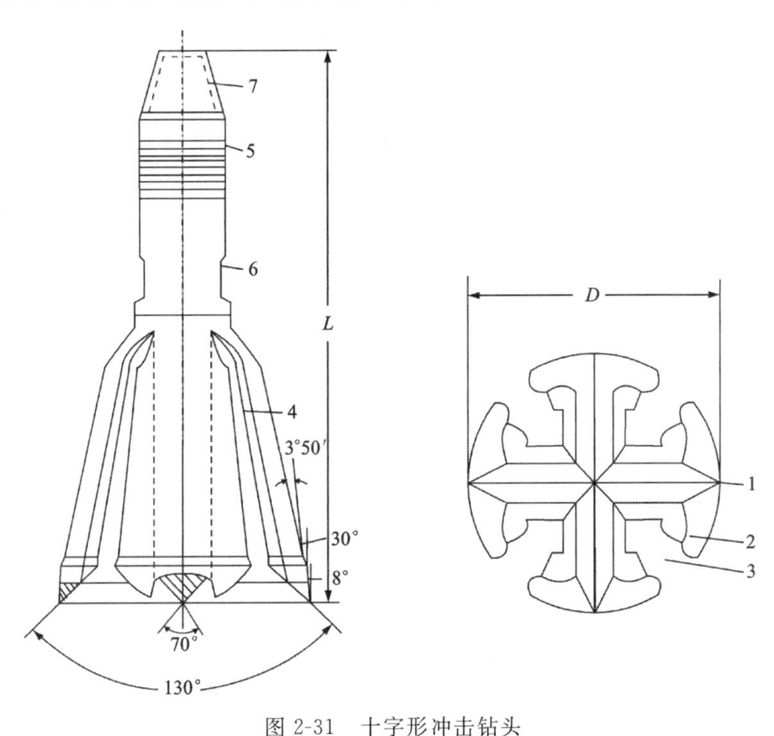

图 2-31 十字形冲击钻头

1-底刃;2-侧刃;3-水槽;4-锥体;5-环形槽;6-扳手切口;7-接头

表 2-12 十字形钻头主要结构参数 单位:(°)

地层	参数		
	α	β	γ
黏土、细砂	70	40	12
砂卵石堆积层	80	50	15
坚硬卵石、漂石	90	60	15

(3)抽砂筒。抽砂筒又称捞渣筒,是捞取孔内岩屑的工具,其工作原理是当抽砂筒下降时,孔内岩屑与泥浆挤开抽砂筒底阀进入筒体内,当上提时,由于底阀的单向性,岩屑与泥浆随抽砂筒一起提出孔外。底阀的结构形式有单向或双向板阀和碗形阀等(图 2-32)。

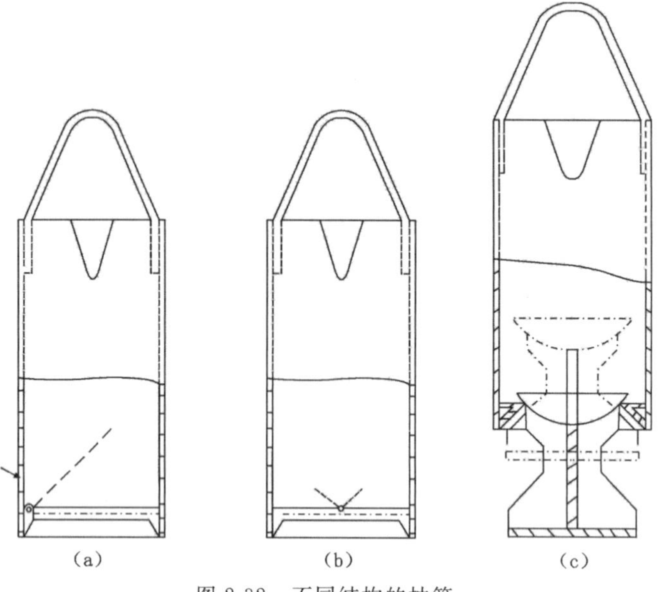

图 2-32　不同结构的抽筒

(a)单向板阀；(b)双向板阀；(c)碗形阀

3. 工法特点

(1)优点：①能钻除黄土以外的各类地层，尤其适用于砾石层。②适用于浅孔、大口径钻进。口径大，则钻头重量大，冲击能量大；孔浅，则钢绳短，弹性伸长小，对钻进的不利影响小。③功耗小(因只提起钻具不回转)，机具部件少。④工艺方法简单，易于掌握。

(2)缺点：①钻具下冲上提，用于碎岩的时间短，重复破碎较严重，还需停钻定期清渣，钻进效率偏低。②在非均质地层钻进时易偏斜，钻孔不圆。③只能钻直孔。

因此，冲击钻进工法主要应用于含有大量坚硬回填物的表土层、富含卵砾漂砾的第四系，以及可钻性级别在Ⅵ级以上的硬基岩层。

4. 钻进规程参数

冲击钻进时，理想状态下钻头对岩石所做的功等于岩石破碎所消耗的功，即：

$$n \cdot A = v_c \cdot F \cdot c \tag{2-29}$$

式中：n 为冲击次数(次)；A 为冲击功(J)；v_c 为钻进速度(cm/min)；F 为碎岩底面积(桩孔横截面积)(cm^2)；c 为：单位体积破碎功(J/cm^3)。

变换式(2-29)得：

$$v_c = \frac{n \cdot A}{F \cdot c} \tag{2-30}$$

又根据力学理论，有：

$$\begin{cases} v = v_0 + at \\ S = S_0 + v_0 t + \frac{1}{2}at^2 \\ v^2 - v_0^2 = 2a(S - S_0) \end{cases}$$

并有

$$A = \frac{1}{2}mv^2;m = \frac{Q}{g};v^2 = 2ah$$

经整理后得

$$v_c = 0.13\frac{Q \cdot a \cdot n \cdot h}{d^2 \cdot c} \tag{2-31}$$

式中：Q 为钻具质量(kg)；h 为冲程(m)；d 为孔径(m)；a 为钻具下落加速度(因有岩屑影响，钻具在孔内下落加速度值不为重力加速度 g，而小于 g。岩粉越多，阻尼越大，a 越小)。

根据式(2-31)，可以确定影响冲击钻进速度(v_c)的可控制技术参数——规程参数为钻具重量(Q)、冲次(n)、冲程(h)以及影响钻具下落加速度(a)的岩粉规程参数(岩粉规程是指孔底带岩屑泥浆相对密度，其数值大小决定于所钻岩层的性质、岩屑本身的相对密度和粒度，通过控制捞渣时间间隔和次数可以改变其值)。

钻进规程参数具体分析如下：

(1)钻头重量(Q)。钻孔直径越大，岩石硬度越大，则要求 Q 越大。

(2)冲程(h)。岩石的硬度越大，要求 h 越大，使时效增高；但冲击间隔时间变长，又使时效降低。此外，h 增大则孔易斜，所以在有套管护壁时，可以增大 h，但一般最大不超过 6m。

(3)冲次(n)。n 越大，钻进效率越高，但单位时间内冲击次数越多，则意味着每次冲击循环时间缩短，h 就必须降低，影响钻效。因此，专门的冲击机构其冲程和冲次是相互联系和相互制约的，提高 h 必定降低 n，反之，提高 n 则必定降低 h。

(4)钻具下落加速度(a)。通过控制抽渣时间间隔和筒数，达到控制岩粉规程即浆液密度，亦控制 a 的目的。

(二)冲抓法成孔工艺

冲抓成孔是利用冲抓锥张开的锥瓣向下冲击切入岩土中，然后收拢锥瓣将土石抓提到孔外形成桩孔。冲抓法可以采用泥浆作护壁稳定液，也可以采用全套管护壁钻进(即贝诺特法)。法国 Benote 公司最早使用冲抓全套管钻进法，即利用油缸摇动套管压入地层，同时在套管内用抓斗冲抓土石形成桩孔。日本在 20 世纪 50 年代引进这种工法，并改进成 MT 系列。我国于 20 世纪 70 年代开始引进此项技术。

1. 抓斗的工作原理

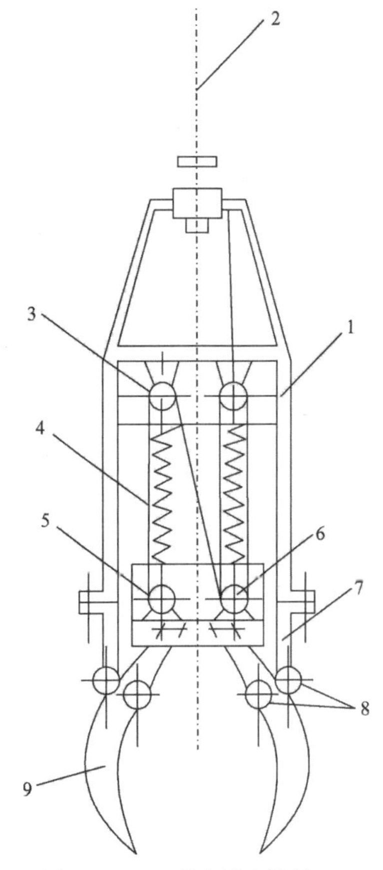

图 2-33 GS 型冲抓斗原理

1-壳体；2-钢绳；3-上滑轮；4-弹簧；5-活塞；6-下滑轮；7-抓瓣座；8-销轴；9-抓瓣

抓斗为冲抓法成孔的碎岩工具，其种类很多，结构也有所不同，本书仅以 GS 型冲抓斗为例说明其工作原理。图 2-33 为 GS 型冲抓斗的工作原理图。当松放钢绳降落抓斗时，抓斗自重和弹簧的张力使活塞下移，推动抓瓣张开；当抓斗在其冲击能量作用下切入地层后，利用卷扬机收卷钢绳。由于抓斗重量超过弹簧张力，故压缩弹簧，活塞上移，带动两抓瓣绕销轴相向转动而合拢，从而抓起土石。当抓斗被提出孔口，升到滑架上部的罩帽时，抓斗被罩帽提吊，松放钢丝绳，则弹簧伸长，活塞下移，使抓瓣张开卸土。

2. 冲抓法的特点及适用范围

(1)对地层的适应性强，采用全套管护孔，不会塌孔，尤其适用于松软、松散地层钻进。对硬层，可先用冲击钻头冲碎地层后再冲抓孔内碎石，形成桩孔。

(2)采用套管护壁，钻孔的超径系数和灌注桩的过盈系数较小，桩的质量较好。

(3)施工附属设备少，特别是无冲洗液循环，岩渣可直接装车运离工地，故工地污染较小。

(4)采用全套管冲抓钻进时，设备庞大，需要一套大而重的底座(包括配重)来平衡摇管装置(平衡摇动力、上拔力)，机动性差。

(5)在地下水位以下遇厚细砂层、粉砂层(厚度在5m以上)时，由于受套管摇动的影响，砂层产生排水固结作用，套管难以压入和起拔。

(6)适于孔深小于或等于40m、孔径小于2m的松软第四系土层钻进成孔。

七、清孔工艺

清孔工艺主要针对采用泥浆护壁的桩孔。

(一)目的与标准

1. 目的

(1)清除孔底沉渣，以利于提高桩端承载力；

(2)清除孔壁泥皮，以利于提高桩身摩擦阻力；

(3)减少孔内泥浆相对密度，便于导管法灌注水下混凝土。

2. 标准

《地基与基础工程施工及验收规范》(GB 50202—2018)规定：清孔后，泥浆的相对密度(黏土或砂性土中)应为1.10～1.25，含砂率应不大于8%，黏度应为18～28s。对于端承桩，沉渣厚度应不大于50mm；对于摩擦桩，沉渣厚度应不大于150mm。

《公路桥涵施工技术规范》(JTG/T 3650—2020)规定：清孔后，泥浆的相对密度宜控制在1.03～1.10，对冲击成孔的桩可适当提高，但宜不超过1.15，黏度宜为17～20Pa·s，含砂率宜小于2%，胶体率宜大于98%。孔底沉淀厚度应不大于设计的规定；设计未规定时，对桩径小于或等于1.5m的摩擦桩宜不大于200mm，对桩径大于1.5m或桩长大于40m以及土质较差的摩擦桩宜不大于300mm，对支承桩宜不大于50mm。

(二)清孔方法

1. 抽浆法

采用抽吸的方法将孔内含有钻屑的浆液抽出，并以符合要求的泥浆替换。该法清孔比较彻底，适用于各种钻孔方法形成的桩孔。

（1）用反循环回转钻进成孔时，泥浆相对密度一般控制在 1.1 以下，孔壁不易形成泥皮。桩孔达到要求的深度后，只需将钻头稍提起并空转，维持反循环 5～15min 就可清除孔底沉淀钻渣。

（2）用正循环回转钻进成孔时，可以用灌注水下混凝土的导管作为吸渣管，采用气举反循环、泵吸反循环或射流反循环的方法，清除桩孔底部沉淀的钻渣。

2. 换浆法

采用泥浆泵，通过钻杆以中速向孔底压入相对密度为 1.15 左右、含砂率小于 4%的泥浆，把孔内悬浮钻渣多的泥浆替换出来。换浆法对于正循环钻进成孔，不需另加机具，且孔内维持泥浆护壁，不易塌孔。但换浆法有较多的缺陷：①孔内较大的颗粒钻渣难以清除；②用相对密度小的泥浆由下向上顶替相对密度较大的浆液时，有可能在孔内形成对流运动，需要花很长时间才能达到清孔要求；③当泥浆含砂率较高时，绝不能用清水清孔，以免砂粒沉淀而达不到清孔目的。

3. 掏渣法

掏渣法主要是针对冲击或冲抓法所成的桩孔，采用抽渣筒进行抽渣清孔。

4. 砂浆置换法

砂浆置换法的操作程序如图 2-34 所示。先用抽渣筒尽量清除大颗粒钻渣，然后以活底箱在孔底灌注 0.6m 厚的特殊砂浆（即用炉灰与水泥加水拌和而成），特殊砂浆相对密度较小，

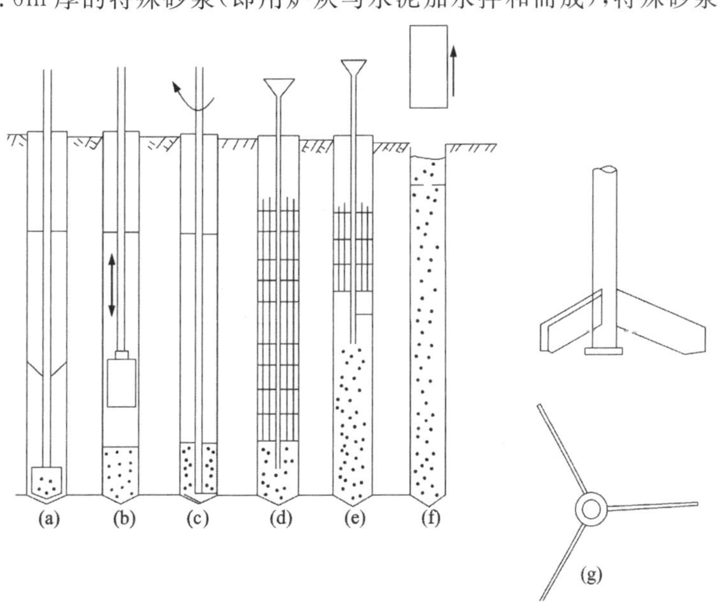

图 2-34　砂浆置换法操作程序

（a）用掏渣筒掏渣；（b）用活底箱灌注特殊水泥砂浆；（c）搅拌；（d）安放钢筋内架及导管；（e）灌注水下混凝土；（f）灌注完毕拔出护筒；（g）搅拌器示意

能浮在拌合混凝土之上。采用比孔径稍小的搅拌器，慢速搅拌孔底砂浆，使其与孔底残留钻渣混合。吊出搅拌器，插入钢筋笼，灌注水下混凝土。连续灌注的混凝土把混有钻渣并浮在混凝土之上的砂浆一直推顶到孔口，达到清孔的目的。

八、灌注混凝土成桩工艺

灌注混凝土成桩工艺主要包括钢筋笼的制作和安放与桩身混凝土灌注。

（一）钢筋笼的制作和安放

在混凝土灌注桩中配置钢筋，一方面可以提高混凝土桩承受压力荷载的能力，另一方面可以提高桩的延性，增加其抗拉和抗剪的强度。灌注桩配置的钢筋笼主要由主筋、箍筋、加劲筋和保护块组成，结构如图 2-35 所示。

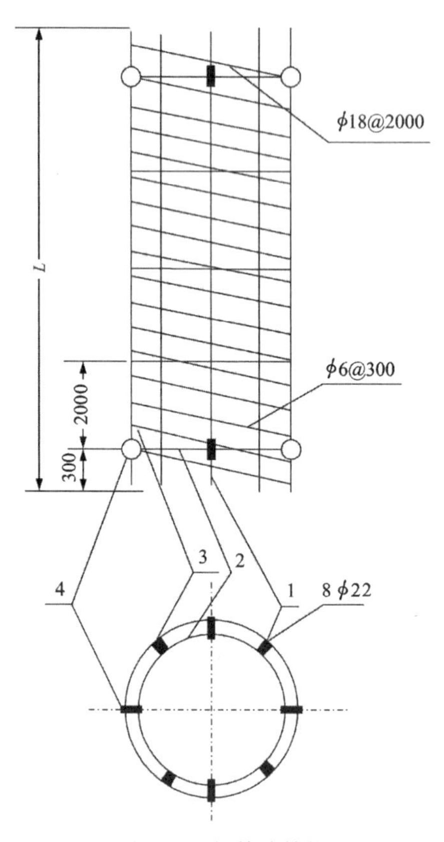

图 2-35　钢筋笼结构

1-主筋；2-加强筋；3-箍筋；4-保护块

1. 钢筋笼制作要求

（1）尺寸要求。钢筋笼的外径比孔径小 6～10cm，内径比导管接头大 10cm 以上，长度以 5～8m 为宜。

（2）配筋率。桩的截面配筋率为 0.2%～0.6%，一般控制在 0.35%～0.5%之间。

（3）其他要求。主筋的直径不宜小于 14mm，每根桩主筋数不宜少于 8 根。分段制作的钢筋笼焊接时，主筋接头应相互错开，保证同一截面内的接头数目不多于主筋总数的 50%，两个接头的间距大于 50cm，接头可采用搭接、绑条或坡口焊接。箍筋直径 φ≥8mm，间距为 200～400mm，对直径较大的桩，可每隔 2.0～2.5m 设一道直径为 φ14～18mm 的加强箍筋。

2. 钢筋笼吊放

钢筋笼入孔吊放是利用钻机钻架起吊，或用灌注塔架起吊，亦有用吊车起吊。起吊前应根据桩孔钢筋笼总长配好每节钢筋笼的长度，并编好入孔顺序。

为了保证钢筋笼不变形，宜采用两点起吊法。第一吊点设在笼的上部，第二吊点设在笼的中部到中上部之间。为了使钢筋笼在孔内与桩孔同轴，钢筋笼四周设置有用混凝土制成的小滑轮，以保证顺利下放，避免钢筋笼钩挂孔壁，并使钢筋笼居于桩孔中间，使钢筋笼的四周有厚度基本一致的混凝土。当钢筋笼吊至孔口时，应扶正并缓缓下入孔内，严禁摆动碰撞孔壁。当第一段笼的最后一道加强筋下入孔口时，可用木杆或钢钎穿过加劲筋的下方，将笼临时悬挂于孔口，等第二段钢筋笼与之对正、主筋相互焊接牢固后，继续下放钢筋笼。如此反复，直至达到设计深度。

(二)灌注工艺

1. 混凝土配制

混凝土是由水泥、骨料、水及少量外掺剂拌合而成的,灌注桩对所用的水泥标号、砂石的级配、用水量及外掺剂等都有相应的要求。

1)混凝土组分

(1)水泥。灌注桩常用的水泥有5种,即硅酸盐水泥、普通硅酸盐水泥、矿渣硅酸盐水泥、火山灰质硅酸盐水泥、粉煤灰硅酸盐水泥。后4种水泥都是由硅酸盐水泥熟料、石膏掺入其他混合料细磨而成。硅酸盐水泥则是由石灰岩、黏土和铁粉经磨细煅烧后生成水泥熟料,再加入一定量的石膏粉均化而成,其生产工艺流程如图2-36所示。硅酸盐水泥主要成分为硅酸三钙($3CaO \cdot SiO_2$,含量37%~60%)、硅酸二钙($2CaO \cdot SiO_2$,含量15%~37%)和铝酸三钙($3CaO \cdot Al_2O_3$,含量7%~15%)以及铁铝酸四钙($4CaO \cdot Al_2O_3 \cdot Fe_2O_3$,含量10%~18%)。根据国家规定,水泥的标号是以水泥按标准规定制成试样,养护28d后测得的抗压强度值来划分。如425#水泥,即水泥试样28d后抗压强度值不低于42.5MPa。同时,它的3d、7d的抗压强度值和3d、7d、28d的抗折强度值也不应低于规定的数值。用于灌注桩的水泥标号要求不低于400#。

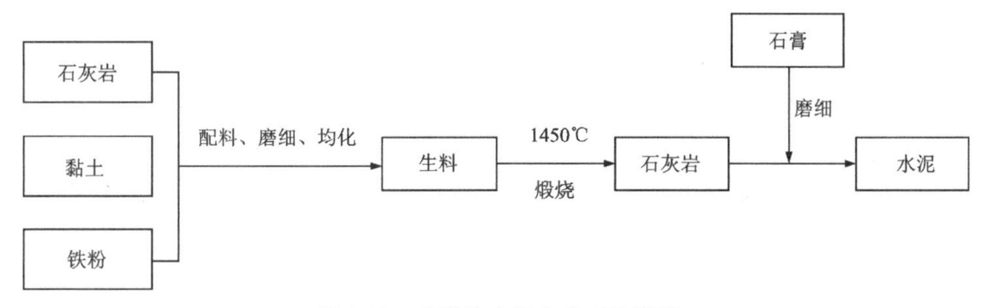

图2-36 硅酸盐水泥生产工艺流程

(2)骨料。在混凝土中,凡粒径大于5mm的骨料称为粗骨料(俗称石子),粒径为0.15~5mm的骨料称细骨料(俗称砂石)。粗骨料分碎石和卵石两大类,碎石是将花岗岩、砂岩或石英岩等坚硬的岩石用机械或人工的方法破碎而成,卵石是由多种硬质岩石经风化后形成,产于河床或古河床。细骨料分为天然砂和人工砂两类,一般以天然砂(河砂、海砂、山砂)为细骨料。

(3)水。混凝土拌合用水一般采用天然淡水。海水可用于拌制素混凝土,但不得用于拌制钢筋混凝土。有饰面要求的混凝土也不能用海水拌制。

(4)外掺剂。混凝土外掺剂是指在拌制混凝土过程中加入的一类化学物质,起改善混凝土工艺性质的作用,掺量一般不大于水泥质量的5%。常用的外掺剂有:①减水剂。能在水灰比保持不变的情况下,提高混凝土的和易性,即混凝土的综合性能,包括流动性、可塑性、稳定性、易密实性等,或保持同样的和易性,而降低水灰比,提高强度。如木质素磺酸钙,因能破坏水泥水化颗粒间的网状结构，释放被包裹在其中的自由水，而具有减水作用。②缓凝剂。能延缓混凝土的凝固时间，使其在较长时间内保持一定的流动性，如酒石酸(Na_2SO_4)、柠檬酸(Na_3PO_4)。③早强剂。与水泥水化生成不溶于水的复盐晶体，同时加速水泥水化，使生成的水泥致密，从而提高早期强度。如三乙醇胺、甲醇、NC 早强减水剂等。④消泡剂。能消除水泥在凝固过程中产生的气泡，使水泥固结体密实。

2)混凝土的主要特性要求

(1)和易性。和易性是混凝土的一项综合性能指标，它包括流动性、黏聚性和保水性 3 个方面的性能。流动性是指混凝土拌合物在自重或机械振捣作用下，能流动并均匀密实地填满浇筑空间的性能。黏聚性是指混凝土拌合物内组分之间具有一定的凝聚力，在运输或浇筑过程中不会发生分层离析现象，使混凝土保持整体均匀的性能。保水性是指混凝土拌合物具有一定的保持内部水分的能力，在施工过程中不会产生严重的泌水现象。保水性差的混凝土拌合物，在施工过程中，一部分水易从内部析出至表面，在混凝土内部形成泌水通道，使混凝土的密实性变差，降低混凝土的强度和耐久性。

和易性的测定是通过坍落度和维勃稠度试验来测定混凝土拌合物的流动性，同时辅以直观经验来评定黏聚性和保水性，得出综合评定指标。其中，坍落度试验是目前现场常用的一种混凝土性能的测试方法。试验使用的器具为锥形坍落筒、捣棒、钢尺、小铲等。坍落筒用薄钢板加工而成，内壁光滑，上、下端面平行，上口直径为 100mm，下口直径为 200mm，高为 300mm。试验时，将坍落筒置于一光滑水平面上，将混凝土分 3 层装入筒内，每层用捣棒插捣 25 次，顶面插捣完后用捣棒刮去多余的混凝土并搓平。然后将筒小心垂直提起，立即测量坍落后筒高与坍落后混凝土拌合物试体最高点之间的高度差(以厘米计)，即得到坍落度值。通常坍落度值越大，混凝土拌合物的流动性越好。选择混凝土拌合物的坍落度，应根据桩的类型、桩截面大小、配筋疏密、输送方式和施工捣实方法等因素来决定。相关规程规定的各种灌注桩混凝土坍落度的取值范围见表 2-13。

表 2-13　不同灌注桩及不同浇筑法所要求的坍落度的取值范围　　单位：cm

灌注桩类型	干孔浇筑法		水下灌注法
	素混凝土	钢筋混凝土	
螺旋钻成孔灌注桩	6～8	8～10	
机动洛阳铲挖机灌注桩	6～8		
沉管灌注桩	6～8	8～10	
大口径钻孔灌注桩	6～8	8～10	16～20

稠度试验是利用维勃稠度仪测得的时间来表示混凝土拌合物的稠度值。水泥浆的稠度由水灰比决定。在水泥用量不变的情况下，水灰比越小，水泥浆就越稠，混凝土拌合物的流动性就越小。当水灰比过小时，水泥浆干稠，混凝土拌合物的流动性过低，会使浇筑困难，不能保证混凝土的密实性。但如果水灰比过大，又会造成混凝土拌合物的黏聚性和保水性不良，而产生流浆、离析现象，并严重影响混凝土的强度。由此可见，混凝土拌合物的流动性、黏聚

性和保水性三者之间既相互联系又相互矛盾。黏聚性好则保水性好；而流动性增大时，黏聚性和保水性则变差。要使混凝土拌合物的和易性良好，就是要使这3方面的性能在某种具体条件下得到统一，达到均为良好的状况。

(2)凝固时间。为了保证混凝土在灌注过程中始终保持较好的和易性，要求混凝土有较长的凝固时间，以避免因凝固时间短而造成灌注失败。通常要求混凝土的初凝时间至少要大于灌注时间的两倍。对于桩径、桩长都较大的桩，在灌注时可以通过在混凝土中加入缓凝剂延长初凝时间或增大混凝土输送能力(如增加搅拌机容量及台数)来缩短灌注时间。对于水下混凝土，一般要求混凝土搅拌完后1h或45min内混凝土拌合物的坍落度还能保持15cm。冬季施工时，若水温很低，水下混凝土的水化速度会减慢，凝固时间延长。此时使用缓凝剂要慎重，应避免凝固时间过长造成离析分层的质量事故。

(3)混凝土的强度。桩身混凝土的抗压强度是衡量、判断灌注桩质量优劣的重要指标。混凝土强度等级是根据标准试验方法来确定的，即将150mm×150mm×150mm的立方体试块，在温度20℃±3℃、相对湿度95%以上的条件下，养护28d，而后在材料试验机上做抗压强度试验，测得的极限抗压强度即为该配合比条件下的混凝土强度，其值即是混凝土强度标号。按新的规定，灌注桩混凝土的强度等级分为C15、C20、C30、C35、C40，并要求灌注桩混凝土的强度等级不低于C15，水下灌注混凝土的强度不低于C20。根据混凝土的强度可以计算出灌注桩单桩承载能力。反过来，根据单桩承载力设计值可以确定所需混凝土强度等级。

对钢筋混凝土桩，单桩承载力与混凝土强度等级有以下关系：

$$R=\frac{\varphi}{K}(f_cA_p+f_yA_s) \tag{2-32}$$

式中：R为单桩承载力设计值(N)；A_p为桩身横截面积(mm^2)；f_c为桩身混凝土的轴心抗压设计强度(MPa)，它与混凝土强度等级之间的关系参见表2-14；f_y为纵向钢筋的抗压设计强度(MPa)；A_s为纵向钢筋的横截面积(mm^2)，由于就地灌注桩f_yA_s这一项在通常情况下所占比重很小，所以往往不予考虑而作安全储备；φ为纵向弯曲系数，对于低桩承台(桩全埋入土中)，由于土的侧向支承作用，除极软土层中的长桩外，一般取$\varphi=1$；K为钢筋混凝土轴心受压构件设计安全系数。预制桩取$K=1.55$，就地灌注桩，按《工业与民用建筑灌注桩基础设计与施工规程》(JGJ 4-80)规定，$K=1.64$，有些地方规范K值取2.1～2.6。

表2-14 混凝土轴心抗压强度与强度等级之间的关系 单位：MPa

强度等级	C7.5	C10	C15	C20	C25	C30	C35	C40	C45	C50	C55	C60
f_c	3.7	5	7.5	10	12.5	15	17.5	19.5	21.5	23.5	25	26.5

(4)混凝土的容重。混凝土的容重是指单位体积混凝土的重量，反映混凝土内部结构情况。混凝土的容重随所使用的骨料情况(种类、相对密度、石子最大粒径)、混凝土的配合比、干燥程度等而异。其中骨料的相对密度影响最大。水下灌注混凝土一般是靠自重流动密实，因此不能用轻骨料，要求容重大于$23kN/m^3$。

3)混凝土配制

(1)水灰比的确定。用水量与水泥用量之比称水灰比。强度和水灰比的关系是混凝土配合设计中首先确定的关系。水灰比在0.40～0.80范围内与抗压强度近似成线性关系,有如下近似表达式:

$$\sigma = AR_c\left(\frac{c}{W} - B\right) \tag{2-33}$$

式中:σ为混凝土标准立方体试件在标准养护条件下28d的抗压强度(MPa);R_c为水泥的标号;c/W为灰水比,是水灰比的倒数;A、B为经验常数。

运用式(2-33)计算水下灌注混凝土的配合比时,可将式中σ用配制强度(即试配强度)σ_h代替,确定式中常数A、B后,则可得出水下灌注混凝土的水灰比计算的经验公式。为了使水下灌注混凝土有较好的和易性,以便灌注顺畅,水灰比宜在0.45～0.55范围内选定。

(2)用水量的确定。在骨料最大粒径相同的条件下,新拌合的混凝土坍落度取决于单位体积混凝土的用水量,而在一定水灰比范围内与水泥用量的变化无关。因此,每立方米混凝土需水量(W)可按下式计算确定:

$$W = \frac{10}{3}(T + K) \tag{2-34}$$

式中:T为混凝土坍落度(cm);K为反映骨料品种和粒径的系数,见表2-15。

表2-15　系数K的取值

<table>
<tr><th rowspan="2">最大粒径/mm</th><th colspan="2">K</th><th rowspan="2">说明</th></tr>
<tr><th>碎石</th><th>卵石</th></tr>
<tr><td>10</td><td>57.5</td><td>54.5</td><td rowspan="3">①采用火山灰水泥时,增加4.5～6.0;②采用细砂时,增加3.0</td></tr>
<tr><td>20</td><td>53.0</td><td>50.0</td></tr>
<tr><td>40</td><td>48.5</td><td>45.5</td></tr>
</table>

(3)水泥用量。根据式(2-33)、式(2-34)定出灰水比和用水量之后,则每立方米混凝土的水泥用量(c)为:

$$c = W\left(\frac{c}{W}\right)$$

对于钻孔灌注桩,混凝土中的水泥用量一般不少于350kg/m³。若已知用水量W和水泥用量c,可核算水灰比。

(4)骨料用量的确定。骨料用量按砂石料的比例及混凝土组成材料的体积来计算,依据绝对体积法,即每立方米混凝土中各种材料用量,有如下关系式:

$$\frac{W}{\gamma_w} + \frac{C}{\gamma_c} + \frac{G}{\gamma_g} + \frac{S}{\gamma_s} = 1(m^3) \tag{2-35}$$

式中:γ_w、γ_c、γ_g、γ_s分别为水、水泥、石、砂的容重。W、C、G、S分别为每立方米的混凝土中水、水泥、石、砂的加量。

通常将细骨料(砂)在整个骨料(砂石)中所占的比例称为含砂率,表达式为:

$$S_p = \frac{S}{S+G} \tag{2-36}$$

灌注桩混凝土的含砂率为40%~50%,即粗骨料∶细骨料=(1.2~1.5)∶1。

(5)外掺剂及混合料的用量。外掺剂加量一般都小于水泥用量的5%。

混凝土中水泥用量的1/3有时可用混合料代替。混合料是指粒径小于150μm而又不溶于水的无机材料细粉,如粉煤灰、高炉矿渣粉等。混凝土中掺入粉煤灰不仅可增加保水性和黏聚力,使混凝土软、滑,不易离析和泌水,有利于灌注,而且用超量取代的方法取代一部分水泥,在不降低强度的前提下,节约了水泥用量,降低了成本。

2. 混凝土的凝固机理

水泥加水拌合初期形成具有塑性的浆体,然后逐渐变稠并失去可塑性的过程称为凝结。此后,浆体的强度逐渐提高并变成坚硬的石状固体——水泥石,这一过程称为硬化。实际上,水泥的凝结和硬化是一个连续而复杂的物理化学变化过程。

(1)水化反应。硅酸盐水泥与水发生反应形成水化物并放出一定的热量,主要反应式如下:$2(3CaO \cdot SiO_2)+6H_2O \longrightarrow 3CaO \cdot 2SiO_2 \cdot 3H_2O+3Ca(OH)_2$;$2(2CaO \cdot SiO_2)+4H_2O \longrightarrow 3CaO \cdot 2SiO_2 \cdot 3H_2O+Ca(OH)_2$;$3CaO \cdot Al_2O_3+6H_2O \longrightarrow 3CaO \cdot Al_2O_3 \cdot 6H_2O$;$4CaO \cdot Al_2O_3 \cdot Fe_2O_3+7H_2O \longrightarrow 3CaO \cdot Al_2O_3 \cdot 6H_2O+CaO \cdot Fe_2O_3 \cdot H_2O$。

水泥在与水发生水化反应时,产生在颗粒表面的氢氧化钙和含水硅酸钙溶于水,使水泥颗粒露出新的表面,继续进行水化反应,产生大量的胶质水化物附着在水泥颗粒表面,形成胶凝膜,并逐渐发展连接成为胶凝体,使水泥进入初凝状态。随着胶凝体不断增大并不断吸收水分,水泥浆的凝固度加快,同时产生大量的结晶体与胶凝体相互包围填充并达到某种稳定状态,水泥浆开始硬化。随着硬化的进行,水泥浆最终形成硬结的水泥石。

(2)水泥石的结构。水泥浆硬化后的水泥石是由未水化的水泥颗粒A、凝胶体的水化产物B(胶体粒子)、结晶体的水化产物C(晶体粒子),以及未被水泥颗粒和水化产物填满的原充水空间D(毛细孔或毛细孔水)及凝胶体中的孔E(凝胶孔)组成的,如图2-37所示。因此,水泥石是多相(固相、液相、气相)多孔体系。水泥石的强度主要决定于水化产物的相对含量和孔隙的数量、大小、形状及分布状态。前者与水泥的种类有关,而后者与水灰比密切相关。也就是说,水灰比相同时,水化程度越强,则水泥石结构中水化物越多,而毛细孔和未水化水泥的量相对减少。因此,水泥石结构密实、强度高、耐久性好。水化程度相同时,水灰比大的浆体,毛细孔所占的比例相对增加,因此,该水泥石的强度和耐久性下降。为了提高水泥石的强度和耐久性,应尽可能减少水泥石中的孔隙含量。因此,降低水灰比,提高水泥浆或混凝土成型时的密实度以及加强养护是提高混凝土强度的重要途径。

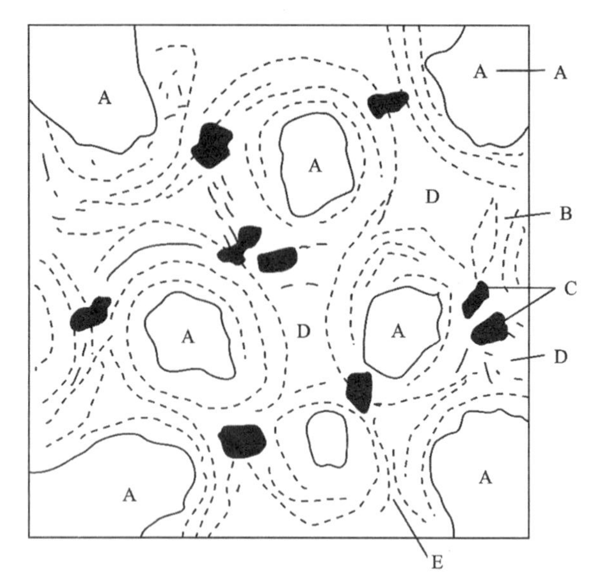

图 2-37　水泥石的结构

A-未水化的水泥颗粒；B-胶体粒子(C-S-H)等；C-晶体粒子 $Ca(OH)_2$ 等；D-毛细孔(毛细孔水)；E-凝胶孔

3. 桩身混凝土灌注

灌注桩身混凝土有两种方式：①干浇筑。在干孔即无水或桩底标高在地下水位以上的桩孔中直接浇筑混凝土。②水下灌注。普遍采用导管灌注法，即利用密封的连接钢管(或满足强度刚度要求的非金属管)作水下混凝土的输送通道，管的下部埋入混凝土适当的深度，使连续不断灌入的混凝土与桩孔内的水或泥浆隔离并逐步形成桩身。

1)水下灌注混凝土的工艺过程

在桩孔内下入钢筋笼并进行二次清孔之后，将底口敞开的导管下入充满水的桩孔内，在导管的上端(水位以上)用铁丝悬挂一个用混凝土制成的隔水塞，在塞上面的漏斗内装足够量的混凝土，然后剪断铁丝，使隔水塞和混凝土拌合物顺管而下，将管内的水向下挤出管口，混凝土下到桩孔底部后，埋住导管下端一定深度，以防桩孔内的水进入导管内。随着后续混凝土拌合物的不断灌入，桩孔内的混凝土不断升高，相应提升并逐渐拆卸导管，直到灌入的混凝土达到设计标高，形成连续的混凝土桩身，如图 2-38 所示。

2)灌注工艺参数

(1)导管的灌注能力。单位时间内通过某一直径导管截面的混凝土流量称为导管的灌注能力。不同直径的导管灌注能力不同，适用于不同直径的灌注桩(表 2-16)。

(2)导管的埋深。导管的埋深大小对灌注质量影响很大。根据水下混凝土流动扩散规律，埋深过小，往往会使管外混凝土面上的浮浆沉渣夹裹卷入管内形成夹层；埋深过大，则导管底口的起压力减小，管内混凝土不易流出，容易产生堵管。因此，应控制好导管的埋入深度。表 2-17 为根据实际施工经验总结出不同桩的直径和不同规格的导管所采用的导管埋深值，供施工时参考。

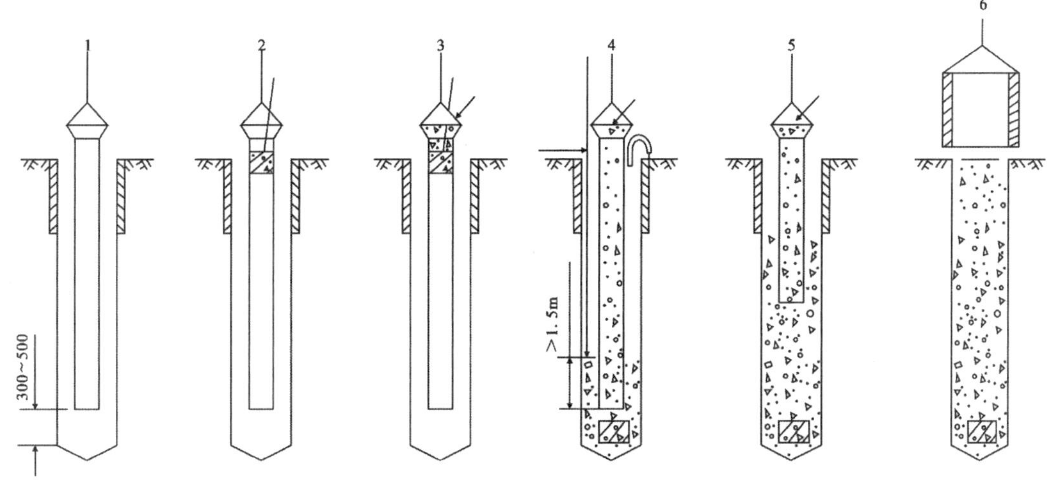

图 2-38 导管法灌注水下混凝土的全过程

1-下导管；2-悬挂隔水塞；3-在灌注漏斗中装入混凝土；

4-剪断隔水塞的悬挂铁丝；5-连续灌注混凝土；6-起拔护筒

表 2-16 不同直径导管的灌注能力及适用桩径

导管直径/mm	灌注能力/($m^3 \cdot h^{-1}$)	适用桩径/mm
200	10	600～1200
230～255	15～17	800～1800
300	25	≥1500

表 2-17 导管的埋深选择

导管直径/mm	初灌埋深/m	连续灌注埋深/m	
		正常灌注	最小埋深
200	1.5～2.0	3.0～4.0	1.5～2.0
250	1.2～1.5	2.5～3.5	1.5～2.0
300	0.8～1.2	2.0～3.0	1.2～1.5

(3)导管的灌注半径。所谓灌注半径是指混凝土流出导管后所形成的堆积物的半径，如图 2-39 所示。ϕ200～300mm 的导管灌注半径为 2～3m。因此，一般情况下，对于直径在 3m 以下的工程桩都可实现满眼灌注。要求形成的混凝土堆积体的坡度在 1∶5～1∶10 之间，混凝土拌合物保持流动性指标时间不低于 1h。

(4)导管漏斗高度(H_A)(图 2-40)。为了保证混凝土能顺利通过导管向下灌注，需要有一定的灌注超压力(p)。所谓超压力是指在导管出口截面处，导管内混凝土拌合物柱的静压力与导管外泥浆柱和混凝土拌合物柱静压力之差。即：

$$p = h_c\gamma_c + h\gamma_c - (\gamma_w H_w + h\gamma_c) = h_c\gamma_c - \gamma_w H_w \tag{2-37}$$

式中：γ_c、γ_w 为分别为混凝土和水的容重（kN/m³）；h 为导管埋深（m）；h_c 为漏斗距灌注面的高度（m）；H_w 为孔口距灌注面的高度（m）。

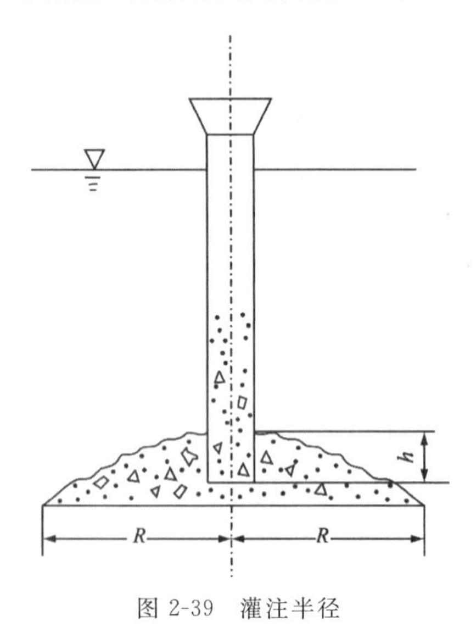

图 2-39　灌注半径

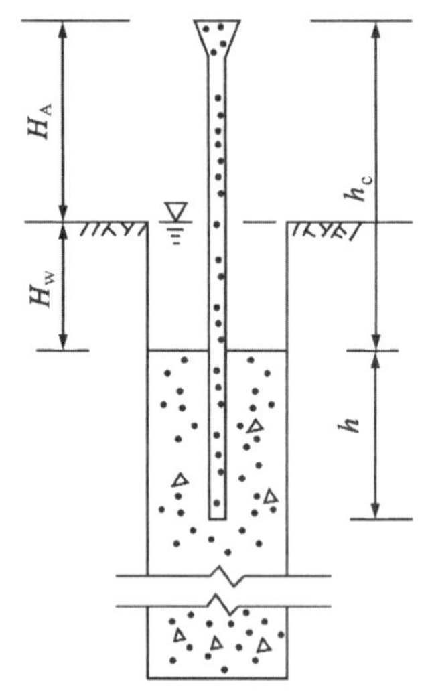

图 2-40　漏斗高度计算

超压力的取值根据导管的灌注半径来确定（表 2-18）。因此，根据式（2-37）可以计算出漏斗应该安装的高度（H_A），计算公式如下：

$$H_A = h_c - H_w \tag{2-38}$$

根据式（2-37），有 $h_c = (p + \gamma_w H_w)/\gamma_c$，若 p=75kPa，且需要灌注到孔口，$H_w = 0$，则漏斗的安装高度 $H_A = p/\gamma_c = 75/24 = 3.125$（m）。

表 2-18　不同导管灌注半径所需的最小超压

导管灌注半径/m	4.0	3.5	3.0	<2.5
最小超压力/kPa	250	150	100	75

（5）首批混凝土灌入量（初灌量）。开始灌注时，为了使灌入的第一批混凝土拌合物能达到要求的埋管高度，以保证导管底部的隔水，需要通过计算确定首批混凝土拌合物的灌入量。根据图 2-41，混凝土初灌量（V）的计算式为：

$$V = \frac{\pi}{4}D^2(h_e + h) + \frac{\pi}{4}d^2 h_1 \tag{2-39}$$

式中：D 为实际桩孔直径（m）；h 为导管埋深，初灌时不小于 1～1.2m；h_e 为导管底口至孔底高度（m）；d 为导管内径（m）；h_1 为孔内混凝土达到埋管高度时，导管内混凝土柱与导管外水柱压力平衡所需的高度（m），即：

$$h_1 = \frac{H_w \gamma_w}{\gamma_c} \tag{2-40}$$

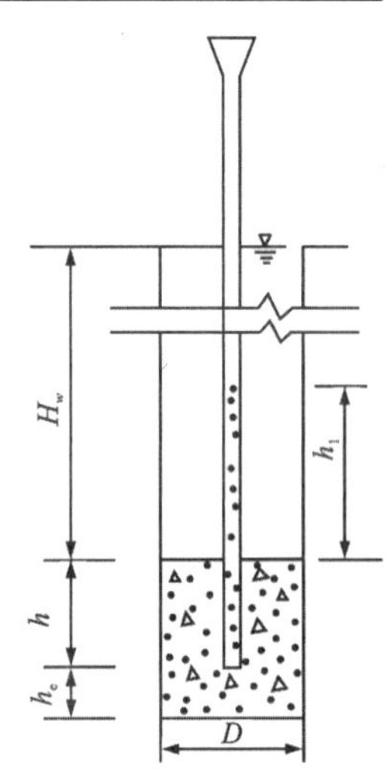

图 2-41　初灌量计算示意图

第三节　灌注桩其他施工方法

一、沉管灌注桩

沉管灌注桩是采用锤击沉管、振动沉管和振动冲击沉管等方法将钢管沉入土中，然后在钢管中浇筑素混凝土或钢筋混凝土，边浇筑边拔出钢管，形成灌注桩。沉管灌注桩最大的特点是不需要采用泥浆，在一般黏性土和淤泥质土类地层中成桩速度快。桩径通常为270～480mm，桩长可达24m。

(一)锤击沉管法

该工艺是采用蒸汽锤、落锤或柴油打桩锤将下端带有桩尖的钢管锤入土中，然后在桩管中灌注混凝土，拔管成桩。

1. 施工主要机具

锤击沉管灌注桩施工机械设备主要由桩锤、桩管、桩尖、桩架和卷扬机等组成(图2-42)。常用的锤击沉管打桩机性能见表2-19。

桩管常采用3种规格的无缝钢管，即外径分别为ϕ460、ϕ320、ϕ273，对应配以外径为ϕ480、ϕ340、ϕ290的桩尖。桩管长度为10～20m，视桩架的高度和需要，有的长达24m以上。

桩尖主要有两种：混凝土预制桩尖(图2-43)和活瓣桩尖(图2-44)，施工时，将桩管对准预先埋设在桩位的钢筋混凝土桩尖上，为了防止在沉管过程中地下水渗入管内影响桩的质量，可在桩尖与钢管接口处垫稻草或麻绳垫圈。拔管时，桩尖留在孔底，与灌注的混凝土结为一体成为桩的一部分。若采用活瓣桩尖，则在沉管时活瓣闭合，向下和外侧挤土；达到设计深度后，向上拔管，活瓣在自重及管内灌注的混凝土重力作用下张开，实现混凝土灌注。

2. 施工技术要点

(1)桩管打入至要求的贯入度或标高后，应检查管内有无泥浆或渗水。如果渗水很多，则将桩管拔出，用砂回填桩孔后重新安装，密封好桩尖，沉入桩管；若是受地下水的影响，则可以采取以下措施：当桩管沉至接近地下水位时，用水泥砂浆灌入管内约0.5m，再灌入约1m高的混凝土作封底，然后继续沉桩。

(2)每次向桩管内灌注混凝土时应尽量多灌，用长桩管打短桩时，混凝土可一次灌足，打长桩时，第一次灌入桩管内的混凝土应尽量灌满，第一次拔管高度应控制在以能容纳第二次所需要灌入的混凝土量为限，不宜拔得过高，应保证桩管内不少于2m高的混凝土。

(3)拔管速度应均匀，对一般土层，以不大于1m/min为宜，在软弱土层及软硬土层交界处应控制在0.8m/min以内。拔管过程中应保持对桩管进行连续低锤密击(采用单次汽锤时，不得少于70次/min；采用自由落锤轻击时，不得少于50次/min)，使桩管不断振动，以保证混凝土振密实。

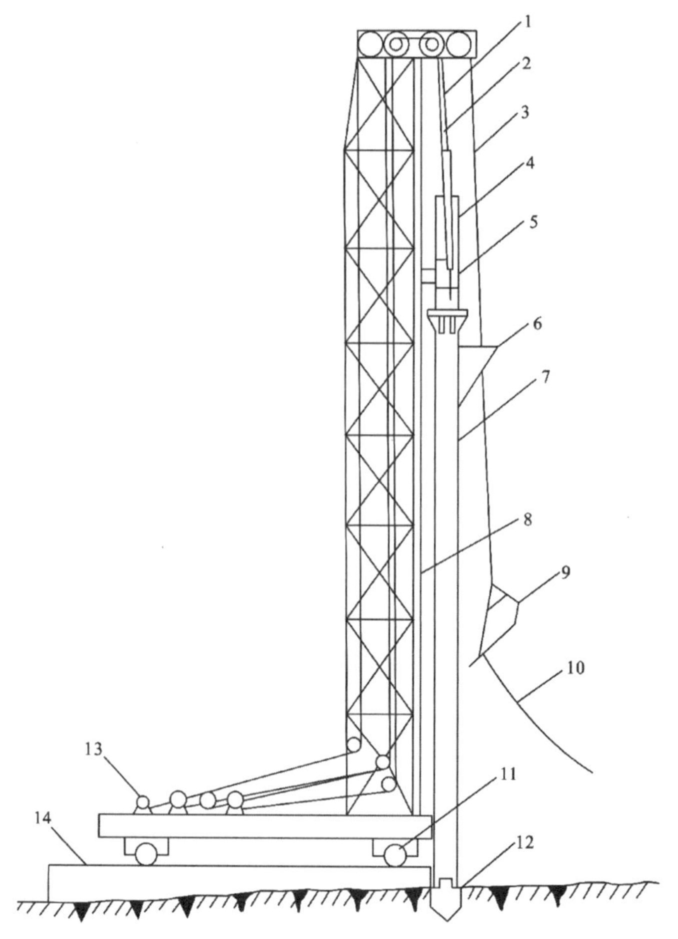

图 2-42 沉管灌注桩施工机械设备组成

1-桩锤钢丝绳；2-桩管滑轮组；3-吊斗钢丝绳；4-桩锤；5-桩帽；6-灌注漏斗；7-桩管；8-桩架；9-混凝土吊斗；10-回绳；11-行驶用钢管；12-预制桩尖；13-卷扬机；14-枕木

表 2-19 常用锤击沉管打桩机主要性能参数

名称	功率	锤质量/t	落锤高度/cm	拔管倒打冲程/cm	桩架高/m	桩管直径/mm	桩管长/m
蒸汽打桩机	蒸发量 1t/h	1 2.55 3.5	40～60	20～30	20～34	320460	23
电动落锤打桩机	卷扬机 23kW	0.75～1.7	100～200	20～30	15～17	320	10～12
柴油自动落锤打桩机	29.4kW	0.75	100～200	20～30	13～17	320	11～15

续表 2-19

名称	功率	锤质量/t	落锤高度/cm	拔管倒打冲程/cm	桩架高/m	桩管直径/mm	桩管长/m
柴油锤打机 D_1-12 D_2-18 D_2-25	柴油耗量 9L/h 18.2L/h	1.2 1.8 2.5	250			273 320	6～8 10～15

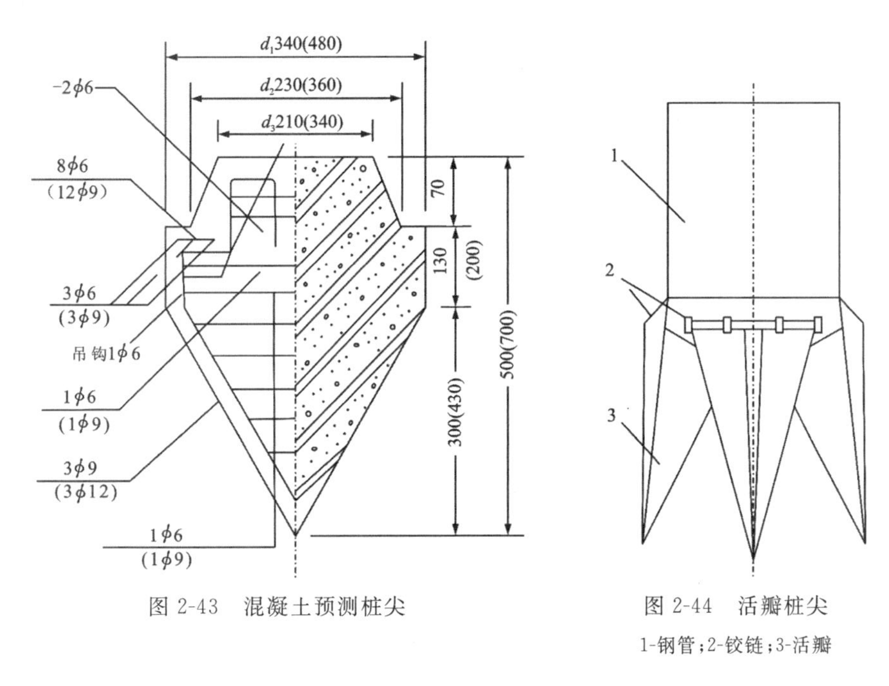

图 2-43　混凝土预测桩尖

图 2-44　活瓣桩尖

1-钢管;2-铰链;3-活瓣

(4)必要时,采用一次复打扩大灌注,以提高桩的质量和承载能力。施工程序:在第一次灌注和拔管之后,再在原桩位上第二次安放桩尖,再次锤击沉管灌注混凝土,称为复打扩大灌注。复打扩大灌注必须注意第二次打入桩管时,应与第一次轴线相重合,复打扩大灌注的工作必须在第一次灌注的混凝土初凝之前全部完成,且第一次灌注的混凝土应达到自然地面,不得少灌。一般是混凝土灌注充盈系数(实际灌注混凝土体积与按设计桩身直径计算体积之比)小于 1 的桩应采用全桩长复打灌注。对于断桩及缩颈的桩可采用局部复打,复打深度必须超过断桩或缩颈区 1m 以上。

(二)振动沉管法

振动或振动冲击沉管法是利用振动桩锤或振动冲击桩锤将桩管沉入土中,然后在管中灌注混凝土,拔管成桩。因振动和振动冲击沉管法的施工工艺大同小异,统称为振动沉管法。它适合于稍密及中密的碎石土地基上施工。

1. 振动沉管桩施工机具

振动沉管灌注桩施工的机具主要有桩架、振动(或振动冲击)桩锤、桩管、桩尖和卷扬机等。振动桩锤又称激振器,它是利用偏心重块旋转时产生的离心力产生非定向振动和定向振动。图 2-45 为双轴双偏心轮式振动器工作原理示意图。在两根平行轴上装置两个质量相等的偏心轮,由电动机通过齿轮带动这两根轴以同一速度反向旋转。这样偏心轮产生的离心力在水平方向的分力始终大小相等、方向相反、互相抵消,而垂直方向的分力大小相等、方向相同,并形成沿垂直方向大小、方向作周期性变化的合力,由此使振动器产生垂直方向的振动,激振力可按下式计算:

$$F_{\max} = 2me\omega^2 \sin\varphi \tag{2-41}$$

式中:φ 为偏心轮的相位角;e 为偏心距;m 为质量;ω 为角速度。

当 φ =90°和 270°时,F 达到最大值 $F_{\max}$:

$$F_{\max} = 2me\omega^2$$

当振动器与桩管刚性连接后,启动振动器,桩管在轴向激振力作用下沉入土层。

如果振动器与桩管之间采用弹性连接(图 2-46),则形成振动冲击桩锤。振动锤用弹簧支持在振击板的支架上,支架与桩管刚性连接,振动锤下面装有振击锤头,它与振击板上的砧子保持一定距离。振动锤产生振动的同时,还通过锤头对振动板和桩管产生高频冲击,作用足够大的冲击功可以克服较大的桩尖端面阻力。

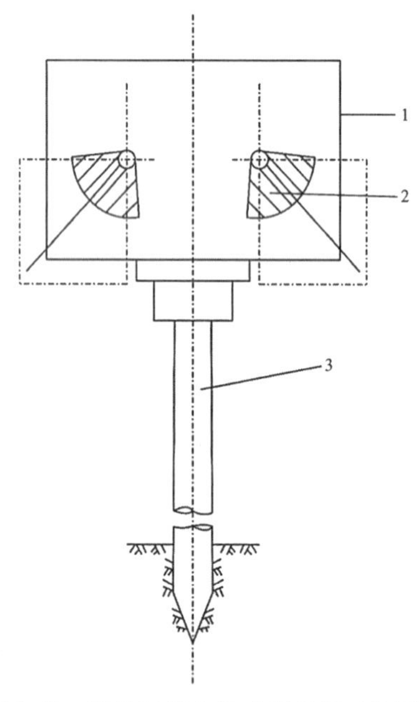

图 2-45 双轴双偏心轮式振动器工作原理

1-振动器壳体;2-偏心轮;3-钻具

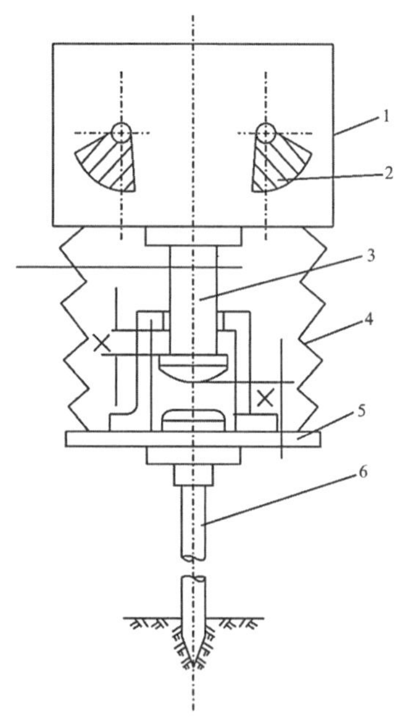

图 2-46 双轴双轮振动锤工作原理

1-壳体;2-偏心轮;3-锤头;

4-弹簧;5-振击板;6-钻具

从图 2-46 中还可以看出,如果根据振动锤的振幅 A 调整锤头的轴向位置,改变锤头与振击板的上、下间隙 x_1、x_0,可以实现向下冲击、向上冲击或上下交变冲击的 3 种工况。显然,当

$x_0 < A < x_1$时，振动锤向下冲击，用于沉管；当 $x_1 < A < x_0$时，振动锤向上冲击，用于拔管；当 $x_1 = x_0 = A$ 时，振动锤周期地向上、向下冲击，实际工作中常用来解除深孔内桩管卡夹。

2. 振动沉管桩成孔、成桩工艺

(1)振动沉管桩的成孔过程与成桩过程是紧密衔接的。工艺流程：将桩管下端的活瓣桩尖收拢，并包扎好，对准桩位，使桩尖慢慢地垂直压入土中，开动激振器使桩管下沉到要求的贯入度或标高，停止激振器的振动，利用吊斗向桩管内灌入混凝土。混凝土灌满后再次启动激振器和卷扬机，一面振动，一面拔管。拔管过程中，一般都要向桩管内继续加灌混凝土，以满足灌注量的要求。

(2)为了保证桩孔的垂直精度，开始沉管时应控制速度，密切注视桩管是否偏斜，并及时纠正。严禁在桩管悬空的情况下启动激振器，以防桩尖活瓣张开并分别插入土层，导致桩尖损坏，影响沉管正常进行。

(3)振动沉管的能力不仅与振动器的激振力有关，而且应考虑它的频率和振幅。振动器的强迫振动频率与土壤的自振频率越接近，土层的弹性阻力衰减得越快，越有利于沉管。当达到共振时，可最有效地削弱土体颗粒之间的联结力，沉管速度最快。我国生产的振动锤频率多在670～1200次/min之间。与土体的自振频率(一般黏性土类自振频率为600～750次/min，砂性土的自振频率为900～1200次/min)比较接近。

(4)在振动过程中，若遇到沉管异常缓慢，连续振动仍难以进尺的情况，则应停止振动。有可能是因为桩尖下面砂层被挤实，砂层中的水被挤出，给桩尖沉管增大了阻力。这种情况下，应适时停振几分钟，让地层中的压力水渗入被挤实的密砂中，再启动振动器，使砂土液化，将易于连续沉管。

(5)在地下水位较高的情况下，振动沉管时间稍长，桩管内将进入大量地下水。这时如果立即灌注混凝土，将影响桩的质量。解决的方法是采用空中投料和二次振动沉管(即复振法)施工工艺。即第一次沉管到达预定标高后，拔出桩管，排放管内的积水后包扎好活瓣，利用装满料的空中投料斗和桩架的滑轮机构，向管内输送混凝土，保证管内有至少1.5m高的混凝土，然后下入孔内，迅速进行第二次沉管。此方法由于提高了活瓣的止水性，因而保证了桩的质量。

(6)根据施工实际情况，拔管可以采用单振法、复振法和反插法3种工艺：①单振法。灌注混凝土后，以0.8～1.2m/min的速度向上拔管，每拔1m便停拔，原位振动5～10s。如此反复，直至全部拔出桩管。②复振法。采用单振法拔出桩管后，灌注混凝土再把活瓣收拢闭合，在原桩孔位上第二次振动沉管，将未凝固的混凝土向四周挤压，达到要求深度后，灌注混凝土再次振动拔管成桩。③反插法。拔管时，每上拔0.5～1m，便向下振动反插0.25～0.3m。如此反复，直至全部拔出桩管。反插法能增大桩的截面积，提高桩的密实度，使桩的承载能力增加。

(7)振动沉管灌注桩安放钢筋笼有4种方法：一是在混凝土漏斗上方桩管上留有长槽，钢筋笼从长槽中插入；二是卸下振动器，从桩管上口插入钢筋笼；三是振动器的两根偏心轴分别由两台电动机带动，振动器中间带有大通孔，可从通孔中插入钢筋笼；四是拔管排水后，从管底部放入钢筋笼。

二、夯扩桩

夯扩桩是将桩端现浇混凝土通过夯击扩大为大头形的一种桩型。由于增大了桩端截面积并且挤密了地基土，桩的承载力有较大幅度的提高，其施工设备和方法是在锤击沉管灌注桩的基础上改进而成的。大量工程实践证明，夯扩桩施工具有施工技术可靠、工艺科学、无泥浆污染和工程造价低等优点。

1. 夯扩桩施工机具

夯扩桩施工机具与沉管灌注桩施工机具基本相同，最大的区别是在外桩管的基础上增加了一根内夯管(图 2-47)。内夯管在夯扩桩施工中的作用：①作为夯锤的一部分在柴油锤的锤击作用下将内外管同步沉入地基土中；②在夯扩工序中，将外管内的混凝土夯出管外并在桩端形成扩大头；③在施工桩身时，利用内夯管和柴油锤的自重将桩身混凝土夯实。为了满足

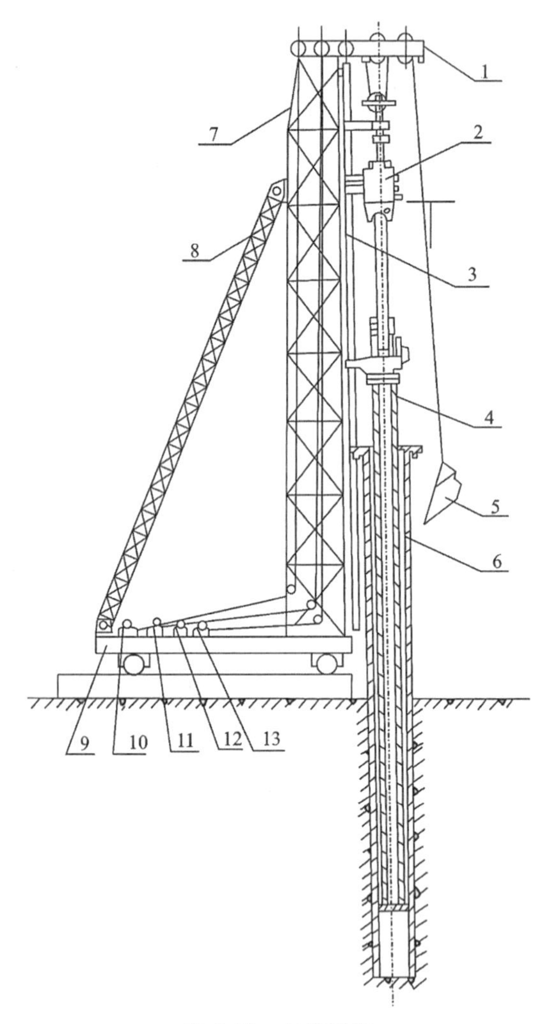

图 2-46　夯扩桩机

1-顶部滑轮组；2-机锤；3-导向架；4-内管；5-料斗；6-外管；7-立柱；8-斜撑；9-底架；10-拔桩卷扬；11-前后移架卷扬；12-滑轮组卷扬；13-吊锤吊杆卷扬

采用干混凝土封底止淤的要求，内夯管长度应比外桩管短 100～200mm。这个长度范围可根据不同土层条件适当调整，土层性质好、地下水位低的可取小值，反之，则应取大值。

2. 施工工艺

夯扩桩施工多采用二次夯扩法。工序为：①内外管同步锤击沉入土中；②提出内管，在外管内灌注适量的混凝土；③用内管将外管中的混凝土夯出管外，并在桩端形成扩大头；④重复工序②、③，完成第二次夯扩；⑤拔出内管，在外管内灌入桩身所需的混凝土，并在上部放入钢筋笼；⑥将内管压在外管内混凝土面上，边压边缓慢起拔外管。夯扩桩施工工序见图 2-48。

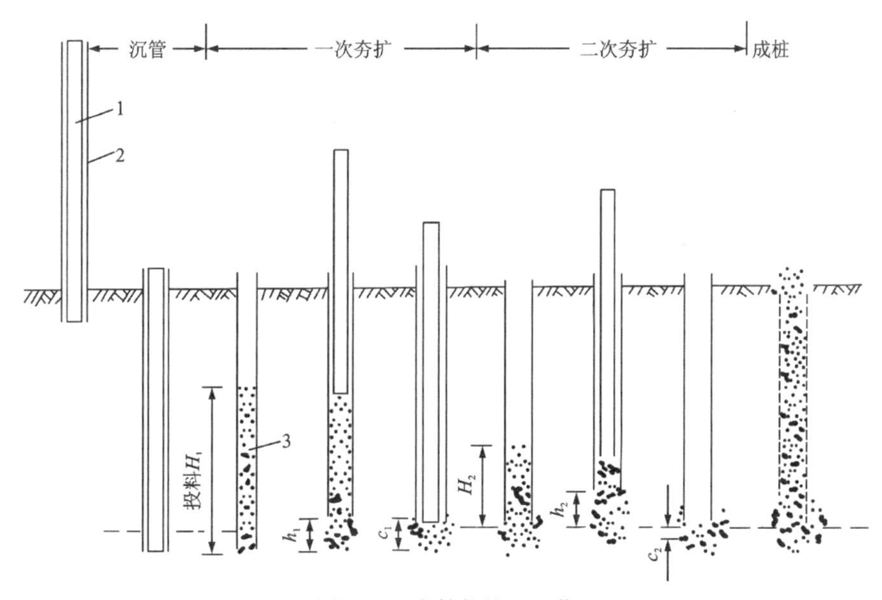

图 2-48　夯扩桩施工工艺

1-内管；2-外管；3-混凝土；H_1、H_2-投料高度；h_1、h_2-拔管高度；c_1、c_2-夯扩高度

施工前必须进行 1～3 个试桩。混凝土的坍落度，对于扩大头部分以 4～6cm 为宜，桩身部分以 10～14cm 为宜。夯扩桩拔管时，应将内夯管连同桩锤压在超灌的混凝土面上，外管缓慢均匀地上拔，内管保持下压，直至同步终止于施工要求的桩顶标高处，然后将内外管提出桩孔。拔管速度应控制在 2～3m/min 之间，在淤泥或淤泥质土层中应控制在 1～2m/min 之间。采用干混凝土止淤方法的步骤：沉管前在桩位处预先放上高 100～200mm、与桩身同标号的干混凝土，然后将内外管扣在干混凝土上开始沉管，该干混凝土在沉管过程中不断吸收地基中的水分，形成一层致密的混凝土隔水层，止淤效果很好，且不影响夯管内混凝土的夯出，但对某些特殊地基条件，如地表存在成夯复杂的杂填土，当沉管与封底有困难时，也可以采用钢筋混凝土桩尖。

三、爆扩桩

爆扩桩是用爆炸的方法在桩端形成扩大头的短灌注桩，具有施工简单、造价低、土方量少、节省工时等特点。爆扩桩的成孔可以采用人工挖孔、机械钻孔、打拔管成孔和爆扩成孔等方法。成孔之后在孔底回填适量的砂，然后安放炸药，浇灌一定量的混凝土后引爆，形成扩大头，再灌注桩身混凝土成桩。爆扩桩形成扩大头的直径与装药量有关，用药量可以参见表2-20。爆扩桩在黏土层中使用效果较好，但在软土中不易成型，在碎石或砂土中也难以成型，在持力层复杂、岩溶山洞、漂石较多的地区不宜采用。一般当地基表层为弱土层、深度在2.5～7m以内、有较好的地基持力层时，在山区基岩起伏、土层厚薄不均时，可以考虑采用爆扩桩。

表 2-20 爆扩桩炸药用量

扩大头直径/m	0.6	0.7	0.8	0.9	1.0	1.1	1.2
装药量/kg	0.3～0.45	0.45～0.6	0.6～0.75	0.75～0.9	0.9～1.10	1.10～1.30	1.30～1.50

第四节 钢筋混凝土预制桩及钢管桩施工技术

一、钢筋混凝土预制桩施工

在本章第一节中已提到过钢筋混凝土预制桩，它具有坚固耐久、施工简单，不受地下水和潮湿变化的影响，可做成各种需要的断面和长度，而且能承受较大荷载等特点，在建筑工程中应用较广。钢筋混凝土预制桩的施工包括预制、吊运、堆放、沉桩等过程。

（一）预制

我国工程施工中目前多采用正方形实心截面的钢筋混凝土预制桩，其截面为250mm×250mm～500mm×500mm。桩的单节长度确定应满足桩架的有效高度、制作场地条件、吊运能力等，也应避免进入硬持力层后接桩。桩的单节长度通常小于27m。

桩的制作视桩的长度、运输和制作条件，可在工厂也可在施工现场预制。对采用锤击沉桩的预制桩制作时要求：

（1）混凝土强度等级不低于C30，宜采用强度与龄期双控制。

（2）纵向钢筋的最小配筋率不宜小于0.8%。在下列情况下，桩身穿过一定厚度的硬土层、桩的长径比$60<l/d\leqslant 80$、单桩的设计承载力较大、桩大片密集设置、桩受到大面积地面堆载影响时，其配筋率宜采用1%～2%。当估计锤击沉桩困难较大、长径比$l/d>80$、单位设计承载力很大时，宜结合具体情况再适当增加配筋率。

（3）主筋直径不宜小于14mm，保护层厚度为30mm。桩身宽度大于或等于35mm时，主筋不少于8根。当桩需要打入基岩风化带、碎石层或沉桩困难时，宜设置桩靴。

（4）粗骨料的粒径以5～40mm为宜。

（二）吊运

制桩的强度达到70%后方可起吊，强度达到100%才能运输。

起吊时，一般采用3个吊点，吊点的位置可按正、负弯矩相等的原则计算确定。当吊点多于 3 个时，吊点位置则应按反力相等的原则计算确定。常见的起吊方式如图 2-49 所示。

运输时，采用 3～4 个支点，位置的确定与吊点确定的方法相同。一般情况下，应根据打桩顺序随打随运，尽可能减少二次搬运。

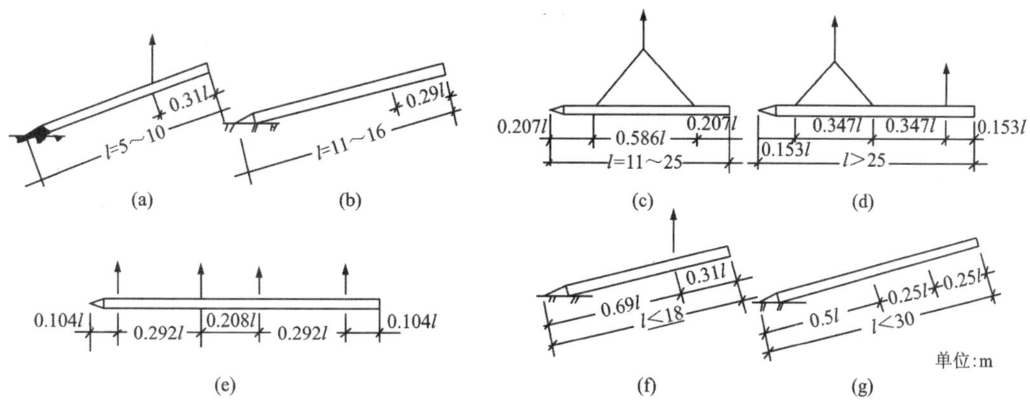

图 2-49　预制桩吊点的合理位置

(a)、(b)RC 桩一点吊法；(c)RC 桩两点吊法；(d)RC 桩三点吊法；

(e)RC 桩四点吊法；(f)预应力管桩一点吊法；(g)预应力管桩两点吊法

(三)沉桩方法

钢筋混凝土预制桩的沉桩方法有锤击法、振动法、静压法和射水沉桩法等数种，它们的工作原理、适用范围和优缺点可参见表 2-21。

表 2-21　各种桩锤适用范围及优缺点比较

桩锤种类	工作原理	适用范围	优缺点
落锤(气动锤)	用人力或卷扬机拉起桩锤，然后自由下落，利用锤重力夯击桩顶，使桩入土	①适宜于打木桩及细长尺寸的钢筋混凝土预制桩；②在一般土层和含有砾石的土层均可使用	装置简单，使用方便，费用低，调整锤重和落距能简便地改变打击能力，冲击力大；但锤击速度慢(6～20 次/min)，桩顶部易打坏，因自由下落桩的尺寸受限制，精确管理落距较难，效率低
单作用蒸汽锤	冲击体依靠外供蒸汽(压缩空气)的压力将其托升至一定高度后，通过配气阀释放出蒸汽(压缩空气)，即按自由落体方式锤击打桩	①适宜于打各种桩；②尤其适宜于套管法打灌注桩；③适宜于海底石油开发中打斜桩和水中打桩作业；④适应各种土层	结构简单，工作可靠，精度高，能适应各种地层土质，桩头不易损坏，能打斜桩，可在水中作业，也可用于拔桩，操作维修较容易；但打桩的辅助设备多，运输费用高，落距不能调节，效率一般

续表 2-21

桩锤种类	工作原理	适用范围	优缺点
筒式柴油锤	锤的冲击体在圆筒形的气缸内，根据二冲程柴油发动机的原理，以轻质柴油为燃料，利用冲击部分的冲击力和燃烧压力为驱动力，引起锤头跳动夯击桩顶	①适宜于打各种桩； ②适宜于一般土层中打桩； ③也可打斜桩（最大斜桩角度为45°）； ④各种桩锤中使用最为广泛的一种	重量轻，体积小，打击能量大，施工性能好，单位时间内打击次数多，机动性强，桩顶不易打坏，运输费用低，燃料消耗少；但振动大，噪声高，润滑油飞散，在软土中打设效率低
振动沉拔桩锤	利用锤高频振动，以高加速度振动桩身，使桩身周围的土体产生液化，减少桩侧与土体间的摩阻力，然后靠锤与桩体的自重将桩沉入土层中。拔桩时，在边振的情况下，用起重设备将桩拔起	①适用于围堰工程中钢板桩施工； ②施打一定长度的钢管桩、“H”形钢桩、钢筋混凝土预制桩和灌注桩； ③适用于亚黏土、松砂、黄土和软土，不宜用于岩石、砾石和密实的黏性土层； ④在地基处理工程中使用	施工速度快，使用方便，施工费用低，施工时噪声低，没有其他公害污染，结构简单，维修保养方便，可兼用作沉桩和拔桩作业，启动、停止容易；但不适宜打斜桩，在硬质土层中打桩，有时不易贯入，需要大容量电力
液压打桩锤	单作用液压锤是冲击块通过液压装置提升到预定的高度后快速释放，冲击块以自由落体方式打击桩体。而双作用液压锤是冲击块通过液压装置提升到预定高度后，再次从液压系统获得加速度能量来提高冲击速度而打击桩体	适用范围与筒式柴油锤相同	无烟气污染，噪声较低，软土地区施工启动性好，打击力峰值小，桩顶不易损坏，冲击块行程调节平稳，斜桩角度大，可用于水下打桩；但结构复杂，保养与维修工作量大，价格贵，冲击频率小，作业效率较筒式柴油锤低
射水沉桩	利用水压力冲刷桩端处土层，再配以锤击沉桩	①常与锤击法联合使用，适宜于打大断面钢筋混凝土空心管桩； ②可用于多种土层，而以砂土、砂砾土或其他坚硬土层最适宜； ③不能用于粗卵石和极坚硬的黏土层	能用于坚硬土层，打桩效率高，桩顶不易损坏；但设备较多，当附近有建筑物时，水流易使建筑物沉陷，不能打斜桩

1. 锤击沉桩法

锤击法是利用桩锤对桩施加冲击力，把桩打入土中。

(1)施工机具。锤击沉桩法施工的机具主要包括桩锤、桩架和动力装置3部分。

桩锤可选用落锤、单动汽锤、柴油打桩锤和振动桩锤等。其中，筒式柴油锤应用最广，其主体结构如图2-50所示，工作原理见表2-21，型号规格及技术性能参见表2-22。

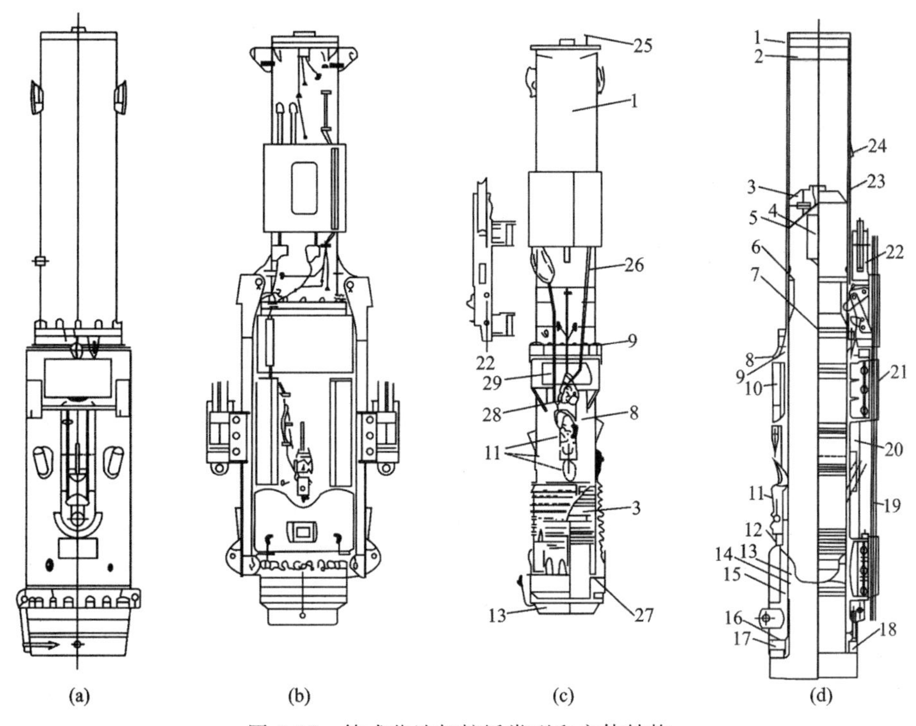

图2-50　筒式柴油打桩锤类型和主体结构

1-上气缸；2-挡槽；3-上活塞；4-油室；5-渗油管；6-钩肩；7-导向环；8-下气缸；9-螺栓；10-油箱；11-供油泵；12-燃烧室；13-下活塞；14-油槽；15-活塞环；16-压环；17-外端环；18-缓冲圈；19-导杆；20-水箱；21-导向板；22-起落架；23-启动槽；24-上碰块；25-气缸盖；26-润滑油管；27-内衬圈；28-润滑油泵；29-油管

桩架是打桩专用的起重与导向设备，桩架按移动方式可分为简易式、滚管式、轨道式、步履式和履带式等数种。其中，滚管式是靠两根滚管在枕木上滚动实现桩架行走；轨道式是采用轨道行走底盘(图2-51、图2-52)。滚管式结构简单，制作容易，成本低，但平面转向不灵活；轨道式能采用电机驱动行走、回转移位，并且导杆能水平微调和倾斜打斜桩，但需要铺枕木和钢轨。

选择桩架时应考虑桩的长度和连接方式，所选定的桩锤的型式、质量和尺寸以及施工作业空间等因素。

(2)沉桩工艺。锤击沉桩时，桩锤动量所转换的功除各种损耗外，若足以克服桩身与土的摩阻力和桩尖阻力时，桩即沉入土中，图2-53为沉桩示意图。

桩锤的动量(T)为：

表 2-22　筒式柴油锤型号规格及技术性能

生产厂	型号	冷却方式	外形尺寸/mm			总质量/kg	冲击部分质量/kg	容许斜打角/(°)	打击频率/(次·min^{-1})	冲击能量/(kN·m)	燃油消耗量/(L·h^{-1})	润滑油消耗量/(L·h^{-1})	最大爆发力/kN
			长	宽	深								
上海工程机械厂	D12	水冷	3830	500	660	2700	1200		40～60	30	6.5	0.5	
	D13	水冷	3830	575	652	2800	1300		40～60	32.5	6.5	0.5	
	D15	水冷	3830	500	660	3000	1500		40～60	37.5	6.5	0.5	
	D12/15	水冷	3830	500	660	2700/3000	1200/1500		40～60	30/37.5	6.5	0.5	
	D18	水冷	3950	620	785	4210	1800		40～60	46	13	0.8	
	D22	水冷	4430	645	755	4710	2200		40～60	55	13	0.8	
	D18/22	水冷	4430	645	755	4310/4710	1800/2200		40～60	46/55	13	0.8	
	D25/32	水冷	4870	825	897	6490	2500		40～60	62.5	18.5	3.6	
	D32	水冷	4870	825	897	7190	3200		40～60	80	21	3.6	
	D25/32	水冷	4870	825	897	6490/7190	2500/3200		40～60	62.5/80	21	3.6	
	D35	水冷	4780	940	1023	8758	3500		40～60	87.5	24	0.8/3.6	
	D40	水冷	4780	940	1023	9258	4000		40～60	100	24	0.8/3.6	
	D45	水冷	4780	940	1023	9758	4500		40～60	112.5	28	0.8/3.6	
	D50	水冷	5280	940	1023	10 500	5000		40～60	125	28	0.8/3.6	
	D40/50	水冷	5280	940	1023	9258/10 500	4000/5000		40～60	100/125	28	0.8/3.6	
铁道部大桥局桥梁机械厂	BDH-15	水冷	4540	915	740	4550	1500	18.5	40～60	37.5	6.8～7.9	1.2	
	BDH-20	水冷	4500	915	740	5050	2000	18.5	40～60	50.5	9.0～10.8	1.4	
	BDH-25	水冷	4540	990	805	6250	2500	18.5	40～60	62.5	9.0～14	1.5	
	BDH-35A	水冷	4744	1040	885	7820	3500	18.5	40～60	87.5	12～16	1.9	
	BDH-45	水冷	4945	1110	930	10 000	4500	18.5	40～60	112.5	19.4～22.7	2.0	
	BDH-60/72	水冷	5905	1220	1620	16 756/17 956	6000/7200	30	38～53	180/216	25～37	5～6	2800

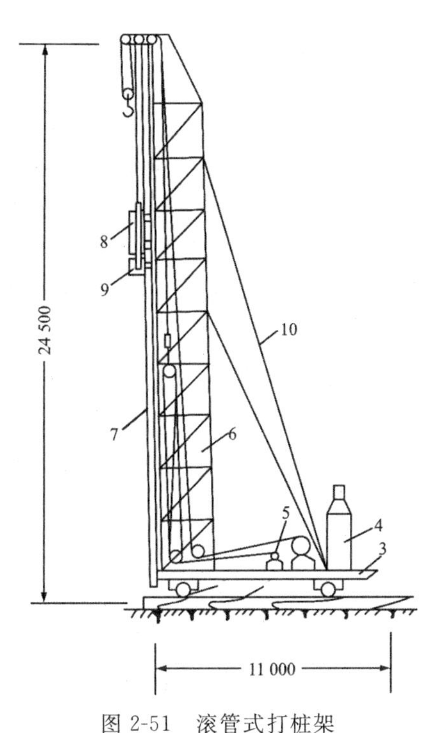

图 2-51　滚管式打桩架

1-枕木；2-滚管；3-底架；4-锅炉；5-卷扬机；6-桩架；7-龙门架；8-蒸汽锤；9-桩帽；10-牵绳

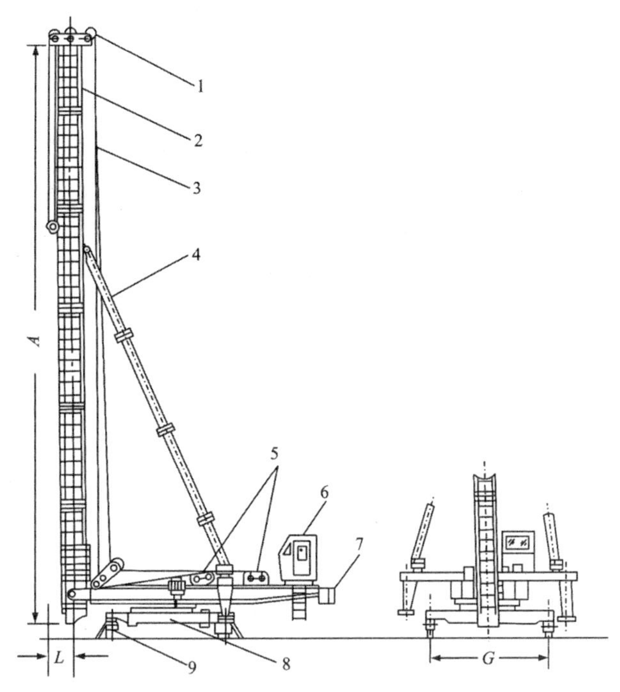

图 2-52　轨道式打桩架

1-顶部滑轮组；2-立柱；3-锤和桩起吊用钢丝绳；4-斜撑；5-吊锤和桩用卷扬机；6-司机室；7-配重；8-底盘；9-轨道

$$T = Q\sqrt{2gH} \tag{2-42}$$

式中：Q 为锤的重量（kN）；H 为落距（m）；g 为重力加速度（$9.8\mathrm{m/s^2}$）。

打桩过程中的能耗主要包括锤的冲击回弹能量损耗、桩身变形（包括桩头损坏）能量损耗、土体变形能量损耗等。其中，锤的冲击回弹能量损耗（E）可以用下式计算：

$$E = \frac{q(1-K^2)}{Q+q}Q \cdot H \tag{2-43}$$

式中：q 为桩的重量（kN）；K 为回弹系数，根据实测一般取 0.45；其余符号意义同式（2-42）。

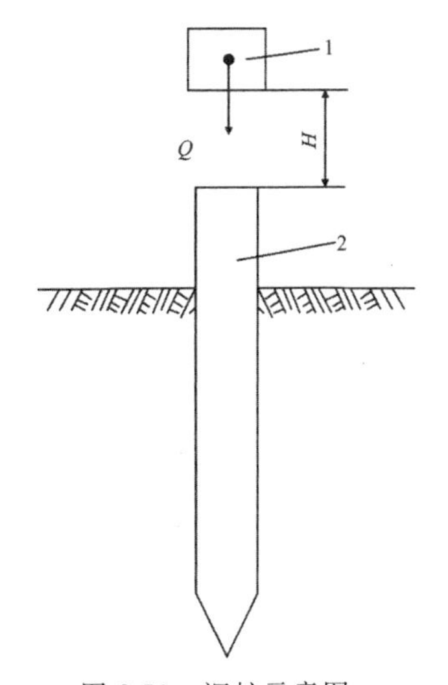

图 2-53　沉桩示意图

1-桩锤；2-预制桩

从式（2-42）和式（2-43）可以看出，锤量和落距对锤击动量和回弹能耗的影响。当冲击功相同时，采用轻锤高击和重锤低击其效率是有所不同的。采用轻锤高击，所得的动量较小，而桩锤对桩头的冲击大，因而回弹大，桩头也易损坏，消耗的能量较多。采用重锤低击，所得的动量较大，而桩锤对桩头冲击小，因而回弹也小，桩头不易损坏，大部分能量都可以用来克服桩身与土的摩阻力和桩尖阻力，因此沉桩速度较快。此外，重锤低击的落距小，因而可以提高锤击频率，这有利于在较密实的土层（如砂或黏土层）沉桩。落距的确定根据一般经验，采用单动汽锤时，取 0.6m；采用柴油打桩锤时，小于 1.5m；采用落锤时，小于 1.0m。

2. 静力压桩

静力压桩是利用静压力将预制桩压入土中的一种沉桩方法，主要应用于软土地基。静力压桩的特点：施工时无噪声、无振动，适用于对噪声有限制的市区内作业；施工引起的土体隆起和水平挤动比打入式桩小，适宜于精密仪器房、堤岸和地下管道多的地区内施工；由于避免了锤击应力，可减少钢筋和水泥用量；压桩过程中自动记录压桩力，可以保证桩的承载力，并可避免锤击过度而使桩身断裂现象。但压桩设备比较笨重，效率较低，压桩力有限，单桩垂直承载力较低（目前未超过 1200kN）；对土体适应性有一定局限；只限于压直桩。

(1)静力压桩机。静力压桩机分为机械式和液压式两类。DY-80 型绳索式静力压桩机是通过桩顶压梁中的动滑轮与底盘上的定滑轮组成的滑轮组作为传力设备，借助压梁将整个压桩机的自重和配重施加在桩顶上，把桩逐渐压入土中，其压桩原理见图 2-54。YZY 型系列液压桩机是通过液压类桩机构将桩身夹住，再利用主机的压桩油缸冲程之力将桩压入地基土中。它主要由夹持机构底盘平台、横向行走及回转机构、纵向行走机构、液压系统和电气系统组成，其主体结构如图 2-55 所示。

(2)压桩与接桩。压桩一般情况下都采取分段压入、逐段接长的方法。当下面的一节桩压到露出地面 0.8～1.0m 时，接上一节桩。每节桩之间的连接可采用角钢帮焊、法兰盘连接和硫磺胶泥锚固连接等形式（图 2-56）。其中，硫磺胶泥锚固接桩法是一种较新的方法，并在使用中取得了好的效果。施工程序：先将下节桩头的锚筋孔内的油污、杂物和积水除去，同时对上节桩的锚筋进行清刷调直，并将上、下两节桩对准，使 4 根锚筋插入锚筋孔（直径为锚筋的 2.5 倍），下落压梁并套住桩顶，然后将桩和压梁同时上升约 200mm（以 4 根锚筋不脱离锚筋孔为度），安好施工夹箍（由 4 块木板、内侧用人造革包裹 40mm 厚的树脂海绵块组成），然后将熔化的硫磺胶泥（胶泥浇注温度控制在 145℃左右）注满锚筋孔内，并溢出铺满下节桩顶面；最后将上节桩和压梁同时徐徐下落，使上、下桩端面紧密结合。当硫磺胶泥停歇冷却并拆除施工夹箍后，即可继续压桩。硫磺胶泥是由硫磺、水泥、粉砂、聚硫 708 胶熔融拌合而成，其质量配合比硫磺：水泥：粉砂：聚硫 708 胶＝44：11：44：1。也可按硫磺：石英砂：石墨粉：聚硫甲胶＝60：34.3：5：0.7 的配比配成胶泥。

(3)送桩或截桩。当桩顶接近地面，而沉桩压力距规定值还略有差值时，可以用另一节桩放在桩顶上向下进行压送，使沉桩压力达到要求的数值。当桩顶高出地面一定距离，而沉桩压力已达到规定值时，则要截桩，以便压桩机移位和后续施工。

二、钢管桩施工

钢管桩是以无缝钢管或焊接钢管作为桩身材料，多采用锤击法打入地基土层中的一种桩型。

1. 钢管桩的特点

(1)抗锤击性好，即沉桩过程中可承受强大的锤击力，因此可获得相当大的垂直承载力，适合作为高重结构物的基础桩或长桩。

(2)水平承载力大，宜作为受地震力、波浪力和土压力等水平力的结构物的基础桩。

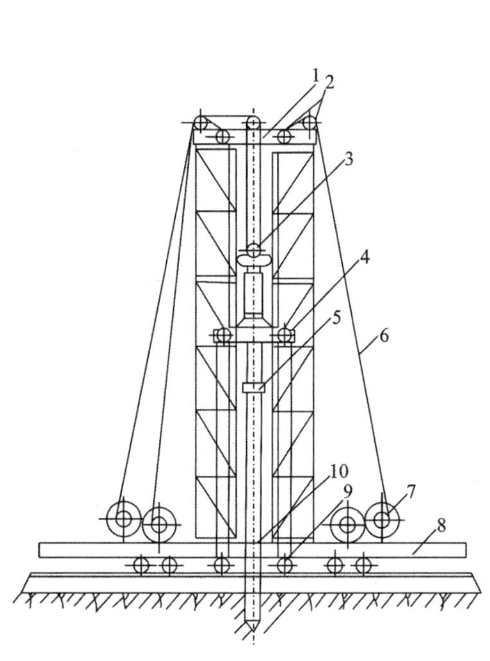

图 2-54　DY-80 型绳索式静力压桩机原理

1-桩机顶梁；2-导向轮；3-提升滑轮组；4-压梁动滑轮组；5-桩帽；6-钢丝绳；7-卷扬机；8-底盘；9-底盘定滑轮组；10-需压入的桩

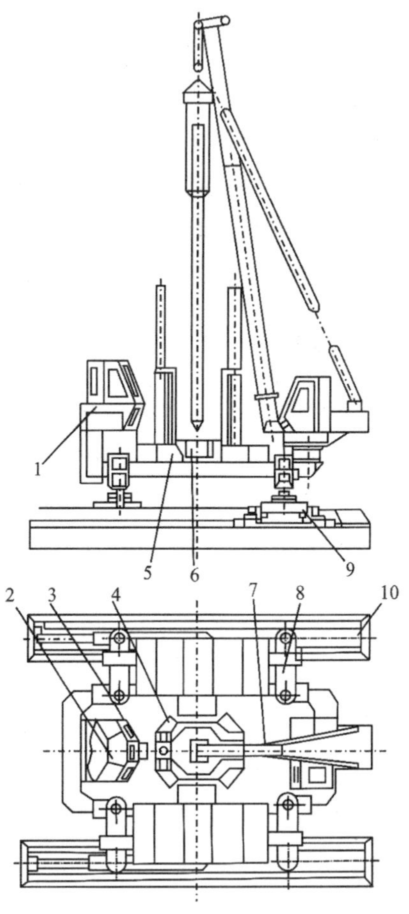

图 2-55　YZY 型静力压桩机主体结构

1-操纵室；2-电气控制台；3-液压系统；4-导向架；5-配重；6-夹持机构；7-吊桩吊机；8-支腿平台；9-横向行走及回转机构；10-纵向行走机构

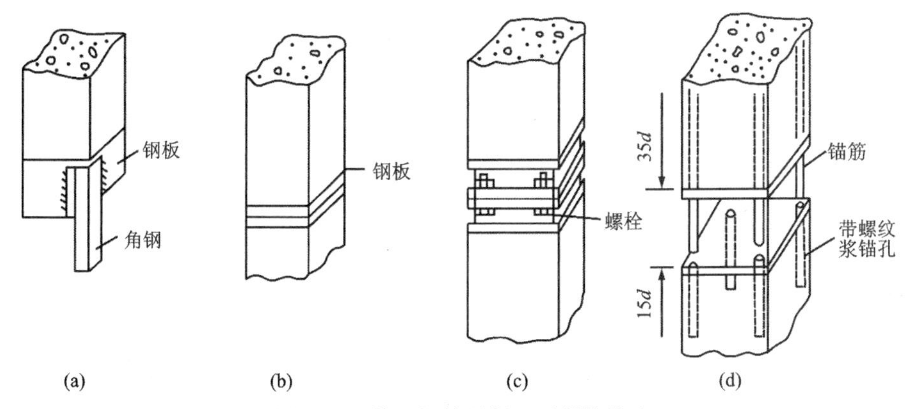

图 2-56　普通钢筋混凝土预制桩接头

(a)角钢接桩；(b)钢板接桩；(c)法兰盘接桩；(d)硫磺胶泥锚固接桩

(3)外径的壁厚规格多,桩的尺寸选择范围广。

(4)施工灵活方便,即可根据持力层的标高灵活变更桩长,现场焊接可靠性高,桩基与上部结构连接容易,桩的下端可采用开口式以减少打桩的排土量,因而对邻近的现有建筑物产生的影响小,吊输方便。

(5)费用高,用作较短的摩擦桩或不承受水平力的桩时不经济。

(6)打桩时噪声大,振动高。

(7)采用大直径开口桩时,闭塞效应不够好。

2. 钢管桩的材质与结构

钢管桩的管材一般选用普通碳素钢或按设计要求选用,其化学成分与机械性能参见表 2-23和表 2-24。钢管桩的结构分开口式、闭口式和半闭口式 3 种,见图 2-57、图 2-58。开口钢管桩在沉桩时,土随桩的下沉进入桩管内部形成土柱。土柱与桩管内壁间的摩擦阻力若能与土柱底端的阻力平衡,土即不再进入钢管内。此时,土柱形成对钢管的全堵塞状态,闭塞效果为 100%。闭口桩因下端封闭,桩端阻力大,施工时需要采用大型桩锤,沉桩时间比开口桩多 50%。此外,某些地层因桩的打入产生很大的空隙水压力,如在桩端和桩侧开小孔,将对沉桩有利。

表 2-23　钢管桩化学成分(JISA5525)　　单位:%

种类记号	化学成分				
	C	Si	Mn	P	S
SKK41	<0.25	—	—	<0.04	<0.04
SKK50	<0.18	<0.55	<1.50	<0.04	<0.04

注:必要时可添加表记以外的合金元素。

表 2-24　钢管桩机械性能(JISA5525)

种类记号	抗拉试验			焊缝抗拉试验	扁平试验
	电弧焊、电阻焊			电弧焊	电阻焊
	强度极限/MPa	屈服极限/MPa	延伸率/%	强度极限/MPa	平板间距
SKK41	>402	>235	>18	>402	$2d/3$
SKK50	>490	>314	>18	>492	$7d/8$

注:d 为钢管外径。

3. 沉桩工艺

钢管桩沉桩方法与钢筋混凝土预制桩的沉桩方法相同,即可采用锤击法、振动法、静压法等。打桩时,为了使打击力有效地传达到桩顶以及不损伤桩锤,应采用与桩锤相匹配的桩帽与锤垫。桩帽有锅盖式和钟式两种(图 2-59、图 2-60)。锤垫常用硬木圆片或合成木板制成。钢管桩停止锤击的控制原则可按进入持力层两倍桩径深度后,一锤的贯入度按小于 2mm 考虑。

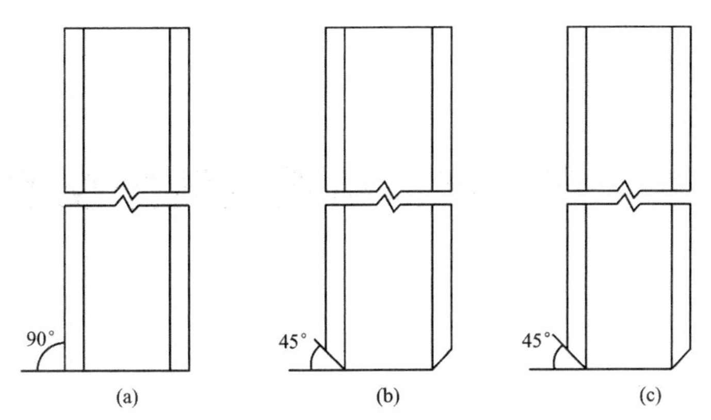

图 2-57　钢管开口桩构造

(a)下节桩;(b)中节桩;(c)上节桩

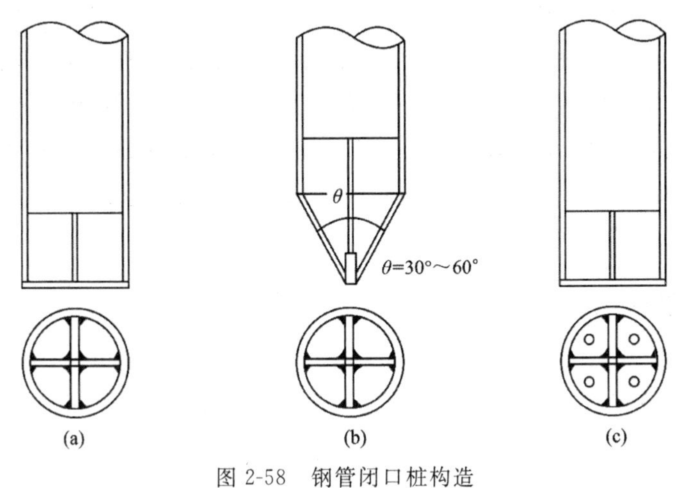

图 2-58　钢管闭口桩构造

(a)平底闭口桩;(b)平底带孔半闭口桩;(c)锥形闭口桩

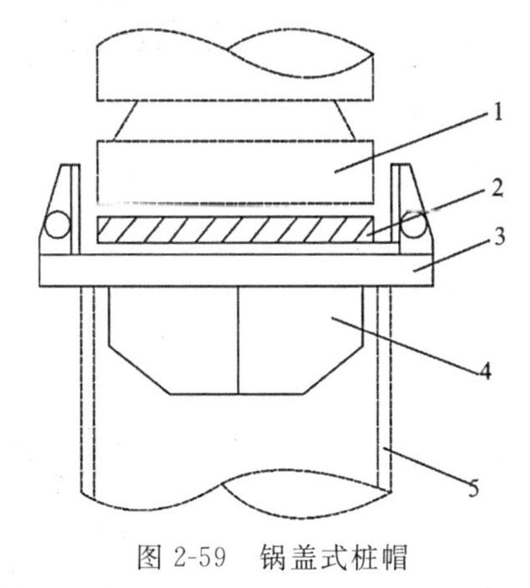

图 2-59　锅盖式桩帽

1-锤砧;2-锤垫;3-桩帽镶板;4-导板;5-钢管桩

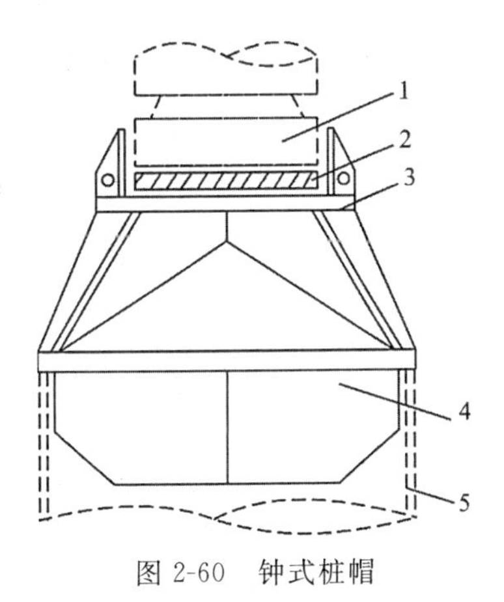

图 2-60　钟式桩帽

1-锤砧;2-锤垫;3-桩帽镶板;4-导板;5-钢管桩

第三章　桩基础质量测控技术

第一节　桩基施工质量检测

在钻孔灌注桩的设计和施工中，为保证桩的质量，除了采用合理的施工工艺、技术和管理标准及预防措施外，还需各种有效的检测手段。从全面质量管理的角度来讲，检测手段不仅包括施工完成后的最终检测，还包括施工过程的检测。施工工程中的检测通常包括桩位、孔径、孔斜、孔深、孔形、孔底沉渣、钢筋焊接强度、混凝土试块以及灌注过程中混凝土面的位置等，而成桩后的检测包括桩的灌注质量、混凝土的强度以及桩的承载力等，常用的检测方法有各种动测方法及载荷试验。

一、桩孔质量检测

1. 孔径和孔形检测

孔径检测是在桩成孔后、下入钢筋笼前进行的，根据桩孔设计直径，用笼式井径器入孔检测。笼式井径器用 ϕ8mm 和 ϕ12mm 的钢筋制作，笼径不小于设计桩径。检测时，将井径器吊起，使笼的中心、孔的中心与起吊钢绳保持一致，慢慢放入孔内，上下畅通无阻表明孔径大于给定的笼径；若中途遇阻则有可能在遇阻部位有缩径或孔斜现象，应采取措施予以消除。还可用 6 根硬质木条铰接成可活动的框架（图 3-1），上下各置一块压重铁块，压重铁块 1 比压重铁块 2 重一些；测绳 3 与木条 2 的吊环连接，测绳 4 的下端穿过木条 d 的中心，并与之连接，上端穿过木条 2 和铁块 1 的中心孔眼。将框架平坦放在地面上，使测绳 3 与 4 互相平行系紧，利用框架高度（H）同张开距离（D）的变化使两根测绳发生相对位移。从 $H=b+c$ 开始到 H 达到最小点位置，分成若干个点，在测绳上标定相应位置。操作时，将检测器下入孔内，按不同孔深位置，逐步往下测。测量时先

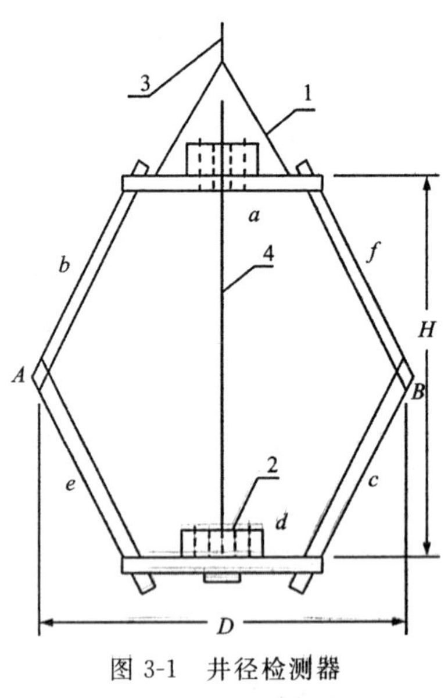

图 3-1　井径检测器

1、2-压重铁块；3、4-测绳；

a、b、c、d、e、f-木条

按测点位置将测绳 3 固定，然后上提测绳 4，通过木条 d 使框架 b、c 和 e、f 的铰接点贴紧孔壁，量出测绳 4 上标出的数值。而后从孔底按原先的测点位置逐点往回测，取两次测量的平均值，在坐标纸上描点，绘出孔径变化曲线。

对直径小于 800mm 的桩孔，可使用上海地质仪器厂生产的 JJY-1 型井径仪。它的测头传感器为机械式，4 根测腿通过弹簧连接，可以收拢和张开。当它紧贴孔壁沿孔上升时，会带动密封筒里的滑线电阻，使阻值随测量腿收缩而变化，经动态应变仪接收并放大，由静电显影仪记录，并绘出孔径变化曲线。

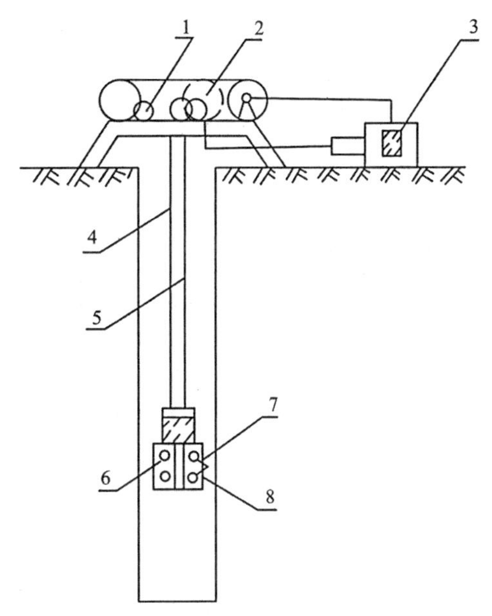

图 3-2　超声波孔壁检测装置

1-电机；2-走纸速度控制器；3-记录仪；4-电缆；5-钢丝绳；6-传感器；7-发射器；8-接收器

孔形检查目前常采用的方法是开挖检查和超声波检测。开挖检查一般在工程试桩结束后，直接观测检查桩身形状在相应土层中的形状变化，为工程桩施工控制孔形提供直观数据。超声波检测是近年来采用的新方法，并研制出了专门的超声波孔壁检测仪，如图 3-2 所示，发射传感器发出的超声波脉冲遇到孔壁时产生反射，反射信号由接收传感器接收并放大，利用发射和接收的时间差测出传感器和孔壁间的距离。记录仪的走纸速度和传感器上下行走速度成比例，从而可在记录仪上连续绘出孔壁形状、凸凹不平程度及孔中心偏移情况，并可自动绘出不同桩身位置的桩形变位图。

2. 孔深和孔底沉渣检测

孔深和孔底沉渣普遍采用标准测锤检测。测锤一般采用锥形锤，锤底直径 13～15cm，高 20～22cm，质量 4～6kg。对斜桩的孔深和孔底沉渣，使用测锤检测容易产生较大的误差，精度较低，目前国内已开始利用超声波检测，其原理是利用泥浆、沉渣、原状地基土的密度不同，用超声波进行测量区分。泥浆相对密度一般在 1.05～1.20 之间，沉渣相对密度在 1.5～1.7 之间，原状地基土相对密度则在 1.8 以上，针对它们的不同密度，超声波完全可以区分开来。中国科学院研究所研制的 SLD-1 数字式桩孔沉渣测厚仪下仪器为一扁平大盒子，由于底面积大，下降至沉渣表面停止，然后向下发射超声波，在沉渣与密实的原状土界面上有最强的反射波，根据发射和反射的时间差即可得出沉渣厚度，该仪器测厚精度可达 1mm。

3. 桩孔垂直度检测

常见的桩孔垂直度检测方法有以下几种：

(1)钻杆测斜法。将带有钻头的钻杆放至孔底，在孔口处的钻杆上装一个与孔径或护筒内径一致的导向环，使钻杆柱保持在桩孔中心线位置上。然后将带有扶正圈的钻孔测斜仪下入钻杆内，分点测斜，并将各点数值在坐标纸上描点作图，检查桩孔偏斜情况。

(2)圆球检测法。如图 3-3 所示，在孔口沿直径方向设一标尺，标尺中点与桩中心吻合，将圆球慢慢放至孔底，待测绳静止不动后，读得测绳在标尺上的偏心距(e)，再根据 $\tan\alpha = e/H$ 求得孔斜值并作图，该测法的缺点是精度较低。

(3)电子水平仪测斜法。使用 TSDS-1 型晶体管电子水平仪进行测斜，方法是将仪器测量架放入桩孔内，边放边分段测量(图 3-4)。仪器放到孔底后再向上提升至每个测点处逐一复测，求出孔斜值并作图。该仪器不但可用于直桩、深长桩的桩孔测斜，还可用于斜桩测斜，测量精度较高。

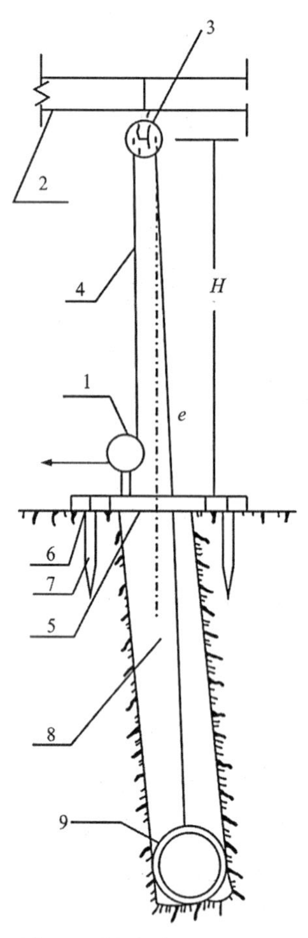

图 3-3　圆球检测法示意图

1-导向滑轮；2-横梁；3-滑车；4-钢绳；5-标尺；6-木桩；7-定位桩；8-桩孔；9-圆球

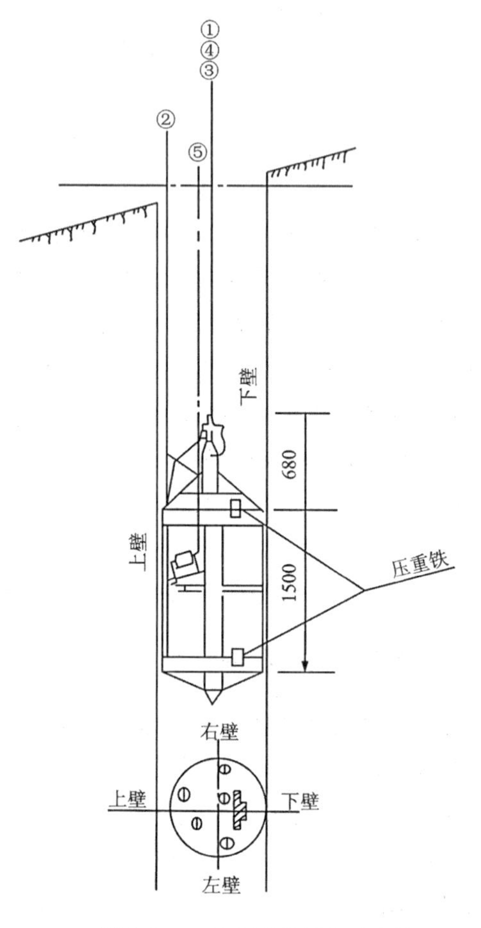

图 3-4　电子水平仪测斜示意图

①、②、③-孔径测量绳；④-钢丝绳；⑤-晶体管电子水平仪 5 芯屏蔽线

4. 桩孔多参数检测系统

目前钻孔灌注桩施工中采用桩孔多参数检测系统进行桩孔质量检测。例如岩联公司生产的机械式和超声波成孔成槽质量检测仪可用于钻孔灌注桩成孔孔径、垂直度、垮塌扩缩径位置、倾斜方位和沉渣厚度检测。桩孔超声检测仪由主控机盒、超声探头、数控绞车、电脑等组成。超声探头固定在数控绞车上自动升降，主控机盒与绞车高度集成，绞车外接 220V 电源

给电机供电。电脑通过 WiFi 与绞车连接，显示孔壁曲线以控制绞车进行升降操作。超声探头固定在数控绞车上，在主机的控制下从孔口处匀速下降，深度测量装置测取探头下放的深度并传到主机，主机根据设定的时间间隔控制超声发射探头发射超声波并同步启动计时，主机根据设定的采样延时和采样率启动高速高精度信号采集器采集超声信号。由于泥浆的声阻抗远小于土层（或岩石）介质的声阻抗，超声波几乎从孔壁产生全反射，反射波经过泥浆传播后被接收换能器接收，反射波到达的时间即为超声波在孔内泥浆中的传播时间，通过传播时间计算超声换能器与孔壁的距离，从而计算该截面的孔径值和垂直度。超声波速通过孔口标定获得或通过经验值设定。

二、桩位检测

钻孔灌注桩的实际桩位受施工中各种因素的影响会偏离设计桩位，因此施工结束后要对全部桩位进行复测，并在复测平面图上标明实际桩位坐标。复测桩位时，桩位测点选在桩头的中心点，然后测量该点偏移设计桩位的距离，并按坐标位置分别标明在桩位复测平面图上。测量仪器一般用精密经纬仪或红外测距仪。

三、混凝土取样与强度测试

混凝土强度是钻孔灌注桩的主要质量指标之一。常用检验方法有：灌注过程中留取混凝土试样，检查拌合物的生产质量和配比强度；钻探取样检查混凝土凝固质量和强度、实际标号；动测法无损验桩检查整个桩身的混凝土质量和强度。

混凝土试验是从灌注漏斗中的混凝土拌合物提取，制作成边长为 200mm 的立方体试块，在(20±3)℃的温度条件下水中养护或模拟桩孔内条件养护，根据骨料粒径的大小，也可将试块做成边长为 150mm 和 100mm 的立方体。强度检测时，按不同边长的折算系数折算成标准边长，以确定混凝土的标号及强度。不同边长的混凝土试块强度折算系数见表 3-1。

表 3-1　不同边长混凝土试块强度折算系数

粒径/mm	边长/mm	折算系数
最大粒径≤30	100×100×100	0.90
最大粒径≤50	150×150×150	0.95
最大粒径≤70	200×200×200	1.00

试样数量是每根桩不得少于一组，每组不少于 3 块。配合比或水灰比有变化、换用水泥类型或标号、调整砂石料级配等，都要及时提取试样，并做好标记。试块养护达到 28d 后，对其进行强度检测。检测内容一般包括极限抗压强度（标号检查）、抗弯、抗剪强度和抗渗、抗滑等力学物理性能，无特殊要求的一般只做极限或轴心抗压强度检测。一组试块极限抗压强度的取值，通常是取本组 3 个试块的平均值。如果 3 个试块的测试结果中，最小值与次大值相比差值超过 20%，则只取两个较大值的平均值作为该组试块的极限抗压强度。

四、钻探取芯验桩

钻孔灌注桩在达到规定养护龄期后，一般按总桩数的5%～10%进行钻探取芯验桩。水文、工程地质条件特别复杂、对钻孔桩结构有特殊要求时，要增大验桩比例。对施工质量有疑问的桩还需指定取芯检验。

现场取芯钻探一般是优先采用直径不小于76mm的金刚石钻进工艺，钻取的混凝土芯样直径不小于59mm，芯样采取率要求在98%以上，但不得低于95%。所用设备工具多为浅孔岩芯钻机、变量泵及单动性良好的金刚石单动双管钻具，如常用的XY-1型、XY-2型及XU-100型、XU-300-2型立轴回转式液压钻机，BW-250型、BW-320型变量泵等。

钻进前，一般应掌握场地水文工程地质条件、桩端持力层和桩周地层情况、桩身结构、桩的设计荷载值、桩的施工情况、桩身内部有无落入物、混凝土养护时间和强度等资料。根据取芯验桩的要求，桩顶的孔位一般布置在桩的中心点或其附近。如要检查桩身外侧情况，可将孔位偏向外侧布置。钻孔顶角偏斜不得超过2.5°/100m，斜桩钻孔时，钻孔方位角与桩身方位角一致。

钻探取出的混凝土芯样应保持好断口，并根据断口形状，按上下次序放进岩芯箱。对长度大于或等于100mm的芯样，用红漆或油漆色笔编写，注明回次数、总块数和块号，并填好芯样牌。对凝固不良层、夹层、稀释层、桩底与持力层的胶结面及其他指定部位的芯样，自岩芯管取出后即予以蜡密封存于铁皮筒或塑料袋等不透气容器内，严禁用清水冲洗及随意振敲抛掷。

钻探取样时，应对混凝土芯进行现场素描，作出质量述评：说明芯样的凝固情况、连续性、密实性、桩基有无沉渣、基岩持力层的岩性和标高、质量病害类型和所处位置等；绘制桩身实际剖面图，标明实际桩长、桩顶和桩底标高、钢筋笼位置、嵌岩深度、与基岩胶结情况等。对同一配合比的混凝土，按不同位置采取3个相同尺寸(长度为100mm)的混凝土芯作为一组试样进行极限抗压强度测定，验证桩身混凝土的实际标号和强度。钻探取样所对应的桩身部位，一般为首批混凝土所在的部位或指定的部位。

第二节　桩基承载力检测

桩基工程质量最重要的一个指标是桩的承载力，而单桩承载力极限值取决于桩身的材料强度和地基土的支承力。如果地基土对桩的支承力大于桩身的材料强度值，则桩的承载力是根据桩身材料强度确定；如果地基土对桩的支承力小于桩身的材料强度值，则桩的承载力只能由地基土的强度和变形确定。

一、影响桩基承载力的因素分析

影响桩基承载力的因素主要有以下几个方面：

(1)桩身所穿越土层的强度、变形性质和历史。桩基的竖向承载力受桩身所穿越的全部土层的影响，而横向承载力主要受靠近地面的上部土层的影响。桩侧土层在后期固结过程中产生的压缩变形有可能对桩身产生负向摩阻力。

(2)桩端持力层的强度和变形性质。桩端持力层对竖向承载力的影响程度,随桩土刚度比(E_p/E_s)的增大而增大,随持力层与桩侧土层的刚度比(E_b/E_s)的增大而增大,随桩长的长径比(L/d)的增大而减小。

(3)桩身与桩底的几何形状。桩身的比表面积(桩侧表面积与桩的体积之比,F_s/V)越大,桩侧摩阻力所提供的承载力越高,因此将桩身截面作成六边形、环形、"十"字形、竹节形等异形断面,有利于提高桩侧摩阻力,使桩的竖向承载力增大。增大桩端面积无疑可以提高桩端阻力,因而扩底桩具有较大的承载力。而"T"形、"工"字形、"十"字形截面的桩,其抗弯截面模量与截面积的比值大,有利于提高桩承受横向荷载和弯矩。

(4)桩体材料强度。若桩端持力层为卵砾石层、基岩等承载力很高的地层时,桩体材料的强度有可能制约桩的竖向承载力,因而合适的混凝土强度等级和配筋对于充分发挥桩端持力层的承载性能以及提高竖向承载力十分重要。对于承受横向荷载的桩,其承载力在很大程度上受桩体材料强度制约。因此,承受横向荷载的混凝土桩桩径较粗、混凝土等级高、配筋率大。

(5)群桩效应。桩的排列、桩距、长径比、桩长与承台宽度等参数对承台、桩、土的相互作用和群桩承载力影响较大。应根据荷载、土质与土层分布、上部结构等特点进行综合分析,优化设计上述参数。

(6)桩的施工方法。桩的施工方法和工艺对桩侧摩阻力和桩端阻力都有一定影响。在非饱和土,特别是在粉土、砂土中打入预制桩,其桩侧摩阻力和桩端阻力都因沉桩挤土效应而提高。采用泥浆护壁成孔的灌注桩,因高稠度的泥浆会在桩侧表面与地基土层之间形成一层厚的泥皮,会大大降低桩侧摩阻力和结合强度,泥浆在孔底的沉渣过厚会导致桩端阻力明显减小。

二、单桩承载力的确定方法

现有的确定单桩承载力的方法很多,这些方法可以分为两大类(表 3-2):第一类方法是通过对实际试桩进行动或静试验测定,称为直接法;第二类方法则是通过其他手段分别得出桩底端阻力和桩身的侧阻力后相加求得,无需对桩进行试验,故称间接法,也称为静力计算法。间接法,尤其是经验公式一般比直接法简单,但毕竟不是在具体桩上取得的试验结果,所以可靠性不如直接法,通常主要在初步设计阶段作为估算桩承载力的手段。国内外各种间接法的计算公式很多,本节只选择有代表性的公式作简单介绍。

表 3-2 单桩承载力确定方法分类

直接法	静力荷载试验
	各种桩的动测方法
间接法	经验公式
	原位测试(静力触探)
	原位测试(静力触探法、标准贯入法、旁压仪法)

(一)承载力理论公式

承载力理论公式是将桩的极限承载力(P_u)分为桩底的极限承载力和桩侧的极限摩阻力两部分，即：

$$P_u = A_q + \sum_{i=1}^{n} l_i u f_i \tag{3-1}$$

式中：A 为桩底面积(m^2)；q 为桩底单位阻力(端阻力)(kPa)；l_i 为桩穿过第 i 层土的长度(m)；u 为桩的周长(m)；f_i 为第 i 层土对桩侧的单位摩阻力(侧阻力)(kPa)；n 为桩所穿过的土层数。

然后分别求得端阻力和侧阻力，代入式(3-1)即可得单桩的极限承载力。

桩的端阻力是按照深基础的地基承载力计算的，根据土力学经典理论有

$$q = N_c \cdot c + N_q \cdot \gamma D + \frac{1}{2} N_r \cdot \gamma B \tag{3-2}$$

式中：N_c、N_q、N_r 为与土摩擦角 φ 有关的承载力系数；c、γ 分别为土的黏聚力(kN)和容重(kN/m^3)；D、B 分别为基础(即桩)的埋深(m)和宽度(即桩底的直径 d，m)。

在用上式计算桩承载力时，应根据具体情况选用参数，如对不排水情况下饱和黏土中的桩，应采用不排水的 c、φ 试验值；对排水情况下黏性土和砂土中的桩则采用排水的 c、φ 试验值。

1. 不排水情况下黏土中的桩

不排水情况下饱和黏土 $\varphi = 0$、$N_q = 1$、$N_r = 0$，故式(3-2)简化为：

$$q = N_c \cdot c + \gamma D = N_c \cdot C_u + \gamma D \tag{3-3}$$

式中：C_u 为桩底土的不排水抗剪强度(kPa)；N_c 为承载力系数，可查表确定。

桩的侧阻力(f)也可认为与土的 C_u 有关，但由于施工过程中桩周土结构受到破坏，其强度降低，经休止后，桩周土的强度又将全部或部分恢复，恢复程度与土层情况有关，因此桩的侧阻力可用下式表示：

$$f = \alpha \cdot C_u \tag{3-4}$$

式中：α 为黏着系数，可查表确定。

2. 排水情况下黏土中的桩

排水情况下可假定 $C'_u = 0$，且忽略式(3-2)中的第 1 项和第 3 项，则桩的端阻力为：

$$q = N_q \cdot \sigma'_v \tag{3-5}$$

式中：σ'_v 为桩底处土的有效垂直应力(kPa)。

桩的侧阻力可用下式表示：

$$f = K_s \sigma'_v \tan\varphi' \tag{3-6}$$

式中：σ'_v 为某土层的平均有效垂直应力(kPa)；φ' 为该土层的排水摩擦角；K_s 为土的侧压系

数，可查表确定。

3. 砂土中的桩

在砂土中，$c=0$，若忽略式(3-2)中的第3项，则桩的端阻力为：

$$q = N_q \cdot \sigma'_v \tag{3-7}$$

式中：σ'_v 为桩底处土的有效垂直应力(kPa)。

砂土中桩的侧阻力可用式(3-6)计算，即 $f = K_s\sigma'_v\tan\varphi'$ 。

不同的施工方法对承载力的影响是不同的，因此，在设计中计算承载力要与具体的施工情况结合起来考虑。

(二)经验公式

国内外计算桩承载力的公式有很多，但形式仍如式(3-1)所示，所不同的是各自根据自身的静荷载试验资料和地区的实践经验，通过不同方法整理、统计分析后，所给出的桩的端阻力和侧阻力的经验值不同。但所有经验公式，甚至本地区的经验公式，也不一定能对具体桩提供准确的承载力值。

目前我国是根据修改后的铁路桥梁涵设计规范确定桩的承载力，钻孔、挖孔灌注桩容许承载力按如下经验公式计算：

$$P_u = \frac{1}{2}\sum l_i u f_i + m_0 A\sigma \tag{3-8}$$

式中：u 为桩截面周长(m)，按成孔桩径计算，通常钻孔桩径比设计桩径(即钻头直径)增大30～50mm(旋转锥)、50～100mm(冲击锥)和100～150mm(冲抓锥)；f_i 为各土层的极限摩阻力(kPa)，可查表确定；l_i 为各土层厚度(m)；A 为桩底支承面积，按设计桩径计算(m^2)；σ 为桩底地基土的容许承载力(kPa)，可查表；m_0 为桩底地基土的承载力折减系数，可查表确定。

对于支承在岩层中的钻孔、挖孔灌注桩，其容许承载力按如下经验公式计算：

$$P_a = (C_1 A + C_2 u h')R \tag{3-9}$$

式中：R 为岩石试块单轴极限抗压强度(kPa)；A 为桩底面积(m^2)；u 为嵌入岩层内桩孔周长(m)；h' 为自新鲜岩面算起的桩的嵌入深度(m)；C_1、C_2 为系数，根据岩层破碎程度和清底情况可查表确定。

(三)原位测试法

如承载力理论公式中的端阻力和侧阻力是直接用原位试验测得的，则称为原位测试法。常用的原位测试方法有静力触探、标贯试验和旁压仪试验等。一般来说，原位测试方法所测得的 q 值和 f 值的误差要比经验公式中根据土的物理指标查表确定的小。

1. 静力触探法

静力触探的经验公式有很多，国内应用较广泛的是原铁道部静探科研组提出的综合修正法，它是根据沿海各地60多根打入桩的荷载试验与静力触探对比，经过统计分析后提出的。

打入桩的端阻力(q)和侧阻力(f)可分别由下列公式计算得出：

$$q = F(q_0) \cdot \bar{q}_0 \tag{3-10}$$

$$f = F(f_s) \cdot \bar{f}_s \tag{3-11}$$

式中：$\bar{q}_0$ 为桩底处的计算触探端阻力(kPa)；$\bar{f}_s$ 为触探的平均侧阻力(kPa)；$F(q_0)$ 、$F(f_s)$ 为综合修正系数。

当桩底以上 4 倍基础宽度范围内触探的平均端阻小于桩底以下 4 倍基础宽度范围内的端阻，则 $\bar{q}_0$ 取上下各 4 倍基础宽度范围内的平均值；反之，则 $\bar{q}_0$ 取桩底以下 4 倍基础宽度范围内触探的平均端阻 $\bar{q}_0$ 。

综合修正系数与土类有关，按如下规定计算。

(1)对砂土：

$$\begin{cases} F(q_0) = 1.26\ (q_0)^{-0.26} \\ F(f_s) = 1.79\ (f_s)^{-0.45} \end{cases} \tag{3-12}$$

(2)对黏性土：

$$\begin{cases} F(q_0) = 2.41\ (q_0)^{-0.35} \\ F(f_s) = 2.83\ (f_s)^{-0.55} \end{cases} \tag{3-13}$$

灌注桩的端阻力取决于施工方法、土质和清底情况，一般取打入桩的 1/3～1/2。灌注桩的侧阻力为：

$$f = \alpha f_s \tag{3-14}$$

式中，α 为灌注桩触探的侧阻力修正系数，可查表确定。

2. 标贯试验方法

用原位的标贯试验测定 q 和 f 在我国尚不多见，但在日本和美国应用较多。根据梅耶霍夫(Meyehof)公式，打入砂层中的桩端阻力和侧阻力分别可按下列公式计算：

$$q = \frac{0.4Nh'}{B} \leqslant 4N \tag{3-15}$$

$$f = \frac{\bar{N}}{50} \tag{3-16}$$

式中：N 为标贯击数(次)；$\bar{N}$ 为平均标贯击数(次)；h' 为进入持力层的深度(m)；B 为桩截面宽度(m)。

3. 旁压仪试验

旁压仪试验确定 q 和 f 在法国应用较广泛，我国也较重视旁压仪的应用。根据原位试验用旁压仪测得的净极限压力(p_1)，可按下列公式计算端阻力和侧阻力：

$$q = K_p \cdot p_1 \tag{3-17}$$

$$f = \frac{1}{20} p_1 \tag{3-18}$$

式中：K_p 为承载力系数，对于钻孔桩 $K_p = 0.5$；p_1 为旁压仪试验得出的净极限压力(kPa)。

将上述求得的 q 和 f 代入式(3-1),即可求得单桩的极限承载力 P_u 。

上述所有间接法都必须在桩身质量完好的前提下才能用来确定桩的承载力,也就是说,间接法本身无法检验实际桩的质量好坏,必须用其他手段在现场检验桩的质量,这对现场灌注的混凝土桩来说是必不可少的。

三、单桩荷载试验

(一)单桩垂直荷载试验

单桩垂直荷载试验的目的是确定单桩竖向(抗压)极限承载力作为设计依据,或对工程桩的承载力进行抽样检验和评价。当埋设有桩底反力和桩身应力、应变测量元件时,还可直接测定桩周各土层的极限侧阻力和极限端阻力。除对于以桩身承载力控制极限承载力的工程桩试验加至承载力设计值的1.5～2倍外,其余试桩均应加载至破坏。

1.试桩方法

(1)慢速维持荷载法。此法是国内外沿用很久的方法,具体做法是按一定要求将荷载分级加到试桩上,每级荷载维持不变直至桩顶下沉增量达到某一规定的相对稳定标准,然后继续加一级荷载,当达到规定的终止试验条件时便停止加荷,再分级卸荷直至零载,试验周期为3～7d。

(2)快速维持荷载法。试验加载不要求观测的下沉量相对稳定,而以等时间间隔连续加载。采用快速维持加载法的基本依据是快速加载下得到的极限荷载乘以一定的修正系数可转换成慢速加载时的极限荷载;在设计荷载下,慢速维持荷载法和快速维持荷载法的桩顶下沉量相差不大,两者差值在5%以内;慢速维持荷载法的试验总持续时间长且不易预估,而快速维持荷载法的总持续时间短且容易预估。

(3)等贯入速率法(简单CRP法)。此法特点是试验时荷载以保持桩顶等速率贯入土中而连续施加,按荷载贯入量(即下沉量)曲线确定极限荷载。试验一般进行到累计贯入量50～70mm,或设计荷载的3倍,或贯入量至少等于桩径的15%,或试桩系统的最大能力。试验在1～3h内就可完成。

(4)循环加载卸载试验法。此法在国外应用较为广泛,还可细分为:①在慢速维持荷载法中以部分荷载进行加卸载循环;②以慢速维持荷载法为基础对每一级荷载进行重复加卸载循环;③以快速维持荷载法为基础对每一级荷载进行重复加卸载循环。

除以上4种方法外,试桩方法还有平衡法和控制下沉量法等。以上几种试验方法各有优缺点:慢速维持荷载法试验周期长,费工费时费钱;等贯入速率法的优点是试验曲线形状轮廓分明,可很快得出极限荷载,但试验要求严格;快速维持荷载法的总持续时间比慢速维持荷载法短,是未来发展的趋势,但对国内科技人员来说,还需要一个熟悉和习惯的过程;循环加载卸载试验法可按不同的目的采用,其缺点是因循环加载而改变了桩的性状。

2. 荷载装置

根据试桩的最大试验荷载和现场条件，可分别采用以下几种荷载装置：

(1)堆重平台装置(图 3-5)。在试压桩两侧搭建稳固的木垛，将加载平台置于其上并保持水平，木垛高度比千斤顶上部的承力梁顶面高10～15mm。堆重物按体积的大小，均匀对称放于平台上，保持平台中心与千斤顶活塞中心在同一轴线上，以免加载时平台因受力不平衡而失稳。堆重物可用压铁、混凝土块、钢筋混凝土构件及水箱等重物。在现场施工时，一般先施工试桩后再施工正式工程桩，因而在压桩试验时，有时直接利用袋装的砂子、碎石骨料等作为堆重物，这些砂子和碎石在试验后仍用作混凝土材料。木垛至试验桩的距离不小于2.0m，与基准桩的距离不小于 2.0m。

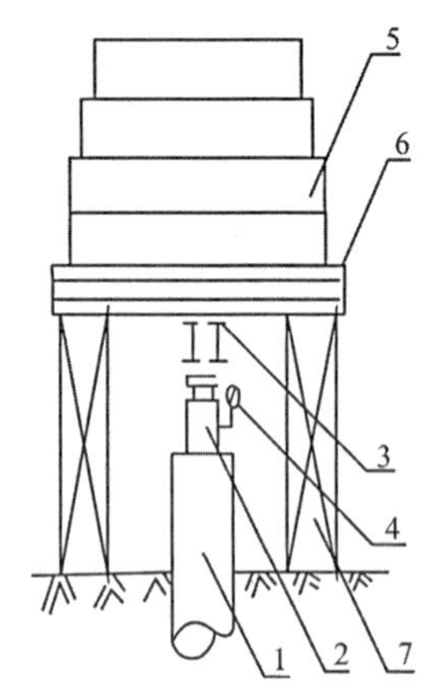

图 3-5　堆重平台装置

1-试桩；2-千斤顶；3-承力梁；4-油压表；5-堆重物；6-平台；7-木垛

(2)锚桩与反力梁荷载装置(图 3-6、图 3-7)。锚桩的数量由锚桩直径、长度、地层土质及最大试验荷载等决定，一般采用 4 根，视地层情况也有采用 2 根、6 根和 8 根的。当条件允许时，采用工程桩作锚桩是最经济的。

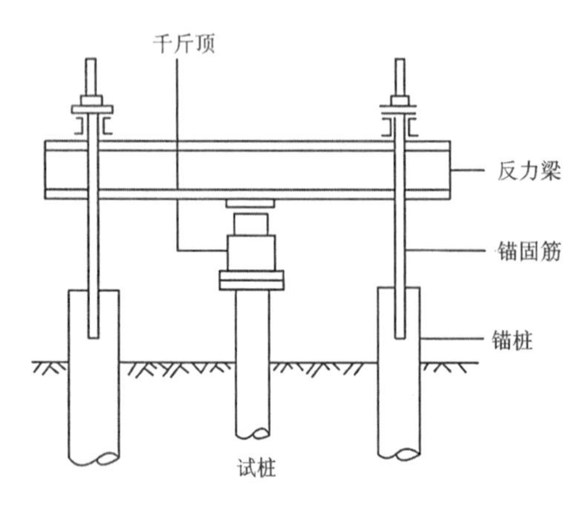

图 3-6　锚桩与反力梁荷载装置

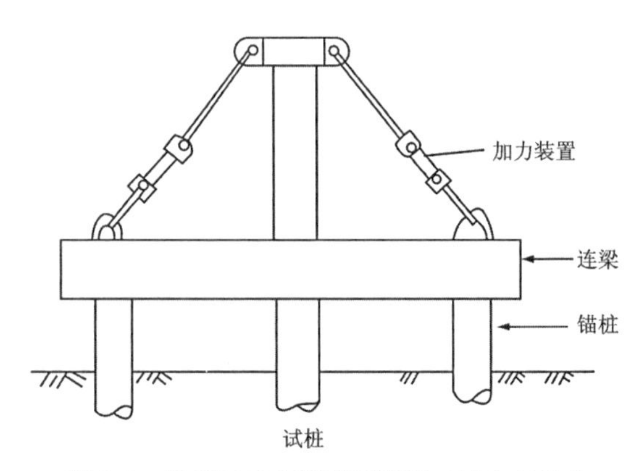

图 3-7　锚桩与反力梁荷载装置(用拉杆的情形)

(3)锚杆与反力梁荷载装置(图 3-8)。这种土锚反力系统虽在试桩装置本身的稳定性方面较差，但在减少锚定系统对试桩实测位移的影响方面有较大的优越性。

(4)锚桩与堆重平台联合荷载装置。这种装置的优点是当对试桩的最大试验荷载估计不足时，可在平台上继续增加荷重，直至试验结束。

(5)利用现有构筑物作反力装置(图 3-9)。直接以现有构筑物作反力装置，既简便又经济。

(6)利用山体作反力装置。进行嵌岩桩垂直静荷载试验时，如基岩种类符合试验目的，可利用山体自重和岩石的抗剪强度提供加载装置反力，在隧洞内进行加载试验，如图 3-10 所示。

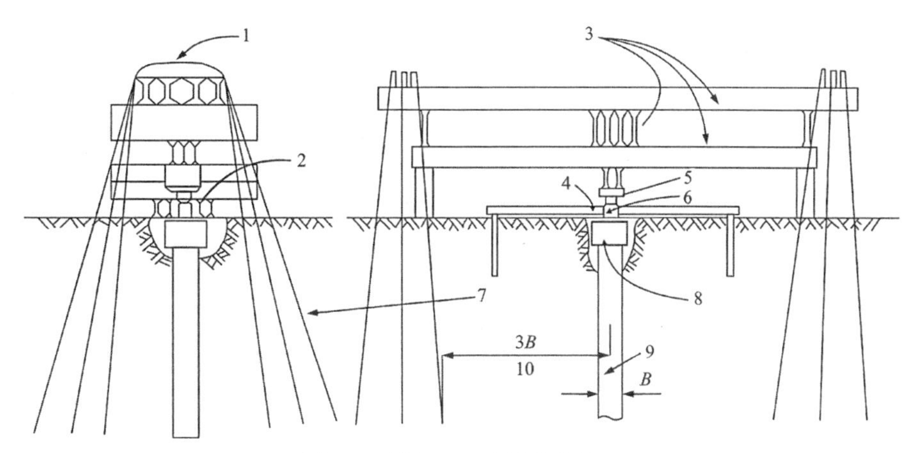

图 3-8 锚杆与反力梁荷载装置

1-鞍座；2-4 个千分表；3-通用梁；4-千分表支架；5-测力环；6-液压千斤顶；
7-锚固的钢索；8-灌筑在试验桩桩头上的桩帽；9-试验桩；10-3B(不小于 2m)

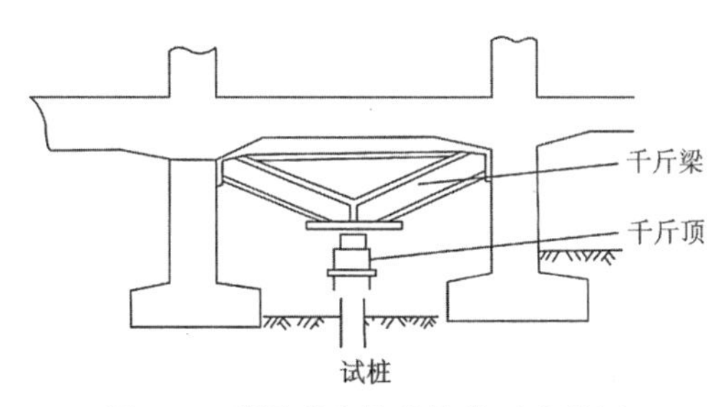

图 3-9 利用现有构筑物作反力装置

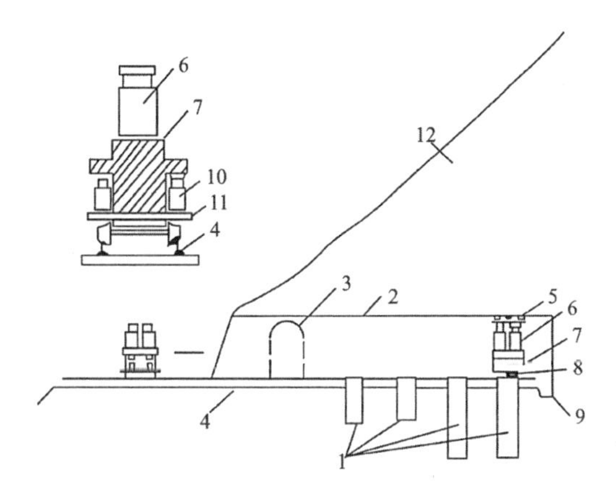

图 3-10 隧洞内嵌岩桩试验装置

1-试桩；2-隧洞顶；3-观测室；4-轨道；5-垫木；6-5000kN 千斤顶；7-桩帽；
8-垫板；9-排水沟；10-50～100kN 千斤顶；11-小平车；12-山体

3. 基准点与基准梁的设置

作为沉降量测试的基准点和基准梁原则上应该是不动的。然而，受试桩与锚桩的变位、气象、日照、潮汐以及附近施工与交通引起的振动等的影响，都会使基准点或基准梁产生一定的变位或变形。如果对此掉以轻心或熟视无睹，那么测得的沉降量将是不可靠的。通常将基准桩(点)设在离开试桩及反力桩 2.5 倍桩径以外。另外，如果是临时设置的桩，宜设置在 5 倍以外。试压桩、锚桩和基准桩的间距见图 3-11 和表 3-3。

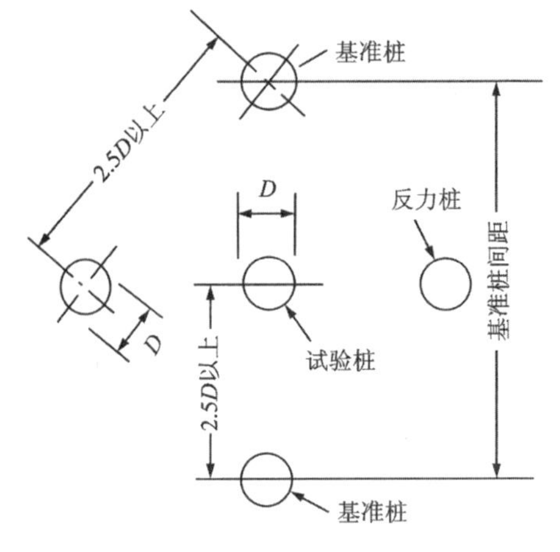

图 3-11　基准桩的位置

表 3-3　试压桩、锚桩、基准桩中心间距

反力系统	试压桩与锚桩	试压桩与基准桩	基准桩与锚桩
钢管锚桩	$\geqslant 2D$	$\geqslant 3D$	$\geqslant 3D$
钢筋混凝土锚桩	$\geqslant 3D$	$\geqslant 4D$	$\geqslant 4D$

注：D 为试压桩或锚桩直径，取较大值，如有扩底桩，则间距不小于 2 倍扩大端直径。

基准梁一般采用型钢，其优点是有磁性、刚度大、便于加工、形状一致，缺点是温度膨胀系数大。在受温度影响大的长期荷载试验时，且桩本身的下沉又不大时，测试精度会受很大影响。因此，当采用钢梁作基准梁时，为保证测试精度需采取如下措施：基准梁的一端固定，另一端必须自由支承；防止基准梁受日光直接照射；基准梁附近不设照明及取暖炉；必要时基准梁可用聚苯乙烯等隔热材料包裹起来，以消除温度影响。基准梁应按照基准桩的间距具有足够的刚性，并牢固地安装在基准桩上，图 3-12 为基准梁实例。

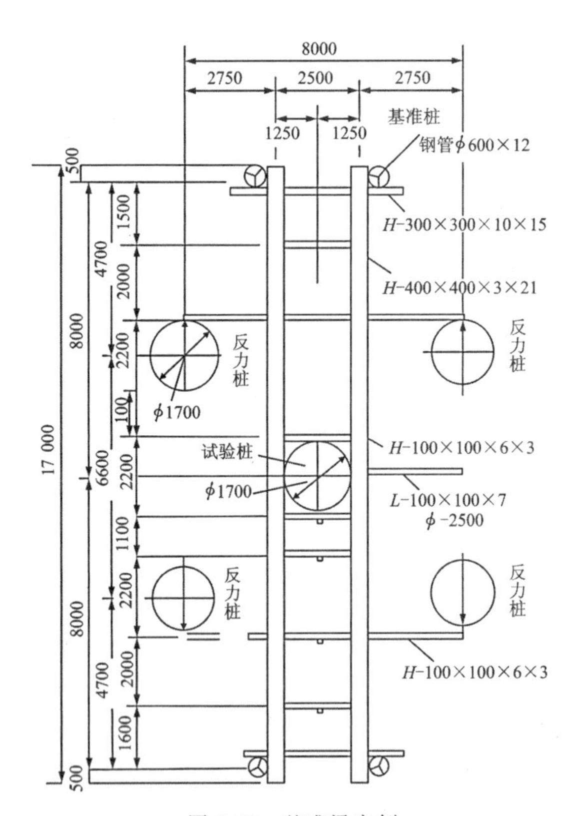

图 3-12　基准梁实例

H-“工字钢”梁；L-角钢钢梁

4. 测量仪表的设置

(1)百分表的安装(图 3-13)。试压桩的沉降观测一般应在桩的两个正交直径方向对称安装 4 个百分表(小桩 2～3 个)，在每根锚桩上固定一标尺杆，利用水准仪观测锚桩上拔量。百分表量测基准面用呈“ ┌”形支架引

出。“ ┌”形支架可用厚 5～10mm 的钢板制作，宽 15～20mm，长边长 100～120mm，短边长 60～80mm，支架应牢固点焊于护筒外壁上。

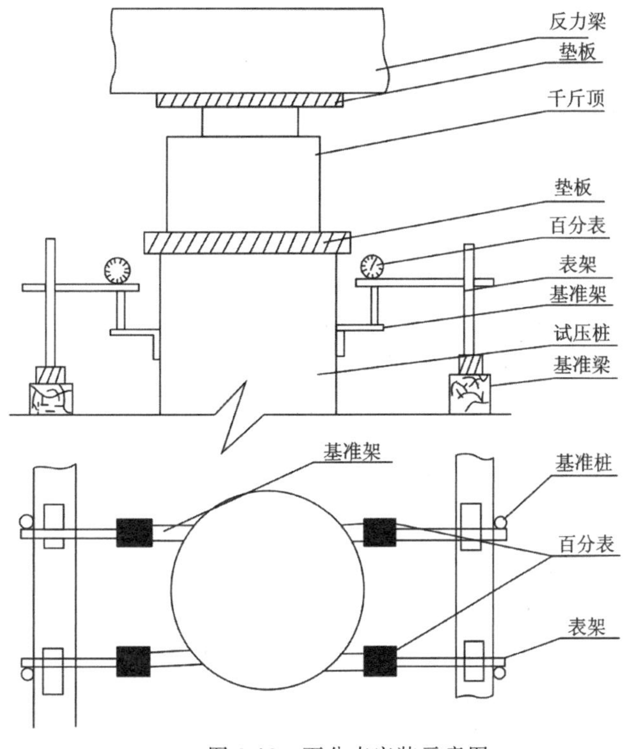

图 3-13　百分表安装示意图

(2)钢筋计的埋设。为了能沿桩的全长求出应力分布，可沿桩长方向按不同间距布置电阻丝应变计。电阻丝应变计根据设计条件可适当地布置在水平力大的桩上及桩周围土质变化的位置上，此外，在桩尖附近可缩短布置间距，以便能更有效且正确地推断出桩端承载力。图 3-14 为测量仪表布置实例。

5. 加载试验

(1)荷载分级。荷载分级目前多为 10～20 级，分级太少，则绘成的曲线不利于分析，分级太多，则试桩时间过长。国外荷载分级一般都在 8 级以上。加载分为等量加载和递变加载。等量加载每级荷载为预估极限荷载量的 1/10～1/15，第一、第二级荷载可为 1/5～1/8。根据现场试桩曲线的变化，在接近极限荷载时，可按每级荷载量的 1/2～1/4 施加。递变加载的荷载分级可按试桩设计要求具体确定。

(2)沉降稳定标准。目前国内工业与民用建筑、公路、铁路、桥梁试桩普遍采用的沉降稳定标准是：①黏性土。沉降速率不大于 0.1mm/h 或 0.03mm/15min。②砂性土。沉降速率不大于 0.2mm/h。③岩石。沉降速率不大于 0.02mm/h。符合以上标准，并连续出现两次以上，可视为下降停止并达到相对稳定，即可施加下一级荷载。此外，也可根据绘制的沉降-时间对数曲线尾部出现平缓直线段，判断主体沉降已趋稳定。快速加载时，只要达到规定时间，

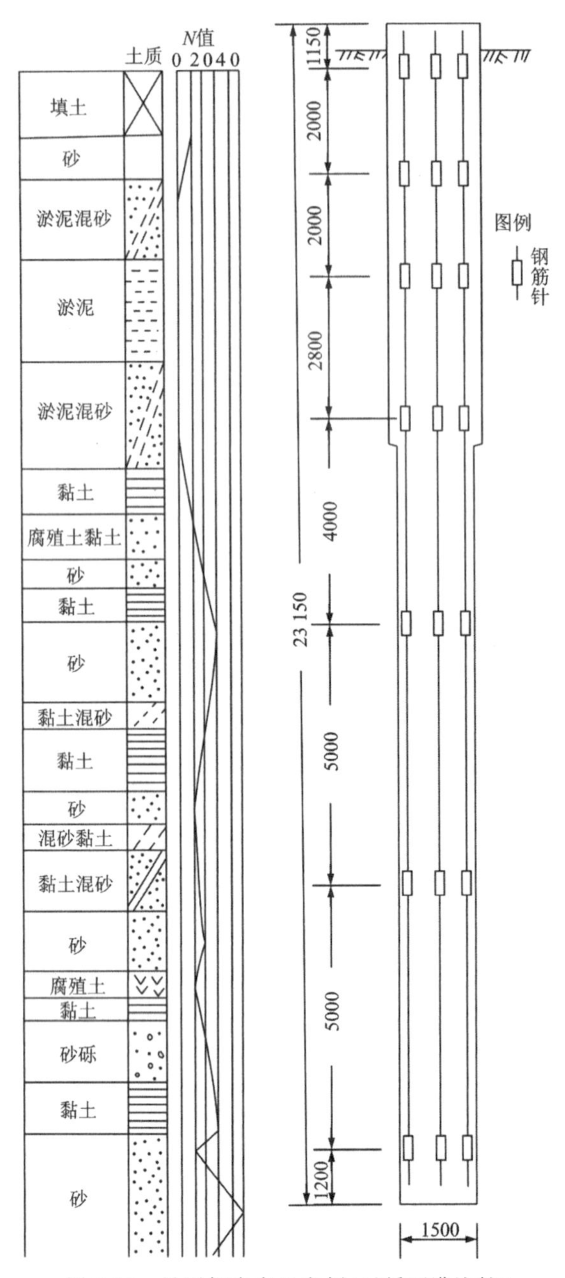

图 3-14　量测仪表布置实例(反循环灌注桩)

就可施加下一级荷载。采用等沉降速率法加载,只要沉降速率为 0.1～0.5mm/h,不考虑稳定与否,试验期间不得中途变更沉降稳定标准。

(3)终止加载条件。试压桩达到破坏即终止加载。一般根据现场绘制的沉降-荷载曲线和沉降-时间对数曲线来确定桩的破坏,或出现下列情况之一时,即可认为试压桩破坏:①某级荷载作用下的沉降量为前一级荷载作用下沉降量的 5 倍;②某级荷载作用下的沉降量大于前一级荷载作用下沉降量的 2 倍,且经 24h 沉降仍不稳定;③荷载超过极限荷载经 36h 仍不稳定;④桩的总沉降量超过规定值。

(4)卸载。卸载操作必须平稳,慢慢松开千斤顶回油阀,徐徐放油,控制油压表指针缓缓回落至每级卸载值,禁止猛然放开或突然关死回油阀门。多台千斤顶同时工作时,应使卸载同步进行。每级卸载值为每级加载值的两倍,一般每隔1～2h卸除一级荷载。

(5)沉降观测。加载阶段每加一级荷载,即测读百分表读数,此后每隔10～20min测读一次,直至沉降稳定。快速加载时,时间可缩短为5～15min。每级荷载的测读数不少于3次,并求出几个百分表的平均值作为本次结果。百分表的测点布置在距桩顶500～600mm的同一截面上。为校正百分表的测读误差,观测时最好增设一台精密水准仪,同时对桩顶沉降进行观测。卸载阶段一般是在每级卸载后的10～15min测读一次沉降回弹量,测读两次后,每隔半小时测读一次,每级卸载测读次数不少于3次。全部卸载后,每隔3～4h再读一次。每次测读均须记录,并绘制回弹曲线。

6. 桩底反力、桩身内力及桩周摩阻力的测定

桩底反力通过埋入试压桩底的压力盒来测定,压力盒固定于预制的桩尖并随钢筋笼下入孔底。预制的桩尖形状尽量与孔底形状或钻头形状相同,桩尖与孔底接触均匀;桩尖直径与桩孔直径基本一致,使桩尖受压面积与桩身截面积基本相等,以减少实测计算桩底反力的误差。桩身内力可利用钢筋应变计和混凝土应变计分别测定。应变片应牢固地粘贴在钢筋上,引出的电缆顺主筋固定,以免在试压桩灌注混凝土时磨断。每级荷载施加完毕,即测读桩身内力和孔底反力。此后至少在下一级荷载施加之前(即达到沉降稳定时)再测读一次。测点较多、测读时间较长时,应掌握测读间隔时间,以免影响沉降稳定时间。

根据钢筋及混凝土的应力计算桩各断面上的轴向力。在弹性阶段,应力、应变、弹性模量符合虎克定律:

$$\sigma = \varepsilon \cdot E \tag{3-19}$$

式中:σ为应力(kPa);ε为应变;E为弹性模量(kPa)。

因为在混凝土及钢筋上所产生的应变是相等的,通过测定钢筋应变计的应变来求应力(σ),因此灌注桩各断面上轴向力N_i可用下式计算:

$$N_i = \varepsilon E_c A_c + \varepsilon E_s A_s \tag{3-20}$$

式中:ε为钢筋计测得的应变;E_c为混凝土的弹性模量(kPa);A_c为混凝土的断面面积(m^2);E_s为钢筋的弹性模量(2.1×10^8kPa);A_s为钢筋的断面面积(m^2)。

根据轴向力可以求出桩底反力、相对于荷载的桩周摩阻力(图3-15),换算方程如下:

$$\begin{aligned} & P = R + \sum F_i \ (i = 1,2,\cdots,n) \\ & F_1 = P - N_1 \\ & F_2 = N_1 - N_2 \\ & \cdots \\ & F_n = N_{n-1} - R \\ & \sum F_i = P - R \end{aligned} \tag{3-21}$$

式中:P为桩顶荷载(kN);R为桩底反力(kN);F_i为第i层的摩阻力(kN)。

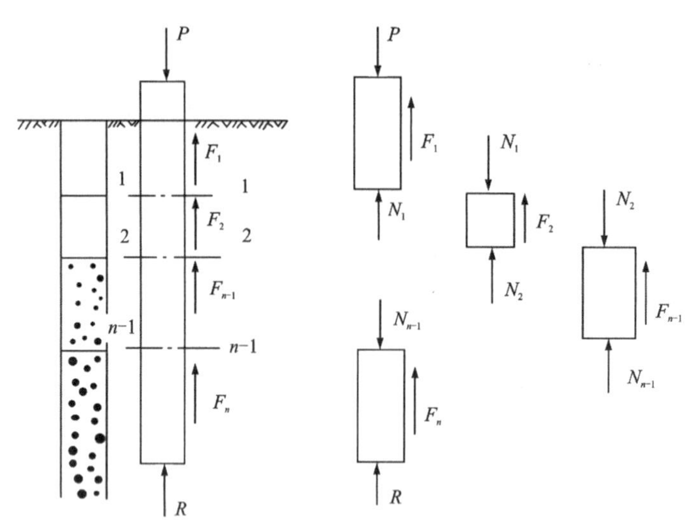

图 3-15　桩周摩阻力及桩底反力推算图

7. 试验结果分析

现场试验时根据每级荷载作用下桩的沉降值，及时绘制沉降-荷载曲线（S-P 曲线，图3-16）、沉降-荷载对数曲线（S-lg$P$ 曲线，图 3-17）、沉降-时间对数曲线（S-lg$t$ 曲线，图 3-18）及沉降-荷载、桩底反力、桩周摩阻力曲线（S-P 、R 、F 曲线，图 3-19），并根据试桩数据和曲线进行分析，确定单桩垂直极限承载力与容许承载力。

（1）破坏荷载。试验达到破坏而终止时的荷载即为破坏荷载。有时试验未达到破坏而由于其他原因终止加载，可将最后一级荷载视为破坏荷载，以便确定桩的极限荷载及容许荷载。

（2）极限荷载。我国工业与民用建筑及铁路、公路、桥梁部门均规定极限荷载 P_{cr} 为破坏荷载的前一级荷载，或 S-P 曲线发生明显陡降的起始点所对应的荷载，或 S-lg$P$ 曲线出现陡降直线段起始点所对应的荷载，或 S-lg$t$ 曲线尾部出现明显向下弯曲的前一级荷载。

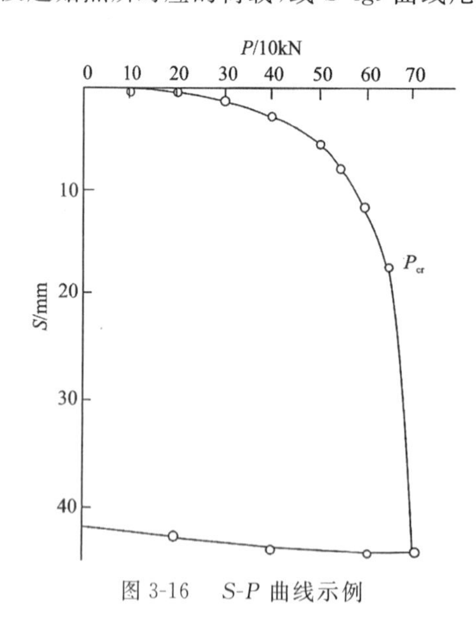

图 3-16　S-P 曲线示例

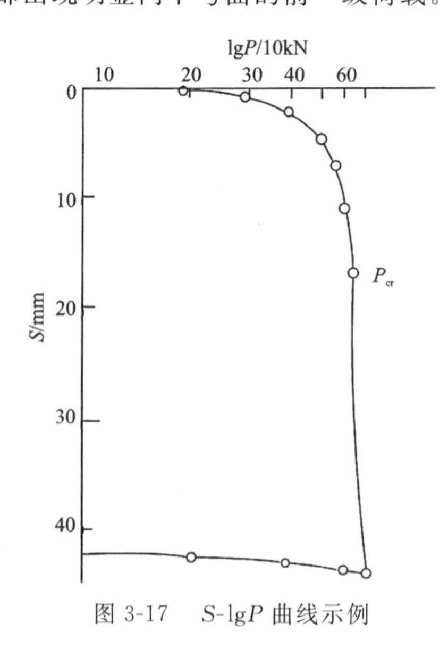

图 3-17　S-lg$P$ 曲线示例

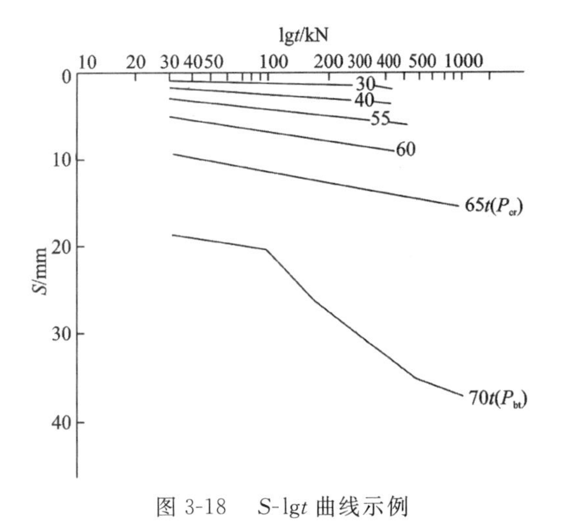

图 3-18 S-lgt 曲线示例

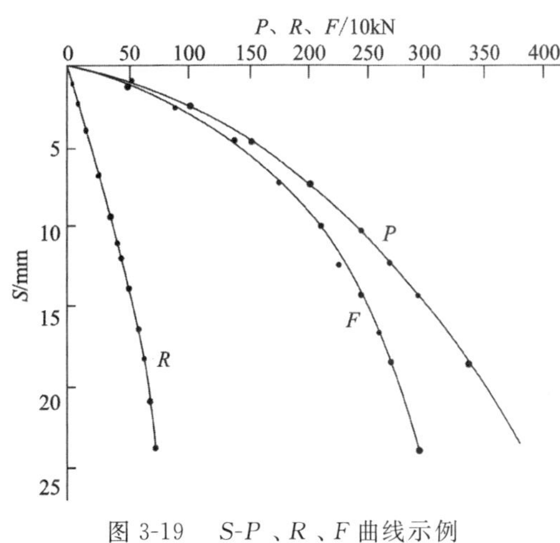

图 3-19 S-P、R、F 曲线示例

(3)容许荷载。通常是用所规定的极限荷载除以安全系数来确定桩的容许荷载(P_a),即

$$P_a = P_{cr}/K \tag{3-22}$$

式中:P_{cr} 为极限荷载(kN);K 为安全系数,国内一般取 2。

有时因结构方面的要求必须控制桩的沉降量,则考虑用桩的沉降量来规定容许荷载,即规定某一沉降量时的荷载为容许荷载。如建筑设计规范规定,将总沉降量为 15mm 时对应的荷载作为短期荷载下的容许荷载,将其 1/2 作为长期荷载下的容许荷载。

(二)单桩水平静载试验

单桩水平静载试验的目的在于确定桩的水平极限荷载、容许极限荷载和容许水平位移及转角,并确定地基土的水平抗力,计算桩的截面弯矩等。

1. 试验装置

试验装置如图 3-20 所示。利用锚墩(或反力桩)作反力座,通过躺放的千斤顶施加水平力。水平力作用线应通过试桩中心线并与之垂交。在桩的受力处宜设置一球铰座,以使荷载保持在桩身某一固定作用点上。

水平位移测量采用大量程百分表或位移计,测点布置参见图 3-20。百分表的安装位置分上、下两处,下处安装位置在力作用水平面上,上处安装位置在该平面以上 500mm 处。上、下两处各安装百分表 2～3 只,下表测量桩身在地面处的水平位移,上表测定桩顶水平位移,根据两表位移差与两表距离的比值求得地面以上桩身转角。如桩身露出地面较短,可只在力的作用水平面上安装百分表测量水平位移,桩头转角也可用倾角仪测量。固定百分表的基准桩宜埋在试桩侧面靠位移的反方向,与试桩的净距不小于一倍试桩直径。

2. 加载试验

水平加载一般采用循环加载方式,每级荷载维持 4～10min,测读水平位移,然后卸载至

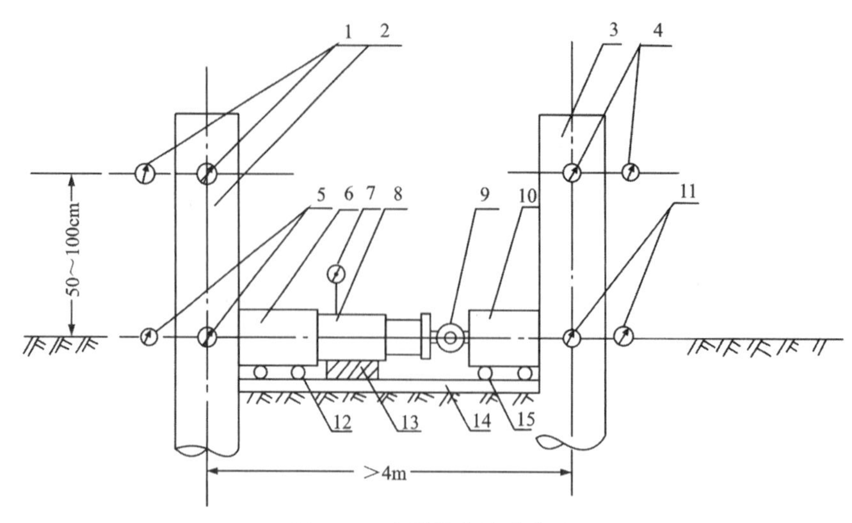

图 3-20 水平静载试验装置

1、4-上层位移计；2、3-试桩(其中一根作反力桩)；5、11-下层位移计；6、10-垫块；7-油压表；8-油压千斤顶；9-测力计；12、15-小圆钢滚轮(ϕ20～30)；13-千斤顶垫板；14-水平垫块

零，停 2～5min 测读残余水平位移，再施加本级荷载，如此循环 5～6 次便完成一组荷载的试验观测，如此反复，直至加到最大试验荷载或破坏荷载。加载时间应尽量缩短，测读位移间隔时间应尽量准确，试验中途不得停歇。每一次测读值均做好记录。

试验一般按等量分级加载，每级加载量可为预计破坏荷载的 1/10～1/15，每级卸载量可为相应的两级加载量。根据土质、桩径和桩长，直径 300～1000mm 的试桩每级荷载量可取 2.5～100kN(0.25～10t)。施加荷载时应平稳缓慢，控制在 20～30kN/min 之间，小荷载时，控制在 2～5kN/min 之间。

试验中，通过百分表或位移计观测桩头水平位移和转角。在桩身内埋设钢筋计和在桩壁土层中埋设压力盒来观测推算桩身截面弯矩与桩壁土抗力，同时观测桩周地面变形和桩身开裂情况。利用预埋在桩中心的钢管，用测斜仪在管内沿不同深度进行测斜，求得桩身轴线位移。

3. 试验结果分析

当桩身折断或水平位移超过 30mm 时，可终止试验，并整理资料进行试验结果分析。根据现场记录，绘制水平力-时间-位移曲线(H_0-t-X_0 曲线，图 3-21)、水平力-位移梯度曲线(H_0-$\frac{\Delta X_0}{\Delta H_0}$ 曲线，图 3-22)、水平力-位移曲线(H_0-X_0 曲线，图 3-23)、水平力-最大弯矩截面钢筋应力曲线(H_0-σ_g 曲线，图 3-24)，并和试验数据结合进行理论性分析，得出试验结果。

(1)水平临界荷载。水平临界荷载 H_{cr} 是指桩身受拉区混凝土明显退出工作前的最大荷载，按下列方法综合确定：①取 H_0-t-X_0 曲线出现突变(相同荷载增量的条件下，出现比前一级明显增大的位移增量)点的前一级荷载；②取 H_0-$\frac{\Delta X_0}{\Delta H_0}$ 曲线第一直线段的终点所对应的荷载；③取 H_0-σ_g 曲线第一突变点对应的荷载。

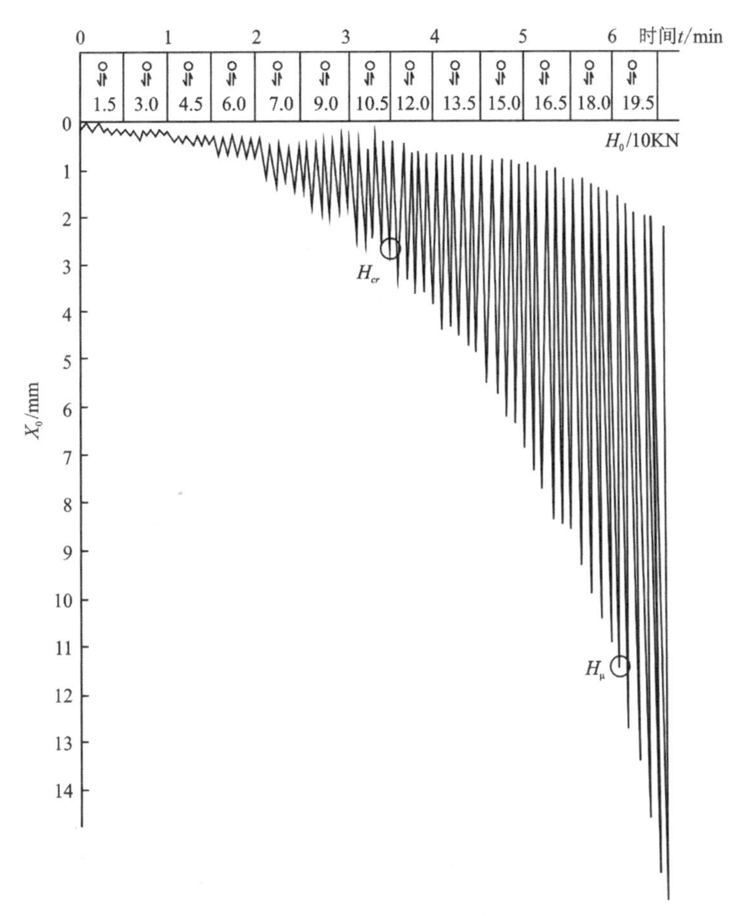

图 3-21 H_0-t-X_0 曲线

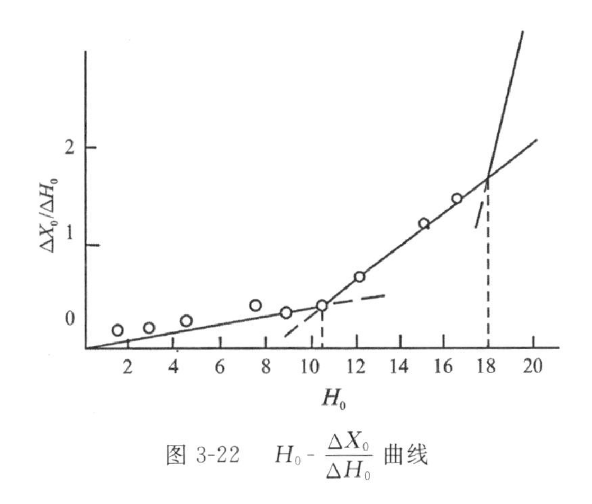

图 3-22 H_0-$\frac{\Delta X_0}{\Delta H_0}$ 曲线

(2)水平极限荷载。水平极限荷载 H_{cr} 按下列方法综合考虑确定:①取 H_0-t-X_0 曲线明显陡降的前一级荷载;②取 H_0-$\frac{\Delta X_0}{\Delta H_0}$ 曲线第二直线段的终点所对应的荷载;③取桩身折断或钢筋应力达到屈服极限的前一级荷载。

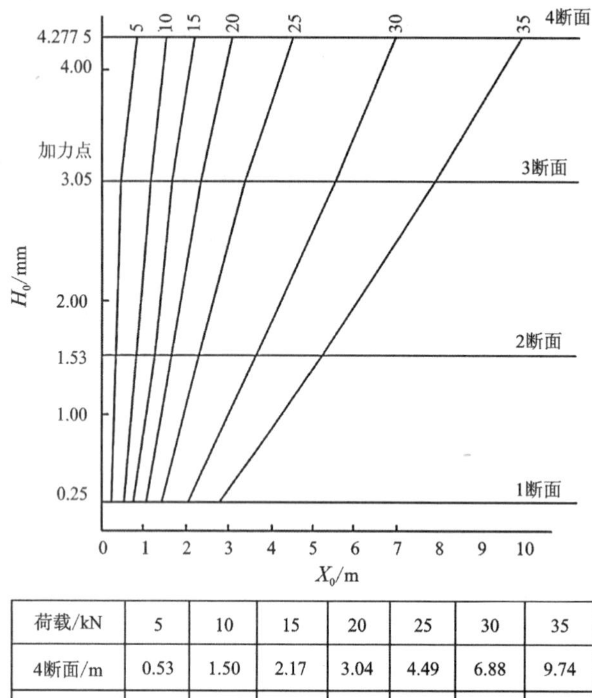

荷载/kN	5	10	15	20	25	30	35
4断面/m	0.53	1.50	2.17	3.04	4.49	6.88	9.74
3断面/m	0.47	1.13	1.65	2.26	3.29	5.43	7.72
2断面/m	0.33	0.77	1.23	1.57	2.24	3.58	5.13
1断面/m	0.24	0.53	0.75	1.07	1.41	2.06	2.81

图 3-23 桩的 4 个断面 H_0-X_0 曲线

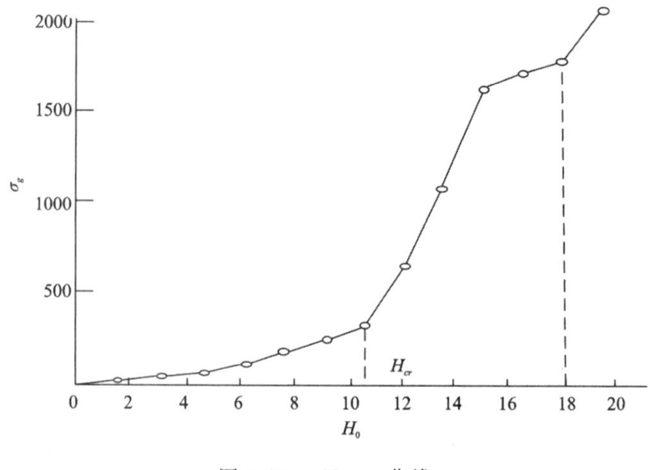

图 3-24 H_0-σ_g 曲线

(3)水平允许荷载。水平允许荷载$[H_a]$一般以水平极限荷载 H_u 除以安全系数得之,即

$$[H_a]=\frac{\alpha_t}{K_H}\cdot H_u \tag{3-23}$$

式中:α_t 为荷载性质系数,对受水平地震力的桩基,取 $\alpha_t=1$;对长期或经常出现的水平力的地

基，取 $\alpha_t = 0.8$；H_u 为水平极限荷载（kN）；K_H 为安全系数，一般取1.4。

（4）地基系数。地基土水平抗力系数的比例系数（m）可根据试验结果由下式确定：

$$m = \frac{\left(\frac{H_{cr}}{X_{cr}} V_x\right)^{5/3}}{b_0 \ (EI)^{2/3}} \tag{3-24}$$

式中：H_{cr} 为水平临界荷载（kN）；X_{cr} 为 H_{cr} 所对应的水平位移（m）；V_x 为桩顶位移系数，可查表确定；b_0 为桩身计算宽度（m）：当 $D \leqslant 1$m 时，$b_0 = 0.9(1.5D + 0.5)$，当 $D > 1$m 时，$b_0 = 0.9(D+1)$；EI 为桩身抗弯刚度，对于素混凝土桩，$EI = E_h I$，对于钢筋混凝土桩，$EI = 0.8E_h I$；E_h 为混凝土弹性模量（kPa）；I 为桩身截面惯矩（m^4）。

（三）斜桩静载试验

斜桩静载试验的目的在于确定桩的轴向承载力、垂直承载力和水平承载力及桩底反力、桩侧土抗力、桩身变形和内应力等。斜桩静载试验装置主要是根据所测承载力类型来选择采用：

（1）测定轴向或垂直承载力时，可按直桩垂直荷载试验装置来考虑采用。在试验时，斜桩上端应制成水平承压面，并同时测量桩的水平位移。

（2）测定水平承载力时，若为水平荷载，应预先在桩头部分做成竖立的承压面，预埋承压钢板和定位圆钢条以承受千斤顶压力；若为与桩身轴线垂直的横向荷载，其施力方向应与桩身轴线保持垂直。

桩轴线位移和桩侧土抗力的测量一般可用电测位计和土压力盒测定。斜桩的加载方式、稳定标准和终止加载条件与直桩的垂直、水平荷载试验相同。试验资料一般包括 S-P、S-lg$t$、Q-P、H_0-σ_g 等曲线图表。斜桩荷载试验由于受桩的倾斜度影响，应对加载装置进行专门的固定保护，防止加载承力系统失稳或荷载偏离规定的作用方向。

（四）大型桩的自平衡载荷试验

大型或超大型桩可采用自平衡载荷试验法测试桩的承载力。Osterberg最先把利用桩侧阻力作为桩端阻力反力进行桩承载力测试的方法用于工程实践，并推广到世界各地，一般称这种方法为O-cell载荷试验。自平衡试桩法的核心技术是在桩内埋入一种特制的加载装置——荷载箱。荷载箱埋设位置通常选在桩内上、下两部分反力均衡点上（图3-25）。通过荷载箱产生上、下两个反向且相对均衡的力，从而得到两个静载试验的数据，荷载箱以上部分获得反向加载时下部分桩体的相应反应系列参数，荷载箱以下部分获得正向加载时下部分桩体的相应反应参数，进而转换成传统桩顶 Q-S 曲线，从而确定试桩的单桩竖向抗压极限承载力。

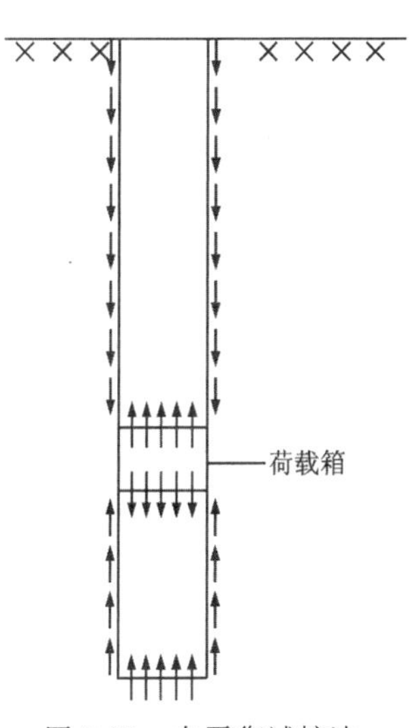

图3-25　自平衡试桩法力学机理

自平衡试桩法具有以下特点：装置简单，不占用场地，安全性高，节省试验费用，测试后桩仍可使用，用于水上、坡地、基坑底等场地及嵌岩桩进行试桩更显优势。

四、桩的动测

桩的动测方法已有一百多年的历史，最早的动测方法就是在能量守恒定理的基础上，利用牛顿撞击定理，根据打桩时测得的贯入度来推算桩的极限承载力。采用这类方法确定极限承载力时所用的关系式称为动力打桩公式。动力打桩公式有很多种，一度成为除静荷载试验以外唯一能用来判断桩承载力的现场试验方法。虽然动力打桩公式一直以来都存在着这样或那样的问题，难以准确判断桩的承载力，但至今仍有不少单位和技术人员在应用，并且已有不少改进。

近代的动测技术则是以应力波理论为基础发展起来的。因为生产发展的需要，尤其是海洋石油工业的兴起，出现了如采油平台等大型桩基工程，一条桩重达 4000 多千牛，液压桩锤的冲击能量可达 5000kJ，单桩承载力高达 50 000 多千牛。在这种情况下，旧的动力打桩公式自然已不能满足打桩工程的需要，因而能正确反映打桩过程的应力波理论便在桩的动测技术上得到迅速的发展。

桩的动测又称桩的无损检测，检测项目包括桩身混凝土质量、桩径和桩形、桩底软底层、桩的承载力及桩周土的力学性能等。常见的动测法有机械阻抗法、水电效应法、激震波速法、锤击法、声波法等。这些方法的原理归纳起来大致分为 4 类：频率法、波速法、波动方程法和声波法。①频率法是通过敲击桩头或桩边土产生激振，从而测得波数、波长和时间，求得桩的自振频率，根据共振的原理检测分析桩的承载力，判断桩的病害类型和位置，评价桩身混凝土质量，以及桩底端承面（持力层面）状况。这种方法国内外采用较多，主要有机械阻抗法、水电效应法等，其施加在桩头的激振力一般较小，属小应变法类。②波速法是利用施加在桩头的冲击力而产生的由桩头向下传播的弹性波，到达桩底后返回桩头并被接收记录，然后根据振幅-时间曲线推算波速，分析判断桩身质量，如激震波速法。这种方法可给桩头施加 30kN 以上的激振力，属大应变类。③波动方程法是在测定桩锤的速度、恢复系数、锤垫和桩垫的弹簧常数、桩身材料弹簧常数及桩周土和桩底土的土质系数等参数的基础上，应用一维波动方程以推求桩的应力和桩的反应曲线（承载力-贯入度曲线）的一种方法。常见的锤击法属于此类方法，也属大应变类。④声波法是通过声波的发射和接收，记录声波在混凝土中的传播时间、速度和衰减情况来分析判断桩身的病害缺陷、外径，评价混凝土质量，推算桩的承载力。

上述几种方法虽然在桩基动测中得到越来越多的应用，但尚未形成比较成熟的技术方法。特别是在判定桩的承载力方面，仍然需要通过大量的动测数据的积累和统计处理，并与承载试验桩相对照，才能得到比较符合实际的承载力数据。在对频谱曲线的解释方面，也尚未形成统一的标准，所以国内外仍在对动测法进行大量深入的研究探讨，以便使动测技术理论和仪器操作方法不断完善和成熟。

1. 机械阻抗法

机械阻抗法分正弦稳态激振、瞬态激振（冲击）和随机激振 3 种，检测仪器的布置如图 3-26所示。

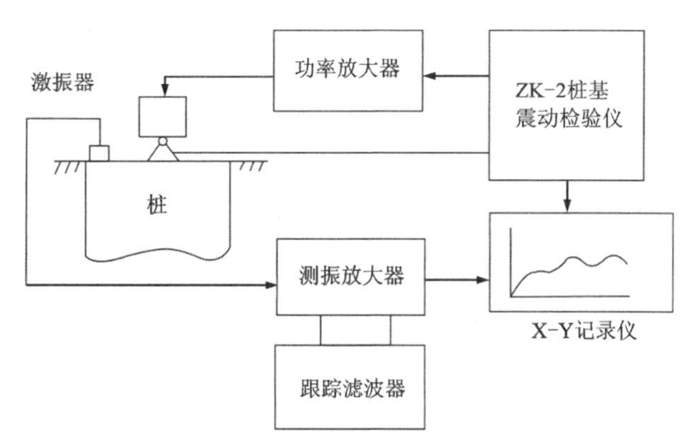

图 3-26 稳态激振测试系统

将桩顶中心和过中心直径线两端共 3 个点修平，再将一块直径为 150mm、厚度 4～6mm 的钢板用环氧树脂粘贴在中心点平面上，将力传感器和激振器置于其上并调整水平，两端的各点粘贴一块 ϕ60mm 的钢板，将速度传感器置于钢板上并粘贴牢固。动测时，激振器对桩头施加激振力 F，速度传感器即可将在桩头产生的竖向激振波速度 v 记录下来，输送到测振放大器，经过放大转换成导纳信号 v/F（机械阻抗的倒数即为机械导纳），再输送给 X-Y 记录仪。X-Y 记录仪收到 v/F 信号后，经过傅里叶变化，自动绘出 $v/F\text{-}f$ 曲线，即桩的导纳曲线。如果振动频率 f 值的大小使从桩底连续反射返回桩头的应力波到达桩头时恰好与发出的应力波发生共振，则振动的波幅增大，记录的导纳曲线的波峰达到最大值 v_0/F_0，此点即为桩的共振点。

根据导纳曲线可计算桩的动刚度（E_d）、测量桩长（L_c）、测量导纳值（N_c）、理论导纳值（N）和应力波在桩中传播的速度（v_c）。通过对这 5 个参数的综合分析，可判定桩身混凝土质量、病害缺陷类型及相应位置、桩底沉渣情况，并由桩的动刚度估算单桩容许承载力。

2. 水电效应法

水电效应法检测原理如图 3-27 所示，在桩顶上接一个高约 1.0m 的水管，管内充满水，在水中安放电极和水听器；冲击电流通过电极进行高压放电，在很短的放电时间内产生几十千牛乃至几百千牛的冲击能量作用于桩头，迫使桩体振动，通过水听器接收桩土系统的响应信

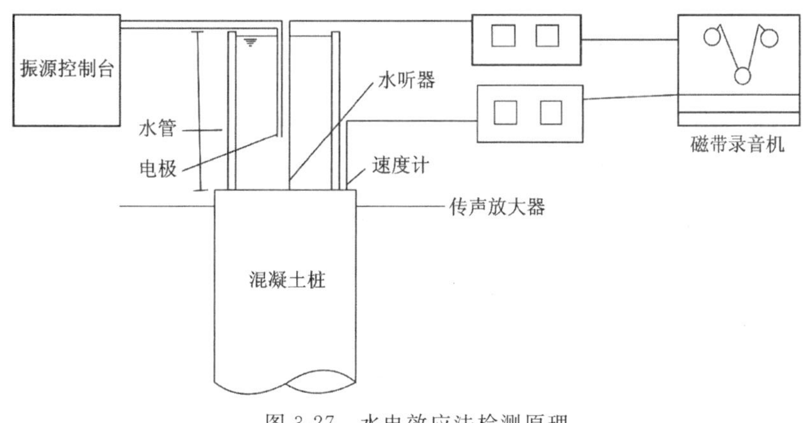

图 3-27 水电效应法检测原理

号及加速度，经放大后用磁带录音机记录并输送到信号处理机进行频谱分析，通过解释频谱曲线判断桩身质量，得出以下检测结果：①桩的平均弹性波速，据以判定桩身混凝土标号及灌注质量；②桩身有无断裂或局部破损；③桩身截面的变化情况，即有无缩径、超径；④估算桩的极限承载力。

完整桩的频谱曲线一般有一个很高的峰值，代表整个桩的振动，如图 3-28 所示。如果桩身有离析、缩径、断裂、局部破损等质量缺陷，频谱曲线则出现两个以上的多峰值，如图 3-29 所示。

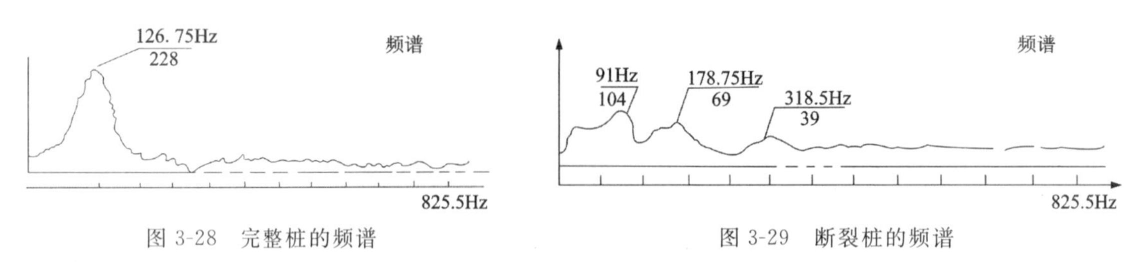

图 3-28 完整桩的频谱　　图 3-29 断裂桩的频谱

根据取得的信息经过分析、对比和验证，与桩的完整性建立对应的统计关系，并以此为依据，制订判断桩完整性的标准。表 3-4 为根据水听器的信号而得的桩基本判据表。

表 3-4 根据水听器的信号而得的桩完整性判据

序号	信息名称	桩完整性		
		完整	断裂	混凝土质量极差
1	波形	指数衰减	无规律	衰减快
2	波幅	较大	较小	较小
3	自功率谱	单峰为主	双峰、多峰	单峰为主
4	功率谱幅值比	<0.1	>0.35	<0.1
5	基频/Hz	接近理论值	较低	很低
6	波速/($m \cdot s^{-1}$)	>3300	较低	<1020

3. 激震波速效应法

激震波速效应法是把浅层地震勘探原理与桩基振动特性密切结合，分别利用地震波的纵、横波等运动学特征计算波速，利用振波波形、振幅、基频等动力学特性，作为桩基质量检测的判别标志，并根据桩土等弹性理论进行承载力计算。

如图 3-30 所示，桩顶受到瞬态激振后，产生沿桩体向下传播的压缩应力波，传至有缺陷部位或桩底处立刻反射，由信号检波器拾振，输送给浅层地震仪并通过 CRT 显示，对信号和参数实行监视。浅层地震仪把经过处理的信号送入计算机进行数字处理，通过带通滤波、快速傅氏变换和频谱分析等作业，进行快速处理和自动解释，由打印机自动打印出各种参数、图形和处理结果。目前国内已成功地采用了信号增强多道浅层地震仪，配以微型电子计算机处理系统，可同时显示、记录和处理多道激震信号，具有高达1/40ms的采取率和分辨率，可对荧光屏显示的内容进行修饰。

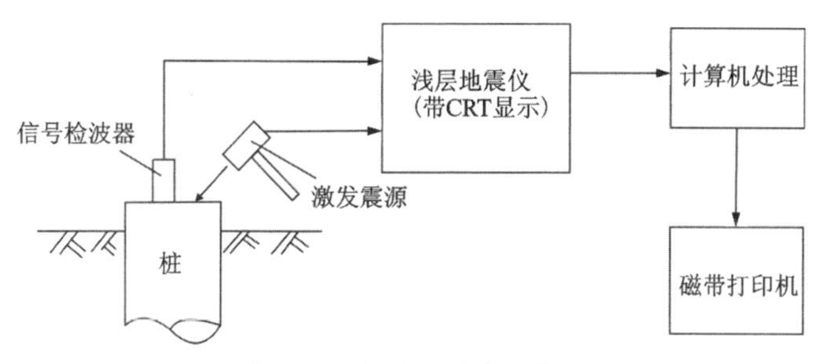

图3-30　浅层地震检测装置

这种方法通过震波传递和反射的时间域，可清楚地检测判定桩体的缺陷界面，如断桩、夹层、混凝土离析、缩径及桩身鼓肚等，通过计算确定这些病害的位置。同时，对震波频率域进行分析可得出频谱图。与水电效应法一样，单峰频谱图反映桩身质量均匀完整，双峰或多峰频谱图则反映桩身等某一部位可能有缺陷，对桩的承载力按所计算的桩的抗压强度进行推算。

4. 锤击贯入法

锤击贯入法是国内最近十几年新发展起来的一种动力试桩方法，它不仅可以相当可靠地测定单桩的承载力，还可以有效地检测桩的工程质量。如图3-31所示，利用桩锤锤击桩顶，给桩施加较大的能量，并把桩打出一定的贯入度，使桩和土之间产生足够的位移，桩侧阻力和桩尖土强度得以充分发挥。检测中，量测的动力参数有锤击力、加速度、贯入度和桩的位移等。它反映了桩及桩周土的承载力、桩体质量和高应变等情况。它由于有足够的锤击力使桩周土发挥作用，故以此求出桩的承载力，比机械阻抗法等具有更好的实用性。使用锤击贯入法动测，由于桩锤类型、结构、锤垫材料、锤击能量等的变化，检测结果常会有变化，预制桩本身的规格和结构的不同也会使检测结果受到影响。

5. 声波法

声波的各种参数如声波、声幅、频谱等的变化均与介质的物理力学性质有关。声波在混凝土中传播，其参数受到混凝土物理力学性质的制约，波形受到调制。通过测量这些参数的变化可以查明桩身混凝土的缺陷，如裂缝、空洞、夹层、离析、稀释、蜂窝等，从而评价桩身混凝土质量沿深度的变化，评定桩身混凝土强度，估算单桩承载力，查明桩身缩径、鼓肚、断桩等情况，绘制桩身外形曲线图。

声波检测装置如图3-32所示，在预埋于桩身的声波测管内充满水或机油作为耦合剂，将声波发射和接收传感器分别置于两根测管间，记录混凝土的传播时间、速度和衰减情况，然后根据记录的声波参数进行解释和判定，判定标准为：

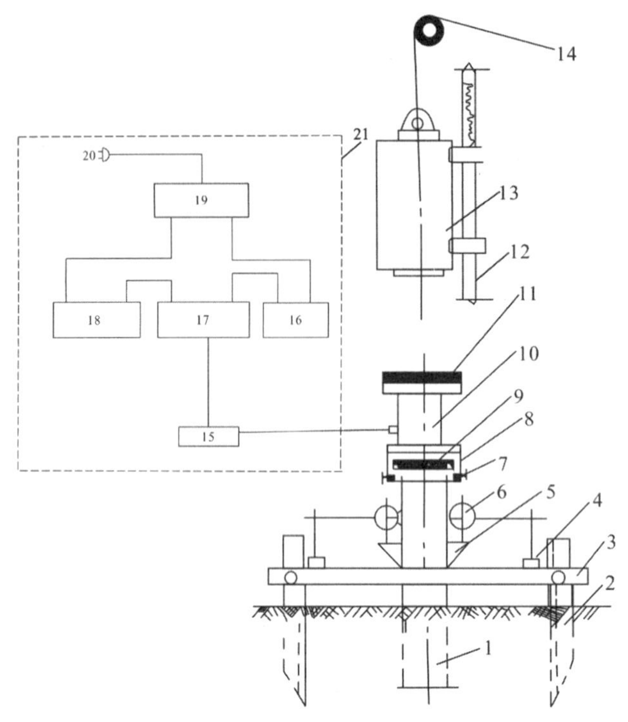

图 3-31　锤击贯入试桩设备安装

1-试桩；2-标桩；3-基准梁；4-磁性表座；5-测量标点；6-百分表（30～50mm 量程）；7-紧固螺栓；8-桩帽；9-桩垫；10-锤击力传感器；11-锤垫；12-导杆；13-落锤；14-卷扬机；15-电桥盒；16-电源供给；17-动态应变仪；18-光电示波器（或微型计算机及打印机）；19-调压稳压器；20-220V 交流电源；21-工作间

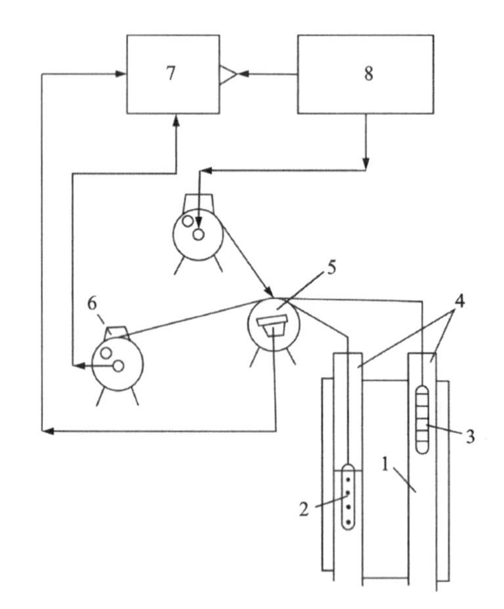

图 3-32　声波检测装置图

1-桩；2-接收器；3-发射器；4-声测管；5-绞车；6-接收信号；7-示波器；8-脉冲发生器

(1)综合考虑声波、声幅、信号、波形等参数,判定桩身缺陷性质,见表 3-5。

表 3-5 根据声速、声波判定桩身情况表

声波及波形	桩身情况
v_c >3500m/s,波形尖锐,高频	无缺陷,混凝土配合比良好,强度高
v_c <3500m/s,波形较平缓	混凝土配合比不良
v_c 低,振幅小,低频	蜂窝状混凝土
无信号	胶结差,有几厘米宽的裂缝或空洞
v_c <2000m/s,波形尖锐,有高频成分	有充填了密实的空洞或夹层

(2)利用概率统计原理。混凝土强度的声波近似服从正态分布,先算出一根桩所有测点(N 个)平均值(v_c)和均方差(s)。检验单个低速点时先求出 K_a 值,从正态分布表中查出与 K_a 相对应的概率 P,若 $N \cdot P < 1$,说明正常情况下,此低速点不应出现,该点可能是缺陷。若相邻几个点声速都低于 v_{cmin},同样计算 P,若 $N \cdot P < 1$,则说明该处有缺陷。

(3)交会法。利用统计方法发现的缺点或缺陷,用交会法详查或用视速度(代数重视法)将被测区划分为若干单元,按声波射线数(m)建立相应的 m 个线性方程组,解方程组求得各单元视速度值,然后判定异常的大小、性质和准抗压强度(Q),计算公式如下:

$$Q = K \cdot \frac{v_{pi}}{v_{pr}} \cdot P_r \tag{3-25}$$

式中:v_{pi}、v_{pr} 分别为混凝土小样和桩的纵波速度(m/s);P_r 为混凝土小样单轴抗压强度(MPa);K 为调整系数。

综上可求出各项参数,判定混凝土等级如表 3-6 所示。

表 3-6 根据各项参数评价混凝土等级

质量等级	声测参数					
	v_c /(m·s^{-1})	动弹模量 E_4 /10^4 Pa	准抗压强度 Q /MPa	首波振幅	v_{pi} 出现频率	混凝土质量情况
优良	>4100	>3.5	>15	较大	近正态分布	密实,骨料坚硬无杂质,结构无缺陷,灌注良好,强度较高
一般	3400~4100	2.6~3.5	5~15	较低	正态分布	较密实,骨料中含有少量杂质或结构有小缺陷,强度尚可
差	<3400	<2.6	<5	很小	非正态分布	局部疏松或有较多杂质及影响结构稳定的较大缺陷,强度较低

五、提高灌注桩承载力的技术方法

目前提高灌注桩单桩竖向承载力的常用技术方法有扩底钻头扩底法、钻孔灌注桩后压浆法和支盘挤扩法。

(一)扩底钻头扩底法

在同一地层,桩端阻力与桩端底面积成正比。在桩身直径不变的前提下,增大桩端底面积能大幅度提高桩的端承力。因此,采用扩底钻头将桩孔底部尺寸扩大,形成上面小、下面大的扩底桩,是一种提高单桩竖向承载力和抗拔力的有效技术方法。

1. 扩底钻头结构形式和工作原理

扩底钻头的结构形式有多种类型,大致分为 4 种:上开式、下开式、扩刀滑降式和扩刀推出式。

(1)上开式。钻头下到孔底后,扩底刀刃如同伞一样从上向下撑开,通过旋转切削,逐渐扩大孔底[图 3-33(a)]。

(2)下开式。钻头下到孔底后,收拢的扩底刀刃从下向上撑开,通过旋转切削,直至形成要求的底孔形状[图 3-33(b)]。

(3)扩刀滑降式。钻头下到孔底后,扩孔刀刃沿着导架的斜面下滑,通过旋转切削,形成扩大头[图 3-33(c)]。

(4)扩刀推出式。钻头下到孔底后,正向旋转钻具推出扩底刀刃,提钻时反向旋转钻具收拢扩底刀刃[图 3-33(d)]。

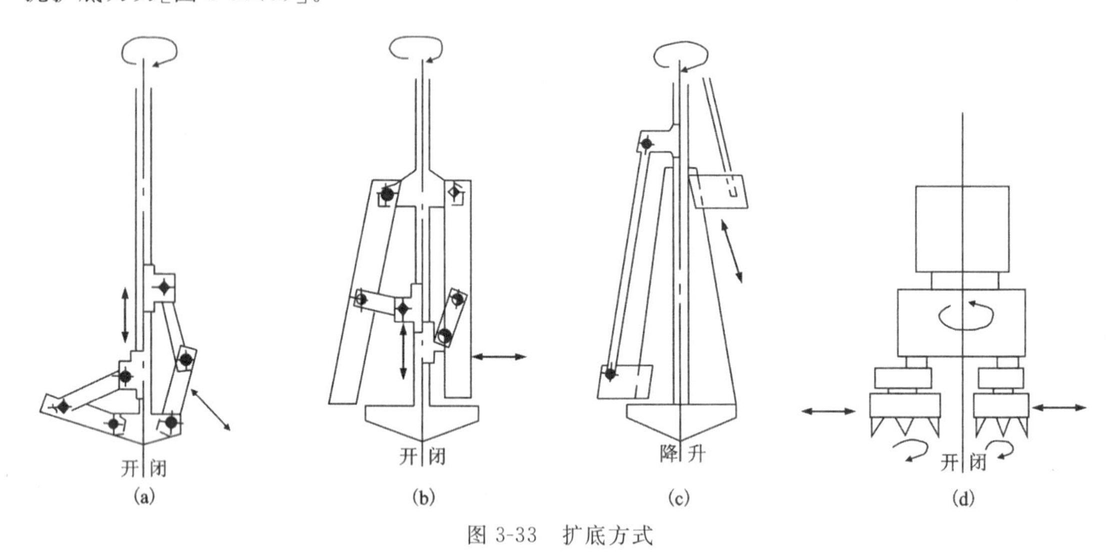

图 3-33 扩底方式

(a)上开式;(b)下开式;(c)扩刀滑降式;(d)扩刀推出式

四翼扩底钻头和 YKD 系列液压扩底钻头两种典型扩底钻头的结构及工作原理如下:

(1)四翼扩底钻头是利用内外方形管传递扭矩,外管在轴向压力作用下相对内管下移,扩底翼向外张开，属下开式(图 3-34)。工作时，钻头下端固定不回转，切削具磨损后可更换，移动下限位挡板，可调节行程(200～240mm)和扩底段直径(ϕ2.2～2.5m)。这种钻头适用于Ⅱ～Ⅲ级软基岩桩孔扩底，采用反循环工艺，钻压为 12～25kN，转速为 13～23r/min，冲洗液量为 2000～3000L/min。江西煤田地质勘探公司使用这种钻头在粉砂岩地层进行桩孔扩底，平均机械钻速达 0.3～0.4m/h。

(2)YKD 系列液压扩底钻头是由地面液压泵站向钻头的液压油缸供高压油，油缸活塞通过连杆推动扩底翼板张开进行扩底钻进(图 3-35)。由于采用液压控制，因此可准确控制钻头翼板开合量，能随时测定扩底直径，方便、准确，可用于任意深度孔段扩径。采用这种钻头在桩孔的不同深度扩径后灌注混凝土，可形成具有很大桩侧摩阻力和桩端承阻力的“竹节桩”。这个系列的钻头还装有副翼，可调节扩底直径，切削具磨损后可更换，适用于各种砂、砂土、黏土层和粒径小于 100mm 有胶结性的砂砾、卵砾层以及Ⅳ级以下的风化基岩等地层的桩孔扩底。它采用反循环钻进工艺，钻压为 20～40kN，转速小于 20r/min，冲洗量为 150～180m^3/h。生产实践证明，这种钻头工作可靠、扩孔精度高。

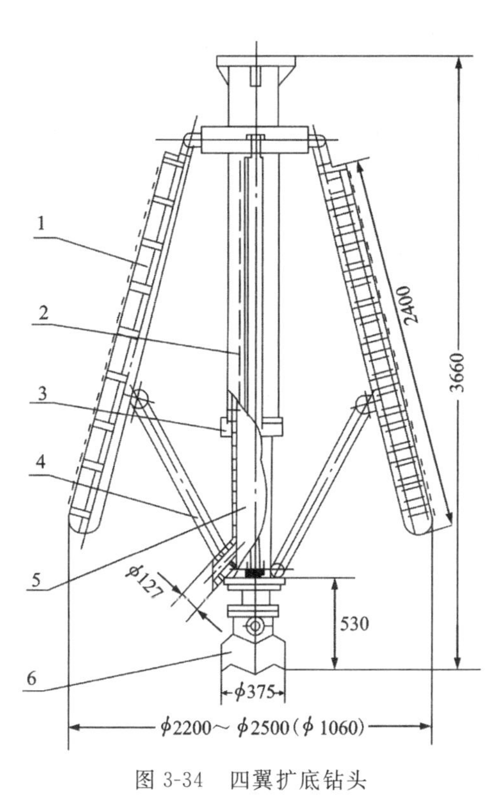

图 3-34　四翼扩底钻头

1-扩底翼板；2-外管；3-限位座；4-连杆；5-内管；6-静盘

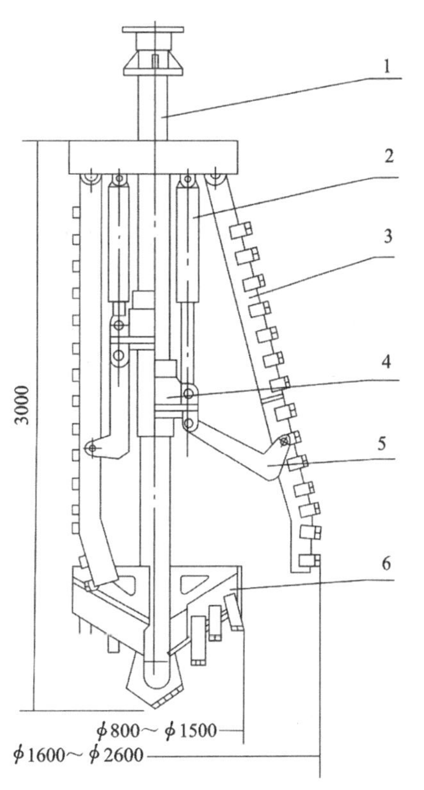

图 3-35　YKD 系列液压扩底钻头

1-中心管；2-液压缸；3-扩底翼板；
4-连接支座；5-连杆；6-基孔钻头

2. 扩孔钻头扩底时的注意事项

(1)扩底时应逐渐撑开扩刀,随时注意观察动力设备运转情况,视情况及时调节扩孔刀片的切削土量,防止出现超负荷现象。

(2)扩底时如遇漂石应停钻,待使用其他方法把漂石取出后再继续操作。

(3)提升钻具时,必须将扩刀完全收拢。

(4)扩底工作完成之后,应立即进行清孔和灌注混凝土,以防桩孔垮塌。

(二)钻孔灌注桩后压浆法

钻孔灌注桩后压浆是通过预埋的压浆管路在成桩后对钻孔灌注桩桩底和桩侧压注水泥浆,根治桩底处的沉渣隐患,使桩身得到补强,并密实桩周土体,桩与桩周土体的黏结力得到提高,从而提高钻孔灌注桩单桩承载力的一种新技术方法。

1. 补强机理

在钻孔灌注桩施工中,通常采用二次清孔以清除孔内钻渣。但是目前无论采用何种清孔方法和工艺,都不能彻底将孔内钻渣清除干净。①在灌注混凝土之前,孔内泥浆中的部分钻渣将沉淀于孔底形成桩底沉渣,影响钻孔灌注桩的承载力。②在灌注桩身混凝土时,由于多采用水下灌注,尤其是在地下水丰富的地层容易出现混凝土离析现象(水泥浆与骨料分离),在桩底产生“虚尖”“干渣石”等弊端,使桩尖混凝土强度降低,造成灌注桩承载力不高。③由于采用泥浆护壁在桩孔孔壁形成一层泥皮,成桩后桩身与桩周土体之间隔夹的泥皮将降低钻孔灌注桩的桩侧摩阻力。④桩身混凝土固结后一般有一定的收缩性,使桩身与桩周土体结合的紧密程度受到影响,降低了桩侧摩阻力。⑤钻孔灌注桩成孔时,由于孔内充满泥浆,桩周与桩底土体受泥浆浸泡而软化,特别是在水敏性地层和成孔时间较长的情况下,将引起桩周土应力失效,降低桩身与桩周土体的摩擦力,从而影响钻孔灌注桩的承载力。

采取后压浆之后,将产生以下效果:

(1)压注的水泥浆液与桩底沉渣相结合形成混凝土,消除了桩底沉渣的影响。

(2)压注的水泥浆充填由于离析而形成的“虚尖”“干渣石”等,提高了桩尖混凝土强度。

(3)在桩底处压注水泥浆液,可以使桩底处的土体得到挤密,同时还由于水泥浆渗入桩底土体内形成固结体,提高了桩底土体强度,从而提高了钻孔灌注桩的桩端承载力。

(4)灌注高压浆液可在桩底可形成向上的预应力,对于承受竖直向下荷载的桩,有利于提高其承载能力。

(5)在桩侧处压注水泥浆液,高压作用下水泥浆液对桩周土体有挤压密实作用,并会渗入桩周土体中形成竹节状浆泡,具有“竹节桩”效应,使桩侧摩阻力得到提高。

2. 钻孔灌注桩后压浆工艺

(1)施工设备。后压浆施工设备主要有压浆泵、搅拌机、贮浆桶、压浆管等。其中,压浆泵可选择地质勘探用的 BW-150 型、BW-250 型泥浆泵或满足工艺要求的其他型号的注浆泵;搅拌机可选用JZ-350型混凝土搅拌机或其他机型;压浆管可选用钢丝编织胶管。

(2)施工工序及质量要求。在桩孔钻成之后,安放钢筋笼时,预设压浆管路(通到桩底和桩身侧部),然后灌注桩身混凝土,待混凝土凝固后,再通过压浆管以一定压力向桩底和桩侧部位进行压浆。压浆前应进行注清水试验,证实管路畅通后再开始压浆。如对桩底和桩侧都要求压浆,则应先对桩侧压浆,最后进行桩底压浆,以保证好的压浆效果。压浆质量控制以压浆量为指标,当压浆量达到设计要求后,结束压浆工作。对群桩进行后压浆,应在所有钻孔灌注桩都灌注完桩身混凝土之后再开始压浆。否则,压浆将影响邻近的灌注桩施工。

3. 工程应用

武汉地质勘察基础工程公司在金宫大厦、五洲国际商业城、柴林大厦等桩基工程中,先后完成了近2000余根后压浆工程施工任务。尤其是在柴林大厦桩基施工中,采用普通钻孔灌注桩施工方法,经静载试验,桩的承载力达不到设计要求。改用后压浆灌注桩施工法并对已施工的桩进行补压浆等措施后,经第二次静载荷试验,所有的桩均达到了设计要求。静载试验结果见表3-7。

表3-7 静载试验结果

工程名称	桩长/m	桩径/mm	桩端持力层	设计承载力极限值/kN	实测承载力极限值/kN	残余变形量/mm	压浆情况
金宫大厦	56	1000	卵石层	20 000	24 272	5.95	桩底、桩侧压浆
	56	1000	卵石层	20 000	24 272	6.09	桩底、桩侧压浆
五洲国际商业城	48.0	900	卵砾石层	12 000	15 210	12.11	桩底压浆
	48.0	900	卵砾石层	14 000	16 440	15.87	桩底、桩侧压浆
柴林大厦	46.5	800	卵石层	66 000	66 000	4.40	桩底压浆
	46.0	800	卵石层	66 000	66 000	3.09	桩底压浆
	46.1	800	卵石层	66 000	66 000	2.60	桩底压浆
	44.2	800	卵石层	66 000	66 000	3.33	桩底压浆
	44.2	800	卵石层	66 000	66 000	3.12	桩底压浆

武汉地区现场试验证明,对钻孔灌注桩进行后压浆,可使桩的承载力提高30%~90%。

(三)支盘挤扩法

支盘挤扩法指的是采用专门机具在桩身不同深度的地基土层中形成多个分支和承力盘,形成一种新型的多分支承力盘灌注桩(图3-36、图3-37)。

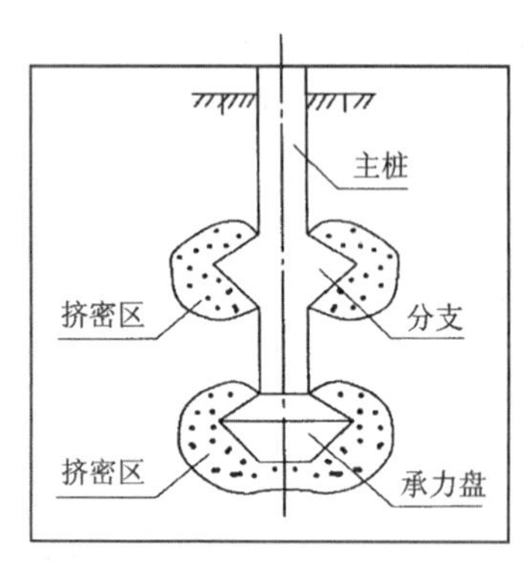

图 3-36　多分支承力盘灌注桩构造

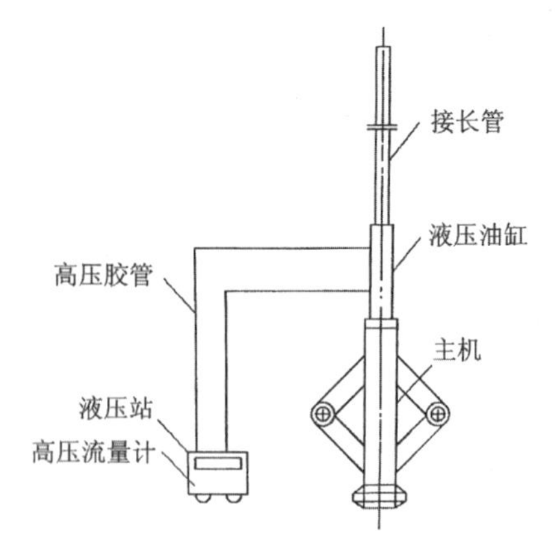

图 3-37　支盘液压挤扩装置

1. 构造与原理

桩身的多个分支与承力盘增加了桩的表面积，扩大了桩身多处的断面直径及桩的承载面积，有效提高了单桩承载力。桩的数量相应减少，承台尺寸也相应减小，从而节省了原材料，缩短了建设工期，达到了降低造价、提高工程质量的目的。一般情况下，可节约材料 30%～40%，降低工程造价 20%～30%，缩短工期约 30%。

2. 支盘灌注桩设计与施工要点

(1)适用范围。挤扩支盘桩适用于黏性土、细砂土、含少量姜结石砂土及软土等多种土层，但不适用于淤泥质土层、中粗砂层、砾石层及液化砂土层。

(2)工程勘察。对拟采用挤扩支盘桩的场地，除按常规的桩基要求提交详勘报告外，尚应要求提供每一层土的极限侧摩阻力标准值及极限端阻力标准值。

(3)承力盘的布置。承力盘的间距要满足要求，且应布置在土质较好、厚度较大的土层中，承力盘的数量不宜过多，一般取 2～3 个。

(4)桩的平面布置。应满足桩的间距要求，参照普通混凝土灌注桩，必要时考虑群桩效应。

(5)承载力。挤扩支盘桩的单桩承载力应通过静载试验来确定。一般在距顶端 1.5m 处设一十字分支，不考虑其承载力，仅作为增加桩的稳定性和安全储备用。

(6)试桩。挤扩支盘桩施工完毕后，必须进行静载试验，同时应按要求进行高应变、低应变动力测试。一般低应变动力测试数不少于桩总数的 20%，且不得少于 10 根；高应变动力测试数不少于桩总数的 10%，且不得少于 5 根。

第三节　灌注桩施工质量控制

由于灌注桩工序多、工艺复杂，属地下隐蔽工程，因此，灌注桩的工程质量相对来讲比较难以控制。第十届国际土力学及基础工程会议上的《桩基础总结报告》中披露：在所有被调查的就地灌注桩中有5%～10%的桩存在缺陷。灌注桩工程质量的通病是小直径灌注桩多出现缩孔断桩、孔底沉渣超厚及持力层满足不了设计要求等质量问题；大直径灌注桩多出现桩身混凝土离析（水泥浆与骨料分离）、孔底沉渣超厚等质量问题。

因此，要保证灌注桩的工程质量，必须对灌注桩施工全过程的质量进行管理，即包括对施工前的准备、成孔过程和成桩过程等进行全面的质量管理。鉴于灌注桩施工方法有多种，下面分别列出各种工法常见问题、原因分析、防止措施及处理方法（表3-8～表3-13）。在灌注桩施工全过程中，应及时消除质量问题隐患，严格按规程进行施工，确保桩基工程质量。

表3-8 泥浆护壁成孔灌注桩常见问题及其原因和处理方法

常见问题	主要原因	处理方法
在黏土层采用正循环钻进时，进尺缓慢，容易蹩泵	泥浆黏度过大	调整泥浆性能
	轴压过大，孔底钻屑不能及时排出	调整钻进参数
	糊钻或钻头泥包	调整冲洗液性能参数，适当增大泵或向孔内投入适量砂石，解除泥包糊钻
在砂砾层采用正循环钻进时，进尺缓慢，钻头磨损大	冲洗液上返流速小	加大泵量，增大上返流速
	钻屑未能及时排除	每钻进4～6m，专门清渣一次
	钻头破损严重	修复或更换钻头
在基岩中钻进时进尺缓慢，甚至不进尺	岩石较硬，钻压不够	加大钻压，调整钻进参数
	钻头切削刃崩落，钻头有缺陷或损坏	修复或更换钻头
钻具跳动大，回转阻力大，切削具崩落	孔内有砾石、卵石	用掏渣筒或冲抓锥捞除大石块
	孔内有杂填的砖块、石块	可用冲击钻头破碎或挤压石块，穿过这类地层
在砂层、砂砾层或卵石层采用反循环钻进时，有时循环突然中断或排量突然减小，钻头在孔内跳动厉害	进尺过快，管路被砂石堵死	控制钻进速度
	冲洗液的相对密度过大	立即将钻具提离孔底，调整冲洗液相对密度
	管路被石块堵死	反复开启和关闭砂石泵出水阀，使管路内产生激动压力，解除堵塞；或改用正循环冲洗，清除堵塞物。若均无效，则提钻清堵
	冲洗液中钻屑含量过多	加强冲洗液除砂工作
	孔底有较大的卵砾石	用专用工具清除卵砾石

续表 3-8

常见问题	主要原因	处理方法
孔壁坍塌	泥浆相对密度和浓度不足	根据土质调整泥浆性能
	有较强的承压水并且水头较高，高于孔内压力时，易发生涌砂和塌孔	调整泥浆相对密度，而且不宜采用反循环工法，可选全套管护孔
	有粗颗粒砂砾层等强透水层，当钻孔达到该地层时，由于漏水使孔内水位急剧下降，引起孔壁坍塌	采用化学浆液或快干水泥堵漏
	施工设备的质量与它作业时振动及地基土层自重应力的影响，常导致地面以下 10～15m 处孔壁坍塌	尽可能减少施工作用的振动，若地面以下 10～15m 处为易塌土层，则应采用专门的护壁措施
	钻具升降速度过快，产生孔内激动压力或抽吸作用	升降钻具应平稳
隔水塞卡在导管内无法灌注混凝土	隔水塞翻转或胶垫过大	用长杆冲捣或振捣，若无效，提出导管，取出隔水塞
	隔水塞遇物卡住	
	导管连接不直	检查导管连接的垂直度
	导管变形	拆换变形的导管
导管内进水	导管连接处密封不好，垫圈放置不平整，法兰盘螺栓摆动	提出导管，检查垫圈，重新安放并检查密封情况
	初灌量不足，未埋住导管	提出导管，清除灌入的混凝土，重新开始灌注，增加初灌量，调整导管底口至孔底高度
混凝土在导管内排不出	混凝土配比不符合要求，水灰比过小，坍落度过低	①按配比要求重新拌合混凝土，并检查坍落度； ②检查所使用的水泥品种标号和质量，按要求重新拌制； ③在不增大水灰比的原则下重新拌制；
	混凝土拌合质量不符合要求	
	混凝土泌水离析严重	
	导管内进水未及时发现，造成混凝土严重稀释，水泥浆与砂石分离	
	灌注时间过长，表层混凝土已过初凝时间	

续表 3-8

常见问题	主要原因	处理方法
断桩	导管提升过高,导管底部脱离混凝土面	④上下提动导管或振捣,疏通导管;若无效,提出导管进行清理,然后重新插入混凝土内足够深度,用潜水泵或空气吸泥机将导管内泥浆、浮浆、杂物等吸除干净,恢复灌注;尽量不采取提导管下隔水塞继续灌注的办法
	灌注作业因故中断	
夹层	埋管深度不够,混入浮浆	
	孔壁垮塌物夹入混凝土内	
	导管进水使混凝土部分稀释	
钢筋笼错位或回窜	钢筋笼焊接质量不好	吊起钢筋笼重新焊好后下入孔内
	钢筋笼未固定牢	检查钢筋笼固定情况,并加焊固定

表 3-9　螺旋钻进成孔灌注桩常见问题及其原因和处理方法

常见问题	主要原因	处理方法
孔底虚土过多	在松散填土或含有大量炉灰、砖头、垃圾等杂填土层或在流塑淤泥、松砂、砂卵石、卵石夹层中钻孔,成孔过程中或成孔后土体容易坍落	探明地质条件,尽可能避开在可能引起大量塌孔的地点施工,对不同工程地质条件,应选用不同的施工工艺
	孔口土未及时清理,甚至在孔口周围堆积大量钻出的土时提钻或人工踩踏而回落孔底	及时清理孔口堆积土
	成孔后,孔口未放盖板,孔口土经扰动而回落孔底	成孔后及时在孔口放置盖板,当天成孔必须当天灌注混凝土
	钻杆加工不直,或使用过程中变形,或连接法兰盘不平,使钻杆连接后弯曲,造成钻进过程中晃动,导致钻孔局部扩径,提钻后回落孔底	校直钻杆,填平钻杆连接法兰盘
	放置混凝土漏斗或放入钢筋笼时,孔口土或孔壁土被碰撞后掉入孔底	放置漏斗或钢筋笼时应认真仔细,且应竖直地入孔
	成孔后未及时灌注混凝土,被雨水冲刷或浸泡	当天成孔当天灌注混凝土
	钻头倾角不合适	根据地层选用合适倾角的钻头
	施工工艺选择不当	对不同地质条件采用不同工艺,如多次提钻,或在原钻深处空钻,或钻至设计标高后边旋转边提钻

续表 3-9

常见问题	主要原因	处理方法
桩孔倾斜	遇地下障碍物、孤石等	用冲击法或其他方法清除障碍物后填土再钻
	地面不平，桩架导杆不直	平整地面，调直导杆
	钻杆不直	调整钻杆，尤其是加接钻杆时，应保证钻杆同轴度
	钻头定位尖与钻杆中心线不同心	调整同心度
钻进困难	遇坚硬土层或障碍物	更换钻头，清除障碍物
	钻进速度太快造成蹩钻	在饱和黏性土中采用慢速高扭矩方式钻孔，在硬土层中钻进时可适当往孔中加水
	钻杆倾斜太大造成蹩钻	调整钻杆垂直度
塌孔	在流塑淤泥质土类层中钻孔，孔壁不稳定而坍塌	先钻至塌孔段以下 1～2m，用豆石混凝土或低等级混凝土（C5～C10）填至塌孔段以上 1m，待混凝土初凝后再钻
	孔底部为砂卵石、卵石层，底部孔壁不稳定	采用加深钻进的办法，任其塌落，保证有效桩孔深度满足设计要求
桩身夹土	钢筋笼放置方法不妥，如当钢筋笼未通长放置时，先灌下部混凝土，待再放钢筋笼灌注上部混凝土时，有可能使土掉落造成桩身夹泥	采用先放钢筋笼，后灌混凝土的正确工序
桩身混凝土质量差	水泥过期、骨料含泥量大、混凝土配合比不当	按规范要求选用水泥和骨料，正确选择配合比
	桩身分段不均匀，混凝土离析	混凝土各次搅拌时间、加水量、骨料含量应一致
	混凝土振捣不密实，出现蜂窝、空洞	桩顶以下 4～5m 范围内一定要用振捣棒捣密实

表 3-10　钻斗钻进成孔灌注桩常见问题及其原因和处理方法

常见问题	主要原因	处理方法
桩孔偏斜	钻机安装不平或方形钻杆不垂直	调平钻机，调直钻杆
孔壁坍塌	护筒的埋深位置不合适，护筒埋设在粉细砂或粗砂层中，砂土由于水压漏水后容易坍塌，且受振动和冲击等影响，护筒的周围和底部地基土松软易坍塌	将护筒底部贯入黏土中 0.5m 以上

续表 3-10

常见问题	主要原因	处理方法
孔壁坍塌	受地面上重型施工机械的质量和它作业时的振动与地基土层自重应力影响，地面以下10～15m孔段发生坍塌	施工时采用稳定液，尽量减少施工作业中的振动等影响
	孔内水位高度不够	提高孔内水位，平衡地层压力
	钻斗上下移动速度太快产生动压或抽吸作用，在上提钻斗时下方产生负压，导致孔壁坍塌	根据孔径大小、土质条件及钻斗与孔壁的间隙大小等调整钻斗升降速度
	稳定液维护管理不良	在稳定液的配比上，特别是在相对密度、黏度、失水量及物化稳定性等方面，要考虑地基及施工机械等条件，设定合适的指标，将其作为目标值进行质量管理
	砂砾层等强透水层漏水	选用相对密度和黏度较大的稳定液
	放置钢筋笼时碰撞孔壁	在钢筋笼四周安放定位混凝土滑轮，下放钢筋笼时认真仔细操作
	钻斗刃尖磨损，钻斗升降旋转时碰坏孔壁	按需要堆焊钻斗侧刃和更换钻斗切削齿
桩身断面缺损	稳定液与混凝土的置换性不够好	选用与混凝土不相混合的稳定液

表 3-11 冲击钻进成孔灌注桩常见问题及其原因和处理方法

常见问题	主要原因	处理方法
桩孔偏斜	冲击中遇到探头石、漂石，探头石、漂石大小不均，钻头受力不均	遇到探头石后，向孔内回填碎石，并采用高冲程击碎探头石
	基岩面产状较陡	遇基岩时，采用低冲程钻进，并使钻头充分转动，加快冲击频率，若发现孔斜，应回填重钻
	钻机底座未水平安置，或产生不均匀沉降	经常检查，及时调整
桩孔不圆，呈梅花形，掏渣筒下入困难	钻头的转向装置失灵，冲击时钻头未转动	检查转向装置，保证钻头转动灵活
	泥浆黏度过高，冲击转动阻力太大，钻头转动困难	调整泥浆的黏度和相对密度
	冲程太小，钻头转动时间不充分或转动量小	用低冲程时，每冲击钻进一段后换用高一些的冲程冲击钻进，交替变换，修整孔形

续表 3-11

常见问题	主要原因	处理方法
冲击钻头发生卡钻，无法提钻	钻孔不圆，钻头被孔的狭窄部位卡住	上下活动钻头，使钻头脱离卡点，然后修整孔径
	钻头遇探头石，被卡住	向下活动钻头，处理探头石
	上部孔壁坍落物卡住钻头	用打捞钩或打捞活塞助提
	未及时焊补钻头侧刃，钻孔直径变小，钻头入孔冲击被卡	及时补焊钻头侧刃，修整变小的孔段
	黏土层中冲程太高，泥浆黏度过高，以致钻头被吸住	用优质泥浆替换孔内黏度过高的泥浆
	放绳太多，冲击钻头倾倒，顶住孔壁	使用专用工具将钻头拨正
钻头脱落	钢绳磨断，或绳卡松脱，或冲锥本身在薄弱处折断	用打捞活套、打捞钩打捞，用冲抓锥抓取
	转向装置与顶锥的连结处脱开	经常检查，预防掉锥
孔壁坍塌	冲击钻头或掏渣筒倾倒撞击孔壁	探明坍塌位置，用砂和黏土混合物回填塌孔位置以上 1～2m，夯实后再重新冲孔
	泥浆相对密度偏低，护壁作用差	调整泥浆相对密度
	孔内泥浆液面低于地下水位	提高泥浆液面
	遇流砂、软淤泥、破碎地层或松砂层钻进时进尺太快	严重塌孔，用黏土、泥膏投入造壁防塌
吊脚桩	清孔后泥浆相对密度过低，孔壁坍塌或孔底涌砂，或未立即灌注混凝土	按规程清孔，达到要求后立即灌注混凝土
	清渣不干净，残留沉渣过厚	检测孔底沉渣，二次清孔
	放置钢筋笼时，冲撞孔壁使孔壁垮塌，造成孔底沉渣	下放钢筋笼时认真操作，放好之后二次清孔
孔底涌砂	孔外地层水压力比孔内大，孔壁松散，使大量流砂涌塞孔底	流砂严重时，可抛入碎砖石、黏土，用冲锤将之挤入流砂层，做成泥浆结块，形成坚厚孔壁，阻止流砂涌入

表 3-12 贝诺特(冲抓)成孔灌注桩常见问题及其原因和处理方法

常见问题	主要原因	处理方法
桩孔偏斜	第一节套管埋设后，挖掘不当，造成偏斜	适当挖掘，确保第一节和第二节套管垂直埋设
	在软土地基上安装钻机，即使开始已呈水平，但在吊起套管竖立埋设时，由于重心位置向桩位方向前移，钻机前方下倾	挖掘开始后，应一边挖掘一边测定套管是否垂直，一旦套管倾斜就要拔出套管，并重新将钻机调平
钻机滑动	当摇动套管的反力比钻机自重和钻机与地面之间的摩擦力还大时，将使钻机向后部产生滑动，特别是雨雪天黏性土地面比较泥泞时，这种滑动倾向尤甚	减少套管表面摩阻力(应避免套管卷曲，反复上下转动套管，向套管内外注水，在套管外周灌注膨润土泥浆)；采取钻机后部压重的方法(在钻机后部打设防滑桩，在钻机液压支架上安装凸状防滑体，加配重)；事先对安装钻机的地基采取加固措施
孔径扩大过多	由于地下水压力的作用，套管外部的土砂呈流动状，流砂将沿套管外的缝隙下降，经由钻头与套管接合部位侵入管内，导致土层松动，并留有孔隙，造成孔径过大	在孔内注水，将孔内水位抬高，使其比地下水位高一些
遇厚砂层时，进尺缓慢	套管在含有地下水的土层中各向摇动时，周围的细砂被振实，进尺缓慢。当地下水位以下有5m以上的厚砂层时，套管不能压进	应避免在厚砂层中使用贝诺特法，此时用反循环法施工最合适
在漂石层中钻进困难	漂石粒径大(200～300mm)，不易挖掘	采用先行挖掘施工法，即先超挖400mm左右，把漂石抓取出来，挖掘时要比孔径扩大一些，再在孔内放入黏土或膨润土，以阻止地下水上涌，如此反复操作就能突破大漂石层
钢筋拱起 (灌注混凝土前)	钻孔弯曲	要保证垂直地钻进
	钢筋笼连接不正	要保证钢筋笼垂直地连接
	定位垫板安装不正确	定位垫板要保持正常的间隔
	孔底有沉渣，钢筋笼放置不能到位	清除沉渣
	孔底翻砂，钢筋笼放置不能到位	利用水压抑制翻砂

续表 3-12

常见问题	主要原因	处理方法
钢筋上浮（灌注混凝土后）	灌注混凝土时，若钢筋向一侧移动，或因混凝土灌注时间过长，受混凝土凝固的影响，混凝土与套管间存在摩擦力，致使套管提升时混凝土与钢筋一同上浮	钢筋笼对准钻孔中央设置，且在插入导管时注意对中，不偏向一边；灌注混凝土时应做好运送混凝土车辆的调度计划，不要让工地等待时间过长；使混凝土坍落度经常保持在 18cm 左右；在混凝土中加缓凝剂
	套管底部内壁黏附砂浆或土砂，由于管的变形，孔内壁凹凸不平，在拔出套管时，将钢筋骨架带上来	成孔前，检查最下面的套管内壁，清除黏着物，如套管变形，须进行修补，成孔结束后张开锤式抓斗，反复升降几次，敲掉残留在管内壁上的土砂
	钢筋骨架的外径及套管内壁之间的间隙太小，有时套管内壁与箍筋之间夹有粗骨料，拔管时钢筋上浮	箍筋的外侧与套管内壁之间的间隙要大于粗骨料最大尺寸的两倍
	由于钢筋骨架自身弯曲、钢筋骨架之间的接点不好、压屈、箍筋变形脱落、套管倾斜等，钢筋与套管内壁紧密接触，拔管时钢筋上浮	提高钢筋骨架的加工、组装精度，防止在运输过程中变形，沉放时要确认钢筋骨架的轴向准确度，保证垂直度
钢筋上浮（灌混凝土后）	导管口处混凝土溢出而流失，流失的混凝土发生离析，石子、砂和水泥浆分别掉下，如果落到钢筋的周边，拔管时石子和砂浆与钢筋共同上浮	严加防止导管口处混凝土溢出
灌注混凝土中断	因灌注混凝土计划不周或某些事故，混凝土灌注中断	当中断时间比较短且能继续灌注混凝土时，可上下摇动套管，然后继续灌注混凝土。但当中断时间比较长时，须按下述方法进行处理：①当断定所使用的导管不能继续进行灌注施工时，须立即将导管提上来；②将导管的刃尖放在混凝土面上；③先灌注的混凝土中上升到表面上的浮浆皮、沉淀物等必须清除

续表 3-12

常见问题	主要原因	处理方法
套管难以拔出或拔不出来	当套管周围的摩阻力等比钻机的拔出能力大许多时,套管难以拔出	首先要使套管处于摇动状态,利用操作转换阀,以较小的摇动角度,随着启动阻力的减小,待慢慢地恢复正常状态后再拔出
	当套管周围的摩阻力等比钻机的拔出能力大许多时,套管拔不出来	利用其他千斤顶,当呈现出可以拔出状态时,必须做好连续上提的准备
	套管刃尖磨损,与外管径之间差值变小	按需要堆焊刃尖
	成孔方式不适当	将锤式抓斗及套管刃尖保持相同深度成孔,在成孔过程中要认真地多次摇动套管,使之边上下移动,边成孔
	灌注混凝土方法不当,使套管内的黏着力太大	混凝土上升面和套管刃尖之间搭接长度不要太长;或在套管上端安装短管,使开始灌注混凝土时套管就呈现出可拔出拆卸状态
	套管倾斜,与钻机拔出方向不同,增加拔出阻力	正确保持套管垂直度
	钻机地基不好或钻机安装不妥导致钻机倾斜,且与套管方向不同,增加拔出阻力	使钻机地基结实,钻机安装垂直
	摇动手柄内面摩损,不能滑移摇动	应急措施是在套管与手柄之间垫上薄钢板,必要时换下摇动手柄内面的垫板
	拔出和摇动的液压装置发生故障	检修或更换
钢筋笼压屈	上部钢筋多,下部钢筋少,由于摇动钢筋笼扭转而压屈	考虑加强下部钢筋
桩顶部的钢筋笼外侧没有混凝土	混凝土的坍落度低	混凝土坍落度应大于 18cm,或在导管上安装振捣器
	混凝土流动性差	考虑用导管灌注水下混凝土
	灌注混凝土时间过长	做好灌注计划安排,避免等待混凝土拌合料的情况
锤式抓斗掉到孔底	吊索磨损、钢丝绳插口连接不好、中心链条磨损	及时修理与更换

表 3-13　沉管灌注桩常见问题及其原因和处理方法

常见问题	主要原因	处理方法
缩径 （桩身局部直径小于设计要求）	在饱和淤泥或淤泥质软土层中沉桩管时，土受强制扰动挤压产生孔隙水压，桩管拔出后，挤向新灌注的混凝土，使桩身局部缩径	控制拔管速度，采取慢拔密振或慢拔密击的方法
	在流塑淤泥质土中，由于套管的振荡作用，混凝土不能顺利灌入，被淤泥质土填充进来，造成缩径	采用复打法（锤击沉管法）或反插法（振动沉管法）
	桩身埋置的土层，如上下部水压不同，桩身混凝土养护条件有别，凝固和收缩差异较大造成缩径	采用复打法或反插法，或在易缩径部位放置钢筋混凝土预制桩段
	桩间距过小，邻近桩施工时挤压已成桩，造成缩径	采用跳打法加大桩的施工间距
	拔管速度过快，桩管内形成真空吸力，对混凝土产生拉力，造成缩径	保持正常拔管速度
	拔管时管内混凝土量过少	拔管时，管内混凝土应随时保持 2m 左右高度，也应高于地下水位 1.0～1.5m，或不低于地面
	混凝土坍落度较小，和易性较差，拔管时管壁对混凝土产生摩擦力，造成缩径	采用合适的坍落度：8～10cm（配筋时）；6～8cm（素混凝土）
缩径 （桩身局部直径小于设计要求）	在饱和淤泥土层中施工，灌入混凝土扩散严重，不均匀，造成缩径	采用反插法或复打法，或在缩径部位放置混凝土预制桩段
断桩 （裂缝是水平的或略有倾斜，一般均贯通全截面，常见于地面以下 1～3m不同软硬土层交接处）	混凝土终凝不久，强度弱，承受不了振动和外力扰动	尽量避免振动和外力扰动
	桩距过小，邻桩沉管时使土体隆起和挤压，产生水平力和拉力，造成已成桩断裂	控制桩距大于 3.5 倍桩径，或采用跳打法加大桩的施工间距
	拔管速度过快，混凝土未排出管外，桩孔周围土迅速回缩造成断桩	保持正常拔管速度，如在流塑淤泥质土中拔管速度应以不大于 0.5m/min 为宜
	在流塑的淤泥质土中孔壁不能直立，混凝土相对密度大于淤泥质土，灌注时造成混凝土在该层坍塌，形成断桩	采用局部反插或复打工艺，复打深度必须超过断桩区 1m 以上
	混凝土粗骨料粒径过大，灌注混凝土时在管内发生“架桥”现象，形成断桩	严格控制粗骨料粒径

续表 3-13

常见问题	主要原因	处理方法
吊脚桩 （桩底部的混凝土隔空，或混进泥砂在桩底部形成松软层）	预制桩尖强度不足，在沉管时破损被挤入管内，拔管时振动冲击未能将桩尖压出，管拔至一定高度时才落下，但又被硬土层卡住，未落到孔底而形成吊脚桩	严格检查预制桩尖的强度及规格，沉管时可用吊铊检查桩尖是否进入桩管，若发现进入桩管，应及时拔出纠正或将桩孔回填后重新沉管
	桩尖被打碎进入桩管，泥砂和水同时也挤入桩管，与灌入的桩身混凝土混合而形成松软层	沉管时用吊铊检查，若发现桩尖进入桩管，应及时拔出纠正，或将桩孔回填后重新沉管
	在 $N>25$ 的土层中施工时，采用先沉管取土成孔后放预制桩尖灌注的工艺，当二次沉管时，由于振动冲击，预制桩尖超前落入孔底，在桩管振动冲击和刮削的作用下，孔周土落在桩尖上，形成吊脚桩	尽量不采用此种工艺，若已采用，在二次沉管时用吊铊检查，若发现桩尖已超前落入孔底，应拔出桩管重新安放桩尖沉管
	桩入土较深，并且进入低压缩性的亚黏土层，灌完混凝土开始拔管时，活瓣桩尖被周围土包围压住而打不开，拔至一定高度时才打开，而此时孔底部已被孔壁回落土充填而形成吊脚桩	合理选择桩长，或采用预制桩尖
	在有地下水的情况下，封底混凝土灌得过早，沉管时间又较长，封底混凝土经长时间的振动被振实，形成“塞子”，拔至一定高度，“塞子”才打开，形成吊脚桩	合理掌握封底混凝土的灌入时间，一般在桩管沉至地下水位以上 0.5～1.0m 时灌入封底混凝土
桩身夹泥 （桩身混凝土中有泥夹层）	采用反插施工工艺时，反插深度太大，反插时活瓣向外张开，把孔壁四周的泥挤进桩身，造成桩身夹泥	反插深度不宜超过活瓣长度的 1/3
	采用复打施工工艺时，桩管上的泥未清理干净，把管壁上的泥带入桩身混凝土中	复打前应把桩管上的泥清理干净
	在饱和的淤泥质土层中施工，拔管速度过快，而混凝土坍落度太小，混凝土未流出管外，土即涌入桩身，造成桩身夹泥	控制拔管速度，一般以 0.5m/min 为宜，混凝土和易性要好，坍落度要符合规范要求

续表 3-13

常见问题	主要原因	处理方法
桩尖进水进泥砂	活瓣桩尖合拢后有较大的间隙，或预制桩尖与桩管接触不严密，或桩尖打桩，地下水或泥砂进入桩管底部	对缝隙较大的活瓣桩尖及时修理或更换；预制桩尖的混凝土强度等级不得低于C30，其尺寸和钢筋布置应符合设计要求，在桩尖与桩管接触处缠绕麻绳或垫硬纸衬等，使两者接触处密封
	桩管下沉时间较长	合理选择沉管工艺，缩短沉管时间
	淤泥质土较厚或地下水丰富	当桩管沉至近地下水位时，灌注 0.05～0.1m^3 封底混凝土，将桩管底部的缝隙用混凝土封住，使水及泥浆不能进入管内。如果管内进水及泥浆较多时，应将桩管拔出，在消除管内泥浆后重新沉管
钢筋下沉	桩顶插筋或钢筋笼放入孔后，相邻桩沉入套管时振动，使钢筋沉入混凝土	钢筋上端临时固定
混凝土用量过大	地下遇枯井、坟坑、溶洞、下水道、防空洞等洞穴，灌注时混凝土流失	施工前应详细了解地下洞穴情况，预先开挖、清理，用素土填死后再沉桩
	在孔隙比大的饱和淤泥质软土中沉桩，土质受到沉管振动的扰动，结构破坏而液化，强度急剧降低，经不住混凝土的冲击和侧压力，造成混凝土灌入时发生扩散	在这样的土层中施工，宜先试成桩，如发现混凝土用量过大，可改用其他桩型
卡管 （拔管时被卡住，拔不出来）	沉管穿过较厚硬夹层，如时间过长（超过 40min）就难以拔管	发现有卡管现象，应在夹层处反复抽动 2～3 次，然后拔出桩管，扎好活瓣桩尖或重设预制桩尖，重新打入，并争取时间尽快灌注混凝土后立即拔管，缩短停歇时间
	活页瓣的铰链过于凸出，卡于夹层内	施工前，对活页铰链作检查，修去凸出部分
达不到最终控制要求	勘探点不够，或勘探资料粗略，工程地质情况不明，尤其是持力层的起伏标高、层厚不明，致使设计桩端持力层标高有误	施工前必须在有代表性的不同部位试打桩，数量不少于 3 个，以便核对工程地质资料

续表 3-13

常见问题	主要原因	处理方法
达不到最终控制要求	设计过严，超过施工机械的能力	施工前在不同部位试打桩，检验所送设备、施工工艺对技术要求是否适宜，若难以满足最终控制要求，应拟定补救技术措施或重新考虑成桩工艺
	遇层厚大于 1m、$N>25$ 的硬夹层	可先用空管加装取土器打穿该层，将土取出来，再迅速安放预制桩尖，沉管到持力层，桩尖至少要进入未扰动土层 4 倍桩径，若硬夹层很厚，穿越困难，可会同设计、勘察、建设等有关单位现场处理，允许承载力若能达到设计要求，则可将该层作为桩端持力层
	遇地下障碍物（石块、混凝土块等）	若障碍物埋深浅，应消除后填土再钻；若障碍物埋深较大，应移位重钻
	桩管长径比太大，刚度差，在沉管过程中，桩管弹性弯曲而使振动冲击能量减弱，不能传至桩尖处	桩管长径比不宜大于 40
	振动冲击参数（激振力、冲击力、振幅频率）选择不合适或正压力不足而使桩管沉不下	根据工程地质资料，选择合适的振动冲击参数；如因正压力不足而沉不下，可采用加配重或加压的办法来增加正压力
	群桩施工时，砂层逐渐挤密，最后出现沉不下管的现象	适当加大桩距
	设备仪表或沉管深度不准确，没有反映出真实情况	设备仪表应经常检查、校准和标定，桩架上的沉管进尺标计应随时保持醒目、准确，测量最终稳定电流强度时，应使配重及电源电压保持正常，若电源电压下降 10%，最终稳定电流强度应相应增加 10%

第四章　地基处理技术

第一节　概　述

凡是基础直接建造在未经加固的天然土层上，这种地基称为天然地基。若天然地基很软弱，不能满足地基强度和变形等要求，则事先需经过人工处理才能建造基础，这种地基加固称为地基处理。

我国幅员辽阔，土质各异。从事建设不仅事先要选择地质条件良好的场地，有时不得不在地质条件不良的地基上修建，也需对天然的软弱地基进行处理。另外，当前结构物的荷载日益增大，对变形要求越来越高，原来一般可被评价为良好的地基，也可能在某些特定条件下非进行处理不可。

由于软弱地基的判别标准随各种因素而变化，要准确定义软弱地基是十分困难的。我国的《建筑地基基础设计规范》(GB 50007—2011)中规定："当地基压缩层主要由淤泥、淤泥质土、冲填土、杂填土或其他高压缩性土层构成时应按软弱地基进行设计。在建筑地基的局部范围内有高压缩性土层时，应按局部软弱土层处理。"实际上，软弱地基还应包括可液化的饱和松砂和粉土地基，以及湿陷性黄土和膨胀土等。

地基处理的目的是采取适当的措施以改善地基土的强度、压缩性、透水性、动力特性、湿陷性和胀缩性等。

一、地基处理方法分类

地基处理方法的分类多种多样。如按时间可分为临时处理和永久处理，按深度可分为浅层处理和深层处理，按土性对象可分为砂性土处理和黏性土处理、饱和土处理和非饱和土处理，也可按作用机理进行分类。其中，按地基处理的作用机理进行的分类方法较为妥当，它体现了各种处理方法的主要特点，如表 4-1 所示。表中所列的各种地基处理方法都是根据各种软弱土的特点发展起来的，因而使用时必须注意每种处理方法的适用范围。

地基处理的基本方法，无非是置换、夯实、挤密、排水、胶结、加筋和热学等。值得注意的是，很多地基处理方法具有多种处理效果。如碎石桩具有置换、挤密、排水和加筋的多重作用；石灰桩既可挤密又可吸水，吸水后又可进一步挤密。常用地基处理方法的原理、作用及适用范围如表 4-2 所示。

表 4-1　地基处理方法分类表

<table>
<tr><td rowspan="15">物理处理</td><td rowspan="3">换土处理</td><td>挖除换土法</td><td colspan="3">全部挖除换土法、部分挖除换土法</td></tr>
<tr><td>强制换土法</td><td colspan="3">自重强制换土法、强夯挤淤法</td></tr>
<tr><td>爆破换土法
（或称爆破挤淤法）</td><td colspan="3"></td></tr>
<tr><td rowspan="4">密实处理</td><td>浅层密实处理</td><td colspan="3">碾压法、重锤夯实法、振动压实法</td></tr>
<tr><td rowspan="3">深层密实处理</td><td>冲击密实法</td><td colspan="2">爆破挤密法、强夯法</td></tr>
<tr><td>振冲法
（碎石桩法）</td><td colspan="2"></td></tr>
<tr><td>挤密法</td><td colspan="2">砂（石）桩挤密法、灰土桩挤密法、石灰桩挤密法</td></tr>
<tr><td rowspan="6">排水处理</td><td rowspan="4">力学排水处理</td><td>加压排水</td><td colspan="2">砂井排水法、袋装砂井排水法、塑料带排水法</td></tr>
<tr><td rowspan="2">降水</td><td>水井排水法</td><td>浅井排水法</td></tr>
<tr><td>井点排水法</td><td>普通井点排水法、
真空井点排水法</td></tr>
<tr><td>负压排水
（真空排水法）</td><td colspan="2"></td></tr>
<tr><td>电学排水处理
（电渗排水）</td><td colspan="3"></td></tr>
<tr><td>其他排水处理</td><td colspan="3">排水砂（砂石）垫层法、土工聚合物法</td></tr>
<tr><td>加筋处理</td><td>加筋土、
土工聚合物土锚、
土钉、
树根桩、
砂（石）桩</td><td colspan="3"></td></tr>
<tr><td>热力加固
处理</td><td>热加固法、
冻结法</td><td colspan="3"></td></tr>
<tr><td rowspan="5">化学处理</td><td>灌浆法</td><td></td><td colspan="3"></td></tr>
<tr><td rowspan="4">搅拌法</td><td>石灰系搅拌法</td><td colspan="3"></td></tr>
<tr><td rowspan="3">水泥系搅拌法</td><td rowspan="2">水泥土搅拌法</td><td colspan="2">湿喷</td></tr>
<tr><td colspan="2">干喷</td></tr>
<tr><td colspan="3">高压喷射注浆法</td></tr>
</table>

表 4-2　常用地基处理方法的原理、作用及适用范围

分类	处理方法	原理及作用	适用范围
换土垫层法	机械碾压法	挖除浅层软弱土或不良土，分层碾压或夯实土，按回填的材料可分为砂垫层、碎石垫层、粉煤灰垫层、干渣垫层、灰土垫层、二灰垫层和素土垫层等，可提高持力层的承载力，减少沉降量，完全或部分消除土的湿陷性和胀缩性，防止土的冻胀作用以及改善土的抗液化性	常用于基坑面积大和开挖土方量较大的回填土方工程，一般适用于处理浅层软弱地基、湿陷性黄土地基、膨胀土地基、季节性冻土地基、素填土和杂填土地基
	重锤夯实法		一般适用于地下水位以上稍湿的黏性土、砂土、湿陷性黄土、杂填土以及分层填土地基
	平板振动法		适用于处理无黏性土或黏粒含量少和透水性好的杂填土地基
	强夯挤淤法	采用边强夯、边填碎石、边挤淤的方法，在地基中形成碎石墩体，以提高地基承载力和减少沉降量	适用于厚度较小的淤泥和淤泥质土地基，需通过现场试验才能确定其适用性
深层密实法	强夯法	利用强大的夯击能，迫使深层土液化和动力固结而密实	适用于碎石土、砂土、素填土、低饱和度的粉土与黏性土、湿陷性黄土，对淤泥质土经试验证明施工有效时方可使用
	挤密法（砂桩挤密法，振动水冲法，灰土、二灰或土桩挤密法，石灰桩挤密法）	通过挤密或振动使深层土密实，并在振动挤密过程中，回填砂、砾石、灰土、土或石灰等形成砂桩、碎石桩、灰土桩、二灰桩、土桩或石灰桩，与桩间土一起组成复合地基，从而提高地基承载力，减少沉降量，消除或部分消除土的湿陷性或液化性	砂桩挤密法和振动水冲法一般适用于杂填土和松散砂土，对软土地基经试验证明加固有效时方可使用灰土桩、二灰桩、土桩挤密法一般适用于地下水位以上，深度为 5～10m 的湿陷性黄土和人工填土
排水固结法	堆载预压法、真空预压法、降水预压法、电渗排水法	通过布置垂直排水井，改善地基的排水条件，及采取加压、抽气、抽水和电渗等措施，以加速地基土的固结和强度增长，提高地基土的稳定性，并使沉降提前完成	适用于处理厚度较大的饱和软土和冲填土地基，但需要有预压的荷载和时间的条件，对于厚的泥炭层则要慎重对待

续表 4-2

分类	处理方法	原理及作用	适用范围
加筋法	加筋土、土锚、土钉	在人工填土的路堤或挡墙内，铺设人工聚合物、钢带、钢条、尼龙绳或玻璃纤维等作为拉筋，或在软弱土层上设置树根桩或碎石桩等，使这种人工复合土体可承受抗拉、抗压、抗剪和抗弯作用，借以提高地基承载力，增加地基稳定性和减少沉降	加筋土和土锚适用于人工填土的路堤和挡墙结构，土钉适用于土坡稳定
	土工聚合物		适用于砂土、黏性土和软土
	树根桩		适用于各类土
	碎石桩		碎石桩(包括砂桩)适用于黏性土，对于软土，经试验证明施工有效时方可采用
热学法	热加固法	通过渗入压缩的热空气和燃烧物，并依靠热传导将细颗粒土加热到适当温度(如温度在100℃以上)，则土的强度增加，压缩性随之降低	适用于非饱和黏性土、粉土和湿陷性黄土地基
	冻结法	采用液体氮或二氧化碳膨胀的方法，或采用普通的机械制冷设备与一个封闭式液压系统相连接，而使冷却液在里面流动，可使软而湿的土冻结，以提高土的强度和降低土的压缩性	适用于各类土，用于临时性支承和地下水控制，特别是在软土地质条件下，开挖深度大于7m及低于地下水位的情况下，是一种普遍而有用的施工措施
化学加固法	灌浆法	通过采取注入水泥浆液或化学浆液的措施，使土粒胶结，用以改善土的性质，提高地基承载力，增加地基稳定性，减少沉降，防止渗漏	适用于处理岩基、砂土、粉土、淤泥质黏土、粉质黏土、黏土和一般填土层
	高压喷射注浆法	将带有特殊喷嘴的注浆管通过钻孔置入要处理的土层预定深度，然后用高压浆液(常用水泥浆)冲切土体，在喷射浆液的同时，以一定速度旋转、提升喷嘴，即形成水泥土圆柱体；若喷嘴提升时不旋转，则形成墙状固化体，可用于提高地基承载力，减少沉降，防止砂土液化、管涌和基坑隆起，可建成防渗帷幕	适用于处理淤泥、淤泥质土、黏性土、粉土、黄土、砂土、人工填土和碎石等地基。当土中含有较多的大粒径块石、坚硬黏性土、大量植物根茎或有过多的有机质时，应根据现场试验结果确定其适用程度

续表 4-2

分类	处理方法	原理及作用	适用范围
化学加固法	水泥土搅拌法	分湿法(亦称深层搅拌法)和干法(亦称粉体喷射搅拌法)两种。湿法是利用深层搅拌机,将水泥浆与地基土在原位拌和;干法是利用喷粉机,将水泥粉(或石灰粉)与地基土在原位拌和。搅拌后形成柱状水泥土体,可提高地基承载力,减少沉降量,防止渗漏,增加稳定性	适用于处理淤泥、淤泥质土、粉土和含水量较高且地基承载力标准值不大于120kPa的黏性土等地基,当用于处理泥炭土或地下水具有侵蚀性时,宜通过试验确定其适用程度

注:二灰为石灰和粉煤灰的拌合料。

二、地基处理设计方案选择

建造于软弱地基上的工程在进行设计前应进行调查研究,调查研究内容如下。

(1)结构条件。包括建筑物的体型、刚度、结构受力体系、建筑材料和使用要求;荷载大小、分布和种类;基础类型、布置和埋深;基底压力、天然地基承载力、稳定安全系数和变形允许值等。

(2)地基条件。包括地形及地质成因、地基成层状况;软弱土层厚度、不均匀性和分布范围;持力层位置及状况;地下水情况及地基土的物理和力学性质。各种软弱地基的性状是不同的,现场地质条件随着场地的不同也是多变的,即使同一种土质条件,也可能有多种地基处理方案。

(3)环境影响。在地基处理施工中应考虑对场地环境的影响,如采用强夯法和砂桩挤密法等施工时,振动和噪声对邻近建筑物和居民产生影响和干扰;采用堆载预压法时,将会有大量土方运进输出,既要有堆放场地,又不能妨碍交通;采用石灰桩挤密法或灌浆法时,有时会污染周围环境。总之,施工时对场地的环境影响不是绝对的,应慎重对待,妥善处理。

(4)施工条件。①用地条件。如施工时占地较多,虽施工方便,但可能会影响工程造价。②工期。从施工角度看,工期不宜太紧,这样可有条件选择施工方法,从而使施工期间的地基稳定性增大。但有时工程要求缩短工期,早日完工投产使用,这样就限制了某些地基处理方法的应用。③工程用料。尽可能就地取材,如当地产矿,就应考虑采用矿垫层或挤密砂桩等方案的可能性;如有石料供应,就应考虑采用碎石桩或碎石垫层等方案。

(5)其他条件。如施工机械的有无、施工难易程度、施工管理质量的好坏、管理水平和工程造价的高低等也是采用何种地基处理方案的关键因素。

表 4-3 为各种地基处理方法的主要适用范围和加固效果。

表 4-3　各种地基处理方法的主要适用范围和加固效果

按处理深浅分类	序号	处理方法	适用情况						加固效果				最大有效处理深度/m
			淤泥质土	人工填土	黏性土		无黏性土	湿陷性黄土	降低压缩性	提高抗剪性	形成不透水性	改善动力特性	
					饱和	非饱和							
浅层加固	1	换土垫层法	*	*	*	*		*	*	*		*	3
	2	机械碾压法		*		*	*	*	*	*			3
	3	平板振动法		*		*	*	*	*	*			1.5
	4	重锤夯实法		*		*	*	*	*	*			1.5
	5	土工聚合物法	*		*				*	*			
深层加固	6	强夯法		*		*	*	*	*	*		*	30
	7	砂桩挤密法	慎重	*	*	*	*		*	*		*	20
	8	振动水冲法	慎重	*	*	*	*		*	*		*	18
	9	灰土(土、二灰)桩挤密法		*		*		*	*	*		*	20
	10	石灰桩挤密法			*	*			*	*		*	20
	11	砂井(袋装砂井、塑料排水带)、堆载预压法	*		*				*	*			15
	12	真空预压法	*		*				*	*			15
	13	降水预压法	*		*				*	*			30
	14	电渗排水法	*		*				*	*			20
	15	水泥灌浆法	*		*	*	*	*	*	*	*	*	20
	16	硅化法			*	*	*	*	*	*	*	*	20
	17	电动硅化法	*		*				*	*	*		
	18	高压喷射注浆法	*	*	*	*	*		*	*	*		20
	19	深层搅拌法	*		*	*			*	*	*		18
	20	粉体喷射搅拌法	*		*	*			*	*	*		13
	21	热加固法				*		*	*	*			15
	22	冻结法	*	*	*	*	*	*			*		

注：* 表示可以采用此法。

地基处理方案的确定可按下列步骤进行：

(1)搜集详细的工程地质、水文地质及地基基础的设计资料。

(2)根据结构类型、荷载大小及使用要求，结合地形地貌、地层结构、土质条件、地下水特征、周围环境和相邻建筑物等因素，初步选定几种可供考虑的地基处理方案。另外，在选择地基处理方案时，应同时考虑上部结构、基础和地基的共同作用，也可选用加强结构措施(如设置圈梁和沉降缝等)和处理地基相结合的方案。

(3)对初步选定的各种地基处理方案，分别从处理效果、材料来源及消耗、机具条件、施工进度、环境影响等方面进行认真的技术经济分析和对比。根据安全可靠、施工方便、经济合理等原则，选择最佳的处理方法。但每一种处理方法都有一定的适用范围、局限性和优缺点，没有一种地基处理方法是万能的，因此也可选择两种或多种地基处理方法组成的综合处理方案。

(4)对已选定的地基处理方法，应按建筑物重要性和场地复杂程度，在有代表性的场地上进行相应的现场试验和试验施工，并进行必要的测试以检验设计参数和处理效果，如达不到设计要求，应查找原因，采取措施或修改设计。

三、地基处理工程施工管理

在地基处理中，有时虽然采用了较好的方案，但施工管理不善也会使良好的处理方案失去优越性。

在施工中应严格把握各个环节的质量标准，如换土垫层压实时的最大干密度和最优含水量要求；堆载预压的填土速率和边桩位移的控制，碎石桩的填料量、密实电流和留振时间的掌握。

地基处理的施工要尽量提早安排，因为地基加固后的强度提高往往需要一定的时间，随着时间的延长，强度还会增大，变形模量也会提高，应通过调整施工速度，确保地基的稳定性和安全性。

一般在地基处理施工前、施工中和施工后，都要对被加固的软弱地基进行现场测试(如静力触探试验、标准贯入试验、旁压试验、十字板或载荷试验等)，以便及时了解地基土加固效果，修正加固设计，调整施工进度；有时为了获得某些施工参数，必须于施工前在现场进行地基处理的原位试验；有时在地基加固前，为了保证邻近建筑物的安全，还需对邻近建筑物或地下设施进行沉降和裂缝等监测。

当前，国内外对地基处理的方法名目繁多，本书仅结合勘察工程专业的特点，对国内常用的几种地基处理方法进行叙述，着重阐明地基处理方法的加固机理、适用范围、设计计算、施工方法和质量检验。

第二节　振冲法

振冲法亦称振动水冲法，是深层密实法中的一种。它是以起重机吊起振冲器，启动潜水电机带动偏心块，使振冲器产生高频振动，同时开动水泵通过喷嘴喷射高压水流。在振动和高压水流的联合作用下，振冲器沉到土中的预定深度，然后经过清孔工序，用循环水带出孔中稠泥浆，此后就可从地面向孔中逐段添加填料(碎石或其他粗粒料)，每段填料均在振动作用下被振挤密实，达到所要求的密实度后提升振冲器。再于第二段重复上述操作，如此直至地面，从而在地基中形成一根大直径的密实桩体，振冲施工过程如图 4-1 所示。

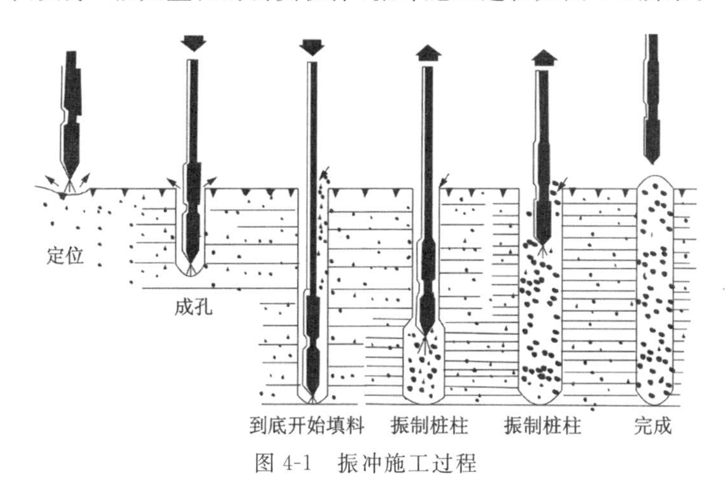

图 4-1 振冲施工过程

振冲法早期用来挤密砂土地基，直接形成挤密的砂土地基，20 世纪 60 年代初开始用来加固黏性土地基并形成碎石桩。从此，振冲法在黏性土中形成的密实碎石柱一般称为碎石桩。

在砂性土中，振冲起挤密作用，故称为振冲挤密；在黏性土中，振冲主要起置换作用，故称为振冲置换。振冲法于 1977 年在我国开始应用，随着 75kW 等大功率振冲器研制成功，施工工艺上不断改进，如采用干振法工艺。为了克服振冲法加固地基时要排出大量泥浆的弊病，河北省建筑科学研究院有限公司采用干振法加固地基，在石家庄和承德等地区取得了良好的效果，从而使振冲法加固地基技术得到了广泛应用。

振冲加固可提高地基承载力，减少沉降和不均匀沉降，且能达到地基抗地震液化能力的效果。国内已将振冲应用在饱和松散粉细砂、中砂、粗砂、砾砂、杂填土、黏性土和软土中，都取得了令人满意的效果。就工程而言，振冲法可用于中小型工业与民用建筑物；港湾构筑物，如码头、护岸等；土工构筑物，如土石坝、路基等；材料堆置场，如矿石场、原料场等；其他，如轨道、滑道、船坞等。

一、振冲法加固地基的机理

1. 松散砂性土

松散砂土是单粒结构，属于典型的散粒状体，单粒结构可分为疏松和密实的两种极端状态。密实的单粒结构，颗粒结构的排列已接近稳定的位置，在动力和静力作用下不再产生较大的沉降，是最理想的天然地基。而疏松的单粒结构，颗粒间孔隙大，颗粒位置不稳定，在动力和静力作用下很容易发生位移，因而会产生较大的沉降，特别是在振动力作用下更为显著，其体积可减少 20%。因此，疏松的砂性土不经处理不宜作为建筑地基，而中密状态的砂类土的性质介于疏松和密实状态之间。

对砂性土地基，振冲器的振动力在饱和砂土中传播振动加速度，因此在振冲器周围一定范围内的砂土产生了振动液化。液化后的土颗粒在重力、上覆土压力以及填料的挤压力作用下重新排列，使孔隙减小而成为较为密实的砂土地基。因此，密实后的土地基承载力和变形模量得到了提高。由于砂土预先经历了人工振动液化，预震效应使砂土提高了抗震能力，而且制成的碎石桩构成良好的排水通道，降低了今后发生地震时该场地的超孔隙水压力。这也是提高砂土地基抗震能力的一个主要原因。

砂土的振动液化在特定的条件下与加速度的大小有关，同时还取决于土层的上覆压力、土的压密特性、砂的渗透性、边界排水条件以及振动的持续时间或次数。因此，最有效的压实是在砂层的自振频率接近输入振动频率时产生共振。江苏省江阴振冲器厂 ZCQ30 型振冲器的振动频率为 1450 次/min，与砂土的自振频率 1020～1200 次/min 相接近，故振冲器的效果较好。

振冲法加固砂性土地基的主要目的是提高地基土承载力、减少变形和增强抗液化性。

2. 黏性土

对黏性土地基(特别是饱和软土)，由于土的黏粒含量高，粒间结合力强，渗透性差，在振动力或挤压力的作用下土中水不易排走，因此碎石桩的作用不是挤密地基，而是置换地基。

振冲法施工时，通过振动器借助其自重、水平振动力和高压水将黏性土变成泥浆水排出孔外，形成略大于振冲器直径的孔，再向孔中灌入碎石料，并在振冲器的侧向力作用下，将碎石挤入周围孔中，形成具有密实度高和直径大的桩体，它与原黏性土构成复合地基而共同工作。

由于碎石桩(或砂桩)的刚度比桩周黏性土的刚度大，而地基中应力按材料变形模量进行重新分布。因此，大部分荷载将由碎石桩(或砂桩)承担，桩体应力和桩间黏性土应力之比称为桩土应力比，一般为 2～4。

碎石桩(或砂桩)由散粒体组成，承受荷载后产生径向变形，并引起周围的黏性土产生被动抗力。如果黏性土的强度过低，不能使碎石桩(或砂桩)得到所需的径向支持力，桩体就会产生鼓胀破坏，使加固效果不佳。因此，天然地基抗剪强度是形成复合地基的关键。一般认为，天然地基的不排水抗剪强度应大于 20kPa，才能产生较好的加固效果。但也不乏有天然地基的不排水抗剪强度小于 20kPa 的地基加固成功的工程实例，但遇此种地质条件应当慎重对待，在试验有效的基础上再予以应用。

二、振冲碎石桩设计与计算

碎石桩复合地基的设计与计算如下。

(一)设计步骤

(1)充分掌握土体物理力学性质与指标，尤其是淤泥或淤泥质黏土的厚度变化。初步论证用碎石桩加固的可行性，如果可行但资料不全，应针对存在的问题进行补勘。

(2)编制综合剖面图,确定加固层的厚度、深度及力学指标;编制淤泥平面分布图或等厚线图,为确定桩长、合理布桩提供基础资料。

(3)掌握上部结构特征、荷载分布及对地基处理的要求,为加强桩、合理布桩提供依据。

(4)综合分析上述条件,确定采用碎石桩加固地基后的桩长。

(5)桩长确定后,根据建筑物基础对加固土层的强度与变形要求,按有关公式试算复合地基承载力标准值及压缩模量预估值,从而确定碎石桩的直径、桩间距、置换率、布桩方式、加固范围、加固效果,形成初步加固方案。

(6)按照初步加固方案,结合地基条件、机械条件、场地条件进行试打。试打组数不少于两组 6 根。根据试打后的结果对初步方案进行修改调整,最终确定施工方案。

(二)一般设计原则

(1)加固范围(处理范围)。应根据建筑物的重要性和场地条件确定,通常都大于基底面积。对于一般地基,在基础外缘宜扩大 1~2 排桩;对于可液化地基,在基础外缘应扩大 2~4 排桩。

(2)布桩方式(桩位布置)。对于大面积满堂处理,宜用等边三角形布置;对于独立或条形基础,宜用正方形、矩形或等腰三角形布置;对于圆形或环形基础(如油罐基础),宜用放射形布置。布桩方式如图 4-2 所示。

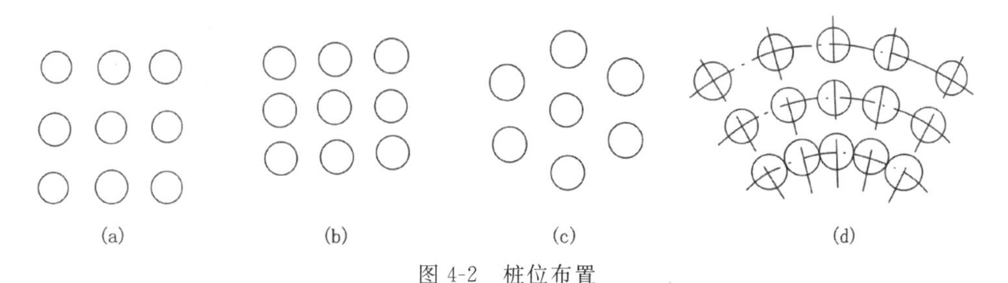

图 4-2 桩位布置

(a)正方形;(b)矩形;(c)等腰三角形;(d)放射形

(3)桩长。当相对硬层的埋藏深度不大时,应按相对硬层埋藏深度确定;当相对硬层的埋藏深度较大时,应按建筑物地基的变形允许值确定;对于按稳定性控制的工程,桩长应不小于最危险滑动面的深度;在可液化的地基中,桩长应按要求的抗震处理深度确定;桩长不宜短于 4m。

(4)桩径。应根据地基土质情况和成桩设备等因素确定。如采用 30kW 振冲器成桩时,碎石桩的桩径一般为 0.7~1.0m,也可按每根桩所用的填料量计算,常为 0.8~1.2m。

(5)桩间距。应根据荷载大小和原土的抗剪强度确定,可取为 1.5~2.5m。荷载大或原土强度低时,宜取较小的间距;反之,宜取较大的间距。对桩端未达相对硬层的短桩,应取小间距。

（三）复合地基承载力的计算

1. 复合地基承载力标准值计算

复合地基承载力标准值应按现场复合地基载荷试验确定，也可用单桩和桩间土的载荷试验按下式确定：

$$f_{sp,k}=mf_{p,k}+(1-m)f_{s,k} \tag{4-1}$$

式中：$f_{sp,k}$ 为复合地基的承载力标准值（kPa）；$f_{p,k}$ 为桩体单位截面积承载力标准值（kPa）；$f_{s,k}$ 为桩间土的承载力标准值（kPa）；m 为面积置换率。

$$m=\frac{d^2}{d_e^2} \tag{4-2}$$

式中：d 为桩的直径（m）；d_e 为等效影响圆的直径（m）。

按等边三角形布置 $d_e=1.05\ s$；按正方形布置 $d_e=1.13\ s$；按矩形布置 $d_e=1.13\sqrt{s_s s_2}$。s、s_s、s_2 分别为桩的间距（m）、纵向间距（m）和横向间距（m）。

对小型工程的黏性土地基如无现场载荷试验资料，复合地基的承载力标准值可按下式计算：

$$f_{sp,k}=[1+m(n-1)]f_{s,k} \tag{4-3}$$

或

$$f_{sp,k}=[1+m(n-1)](3s_v) \tag{4-4}$$

式中：n 为桩土应力比，无实测资料时可取 2～4，原土强度低取大值，原土强度高取小值；s_v 为桩间土的十字板抗剪强度（kPa），也可用处理前地基土的十字板抗剪强度代替。

式（4-4）中的桩间土承载力标准值也可用处理前地基土的承载力标准值代替。

2. 复合地基承载力设计值的计算

复合地基承载力设计值可按下式计算：

$$f=f_{sp,k}+\eta_d\gamma_0(d-0.5) \tag{4-5}$$

式中：η_d 为基础埋深的地基承载力修正系数，应按基底下土类查表确定；γ_0 为基础底面以上土的加权平均重度（kN/m^3），地下水位以下取有效重度；d 为基础埋置深度（m）。

3. 桩体单位面积承载力标准值的计算

桩体单位面积承载力标准值可按下式估算：

$$f_{p,k}=f_{s,k}\tan^2\left(45^\circ+\frac{\varphi_p}{2}\right) \tag{4-6}$$

式中：φ_p 为碎石的内摩擦角（°），一般 $\varphi_p=38^\circ$；$f_{s,k}$ 为桩间土的承载力标准值（kPa）。

4. 单桩控制面积的计算

单桩控制面积 A_0 应根据布桩方式计算，计算公式如下：

满堂正方形布桩

$$A_0 = L_1 \times L_1$$

满堂等边三角形布桩

$$A_0 = 0.866L_1 \times L_1$$

满堂三角形布桩

$$A_0 = L_1 \times L_2$$

式中：L_1 为桩间距(m)；L_2 为排距(m)。

5. 复合地基压缩模量

地基处理后的变形计算应按国家标准《建筑地基基础设计规范》(GB 50007—2011)的有关规定执行。复合地基的压缩模量 E_{sp} 可按下式计算：

$$E_{sp} = [1 + m(n-1)] \tag{4-7}$$

式中：E_{sp} 为桩间土的压缩模量(MPa)；其他符号意义同前。式中的桩土应力比 n 在无实测资料时，黏性土可取 2～4，粉土可取 1.5～3，原土强度低取大值，原土强度高取小值。式中的桩间土压缩模量也可用原土体的压缩模量代替。

6. 复合地基沉降计算

复合地基沉降可按下式计算：

$$s = \varphi_s s' = \varphi_s \sum_{i=1}^{n} \frac{p_0}{E_{si}} (Z_i \bar{\alpha}_i - Z_{i-1} \bar{\alpha}_{i-1}) \tag{4-8}$$

式中：s 为按分层总和法计算出的地基沉降量(m)；s' 为按分层总和法计算出的地基变形量(mm)；φ_s 为沉降计算经验系数，应根据同类地区已有房屋和构筑物实测最终沉降量与计算沉降量对比确定，也可采用表列数值；n 为地基沉降计算深度范围内所划分的土层数；p_0 为对应于荷载标准值时的基础底面处的附加应力(kPa)；E_{si} 为基础底面下第 i 层土的压缩模量(kPa)；Z_i、Z_{i-1} 分别为基础底面至第 i 层土、第 $i-1$ 层土底面的距离(m)；$\bar{\alpha}_i$、$\bar{\alpha}_{i-1}$ 分别为基础底面计算点至第 i 层土、第 $i-1$ 层土底面范围内平均附加应力系数，可按规范(GB 50007—2011)附录 K 确定。

三、振冲碎石桩施工工艺

(一)施工前准备工作

(1)了解现场有无障碍物存在，加固区边缘留出的空间是否够施工机具使用，空中有无电线，现场有无河沟可作为施工时的排泥池，料场是否合适。

(2)了解现场地质情况，土层分布是否均匀，有无软弱夹层。

(3)对大中型工程，宜事先设置一试验区进行实地制桩试验，从而求得各项施工参数。

(二)施工组织设计

进行施工组织设计的目的是明确施工顺序、施工方法，计算出在允许的施工期内所需配备的机具设备，以及所需耗用的水、电、料，排出施工进度计划表和绘出施工平面布置图。

振冲器是振冲法施工的主要机具，其构造如图 4-3 所示。江苏省江阴市江阴振冲器厂的定型产品的各项技术参数见表 4-4，可根据地质条件和设计要求进行选用。起重机械一般采用履带吊、汽车吊、自行井架式专用吊机，起重能力和提升高度均应满足施工要求，并需符合起重规定的安全值，一般起重能力为 10～15t。振冲法施工配套机械如图 4-4 所示。

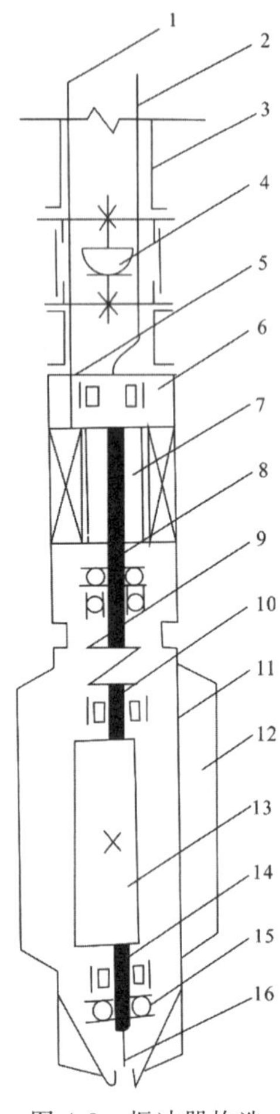

图 4-3　振冲器构造

1-电缆；2-水管；3-吊管；4-活节头；5-电机垫板；6-潜水电机；7-转子；8-电机轴；9-联轴节；10-空心轴；11-壳体；12-翼板；13-偏心体；14-向心轴承；15-推力轴承；16-射水管

表 4-4　振冲器系列参数表

类别			型号		
			ZCQ13	ZCQ30	ZCQ55
潜水电机	功率	kW	13	30	55
	转速	r/min	1450	1450	1450
	额定电流	A	25.5	60	100

续表 4-4

类别			型号		
			ZCQ13	ZCQ30	ZCQ55
振动机体	振动频率	次/min	1450	1450	1450
	不平衡部分重量	N	310	660	1040
	偏心距	cm	5.2	5.7	8.2
	动力矩	N·cm	1490	3850	8510
	振动力	kN	35	90	200
	振幅(自由振动时)	mm	2	4.2	5
	加速度*(自由振动时)	m/s^2	4.5	9.9	11
振动体直径		mm	274	351	450
长度		m	2.000	2.150	2.359
总重量		kN	7.8	9.4	18.0

注：* 为重力加速度。

在加固过程中，要有足够的压力水通过胶皮管引入振冲器的中心水管，最后从振冲器的孔端喷出 400～600kPa 的水压力，水量为 20～30m^3/h。水压水量按下列原则选择：①黏性土(应低水压、大水量)比砂性土低；②软土比硬土低；③随深度适当增高，但接近加固深度 1m 处应减低，以免扰动底层土；④制桩比造孔低。加固深度为 10m 左右时，需保证输送填料量在 4～6m^3/h 以上，填料可用含泥量不大的碎石、卵石、角砾、圆砾等硬质材料。碎石的粒径一般可采用 20～50mm，最大不超过 80mm。应特别注意排污问题，要考虑将泥浆水引出加固区，可从沟渠中流到沉淀池内，也可用泥浆泵直接将泥水打出去。

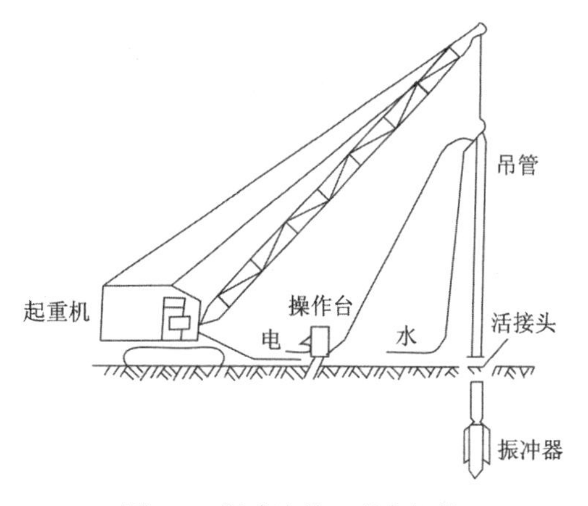

图 4-4　振冲法施工配套机械

应设置好三相电源和单相电源的线路和配电箱。三相电源主要供振冲器使用，其电压须保证 380V，变化范围在±20V 间，否则会影响施工质量，甚至会损坏振冲器的潜水电机。

(三)施工顺序

施工顺序一般可采用“由里向外”或“一边向另一边”的顺序进行。因为“由外向里”的施工顺序常常是外围的桩都加固好后，再施工里面的桩就很难挤振开来。在地基强度较低的软松土地基中施工时，要考虑减少对地基土的扰动影响，因而可采用“间隔跳打”的方法。当加固区附近有其他建筑物时，必须先从邻近建筑物一边的桩开始施工，然后逐步向外推移。上述桩的施工顺序如图 4-5 所示。

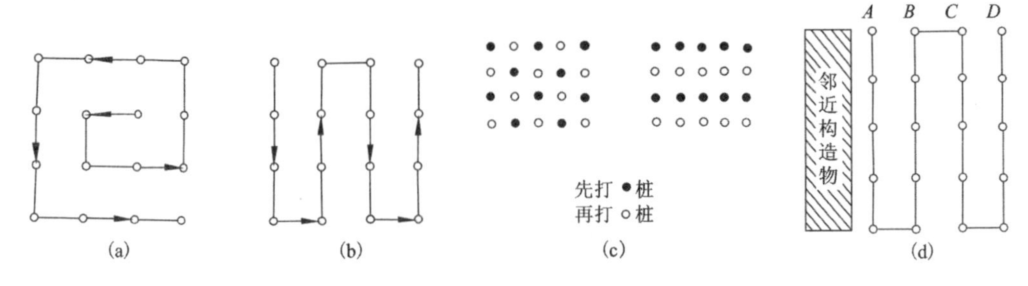

图 4-5 桩的施工顺序

(a)“由里向外”方式；(b)“一边推向另一边”方式；(c)“间隔跳打”方式；(d)减少对邻近建筑物振动影响的施工顺序

（四）施工方法

填料一般使用的方法是把振冲器提出孔口经孔内加料，然后再放下振冲器进行振密；另有一种方法是振冲器不提出孔口，只是往上提一些，使振冲器离开原来振密过的地方，然后往下倒料，再放下振冲器进行振密；还有一种是连续加料，即振冲器只管振密，而填料是连续不断地往孔内添加，只要在深度上达到规定的振密标准后就往上提振冲器，再继续进行振密。选用何种填料方式，主要视地基土的性质而定。在软松土地基中，由于孔道常会被坍塌下来的软黏土堵塞，常需进行清孔除泥，故不宜使用连续加料的方法。砂性土地基的孔道，塌孔现象不像软弱黏土地基那样厉害，为了提高工效，可以使用连续加料的施工方法。

振冲法施工根据振冲挤密和振冲置换的不同要求，操作要求亦有所不同。

1. 振冲挤密法施工

振冲挤密法一般在中粗砂地基中使用时可不另外加料，而只利用振冲器的振动力，使原地基的松散砂振挤密实。在粉细砂、黏质粉土中制桩，最好是边振边填料，以防振冲器提出地面时孔内塌方。

此法施工操作的关键是留振时间和水量大小的长短。留振时间是指振冲器在地基中某一深度处停下振动的时间。水量的大小是指要保证地基中的砂土充分饱和。砂土只要在饱和状态下并受到了振动便会产生液化，足够的留振时间是让地基中的砂土完全液化和保证有足够大的液化区。砂土经过液化在振冲停止后，颗粒便会慢慢重新排列，这时的孔隙比将比原来的孔隙比小，密实度相应增加，这样就可达到加固的目的。整个加固区施工完后，桩体顶部向下 1m 左右这一土层，由于上覆压力小，桩的密实度难以保证，应予以挖除另作垫层，也可另用振动或碾压等密实方法处理。

振冲挤密法一般施工顺序如下：

(1)振冲器对准加固点。打开水源和电源，检查水压、电压和振冲器的空载电流是否正常。

(2)启动吊机。使振冲器以1～2m/min的速度徐徐沉入砂基,并观察振冲器电流变化,电流最大值不得超过电机的额定电流,当超过额定电流值时,必须减慢振冲器下沉速度,甚至停止下沉。

(3)当振冲器下沉到设计加固深度0.3m以上时,需减小冲水,其后继续使振冲器下沉至设计加固深度以下0.5m处,并在这一深度上留振30s。如中部遇硬夹层时,应适当扩孔,每深入1m应停留扩孔5～10s,达到设计孔深后,振冲器再往返1～2次,以便进一步扩孔。

(4)以1～2m/min速度提升振冲器。每提升振冲器0.3～0.5m就留振30s,并观察振冲器电机电流变化,其密实电流一般应超过空振电流25～30A。记录每次提升高度、留振时间和密实电流。

(5)关机、关水和移位,在另一加固点施工。

(6)施工现场全部振密加固完后,平整场地,进行表层处理。

2.振冲置换法施工

用振冲置换法施工,在黏性土层中制桩,孔中的泥浆水太稠时,碎石料在孔内下降的速度将减慢,且影响施工速度,因此要在成孔后留有一定时间清孔,用回水把稠泥浆带出地面,降低泥浆的相对密度。若土层中夹有硬层时,应适当扩孔,将振冲器多次往复上下几次,使孔径扩大,以便于加碎石料。每次往孔内倒入的填料数量,约堆积在孔内1m高时,用振冲器振密,再继续加料。密实电流应超过原空振时电流35～45A。目前常用的填料是碎石,其粒径不宜大于50mm,粒径太大将会损坏机具,也可采用卵石、矿渣等其他硬粒料,各类填料的含泥量均不得大于5%,已经风化的石块不能作为填料使用。

振冲置换法的一般施工顺序与振冲挤密法基本相似,此处不再赘述。具体施工时检验施工质量的关键是填料量、密实电流和留振时间。这三者实际上是相互联系的,只有在填料量一定的情况下,才可能保证达到一定的密实电流,而这时也必须要有一定的留振时间,才能把料挤紧振密。在较硬的土或砂性较大的地基中,振冲电流有时会超过密实电流规定值,如果随着留振的过程电流慢慢降下来,那么此电流只是由于振冲下沉时,较快地进入骨料而产生的瞬时电流高峰,决不能以此电流来控制桩的质量,密实电流必须是在振冲器留振过程中稳定下来的电流值。在黏性土地基中施工,由于土层中常常有软弱夹层,这会影响填料量的变化,有时在填料量达到的情况下,密实电流还不一定能够达到规定值,这时就不能单纯地用填料量来检验施工质量,而要更多地注意密实电流是否达到规定值。

四、振冲法施工质量检验

振冲法施工的质量检验目的有两个:①施工质量检验。检查桩体质量是否符合规定,如果不符合规定,就需采取补救措施;②加固效果检验。桩体质量全部符合规定时,要验证复合地基的力学性能是否全部满足设计方面提出的各项要求,例如承载力、沉降量、差异沉降量、抗剪强度等。对土质条件比较简单的中小型地基工程,不一定需要进行加固效果检验,但必须进行施工质量检验。

振冲碎石桩、沉管砂石桩复合地基的质量检验应符合下列规定:

(1)检查各项施工记录,如有遗漏或不符合要求的桩,应补桩或采取其他有效的补救措施。

(2) 施工后,应间隔一定时间方可进行质量检验。对粉质黏土地基不宜少于 21d,对粉土地基不宜少于 14d,对砂土和杂填土地基不宜少于 7d。

(3)施工质量的检验,对桩体可采用重型动力触探试验;对桩间土可采用标准贯入、静力触探、动力触探或其他原位测试等方法;对消除液化的地基检验应采用标准贯入试验。桩间土质量的检测位置应在等边三角形或正方形的中心。检验深度不应小于处理地基深度,检测数量不应少于桩孔总数的 2%。

(4) 竣工验收时,地基承载力检验应采用复合地基静载荷试验,试验数量不应少于总桩数的 1%,且每个单体建筑不应少于 3 点。

第三节　高压喷射注浆法

高压喷射注浆是利用喷射化学浆液与土混合搅拌来处理地基的一种方法。它一般是利用工程钻机钻孔作为导孔,将带有喷嘴的注浆管插入土层的预定位置后,用高压设备使浆液或水成为 20MPa 左右的高压流从喷嘴中喷射出来,冲击破坏土体,同时钻杆以一定速度渐渐向上提升,将浆液与土粒强制搅拌混合,浆液凝固后,在土中形成一个固结体,固结体的形状与喷嘴流移动方向有关。高压喷射注浆一般分为旋转喷射(简称旋喷)、定向喷射(简称定喷)和摆动喷射(简称摆喷)3 种形式,如图 4-6 所示。

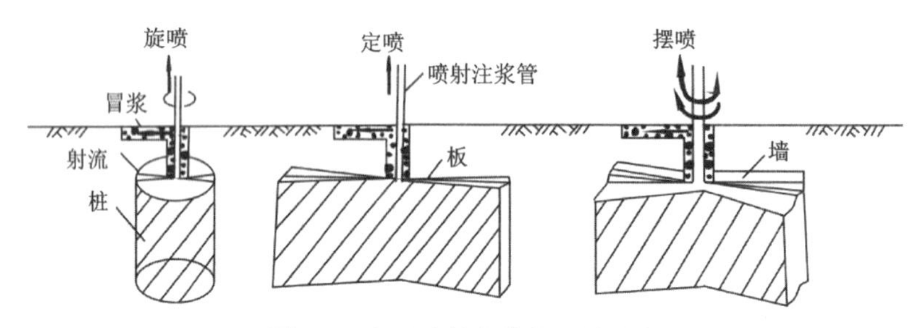

图 4-6　高压喷射注浆的 3 种形式

旋喷法施工时,喷嘴一面喷射一面旋转并提升,固结体呈圆柱状,主要用于加固地基,提高地基的抗剪强度,改善土的变形性质,也可组成闭合的帷幕,用于截阻地下水流和治理流砂。旋喷法施工后,在地基中形成的圆柱体,称为旋喷桩。定喷法施工时,喷嘴一面喷射一面提升,喷射的方向固定不变,固结体形状如板状或壁状。摆喷法施工时,喷嘴一面喷射一面提升,喷射的方向呈较小角度来回摆动,固结体形如较厚墙状。定喷及摆喷两种方法通常用于基坑防渗、改善地基土的水流性质和稳定边坡等工程。

高压喷射注浆法的优点:

(1)适用范围较广。由于固结体的质量明显提高,它既可用于工程新建之前,又可用于竣工后的托换工程,且能使已有建筑物在施工时正常使用。

(2)施工简便。施工时只需在土层中钻一个孔径为 50mm 或 300mm 的小孔,便可在土中喷射成直径为0.4～4.0m的固结体，因而施工时能贴近已有建筑物，成形灵活，既可在钻孔的全长形成柱形固结体，也可仅作其中一段。

(3)可控制固结体形状。在施工中可调整旋喷速度和提升速度，增减喷射压力或更换喷嘴孔径改变流量，使固结体形成工程设计所需要的形状，如图4-7所示。

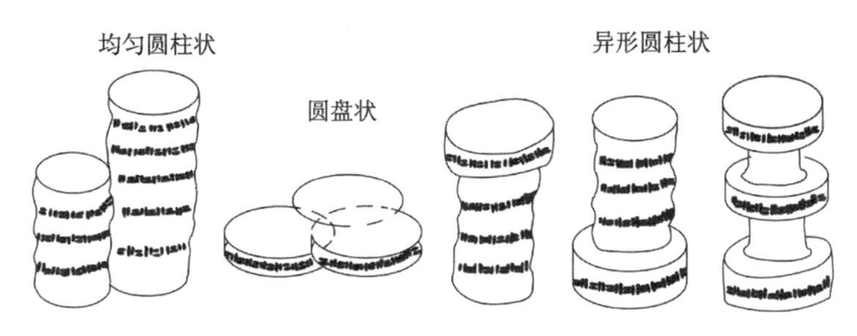

图4-7 固结体的基本形状

(4)可垂直、倾斜和水平喷射。通常是在地面上进行垂直喷射注浆，但在隧道、矿山井巷工程、地下铁道等建设中，亦可采用倾斜和水平喷射注浆。

(5)耐久性较好。由于能得到稳定的加固效果并有较好的耐久性，因此可用于永久性工程。

(6)料源广阔。浆液以水泥为主体，在地下水流速快或含有腐蚀性元素、土的含水量大或固结体强度要求高的情况下，可在水泥中掺入适量的外加剂，以达到速凝、高强、抗冻、耐蚀和浆液不沉淀等效果。

(7)设备简单。高压喷射注浆全套设备结构紧凑、体积小、机动性强、占地面积小，能在狭窄和低矮的空间施工。

高压喷射注浆在工程中用于增加地基强度、挡土围堰及地下工程的建设，可增大土的摩擦力和黏聚力，减少振动和防止液化，降低土的含水量，形成防渗帷幕等。

此法主要适用于处理淤泥、淤泥质土、黏性土、粉土、黄土、砂土、人工填土和碎石土等地基，对于含有过多直径过大的砾石层和含有大量纤维质的腐殖土层，以及在地下水流速过大、喷射无法在注浆管周围凝固等情况下则不宜采用。

一、高压喷射注浆法的工艺类型

高压喷射注浆法的基本工艺类型有单管法、二重管法、三重管法和多重管法4种。

1. 单管法

单管法是利用钻机把安装在注浆管(单管)底部侧面的特殊喷嘴，置入土层预定深度，用高压泥浆泵等装置，以20MPa左右的压力，将浆液从喷嘴中喷射出去，冲击破坏土体，同时借助注浆管的旋转和提升运动，使浆液与从土体上崩落下来的土搅拌混合，经过一定时间凝固，便在土中形成圆柱状的固结体(图4-8)。这种方法日本称之为CCP工法。

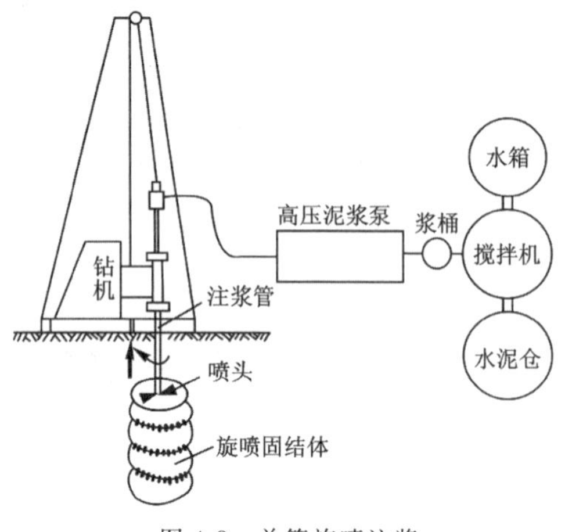

图 4-8　单管旋喷注浆

2. 二重管法

二重管法使用双通道的二重注浆管，当二重注浆管下到土层的预定深度后，通过在管底部侧面的一个同轴双重喷嘴，同时喷射出高压浆液和空气两种介质的喷射流冲击破坏土体。即以高压泥浆泵等高压发生装置喷射出约 20MPa 压力的浆液，从内喷嘴中高速喷出，并用约 0.7MPa 压力把压缩空气从外喷嘴中喷出。在高压浆液和它外圈环绕气流的共同作用下，破坏土体的能量显著增大，喷嘴一面喷射一面旋转和提升，最后在土中形成圆柱状固结体，固结体的直径明显增加(图 4-9)。这种方法日本称之为 JSG 工法。

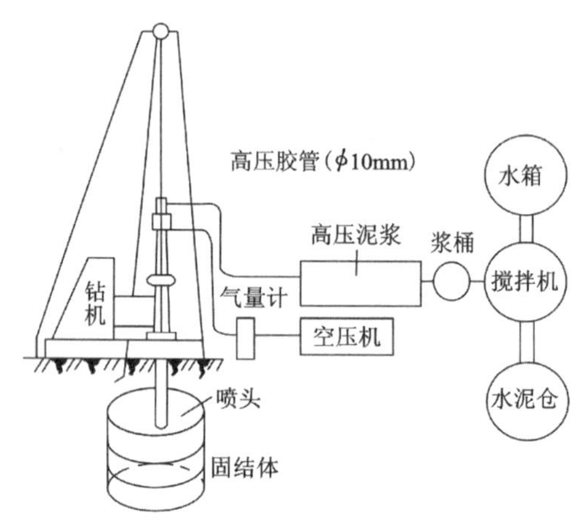

图 4-9　二重管旋喷注浆

3. 三重管法

三重管法使用分别输送水、气、浆 3 种介质的三重注浆管，在以高压泵等高压发生装置产生 20MPa 左右的高压水喷射流的周围，环绕一股 0.7MPa 左右的圆筒状气流，高压水喷射流和气流同轴喷射冲切土体，形成较大的空隙，再由泥浆泵注入压力为 2～5MPa 的浆液填充，喷嘴作旋转和提升运动，最后便在土中凝固形成直径较大的圆柱状固结体(如图 4-10)。这种方法日本称为 CJP 工法。

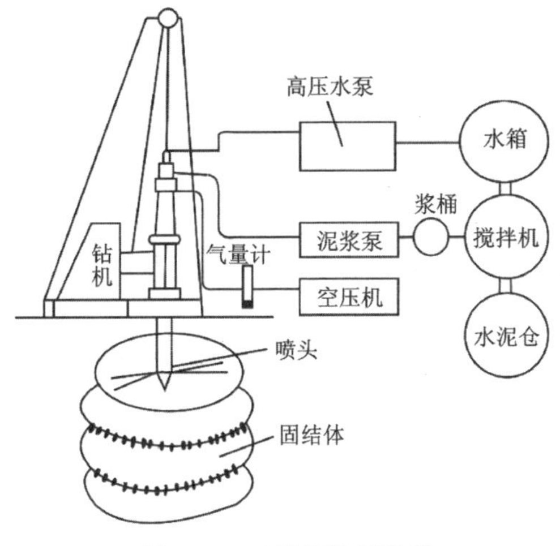

图 4-10　三重管旋喷注浆

4. 多重管法

多重管法首先钻一个导孔，然后置入多重管，用逐渐向下运动的旋转超高压水力射流(压力约 40MPa)切削破坏四周的土体，经高压水冲击下来的土和石成为泥浆后，立即用真空泵从多重管中抽出。如此反复地冲和抽，便在地层中形成一个较大的空穴。装在喷嘴附近的超声波传感器及时测出空穴的直径和形状，最后根据工程要求选用浆液、砂浆、砾石等材料进行填充，最终在地层中形成一个大直径的柱状固结体，在砂性土中最大直径可达 4m(图 4-11)。这种方法日本称之为 SSS-MAN 工法。

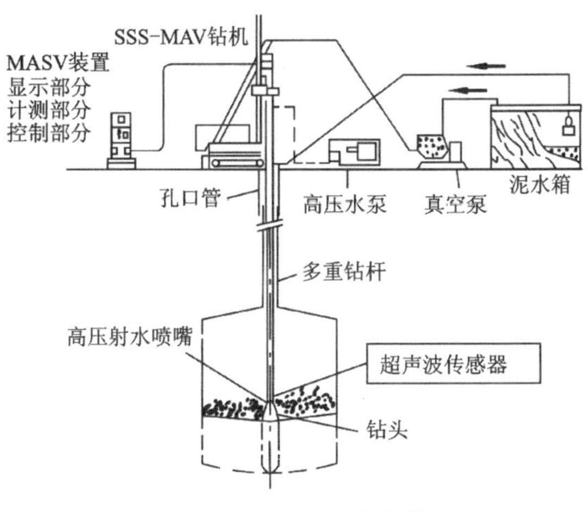

图 4-11　多重管法注浆

二、高压喷射注浆法的加固机理

1. 高压喷射流对土体的破坏作用

高压喷射注浆是通过高压发生装置，使液流获得巨大能量后，经过注浆管道从一定形状和孔径的喷嘴中以很高的速度喷射出来，形成一股能量高度集中的液流，直接冲击破坏土体，并使浆液与土搅拌混合，在土中凝固成为一个具有特殊结构的固结体，从而使地基得到加固。

2. 水(浆)、气同轴喷射流对土的破坏作用

单射流虽然具有巨大的能量，但由于压力在土中急剧衰减，破坏土的有效射程较短，致使旋喷固结体的直径较小。当在喷嘴出口的高压水喷流的周围加上圆筒状空气射流进行水、气同轴喷射时，空气流使水或浆的高压喷射流从破坏的土体上将土粒迅速吹散，高压喷射流的喷射破坏条件得到改善，阻力大大减少，能量消耗降低，因而增大了高压喷射流的破坏能力，形成的旋喷固结体的直径较大。图 4-12 为不同类喷射流中动水压力与距离的关系，表明高速空气具有防止高速水射流动压急剧衰减的作用。

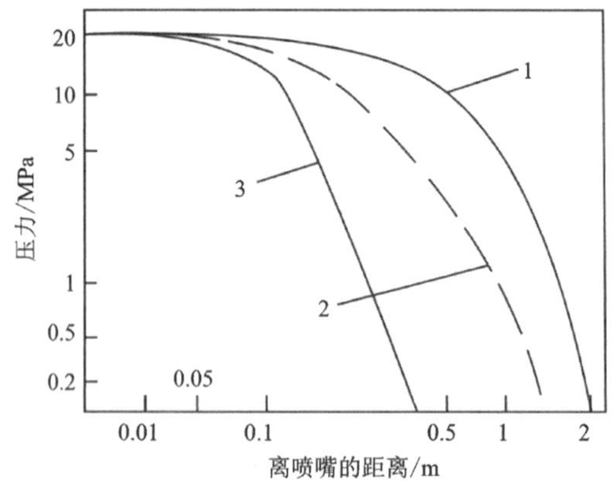

图 4-12 不同类型喷射流中动水压力与距离的关系

1-高压喷射流在空中单独喷射；2-水、气同轴喷射流在水中喷射；

3-高压喷射流在水中单独喷射

高压喷射流在地基中将土切割破坏，其加固范围就是喷射距离加渗透部分。在喷射动压力、离心力和重力的共同作用下，在横断面上土粒质量大小有规律地排列起来，小颗粒在中心部位居多，大颗粒都在外侧和边缘部分，形成了浆液主体、搅拌混合、压缩和渗透等部分，经过一定时间便凝固成强度较高、渗透系数较小的固结体。随着土质的不同，横断面结构也多少有些不同，如图 4-13 所示。由于旋喷体不是等颗粒的单体结构，固结质量也不均匀，通常是中心部分强度低、边缘部分强度高。

定喷时，高压喷射注浆的喷嘴不旋转，只作水平的固定方向喷射，并逐渐向上提升，便在土中冲成一条沟槽，并把浆液灌进槽中，最后形成一个板状固结体。固结体在砂性土中有一部分渗透层，而黏性土却无这一部分渗透层，如图 4-14 所示。

砂性土
渗透部分
压缩部分
搅拌混合部分
硬化剂主体部分
黏性土
渗透部分
搅拌混合部分
硬化剂主体部分

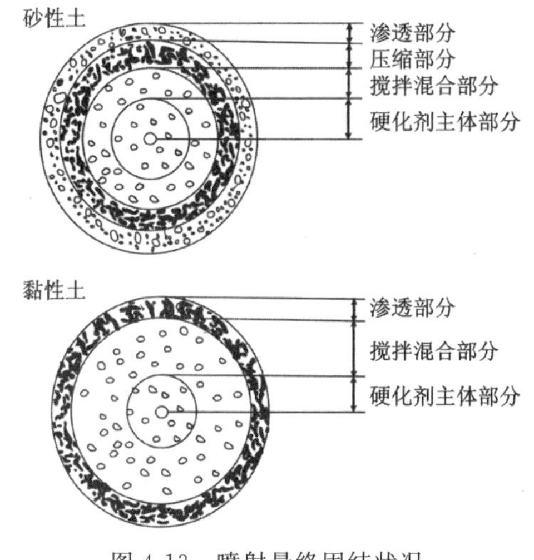

图 4-13　喷射最终固结状况

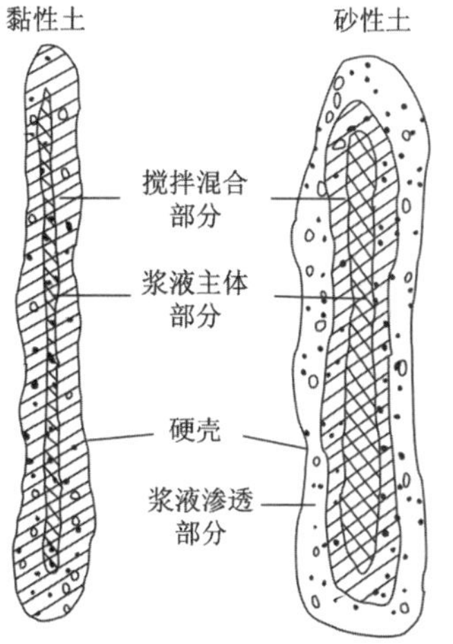

黏性土
砂性土
搅拌混合部分
浆液主体部分
硬壳
浆液渗透部分

图 4-14　定喷固结体横断面结构

3. 水泥与土的固结机理

水泥与水拌合后，首先产生铝酸三钙水化物和氢氧化物，它们可溶于水中，但溶解度不高，很快就达到饱和，这种化学反应连续不断地进行，就析出一种胶质物体。这种胶质物体有一部分混在水中悬浮，后来就包围在水泥微粒的表面，形成一层胶凝薄膜。所生成的硅酸二钙水化物几乎不溶于水，只能以无定形体的胶质包围在水泥微粒的表层，另一部分掺入水中。由水泥各种成分生成的胶凝膜逐渐发展起来成为胶凝体，此时表现为水泥的初凝状态，开始有胶粒的性质。此后，水泥各成分在不缺水、不干涸的情况下，继续不断地按上述水化程序发展、增强和扩大，从而产生以下现象：①胶凝体增大并吸收水分，使凝固加速，结合更密。②由于微晶（结晶核）的产生进而生出结晶体，结晶体与胶凝体相互包围渗透并达到一种稳定状态，这就是硬化的开始。③水化作用继续深入到水泥微粒内部，使未水化部分再参加以上的化学反应，直到完全没有水分以及胶质凝固和结晶充盈为止。但无论水化时间持续多久，也很难将水泥微粒内核全部水化完，所以水化过程是一个长久的过程。

三、高压喷射注浆设计计算

1. 旋喷直径确定

通常应根据估计的直径选用注浆的种类和喷射方式。对于大型的或重要的工程，估计的直径应在现场通过试验确定。在无试验资料的情况下，对小型的或不太重要的工程，可根据经验选用表 4-5 所列数值，采用矩形或梅花形布桩形式。

2. 地基承载力计算

用旋喷桩处理的地基，应按复合地基设计。旋喷桩复合地基承载力标准值应通过现场复合地基载荷试验确定，也可按下式计算或结合当地情况与其土质相似工程的经验确定：

表 4-5 旋喷桩的设计直径 单位:m

土质		方法		
		单管法	二重管法	三重管法
黏性土	$0<N<5$	0.5～0.8	0.8～1.2	1.2～1.8
	$6<N<10$	0.4～0.7	0.7～1.1	1.0～1.6
	$11<N<20$	0.3～0.6	0.6～0.9	0.7～1.2
砂性土	$0<N<10$	0.6～1.0	1.0～1.4	1.5～2.0
	$11<N<20$	0.5～0.9	0.9～1.3	1.2～1.8
	$21<N<30$	0.4～0.8	0.8～1.2	0.9～1.5

注:N 为标准贯入击数。

$$f_{sp,k}=\frac{1}{A_e}[R_k^d+\beta f_{s,k}(A_e-A_p)] \tag{4-9}$$

式中:$f_{sp,k}$ 为复合地基承载力标准值(kPa);$f_{s,k}$ 为桩间天然地基土承载力标准值(kPa);A_e 为一根桩承担的处理面积(m^2);A_p 为桩的平均截面积(m^2);β 为桩间天然地基土承载力折减系数,可根据试验确定,在无试验资料时,可取 0.2～0.6;当不考虑桩间软土的作用时,可取零;R_k^d 为单桩竖向承载力标准值(kN),可通过现场载荷试验确定。也可按下式(4-10)和式(4-11)计算,并取其中较小值:

$$R_k^d=\eta\cdot f_{cu,k}\cdot A_p \tag{4-10}$$

$$R_k^d=\pi\bar{d}\sum_{i=1}^{n}h_i q_{si}+A_p\cdot q_p \tag{4-11}$$

式中:$f_{cu,k}$ 为桩身试块(边长为 70.7mm 的立方体)的无侧限抗压强度平均值(kPa);η 为强度折减系数,可取 0.35～0.50;$\bar{d}$ 为桩的平均直径(m);n 为桩长范围内所划分的土层数;h_i 为桩周第 i 层土的厚度(m);q_{si} 为桩周第 i 层土的摩擦力标准值,可采用钻孔灌注桩侧壁摩阻力标准值(kPa);q_p 为桩端天然地基土的承载力标准值(kPa),可按国家标准《建筑地基基础设计规范》(GB 50007—2011)的有关规定确定。

旋喷桩单桩承载力的确定,基本出发点与钻孔灌注桩相同,但在下列方面有所差异:

(1)桩径与桩的面积。由于旋喷桩桩身的均匀性较差,因此应选用比灌注桩更高的安全度;另外,桩径与土层性质及喷射压力有关,而这两个因素并非固定不变,所以在计算中规定选用平均值。

(2)桩身强度。设计规定按 28d 强度计算。试验证明,在黏性土中,由于水泥水化物与黏土矿物继续发生作用,故 28d 后的强度将会继续增长,这种强度的增长可作为安全储备。

(3)综合判断。由于影响旋喷单桩承载力的因素较多,因此除了依据现场试验和规范所提供的数据外,尚需结合本地区或相似土质条件下的经验作出综合判断。

采用复合地基的模式进行承载力计算的出发点,是考虑到旋喷桩的强度(与混凝土桩相比较低)和经济性两方面。如果桩的强度较高,并接近于混凝土桩身强度,以及当建筑物对沉降要求很严格时，则可以不计桩间土的承载力，全部外荷载由旋喷桩承担，即 $\beta=0$，在这种情况下，则与混凝土桩计算方法相同。

3. 地基变形计算

旋喷桩的沉降计算应为桩长范围内复合土层以及下卧层地基变形值之和，应按国家标准的有关规定进行计算。其中复合土层的压缩模量（E_{ps}）可按下式确定：

$$E_{ps}=\frac{E_s(A_e-A_p)+A_p\cdot E_p}{A_e} \tag{4-12}$$

式中：E_s 为桩间土的压缩模量(kPa)，可用天然地基土的压缩模量代替；E_p 为桩体的压缩模量(kPa)，可采用测定混凝土割线模量的方法确定；A_e 为一根桩承担的处理面积(m^2)；A_p 为桩的平均截面积(m^2)。

由于旋喷桩迄今积累的沉降观测及分析资料较少，因此复合地基变形计算的模式均以土力学和混凝土材料性质的有关理论为基础。

由于旋喷桩的强度远远高于土的强度，因此确定旋喷桩压缩模量采用混凝土确定割线弹性模量的方法，就是在试块的应力-应变曲线（σ-ε）中，连接 O 点至某一应力 σ_h 处割线的正切值(图 4-15)，计算公式如下：

$$E_p=\tan\alpha \tag{4-13}$$

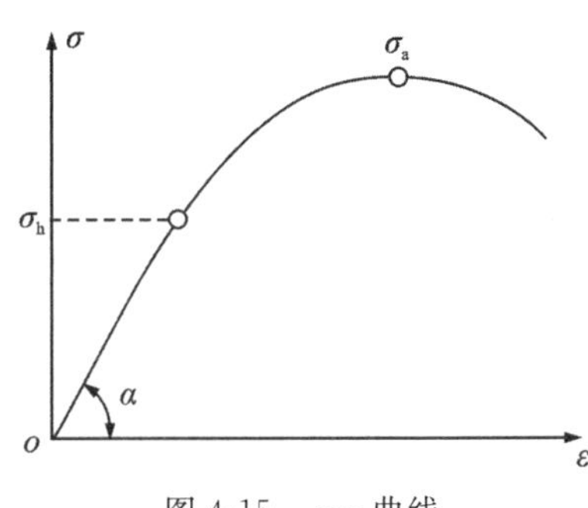

图 4-15　σ-ε 曲线

σ_h 值取 0.5 倍破坏强度 σ_a，做割线模量的试块边长为 100mm 的立方体。

由于旋喷桩的性质接近混凝土的性质，同时采用 0.4 的折减系数与旋喷桩强度折减值也相近，故采用这种方法计算。

4. 根据具体的目的进行有关计算

(1)用于深基坑底部加固时，加固范围应满足按复合地基计算圆弧滑动或抵抗管涌的要求。

(2)用于深基坑挡土时，应根据所承受的土压力进行相应的计算。

(3)用作防水帷幕时，应根据防渗要求进行设计计算。

四、高压喷射注浆施工工艺

1. 施工机具

施工机具主要由钻机和高压发生设备两大部分组成。由于喷射种类不同，所使用的机器设备和数量均不同，见表 4-6，图 4-16～图 4-18。

多重管不但可输送高压水，而且可同时将冲下来的土、石抽出地面，因此管子的外径较大，可达到 ϕ300mm。它由导流器、钻杆和喷头组成，在喷嘴的上方设置了一个超声波传感器，电缆线装在多重管内。

表 4-6 高压喷射注浆法主要施工机器及设备一览表

序号	机器设备名称	型号	规格	所用的机具			
				单管法	二重管法	三重管法	多重管法
1	高压泥浆泵	SNS-H300 型水泵、Y-2 型液压泵	$300kg/cm^2$ $200kg/cm^2$	√	√		
2	高压水泵	3XB 型、3W6B 型、3W7B 型	$350kg/cm^2$ $200kg/cm^2$			√	√
3	钻机	工程地质钻、震动钻			√	√	√
4	泥浆泵	BW-150 型	$70kg/cm^2$			√	√
5	真空泵						√
6	空压机		$8kg/cm^2$、 $3m^3/min$		√	√	
7	泥浆搅拌机			√	√	√	√
8	单管			√			
9	二重管				√		
10	三重管					√	
11	多重管						√
12	超声波传感器						√
13	高压胶管		$\phi19\sim22mm$	√	√	√	√

注：√表示需要采用的机具。

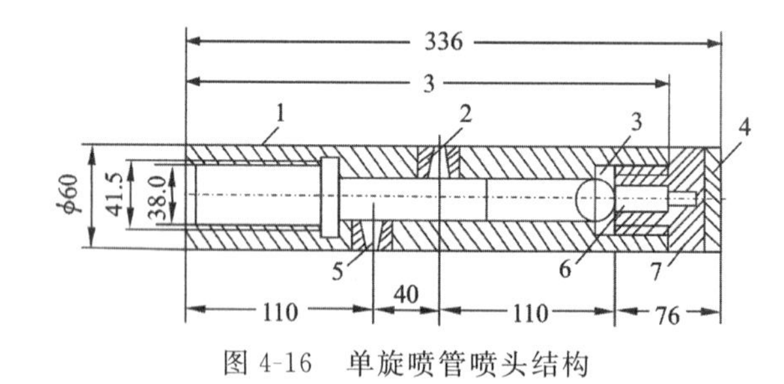

图 4-16 单旋喷管喷头结构

1-喷嘴杆；2-喷嘴；3-钢球 $\phi18mm$；4-钨合金钢球；5-喷嘴；6-球座；7-钻头

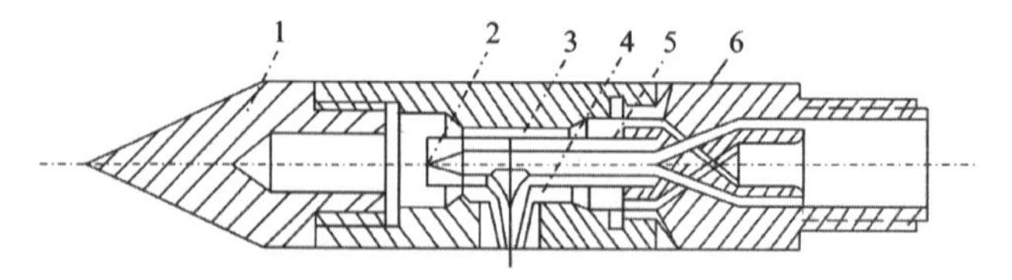

图 4-17 TY-201 型二重旋喷管喷头结构

1-管尖；2-内管；3-内喷嘴；4-外喷嘴；5-外管；6-外管公接头

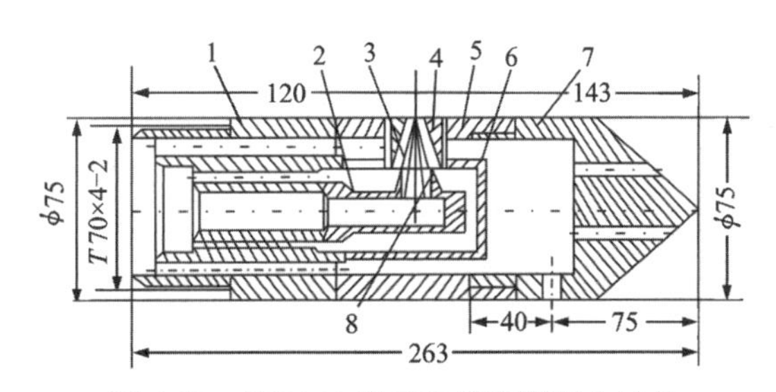

图 4-18 TY-301 型三重旋喷管喷头结构

1-内母接头；2-内管总成；3-内管喷嘴；4-中管喷嘴；5-外管；6-中管总成；7-尖锥钻头；8-内喷嘴座

2. 施工工序

旋喷的工序：①钻孔；②插入旋喷注浆管至钻孔底设计标高后旋喷注浆，当压力流量达到规定值后，随即旋转和提升，进行自下而上的旋喷作业；③为了获得较大的直径，可采用复喷措施，即先喷一遍清水，再喷一遍水泥浆或喷二次水泥浆。施工顺序如图 4-19 所示。

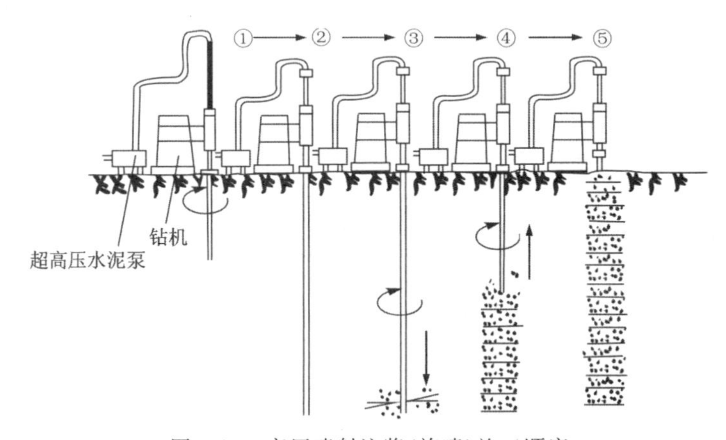

图 4-19 高压喷射注浆（旋喷）施工顺序

①低压水流成孔；②成孔结束；③高压旋喷开始；④边旋转边提升；⑤喷射完毕，柱体形成

定喷的工序：①预先钻孔，但根据情况也可不预先钻孔；②喷射管向下喷射，同时回转达到预定的深度；③改换成横向喷射后开始提升；④在预定范围内完成截水膜后，转换方向；⑤再次重复工序②达到预定的深度；⑥改换成横向喷射后，开始向另一方向喷射；⑦最后完成一个喷射孔的喷射，如图 4-20 所示。

3. 施工技术参数

高压喷射注浆在由下而上进行喷射作业时，使用的技术参数见表 4-7。喷射的浆液一般以水泥为主，制成水灰比为 1∶1 的水泥浆，并根据需要可加入适量的外加剂，以达到减缓浆液沉淀（碱＋膨润土等）、速凝（氯化钙、水玻璃、硫酸钠、三乙醇胺等）、防冻（氟石粉等）等效果，所用外加剂掺量应通过试验确定。浆液制备的时间宜在旋喷前 1h 以内进行，使用前应滤去硬块、砂石等杂物，以免堵塞管路喷嘴，搅拌罐容积宜为 1～4m^3。当一根桩不能连续提升完毕时，分段提升的搭接不得少于 10cm。

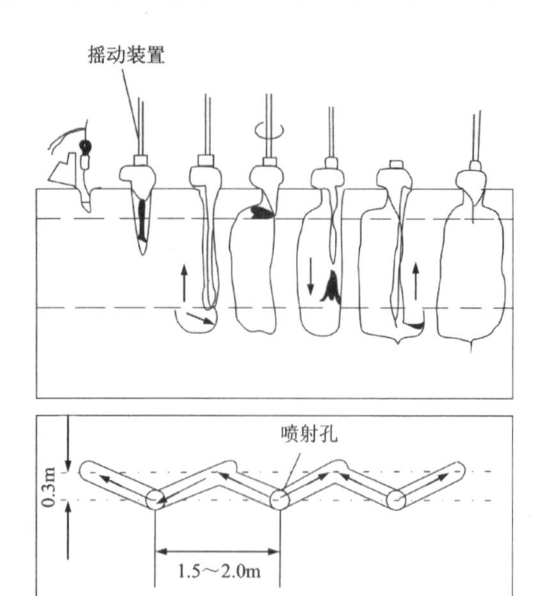

图 4-20　高压喷射注浆(定喷)施工顺序

表 4-7　常用高压喷射注浆参数表

高压喷射注浆的种类			单管法	二重管法	三重管法
适用的土质			砂土、黏性土、黄土、杂填土、小粒径砂砾		
浆液材料及其配方			以水泥为主要材料,加入不同外加剂后可具有速凝、早强、抗蚀、防冻等性能,常用水灰比为 1∶1,亦可用化学材料		
高压喷射注浆参数值	水	压力/MPa	—	—	20
		流量/(L·min^{-1})	—	—	80～120
		喷嘴孔径/mm 及个数	—	—	2～3(一个或两个)
	空气	压力/MPa	—	0.7	0.7
		流量/(L·min^{-1})	—	1～2	1～2
		喷嘴孔径/mm 及个数	—	1～2(一个或两个)	1～2(一个或两个)
	浆液	压力/MPa	20	20	1～3
		流量/(L·min^{-1})	80～120	80～120	100～150
		喷嘴孔径/mm 及个数	2～3(两个)	2～3(一个或两个)	10(两个)～14(一个)
	注浆管外径/mm		42 或 45	42、50、75	75 或 90
	提升速度/(cm·min^{-1})		20～25	约 10	约 10
	旋转速度/(r·min^{-1})		约 20	约 10	约 10

五、高压喷射注浆施工质量检验

1. 检验内容

(1)固结体的整体性能和均匀性。

(2)固结体的有效直径。

(3)固结体的垂直度。

(4)固结体的强度特性(包括桩的轴向压力、水平力、抗酸碱性、抗冻性和抗渗性等)。

(5)固结体的溶蚀性和耐久性能。

喷射质量的检验:①施工前,主要通过现场旋喷试验,了解设计采用的旋喷参数、浆液配方和选用的外加剂材料是否适合,固结体质量能否达到设计要求。如某些指标达不到设计要求时,则可采取相应措施,使喷嘴质量达到设计要求。②施工后,对喷嘴施工质量的鉴定,一般在喷射施工过程中或施工告一段落时进行。检查数量应为施工总数的2%~5%,少于20个孔的工程,至少要检验两个点。检验对象应选择地质条件较复杂的地区及喷射时有异常现象的固结体。

凡检验不合格者,应在不合格的点位附近进行补喷或采取有效补救措施,然后再进行质量检验。高压喷射注浆处理地基的强度较低,28d的强度在1~10MPa之间,强度增长速度较慢。检验时间应在喷射注浆后4周进行,以防在固结强度不高时因检验而受到破坏,影响检验的可靠性。

2. 检验方法

(1)开挖检验。待浆液凝固具有一定强度后,即可开挖检查固结体垂直度和固结形状。

(2)钻孔取芯。在已喷好的固结体中钻取岩芯,并将岩芯做成标准试件进行室内物理力学性能试验。根据工程要求亦可在现场进行钻孔,做压力注水和抽水两种渗透试验,测定其抗渗能力。

(3)标准贯入试验。在旋喷固结体的中部可进行标准贯入试验。

(4)载荷试验。载荷试验分为垂直载荷试验和水平载荷试验两种。载荷试验是检验建筑地基处理质量的良好方法,有条件的地方应尽量采用,虽然设备筹备较困难,但重要建筑物仍需进行。

第四节 深层搅拌法

深层搅拌法是用于加固饱和黏性土地基的一种方法。它是利用水泥或石灰等材料作为固化剂,通过特制的搅拌机械,在地基深处就地将软土和固化剂(浆液或粉体)强制搅拌,由固化剂和软土间所产生的一系列物理化学反应,使软土硬结成具有整体性、水稳定性和一定强度的加固体,从而提高地基强度和增大变形模量。根据施工方法的不同,深层搅拌法分为水泥浆搅拌和粉体喷射搅拌两种。前者是用水泥浆和地基土搅拌，后者是用水泥粉或石灰粉和地基土搅拌。

深层搅拌法加固软土技术方法独特的优点如下：

(1)深层搅拌法由于将固化剂和原地基软土搅拌混合，因而最大限度地利用了原土。

(2)搅拌时不会使地基侧面挤出，对周围原有建筑物的影响很小。

(3)按照不同地基土的性质及工程设计要求，可合理选择固化剂及其配方，设计比较灵活。

(4)施工时无振动、无噪声、无污染，可在市区内和密集建筑群中施工。

(5)土体加固后重度基本不变，对软弱下卧层不致产生附加沉降。

(6)与钢筋混凝土桩基相比，节省了大量的钢材，并降低了造价。

(7)根据上部结构的需要，可灵活地采用柱状、壁状、格栅状和块状等加固形式。

深层搅拌法可用于提高软土地基的承载能力，减少沉降量，提高边坡的稳定性，适用于以下情况：

(1)作为建筑物或构筑物的地基、厂房内具有地面荷载的地坪、高填方路堤下基层等。

(2)进行大面积地基加固，防止码头岸壁的滑动，深基坑开挖时防坍塌、防坑底隆起，可减小软土中地下构筑物的沉降。

(3)作为地下防渗墙以阻止地下渗透水流，对桩侧或板桩背后的软土加固以增加侧向承载能力。

国外使用深层搅拌法加固的土质有新填的超软土、泥炭土和淤泥质土等饱和软土。加固场所从陆地软土到海底软土，加固深度达 50～60m。国内采用深层搅拌法加固的土质有淤泥、淤泥质土、地基承载力不大于 120kPa 的黏性土和粉性土等地基。当用于处理泥炭土或地下水具有侵蚀性的土时，应通过试验确定其适用性，加固局限于陆上，加固深度可达 18m。

一、深层搅拌法加固地基的机理

(一)水泥浆搅拌法

水泥加固土的物理化学反应过程与混凝土的硬化机理不同，混凝土的硬化主要是在粗填充料(比表面不大、活性很弱的介质)中进行水解和水化作用，所以凝结速度较快，而在水泥加固土中，由于水泥掺量很小(仅占被加固土重的 7%～15%)，水泥的水解和水化反应完全是在具有一定活性介质——土的围绕下进行的，因此水泥加固的强度增长过程比混凝土缓慢。水泥加固土的强度机理主要有以下两方面的作用。

1.水泥的骨架作用

水泥与饱和的软黏土搅拌后，首先发生水泥的水解和水化反应，生成水泥水化物并形成凝胶体(氢氧化钙)，将土颗粒或小土团凝结在一起，形成一种稳定的结构整体。

从扫描电子显微镜的观察可见，天然土样只是各种矿物颗粒的自然堆积，孔隙很多。水泥拌入土中龄期 7d 时，土颗粒周围充满了水泥凝胶体，并有少量水泥水化物结晶的萌芽。

14d后水泥土生成大量的纤维状结晶，并不断延伸充填土颗粒间的孔隙。一个月后，土粒间孔隙大量被水泥水化物充填包络，形成蜂窝状构造。5个月时，土颗粒表面的纤维状结晶辐射已向外伸展产生分叉，并相互连接形成空间蜂窝状结构，此时水泥的形状和土颗粒的形状已不能分辨。

2. 离子交换作用

水泥在水化过程中生成的钙离子与土颗粒表面的钠离子（或钾离子）进行离子交换，生成稳定的钙离子，从而提高土体的强度。

从水泥加固土的机理分析，由于搅拌机械的切削搅拌作用，实际上不可避免地会留下一些未被粉粹的大小土团。在拌入水泥后将出现水泥浆包裹土团的现象，而土团间的大孔隙基本上已被水泥颗粒填满。因此，加固后的水泥土中形成一些水泥较多的微区，而在大小土团内部则没有水泥。只有经过较长的时间，土团内的土颗粒在水泥水解产物渗透作用下，才逐渐改变其性质。因此，在水泥土中不可避免地会产生强度较大和水稳定性较好的水泥石区和强度较低的土块区。两者在空间互相交替，从而形成一种独特的水泥土结构。可见，搅拌越充分，土块被粉碎得越小，水泥分布到土中越均匀，则水泥土强度的离散性越小，其宏观的总体强度也最大。

（二）粉体喷射搅拌法

粉体喷射搅拌法使用的固化剂除石灰、水泥之外，还有石膏及矿渣等。目前在实际工程中使用的主要是石灰和水泥，与软土搅拌后通过固结反应等形成稳定的石灰土、水泥土。石灰土的固结反应如下。

1. 石灰的吸水、发热、膨胀作用

在软弱地基中加入生石灰，生石灰便和土中的水分发生化学反应，形成熟石灰。在这一反应中，有相当于生石灰重量32%的水分被吸收。形成熟石灰时发出热量，这种热量又促进了水分的蒸发，从而使相当于生石灰重量47%的水分被蒸发掉。也就是说，形成熟石灰时土中总共减少了相当于生石灰重量79%的水分。另外，在生石灰变为熟石灰的过程中，石灰体积膨胀1~2倍，促进了周围土的固结。

2. 离子交换作用与土微粒的凝聚作用

生石灰刚变为熟石灰时处于绝对干燥状态，有很强的吸水能力，这种吸水作用持续到与周围土平衡为止，进一步降低了周围土的含水量。在这种状态下，化学反应中产生的钙离子与土中的钠（或钾）离子发生离子交换作用，从而使黏土粒间的结合力增强，而呈团粒化现象，改变了土的性质。

以上两种反应在2d龄期时就完成了。

3. 化学结合作用(固结反应)

上述离子交换后,随着龄期的增长,胶质二氧化硅、胶质氧化铝与石灰发生反应,形成复杂的化合物。它们在水中和空气中逐渐硬化,与土颗粒黏结在一起形成网状结构。结晶体在土颗粒间相互穿插,盘根错节,使土颗粒联系得更加牢固,改善了土的物理力学性能,发挥了固化剂的强度。这种反应称为固结反应,有利于提高加固处理土的强度并使其长期保持稳定。

利用石灰固化处理地基的过程,分为形成熟石灰快速反应的前半过程与形成熟石灰以后缓慢的后半过程。

二、深层搅拌桩的设计与计算

(一)搅拌桩的设计

1. 对地质勘察的要求

除了一般常规要求外,在进行土质分析时应重视有机质含量、可溶盐含量、总流失量等;在进行水质分析时应重视地下水的酸碱度值、硫酸盐含量。

2. 加固形式的选择

搅拌桩可布置成柱状、壁状和块状 3 种形式。

(1)柱状。每隔一定的距离打设一根搅拌桩,即成为柱状加固形式,适用于单层工业厂房独立柱基础和多层房屋条形基础下的地基加固。

(2)壁状。将相邻搅拌桩部分重叠搭接成为壁状加固形式,适用于深基坑开挖时的边坡加固以及长高比较大、刚度较小、对不均匀沉降比较敏感的多层砖混结构房屋条形基础下的地基加固。

(3)块状。上部结构单位面积荷载大、对不均匀下沉控制严格的构筑物地基进行加固时可采用这种布桩形式。它是由纵、横两个方向的相邻桩搭接而形成的。如在软土地区开挖深基坑时,为防止坑底隆起也可采用块状加固形式。

3. 加固范围的确定

搅拌桩按强度和刚度是介于刚性桩和柔性桩间的一种桩型,但其承载性能又与刚性桩相近。因此,在设计搅拌桩时,可仅在上部结构基础范围内布桩,不必像柔性桩一样在基础以外设置保护桩。

(二)搅拌桩的计算

搅拌桩在计算时,应根据不同的加固形式进行不同的计算。柱状加固地基时,应进行搅拌桩单桩竖向承载力的设计计算、搅拌桩复合地基的设计计算、搅拌桩沉降验算;壁状加固地基时，应进行土压力计算、抗倾覆计算、抗滑移计算、整体稳定计算、抗渗计算、抗隆起计算，以使搅拌桩在深基坑开挖工程中起到很好的支护作用。现仅就柱状加固地基时的有关计算叙述如下。

1. 搅拌桩单桩竖向承载力的设计计算

单桩竖向承载力标准值应通过现场单桩载荷试验确定，也可按公式进行计算，取其中较小值，计算公式如下：

$$R_{\mathrm{k}}^{\mathrm{d}} = \eta \cdot f_{\mathrm{cu,k}} \cdot A_{\mathrm{p}} \tag{4-14}$$

或

$$R_{\mathrm{k}}^{\mathrm{d}} = \overline{q_s} U_{\mathrm{p}} \cdot l + \alpha \cdot A_{\mathrm{p}} \cdot q_{\mathrm{p}} \tag{4-15}$$

式中：$R_{\mathrm{k}}^{\mathrm{d}}$ 为单桩竖向承载力标准值(kN)；$f_{\mathrm{cu,k}}$ 为与搅拌桩桩身加固土配比相同的室内加固土试块(边长为 70.7mm 的立方体，也可采用边长为 50mm 的立方体)的 90d 龄期的无侧限抗压强度平均值(kPa)；A_{p} 为桩的截面积(m^2)；η 为强度折减系数，可取 0.35～0.5；$\overline{q_s}$ 为桩间土的平均摩擦力，对淤泥可取 5～8kPa，对淤泥质土可取 8～12kPa，对黏性土可取 12～15kPa；U_{p} 为桩周长(m)；l 为桩长(m)；q_{p} 为桩端天然地基土的承载力标准值(kPa)，可按有关规定确定(《建筑地基基础设计规范》(GB 50007—2011))；α 为桩端天然地基土的承载力折减系数，可取 0.4～0.6。

在单桩设计时，承受垂直荷载的搅拌桩一般应使土对桩的支承力与桩身强度所确定的承载力相近，并使后者略大于前者最为经济。因此，搅拌桩的设计主要是确定桩长和选择水泥掺入比。

(1)当土质条件和施工因素等限制搅拌桩加固深度时，可先确定桩长，根据桩长按公式计算单桩竖向承载力标准值 $R_{\mathrm{k}}^{\mathrm{d}}$，再根据单桩竖向力承载力标准值求水泥土的无侧限抗压强度 $f_{\mathrm{cu,k}}$，最后根据 $f_{\mathrm{cu,k}}$ 参照室内配合比试验资料，选择所需的水泥掺入比 a_w。

(2)当搅拌加固的深度不受限制时，可根据室内配合比试验资料选定水泥掺入比 a_w，再求得水泥土无侧限抗压强度 $f_{\mathrm{cu,k}}$，从而根据 $f_{\mathrm{cu,k}}$ 按公式计算单桩竖向承载力标准值 $R_{\mathrm{k}}^{\mathrm{d}}$，最后根据 $R_{\mathrm{k}}^{\mathrm{d}}$ 按公式计算桩长 l。

(3)直接根据上部结构对地基承载力的要求，按公式求得 $f_{\mathrm{cu,k}}$，再根据 $f_{\mathrm{cu,k}}$ 从水泥土室内试验资料中求得相应于 $f_{\mathrm{cu,k}}$ 的水泥掺入比 a_w，最后根据要求的地基土承载力值代入公式中求得桩长 l。

2. 水泥土搅拌桩复合地基的设计计算

加固后搅拌桩复合地基承载力标准值应通过现场复合地基载荷试验确定，也可按下式计算：

$$f_{\mathrm{sp,k}} = m \cdot \frac{R_{\mathrm{k}}^{\mathrm{d}}}{A_{\mathrm{p}}} + \beta(1-m) f_{\mathrm{s,k}} \tag{4-16}$$

式中：$f_{\mathrm{sp,k}}$ 为复合地基承载力标准值(kPa)；m 为面积置换率；A_{p} 为桩的截面积(m^2)；$f_{\mathrm{s,k}}$ 为桩间天然地基土承载力标准值(kPa)；β 为桩间土承载力折减系数，当桩端土为软土时，可取

0.5～1.0，当桩端土为硬土时，可取0.1～0.4，当不考虑桩间软土的作用时，可取零；R_k^d 为单桩竖向承载力标准值(kPa)。

根据设计要求的单桩竖向承载力(R_k^d)和复合地基承载力标准值($f_{sp,k}$)，计算搅拌桩的置换率(m)和总桩数(n)，公式如下：

$$m=\frac{f_{sp,k}-\beta f_{s,k}}{\frac{R_k^d}{A_p}-\beta f_{s,k}} \tag{4-17}$$

$$n=\frac{m\cdot A}{A_p} \tag{4-18}$$

式中：A 为地基加固的面积(m^2)；其他符号意义同式(4-16)。

根据求得的总桩数 n 进行搅拌桩的平面布置。桩的平面布置可为柱状、壁状和块状3种布置形式。布置时要以充分发挥桩侧摩阻力和便于施工为原则。

当所设计的搅拌桩为摩擦型、桩的置换率较大(一般 $m\geqslant 20\%$)且不是单行竖向排列时，由于每根搅拌桩不能充分发挥单桩承载力的作用，故应按群桩作用原理进行下卧层地基验算，即将搅拌桩和桩间土视为一个假想的实体基础，考虑假想实体基础侧面与土的摩擦力，验算假想基础底面(下卧层地基)的承载力(图4-21)，公式如下：

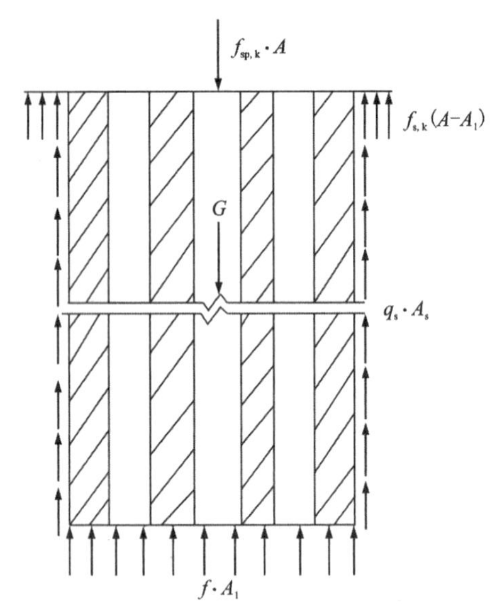

图4-21　搅拌桩下卧层强度验算

$$f'=\frac{f_{sp,k}A+G-\overline{q_s}\cdot A_s-f_{s,k}(A-A_1)}{A_1}<f \tag{4-19}$$

式中：f' 为假想实体基础底面压力(kPa)；A_1 为假想实体基础底面积(m^2)；G 为假想实体基础自重(kN)；A_s 为假想实体基础侧表面积(m^2)；$\overline{q_s}$ 为作用在假想实体基础侧壁上的平均容许摩阻力(kPa)；$f_{s,k}$ 为假想实体基础边缘软土的承载力(kPa)；f 为假想实体基础底面经修正后的地基土承载力(kPa)。

当验算不满足要求时，需重新设计单桩，直至满足要求为止。

3. 搅拌桩沉降验算

搅拌桩复合地基变形(S)等于搅拌桩群体的压缩变形(S_1)和桩端下未加固土层的压缩变形(S_2)之和,即:

$$S = S_1 + S_2 \tag{4-20}$$

其中,

$$S_1 = \frac{(p + p_0)l}{2E_0} \tag{4-21}$$

$$p = \frac{f_{sp,k} \cdot A - f_{s,k}(A - A_1)}{A_1} \tag{4-22}$$

$$p_0 = f' - \gamma_p \cdot l \tag{4-23}$$

$$E_0 = mE_p + (1 - m)E_s \tag{4-24}$$

式中:p 为桩群顶面的平均压力(kPa);p_0 为桩群底面土的附加压力(kPa);E_0 为桩群体的变形模量(kPa);l 为水泥土搅拌桩桩长(m);E_p 为水泥土搅拌桩的变形模量(取 E_{s0})(kPa);E_s 为桩间土的变形模量(kPa);γ_p 为桩群底面以上土的加权平均重度(kN/m^3)。

桩群体的压缩变形 S_1 也可根据上部结构、桩长、桩身强度等不同情况按经验取 10~40mm。桩端以下未处理土层的压缩变形值可按国家标准《建筑地基基础设计规范》(GBJ 50007—2011)的有关规定确定。

三、深层搅拌桩施工工艺

(一)水泥浆搅拌法

1. 搅拌机械

1)搅拌机

国内目前的搅拌机有中心管喷浆方式和叶片喷浆方式。后者是使水泥浆从叶片上若干个小孔中喷出,水泥浆与土体混合较均匀,适用于大直径叶片和连续搅拌,但因喷浆孔小易被浆液堵塞,只能使用纯水泥浆而不能采用其他固化剂,且加工制造较为复杂。中心管喷浆方式中的水泥浆是从两根搅拌轴间的另一中心管输出,当叶片直径在1m以下时,并不影响搅拌均匀度,而且它可适用于多种固化剂,除纯水泥浆外,还可用水泥砂浆,甚至掺入工业废料等的粗粒固化剂。

(1)SJB-1型深层搅拌机。为双搅拌轴中心管输浆的水泥搅拌专用机械,包括电动机、减速器、搅拌轴、搅拌头、中心管、输浆管、单向球阀等部件(图4-22)。搅拌机采用两台30kW潜水电机,经二级行星齿轮减速驱动搅拌轴从而使拌合叶片旋转。固化剂注入被加固土中通过灰浆泵从中心管下端管口压开单向球阀实现。搅拌机中的搅拌头是一个重要的部件,它直接影响水泥浆和软土的拌合均匀程度,决定着地基的加固效果。

(2)GZB-600型深层搅拌机。为单搅拌轴、叶片喷浆方式的搅拌机(图4-23),由电动机、搅拌轴、输浆管、搅拌头(图4-24)等部件组成。

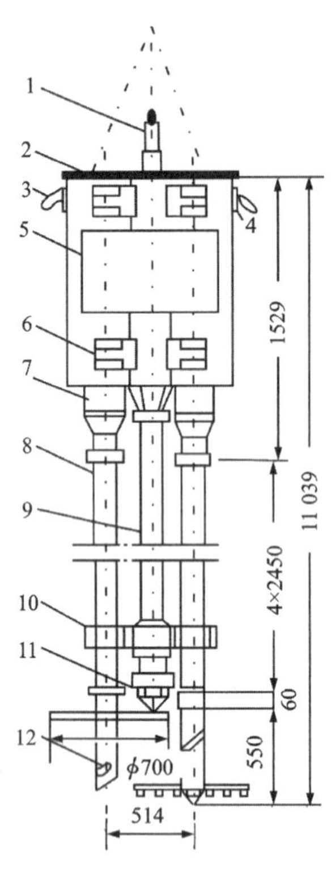

图 4-22 SJB-1 型搅拌机

1-输浆管;2-外壳;3-出水口;4-进水口;5-电动机;
6-导向滑块;7-减速器;8-搅拌轴;9-中心管;
10-横向系板;11-单向球阀;12-搅拌头

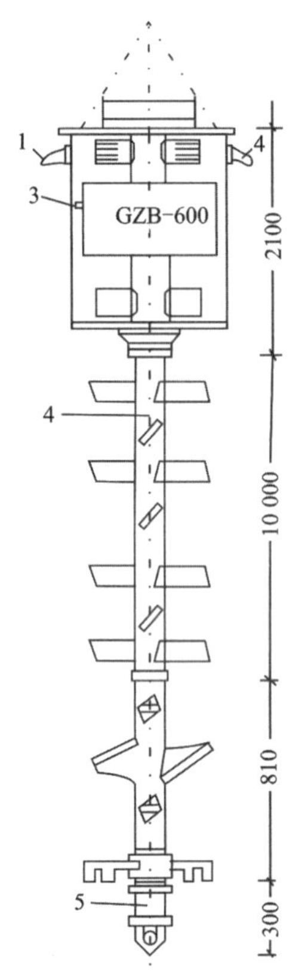

图 4-23 GZB-600 型深层搅拌机

1-电缆接头;2-进浆口;3-电动机;
4-搅拌轴;5-搅拌头

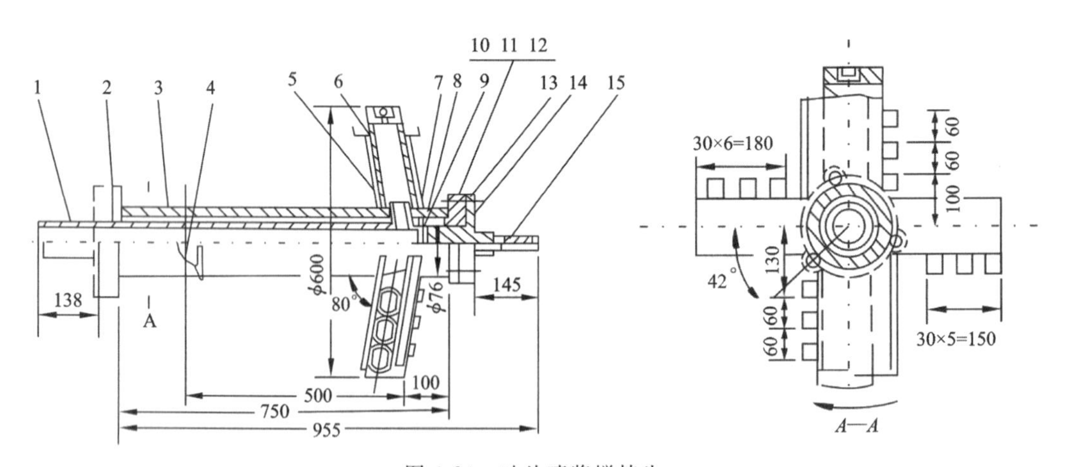

图 4-24 叶片喷浆搅拌头

1-输浆管;2-上法兰;3-搅拌轴;4-搅拌叶片;5-喷浆叶片;6-输浆管;7-堵头;8-搅拌轴(同 3);
9-胶垫;10-螺栓;11-螺母;12-垫圈;13-下法兰;14-上法兰;15-螺旋锥头

2)配套机械

(1)SJB-1 型搅拌机配套机械(图 4-25,表 4-8)主要有灰浆拌制机、集料斗、灰浆泵和电气控制柜。

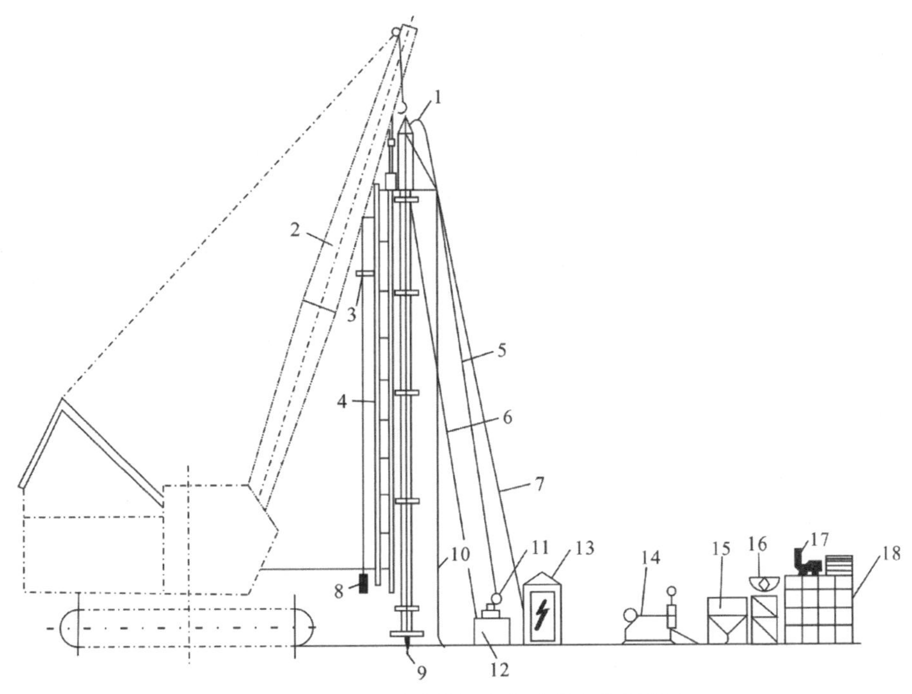

图 4-25 SJB-1 型搅拌机配套机械和控制仪表

1-搅拌机;2-起重机;3-测速仪;4-导向架;5-进水管;6-回水管;7-电缆;8-重锤;9-搅拌头;10-输浆胶管;11-冷却泵;12-贮水池;13-电气控制柜;14-灰浆泵;15-集料斗;16-灰浆拌制机;17-磅秤;18-工作平台

表 4-8 SJB-1 型搅拌机机械技术数据表

配套机械	参数类型	参数值	配套机械	参数类型	参数值
搅拌机	搅拌轴数量/根	2	固化剂制备系统	灰浆拌制机台数/台×容量/L	2×200
	搅拌叶片外径/mm	700～800		灰浆泵输送量/($m^3 \cdot h^{-1}$)	3
	搅拌轴转数/($r \cdot min^{-1}$)	46		灰浆泵工作压力/kPa	1500
	电机功率/kW	2×30		集料斗容量/m^3	0.4
起吊设备	提升力/t	>10	技术指标	一次加固面积/m^2	0.71～0.88
	提升高度/m	>14		最大加固深度/m	10
	提升速度/($m \cdot min^{-1}$)	0.2～1.0		效率/[m/(台·班)$^{-1}$]	40
	接地压力/kPa	60		总重(不包括吊车)/t	4.5

(2)GZB-600 型搅拌机配套机械(图 4-26,表 4-9)主要与 SJB-1 型搅拌机械不同的是 PM_2-15 型灰浆计量配料装置,并配备测定灌浆压力和流量计量测定装置的电磁流量计(图 4-27)。

表 4-9　GZB-600 型搅拌机机械技术数据表

配套机械	参数类型	参数值	配套机械	参数类型	参数值
搅拌机	搅拌轴数量/根	1	固化剂制备系统	灰浆拌制机台数/台×容量/L	2×500
	搅拌叶片外径/mm	600		泵输送量/(L·min^{-1})	281
	搅拌轴转数/(r·min^{-1})	50		工作压力/kPa	1400
	电机功率/kW×台数/台	30×2		集料斗容量/L	180
起吊设备	提升力/t	150	技术指标	一次加固面积/m^2	0.283
	提升高度/m	14		最大加固深度/m	10～15
	提升速度/(m·min^{-1})	0.6～1.0		加固效率/(m·台班$^{-1}$)	60
	接地压力/kPa	60		总重(不包括起吊设备)/t	12

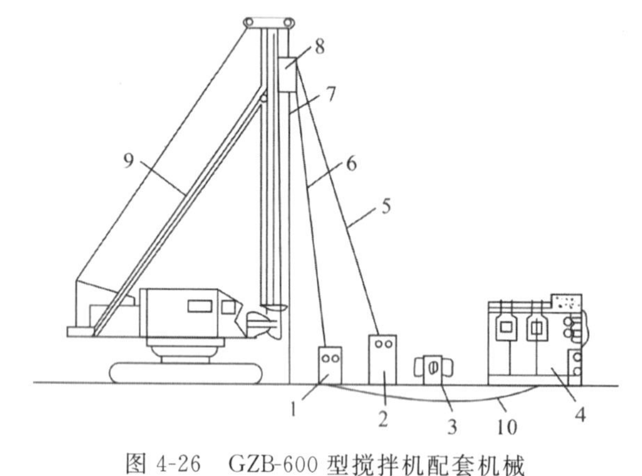

图 4-26　GZB-600 型搅拌机配套机械

1-流量计；2-控制柜；3-低压变压器；4-PM_2-15 泵送装置；5-电缆；6-输浆胶管；7-搅拌轴；8-搅拌机；9-打桩机；10-电缆

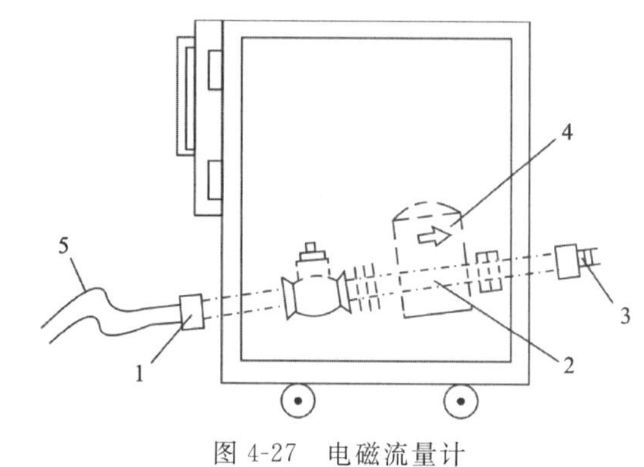

图 4-27　电磁流量计

1-入口；2-绝缘导管；3-出口；4-电磁感应器；5-软管

2. 施工工艺

水泥浆搅拌法的施工工艺流程如图 4-28 所示。

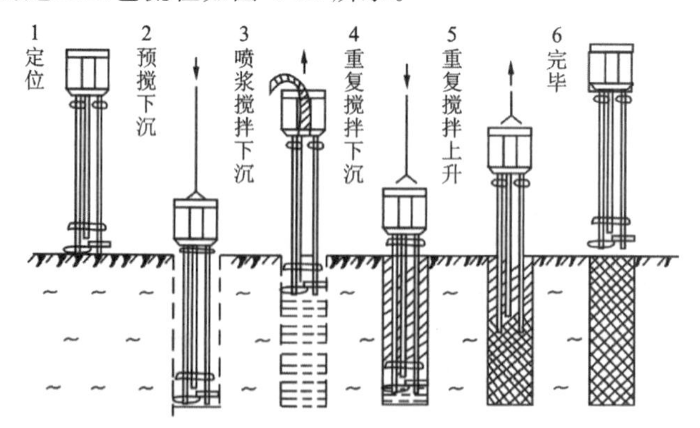

图 4-28　水泥土搅拌法施工工艺流程图

(1)定位。起重机(或塔架)悬吊搅拌机到达指定桩位,并对中。当地面起伏不平时,应使起吊设备保持水平。

(2)预搅下沉。待搅拌机的冷却水循环正常后,启动搅拌机电机,放松起重机钢丝绳,使搅拌机沿导向架搅拌切土下沉,下沉的速度可由电机的电流监测表控制。工作电流不应大于70A。如果下沉速度太慢,可从输浆系统补给清水以利钻进。

(3)制备水泥浆。待搅拌机下沉到一定深度时,即开始按设计确定的配合比拌制水泥浆,待压浆前将水泥浆倒入集料斗中。

(4)提升喷浆搅拌。搅拌机下沉到达设计深度后,开启灰浆泵将水泥浆压入地基中,边喷浆边旋转,同时严格按照设计确定的提升速度提升搅拌机。

(5)重复上、下搅拌。搅拌机提升至设计加固深度的顶面标高时,集料斗中的水泥浆应正好排空。为使软土和水泥浆搅拌均匀,可再次将搅拌机边旋转边沉入土中,至设计加固深度后再将搅拌机提升出地面。

(6)清洗。向集料斗中注入适量清水,开启灰浆泵,清洗全部管路中残存的水泥浆,直至基本干净,并将黏附在搅拌头上的软土清洗干净。

(7)移位。重复上述(1)~(6)步骤,再进行下一根桩的施工。

由于搅拌桩顶部与上部结构的基础或承台接触部分受力较大,因此通常还可在桩顶1.0~1.5m范围内再增加一次输浆,以提高其强度。

(二)粉体喷射搅拌法

1. 施工机具和设备

(1)GPP-5型深层喷射搅拌机。一种步履式移位的钻机,由电动机、钻架、卷扬机、液压泵、转盘、主动钻杆、给进链条、变速箱等部件组成,如图4-29所示。钻机的主要参数有:①加固深度,12.5m;②成桩直径,500mm;③转速,28r/min、50r/min、92r/min;④扭矩,4.9kN·m;⑤提升速度,0.48m/min、0.8m/min、1.47m/min;⑥井架高度,14m;⑦液压步履纵向单步行程,1.2m;⑧液压步履横向单步行程,0.5m;⑨接地压力,34kPa;⑩主机质量,9233kg。

常用的钻机还有PH-5型及PH-5A型,它们的主要结构与GPP-5型钻机基本相同,主要技术参数见表4-10。

(2)YP-1型粉体发送器。一种定时定量发送粉体材料的设备,其结构及工作原理如图4-30所示。

(3)空气压缩机。用来提供压缩空气。

(4)搅拌钻头。直径为ϕ500~700mm,其型式应保证在反向旋转提升时对加固土体有压密作用。

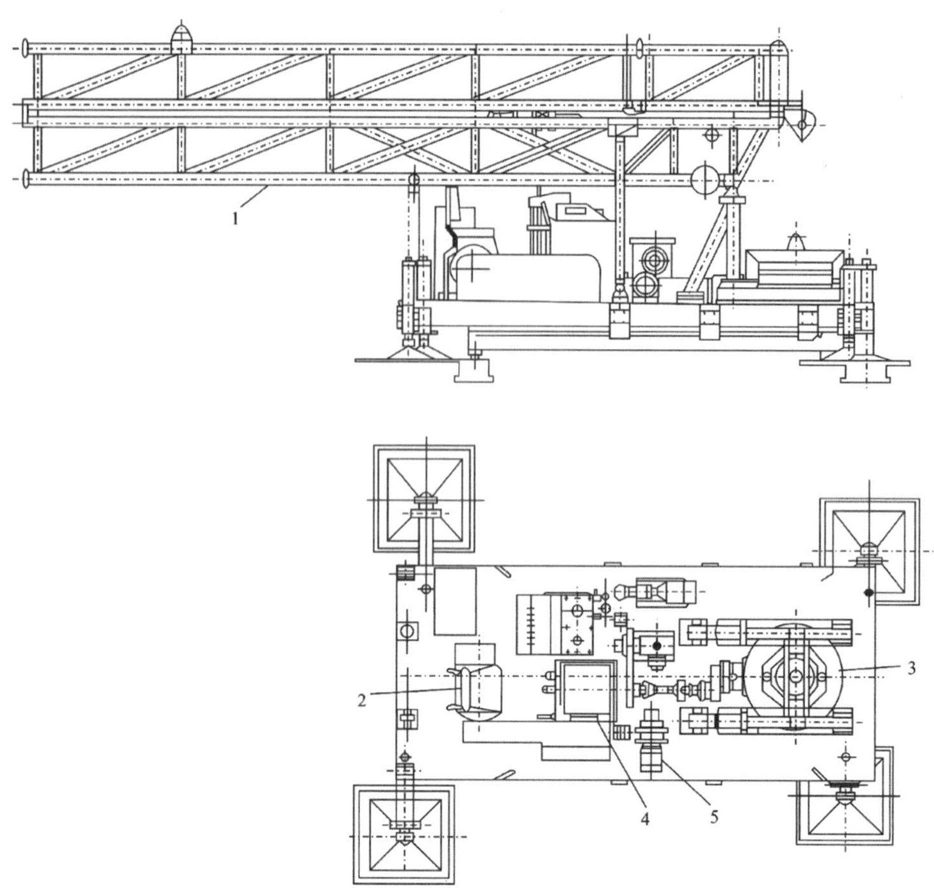

图 4-29 GPP-5 型深层喷射搅拌机简图

1-塔架;2-电动机;3-转盘;4-升降机;5-底座

表 4-10 PH-5 型及 PH-5A 型钻机主要技术参数表

参数类型	参数值	
	PH-5 型	PH-5A 型
地基加固深度/m	12	15
成桩直径/mm	500	500
搅拌轴转速(正、反)/(r・min^{-1})	36.42、61.76、108.66	36.42、61.76、108.66
扭矩/kN・m	9.37、4.98、2.85	9.37、4.98、2.85
提升速度/(m・min^{-1})	0.639、0.745、1.31	0.639、0.745、1.31
井架结构高度/m	14.5	16.86
钻杆规格/mm	108×108×12	114×114×12
步履纵向单步行程/m	1.2	1.2
步履横向单步行程/m	0.5	0.5
整机重量/kN	80	90

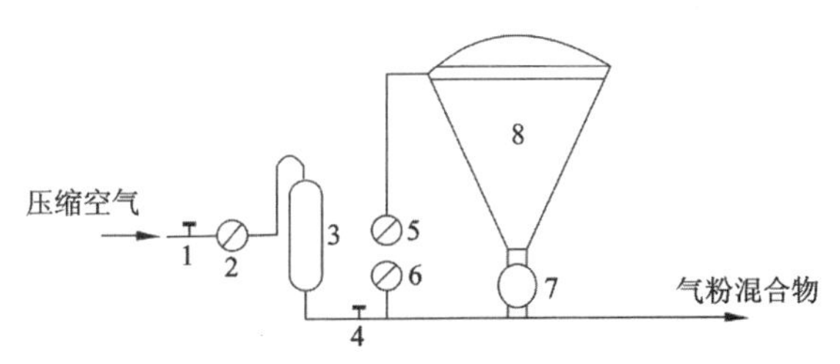

图 4-30　YP-1 型粉体发送器的结构及工作原理

1-节流阀；2-流量计；3-气水分离器；4-安全阀；
5-管道压力表；6-灰罐压力表；7-发送器转鼓；8-灰罐

2. 施工工艺

粉体喷射搅拌法施工顺序如图 4-31 所示。

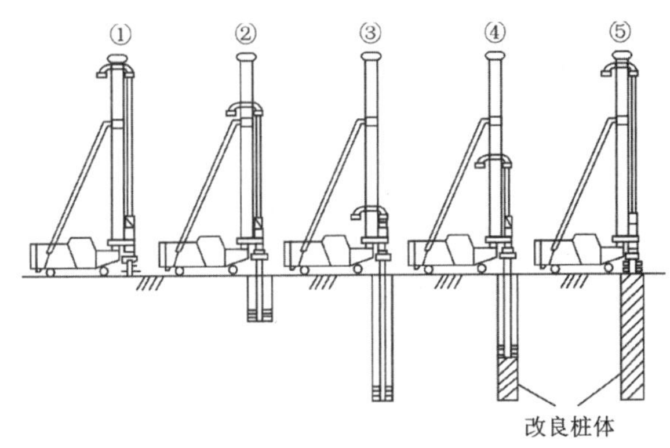

图 4-31　粉体喷射搅拌法施工顺序

①定位；②预搅下沉；③预搅下沉结束；④提升喷粉搅拌；⑤提升结束成桩

(1)定位。根据设计，首先确定加固体的位置，使搅拌轴保持垂直。

(2)预搅下沉。启动搅拌钻机，搅拌钻头正转预搅下沉。为不致堵塞喷射口，此时并不喷射加固材料，而是喷射压缩空气。预搅下沉时喷射压缩空气，可使钻进顺利，负载扭矩小。随着预搅下沉，准备加固的土体在原位受到搅动。

(3)预搅下沉结束。预搅下沉到设计深度时停止下沉，并应在原位转动 1～2min。

(4)提升喷粉搅拌。在确认加固料已喷至孔底时，搅拌钻头反向边旋转、边提升，同时，通过粉体发送器不断地将加固粉体料喷入被搅动的土体中，使土体和粉体料充分拌合。当提升到设计停灰标高后，应慢速原地搅拌 1～2min。

(5)提升结束，搅拌桩形成。当钻头提升至距离地面 0.3～0.5m 时，发送器应停止向孔内喷射粉体，搅拌桩形成。

(6)重复搅拌。为保证粉体搅拌均匀，需再次将搅拌头下沉到设计深度。提升搅拌时，速度控制在 0.5～0.8m/min 之间。

(7)钻头提升至地面后，钻机移位对孔，按上述步骤进行下一根桩的施工。

四、深层搅拌桩施工质量检验

(一)施工期质量检验

在施工期,每根桩均应有一份完整的质量检验单,施工人员和监理人员签名后作为施工档案。质量检验主要内容如下:

(1)桩位。通常定位偏差不应超出50mm。施工前在桩中心插桩位标,施工后将桩位标复原,以便验收。

(2)桩顶、桩底标高。均不应低于设计值,桩底一般应超深100～200mm,桩顶应超过设计标高0.5m。

(3)桩身垂直度。每根桩施工时均应用水准尺或其他方法检查导向架和搅拌轴的垂直度,间接测定桩身垂直度,垂直度误差通常不应超过1%。当设计对垂直度有严格要求时,应按设计标准检验。

(4)桩身水泥(或石灰)掺量。按设计要求检查每根桩的水泥(或石灰)用量。通常考虑到按整包水泥(或石灰)计量的方便,允许每根桩的用量在±25kg范围内调整。

(5)水泥标号。水泥品种按设计要求选用。对无质保书或有质保书的小水泥厂的产品,应先做试块强度试验,试验合格后方可使用;对有质保书的水泥产品,可在搅拌施工时,进行抽查试验。

(6)石灰质量。石灰应该是细磨的,在搅拌过程中,为了防止搅拌桩体中石灰聚集,石灰最大粒径应小于2mm。石灰应尽量纯净无杂质,氧化钙和氧化镁的总和至少应为75%,其中氧化钙含量应大于70%。在使用前应进行化验,以求得氧化钙和氧化镁的含量。在使用中应经常用简易方法测试并送交有关单位化验,从而保证所用石灰的质量。

(7)搅拌头上提喷浆(或喷粉)的速度。一般均在上提时喷浆或喷粉,提升速度不应超过0.5m/min。通常采用二次搅拌。

(8)外掺剂的选用。采用的外掺剂应按设计要求配制,常用的外掺剂有氯化钙、碳酸钠、三乙醇胺、木质素碳酸钙、水玻璃等。

(9)浆液水灰比。通常为0.4～0.5,不宜超过0.5,浆液拌合时应按水灰比定量加水。

(10)水泥浆液搅拌的均匀性。应注意贮浆桶内浆液的均匀性和连续性,喷浆搅拌时不允许出现输浆管道堵塞或爆裂的现象。

(11)喷粉搅拌的均匀性。应有自动计量装置,随时可指示喷粉过程中的各项参数,包括压力、喷粉速度和喷粉量等。

(12)对基坑开挖工程中的侧向围护桩,相邻桩体要搭接施工,施工应连续,施工间歇时间不宜超过8～10h。

(二)工程竣工后的质量检验

1.标准贯入试验或轻便触探等动力试验

标准贯入试验或轻便触探等动力试验可通过贯入阻抗估算土的物理力学指标,检验不同龄期的桩体强度变化和均匀性，所需设备简单，操作方便。用锤击数估算桩体强度需积累足够的工程资料，在目前尚无规范可作为依据时，可借鉴同类工程或采用如下经验公式：

$$f_{cu}=\frac{1}{80}N_{63.5} \tag{4-25}$$

式中：f_{cu} 为桩体无侧限抗压强度(MPa)；$N_{63.5}$ 为标准贯入试验的贯入击数。

2. 静力触探试验

静力触探可连续检查桩体长度内的强度变化。用比贯入阻力(p_s)估算桩体强度需有足够的工程试验资料，在目前资料积累尚不充足的情况下，可借鉴同类工程经验或用下式粗略估算桩体无侧限抗压强度：

$$f_{cu}=\frac{1}{10}p_s \tag{4-26}$$

3. 取芯检验

用钻孔方法连续取搅拌桩桩芯，可直观地检验桩体强度和搅拌的均匀性。进行无侧限强度试验时，可视取芯时对桩芯的损坏程度，将设计强度指标乘以 0.7～0.9 的折减系数。

4. 静载荷试验

对承受垂直荷载的搅拌桩，静载荷试验是最可靠的质量检验方法。复合地基的静载荷试验荷载板的面积应根据布桩情况而定。对单桩静载荷试验，可在桩顶上要做一个桩帽，以使受力均匀。搅拌桩通常是摩擦桩，因此试验结果一般不出现明显的拐点，允许承载力可按沉降的变形条件选取。载荷试验应在 28d(水泥)龄期后进行，检验点数每个场地不得少于 3 个。若试验值不符合设计要求，应增加检验孔的数量；若用于桩基工程，其检验数量应不少于第一次的检验量。

5. 开挖检验

可根据工程设计要求选取一定数量的桩体进行开挖，检查加固柱体的外观质量、搭接质量和整体性等。

6. 沉降观测

建筑物竣工后，尚应进行沉降、侧向位移等观测，这是最为直观地检验加固效果的理想方法。对作为侧向围护的搅拌桩，开挖时主要检验的内容有：①墙面渗漏水情况；②桩墙的垂直和整齐度情况；③桩体的裂缝、缺损和漏桩情况；④桩体强度和均匀性；⑤桩顶和路面顶板的连续情况；⑥桩顶水平位移量；⑦坑底渗漏情况；⑧坑底隆起情况。

第五节　挤密桩施工法

一、土桩及灰土桩施工技术

(一)概述

土和灰土(或二灰)挤密桩是处理地下水位以上湿陷性黄土、新近堆积黄土、素填土和杂填土的一种地基加固方法,在我国西北、华北地区应用较为广泛。它是利用沉管、冲击、爆破等方法将钢管打入土中侧向挤密成孔,然后在孔中分层填素土、灰土或石灰、粉煤灰混合物(简称二灰),夯实成土桩、灰土桩或二灰桩,与桩间土共同组成复合地基承受上部荷载。

土和灰土(或二灰)挤密桩与其他地基处理方法比较,主要有以下特点:

(1)土和灰土(或二灰)挤密桩成桩时为横向挤密,但同样能达到所要求加密的处理后的最大干密度指标,可消除地基土的湿陷性,提高地基土承载力,降低压缩性。

(2)与换土垫层相比,不需大量开挖回填,可节省土方开挖和回填土方工程量,工期可缩短50%以上。

(3)处理深度较大,可达12~15m。

(4)可就地取材,应用廉价材料,降低2/3工程造价,二灰桩还可利用工业废料(粉煤灰),节省费用。

(5)机具简单,施工方便,工效高。

土和灰土(或二灰)挤密桩适用于加固地下水位以上,天然含水量为12%~25%,厚度为5~15m的新填土、杂填土、湿陷性黄土以及含水率较大的软弱地基。当地基土含水量大于23%且饱和度大于0.65时,打管时成孔质量不好,易对邻近已回填的桩体造成破坏,拔管后容易缩径,不宜采用土或灰土(或二灰)挤密桩。

一般来说,以消除地基湿陷性为主时,宜选用土桩;以提高地基的承载力或水稳性、降低压缩性为主时,宜选用灰土桩或二灰桩。

(二)加固机理

1. 挤密作用

土或灰土(或二灰)桩挤压成孔时,桩孔位置原有土体被强制侧向挤压,使桩周一定范围内的土层密实度提高。单个桩孔外侧土挤密效果试验表明,孔壁附近土的干密度 ρ_d 接近或超过其最大干密度 ρ_{dmax} ,即压实系数 $\lambda_c>1$ 时,径向外延干密度逐渐减小到土的天然密度 ρ ,挤密影响半径通常为1.5~2.0 d (d 为桩孔直径)。相邻桩孔间挤密试验表明,在相邻桩孔挤密区交界处挤密效果相互叠加,桩间土中心部位的密实度增大,且桩间土的密实度变得均匀,桩距愈近,叠加效果愈显著。

土的天然含水量和干密度对挤密效果影响较大。当含水量接近最优含水量时,土呈塑性状态，挤密效果最佳。当含水量偏低，土呈坚硬状态时，有效挤密区变小。当含水量过高时，由于挤压引起超孔隙水压力，土体难以挤密，且孔壁附近土的强度因受扰动而降低，拔管时容易出现缩径等情况。土的天然干密度越大，有效挤密范围越大；反之，则有效挤密区较小，挤密效果较差。

2. 灰土性质作用

灰土桩是用石灰和土按一定体积比例（2∶8或3∶7）拌合，并在桩孔内夯实加密后形成的桩，这种桩的材料在化学性能上具有气硬性和水硬性，石灰内带正电荷钙离子与带负电荷黏土颗粒相互吸附，形成胶体凝聚，并随灰土龄期增长，土体固化作用提高，使灰土逐渐增加强度。在力学性能上，它可达到挤密地基的效果，提高地基承载力，消除湿陷性，使沉降均匀和沉降量减小。

二灰桩采用火电厂的粉煤灰，且多数采用湿灰。粉煤灰中含有较多焙烧后的氧化物，活性 SiO_2 和 Al_2O_3 玻璃体与一定量的石灰和水拌合后，石灰的吸水膨胀和放热反应，通过石灰的碱性激发作用，促进粉煤灰之间离子相互吸附交换，在水热合成作用下，产生一系列复杂的硅铝酸钙和水硬性胶凝物质，相互填充于粉煤灰空隙间，胶结成密实坚硬、类似水泥水化物的块体，从而提高了二灰的强度。同时，由于二灰中晶体 $Ca(OH)_2$ 的作用，石灰粉煤灰的水稳性提高。

3. 桩体作用

在灰土桩挤密地基中，灰土桩的变形模量远大于桩间土的变形量（灰土的变形模量为 $E_0=40\sim200$MPa，相当于夯实素土的2～10倍）。载荷试验结果表明，只占压板面积约20%的灰土桩承担了总荷载的一半左右，而占压板面积80%的桩间土仅承担其余一半。总荷载的一半由灰土桩承担，从而降低了基础底面下一定深度内土中的应力，消除了持力层内产生大量压缩变形和湿陷变形的不利因素。

（三）设计计算

（1）桩孔直径。根据工程量、挤密效果、施工设备、成孔方法等情况而定，一般选用300～600mm。

（2）桩长。根据土质、桩处理地基的深度、工程要求和成孔设备等因素确定，一般为5～15m。

（3）桩距和排距。桩孔一般按等边三角形布置，其间距 s 和排距 h 可按下列公式计算（图4-32）：

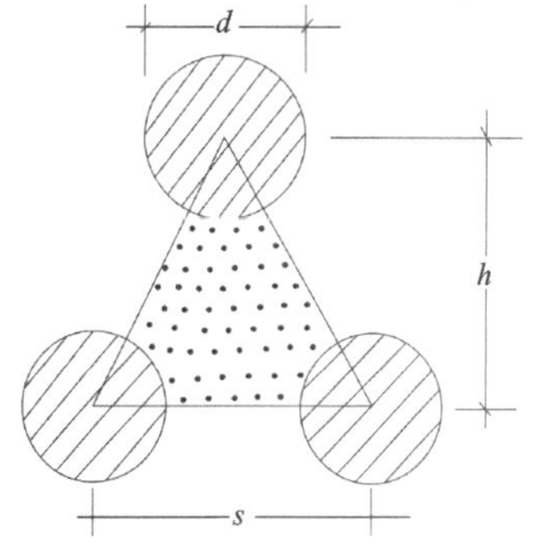

图4-32　间距和排距计算简图

d-桩孔直径；s-桩间距；h-桩排距

$$s = 0.95d\sqrt{\frac{\overline{\lambda}_c \rho_{dmax}}{\overline{\lambda}_c \rho_{dmax} - \rho_d}} \tag{4-27}$$

$$h = 0.866s \tag{4-28}$$

式中：d 为桩孔直径（mm）；λ_c 为地基挤密后，桩间土的平均压实系数，宜取0.93；ρ_{dmax} 为桩间土的最大干密度（kN/m^3）；ρ_d 为地基挤密前土的平均干密度（kN/m^3）。

一般土桩不少于2排，灰土(二灰)桩不少于3排。

(4)处理宽度。处理地基的宽度应大于基础的宽度。局部处理时，对非自重湿陷性黄土、素填土、杂填土等地基，每边超出基础的宽度不应小于0.25 b（图4-33），并不应小于0.5m。对自重湿陷性黄土，地基不应小于0.75 b，并不应小于1m。整片处理宜用于Ⅲ级、Ⅳ级自重湿陷性黄土场地，每边超出建筑物外墙基础边缘的宽度不宜小于处理土层厚度的1/2，并不应小于2m。

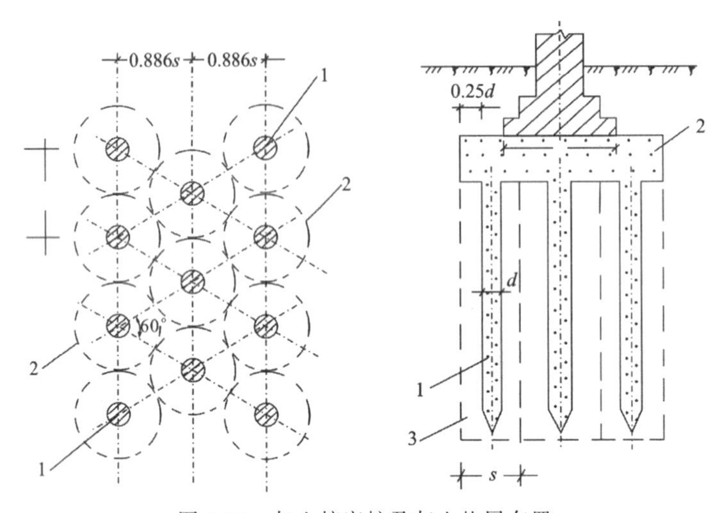

图4-33　灰土挤密桩及灰土垫层布置

1-灰土桩；2-灰土垫层；3-桩有效挤密范围；

d-桩径(300～600mm)；s-桩距(2.5～3.0 d)；b-基础宽度

(5)地基的承载力和压缩模量。土或灰土(二灰)挤密处理地基的承载力标准值，应通过原位测试或结合当地经验确定。当无经验资料时，对土挤密桩地基，不应大于处理前的1.4倍，并不应大于180kPa；对灰土挤密桩地基，不应大于处理前的2倍，并不应大于250kPa。

土或灰土(二灰)挤密桩地基的压缩模量应通过试验或结合当地经验确定，表4-11可供参考。

表4-11　土或灰土(二灰)挤密桩地基压缩模量

地基类别		压缩模量/MPa
土桩	平均值	15
	一般值	13～18
灰土桩	平均值	32
	一般值	29～36
二灰桩	平均值	60.6
	一般值	56.7～63.8

注：二灰桩中石灰与粉煤灰比例为3∶7(体积比)，其中30 d 的单桩允许抗压强度为900～1600kPa，比灰土桩强度提高25%左右。

（四）施工工艺

土或灰土（二灰）桩的施工应按设计要求和现场条件选用沉管（振动或锤击）、冲击或爆扩等方法成孔，使土向孔的周围挤密。成孔和回填夯实的施工应符合下列要求：

（1）成孔施工时，地基土宜接近最优含水量，当含水量低于12%时，宜加水增湿至最优含水量。

（2）桩孔中心点的偏差不应超过桩距设计值的5%。

（3）桩孔垂直度偏差不应大于1.5%。

（4）对于沉管法，其直径和深度应与设计值相同；对于冲击法或爆扩法，桩孔直径与设计值的误差不得超过70mm，桩孔深度不应小于设计深度的0.5m。

（5）向孔内填料前，必须夯实孔底，然后用素土或灰土在最优含水量状态下分层回填夯实。回填土料一般采用过筛（筛孔不大于20mm）的粉质黏土，并不得含有有机质；粉煤灰采用含水量为30%～50%湿粉煤灰；石灰用块灰消解（闷透）3～4d后并过筛，其粗粒粒径不大于5mm。灰土或二灰应拌均匀至颜色一致后及时回填夯实。

（6）成孔和回填夯实的施工顺序宜间隔进行，对大型工程可采取分段施工，基础底面以上应预留0.7～1.0m厚的土层，待施工结束后，将表层挤松的土挖除或分层夯压密实。

桩孔填料夯实机有偏心轮夹杆式夯实机（图4-34）和卷扬机提升式夯实机（图4-35），沉管法所用桩管构造如图4-34～图4-36所示。

图4-34　偏心轮夹杆式夯实机

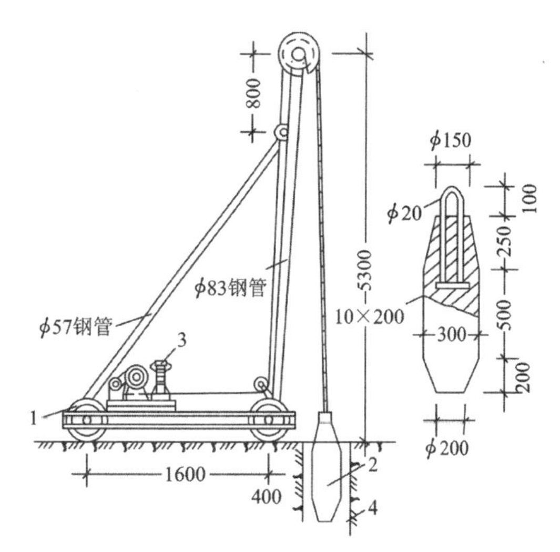

图4-35　卷扬机提升式夯实机

1-机架；2-铸钢夯锤（质量450kg）；3-1t卷扬机；4-桩孔

（五）质量检验

抽样检验的数量不应少于桩孔总数的2%，不合格处应采取加桩或其他补救措施。夯填质量的检验方法有下列几种：

（1）轻便触探检验法。先通过试验夯填，求得检定锤击数，施工检验时以实际锤击数不小

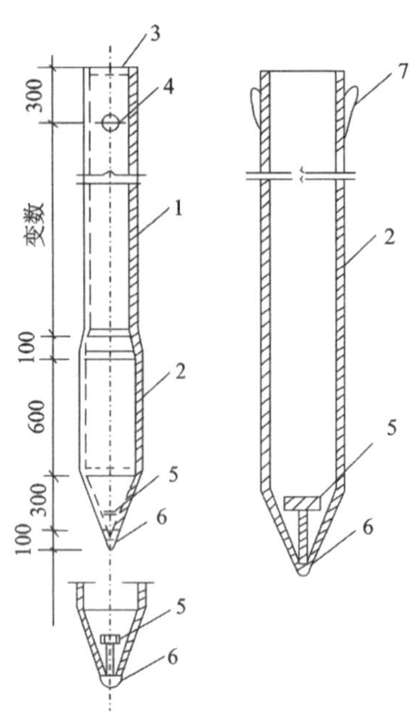

图 4-36 桩管构造

1-ϕ275mm 无缝钢管；2-ϕ300mm×10mm 无缝钢管；3-ϕ10mm 厚封头板（设 ϕ30mm 排气孔）；4-ϕ45mm 管焊于桩管内穿 M40 螺栓；5-重块；6-活动桩尖；7-吊环

于检定锤击数为合格。

(2)环刀取样检验法。先用洛阳铲在桩孔中心挖孔或通过开剖桩身，从基底算起沿深度方向每隔 1.0～1.5m 用带长把的小环刀分层取出原状夯实土样，测定其干密度。

(3)载荷试验法。对重要的大型工程应进行现场载荷试验和浸水载荷试验，直接观测承载力和湿陷情况。

轻便触探检验法和环刀取样检验法，灰土桩应在桩孔夯填后 48h 内进行，二灰桩应在 36h 内进行。否则将受灰土或二灰的胶凝强度的影响而无法进行检验。对于一般工程，主要应检查桩和桩间土的干密度及承载力；对于重要或大型工程，除需检测上述内容外，还应进行载荷试验或其他原位测试，也可在地基处理的全部深度内取土样测定桩间土的压缩性和湿陷性。

二、石灰桩及石灰粉煤灰桩施工技术

石灰桩又称石灰挤密桩，系在地基中钻孔，然后将生石灰注入孔内夯实挤密成桩，或在生石灰块中掺入适量粉煤灰（一般经验配合比为 8 : 2 或 7 : 3），制成石灰粉煤灰桩（又称二灰桩）。石灰桩及石灰粉煤灰桩具有加固效果显著、材料易得、施工简便等特点，适于处理含水量较高（30%～130%）的黏性土地基、淤泥、含有有机质的土、不太严重的黄土地基的湿陷性事故或作为严重湿陷事故的辅助处理措施，加固后地基强度一般可提高 1～3 倍，是一种简易处理软弱地基的有效方法。

（一）加固机理

石灰桩除了成孔时挤密桩周围土外，主要作用还在于生石灰在桩孔中吸收桩土层的孔隙水变成熟石灰时产生体积膨胀，挤密桩周土，减少其孔隙比，加速地基土的固结，提高地基承载力，消除湿陷性，从而使地基得到加固。石灰在吸取桩周土体中水分进行化学反应的过程中，产生吸水、膨胀、发热、脱水、挤密、离子交换、胶凝等一系列作用，从而使土体的含水量降低，孔隙比减少，承载力提高，与桩周土层一起组合成复合地基。石灰桩体本身也具有一定强度，其单轴抗压强度可达 300kPa。

在石灰桩中掺入粉煤灰（一般占石灰桩重的 15%～30%），与石灰混合后，生石灰吸水膨胀、放热及离子交换作用促成化学反应，生成具有强度和水硬性的水化硅酸钙、水化铝酸钙和水化铁酸钙，同时随埋在土中的龄期增长其强度也增大，除提高强度和密实性外，还可克服石灰桩桩心的软化和解决石灰桩在地下水位以下的硬化问题。

（二）桩的设计

(1)桩径。桩径一般为 150～400mm，具体根据使用成孔机械的管径、钻孔而定。

(2)桩距及布置。桩距取决于桩径和要求达到的挤密效果，按生石灰吸水膨胀后体积增加 1 倍考虑，一般取 3 倍桩径，桩距太大则约束力太小。平面布置可为梅花形或正方形，一般离桩的 3～4 倍桩径外，原状土得不到挤密或消除湿陷。

(3)桩长。桩长根据土层加固要求和上部结构情况而定。如加固是为了形成一个压缩性较小的垫层，桩长可较小，一般取 2～4m；如加固是为了减少沉降，则需要较长的桩，应深入到压缩土层界限内；如加固是为了消除黄土湿陷或处理湿陷性事故，则桩长应达到消除湿陷层要求的深度；如加固是为了解决深层滑动问题，则桩长应穿过滑动面。

（三）施工工艺

1. 材料

生石灰应选用新鲜块灰，并破碎过筛，粒径为 2～5mm，含粉量不得超过总质量的 10%；CaO 含量不得低于 80%，其中夹石不高于 5%，不含有机杂质。粉煤灰应采用干灰，含水量应小于 5%。

2. 施工顺序

桩在加固范围内的施工顺序，一般是先外排后内排，先周边后中间；单排桩应先施工两端后施工中间，并按每间隔 1～2 孔的施工顺序进行，不得由一边向一边平行推进，以免桩挤向一边；若对原建筑物地基加固，应由外及里施工；若临近建筑物，可先打设部分“隔断桩”，将建筑物与施工区隔开；对软弱黏性土地基，应先间隔较大距离打桩，过 30d 后再在中间按设计间距补桩。

3. 成桩

(1)成孔。桩成孔与灰土桩基本相同，可采用沉管法、冲击法、螺旋钻进法、爆扩法或洛阳铲掏孔法等。

(2)填夯。桩孔经验收合格后，应立即向桩孔内分层填入要求粒径的生石灰。石灰粉煤灰桩、粉煤灰与生石灰的质量比一般为 3∶7，使用时要拌合均匀。人工填料时，每填 20～50cm，应用 10～15kg 的夹板锤或梨形锤进行夯实。

(3)封顶。因生石灰吸水膨胀，对各个方向都将产生很大的膨胀力，为减少向上膨胀力的损失，约束石灰桩的上举力，夯填至距桩顶 0.5～1.0m 时，用 3∶7 灰土或 $C_{7.5}$ 素混凝土捣实封顶，其顶部标高值为基础的底部标高值。

石灰桩有管内成桩和管外成桩两种方法，一般宜采用管内成桩，即机械或人工成孔后填料、夯实、封顶，自上而下成孔，自下而上填夯成桩。管外成桩法成孔质量较难保证，仅在大面积淤泥等软弱地面采用。管外成桩法施工顺序是先将石灰料铺放在待加固的地面，地基土吸水膨胀固结后，再用打桩机将钢管打下成一段孔，拔出管填一段料后再成一段孔。桩孔达到设计深度后拔出钢管，钢管外已形成较硬的石灰桩壁，桩间土已基本固结，管外桩身由上而下逐段形成，然后再在管内填料夯实形成管内的桩身。管外成桩法施工工艺流程如图 4-37 所示。

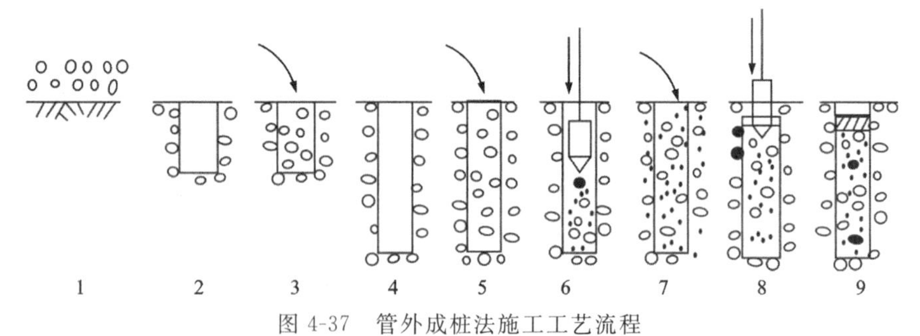

图 4-37　管外成桩法施工工艺流程

1-堆放桩料；2-成上段孔；3-堆填桩料；4-成下段孔；5-填料；6-夯实成下段桩身；
7-填料；8-夯实，成上段桩身；9-黏土封顶

(四)质量检验

(1)控制灌灰量，按每 1m 计量，控制充盈系数符合要求。

(2)挖桩检验和在桩身取样试验，测定桩径、桩的外形、桩身材料分布情况及桩身密实度等。

(3)用轻便触探测定桩身和桩周土的承载力。

(4)对大面积作载荷试验，再配合桩间土小面积载荷试验，可计算复合地基的承载力和压缩模量。

(5)桩周土可用静力触探、十字板和钻孔取样方法进行检验，要求达到规定的质量指标。

三、水泥粉煤灰碎石桩(CFG 桩)施工技术

水泥粉煤灰碎石桩(cement fly ash gravel pile，简称 CFG 桩)，是一种处理软弱地基的一种新技术。该方法是在碎石桩的基础上掺入适量石屑、粉煤灰和少量水泥，加水拌合后制成的一种具有一定强度的桩体。它的骨料仍为碎石，用掺入石屑来改善颗粒级配；掺入粉煤灰

来改善混合料的和易性，并利用其活性减少水泥用量；掺入少量水泥使其具有一定黏结强度。它不同于碎石桩，碎石桩由松散的碎石组成，在荷载作用下将产生鼓胀变形，当桩周土为强度较低的软黏土时，桩体易产生鼓胀破坏，并且碎石桩仅在上部约3倍桩径长度的范围内传递荷载，超过此长度，增加桩长承载力提高不显著，故碎石桩加固黏性土地基，承载力提高幅度不大(20%～60%)。CFG桩是一种低强度混凝土桩，可充分利用桩间土的承载力共同作用，并可传递荷载到深层地基中去，具有较好的技术性能和经济效果。CFG桩与一般碎石桩的差异如表4-12所示。

表4-12　CFG桩与一般碎石桩对比表

对比项	桩型	
	碎石桩	CFG桩
单桩承载力	桩的承载力主要靠桩顶以下有限长度范围内桩周土的侧向约束。当桩长大于有效桩长时，增加桩长对承载力的提高作用不大。以置换率10%计，桩承担荷载占总荷载的15%～30%	桩的承载力主要来自全桩长的摩阻力及桩端承载力，桩越长则承载力越高。以置换率10%计，桩承担的荷载占总荷载的40%～75%
复合地基承载力	加固黏性土复合地基承载力的提高幅度较小，一般为0.5～1倍	承载力提高幅度有较大的可调性，可提高4倍或更多
变形	减少地基变形的幅度较小，总的变形较大	增加桩长可有效地减少变形，总的变形量小
三轴应力-应变曲线	应力-应变曲线不呈直线关系，增加围压，破坏主应力差增大	应力-应变曲线为直线关系，围压对应力-应变曲线没有多大影响
适用范围	多层建筑地基	多层和高层建筑地基

(一)加固机理

CFG桩加固软弱地基主要有两种作用，即桩体作用和挤密作用。

CFG桩桩身为具有一定黏结强度的混合料，在荷载作用下桩的压缩性明显比周围软土小，基础传给复合地基的附加应力随地基的变形逐渐集中到桩体上，出现应力集中现象，使桩起到桩体作用。据测试，CFG桩单桩复合地基的桩土应力比n=24.3～29.4；四桩复合地基桩土应力比n=31.4～35.2，而碎石桩复合地基桩土应力比n=2.2～4.1，从而可以看出CFG桩的桩体作用显著。CFG桩身具有一定的黏结强度，在垂直荷载作用下桩身不会出现压胀变形，桩承受的荷载通过桩周的摩阻力和桩端阻力传到深地基中，其复合地基承载力提高幅度较大，约4倍或更大。另外，CFG桩复合地基变形小，沉降稳定快(比碎石桩变形小3.5倍，沉降稳定快2.5倍)。CFG桩采用振动沉管法施工，对土体产生振动和挤压，土得到挤密作用，加固后桩土的力学性能大为改善(表4-13)，从而使复合地基的承载力显著提高。

表 4-13 加固前后土的物理力学指标对比表

类别	土层名称	含水量/%	重度/(kN·m^{-3})	干密度/(t·m^{-3})	孔隙比	压缩系数/MPa^{-1}	压缩模量/MPa
加固前	淤泥质粉质黏土	41.8	17.8	1.25	1.178	0.80	3.00
	淤泥质粉土	37.8	18.1	1.32	1.069	0.37	4.00
加固后	淤泥质粉质黏土	36.0	18.4	1.35	1.010	0.60	3.11
	淤泥质粉土	25.0	19.8	1.58	0.710	0.18	9.27

(二)特点及适用范围

CFG 桩的特点如下：

(1)改变桩长、桩径、桩距等设计参数，可使承载力在较大范围内调整。

(2)有较高的承载力，承载力提高幅度在 250%～300%之间，对软土地基承载力提高更大。

(3)沉降量小，变形稳定快。如将 CFG 桩落在较硬土层上，可较严格地控制地基沉降量在 10mm 以内。

(4)工艺性好。由于大量采用粉煤灰，成桩时桩体材料具有良好的流动性和和易性，灌注方便，易于控制施工质量。

(5)节约大量水泥、钢材，利用工业废料，消耗大量粉煤灰，降低工程费用。与预制钢筋混凝土桩加固相比，可节省投资 30%～40%。

CFG 桩适用于多层和高层建筑地基，如砂土、粉土、松散填土、粉质黏土、黏土、淤泥质黏土等的处理。

(三)设计计算

CFG 桩处理软弱地基，应以提高地基承载力和减少地基变形为主要目的，途径是发挥 CFG 桩的桩体作用。对松散砂性土地基，可考虑施工时的挤密效应。但若以挤密松散砂性土为主要目的，则采用 CFG 桩是不经济的。

(1)桩径。根据振动沉桩机的管径大小而定，一般为 350～400mm。

(2)桩距。根据土质、布桩形式、场地情况而定，可按表 4-14 选用。

表 4-14 CFG 桩桩距选用表

布桩形式	土质		
	挤密性好的土，如砂土、粉土、松散填土等	可挤密性土，如粉质黏土、非饱和黏土等	不可挤密性土，如饱和黏土、淤泥质土等
单、双排布桩的条基	(3～5)d	(3.5～5)d	(4～5)d
含 9 根以下的独立基础	(3～6)d	(3.5～6)d	(4～6)d
满堂布桩	(4～6)d	(4～6)d	(4.5～7)d

注：d 为桩径，以成桩后的实际桩径为准。

(3)桩长。根据需挤密加固深度而定,一般为6～12m。

(4)复合地基承载力。根据桩径、桩长、桩距、上部土层和桩尖下卧层土体物理力学性能以及桩间土内外区面积的比值等因素确定。

复合地基的承载力(R_{PS})可按下式计算:

$$R_{PS}=\frac{N\cdot Q}{A}+\eta\cdot\frac{R_S\cdot A_S}{A} \tag{4-29}$$

或

$$R_{PS}=\eta[1+m(n)]R_S \tag{4-30}$$

式中:N为基础下桩数(根);Q为单桩承载力(kN);R_S为天然地基承载力(kPa);A_S为桩间土面积(m²);A为基础面积(m²);η为桩间土承载力折减系数,一般取0.8～1.0;m为CFG桩的置换率;n为桩土应力比,一般取10～14。

(四)施工工艺

CFG桩施工工艺见图4-38。

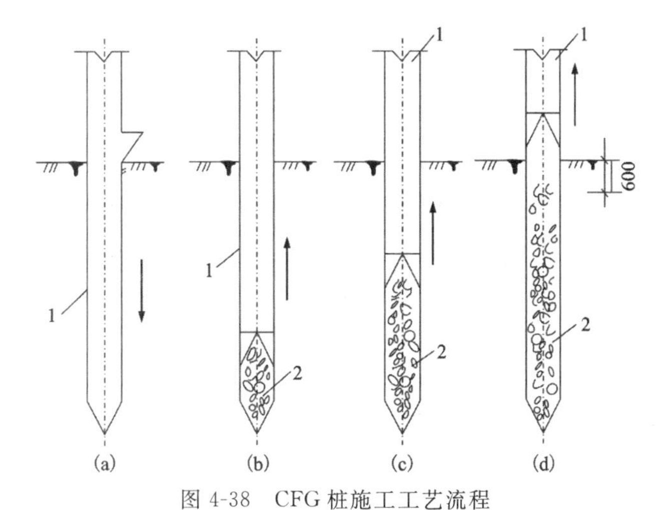

图4-38 CFG桩施工工艺流程

(a)打入桩管;(b)、(c)灌粉煤灰碎石振动拔管;(d)成桩

1-桩管;2-粉煤灰碎石桩

施工顺序为桩机就位→沉管至设计深度→停振下料→振动捣实后拔管→留振→振动拔管、复打,应考虑隔排隔桩跳打,新打桩与已打桩间隔时间不应少于7d。

1. 机具设备

CFG桩成孔、灌注一般采用振动式沉管打桩机架,配DZJ90型变矩式振动锤,主要技术参数为:电动机功率90kW,激振力0～747kN,质量6700kg。也可根据现场土质情况和设计要求的桩长、桩径选用其他类型的振动锤。所用桩管的外径一般为325mm和377mm两种。

2. 材料要求及配合比

(1)碎石。粒径为20～50mm,松散密度为1.39t/m³,杂质含量小于5%。

(2)石屑。粒径为2.5～10mm,松散密度为1.47t/m^3,杂质含量小于5%。

(3)粉煤灰。用Ⅲ级粉煤灰。

(4)水泥。用425$^\#$普通硅酸盐水泥。

(5)混合料配比。根据拟加固场地的土质情况及加固后要求达到的承载力而定。水泥、粉煤灰、碎石混合料按抗压强度相当于C7～C12低强度等级混凝土,密度大于2000kg/m^3。掺入最佳石屑率(石屑率量与碎石和石屑总重之比)约为25%情况下,当W/C为1.01～1.47、F/C(粉煤灰与水泥质量之比)为1.02～1.65时,混凝土抗压强度为8.8～14.2MPa。

3. 质量控制

(1)桩位必须与设计相符,桩顶位移不大于100mm。

(2)经常检查灌入量,一般采用浮标法或锤击法测量。桩管每提升1～1.5m测量1次。桩的充盈系数应达到1.3以上。

(3)桩承载力检验同碎石桩。

第六节　静压灌浆法

一、概　述

静压灌浆法是指利用液压、气压或电化学原理,通过注浆管把浆液均匀地注入地层中,浆液以填充、渗透和挤密等方式,赶走土颗粒间或岩石裂隙中的水分和空气后占据其位置,经人工控制一定时间后,浆液将原来松散的土粒或裂隙胶结成一个整体,形成一个结构新、强度大、防水性能高和化学稳定性良好的“结石体”。

用灌浆法进行地基加固,目的有以下几个方面:

(1)增加地基土的不透水性。防止流砂、钢板桩渗水、坝基漏水和隧道开挖时涌水,以及改善地下工程的开挖条件。

(2)防止桥墩和边坡护岸的冲刷。

(3)整治塌方滑坡,处理路基病害。

(4)提高地基土的承载力,减少地基的沉降和不均匀沉降。

(5)进行托换,常用于古建筑的地基加固。

国内外地基灌浆技术的突出特点,主要表现在以下几个方面:

(1)不仅在新建工程,而且在改建和扩建工程中都有广泛应用,实践证明灌浆法确实是一项重要且颇有发展潜力的地基加固技术。

(2)可用的浆材品种越来越多,尤其在我国对浆材性能和应用问题较系统和深入地研究后,有些浆材通过改性消除了缺点,正向理想浆材的方向演变。

(3)为解决特殊工程问题,化学浆材提供了更加有效的手段,使灌浆法的总体水平得到提高。然而,受造价、毒性和环境等因素的影响,国内外各类灌浆工程中仍是水泥系和水玻璃系浆材占主导地位;高价的有机化学浆材一般仅用于特别重要的工程中,以及上述两类浆材不能可靠地解决问题的特殊条件下。

(4)劈裂灌浆技术除在坝基中建成有效的防渗帷幕外,也取得了明显的发展,尤其是在软弱地基中,已被越来越多地用作提高地基承载力和消除或减少沉降的手段。

(5)在一些比较发达的国家中,已较普遍地在灌浆施工中设立电子计算机监测系统,用来专门收集和处理诸如灌浆压力、浆液稠度和进浆量等重要数据,这不仅大大提高了工作效率,还能更好地控制灌浆工序和了解灌浆过程本身。

(6)由于灌浆施工属隐蔽性工程,复杂的地层构造和裂隙系统难以模拟,故开展理论研究实为不易。与浆材品种的研究相比,国内外在灌浆理论方面都仍比较薄弱。

灌浆法的应用范围:

(1)地铁的灌浆加固。用于减少施工时地面位移,限制地下水的流动和控制施工现场土体的位移等。

(2)坝基砂砾石灌浆。作为坝基的有效防渗措施。

(3)对钻孔灌注桩的两侧和底部进行灌浆,以提高桩与土间的表面摩阻力和桩端土体的力学强度。

(4)后拉锚杆灌浆。在深基坑开挖工程中,用灌浆法做成锚头。

(5)竖井灌浆。用于处理流砂和不稳定地层。

(6)隧洞大塌方灌浆加固。

(7)用灌浆法纠偏和回升建筑。

(8)加固桥索支座岩石。

二、灌浆浆液材料

灌浆工程中所用的浆液是由主剂(原材料)、溶剂(水或其他溶剂)及各种外加剂混合而成的。通常所提的灌浆材料是指浆液中所用的主剂。外加剂可根据在浆液中所起的作用,分为固化剂、催化剂、速凝剂、缓凝剂和悬浮剂等。

(一)浆液材料分类

浆液材料分类的方法很多,如:①按浆液所处状态,可分为真溶液、悬浮液和乳化液;②按工艺性质,可分为单浆液和双浆液;③按主剂性质,可分为无机系和有机系等。

通常情况下,浆液材料可按图 4-39 进行分类。

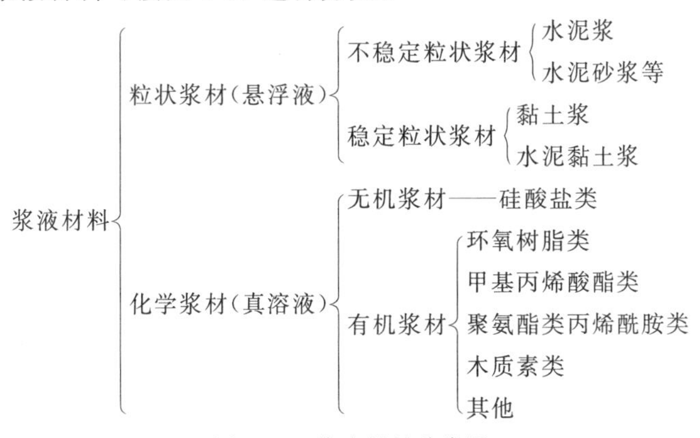

图 4-39 浆液材料分类图

1. 粒状浆材

粒状浆材是指由水泥、黏土、沥青以及它们的混合物制成的浆液。通常绝大多数采用纯水泥浆、水泥黏土浆和水泥砂浆，故又称为水泥基浆液。

水泥基浆液是以水泥浆为主的浆液，在地下水无侵蚀性条件下，一般都采用普通硅酸盐水泥。这种浆液是一种悬浊液，能形成强度较高和渗透性较小的结石体。它取材容易，配方简单，价格便宜，不污染环境，故成为国内外常用的浆液。但由于浆液常用的水泥颗粒较粗，一般只能灌注直径大于 0.2mm 的孔隙，而不易灌进土中较小孔隙。国内所用浆液颗粒较粗，一般粗砂以下的颗粒很难灌入。日本开发了超细水泥 MC-500 及其灌浆技术。超细水泥是由极细的水泥颗粒组成的无机材料，和一般水泥浆相比具有较好的渗透性能，能渗入细砂层（渗透系数为 $10^{-4} \sim 10^{-3}$ cm/s）和岩石的细裂隙中。与一般化学浆材相比，它具有较高的强度和较好的耐久性能。水泥浆的水灰比变化范围一般为 0.6～2.0，常用的水灰比为 1∶1。为了调节水泥浆的性能，有时可加入速凝剂或缓凝剂等附加剂。常用速凝剂有水玻璃和氯化钙，用量为水泥重量的 1%～2%；常用的缓凝剂有木质磺酸钙和酒石酸，用量为水泥重量的 0.1%～0.5%。常在水泥浆中掺入的各种附加剂如表 4-15 所示。

表 4-15　水泥浆的附加剂及掺量表

名称	试剂	掺量占水泥重量比/%	说明
速凝剂	氯化钙	1～2	加速凝结和硬化
	硅酸钠	0.5～3	加速凝结
	铝酸钠		
缓凝剂	木质磺酸钙	0.2～0.5	亦增加流动性
	酒石酸	0.1～0.5	
	糖	0.1～0.5	
流动剂	木质磺酸钙	0.2～0.3	
	去垢剂	0.05	产生空气
加气剂	松香树脂	0.1～0.2	产生约 10%的空气
膨胀剂	铝粉	0.005～0.020	约膨胀 15%
	饱和盐水	30～60	约膨胀 1%
防析水剂	纤维素	0.2～0.3	
	硫酸铝	约 20	产生空气

2. 化学浆材

化学浆材的品种很多，包括环氧树酯类、甲基丙烯酸酯类、聚氨酯类、丙烯酰胺类、木质素类和硅酸盐类等。硅酸盐（水玻璃）灌浆始于 1887 年，是一种最古老的灌浆工艺。虽然硅酸盐浆材问世后出现了许多其他化学浆材，但硅酸盐仍然是当前主要的化学浆材，它占目前使用的化学浆材的90%以上。由于无毒、价廉和可灌性好等优点，硅酸盐浆材依旧被欧美国家列在所有化学浆材的首位。

水玻璃($Na_2O \cdot nSiO_2$)在酸性固化剂作用下可产生凝胶，其浆液有很多种，几种较有实用价值和性能较好的如表4-16所示。

表4-16 几种较有实用价值和性能较好的水玻璃类浆液组成、性能及主要用途

原料		规格要求	用量(体积比)	凝胶时间	注入方式	抗压强度/MPa	主要用途	备注
水玻璃-氧化钠	水玻璃	模数:2.5～3.0 浓度:43～45Be′	45%	瞬间	单管或双管	<3.0	地基加固	注浆效果受操作技术影响较大
	氯化钙	密度:1.26～1.28 浓度:30～32Be′	55%					
水玻璃-铝酸钠	水玻璃	模数:2.3～3.4 浓度:40Be′	1	几十秒至几十分钟	双液	<3.0	堵水或地基加固	改变水玻璃模数、浓度、铝酸钠含铝量和温度可调节凝胶时间，铝酸钠含铝量多少影响抗压强度
	铝酸钠	含铝量:0.01～0.19(kg/L)	1					
水玻璃-硅氟酸	水玻璃	模数:2.4～3.4 浓度:30～45Be′	1	几秒至几十分钟	双液	<1.0	堵水或地基加固	两液等体积注浆，硅氟酸不足部分加水补充，两液相遇有絮状沉淀产生
	硅氟酸	浓度:28～30Be′	0.1～0.4					

水玻璃水泥浆由水玻璃溶液与水泥浆混合而成，也是一种用途广泛、使用效果良好的灌浆材料。它的特点如下：①浆液的凝结时间可在几秒钟到几十分钟内准确控制；②凝固后的结石率高；③结石的抗压强度较高等。

各种浆液材料对地层的适用范围见表4-17。

（二）浆液材料选择要求

(1)浆液应是真溶液而不是悬浊液，且浆液黏度低，流动性好，能进入细小裂隙。

(2)浆液凝胶时间可以从几秒至几小时范围内随意调节，并能准确控制，浆液一经发生凝胶就会在瞬间完成。

(3)浆液的稳定性好。在常温常压下，长期存放不改变性质，不发生任何化学反应。

(4)浆液无毒无臭。不污染环境，对人体无害，属非易爆物品。

(5)浆液应对注浆设备、管路、混凝土结构物、橡胶制品等无腐蚀性，并容易清洗。

(6)浆液固化时无收缩现象，固化后与岩石、混凝土等有一定黏结性。

表 4-17　各种浆液材料对地层的适用范围表

类别	浆液名称	砾石			砂石			粉粒	黏粒
		大	中	小	粗	中	细		
无机系	单液水泥浆								
	水泥黏土类								
	水泥水玻璃类								
	水玻璃类								
有机系	丙烯酰胺类								
	铬木素类								
	脲醛树脂类								
	聚氨酯类								
	糠醛树脂类								
粒径/mm		10　4　2　0.5　0.25　0.05　0.005							
渗透系数/(cm·s^{-1})		10^{-1}　10^{-2}　10^{-3}　10^{-4}　10^{-5}							

(7)浆液结石体有一定抗压和抗拉强度，不龟裂，抗渗性能和防冲刷性能好。

(8)结石体耐老化性能好，能长期耐酸、碱、盐、生物细菌等腐蚀，且不受温度和湿度的影响。

(9)材料来源丰富，价格低廉。

(10)浆液配制方便，操作容易。

现有灌浆材料不可能同时满足上述要求，一种灌浆材料只能符合其中几项要求，因此在施工中要根据具体情况选用某一种较为合适的灌浆材料。

三、灌浆理论简述

在地基处理中，灌浆工艺所依据的理论主要归纳为以下 4 类。

(一)渗透灌浆

渗透灌浆是指在压力作用下浆液充填土的孔隙和岩石的裂隙，排挤出孔隙中存在的自由水和气体，而基本上不改变原状土的结构和体积(砂性土灌浆的结构原理)，所用灌浆压力相对较小。这类灌浆一般只适用于中砂以上的砂性土和有裂隙的岩石。

(二)劈裂灌浆

劈裂灌浆是指在压力作用下，浆液克服地层的初始应力和抗拉强度，引起岩石和土体结构的破坏和扰动，使其沿垂直于小主应力的平面上发生劈裂，使地层中原有的裂隙或孔隙张开，形成新的裂隙或孔隙，浆液的可灌性和扩散距离增大，而所用的灌浆压力相对较高。

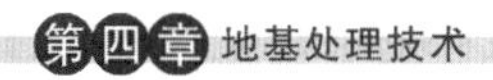

（三）压密灌浆

压密灌浆是指通过钻孔向土中灌入极浓的浆液，在注浆点使土体压密，在注浆管端部附近形成“浆泡”，如图 4-40 所示。当浆泡的直径较小时，灌浆压力基本上沿钻孔的径向扩展。随着浆泡尺寸逐渐增大，便产生较大的上抬力而使地面抬动。

压密灌浆常用于中砂地基，黏土地基中若有适宜的排水条件也可采用。此外，压密灌浆可用于非饱和土体，以调整不均匀沉降进行托换技术（纠偏），以及在大开挖或隧道开挖时对邻近土进行加固。

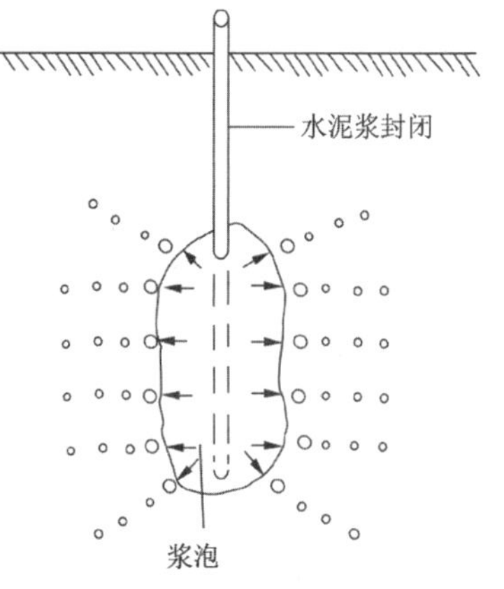

图 4-40　压密灌浆原理

（四）电动化学灌浆

如地基土的渗透系数 $K<10^{-4}$cm/s，只靠一般静压力难以使浆液注入土的孔隙，此时需利用电渗的作用使浆液进入土中。

电动化学灌浆是指在施工时将带孔的注浆管作为阳极，将滤水管作为阴极，将溶液由阳极压入土中，并通以直流电（两电极间电压梯度一般采用 0.3～1.0V/cm）。在电渗作用下，孔隙水由阳极流向阴极，促使通电区域中土的含水量降低，并形成渗浆通路，化学浆液也随之流入土的孔隙中，并在土中硬化。因而电动化学灌浆是在电渗排水和灌浆法的基础上发展起来的一种加固方法。但电渗排水作用可能会引起邻近既有建筑物基础的附加下沉，这一情况应予以重视。

通过对上述 4 类灌浆工艺所依据理论的简述，可以看出灌浆法对软地基的加固机理主要是化学胶结作用、惰性填充作用及离子交换作用。

根据灌浆实践经验及室内试验可知，加固后强度增大是受多种因素制约的复杂物理化学过程，除灌浆材料外，还有以下 3 个因素对加固机理的 3 种作用发挥起着重要的作用。

1. 浆液与界面的结合形式

灌浆时除了要采用强度较高的浆材外，还要求浆液与介质接触面具有良好的接触条件。图 4-41 表示浆液与界面结合的 4 种典型的形式。图 4-41(a)表示浆液完全充填孔隙或裂隙，浆液与界面能牢固地结合；图 4-41(b)表示浆液虽填满孔隙或裂隙，但两者间存在着一层连续的水膜，浆液未能与岩土界面牢固地结合；图 4-41(c)表示浆液虽也充满了孔隙或裂隙，但两者被一层软土隔开，且浆液未曾渗入土孔隙内，从而使整体加固强度大为降低；图 4-41(d)表示介质仅受到局部的胶结作用，地基的强度、透水性、压缩性等方面都无多大改善。由此可知，提高浆液对孔隙或裂隙的充填程度及对界面的结合能力，也是使介质强度增长的重要因素。

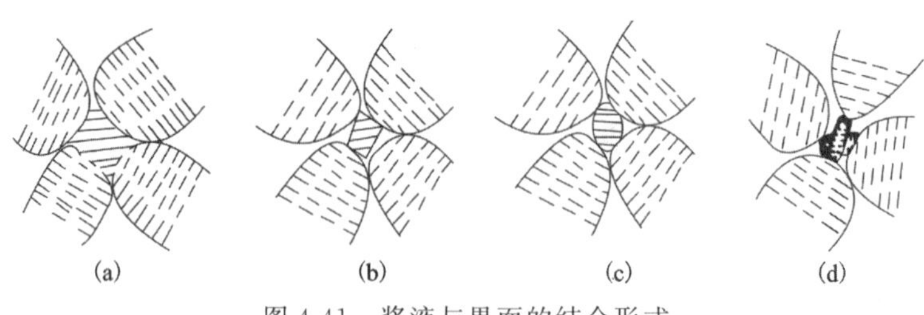

图 4-41　浆液与界面的结合形式

2. 浆液饱和度

孔隙或裂隙被浆液填满的程度称为浆液饱和度。一般饱和度越大，被灌介质的强度也越高。不饱和充填可能在饱水孔隙、潮湿孔隙或干燥孔隙中形成，原因有多种，灌浆工艺欠妥则是最关键的因素。例如用不同的灌浆压力和不同的灌浆延续时间，所得灌浆结果就不一样。

灌浆一般采用定量灌注方法，而不是灌浆至不吃浆为止。灌浆结束后，地层中的浆液往往仍具有一定的流动性，因而在重力作用下，浆液可能向前沿继续流失，使本来已被填满的孔隙重新出现空洞，从而使灌浆体的整体强度削弱。不饱和充填的另一个原因是采用不稳定的粒状浆液，如这类浆液太稀，且在灌浆结束后浆中的多余水分不能排除，则浆液将沉淀析水而在孔隙中形成空洞。可采用当浆液充满孔隙后继续通过钻孔施加最大灌浆压力，用稳定性较好的浆液，待已灌浆液达到初凝后设法在原孔段内进行复灌等措施，防止上述现象的发生。

3. 时间效应

许多浆液的凝结时间都较长，被灌介质的力学强度将随时间而增大。但有时为了使加固体尽快发挥作用必须缩短凝结时间，有时则为了维持浆液的可灌性要求适当延长浆液的凝结时间。许多浆材都具有明显的徐变性质，浆材和被灌介质的强度都将受加荷速率和外力作用时间的影响。浆液搅拌时间过长或同一批浆液灌注时间太久，都将使加固体的强度削弱。

四、灌浆设计计算

(一)设计程序和内容

地基灌浆设计一般遵循以下几个程序：

(1)地质调查。查明地基的工程地质特性和水文地质条件。

(2)方案选择。根据工程性质、灌浆目的及地质条件，初步选定灌浆方案。

(3)灌浆试验。除进行室内灌浆试验外，对较重要的工程还应选择有代表性的地段进行现场灌浆试验，以便为确定灌浆技术参数及灌浆施工方法提供依据。

(4)设计和计算。确定各项灌浆参数和技术措施。

(5)补充和修改设计。在施工期间和竣工后的运用过程中，根据观测所得的异常情况对原设计进行必要的调整。

设计主要包括以下内容：

(1)灌浆标准。通过灌浆要求达到的效果和质量指标。

(2)施工范围。包括灌浆深度、长度和宽度。

(3)灌浆材料。包括浆材种类和浆液配方。

(4)浆液影响半径。指浆液在设计压力下所能达到的有效扩散距离。

(5)钻孔布置。根据浆液影响半径和灌浆体设计厚度,确定合理的孔距、排距、孔数和排数。

(6)灌浆压力。规定不同地区和不同深度的允许最大灌浆压力。

(7)灌浆效果评估。用各种方法和手段检测灌浆效果。

(二)方案选择

灌浆方案的选择一般应遵循以下原则:

(1)灌浆目的如是提高地基强度和变形模量,一般可选用以水泥为基本材料的水泥浆、水泥砂浆和水泥水玻璃等,也可采用高强度化学浆材,如环氧树脂、聚氨酯以及以有机物为固化剂的硅酸盐浆材等。

(2)灌浆目的如是防渗堵漏,可采用黏土泥浆、黏土水玻璃浆、水泥粉煤灰混合物、丙凝、铬木素以及无机试剂为固化剂的硅酸盐浆液等。

(3)在裂隙岩层中灌浆一般采用纯水泥浆,或在水泥浆、水泥砂浆中掺入少量膨润土;在砂砾石层中或在溶洞中采用黏土水泥浆;在砂层中一般只采用化学浆液;在黄土中采用单液硅化法或碱液法。

(4)在孔隙较大的砂砾石层或裂隙岩层中应采用渗入性注浆法,在砂层灌注粒状浆材宜采用水力劈裂法,在黏性土层中应采用水力劈裂法或电动硅化法,矫正建筑物的不均匀沉降则应采用压密灌浆法。

在浆材选用上,有时还需考虑浆材对人体的危害或对环境的污染问题。

(三)灌浆标准

1. 防渗标准

防渗标准不是绝对的,应根据每个工程各自的特点,通过技术、经济比较确定一个相对合理的指标。对重要的防渗工程,一般均要求将地基土的渗透系数降低至 10^{-4} cm/s 以下。对临时性工程或允许出现较大渗漏量而又不导致发生渗透破坏的地层,也有采用 10^{-3} cm/s 数量级渗透系数的工程实例。

2. 强度和变形标准

根据灌浆的目的,强度和变形的标准将随各工程的具体要求而不同。如为了增加摩擦桩的承载力,则应沿桩的周边灌浆,以提高桩侧界面间的黏聚力;对于支承桩,则应在桩底灌浆,以提高桩端土的抗压强度和变形模量;为了减少坝基础的不均匀变形,则仅需在坝下游基础受压部位进行固结灌浆,从而提高地基土的变形模量,而无需在整个坝基灌浆;对于振动基础，有时灌浆只是为了改变地基的自然频率以消除共振条件，因而不一定需要用强度较高的浆材；为了减小挡土墙的土压力，则应在墙背至滑动面附近的土体中灌浆，以提高地基土的重度和滑动面的抗剪强度。

3. 施工控制标准

灌浆后的质量指标只能在施工结束后通过现场检测来确定。有些灌浆工程甚至不能进行现场检测，因此必须制订一个能保证获得最佳灌浆效果的施工控制标准。

在正常情况下注入的理论耗浆量（Q）为：

$$Q = V \cdot n \cdot m \tag{4-31}$$

式中：V 为设计灌浆体积（m^3）；n 为土的孔隙率；m 为无效注浆量（m^3）。

灌浆效果可根据耗浆量的降低率进行控制。由于灌浆是按逐渐加密原则进行的，孔段耗浆量应随加密次序的增加而逐渐减少。若起始孔距布置正确，则第二次序孔的耗浆量将比第一次序孔大为减少，这是灌浆取得成功的标志。

（四）浆材及配方设计原则

根据土质和灌浆目的的不同，注浆材料的选择如表 4-18 和表 4-19 所示。

表 4-18　土质不同对注浆材料的选择

<table>
<tr><th colspan="2">土质名称</th><th>注浆材料</th></tr>
<tr><td rowspan="3">黏性土和粉土</td><td>粉土</td><td rowspan="3">水泥类注浆材料及水玻璃悬浊型浆液</td></tr>
<tr><td>黏土</td></tr>
<tr><td>黏质粉土</td></tr>
<tr><td rowspan="2">砂质土</td><td>砂</td><td rowspan="2">渗透性溶液型浆液（在预处理时使用水玻璃悬浊型浆液）</td></tr>
<tr><td>粉砂</td></tr>
<tr><td colspan="2">砂砾</td><td>水玻璃悬浊型浆液（大孔隙）、渗透性溶液型浆液（小孔隙）</td></tr>
<tr><td colspan="2">层界面</td><td>水泥类水玻璃悬浊型浆液</td></tr>
</table>

表 4-19　注浆目的的不同对注浆材料的选择

<table>
<tr><th colspan="3">项目</th><th>基本条件</th></tr>
<tr><td rowspan="5">改良目的</td><td colspan="2">堵水注浆</td><td>渗透性好、黏度低的浆液（作为预注浆时使用悬浊型浆液）</td></tr>
<tr><td rowspan="3">加固地基</td><td>渗透注浆</td><td>渗透性好，有一定强度，即黏度低的溶液型浆液</td></tr>
<tr><td>脉状注浆</td><td>凝胶时间短的均质凝胶，强度大的悬浊型浆液</td></tr>
<tr><td>渗透脉状注浆并用</td><td>均质凝胶强度大且渗透性好的浆液</td></tr>
<tr><td colspan="2">防止涌水注浆</td><td>凝胶时间不受地下水稀释而延缓的浆液、瞬时凝固的浆液（溶液或悬浊型）（使用双层管）</td></tr>
</table>

续表 4-19

项目		基本条件
综合注浆	预处理注浆	凝胶时间短，均质凝胶强度比较大的悬浊型浆液
	正式注浆	和预处理材料性质相似的渗透性好的浆液
特殊地基处理注浆		对酸性、碱性地基、泥炭应事前进行试验校核再选择注浆材料
其他注浆		研究环境保护（毒性、地下水污染、水质污染等）

（五）确定扩散半径

浆液扩散半径（r）是一个重要参数，它对灌浆工程量及造价具有重要的影响。r值可通过有关的计算公式进行计算，当地质条件较复杂或计算参数不易选准时，应通过现场灌浆试验来确定。现场灌浆试验时，常采用三角形和矩形布孔方法，见图 4-42 和图 4-43。

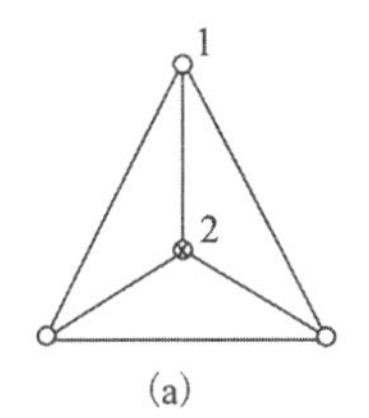

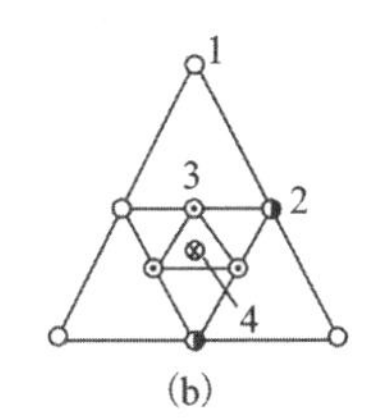

图 4-42　三角形布孔

（a）1-灌浆孔；2-检查孔。

（b）1-Ⅰ序孔；2-Ⅱ序孔；3-Ⅲ序孔；4-检查孔

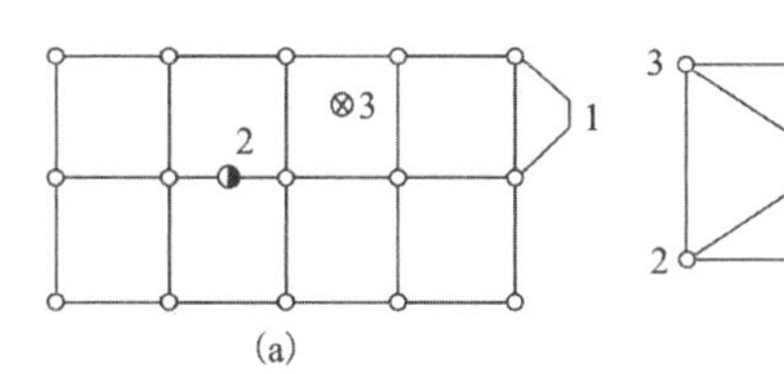

图 4-43　矩形或方形布孔

（a）1-灌浆孔；2-试井；3-检查孔。

（b）1～4-第Ⅰ次序孔；5-第Ⅱ次序孔；6-检查孔

灌浆试验结束后，需对浆液扩散半径进行评价，评价步骤如下：钻孔压水或注水，求出灌浆体的渗透性；钻孔取样品，检查孔隙充填情况；通过大口径钻井或人工开挖竖井，用肉眼检查地层充浆情况，采取样品进行室内试验。

由于多数地基是不均匀的，尤其是在深度方向上，不论是理论计算还是现场灌浆试验都很难求出整个地层具有代表性的 r 值，实际工程中又往往只能采用均匀布孔的方法。因此，在设计时应注意以下几点：

（1）在现场进行试验时，应选择不同特点的地基，用不同的灌浆方法，以求得不同条件下浆液的 r 值。

（2）所谓扩散半径 r 并非是最远距离，而是能符合设计要求的扩散距离。

（3）在确定扩散半径时，应选择多数条件下可达到的数值，而不是取平均值。

（4）当有些地层因渗透性较小而不能达到 r 值时，可提高灌浆压力或浆液的流动性，必要时还可在局部地区增加钻孔以缩小孔距。

（六）孔位布置

注浆孔的布置应根据浆液的注浆有效范围相互重叠，使被加固土体在平面和深度范围内连成一个整体。

1. 单排孔的布置

如图 4-44 所示，l 为灌浆孔距，r 为浆液扩散半径，则灌浆体的厚度 b 为：

$$b=2\sqrt{r^2-\left[(l-r)+\frac{r-(l-r)}{2}\right]^2}=2\sqrt{r^2-\frac{l^2}{4}} \tag{4-32}$$

当 $l=2r$ 时，两圆相切，b 值为零。

如灌浆体的设计厚度为 T，则灌浆孔距为：

$$l=2\sqrt{r^2-\frac{T^2}{4}} \tag{4-33}$$

在式(4-33)进行孔距设计时，可能出现以下几种情况：

(1)当 l 值接近零、b 值仍不能满足设计厚度时，应考虑采用多排灌浆孔。

(2)虽然单排孔满足设计要求，但若孔距太小，钻孔数太多，应进行两排孔方案比较。

(3)从图 4-45 中可见，设 T 为设计帷幕厚度，h 为弓形高，L 为弓长，则每个灌浆孔的无效面积为：

$$S_n=2\times\frac{2}{3}\cdot L\cdot h \tag{4-34}$$

式中：$L=l$，$h=r-T/2$。

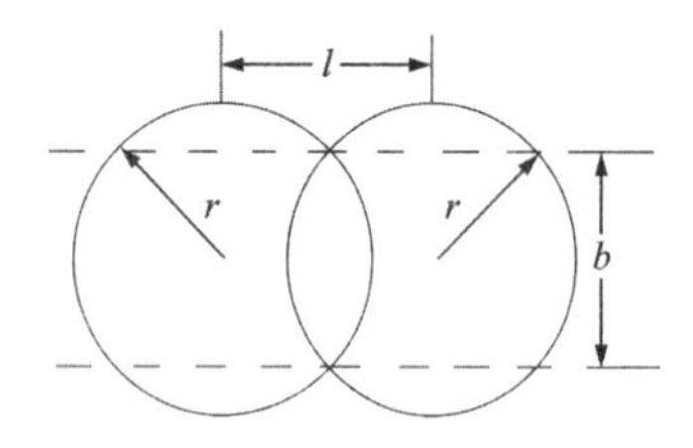

图 4-44 单排孔的布置

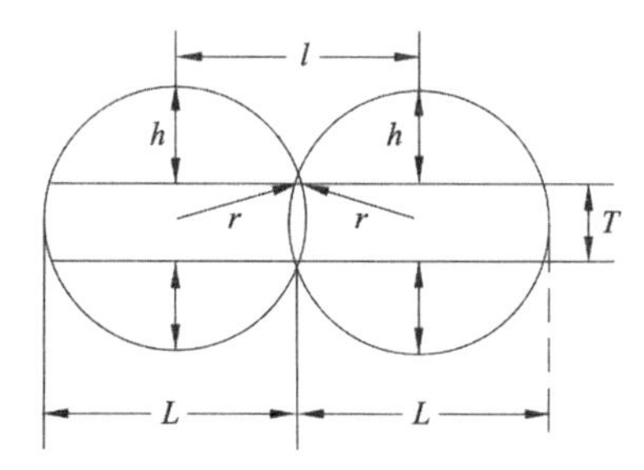

图 4-45 无效面积计算图

设土的孔隙率为 n，且浆液填满整个孔隙，则浆液的浪费量为：

$$m=S_n\cdot n=\frac{4}{3}\cdot L\cdot h\cdot n \tag{4-35}$$

由此可见，l 值越大，对减少钻孔数越有利，但可能造成的浆液浪费量也越大，故设计时应对钻孔费用和浆液费用进行比较。

2. 多排孔布置

当单排孔不能满足设计厚度的要求时，就应采用两排以上的多排孔。而多排孔的设计原则是充分发挥灌浆孔的潜力，以获得最大的灌浆体厚度，不允许出现两排孔间的搭接不紧密的“窗口”，也不要求搭接过多出现浪费。图 4-46 为两排孔正好紧密搭接的最优设计布孔方案。

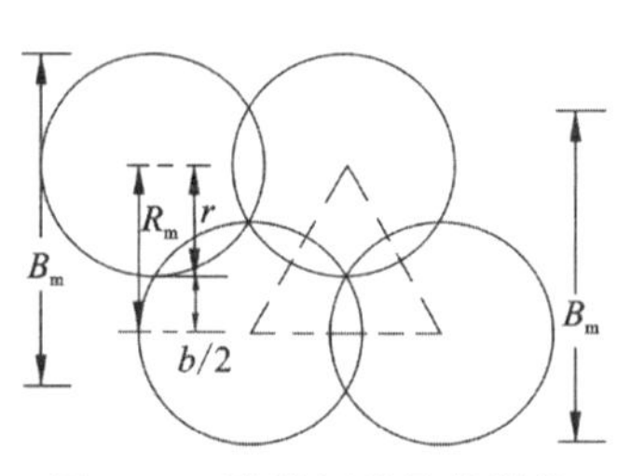

图 4-46 孔排间的最优搭接

根据上述分析，可推导出最优排距 R_m 的最大灌浆有效厚度 B_m 的计算式如下。

(1)两排孔：

$$R_m = r + \frac{b}{2} = 2\sqrt{r^2 - \frac{l^2}{4}} \tag{4-36}$$

$$B_m = 2r + b = 2\left(r + \sqrt{r^2 - \frac{l^2}{4}}\right) \tag{4-37}$$

(2)三排孔：R_m 与两排孔的计算相同。

$$B_m = 2r + 2b = 2\left(r + 2\sqrt{r^2 - \frac{l^2}{4}}\right) \tag{4-38}$$

(3)五排孔：R_m 与两排孔的计算相同。

$$B_m = n\left(r + \frac{b}{2}\right) = n\left(r + \sqrt{r^2 - \frac{l^2}{4}}\right) \tag{4-39}$$

综上所述，可得出多排孔的最优排距计算式，即两排孔的最优排距计算式，最优厚度如下。

奇数排：

$$\begin{aligned} B_m &= (n-1)\left[r + \frac{(n+1)}{(n-1)} \cdot \frac{b}{2}\right] \\ &= (n-1)\left[r + \frac{(n+1)}{(n-1)}\sqrt{r^2 - \frac{l^2}{4}}\right] \end{aligned} \tag{4-40}$$

偶数排：

$$B_m = n\left(r + \frac{b}{2}\right) = n\left(r + \sqrt{r^2 - \frac{l^2}{4}}\right) \tag{4-41}$$

式中：n 为灌浆孔排数。

在设计工作中，常遇到 n 排孔厚度不够，但($n+1$)排孔厚度又偏大的情况，如有必要，可用放大孔距的办法来调整。另外，也要对钻孔费和浆材费进行比较，以确定合理的孔距。灌浆体的无效面积 S_n 仍可用有关公式进行计算，但式中 T 值仅为边排孔的厚度。

(七)灌浆压力

灌浆压力是指在不使地表面产生变化和邻近建筑物受到影响的前提下可能采用的最大压力。

由于浆液的扩散能力与灌浆压力的大小密切相关，有时倾向于采用较高的灌浆压力，在保证灌浆质量的前提下，使钻孔数尽可能减少，高的灌浆压力还能使一些微细孔隙张开，有助于提高可灌性。当孔隙被某种软弱材料充填时，高灌浆压力能在充填物中造成劈裂灌注，使软弱材料的密度、强度和不透水性等得到改善。此外，高灌浆压力还有助于挤出浆液中的多余水分，使浆液结石的强度提高。

灌浆压力值与地层土的密度、强度和初始应力、钻孔深度、位置及灌浆次序等因素有关，而这些因素又可准确预知，因而宜通过现场灌浆试验来确定。

（八）其他

1. 灌浆量

灌浆用量的体积应为土的孔隙体积，但在灌浆过程中，浆液并不可能完全充满土的孔隙体积，而土中水分亦占据孔隙的部分体积。因此，在计算浆液用量时，通常应乘以小于1的灌注系数，但考虑到浆液容易流到设计范围以外，灌注所需的浆液总用量(Q)可参照下式进行计算：

$$Q = K \cdot V \cdot n \cdot 1000 \tag{4-42}$$

式中：Q为浆液总用量(L)；V为注浆对象的体量(m^3)；n为土的孔隙率；K为经验系数。对软土、黏性土、细砂，$K=0.3\sim0.5$，对于中砂、粗砂，$K=0.5\sim0.7$，对于砾砂，$K=0.7\sim1.0$，对于湿陷性黄土，$K=0.5\sim0.8$。

一般情况下，黏性土地基中的浆液注入率为15%～20%。

2. 注浆顺序

注浆顺序必须采用适合地基条件、现场环境及注浆目的的方法进行，一般不宜采用自注浆地带某一端单向推进压注方式，应按跳孔间隔注浆方式进行，以防止串浆，提高注浆孔内浆液的强度与时俱增的约束性。对有地下动水流的特殊情况，应考虑浆液在动水流下的迁移效应，从水头高的一端开始注浆。

对加固渗透系数相同的土层，首先应完成最上层封顶注浆，然后按由下而上的原则进行注浆，以防浆液上冒。如土层的渗透系数随深度的增大而增大，则应自下而上进行注浆。

注浆时应采用先外围后内部的注浆顺序。若注浆范围以外有边界约束条件（能阻挡浆液流动的障碍物）时，也可采用自内侧开始往外侧的注浆方法。

3. 初凝时间

初凝时间必须根据灌浆土层的体积、渗透性、孔隙尺寸、孔隙率、浆液的流变性和地下水流速等实际情况而定。总之，浆液的初凝时间应足够长，以便计划注浆量能渗入到预定的影响半径内。当在地下水中灌浆时，除应按控制注浆速率以防浆液过分稀释或被冲走外，还应设法使浆液在灌注过程中凝结。浆液的凝结时间可分为以下4种：

（1）极限灌浆时间。到达极限灌浆时间后，浆液已具有相当的结构强度，其阻力已达到使注浆速率极慢或等于零的程度。

（2）零变位时间。在此时间内，浆液已具有足够的结构强度，以使在停止灌浆后能有效地抵抗地下水的冲蚀和推移时间。

（3）初凝时间。规定出适用于不同浆液的标准试验方法，测出初凝时间，供研究配方时参考。

（4）终凝时间。终凝时间代表浆液的最终强度性质，在此时间内材料的化学反应实际已终止。在一般防渗灌浆工程中，前3种凝结时间具有特别重要的意义。但在某些特殊条件下，例如在粉细砂层中开挖隧道或基坑时，为了缩短工期和确保安全，终凝时间就成为重要的控制指标。

五、注浆施工工艺

（一）注浆施工方法的分类

注浆施工方法的分类主要有两种：一是按注浆管设置方法分类；二是按注浆材料混合方法或灌注方法分类，如表 4-20 所示。

表 4-20 注浆施工方法分类表

<table>
<tr><th colspan="3">注浆管设置方法</th><th>混合方法</th><th>凝胶时间</th></tr>
<tr><td rowspan="2">单层管注浆法</td><td colspan="2">钻杆注浆法</td><td rowspan="2">双液单系统</td><td rowspan="2">中等</td></tr>
<tr><td colspan="2">单过滤管（花管）注浆法</td></tr>
<tr><td rowspan="6">双层管注浆法</td><td rowspan="3">双层管双栓塞注浆法</td><td>套管法</td><td rowspan="3">单液单系统</td><td rowspan="3">长</td></tr>
<tr><td>泥浆稳定土层法</td></tr>
<tr><td>双过滤器法</td></tr>
<tr><td rowspan="3">双层管钻杆注浆法</td><td>DDS 法</td><td rowspan="3">双液双系统</td><td rowspan="3">短</td></tr>
<tr><td>LAG 法</td></tr>
<tr><td>MT 法</td></tr>
</table>

1. 按注浆管设置方法分类

（1）钻孔方法。该法主要是用于基岩、砂砾层或已经压实过的地基。这种方法与其他方法相比，具有不使地基土扰动和可使用填塞器等优点，但一般工程费用较高。

（2）打入方法。当灌浆深度较浅时可采用打入法，即在注浆管顶端安装柱塞，用打桩锤或振动机将注浆管或有效注浆管打进地层中的方法。打入方法为了拆卸柱塞，需将打进后的注浆管拉起，故不能从上向下灌注。采用有效注浆管时，在打进过程中孔眼堵塞较多，洗净费时。

（3）喷注方法。比较均质的砂层或注浆管打进困难的地方而采用的方法，此方法是利用泥浆泵和喷嘴进行水射流来设置注浆管，因为容易扰动地基，所以不是理想的方法。

2. 按灌注方法分类

（1）单液单系统方式。将所有的材料放进同一箱子中，预先做好混合准备再进行注浆，适用于凝胶时间较长的情况。

（2）双液单系统方式。将 A 溶液和 B 溶液预先分别装在不同的箱子中，再分别用泵输送，在注浆管的头部使两种溶液汇合。这种在注浆管中混合进行灌注的方法适用于凝胶时间较短的情况。对于两种溶液，可按等量配合或按比例配合。

(3)双液双系统方式。将 A 溶液和 B 溶液分别放在不同的箱子中,用不同的泵输送,在注浆管(并列管、双层管)顶端流出的瞬间,两种溶液汇合而注浆。这种方法适用于凝胶时间是瞬间的情况。

3. 按注浆方法分类

(1)钻杆注浆法。钻杆注浆法是把注浆用的钻杆(单管),由钻孔钻到所规定的深度后,把注浆材料通过钻杆注入地层中的一种方法。钻孔达到规定深度后的注浆点称为注浆起点,如图 4-47 所示。

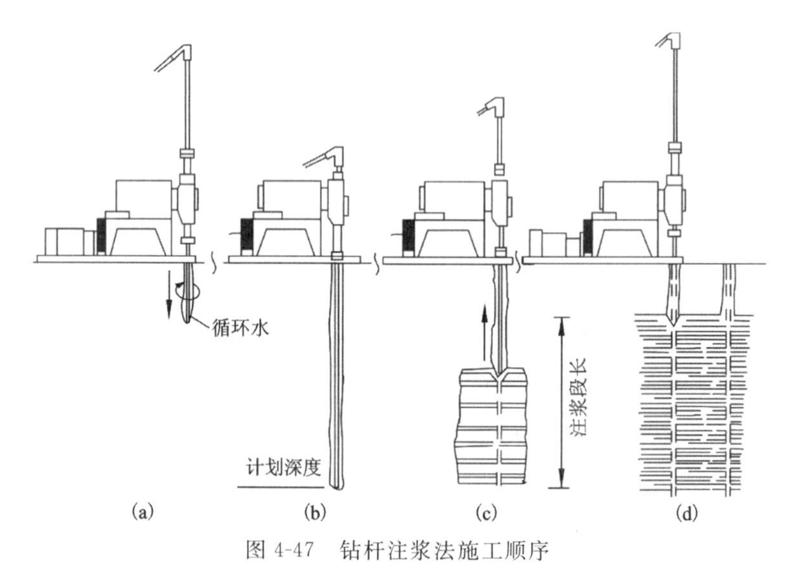

图 4-47 钻杆注浆法施工顺序

(a)安装机械,开始钻孔;(b)打钻完毕,注浆开始;(c)阶段注浆;(d)注浆结束,水洗,移动

与其他注浆法相比较,钻杆注浆法的优点是容易操作,施工费用较低;缺点是浆液容易沿钻杆和钻孔的间隙往地表喷浆,浆液喷射方向受到限制,即为垂直单一的方向。

(2)单过滤管(花管)注浆法。单过滤管(花管)注浆法如图 4-48 所示,将过滤管先设置在钻好的地层中并填砂,管与地层间所产生的间隙(从地表到注浆位置)用填充物(黏性土或注浆材料等)封闭,防止浆液溢出地表,一般从上往下依次进行注浆,每注完一段,用水将管内的砂冲洗出后,反复上述操作。这样逐段往下注浆的方法比钻杆注浆法的可靠性高。此方法的优点是在较大的平面内可得到同样的注浆深度;注浆施工顺序自上而下进行,注浆效果可靠;化学浆液从多孔扩散,且水平喷射渗透易均匀;注浆管设置和注浆工作分开,容易管理;化学浆液喷出的开口面积比钻杆注浆的大,一般只需较小的注浆压力,且注浆压力很少出现急剧性变化。缺点是注浆管的加工及设置麻烦,造价高;注浆结束后回收注浆管困难,且有时可能成为施工障碍。

(3)双层管双栓塞注浆法。该法是沿着注浆管轴限定在一定范围内进行注浆的一种方法,即在注浆管中有两处设有两个栓塞,使注浆材料从栓塞中间向管外渗出,其施工顺序如图 4-49 所示。注意事项如下:①钻孔通常用优质泥浆进行护壁,很少使用套管护壁;②插入双层管目的是使封填材料的厚度均匀,应设法使双层管位于钻孔的中心;③用封填材料置换

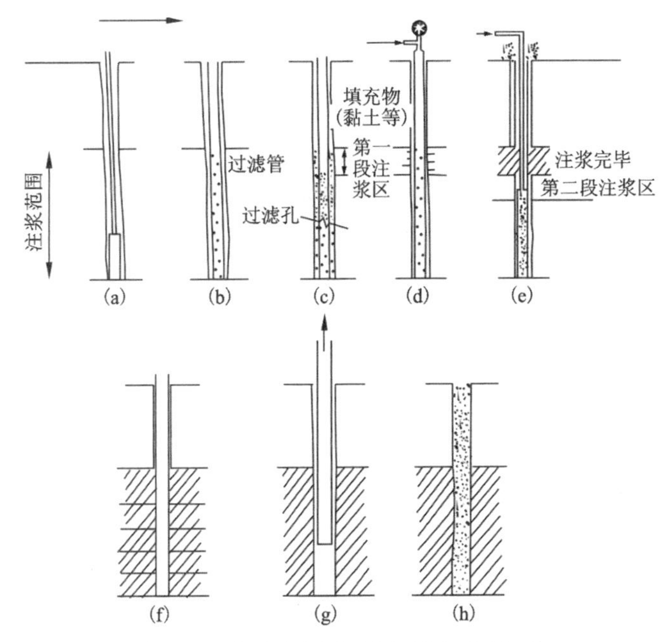

图 4-48 单过滤管(花管)注浆法施工顺序

(a)利用岩芯管等钻孔;(b)插入过滤管;(c)管内外填砂及黏土;(d)第一阶段注浆;
(e)第二阶段注浆,第一阶段砂洗出;(f)反复(d)、(e)直到注浆完毕;
(g)提升过滤管;(h)过滤管孔回填或注浆

孔内泥浆,浇注时应避免封填材料进入管内,并严防孔内泥浆混入封填材料中;④注浆时应待封填材料具有一定强度后,再在管内放入带双塞的灌浆管进行注浆;⑤封填材料都采用以黏土为主、水泥为辅的低强度配方,为了提高封填材料的脆性,有时还掺入细砂或采用粉粒含量较高的黏性土。

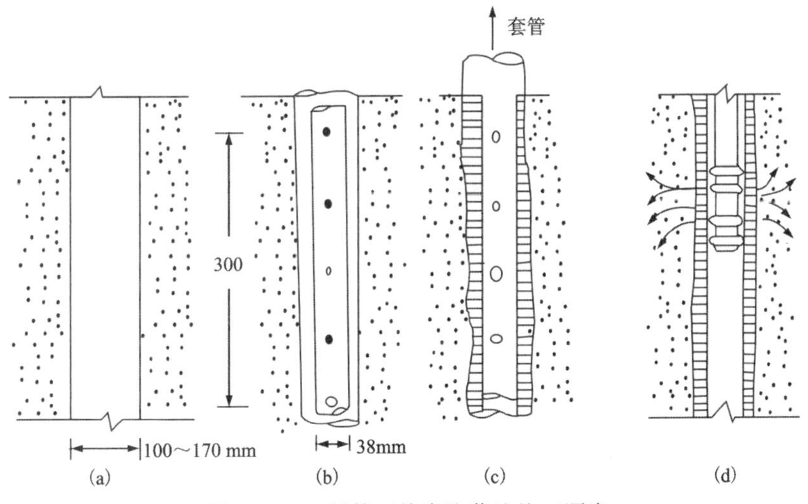

图 4-49 双层管双栓塞注浆法施工顺序

(a)钻孔后插入套管;(b)插入双层管;(c)浇注封填材料,提升套管;
(d)插入带双止浆塞的注浆管,开始注浆

(4)双层管钻杆注浆法。双层管钻杆注浆法是将 A、B 两浆液分别送到钻杆的端头，浆液在端头所安装的喷枪里或从喷枪中喷出之后混合注入地基。此方法注浆设备及其施工原理与钻杆注浆法基本相同，不同的是双层管钻杆注浆法的钻杆在注浆时为旋转注浆，同时在端头增加了喷枪。注浆顺序等也与钻杆注浆法相同，但段长较短，注浆密实，注入的浆液集中，不会向其他部位扩散，所以原则上可采用定量注浆方式。双层管端头前的喷枪是在钻孔中垂直向下喷出循环水，而在注浆时喷枪是横向喷出浆液的，A、B 两浆液有的在喷枪内混合，有的在喷枪外混合。图 4-50 为喷枪在各种方法(DDS 注浆法、LAG 注浆法、MT 注浆法)注浆中的状态。

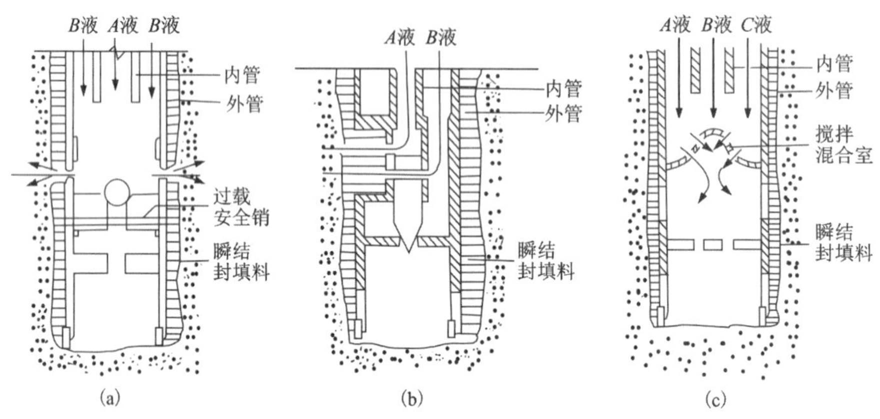

图 4-50 双层管钻杆注浆法端头前的喷枪在各种方法注浆中的状态

(a)DDS 注浆法；(b)LAG 注浆法；(c)MT 注浆法

(二)注浆施工的机械设备

目前常用的注浆施工机械及其性能如表 4-21 所示。注浆泵采用双液等量泵，因此检查时应重点检查两液能否等量排出。搅拌器和混合器根据不同的化学浆液和不同的厂家而有各自的型号。在城市的房屋建筑中，注浆深度通常在 40m 以内，且应为小孔径钻孔，使用立轴式回转油压钻机。

表 4-21 常用注浆施工机械及其性能表

设备种类	型号	性能	质量/kg	备注
钻机	主轴旋转式 D-2 型 (340 给油式)	旋转速度：160r/min、300r/min、600r/min、1000r/min； 功率：5.5kW(7.5 马力)； 钻杆外径：40.5mm； 轮周外径：41.0mm	500	钻孔用
注浆泵	卧式二连单管复动活塞式 BGW 型	容量：16～60L/min； 最大压力：3.628MPa； 功率：3.7kW(5 马力)	350	注浆用

续表 4-21

设备种类	型号	性能	质量/kg	备注
水泥搅拌机	立式上下两槽式 MVM5 型	容量:上下槽各 250L; 叶片旋转数:160r/min; 功率:2.2kW(3 马力)	340	不含有水泥时的化学浆液不用
化学浆液混合器	立式上下两槽式	容量:上下槽各 220L; 搅拌容量:20L; 手动式搅拌	80	化学浆液的配制和混合
齿轮泵	KI-6 型齿轮旋转式	排出量:40L/min; 排出压力:0.1MPa; 功率:2.2kW(3 马力)	40	从化学浆液槽往混合器送入化学浆液
流量、压力仪表	附有自动记录仪电磁式浆液 EP	流量计测定范围:40L/min; 压力计:3MPa(布尔登管式); 记录仪双色{流量:蓝色; 压力:红色}	120	

（三）灌浆

(1)注浆孔的钻孔孔径一般为 70～110mm，垂直偏差应小于 1%。注浆孔有设计角度时，倾角偏差不得大于 20″。

(2)注浆压力一般与加固深度的覆盖压力、建筑物的荷载、浆液黏度、灌注速度和灌浆量等因素有关。注浆过程中压力是变化的，初始压力小，终止压力高，在一般情况下每深 1m 压力增加 20～50kPa。

(3)若进行第二次注浆，化学浆液的黏度应较小，不宜采用自行密封式密封圈装置，宜采用两端用水加压的膨胀密封型注浆芯管。

(4)灌浆结束后要及时拔管，否则浆液会凝住管子增加拔管困难。用塑料阀管注浆时，注浆芯管每次上拔高度应为 330mm，花管注浆时，花管每次上拔或下钻高度宜为 500mm。拔出管后在土中留下的孔洞，应用水泥砂浆或土料填塞。

(5)灌浆的流量一般为 7～10L/min。对充填型灌浆，流量可适当加快，但也不宜大于 20L/min。

(6)在满足强度要求的前提下，可用磨细粉煤灰或粗灰部分地替代水泥，掺入量应通过试验确定。一般掺入量为水泥用量的 20%～50%。

(7)为了改善浆液性能，可在水泥浆液拌制时加入一些外掺剂，如加速浆体凝固的水玻璃，一般掺加量为 0.5%～3%；提高浆液扩散能力和可泵性的表面活性剂(或减水剂)，用三乙醇胺等，其掺量为水泥用量的 0.3%～0.5%；提高浆液的均匀性和稳定性，防止固体颗粒离析和沉淀而掺加的膨润土，其掺加量不宜大于水泥用量的 5%。

(8)冒浆处理。土层的上部压力小,下部压力大,浆液就有向上抬高的趋势。灌注深度大,上抬不明显,而灌注深度浅,浆液上抬较多,甚至会溢到地面上来,此时可采用间歇灌注法,即让一定数量的浆液灌注入上层孔隙大的土中后,暂停灌注,让浆液凝固,几次反复,就可把上抬的通道堵死,也可加快浆液的凝固时间,使浆液出注浆管就凝固。工程实践证明,需加固的土层之上应有不少于1m厚的土层,否则应采取措施防止浆液上冒。

六、灌浆施工质量检验

灌浆效果与灌浆质量的概念不完全相同。灌浆质量一般是指灌浆施工是否严格按设计和施工规范进行,例如灌浆材料的品种规格、浆液的性能、钻孔角度、灌浆压力等,都要符合规范的要求,否则应根据具体情况采取适当的补充措施。灌浆效果则指灌浆后能将地基土的物理力学性质提高的程度,灌浆质量高不等于灌浆效果好。因此,在设计和施工中,除应明确规定某些质量指标外,还应规定所达到的灌浆效果及检查方法。

灌浆效果的检验,通常在注浆结束后28d才可进行,检验方法如下:

(1)统计计算灌浆量。可利用灌浆过程中的流量和压力自动曲线进行分析,从而判断灌浆效果。

(2)利用静力触探测试加固前后土体力学指标的变化,用以了解加固效果。

(3)在现场进行抽水试验,测定加固土体的渗透系数。

(4)采用现场静载荷试验,测定加固土体的承载力和变形模量。

(5)采用钻孔弹性波试验,测定加固土体的动弹性模量和剪切模量。

(6)采用标准贯入试验或轻便触探等动力触探方法测定加固土体的力学性能。此法可直接得到灌浆前后原位土的强度,并进行对比。

(7)进行室内试验。通过室内对加固前后土的物理力学指标的对比试验,判定加固效果。

(8)采用γ射线密度计法。此方法属于物理探测方法的一种,在现场可测定土的密度,用以说明灌浆效果。

(9)使用电阻率法。将灌浆前后对土所测定的电阻率进行比较,根据电阻率差说明土体孔隙中浆液存在的情况。

在以上方法中,静力触探试验最为简便实用,检验点一般为灌浆孔数的2%～5%,如检验点的不合格率等于或大于20%,或虽小于20%但检验点的平均值达不到设计要求,在确认设计原则正确后,应对不合格的注浆区实施重复注浆。

第七节　复合地基理论

一、概　述

自1962年国外首次使用"复合地基"一词以来,复合地基的概念已成为很多地基处理方法的理论分析及公式建立的基础和根据,目前已广泛地运用于如碎石桩、砂桩、水泥土搅拌桩、旋喷桩和石灰桩等加固地基的理论分析中。复合地基逐渐被引入树根桩和CFG桩处理地基的理论探讨中,其研究已引起国内外岩土工程界的重视。

所谓复合地基,一般认为由两种刚度(或模量)不同的材料(桩体和桩间土)所组成的,在相对刚性基础下,两者共同分担上部荷载并协调变形(包括剪切变形)的地基。复合地基与天然地基同属地基范畴,两者间有内在联系,但又有本质区别。复合地基与桩基都是采用以桩的形式处理地基,故两者有其相似之处,但复合地基属于地基范畴,而桩基属于基础范畴,所以两者又有本质区别。复合地基中桩体与基础往往不是直接相连而是通过垫层过渡;而桩基中桩体与基础直接相连,两者形成一个整体。因此,它们的受力特性也存在明显差异。如图4-51所示,复合地基的主要受力层在加固体范围内,而桩基的主要受力层是在桩尖以下一定范围内。由于复合地基理论的最基本假定为桩与桩周土的协调变形。因此,从理论上讲,复合地基中也不存在类似桩基中的群桩效应。

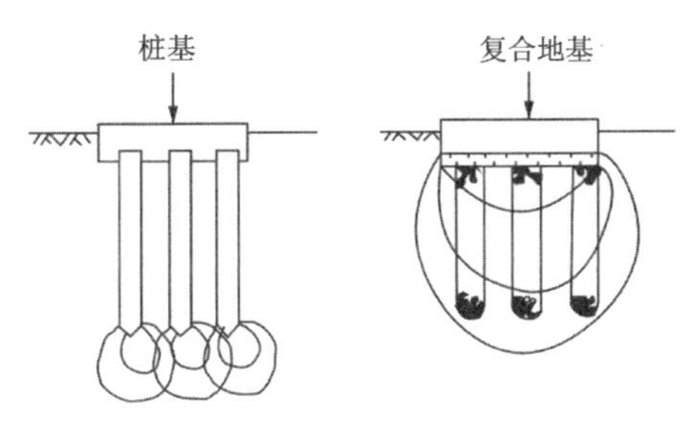

图4-51 复合地基与桩基受力特性对比

复合地基犹如钢筋混凝土,其中地基中的桩体犹如混凝土中的钢筋。它的实质就是考虑桩、土的共同作用,这比仅仅由桩体来承担荷载要经济和合理。在复合地基的桩和桩间土中,桩的作用是主要的,而地基处理中桩的类型较多,性能变化较大。因此,复合地基的类型按桩的类型进行划分较妥,而桩又可根据成桩所采用的材料以及成桩后桩体的强度(或刚度)来进行分类。

按成桩所采用的材料,桩体可分为:①散体土类桩,如碎石桩、砂桩等;②水泥土类桩,如水泥土搅拌桩、旋喷桩等;③混凝土类桩,如树根桩、CFG桩等。

按成桩后桩体的强度(或刚度),桩体可分为:①柔性桩,如散体土类桩;②半刚性桩,如水泥土类桩;③刚性桩,如混凝土类桩。

半刚性桩中水泥掺入量的大小将直接影响桩体的强度。当掺入量较小时,桩体的特性类似柔性桩;而当掺入量较大时,则类似刚性桩,因而半刚性桩具有双重特性。由柔性桩和桩间土组成的复合地基可称为柔性桩复合地基,其他为半刚性桩复合地基和刚性桩复合地基。

二、复合地基作用机理和破坏模式

(一)作用机理

不论何种复合地基,都具备以下一种或多种作用。

1. 桩体作用

复合地基中桩的刚度较周围土体大，在刚性基础下等量变形时，桩体上产生应力集中现象，大部分荷载将由桩体承担，桩间土上应力相应减小，从而使得复合地基承载力较原地基有所提高，沉降量有所减少。随着桩体刚度增加，桩体作用发挥得更加明显。

2. 加速固结作用

碎石桩、砂桩具有良好的透水特性，可加速地基的固结。另外，水泥土类和混凝土类桩在某种程度上也可加速地基固结。因为地基的固结不仅与地基土的排水性能有关，而且还与地基的变形特性有关。水泥土类桩会降低地基土的渗透系数，但也会减少地基土的压缩系数，而且压缩系数的减少幅度比渗透系数的减少幅度要大，因而它可使加固后的水泥土固结系数大于加固前原地基土系数，起到加速固结的作用。

3. 挤密作用

砂桩、土桩、石灰桩、碎石桩等在施工过程中由于振动、挤压、排土等原因，可对桩间土起到一定的密实作用。另外，采用生石灰桩时，由于生石灰具有吸水、发热和膨胀等作用，同样可对桩间土起到挤密作用。

4. 加筋作用

各种桩土复合地基除了可提高地基的承载力外，还可用来提高土体的抗剪强度，增加土坡的抗滑能力。如用于基坑开挖时的支护、路基或路堤的加固等，都利用了复合地基中桩体的加筋作用。

（二）破坏模式

复合地基的破坏形式可分为 3 种：第一种是桩间土首先破坏，进而复合地基全面破坏；第二种是桩体首先破坏，进而复合地基全面破坏；第三种是桩体和桩间土同时发生破坏。在实际工程中，第一、第三种情况较少见，一般都是桩体先破坏，继而引起复合地基全面破坏。复合地基破坏的模式可分成以下 4 种形式：刺入破坏、鼓胀破坏、整体剪切破坏和滑动破坏（图 4-52）。

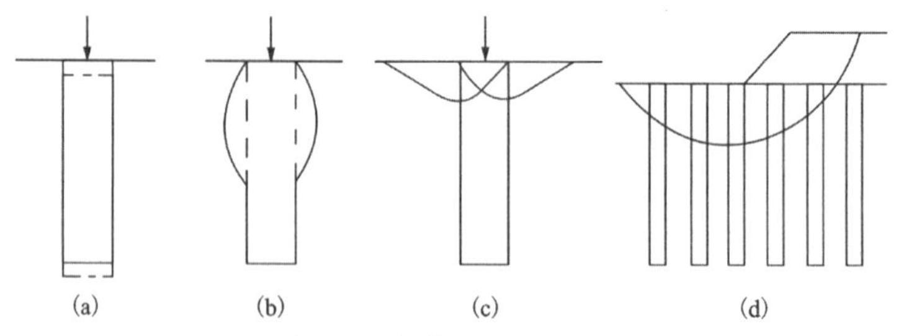

图 4-52　复合地基破坏模式

(a)刺入破坏；(b)鼓胀破坏；(c)整体剪切破坏；(d)滑动破坏

1. 刺入破坏模式

桩体刚度较大，地基土强度较低的情况下较易发生桩体刺入破坏，见图 4-52(a)。桩体发生刺入破坏后，不能承担荷载，进而引起桩间土发生破坏，导致复合地基全面破坏。刚性桩复合地基较易发生这类破坏。

2. 鼓胀破坏模式

在荷载作用下，桩间土不能提供足够的围压来阻止桩体发生过大的侧向变形，从而产生桩体的鼓胀破坏，见图 4-52(b)。桩体发生鼓胀破坏引起复合地基全面破坏，散体材料桩复合地基较易发生这类破坏。在一定条件下，柔性桩复合地基也可能产生这类形式的破坏。

3. 整体剪切破坏模式

在荷载作用下，复合地基产生塑性区，在滑动面上桩体和土体均发生剪切破坏，见图 4-52(c)。散体材料桩复合地基较易发生这类形式的整体剪切破坏，柔性桩复合地基在一定条件下也可能发生这类破坏。

4. 滑动破坏模式

在荷载作用下，复合地基沿某一滑动面产生滑动破坏，见图 4-52(d)。在滑动面上，桩体和桩间土均发生剪切破坏。各种复合地基都可能发生这类形式的破坏。

在荷载作用下，复合地基发生何种模式的破坏影响因素很多，具体如下：

(1)不同的桩型有不同的破坏模式。如碎石桩易发生鼓胀破坏，而 CFG 桩易发生刺入破坏。

(2)对同一桩型，当桩身强度不同时也会有不同的破坏模式。对于水泥土搅拌桩，当水泥掺入量 a_w 较小时($a_w=5\%$)，易发生鼓胀破坏；当 $a_w=15\%$时，易发生整体剪切破坏；当 $a_w=25\%$时，易发生刺入破坏。

(3)对同一桩型，当土层条件不同时，也将发生不同的破坏模式。当浅层存在非常软的黏土时，碎石桩将在浅层发生整体剪切或鼓胀破坏，见图 4-53(a)；当较深层存在有局部非常软的黏土时，碎石桩将在较深层发生局部鼓胀，见图 4-53(b)；当较深层存在有非常软的较厚的黏土情况，碎石桩将在较深层发生鼓胀破坏，而其上的碎石桩将发生刺入破坏，见图 4-53(c)。

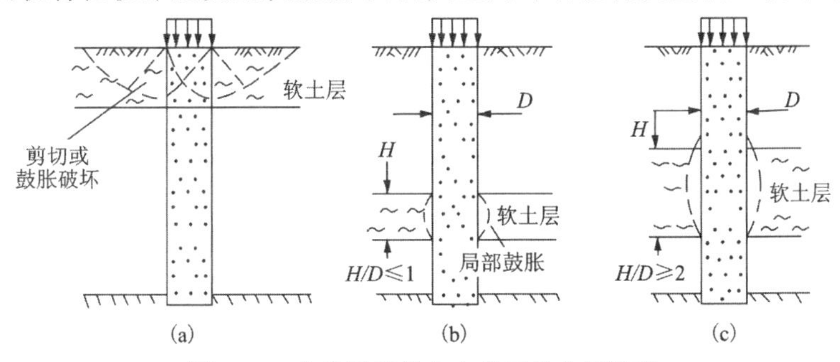

图 4-53　非均质黏性土中碎石桩破坏机理

此外，复合地基的破坏模式还与荷载形式、复合地基上基础结构形式有关。

三、复合地基的应力特性

（一）复合地基的有关设计参数

研究复合地基时，一般众多根桩所加固的地基中，选取一根桩及其影响的桩周土所组成的单元体作为研究对象。若桩体的横截面积为 A_{P}，该桩体所承担的复合地基面积为 A，则复合地基置换率 m 为：

$$m = A_{\mathrm{P}}/A$$

桩体在平面的布置形式通常有正方形和等边三角形两种，但有时也布置成网格状，将增强体制成连续墙形状。3 种布置形式见图 4-54。

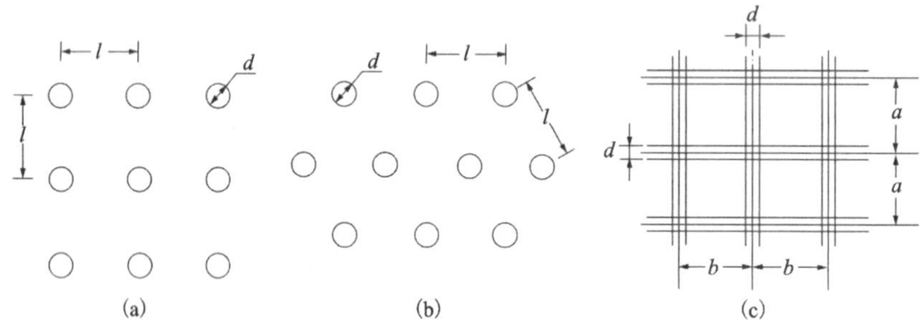

图 4-54　桩体平面布置形式

(a)正方形布置；(b)等边三角形布置；(c)网格布置

对正方形布置和等边三角形布置，若桩体直径为 d，桩间距为 l，则复合地基置换率分别为：

$$m = \frac{\pi d^2}{4l^2}$$

$$m = \frac{\pi d^2}{2\sqrt{3} \cdot l^2}$$

对网格状布置，若增强体间距分别为 a 和 b，增强体宽为 d，则置换率为：

$$m = \frac{(a+b-d)}{ab}d$$

在荷载作用下，若将复合地基中桩体的竖向平均应力记为 σ_{p}，桩间土的竖向平均应力记为 σ_{s}，则桩土应力比 n 为：

$$n = \sigma_{\mathrm{p}}/\sigma_{\mathrm{s}}$$

复合地基加固区是由桩体和桩间土两部分组成的，呈非均质。在复合地基计算中，为了简化计算，将加固区视作一均质的复合土体，那么与原非均质复合土体等价的均质复合土体的模量称为复合地基土体的复合模量。

（二）桩土应力比

桩土应力比是复合地基的一个重要设计参数，它关系到复合地基承载力和变形的计算。

影响桩土应力比的因素很多，如荷载水平、桩土模量比、复合地基面积置换率、原地基土强度、桩长、固结时间和垫层情况等。

1. 影响因素

1）荷载水平

桩土应力比与荷载大小存在一定的关系，见图 4-55。在荷载作用初期，荷载通过地基与基础间的垫层比较均匀地传递给桩和桩间土，然后随着荷载的逐渐增大，复合地基的变形随之增大，地基中的应力逐渐向桩体集中，因此，P-n 曲线上表现为桩土应力比随着荷载的增大而增大。但随着荷载的逐渐增大，桩体往往首先进入塑性状态，桩体变形加大，桩上应力就会逐渐向桩间土转移，桩土应力比减小，直至桩和桩间土共同进入塑性状态，趋于某一值。

2）桩土模量比

桩土模量比 E_p/E_s 对应力比(n)的大小有重要影响。随着桩土模量比的增大，桩土应力比近于呈线性增长，见图 4-56。

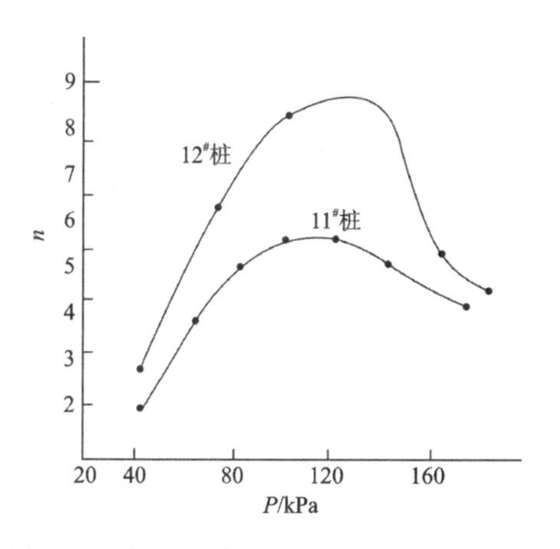

图 4-55　淤泥-石灰桩的荷载应力比 P-n 曲线

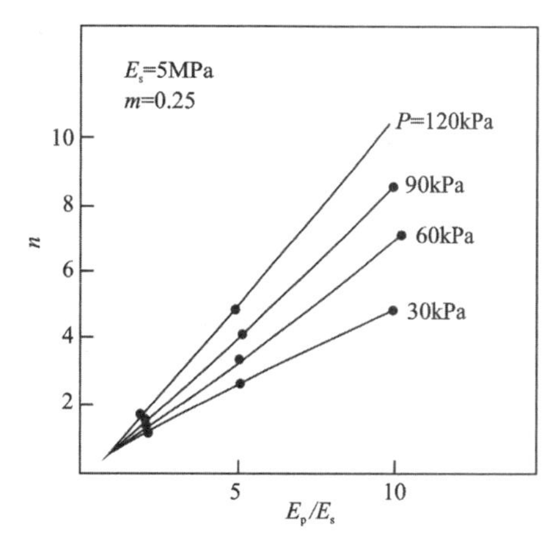

图 4-56　桩土应力比 n 与模量比 E_p/E_s 关系曲线

3）复合地基面积置换率

图 4-57 为国内学者通过有限单元法分析得到的复合地基置换率(m)与应力比(n)的关系。由图可以看出，m 增大，n 减小，国外学者的研究成果也有类似的结论。

4）原地基土强度

由于原地基土的强度大小直接影响桩体的强度和刚度，因此，即使是同一类桩，不同的地基土也将会有不同的桩土应力比。一般情况下，原地基土强度低，复合地基桩土应力比就大；而原地基土强度高，复合地基桩土应力比就小。

5）桩长

由图 4-58 可见，桩土应力比随桩长增大而增大，但当桩长达到某一值后，n 值几乎不再增大，即存在一个临界

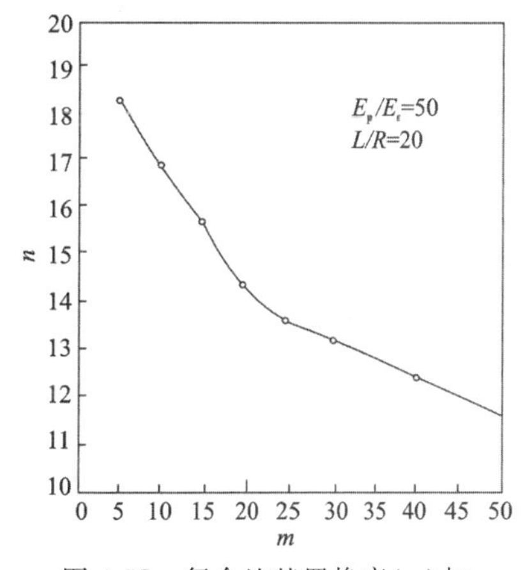

图 4-57　复合地基置换率(m)与应力比(n)的关系

桩长 L_e，当 $L > L_e$ 后，再增大桩长也无助于提高本身的承载力。临界桩长的大小与复合地基类型、桩径、土质、荷载大小、基础宽度等一系列因素有关。

6)时间

在荷载作用下，桩间土会产生固结和蠕变，桩间土的固结和蠕变会使荷载向桩体集中，导致应力比随时间的延续逐渐增大，见图 4-59。

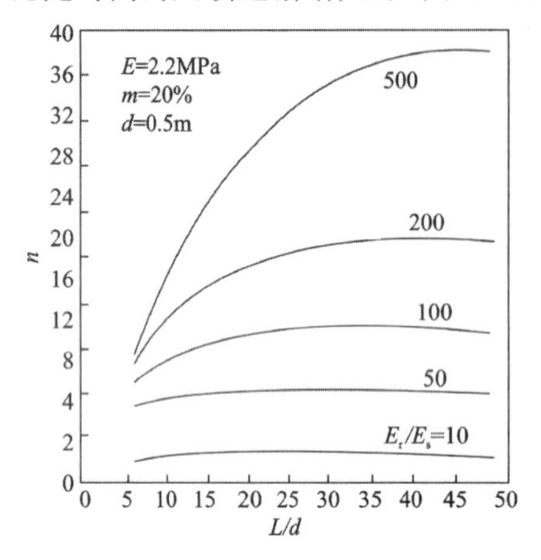

图 4-58　桩的长径比(L/d)与桩土应力比(n)的关系曲线

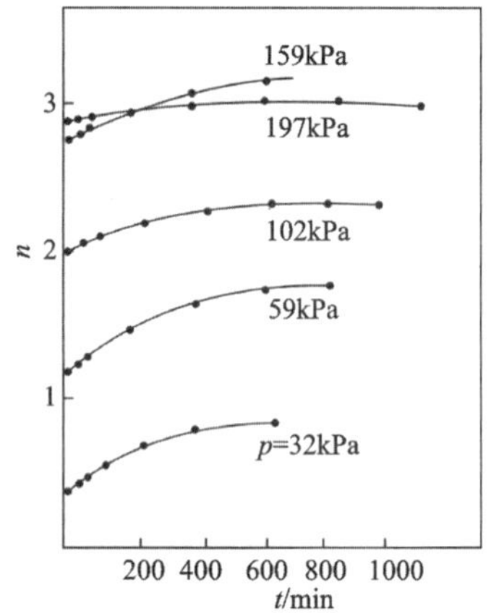

图 4-59　碎石桩复合地基 n - t 曲线

2. 应力比计算公式

由于影响复合地基应力比的因素很多，国内外目前还没有普遍适用的计算公式，主要使用的计算公式包括以下几种。

1)模量比公式

假定在刚性基础下，桩体和桩间土的竖向应变相等，即 $\varepsilon_p = \varepsilon_s$。于是，桩体上竖向应力 $\sigma_p = E_p \cdot \varepsilon_p$，桩间土上竖向应力 $\sigma_s = E_s \cdot \varepsilon_s$，桩土应力比的表达式为：

$$n = \sigma_p / \sigma_s = E_p / E_s \tag{4-43}$$

式中：E_p、E_s 分别为桩和桩间土的压缩模量(MPa)。

2)Baumann 公式

Baumann 根据桩体和桩周土的侧向应力及径向鼓胀量间的关系，并假定桩体总体积保持不变，提出碎石桩或砂桩复合地基桩土应力比的计算公式如下：

$$n = \frac{E_p}{2 \cdot k_p \cdot \ln R_0 / r_0 \cdot E_s} + \frac{k_s}{k_p} \tag{4-44}$$

式中：r_0、R_0 分别为桩半径、每根桩所分担的加固面积的折算半径(m)；k_s 为桩间土侧压力系数，介于被动土压力和静止土压力系数之间，软土 $k_s = 1.25 \sim 1.50$；k_p 为桩的侧压力系数，介于被动土压力和静止土压力系数之间，碎石桩 $k_p = 0.40 \sim 0.45$，砂桩 $k_p = 0.35 \sim 0.40$。

3)Priebe 公式

Priebe 公式假设：①地基土各向异性；②刚性基础；③桩体长度已达硬土层。由这些假设条件推导出的碎石桩复合地基桩土应力比为：

$$n=\frac{\frac{1}{2}+f(\mu\cdot m)}{\tan^2(45^\circ-\varphi_p/2)\cdot f(\mu,m)} \tag{4-45}$$

式中：$f(\mu,m)=\frac{1-\mu^2}{1-\mu-2\mu^2}\cdot\frac{(1-2\mu)(1-m)}{1-2\mu+m}$；$\mu$ 为地基土的泊松比；m 为置换率；φ 为碎石桩碎石内摩擦角(°)。

4)Rowe 应力剪胀理论的改进公式

郭蔚东等(1989)应用 Rowe 应力剪胀理论，将碎石桩看成轴对称的圆柱，提出以下公式：

$$n=\frac{\mu_p}{\mu_s}\cdot\frac{k_p+1}{k_s+1} \tag{4-46}$$

如不考虑桩间土的剪胀性，则式(4-46)变为：

$$n=\frac{k_p-2\mu_p}{k_s-2\mu_s} \tag{4-47}$$

式中：k_p、k_s 分别为桩体和桩间土的被动土压力系数；μ_p、μ_s 分别为桩体和桩间土的泊松比。

四、复合地基承载力

(一)散体材料桩桩体承载力计算

散体材料在承受荷载时，将对桩周土产生水平方向的侧挤力，一旦侧挤力超过桩周土的侧限阻力，桩体将发生破坏。因此，桩周土可能发挥的侧限能力决定了散体材料桩的极限承载力。目前确定桩体承载力的方法除了载荷试验和经验的计算图表外，还有很多计算公式。这些公式基本上是根据鼓胀破坏模式推导出来的，主要包括以下几种。

1. 侧向极限应力法

散体材料桩在荷载作用下，桩体发生鼓胀，桩周土进入塑性状态，由侧向极限应力即可算出单桩极限承载力。侧向极限应力法的一般表达式为：

$$f_{pu}=\sigma_{ru}\cdot k_p=(\sigma_{z0}+a\cdot C_u)\cdot k_p=a'\cdot C_u\cdot k_p \tag{4-48}$$

式中：σ_{ru} 为侧向极限应力(kPa)；σ_{z0} 为深度 z 处的初始总侧向应力(kPa)；C_u 为桩周土不排水抗剪强度(kPa)；a 为与计算方法有关的系数。据 Ranjan(1989)统计，对碎石桩，a 一般为 3～5；a' 为系数，表达式见式(4-48)中的推导过程；k_p 为桩体材料的被动土压力系数。公式中的 a'、k_p 取值，对碎石桩，国外取 15.8～25.0，国内取 14.0～24.0。

2. 被动土压力法

被动土压力法的表达式为：

$$f_{pu}=\left[(\gamma\cdot z+q)k_s+C_u\cdot\sqrt{k_s}\right]\cdot k_p \tag{4-49}$$

$$k_s=\tan^2(45^\circ+\varphi_s/2) \tag{4-50}$$

式中：γ 为土的重度(kN/m³)；z 为桩的鼓胀深度(m)；q 为桩间土荷载(kPa)；k_s 为桩间土的被动土压力系数；k_p 为桩体材料的被动土压力系数。

3. Brauns 计算式

Brauns 计算式是以碎石桩为研究对象提出的，其原理及计算式也适用于其他散体材料桩。Brauns 认为在荷载作用下，桩体产生鼓胀变形，桩体的鼓胀变形使桩周土进入被动极限平衡状态，桩周土极限平衡区见图 4-60。在计算时，Brauns 作了以下 3 个假设：

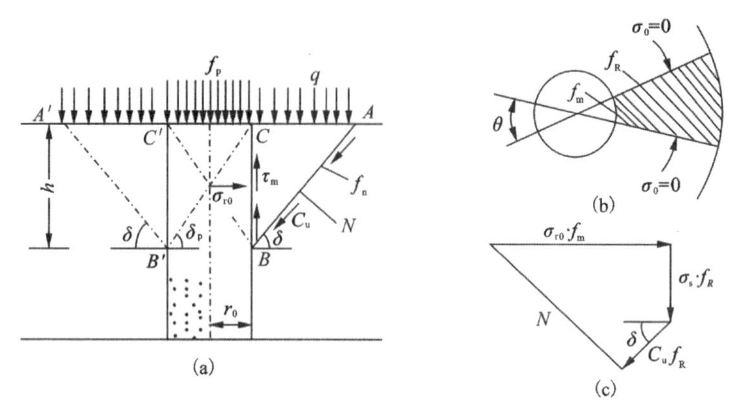

图 4-60 Brauns 的单根碎石桩计算图

f_n-桩周土表面荷载的作用面积；f_R-滑动面面积；f_m-桩周界面面积；f_p-桩顶应力；q-桩间土面上的应力；δ-滑动面与水平面夹角

(1)桩的破坏段长度 $h=2r_0\cdot\tan\delta_p$（式中 r_0 为桩半径，$\delta_p=45°+\varphi_p/2$，φ_p 为散体材料桩材料的内摩擦角)。

(2)桩周土与桩体间摩擦力 $\tau_m=0$，在极限平衡土体中，环向应力 $\delta_0=0$。

(3)不计地基土和桩体的自重。

由图 4-60(b)列出 f_k 方向的力平衡方程式，可得到极限荷载作用下桩周土上的极限应力如下：

$$\delta_{r0}=\left(q+\frac{2\cdot C_u}{\sin2\delta}\right)\cdot\left(\frac{\tan\delta_p}{\tan\delta}+1\right)$$

根据桩体极限平衡可得到桩体极限承载力为：

$$f_{pu}=\sigma_{r0}\cdot\tan^2\delta_p=\left(q+\frac{2\cdot C_u}{\sin2\delta}\right)\cdot\left(\frac{\tan\delta_p}{\tan\delta}+1\right)\cdot\tan^2\delta_p \tag{4-51}$$

滑动面与水平面的夹角 δ 可按下式用试算法求出：

$$\frac{q}{2\cdot C_n}\cdot\tan\delta_P=-\frac{\tan\delta}{\tan2\delta}-\frac{\tan\delta_p}{\tan2\delta}-\frac{\tan\delta_p}{\sin2\delta} \tag{4-52}$$

当 $q=0$ 时，可简化为：

$$f_{pu}=\frac{2\cdot C_n}{\sin2\delta}\cdot\left(\frac{\tan\delta_p}{\tan\delta}+1\right)\cdot\tan^2\delta_p \tag{4-53}$$

夹角 δ 按下式用试算法求得：

$$\tan\delta_p=\frac{1}{2}\cdot\tan\delta\cdot(\tan^2\delta-1) \tag{4-54}$$

假定碎石桩的内摩擦角 $\varphi_p=38°$，则 $\delta_p=45°+\varphi_p/2=64°$，代入式(4-54)得 $\delta=61°$，再

将 $\varphi_p=38°$ 和 $\delta=61°$ 代入式(4-53)得：$f_{pu}=20.8\cdot C_u$，这就是计算碎石桩承载力的 Brauns 理论简化计算式。

其他计算公式可参见表 4-22。

根据极限承载力可由下式计算得出承载力标准值 f_{pk}：

$$f_{pk}=f_{pu}/K \tag{4-55}$$

式中：K 为安全系数。根据表中序号 3、4 中的公式计算时，取 $K=2.0\sim2.5$；根据表中序号 6 中的公式计算时，取 $K=2.5\sim3.0$；根据表中序号 5、7 中的公式计算时，取 $K=1.2\sim1.4$。

表 4-22　散体材料桩桩体极限承载力计算公式

序号	方法	公式	说明
1	侧向极限应力法	一般式：$f_{pu}=(\sigma_{z0}+a\cdot C_u)\cdot k_p=a'\cdot C_u\cdot k_p$	碎石桩 a'、k_p 取值：国外取 15.8～25.0，国内取 14～24
		简化式：$f_{pu}=(14\sim15)\cdot C_u$	
2	被动土压力法	$f_{pu}=[(\gamma_z+q)\cdot k_s+C_u\cdot\sqrt{k_s}]\cdot k_p$ $k_s=\tan^2(45°+\varphi_s/2)$	
3	Brauns 计算法	一般式：$f_{pu}=\dfrac{2\cdot C_u}{\sin 2\delta}\cdot\left(\dfrac{\tan\delta_p}{\tan\delta}+1\right)\cdot\tan^2\delta_p$ $\tan\delta_p=\dfrac{1}{2}\cdot\tan\delta\cdot(\tan^2\delta-1)$ $\delta_p=45°+\varphi_p/2$	碎石桩取 $\varphi_p=38°$，即得简化式
		简化式：$f_{pu}=20.8\cdot C_u$	
4	圆筒扩张计算法	一般式：$f_{pu}=C_u\cdot(\ln I_r+1)\cdot k_p$ $I_r=G/C_u\cdot G=E/2\cdot(1+v_s)$	软黏土取 $I_r=20$，对碎石桩取 $\varphi_p=38°$，即得两个简化式
		简化式：$f_{pu}=4\cdot k_p\cdot C_u$ $f_{pu}=16.8\cdot C_u$	
5	Wong 计算法	$f_{pu}=(q\cdot k_s+2\cdot C_u\cdot\sqrt{k_s})/k_s$ $k_s=\tan^2(45°+\varphi_s/2)$	用于小沉降量（相当于 25mm）
		$f_{pu}=2\cdot[q\cdot k_s+2\cdot C_u\cdot\sqrt{k_s}+\dfrac{3}{2}\cdot d\cdot\gamma\cdot k_s(1-3d/4l)]/k_s$	用于大沉降量（相当于 100mm）
6	Hughes-Withers 计算法	一般式：$f_{pu}=(p_0+\mu_0+4\cdot C_u)\cdot k_p$	以 $p_0+\mu_0=2\cdot C_u$ 对碎石桩取 $\varphi_p=38°$，即得简化式
		简化式：$f_{pu}=25.2\cdot C_u$；$f_{pu}=6\cdot C_u\cdot k_p$	
7	Bell 计算法	一般式：$f_{pu}=(\gamma\cdot z+2\cdot C_u)\cdot k_p$	当 $z=0$ 时，对碎石桩取 $\varphi_p=38°$，即得简化式
		简化式：$f_{pu}=2\cdot C_u\cdot k_p$；$f_{pu}=8.4\cdot C_u$	

注：I_r 为桩间土的剪切模量(kPa)；E 为桩间土的弹性模量(kPa)；μ_s 为桩间土泊松比；p_0 为桩间土的初始有效应力(kPa)；μ_0 为桩间土的初始孔隙压力(kPa)；d 为桩径(m)；l 为桩长(m)；φ_s 为桩间土的内摩擦角。

(二)柔性桩桩体承载力

目前,在实际工程中一般是根据下列两种情况来确定柔性桩桩体的承载力:①根据桩体材料强度计算承载力;②根据桩周摩阻力和桩端端阻力计算承载力。取两者中较小者为桩的承载力。

(1)按桩体材料强度计算:

$$f_{pk} = \eta \cdot f_{pcu \cdot k} \tag{4-56}$$

式中:f_{pk} 为桩体承载力标准值(kPa);$f_{pcu \cdot k}$ 为桩体材料的无侧限抗压强度平均值(kPa);η 为强度折减系数,一般取 0.35～0.50。

单桩竖向承载力标准值:

$$R_k^d = f_{pk} \cdot A_p \tag{4-57}$$

式中:R_k^d 为单桩竖向承载力标准值(kPa);A_p 为桩的截面积。

(2)按土的支持力计算:

$$\begin{aligned}\tau_{ps} &= m \cdot \tau_p + (1-m) \cdot \tau_s \\ &= (1-m) \cdot [c_s + (\mu_s \cdot q + \gamma_{s \cdot z}) \cdot \cos^2\theta \cdot \tan\varphi_s] + \\ &\quad m(\mu_p \cdot q + \gamma_{p \cdot z}) \cdot \cos^2\theta \cdot \tan\varphi_p\end{aligned} \tag{4-58}$$

式中:μ_p 为桩周长(m);q_{si} 为第 i 层桩间土的摩阻力标准值(kPa);l_i 为桩周第 i 层土的厚度(m);q_p 为桩端土的承载力标准值(kPa);a 为桩端天然地基土的承载力折减系数,对搅拌桩,当桩端土质不良时,a 取 0.4～0.6,其他情况 a 取 1。

(三)刚性桩桩体承载力

桩体相对刚度较大时可看作刚性桩。复合地基中刚性桩多为摩擦桩,其承载力标准值表达式为:

$$R_k^d = \mu_p \sum q_{si} \cdot l_i + A_p \cdot q_p \tag{4-59}$$

式中:R_k^d 为刚性桩单桩承载力标准值(kPa);其余符号同前。

(四)复合地基承载力

复合地基承载力的计算有两种方法:第一种是分别确定桩体和桩间土的承载力,依据一定的原则将两者叠加得到复合地基的承载力,这种方法称为复合求和法;第二种方法是将复合地基视作一个整体,按整体剪切破坏或整体滑动破坏来计算复合地基的承载力,这种方法称为稳定分析法。

1. 复合求和法

复合求和法的计算公式根据桩的类型不同略有差别。

(1)散体材料桩复合地基可采用以下 3 个公式计算:

$$f_{sp \cdot k} = f_{pk} \cdot m + (1-m) f_{s \cdot k} \tag{4-60}$$

$$f_{sp\cdot k} = [1 + m(n-1)] \cdot f_{s\cdot k} \tag{4-61}$$

需满足：

$$f_{sp\cdot k} \geqslant n \cdot f_{s\cdot k}$$

$$f_{sp\cdot k} = [1 + m(n-1)]/n \cdot f_{s\cdot k} \tag{4-62}$$

需满足：

$$f_{s\cdot k} \geqslant f_{p\cdot k}/n$$

式中：$f_{sp\cdot k}$、$f_{p\cdot k}$、$f_{s\cdot k}$ 分别为复合地基、桩体和桩间土承载力标准值(kPa)；m 为桩土面积置换率；n 为桩土应力比。

(2)柔性桩复合地基可采用下式计算：

$$f_{sp\cdot k} = f_{p\cdot k} \cdot m + \beta \cdot (1-m) f_{s\cdot k} \tag{4-63}$$

式中：β 为桩间土承载力折减系数，对摩擦型桩取 $\beta=0.5\sim1.0$，对摩擦支承型桩取 $\beta=0.1\sim0.4$。

(3)刚性桩复合地基可采用以下两式计算：

$$f_{sp\cdot k} = \frac{N \cdot R_k^d}{A} + \beta \cdot f_{s\cdot k} \cdot A_s/A \tag{4-64}$$

式中：N 为基础下桩数；R_k^d 为单桩承载力标准值(kN)；A 为基础面积(m^2)；A_s 为桩间土面积(m^2)；β 为桩间土承载力折减系数，$\beta=0.8\sim1.0$。

$$f_{sp\cdot k} = \xi \cdot [1 + m(n-1)] \cdot f_{s\cdot k} \tag{4-65}$$

式中：ξ 为桩间土承载力折减系数，一般取 0.8；n 为桩土应力比，一般取 10～14。

2. 稳定分析法

稳定分析方法很多，但通常采用圆弧分析法(图 4-61)。在分析计算时，假设圆弧滑动面经过加固区和未加固区。在滑动面上，设总滑动力矩为 M_S，总抗滑力矩为 M_R，则沿滑动面发生破坏的安全系数 $K=M_R/M_S$。取不同的滑动面进行计算，找出最小的安全系数值，通过稳定分析法即可根据要求的安全系数来计算地基承载力，也可按确定的荷载计算在荷载作用下的安全系数，从而判断其稳定性。在计算时，地基土的强度应分区计算，加固区和未加固区采用不同的强度指标，未加固区采用天然地基土的强度指标，加固区土体强度指标可分别采用桩体和桩间土的强度指标，也可采用复合土体的综合强度指标。

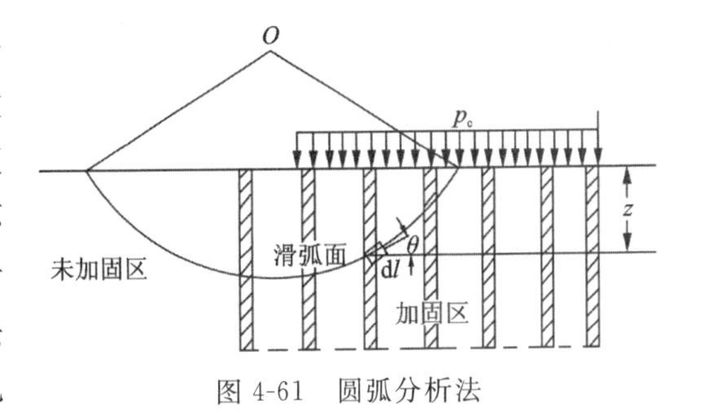

图 4-61 圆弧分析法

(1)按分别强度指标计算，复合地基的抗剪强度表达式为：

$$\begin{aligned}\tau_{ps} &= m \cdot \tau_p + (1-m) \cdot \tau_s \\ &= (1-m) \cdot [c_s + (\mu_s \cdot q + \gamma_s \cdot z) \cdot \cos^2\theta \cdot \tan\varphi_s] + \\ &\quad m(\mu_p \cdot q + \gamma_p \cdot z) \cdot \cos^2\theta \cdot \tan\varphi_p\end{aligned} \tag{4-66}$$

式中：τ_{ps}、τ_p、τ_s 分别为复合地基、桩体和桩间土的抗剪强度(kPa)；m 为复合地基置换率；c_s 为桩间土的黏聚力(kPa)；q 为复合地基的作用荷载(kPa)；μ_s 为应力降低系数，$\mu_s=\dfrac{1}{1+m\cdot(n-1)}$；$\mu_p$ 为应力集中系数，$\mu_p=\dfrac{n}{1+m\cdot(n-1)}$；$\gamma_s$、$\gamma_p$ 分别为桩间土和桩体的

重度(kN/m³);φ_s 、φ_p 分别为桩间土和桩体的内摩擦角(°);z 为某单元弧段的深度(m);θ 为某深度处剪切面与水平面的夹角(°);n 为桩土应力比。

若 $\varphi_s=0$,则上式可简化为:

$$\tau_{ps}=(1-m)\cdot c_s+m(q\cdot n\cdot \mu_s+\gamma_p\cdot z)\tan\varphi_p\cos^2\theta \tag{4-67}$$

(2)按综合强度指标计算,复合土体黏聚力(c_c)和内摩擦角(φ_c)可分别采用以下两个表达式进行计算:

$$\tan\varphi_c=\omega\cdot\tan\varphi_p+(1-\omega)\cdot\tan\varphi_s \tag{4-68}$$

$$c_c=(1-\omega)c_s \tag{4-69}$$

式中:ω 为桩体与桩间土相对的应力分布,$\omega=m\cdot n\cdot\beta$。

五、复合地基变形

在各类计算复合地基变形的方法中,通常把复合地基变形量分为两部分:复合地基加固区变形量和加固区下卧层变形量。加固区下卧层的变形计算一般采用分层总和法,加固区的变形计算主要有以下几种。

1. 复合模量法

将复合地基加固区中桩体和桩间土视为一复合土体,采用复合压缩模量来评价复合土体的压缩性。采用分层总和法计算加固区变形量,加固区土层变形量表达式为:

$$s=\sum_{i=1}^{n}\frac{\Delta P_i}{E_{psi}}\cdot H_i \tag{4-70}$$

式中:ΔP_i 为第 i 层复合土体上附加应力增量(kPa);E_{psi} 为第 i 层复合地基的压缩模量(kPa);H_i 为第 i 层复合土体的厚度(m);n 为复合土体分层总数。

一般复合压缩模量可按下式计算:

$$E_{psi}=m\cdot E_{pi}+(1-m)\cdot E_{si} \tag{4-71}$$

或

$$E_{psi}=[1+m(n-1)]\cdot E_{si} \tag{4-72}$$

式中:E_{pi} 、E_{si} 分别为第 i 层桩体、桩间土的压缩模量(MPa)。

2. 应力修正法(沉降折减法)

在复合地基中,由于桩体的模量比桩间土模量大,作用在桩间土上的应力小于作用在复合地基上的平均应力。采用应力修正法计算变形量时,根据桩间土分担的荷载(忽略桩体的存在),用分层总和法计算加固区土层的变形量,其表达式为:

$$S=\sum_{i=1}^{n}\frac{\Delta P_{si}}{E_{si}}\cdot H_i=\mu_s\cdot\sum_{i=1}^{n}\frac{\Delta P_i}{E_{si}}\cdot H_i=\mu_s\cdot S_0 \tag{4-73}$$

式中:ΔP_i 为天然地基在荷载作用下第 i 层土上的附加应力增量(kPa);Δp_{si} 为复合地基中第 i 层桩间土中的附加应力增量(kPa);S_0 为天然地基在荷载作用下相应厚度内的压缩量(m)。

3. 桩身压缩量法

在荷载作用下,若桩体不会发生桩底端刺入下卧层的沉降变形,则可以通过计算桩身的压缩量来计算加固区土层的变形量。若桩侧摩阻力均匀分布，桩底端承力强度为 q，则桩身压缩量为：

$$S=\frac{(\mu_p\cdot q+q_p)}{2\cdot E_p} \tag{4-74}$$

式中：q 为复合地基荷载强度(kPa)；q_p 为桩底端承力强度(kPa)；E_p 为桩的压缩模量(kPa)；μ_p 为桩的变形系数。

第八节　地基沉降监测

软土地基加固处理施工中，为了了解软基沉降特性，把控施工质量，保证软基加固效果，需进行沉降监测。沉降监测包括地面沉降监测、深层沉降监测和分层沉降监测等监测项目。

一、沉降观测的内容与方法

1. 地面沉降观测

地面沉降观测常用方法是在原地面上设置沉降板对高程进行观测。沉降板采用尺寸不小于 50cm×50cm×3cm 的钢板或钢筋混凝土板，在沉降板上连接直径为 4cm 左右的测杆，在测杆外部加保护套管使测杆处于自由状态，防止测杆与地基填料直接接触发生摩擦，影响沉降测量的准确性。随着填土的增高，测杆和套管亦相应增高，每节长度不宜超过 50cm。观测时将水准尺直接放置在测杆之上。

沉降板观测通常采用 S1 型水准仪作为二等水准测量，主要用于工作基桩和校核基桩标高检测。采用 S3 型水准仪作为三等水准测量，主要用于地基填筑或处理过程中观测沉降。

布置沉降观测点时，无论是纵向还是横向，沉降板布点越多测得的结果越能反映地面沉降的实际情况。但测点增多，测试费用和测试工作量、测点保护和测点对施工的影响等都有所增加。因此，综合考虑上述因素，道路路基沉降观测时沉降板通常设置在路基中间、桥头引道增设路肩及坡趾测点处。

2. 深层沉降观测

土体内部深层沉降可以通过在土体内埋设深层沉降标(简称深层标)进行观测，以达到了解软土层在某一层位土体压缩情况的目的。

深层标由主杆和保护管组成。主杆采用金属或塑料硬管，主杆底端带有 50～100cm 长的标头；保护管可采用钻孔套管。深层标采用在被测土层中埋设标杆采用水准仪测量埋设在土层深部的标杆顶端高程的方法即可测得某一土层顶面的沉降量。深层标是测定某一层位以下土体压缩量，故深层标的埋置位置应根据实际需要确定。例如软土层较厚、排水处理又不能穿透整个软土层厚度时，为了了解排水井以下未处理软土的固结压缩情况，深标可设置在未处理软土顶面。

3. 分层沉降观测

土体内部分层沉降可以通过在土体内埋设分层沉降标(简称分层标)进行观测,以达到了解软土层在沿深度方向各层次压缩情况的目的。

分层标由导管和套有感应线圈的波纹管组成。导管为硬塑料管,要求具有一定的刚度,管杆直挺,两端配有接口装置;波纹管为塑料软管,要求横向能承受土体挤压不变形,纵向能自由伸缩。波纹管套在导杆外面,管上感应圈位置即为测点位置。

分层标可以在同一根测标上,然后分别观测土体沿深度方向不同层次的沉降量。分层沉降一般采用磁环式沉降仪观测,分层标埋置深度可贯穿整个软土层厚,各分层测点布设间距一般为 1.0m,甚至更密。

深层标和分层标埋设要点如下:

(1)采用钻孔导孔埋设,钻孔垂直偏差率应不大于 1.5%,无塌孔缩孔现象存在,遇到松散易塌孔或缩孔的软土层时,需下套管进行护孔。分层标钻孔深度为埋置深度,深层标钻孔深度为埋置深度以上 50cm。成孔后必须清孔。

(2)分层标埋设时应先埋置波纹管,第一节波纹管底部必须封死,至一定深度后,插入导管与波纹管一并压至孔底。当埋置深度较大时,波纹管与导管均应随埋随接,接口必须牢固,但不能采用磁感材料做固件。波纹管露出地面 15~20cm,并用水泥混凝土固定;导管外露 30~50cm,并随填土增高,接出导管并外加保护管。

(3)深层标埋设时应先下保护管,再下主杆,到位后再将保护管拔离主杆标头 30~50cm,且应随填土增高接长主杆和保护管。

(4)当分层标和深层标至孔底定位后,用砂子填塞钻孔孔壁与波纹管或保护管之间的间隙。待孔侧土回淤稳定后,测定初始读数。对于分层标应先用水准仪测出导管管口高程,并用磁性测头自上向下依次逐点测读管内各感应线圈至管顶距离,换算出各点高程;连续测读数日,稳定读数即为初始读数。

4. 土体内部水平位移监测

为了防止地基失稳或有效地控制地基填筑及处理加载速率,可以通过观测地基主体内部水平位移对工程施工进行调控。

通过埋设测斜管,采用测斜仪表测定管内沿深度方向各测点的水平位移值。测斜管的技术及埋设要求应符合以下规定:

(1)测斜管可采用铝合金或塑料管。测斜管内纵向的十字导槽应润滑顺直,管端接口应密合。

(2)测斜管应埋设于地基土体水平位移最大的平面位置。道路路基一般埋设于路堤边坡坡趾或边沟上口外缘 1.0m 左右的位置。

(3)测斜管埋设时应采用钻机导孔,导孔要求垂直,偏差率不大于 1.5%。测斜管底部应置于深度方向水平位移为零的硬土层中至少 50cm 或基岩上。

5. 应力监测

在软土地区进行地基处理施工，有时为了了解地基内部的受力情况，或随着荷载的不断加大，地基内部的受力变化等情况，需要进行应力监测，以便能够全面掌握地基的稳定与沉降的机理及其发展趋势。应力监测包括孔隙水压力观测、土压力观测及承载力观测等。

1)孔隙水压力观测

通过在地基土体内部埋设孔隙水压力计观测土体孔隙水压力变化，可以掌握地基在承受不同排水条件下、不同附加应力时的固结状态，从而了解并据此分析地基土固结程度及地基处理效果。

孔隙水压力测试系统由孔隙水压力计和量测仪器两部分组成。孔隙水压力值由频率仪测得的频率值换算得出。孔隙水压力计的平面布点宜集中于路中心，并于沉降、水平位移观测点位于同一观测断面上。孔隙水压力测点沿深度布设应根据试验分析需要确定，一般每种土层均应有测点，土层较厚时每隔 3～5m 设一个测点，埋置深度应到达压缩层底。在路堤施工过程中孔隙水压力计观测时间与频率应与沉降和水平位移观测要求相同。

2)土压力观测

土压力测试系统由土压力计和量测仪器两部分组成。土压力计选型必须与被测土体应力状况相适应，内容包括根据被测点应力或反力的大小确定规格、土压力计的内部结构(应变式或钢弦式)以及其外形构造。

土压力计埋设位置按试验要求确定，可水平向埋置，也可竖向埋置，以测定被测地基的应力状态。土压力计可测定路堤基底、土工织物底面、结构基础底面、地基浅层不同深度地基反力，以及墙背等位置的应力，也可测定复合地基单桩及桩间反力。

土压力计埋设除应符合一般要求外，还应注意以下事项：

(1)采用挖坑埋设法。坑槽底面应平整密实，埋设后的土压力计须位置正确且稳固，上下及四周约 20cm 范围用细砂填实。

(2)埋设后的土压力计在初读数稳定后才可进行其上的填筑工作。

测试频率按试验要求确定，也可与沉降和水平位移同步观测。

3)承载力观测

天然地基承载力和搅拌桩的单桩、多桩及桩间土承载力，均可通过现场载荷试验作承载力的测定和加固效果的检验。对于粉喷桩的载荷试验应至少在一个月龄期后进行，也可按试验分析需要确定载荷试验时间。

载荷试验应按下列要求进行：

(1)载荷试验的压板可用圆形、方形或矩形。单桩荷载试验的压板直径与桩径相等；单桩复合地基载荷试验压板的面积应为一根桩承担的处理面积；多桩复合地基载荷试验压板的尺寸应按照实际桩数所承担的处理面积确定；桩间土载荷试验压板的尺寸应限于桩间天然地基面积之内。

(2)压板底高程应与地基顶面高程相同，压板下宜设中砂、粗砂找平层。

(3)总加载量不宜小于设计要求值 2 倍，加荷等级可分为 8～12 级。

(4)当加载量尚未超过设计要求值时,1h 内垂直变形增量小于 0.1mm 才可加下一级荷载;当加载量大于设计要求值后,1h 内垂直变形增量小于 0.2mm 即可加一级荷载。

(5)当出现下列现象之一时,可终止试验:①垂直变形急剧增大,土被挤出或压板周围出现明显的裂缝;②总加载量已为设计要求值的 2 倍以上;③累计的垂直变形量已大于压板宽度的 10%。当为第一种情况时,其对应的前一级荷载为极限荷载。

(6)卸载观测。每级卸载为加载时的 2 倍。每级卸载后,隔 15min 测读 1 次;读 2 次后,隔 0.5h 再读 1 次,即可卸下一级荷载。全部卸载后,当测读到 30min 回弹量小于 0.1mm,即认为稳定。

承载力的确定主要依据以下方法:

(1)当极限荷载能确定时,取极限值的一半。

(2)如总加载量已为设计要求值的 2 倍以上,取总加载量的一半。

(3)按相对变形值确定。根据设计对沉降的要求和桩端土层的软硬,可取 S/b=0.004~0.010 所对应的荷载值(b 为底板宽度);当加载量小于该荷载值的 1.5 倍时,取总加载量的一半。

6. 地下水位及单孔出水量监测

除以上几种监测方法外,在某些场合还要采用其他一些辅助监测手段,如校验孔隙水压力的地下水位井及检验单孔出水量等。

1)校验孔隙水压力的地下水位井

地下水位井主要是了解路堤附近地下水位随季节变化的情况,它所反映的是区域内水位自然变化情况,以此检验试验区的孔隙水压力。由于路堤应力范围随路堤宽度和高度的不同而不同,如宽 26m、高 3~4m 的路堤,一般应力影响范围可到达坡脚外 50m 之远。因此,地下水位井的埋设尽可能在路堤 50m 之外。

校验孔隙水压力的地下水位井应埋设在路堤应力范围之外。水位管一般采用 ϕ60~70mm 的钢管或聚氯乙烯管,长 2.5~3.0m,管底端 50cm 范围钻有数排小孔,外包铜纱和尼龙纱扎紧,封死管底口。水位管采用钻孔埋入,上口加盖保护。用特制木尺插入管中测量水位,测量时间应与孔隙水压力计的观测同步。

2)检验单孔出水量

单孔出水量井用以检验排水井的排水效果,分析地基土的排水固结特性。单孔出水量井埋设的平面位置应根据研究分析需要设在路中、路肩或坡脚;埋设方法是在确定的位置上挖出一个排水井,在排水井顶端约 50cm 处套上留有排气管和排水管的出水井管,周围用水泥混凝土填实以隔离路基渗水,外引排气管和排水管至路基外的集水井。用体积法或称重法计算出水量,并应以连续测定为宜。

二、监测数据分析

1. 监测数据整理分析的原则

(1)监测数据应及时录入相应表格或计算机数据库。随时计算、校核、汇总并整理分析，一旦发现问题应及时复查或复测并处理，并且记录现场当地实时气象资料及地下水位的变化情况。

(2)监测数据的计算、校核和汇总应准确，并记录当时的地基或路堤的变形和应力情况。

(3)计算沉降和水平位移速率也应即时和准确可信，如果速率骤增，则应进行动态跟踪观测，及时分析原因，并提出相应措施减缓填筑速率或停止填筑，以避免地基变形过大、失稳而破坏。

2. 监测成果曲线图

监测数据资料应绘制成相关的监测成果曲线图，包括沉降观测、水平位移观测、孔隙水压力观测等。

(1)沉降观测。包括荷载-时间-沉降(地面综合沉降或分层沉降)过程线图、路基横向沉降盆图(不同观测时间相应的沉降盆线)。

(2)水平位移观测。包括：①地面位移荷载-时间-水平位移过程线图、地面横向位移分布图。②主体内部水平位移、水平位移随深度变化曲线图。

(3)孔隙水压力观测。包括荷载-孔隙水压力-时间关系曲线图、孔隙水压力等值线图(视必要或可能)。

(4)基底土压力观测。包括荷载-时间-土压力变化过程线图。

(5)搅拌桩承载力观测。包括荷载-沉降变化过程线图、沉降-时间变化过程线图。

(6)单孔出水量观测。包括荷载-时间-出水量变化过程线图。

(7)地下水位井水位观测。包括全年时间-地下水位变化线图。

根据工程需要以及观测数据资料，还可以绘制其他曲线图。

3. 地基沉降的预测方法

利用实测的荷载-时间-沉降过程线和荷载-孔隙水压力-时间关系曲线可推测 t 时沉降和最终沉降 S_0，或反算地基的固结系数 C_V、C_H。

实测数据分析成果曲线图反算地基固结系数或推算最终沉降量的方法较多，常用的有双曲线法、三点法、浅冈(Asaoka)法和沉降速率法等，每种方法均有优缺点，应用者可根据实测情况与拟合程度的好坏择优选择。

1)双曲线法

双曲线法是假定下沉平均速度以双曲线形式减少的经验推导法。从填土开始到任意时间 t 的沉降量 S_t(沉降模式见图 4-62)可用下式求得：

$$S_t = S_0 + t/(\alpha + \beta) \tag{4-75}$$

式中：S_0 为初期沉降量($t=0$)(m)；S_t 为 t 时的沉降量(m)；t 为经过时间(d)；α、β 为从实测值求得的系数。

变换上式得：

$$t/(S_t - S_0) = \alpha + \beta$$

由图 4-63 可得 $t/(S_t - S_0)$ 和 t 的直线关系图。从该直线与纵轴的交点和斜率，可分别求得 α、β，将 α、β 代入式(4-75)，即可求得任意时间的下沉量。

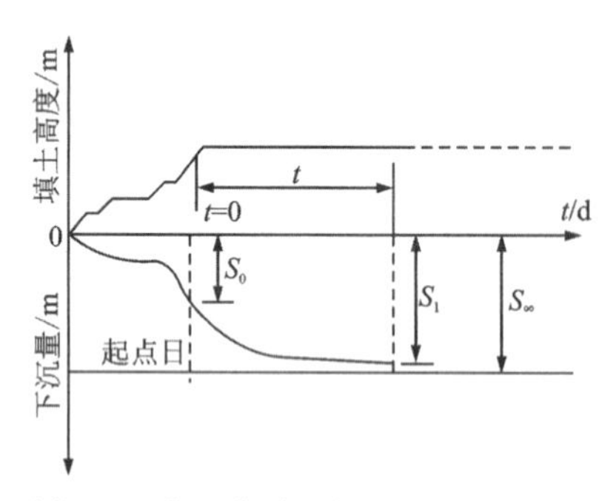

图4-62 按双曲线法推测地基下沉模式

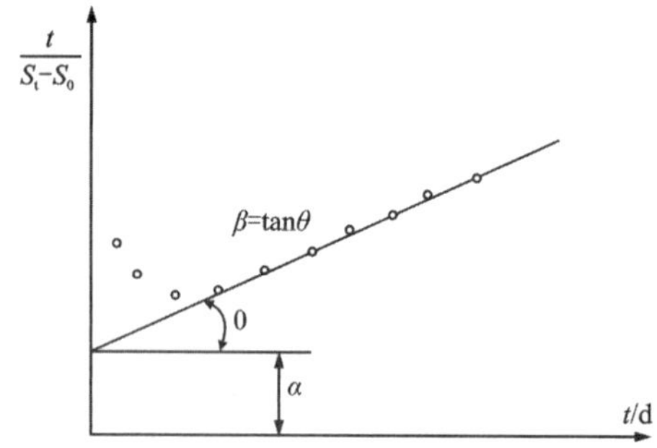

图 4-63 α、β 求法

当 $t=\infty$ 时，最终沉降量 S_∞ 可用下式求得：

$$S_\infty = S_0 + 1/\beta \tag{4-76}$$

荷载经过时间 t 后的残留沉降量 ΔS 用下式求得：

$$\Delta S = S_\infty - S_t \tag{4-77}$$

用此方案推测 t 时沉降，要求实测沉降时间至少在半年以上。

2)三点法

从沉降时间关系曲线上，取最大恒载时段内的 3 点 S_1、S_2、S_3，且 $t_3 - t_2 = t_2 - t_1$，根据固线计算的普通式 $U_t = 1 - \alpha e^{-\beta t}$ 可导得：

$$S_\infty = [S_3(S_2 - S_1) - S_2(S_3 - S_2)]/[(S_2 - S_1) - (S_3 - S_2)] \tag{4-78}$$

$$\beta = 1/\Delta t \cdot \ln[(S_2 - S_1)/(S_3 - S_2)] \tag{4-79}$$

用此法推测 t 时沉降，要实测沉降曲线基本处于收敛阶段才可进行。

3)浅冈(Asaoka)法

浅冈法是建立在一维垂直固结方程基础上，根据实测数据预测未来沉降的一种方法。固结基础方程采用三立提出的公式：

$$\frac{\partial \varepsilon}{\partial t} = C_v \frac{\partial^2 \varepsilon}{\partial z^2} \quad (或\ \dot{\varepsilon} = C_v \varepsilon_{zz}) \tag{4-80}$$

设 t 时刻的沉降为 $S(t)$，则有：

$$S(t) = \int_0^H \varepsilon \mathrm{d}z \tag{4-81}$$

$$\therefore \dot{S}(t) = \int_0^H \dot{\varepsilon} \mathrm{d}z = C_v \int_0^H \varepsilon_{zz} \mathrm{d}z = C_v \{\varepsilon_z(t, z=H) - \varepsilon_z(t, z=0)\} \tag{4-82}$$

在荷载一定的条件下，式(4-80)与式(4-83)等价：

$$S + a_1 S' + a_2 S'' + \cdots + a_n S^{(n)} + \cdots = C \tag{4-83}$$

由于高阶微分迅速变小，式(4-83)采用一阶微分项精度已经可以满足要求，即：

$$S + C_1 \dot{S} = C \tag{4-84}$$

将时间 t 离散为 $t = \Delta t \cdot j(j = 1,2,3,\cdots)$，令 t_j 时的沉降量为 S_{tj}，由式(4-84)得到如式(4-85)差分表达式：

$$S_{tj} = \beta_0 + \beta_1 S_{tj-1} \tag{4-85}$$

S_{tj} 是离散化的下沉量，如图 4-64 所示。

式(4-85)表示 S_{tj} 和 S_{tj-1} 成直线关系。若时间间隔 Δt 取 30d，则可形成(S_0，S_{30})，(S_{30}，S_{60})，…，(S_1，S_{31})，(S_{31}，S_{61})，…，(S_2，S_{32})，(S_{32}，S_{62})，…等沉降数据组。

计算按以下步骤进行：

(1)确定计算时间间隔 Δt，求得离散化的沉降量 S_{tj}。对于打设砂井，压缩层薄时，Δt 可取 5～10d。当压缩层厚，需要较长沉降时间时，Δt 可取 1～3 个月。

(2)一般实测沉降数据离散性比较大，缺测的数据也比较多，因此第一步求得的 S_{tj} 可用下式作平滑化处理：

$$[p(t) + d]^2 = at^2 + bt + c$$

(3)通过上述步骤求得的(S_{tj}，S_{tj-1})作图 4-65。图中由于斜率 β 是随 Δt 的取法而变化的，有必要进行试算。

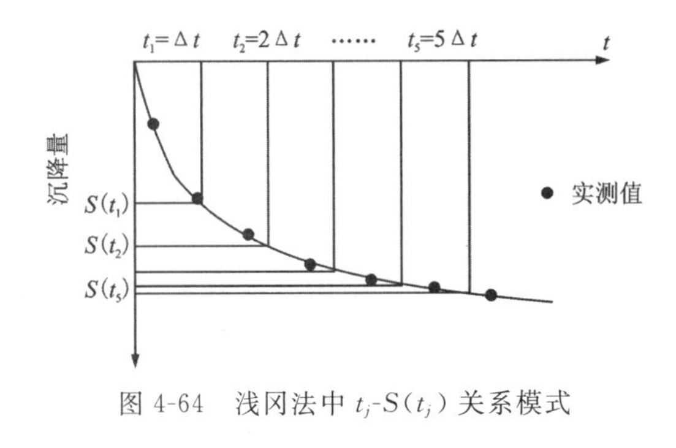

图 4-64　浅冈法中 t_j-$S(t_j)$ 关系模式

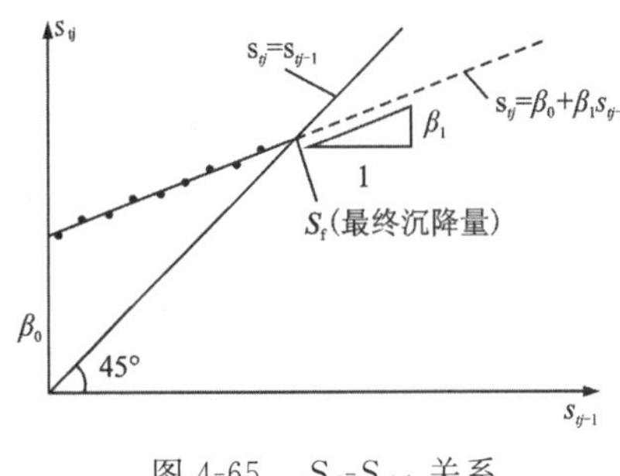

图 4-65　S_{tj}-S_{tj-1} 关系

(4)由连接图中数据点直线，求得系数 β_0 及 β_1。

(5)根据 β_0、β_1 由式(4-85)求出以后的沉降，也可使用以下公式预测：

$$S_{tj} = (\beta_1)^j S_0 + \frac{\beta_0}{(1-\beta_1)} - \frac{\beta_0}{(1-\beta_1)}(\beta_1)^j \tag{4-86}$$

$$\ln\beta_1 = -\frac{\Delta t}{C_1} \tag{4-87}$$

式中：$C_1 = \dfrac{H^2}{12C_v}$(双面排水)；$C_1 = \dfrac{5H^2}{12C_v}$(单面排水)。

(6)最终沉降量 S_f 如图 4-65 所示，当 $S_{tj} = S_{tj-1}$ 时，即回归直线与 45°直线的交点，也可由下式求得：

$$S_f = \beta_0/(1-\beta_1) \tag{4-88}$$

4)由荷载-孔隙水压力-时间关系曲线反算地基固线系数

根据固结度计算的普通式 $U_t = 1 - \alpha e^{-\beta t}$，任意时间 t_1 和 t_2 土层的固结度分别为：

$$U_1 = 1 - \alpha e^{-\beta t_1} \tag{4-89a}$$

$$U_2 = 1 - \alpha e^{-\beta t_2} \tag{4-89b}$$

解得：

$$(1 - U_1)/(1 - U_2) = e^{\beta(t_2 - t_1)} \tag{4-90}$$

根据固结度定义求得：

$$U_1/U_2 = e^{\beta(t_2 - t_1)} \tag{4-91}$$

式中：U_1、U_2 为相应时间 t_1、t_2 时的实测孔隙水压力值，由上式即可求解出 β，再反算求得竖向固结系数(C_V)和水平固结系数(C_H)。

必须注意，推算应在沉降发展趋势相对稳定的情况下，并对实测沉降数据进行一定的误差处理或曲线的光滑拟合处理后进行。

三、地基沉降监测工程实例

深港西部通道口岸区填海造地面积(包括海堤、隔堤及场区)约 $150 \times 10^4 m^2$，海堤所围成的场区实际面积为 $144.34 \times 10^4 m^2$，场坪规划标高为 3.9m。填土后进行软土地基处理，并进行地基沉降监测。

1. 软土淤泥工程性质

淤泥厚 7.0～19.0m，含水量平均值为 91%，最高达 127%，孔隙比高达 3.14，工程性质极差。

2. 软土地基处理技术方法及要求

(1)内、外海堤分别采用的是爆破排淤法和抛石挤淤法；隔堤采用强夯挤密法处理；场坪采用塑料插板堆载预压法处理；过渡带采用砂石桩进行加固。

(2)沉降要求：工后剩余沉降量＜20cm，工后沉降差≤1.0‰；交工面承载力标准：荷载板试验地基承载力＞140kPa；回弹模量：卸载后的交工面回弹模量≤25MPa；场区交工面黄海高程 3.9±0.1m。

3. 监测数据分析

对所获得的监测数据(包括沉降观测、水平位移观测、孔隙水压力观测等)及时进行分析研究，控制堆载速率，避免地基变形过大、地基失稳而破坏。

对软土地基最终主固结沉降进行推算，以确定卸载日期。选取有代表性的实测沉降数据分别用双曲线法、Asaoka 法和三点法来推算最终沉降量(图 4-66)。双曲线法是一种曲线拟合方法，而 Asaoka 法和三点法都是建立在一维垂直固结方程基础上的方法。3 种不同的方法将得出不同的推算结果(图 4-67)，将载荷达到满载之后连续 4 个月的观测数据进行最终沉降量推算，并根据推算成果分别绘制沉降曲线，将实测沉降曲线与推算曲线进行对比分析，得出结论如下:双曲线法推算曲线比实测值偏大,三点法和 Asaoka 法推算曲线与实际沉降发展趋势较为接近。据此确定本工程软基处理的卸载日期。

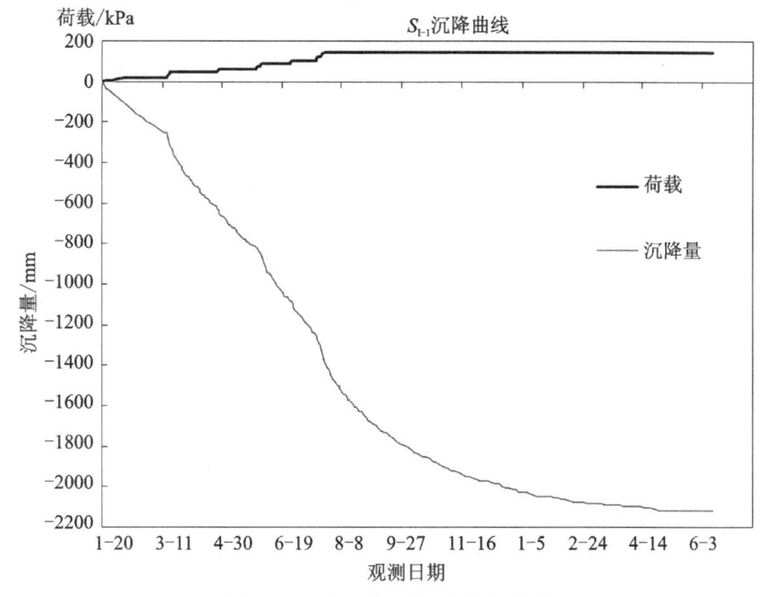

图 4-66 典型实测沉降数据曲线

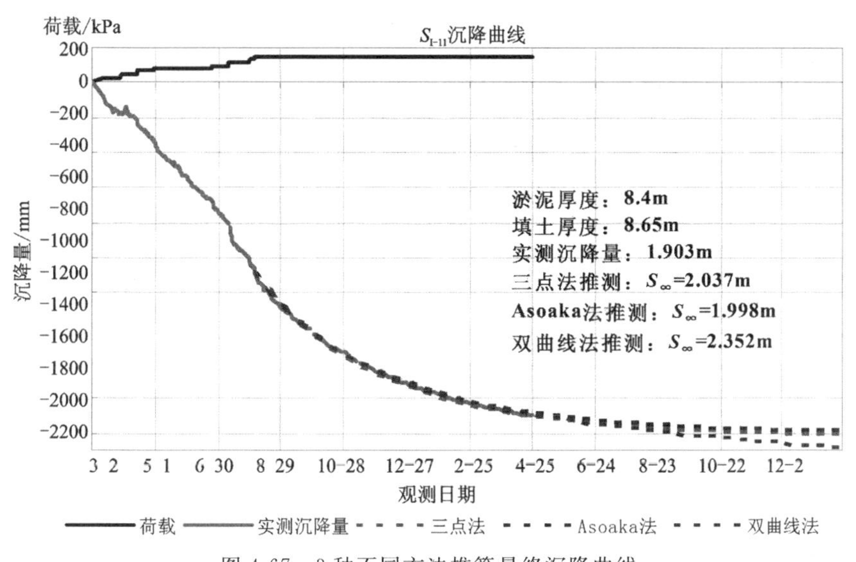

图 4-67 3 种不同方法推算最终沉降曲线

第五章 地下连续墙施工技术

第一节 概 述

所谓地下连续墙就是利用一定的设备和机具，在地下挖一段狭长的深槽，在槽内吊放入钢筋笼，然后浇灌混凝土，筑成一段钢筋混凝土墙，再把每一墙段逐一连接起来形成一道连续的地下墙壁。地下连续墙在欧美国家称为混凝土地下墙或泥浆墙，在日本则称为地下连续壁或连续地中壁。

地下连续墙技术起源于欧洲，它是随着打井和石油钻井所用膨润土泥浆护壁及水下浇灌混凝土施工方法的应用而发展起来的。1950 年前后开始用于工程，当时以法国和意大利用得最多。巴黎和米兰的地基是由砂砾石和石灰岩构成的。在这样的地质条件下建造地下结构物，如采用打桩或打桩板的方法，是相当困难的，尤其是在市区与周围现有建筑物十分邻近的地方施工会更加困难。这就促使了地下连续墙施工方法的出现。地下连续墙因在技术上和经济上的优点受到了人们的重视，很快得到推广和发展。

我国 1958 年开始在青岛月子口水库的砂卵石地基中进行了国内首个桩排式防渗墙施工试验。随后，地下连续墙在国内城市建筑地基施工、地铁站施工、水利水电施工、大桥锚碇施工和环保防渗施工中得到广泛应用。近年来由于地下空间开发快速发展，地下连续墙施工项目大幅增加，解决了很多超深、超厚、超硬、超大方量的地下连续墙施工难题，如 2018 年苏州河段深层排水调蓄管道系统工程试验段云岭西项目成功完成了 150m 超深地下连续墙的施工。

一、地下连续墙的分类

地下连续墙既有从其他国家引进技术的名称，又有各自国家技术开发的名称，还有以钻机制造厂家命名的名称，因而地下连续墙的分类和命名变得极其复杂。另外，地下连续墙还可从体系上进行分类，因此仅仅从名称上来判断挖槽方法等内容或特征是很困难的。

有关地下连续墙的分类如下：

(1)按填筑的材料分为土质墙、混凝土墙、钢筋混凝土墙和组合墙。其中，钢筋混凝土墙有现浇和预制两类，组合墙有预制钢筋混凝土墙板和现浇混凝土的组合及预制钢筋混凝土墙板和自凝水泥膨润土泥浆的组合。

(2)按其成墙方式分为桩排式、壁板式(槽式)、桩壁组合式 3 种。

(3)按挖槽方式分为抓斗式、回转式和冲击式3类。

(4)按用途分为临时性挡土墙、防渗墙、用作主体结构的一部分兼作临时挡土墙、用作多边形基础兼作墙体的地下连续墙。

(5)按墙体施工方法分为就地浇筑法、预制法和组合式成墙法。

二、地下连续墙的功能特点

地下连续墙施工工艺之所以能在世界范围内推广使用，主要因为它有以下优点：

(1)结构刚度大。地下连续墙厚度一般在40～120cm之间，结构刚度大，能承载较大的土压力，因而作为挡土结构变形小，加以适当的支护能有效地防止由于基坑开挖而对邻近建筑物造成影响。

(2)防渗性能好。在深基础施工中，对地下水处理的好坏直接关系到工程的成败。近年来墙体的连续性(即接头构造)得到了改进，使得地下连续墙的防渗性能更可靠。

(3)适用地层广。地下连续墙对地基土的适用范围很广，从松软的冲积层到中硬的土层，密实的砂砾层、软岩石到硬岩层等所有的地基都可以施工。即使在地下水位很高的情况下以及软弱的淤泥质黏土地层中也能施工。

(4)用途广。地下连续墙既可用作临时的挡土防水设施，又可用作地面建筑的深基础，同时还可用作地下建筑物的外墙使用，因此扩大了地下空间。此外，它还可将地下空间的利用深度加大(最深已达130m)，有利于缓和地面空间使用的拥挤状态，而用其他地下建筑方法是难以达到的。

(5)可用于逆作法施工。将地下连续墙施工方法与逆作法施工方法结合，形成一种深基础和多层地下室施工的有效方法。

(6)施工环境好，地下连续墙施工时振动小、噪声小、现场污染少，这也是它在城市建设工程中得到飞速发展的原因之一，在“建筑公害”管理严格的城市里，这一优点更为突出。

然而，地下连续墙施工方法也有不足之处，主要表现在：

(1)地质条件和施工适应性问题。在复杂地质条件下，即使先进行地质勘察，也很难准确地预测到所有的复杂情况，因此要选择合适的施工方法和挖槽机械必须具有较高的技术水平和丰富的施工经验，并能在发生问题时采取相应措施。

(2)槽壁坍塌问题。在施工过程中，需根据地质条件选用适合的护壁泥浆以保持孔壁的稳定。但是由于地质条件的变化，有时会产生漏失或地下水涌入槽内，致使槽壁坍塌。

(3)设计上的问题。把地下连续墙用作挡土墙或主体结构的一部分时，有单一墙、复合墙、分离墙等结构形式。然而有关这些结构形式的计算方法，目前仍不完善，没有统一的规范。设计要考虑施工，再根据施工对设计进行修正，很多问题必须在设计时研究透彻。设计时对包括下述结构细节在内的问题必须考虑到总体的质量和误差：①混凝土的容许应力；②接头的构造；③墙体与楼板的连接。

(4)弃土及废泥浆的处理问题。用泥浆护壁挖槽时，必须注意泥浆对地基和地下水的污染问题。因此，对于浇灌混凝土而排出的泥浆必须进行适当处理。其次，若挖出的土含水量较高，应与被污染的泥浆一并进行处理，但这存在一定的困难。因为泥浆具有泥水不易分离、不易沉淀、不易凝集的特性，要从泥浆中分离被挖掘的土及固相物质也很困难。如果采用物理和化学的方法处理，再进行机械分离，必然使处理费用提高。

(5)经济效益问题。一般来说，地下连续墙如只是用作施工期间支护结构，则造价要比普通的挡土结构高一些，导致不够经济；如能用作建筑物的承重结构，则可解决造价高的问题。

三、地下连续墙的应用和发展

(一)地下连续墙的应用

地下连续墙在工程上的应用有以下5种类型：

(1)作为地下工程基坑的挡土墙，纯作施工临时结构。

(2)在基坑开挖期作为施工的挡土防渗结构，之后以某种形式与主体结构侧墙结合，作为主体结构侧墙的一部分。

(3)在开挖期作为挡土防渗结构，之后单独作为主体结构侧墙应用。这种方式在土木工程中应用较多，如地下铁道侧墙、地下人行道、车道、港池岸壁、护岸、工业水池、工作井和泵房水池等，一般来说只用于对结构表面要求不高的工程中。近年来，国内外也有作为高层建筑地下室侧墙使用的，在地下连续墙的内部只作装饰性隔壁。

(4)作为建筑物的承重基础、地下防渗墙、隔振墙等。

(5)穿越江河、道路、铁路等隧道的进出口竖井等。

(二)地下连续墙的发展趋势

近年来，国际上地下连续墙发展的趋势有以下几个方面。

1. 逐渐广泛应用预制桩式及板式地下连续墙

这种施工方法是在成槽之后，以自凝泥浆置换成槽用的护壁泥浆，或直接以自凝泥浆成槽，再在自凝泥浆内插入预制管桩、方桩、H型钢、钢管或预应力空心板等作为结构件，以自凝泥浆的凝固体防止接缝渗水和填塞墙后空隙。这种施工方法的地下连续墙墙面光洁、墙体质量好、强度高，并可避免在现场制作钢筋笼和浇筑混凝土及处理废浆，对于狭小的施工现场有着重大意义。由于预制壁板式地下连续墙的优点和制订施工措施周密，现在已可以单独将墙体作为地下结构的外墙，除承受周围水、土压力之外，还可承受地震影响下的纵向水平力。

2. 向大深度、高精度方向发展

随着机械和施工技术水平的提高，大深度地下连续墙成为必要而且可能。现在采用多头钻、液压抓斗和液压铣削成槽机均可达到一百多米的施工深度。如2018年施工的苏州河段深层排水调蓄管道系统竖井地下连续墙厚1.5m、深103m；2020年施工的上海机场联络线华泾站区地下连续墙厚1.2m、深107.5m。这些工程所使用的机械在成槽过程中均能对垂直精度进行检测和调整控制，施工的垂直精度可达1/2000。

3. 向集多种功能于一体的方向发展

随着施工技术的不断发展和提高，地下连续墙集多种功能于一体。如用于基坑支护的地下连续墙，不再仅仅用来承受施工荷载和防渗，还被用来承受永久（垂直）荷载，集承重、挡土和防渗于一体。

4. 聚合物泥浆实用化

传统地下连续墙施工均采用膨润土泥浆，但近年来越来越多地应用高分子聚合物泥浆。这种泥浆抗水泥污染能力好，携带的土砂颗粒容易被分离，因而可大大减少工程所产生的废浆量和增加泥浆重复使用的次数。虽然泥浆单方成本比膨润土泥浆高，但总费用却有可能降低。

5. 废泥浆处理技术实用化

由于污染管制越来越严格，废泥浆的弃置日益困难和昂贵。经过多年的试验研究，现在已有多种方法可有效地处理废泥浆，成效相当显著。

第二节　地下连续墙施工设计

一、施工地质环境条件调查

对于一项工程的施工，为了尽可能避免开工后发生的各种困难，保证顺利施工，除应研究地质调查的资料外，还要在开工前对周围的情况、作业场地、交通情况、地下障碍物情况及其他施工条件进行充分的调查研究，然后制订施工计划。同时，要使制备泥浆、处理排土及其他各方面的机械设备的容量和能力能充分满足施工需要。地下连续墙工程的成败可以说取决于施工调查及拟订的施工计划是否合理。如果不经充分调查而以不适用的设备草率开工，就可能会在工程中遇到如地下障碍物、处理弃土、供应混凝土、运输材料、发生噪声及振动公害等各种麻烦事情，以致工期延长，费用增加。因此，若未进行充分调查，就不应匆忙开工，而应在研究各种可能发生的问题和对策后开工，这是使工程获得成功的一个重要因素。以下是在拟订施工计划时必须探讨的几个重要问题。

(1)地质条件。必须根据地质条件选择最适用的成槽机。在非常松软的地基上不宜使用重量太大的成槽机。对于密实的细砂层或硬黏土层等特别坚硬的土层不宜使用抓斗式成槽机。此外，当所要挖槽的地层内有大于吸管口径的卵石或漂石时，要避免采用反循环施工法，而首先以锤凿冲碎，再用抓斗清除。如存在漏浆地层或含盐的承压水地层，应事先考虑相应的措施。

(2)交通运输条件。交通运输条件不只关系到挖出泥砂与材料的进出运输，还关系到混凝土的供应。因此，确定地下连续墙段长度时，除调查地质等条件外，还要调查交通状况、计算运输时间。在浇注混凝土过程中，无论如何都不准使浇注作业中断时间超过 15～20min，所以必须全面了解交通情况，制订留有充分余地的浇注计划。当交通繁忙的道路上难以保证宽敞的作业用地时，可将泥浆供应及排土处理等附属设备安排在与施工现场有一定距离的适当地点，或者设在道路下面，道路仍供交通使用，这是一种尽量缩小施工占地面积的有效方法。此外，在狭窄道路施工时，将钢筋笼的现场加工改为工厂加工较为有利。

(3)附近环境条件。居民一般都会对产生噪声和振动的施工方法有嫌弃的倾向，特别是当施工现场在住宅区或靠近居民房屋时更为突出，故选择施工方法时必须慎重考虑这个问题。

(4)地下障碍物的调查与处理。工程开工后碰到建筑遗址、埋设物及其他地下障碍物难以排除时，将导致大量的时间和资金的浪费，因而必须事先调查清楚并加以清除。如果必须在有卵石、漂石的地层内成槽，应预先制定排除的方法。

(5)施工用水及动力设备。施工用水与泥浆的制备有密切关系。为了安全有效地进行施工，必须保证供应足够数量的泥浆，因而要保证一定量的清水供应。如果水中含有盐分，则泥浆必须掺加耐盐性羧甲基纤维素(CMC)或采用其他方法进行适当处理。此外，在没有获得外来电力供应时，必须备有足够容量的发电机，为此必须预先解决发电机噪声与周围环境之间的问题。

(6)弃土的处理。地下连续墙不论其施工方法多么完善，总是要在充满泥浆的深槽里面挖土。由于排出的砂和泥浆混合在一起，需要有适当的方法加以分离，再将液体送回槽内重复使用。从泥浆中分离出来的土砂固体物用自卸汽车装运，而流动状态的物体则用罐车或真空吸泥车装运。土砂一般运至填土区作填土使用，但流动状态的废弃物必须运至确保不引起公害的排放场所。如排土处理不当会大大影响成槽施工，故在工程开工前要事先拟订办法，确保废土排弃能力。

二、施工方案制订

由于地下连续墙多用于施工条件较差的情况下，而且其施工质量在施工期间不能直接用肉眼观察，一旦发生质量事故，返工处理较为困难，因此在施工之前详细制订施工方案十分重要，应详细研究工程规模、质量要求、水文地质资料、现场周围环境、是否存在施工障碍和施工作业条件等之后，编制工程的施工组织设计。地下连续墙的施工组织设计，一般包括下述内容：

(1)工程规模和特点，水文、地质和周围情况以及其他与施工有关条件的说明。

(2)挖掘机械等施工设备的选择。

(3)导墙设计。

(4)单元槽段划分及其施工顺序。

(5)预埋件和地下连续墙与内部连接的设计与施工详图。

(6)护壁泥浆的配合比、泥浆循环管路布置、泥浆处理和管理。

(7)废泥浆和土渣的处理。

(8)钢筋笼加工详图，钢筋笼加工、运输和吊放所用的设备和方法。

(9)混凝土配合比设计，混凝土供应和浇筑方法。

(10)动力供应和供水、排水设施。

(11)施工平面布置,包括:挖掘机械运行路线;挖掘机械和混凝土浇灌机架布置;出土运输路线和堆土处;泥浆制备和处理设备;钢筋笼加工及堆放场地;混凝土搅拌站或混凝土运输路线;其他必要的临时设施等。

(12)工程施工进度计划、材料及劳动力等的供应计划。

(13)安全措施、质量管理措施和技术组织措施等。

三、挖槽机械设备选配

选择成槽机时首先必须考虑施工现场周围的环境与工程的安全性,在靠近住宅区和居民房屋处禁止使用会发出噪声与振动的成槽机。此外,在邻近有易受振动影响的建筑及设施的情况下,亦不能使用会产生强烈振动的成槽机。若不考虑这些问题而贸然开工,就会成为以后事故的根源,造成工程停顿或无法施工等局面。为避免被动局面,必须十分注意对成槽机的选择。

(1)根据地下连续墙的使用目的与种类,有时要求较高的垂直精度与平滑的墙面,此外,作业用地面积与作业净空有时也会是选择成槽机的考虑因素,在这种情况下必须选择能充分满足施工要求的成槽机。

(2)当在交通繁忙的道路上施工、施工设备必须昼夜交替进出现场时,应选择具有机动性的机械。

(3)对地下连续墙施工来说,不可能有清一色的地层,经常是粉砂、黏土、砂、砾石等重叠成层,也可能分布有非常软弱的地层到硬黏土、泥岩等硬质地层。在这种情况下,可能某种机械在粉砂层中有良好的成槽效率,但在硬黏土中效率却很低,也不能选择只适合挖掘黏土而不适合挖掘紧密细砂层的机械,一般希望采用对广泛地层均有一定效率的机械,即适应范围较广的成槽机。

(4)根据地质条件与工程规模,有时同时使用两种机械也是有十分利的。如使用导板抓斗类成槽机挖槽必须要有导孔,因此要使用钻孔机、土螺钻机或钻土机等,这些机械仅限于钻直径与墙厚相等的圆孔,是成槽的辅助工具。

人们往往以为有了一种成槽机就可不用考虑上述那些条件了,产生一味信赖机械的心理,这种想法是非常错误的。世界上没有万能的成槽机,选择适应于地质条件的机械并加以正确运用是取得成功的首要条件。此外,还应准备处理障碍物的器材。

综上所述,选择成槽机时应从以下几方面考虑:①作业场地周围的环境;②施工安全;③作业条件;④工程目的要求;⑤地质条件;⑥工程规模;⑦是否有地下障碍物及其处理方法。

四、单元槽段的划分

地下连续墙施工是沿墙体的长度方向把地下连续墙划分成某种长度的施工单元,一般这种单元称为单元槽段。划分单元槽段就是把单元槽段的长度分配在墙体平面图上,这是施工设计中的重要内容。

一般来说,增大单元槽段的长度既可减少接头数量,又可提高截水防渗能力和连续性,还能提高施工效率。但由于种种原因，单元槽段的长度受到了限制，必须根据施工和设计上的条件决定。

（一）决定单元槽段长度的因素

（1）设计条件。包括地下连续墙的使用目的、构造（同柱及主体结构等的关系）、形状（拐角和端头等）；墙的厚度、深度。

（2）施工条件。包括：①挖槽壁面的稳定性；②对相邻结构物的影响；③挖槽机的最小挖槽长度；④钢筋笼的重量和尺寸；⑤混凝土拌和料的供应能力；⑥泥浆储浆池的容量；⑦作业占地面积；⑧可以连续作业的时间限制。

这些因素中最主要的是槽壁的稳定性。一般来说单元槽段的长度采用挖槽机的最小挖掘长度（一个挖掘单元的长度）或接近这个尺寸的长度（2～3m）。当施工条件中有以下因素时，单元槽段的长度就会受到限制：①在极软弱的地层中挖槽；②在易液化的砂土层中挖槽；③在相邻建筑物作用下有侧向土压力；④在规定的作业时间内必须完成一个单元槽段；⑤预计会有泥浆急速漏失；⑥附加荷载或动荷载较大；⑦在坍塌性大的砾石层中挖槽；⑧拐角等形状复杂时。

当不受这些条件限制且作业场地宽阔、混凝土供应及挖槽土渣处理方便时，可增大单元槽段的长度，一般以5～8m居多，也有取10m或更大一些的情况。

（二）单元槽段的划分

1. 按结构物的形状或结构形式划分单元槽段

按结构物的形状或结构形式划分单元槽段各种实例如图5-1所示，图中：(a)为以挖槽机的最小挖掘长度（一个挖掘单元的长度）为一个单元槽段的长度，适用于减少对相邻结构物的影响，或必须在较短的作业时间内完成一个单元槽段，或必须特别注意槽壁的稳定性等情况。(b)为较长的单元槽段，一个单元槽段的挖掘分几次完成。在该槽内不得产生弯曲现象，因此通常是先挖该单元槽段的两端或进行跳跃式挖掘。(c)为在开挖地下连续墙内侧的基坑之后，使墙体和柱子连接起来，将墙段接头设在柱子的位置上，有时也将柱子和接头位置错开。(d)为通过浇灌混凝土使柱子和地下连续墙成为一个整体，地下连续墙的接头设在柱与柱的中间。(e)为钝角形拐角，最好使用一个整体形的钢筋笼，为避免因拐角而造成墙体断面不足，可使导墙向外侧扩大一部分。(f)为直角形拐角，钢筋笼与(e)相同，最好是一个整体形状，但有时也将钢筋笼分割开插入槽内。(g)为"T"形单元槽段，为便于制作和插入钢筋笼，单元槽段的长度不能太大。(h)为"十"字形单元槽段，和(g)相同，不宜采用较大的单元槽段。由于在这种情况下导墙不易稳定，因此需对导墙进行加固，或在导墙附近不得有过大的荷载，而且必须特别注意槽壁的稳定和挖槽精度。(i)为长短单元槽段的组合形式，适用于特殊接头（构造接头）的情况下使用，一般先施工长的单元槽段，在短的单元槽段内设置接头装置。(j)为尽可能不影响相邻结构物，缩短单元槽段的长度，并将施工顺序采用间隔布置，避免大面积槽壁承受侧向土压力。(k)为圆周形状或曲线形状的地下连续墙。如用冲击钻法挖槽，可按曲线形状施工；如用其他方法挖槽，可使短的直线边连接成多边形。

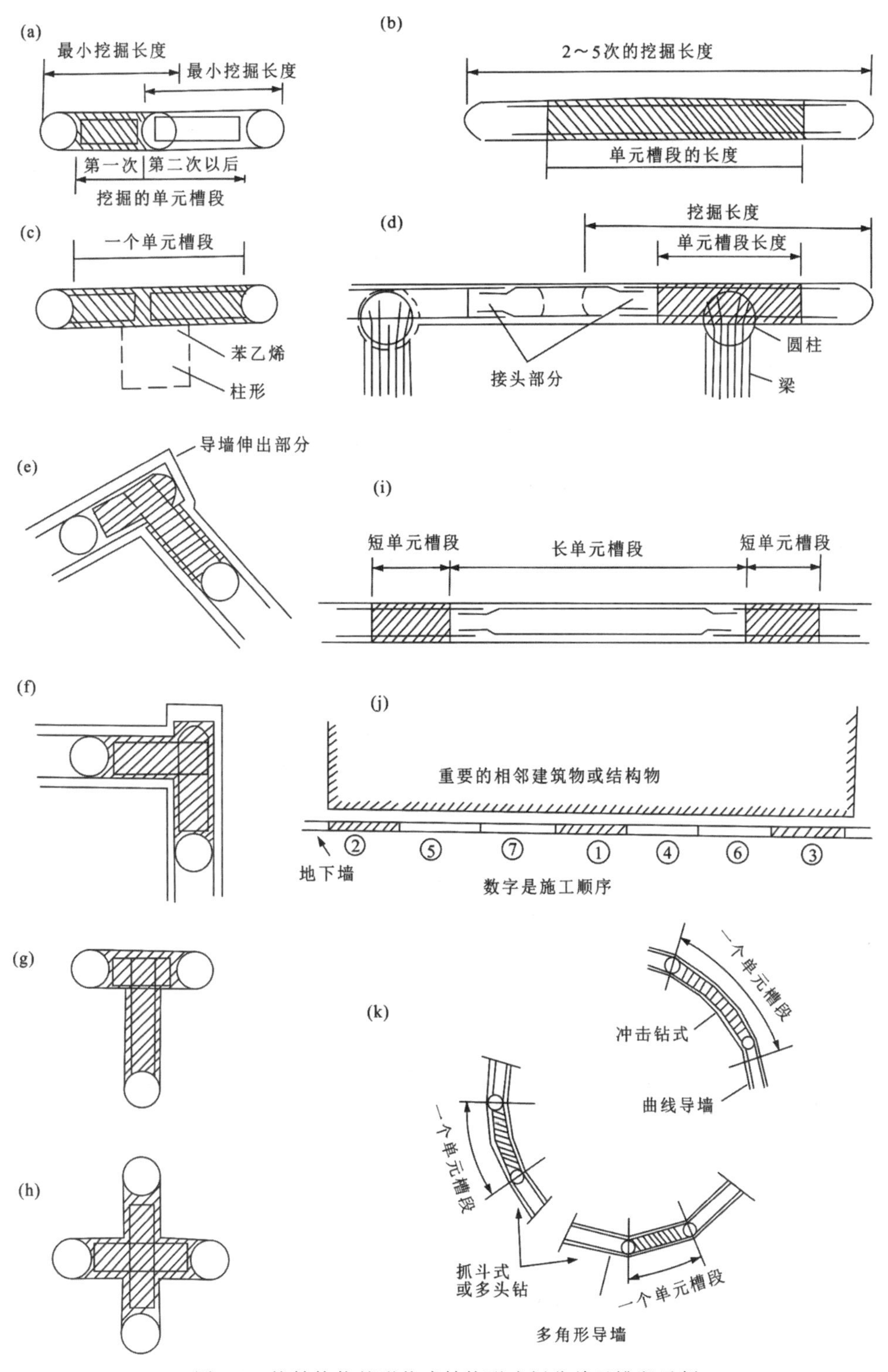

图 5-1　按结构物的形状或结构形式划分单元槽段示例

2. 抓斗式挖槽机的标准单元槽段

采用导孔——蚌式抓斗挖槽方式的地下连续墙挖槽机时，构成单元槽段划分基础的标准长度的标准值，可用下式计算：

$$L = W + D \text{ 或 } L = W + T \tag{5-1}$$

式中：L 为标准挖槽长度(m)；W 为蚌式抓斗的开头宽度(m)；D 为导孔的设计直径(m)；T 为地下连续墙的设计厚度(m)。

在实际施工中，根据结构物的平面尺寸也可按下式予以增减：

$$L = W + D \pm \frac{1}{2}D \tag{5-2}$$

划分单元槽段时的标准单元槽段长度可用下式计算：

$$E = nL - nD = nW \tag{5-3}$$

式中：n 为每单元槽段的挖斗挖掘次数，其他符号意义同式(5-1)。

如需要根据结构尺寸调整单元槽段的长度时，可用下式计算：

$$E = nW \pm \frac{m}{2}D \tag{5-4}$$

式中：$m = 0, 1, 2, 3, \cdots, n$ 。

3. 挖槽机的最小挖槽长度

各种施工方法使用的挖槽机不同，单位挖掘长度也各不相同，根据可挖单位长度的尺寸决定单元槽段的长度，同时单元槽段的挖掘不能小于这个尺寸。如表 5-1 所示为引用各种施工方法的挖槽机最小挖掘长度。

表 5-1　各种挖槽机的最小挖掘长度表

挖槽方式	机械名称	最小挖槽长度
蚌式抓斗	ICOS	1500～1700mm，因墙厚而异
	FEW(地墙法)	墙厚 500～600mm 时为 2500mm； 墙厚 800～1000mm 时为 2800mm
	OWS	1500mm
	凯里法(导杆液压抓斗)	墙厚 500～1000mm 时为 1800～2000mm； 墙厚 1200～1500mm 时为 2200mm
	“高个子”抓斗	2500mm
冲击钻	ICOS	墙厚的两倍
	Soletanche	与墙厚相同
多头钻	BW SSS	墙厚 400～550mm 时为 2100mm； 墙厚 550～800mm 时为 1920mm； 墙厚 800～1200mm 时为 2800mm

续表 5-1

挖槽方式	机械名称	最小挖槽长度
滚刀钻	TBW	TBW-Ⅰ型 1500mm； TBW-Ⅱ型 1900mm
抓斗	EISE	3800mm
重锤凿	TM	导向立柱用的竖孔宽度(1500mm)

第三节 地下连续墙施工工艺

地下连续墙的施工方法分为桩排式和壁板式(槽式)两种。桩排式最初用来代替挡土板或板桩的造墙方法，由于利用膨润土泥浆作为稳定液加大了挖槽的深度，因而推动了泥浆护壁挖槽法建造地下连续墙方法的应用。桩排式施工方法根据构造墙体的种类不同，分为灌注桩式和预制桩式两种。不论哪一种，基本上都是把桩连续起来施工筑成一道连续墙体。

槽式施工方法是开挖一定宽度、长度及深度的沟槽，在它的末端设置将墙段连接起来的结点，然后在沟槽里吊放钢筋笼、浇筑混凝土，再将墙段逐一连接起来，形成连续墙体。目前地下连续墙的施工方法主要是槽式成墙方法。

现浇混凝土槽式地下连续墙施工工艺流程如图 5-2 所示。其中导墙修筑、护壁泥浆制备、深槽挖掘、钢筋笼制作与吊放以及混凝土浇筑是施工中的主要工序。

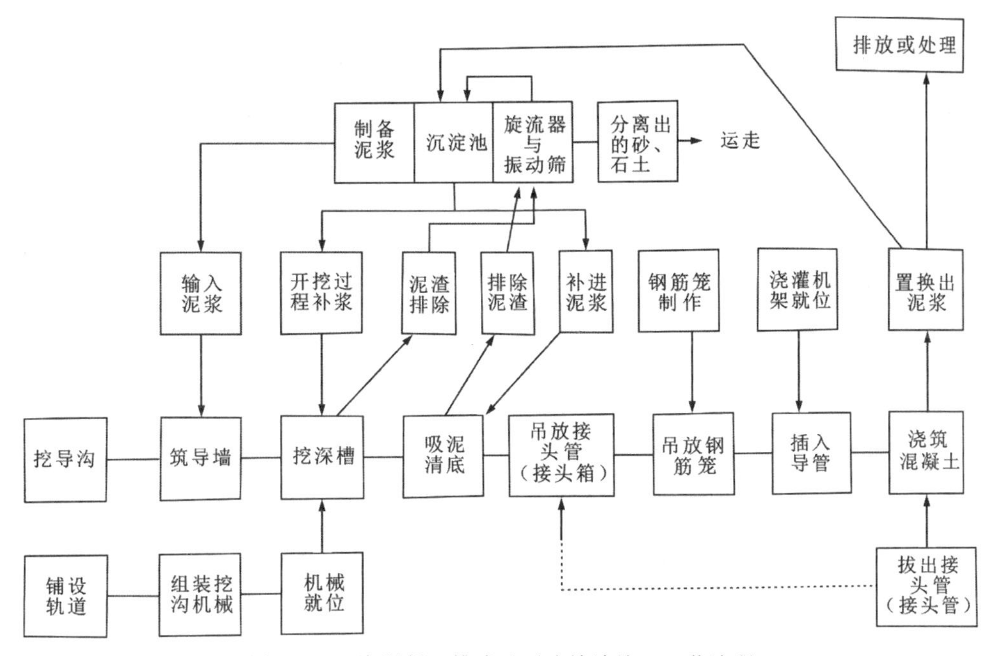

图 5-2 现浇混凝土槽式地下连续墙施工工艺流程

一、导墙修筑

一般来说，在挖槽之前必须建好导墙。导墙通常用钢筋混凝土制造，根据成槽机情况与地质条件，也可使用能重复利用的钢板、槽板或混凝土预制板等构筑导墙。导墙深度根据地质情况与作业条件并无一定的规定，一般为 1.5m 左右，也有因在清除障碍物后的回填土或通行道路上而采用 1.5m 以上的。导墙是临时建筑物，一般在地下连续墙建成后要加以拆除。因此，在地质条件允许的情况下，不一定要用钢筋混凝土建造，而可用能重复利用的材料建造较为经济。导墙虽然是用作成槽的导向设施，但也是为了防止表层土坍塌的防护设备，同时导墙的内空间可作为稳定液的储藏槽，起维持泥浆液面的作用。一般导墙内侧宽度应不防碍成槽机的进出，可比槽段宽度大 5cm 左右。对于轨行式成槽机，为了使机械能准确地作横向移动，要在导墙上布设轨道，因而导墙要能承受成槽机的重量，并将荷载传递到地基上。

若表层土质软弱，而成槽机的重量又非常大，那么一般形式的导墙就不适宜了，必须设计特殊形式的导墙。图 5-3 是用钢筋混凝土建造的各种形式的导墙。为使导墙内侧不发生相互靠拢变形的情况，必须设置适当的横撑。一般每隔 1m 左右在导墙内侧设置上、下两道木支撑，其规格多为 5cm×10cm 或 10cm×10cm 的方木。如附近地面有较大荷载或有机械运行时，还可在导墙中每隔 20～30m 设置一道钢闸板支撑，以防止导墙位移和变形。

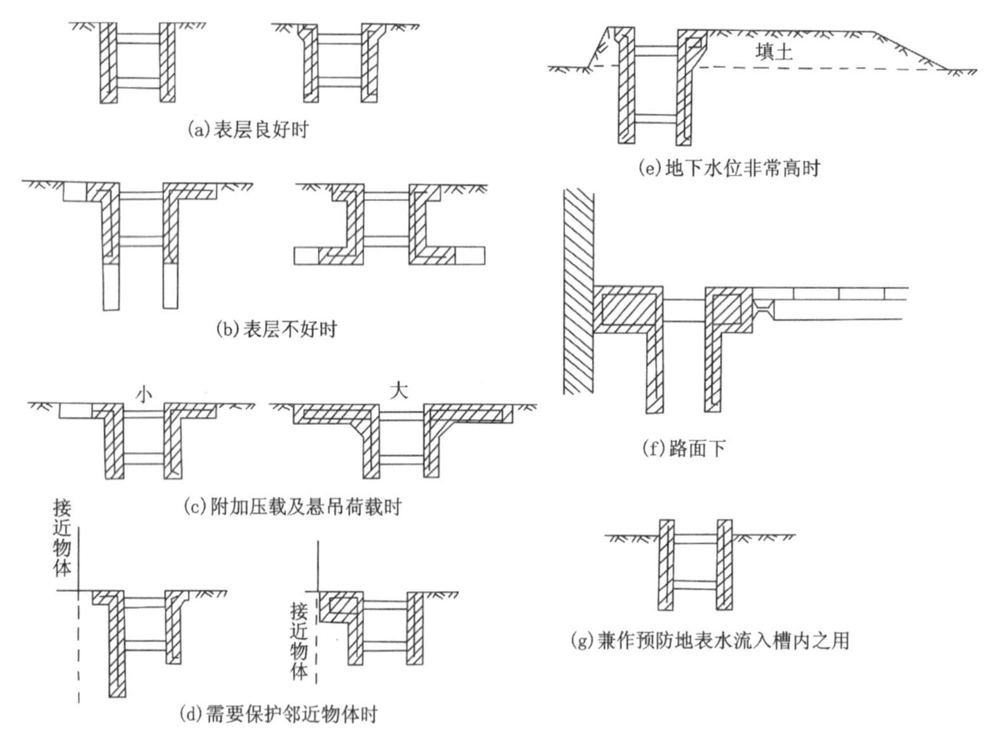

图 5-3 用钢筋混凝土建造的各种形式的导墙

在地下水位很高的地层内成槽，为使泥浆液面保持高出地下水位 1m 以上，有时必须使导墙顶面高出地面，这种情况下导墙的高度应比标准导墙高。

对于使用最为普遍的现浇钢筋混凝土导墙，其施工顺序是：①平整场地；②测量定位；

③挖槽及处理弃土;④绑扎钢筋;⑤支模板;⑥浇筑混凝土;⑦拆模并设置横撑;⑧导墙外侧回填土方(如无外侧模板,可不进行此项工作)。

当表层土良好,在导墙施工期间能保持外侧土壁垂直自立时,则可以土壁代替模板,避免回填土方,以防止槽外地表水渗入槽内。如表层土开挖后外侧土壁不能垂直自立,则外侧亦需设立模板。导墙外侧的回填土应用黏土回填密实,防止地表水从导墙背后渗入槽内,引起槽段塌方。

导墙厚度一般为0.15～0.20m,墙趾不宜小于0.20m,深度为1.5m左右。导墙的配筋多为ϕ12@200,水平钢筋必须连接起来,使导墙成为整体。导墙施工接头位置应与地下连续墙施工接头位置错开。导墙面应高于地面约10cm,以防止地面水流入槽内污染泥浆。导墙的内墙面应平行于地下连续墙轴线,对轴线距离的最大允许偏差为±10mm;内外导墙面的净距,应为地下连续墙墙厚加5cm左右,其允许误差为±5mm,墙面应垂直;导墙顶面应水平,全长范围内的高差应小于10mm,局部高差应小于5mm。导墙的基底应和土面密贴,以防槽内泥浆渗入导墙后面。

现浇钢筋混凝土导墙拆模以后,应沿其纵向每隔1m左右设置横撑,将内外两片导墙支撑起来。导墙混凝土等级多为C20,浇筑时要注意捣实,在导墙混凝土达到设计强度之前,禁止任何重型机械和运输设备在旁边行驶,以防导墙受压变形。

二、护壁泥浆配制

地下连续墙施工方法一个最基本的特点就是利用泥浆护壁进行成槽,泥浆技术是整个施工技术中十分重要的一环。这里所用泥浆不是通常概念的泥水混合物,而是以特殊材料构成、具有所要求的性能的液体。泥浆的作用有护壁、携土、冷却和润滑,其中以护壁作用最为重要。泥浆具有一定的相对密度,在槽内对槽壁有一定的静水压力,相当于一种液体支撑,能渗入槽壁形成一层弱透水的泥皮,有助于维护土壁的稳定性。欧洲一些国家的实践经验指出,槽内泥浆面如高出地下水位0.6m即能防止槽壁坍塌;英国资料认为,至少要高出0.9m;而日本则认为最好是在2m以上。

泥浆性能对槽壁稳定的影响可由梅耶霍夫(Meyehof)公式表达:

$$H_{cr}=\frac{N\tau_n}{K_0\gamma'-\gamma_1'} \tag{5-5}$$

式中:H_{cr}为沟槽的临界深度(m);N为条形基础的承载力系数,矩形沟槽$N=4\left(1+\frac{B}{L}\right)$;$B$为沟槽宽度(m);$L$为沟槽的平面长度(m);$\tau_n$为土的不排水抗剪强度(N/mm^3);$K_0$为静止土压力系数;$\gamma'$为土扣除浮力的重度(N/mm^3);$\gamma_1'$为泥浆扣除浮力的重度(N/mm^3)。

黏性土沟槽倒塌安全系数(F)对于为:

$$F=\frac{N\tau_n}{P_{0m}-P_{1m}} \tag{5-6}$$

式中:P_{0m}为沟槽开挖面外侧的土压力和水压力(MPa);P_{1m}为沟槽开挖面内侧的泥浆压力(MPa);其他符号同式(5-5)。

无黏性的砂土(黏聚力 $c=0$)倒塌安全系数则为:

$$F=\frac{2(\gamma\cdot\gamma_1)^{1/2}\tan\varphi}{\gamma-\gamma_1} \tag{5-7}$$

式中:γ 为砂土的重度(N/mm^3);γ_1 为泥浆的重度(N/mm^3);φ 为砂土的内摩擦角(°)。

沟槽壁面的横向变形(ΔS)按下式计算:

$$\Delta S=(1-\mu^2)(K_{0\gamma}-\gamma_1)\frac{hL}{G_0} \tag{5-8}$$

式中:μ 为土的泊松比;h 为从地面算起至计算点的深度(mm);G_0 为土的压缩模量(MPa);其他符号同式(5-5)。

泥浆性能的应用指标有黏度、相对密度、含砂量、失水量、肢体率、稳定性、静切力、泥皮厚度、pH 值。泥浆的性能指标以专用仪器进行测定,在施工过程中应根据泥浆性能的变化及时对泥浆加以调整或废弃。由于不同工程成槽地层性状,现场变化很大,槽壁面的稳定性、地层土颗粒的悬浮性质、造浆性及地下水性状也各不相同,因此不同的地质条件对泥浆性能的要求也不相同(表 5-2)。

表 5-2 不同土层护壁泥浆性质的控制指标

土层	标质								
	黏度/s	相对密度	含砂量/%	失水量/%	胶体率/%	稳定性	静切力/kPa	泥皮厚度/mm	pH 值
黏土层	18~20	1.15~1.25	<4	<30	>96	<0.003	3~10	<4	>7
砂砾石层	20~25	1.20~1.25	<4	<30	>96	<0.003	4~12	<3	7~9
漂卵石层	25~30	1.1~1.20	<4	<30	>96	<0.004	6~12	<4	7~9
碾压土层	20~22	1.1~1.20	<6	<30	>96	<0.003	—	<4	7~8
漏失土层	25~40	1.1~1.25	<15	<30	>97	—	—	—	—

护壁泥浆除通常使用的膨润土泥浆外,还有聚合物泥浆、CMC 泥浆和盐水泥浆,它们的主要成分和外加剂如表 5-3 所示。聚合物泥浆是以长链有机聚合物和无机硅酸盐为主体的泥浆,CMC 泥浆及盐水泥浆多用于海岸附近等特殊地层条件。

表 5-3 护壁泥浆的种类及其主要成分

泥浆种类	主要成分	常用的外添加剂
膨润土泥浆	膨润土、水	分散剂、增黏剂、加重剂、防漏剂
聚合物泥浆	聚合物、水	
CMC 泥浆	CMC、水	膨润土
盐水泥浆	膨润土、盐水	分散剂、特殊黏土

(一)泥浆的制备

地下连续墙挖槽用护壁膨润土泥浆制备有以下几种方法:

(1)制备泥浆。挖槽前利用专门设备事先制备好泥浆,挖槽时输入沟槽。

(2)自成泥浆。用钻头式挖槽机挖槽时,向沟槽内输入清水,清水与钻削下来的泥土拌和,边挖槽边形成泥浆,泥浆的性能指标符合规定的要求。

(3)半自成泥浆。半自成泥浆的某些性能指标不符合规定的要求时,在形成自成泥浆的过程中可加入一些需要的成分。

泥浆制备前需对地基土、地下水和施工条件等进行调查。

(1)地基土的调查。包括土层的分布和土质的种类(包括标准贯入度 N 值);有无坍塌性较大的土层;有无裂隙、空洞、透水性大、易于产生漏浆的土层;有无有机质土层等。

(2)地下水的调查。包括了解地下水位及其变化情况,能否保证泥浆液面高出地下水位1m 以上;了解潜水层、承压水层分布和地下水流速;测定地下水中盐和钙离子等有害离子的含量;了解有无化工厂的排水流入;测定地下水的 pH 值。

(3)施工条件的调查。包括槽深和槽宽;最大单元槽段长度和可能空置的时间;挖槽机械和挖槽方法;泥浆循环方法、泥浆处理的可能性、能否在短时间内供应大量泥浆等。

1. 泥浆配合比

确定泥浆配合比时,首先应根据保持槽壁稳定所需的黏度来确定膨润土的掺量(一般为6%～9%)和增黏剂 CMC 的掺量(一般为 0.05%～0.08%)。分散剂加量一般为 0～0.5%。在地下水丰富的砂层中挖槽有时不用分散剂。为使泥浆能形成良好的泥皮而加分散剂时,可用增加膨润土或 CMC 的量来调节泥浆黏度。分散剂加量超过一定限度后将不再增加分散效果,有时甚至会降低效果。我国常用的分散剂是纯碱。

如为提高泥浆的相对密度,增大其维护槽壁稳定能力而需加加重剂重晶石时,根据日本冲野的建议,可按式(5-9)计算重晶石的加量:

$$m = \frac{4V(d_2 - d_1)}{4 - d_2} \tag{5-9}$$

式中:m 为重晶石的加量(t);V 为泥浆量(kL);d_1 为原来泥浆的相对密度;d_2 为需达到的泥浆相对密度。

至于防渗剂的加量,不是一开始配制泥浆时就确定的,通常是根据挖槽过程中泥浆的漏失情况而逐渐增加,一般加量为 0.5%～1.0%。如遇漏失量很大,加量可能增加到 5%,或者将不同的防漏剂混合使用。

配制泥浆时,应先根据初步确定的配合比进行试配,如试配制出的泥浆符合规定的要求,则可投入使用,否则需修改配合比。试配制出的泥浆应按泥浆控制指标的规定进行试验测定。

2. 泥浆搅拌和贮存

常用的泥浆搅拌机有高速回转式搅拌机和喷射式搅拌机两类,可根据具体情况进行选用。选用原则如下:①能保证必要的泥浆性能;②搅拌效率高,能在规定时间内供应所需的泥浆;③使用方便、噪声小、装拆方便。

制备膨润土泥浆一定要充分搅拌，如果膨润土溶胀不充分会影响泥浆的失水量和黏度。一般情况下，膨润土与水混合后3h就会有很大的溶胀可供施工使用，经过一天就可达到完全溶胀。膨润土较难溶于水，如搅拌机的搅拌叶片回转速度在200r/min以上则可使膨润土较快地溶于水。

增黏剂CMC较难溶解，最好先用水将CMC溶解成1%～3%的溶液，再加入泥浆中进行搅拌；或将CMC慢慢地向泥浆中掺加，这样可有效地增加泥浆的黏度。如一次投入则易形成未溶解的泥土状物体，不能充分发挥CMC的作用。用喷射式搅拌机可提高CMC的溶解效率。

制备泥浆的投料顺序一般为水、膨润土、CMC、分散剂、其他外加剂。由于CMC溶液可能会妨碍膨润土溶胀，宜在加入膨润土之后加入。

为了充分发挥泥浆在地下连续墙施工中的作用，最好在泥浆充分溶胀之后再使用，因此泥浆搅拌后宜贮存3h以上。贮存泥浆宜用钢制贮存罐或地下、半地下贮浆池，容积应适应施工的需要。如用立式贮浆罐或离地一定高度的卧式贮浆罐，则可自流送浆或补浆，无需使用送浆泵。如用地下或半地下式贮浆池，要防止地面水和地下水流入池内。

（二）泥浆的处理

在施工过程中，泥浆要与地下水、砂、土、混凝土接触，膨润土、掺和料等成分会有所消耗，而且会混入一些土渣和有机质离子，使泥浆受到污染而导致质量恶化。泥浆的恶化程度与挖槽方法、地质条件和混凝土浇筑方法等有关。其中，挖槽方法影响最大，如用钻抓法挖槽，泥浆污染较小，因为大量的土渣由抓斗直接抓出装车运走；而采用多头钻成槽则泥浆污染较大，因为用这种方法挖槽时挖下来的土要由循环流动的泥浆带出。此外，如地下水内含盐分和化学物质，则会严重污染泥浆。被污染恶化了的泥浆，经处理后仍可重复使用，如污染严重难以处理或处理不经济者则应废弃。常用的泥浆处理方法有土渣分离处理（物理再生处理）和污染泥浆的化学处理（化学再生处理）。

1. 土渣分离处理（物理再生处理）

分离土渣可用机械处理和重力沉降处理两种方式，两种方式共同作用效果更好。

（1）机械处理。利用专门的泥水分离设备对泥浆进行分离处理。这类泥水分离设备有机械振动筛、漩流除砂器、真空式过滤机械、滚筒式或带式碾压机及大型沉淀箱等，通常将上述几种机械组成一套泥浆处理系统进行泥水分离联合处理，形成含水量一般不超过50%的湿土和符合标准的泥水，最后湿土装车运走，泥水经过再生处理制成可重复使用的泥浆。这种处理方法占用场地大，动力消耗增加，处理量一般不超过15m^3/h，不能适应大量泥浆的即时处理。

（2）重力沉降处理。重力沉降处理是利用泥浆与土渣的相对密度差使土渣产生沉淀以排除土渣的方法。沉淀池容积越大，泥浆在沉淀池中停留时间越长，土渣沉淀分离的效果越好。因此，如果现场条件允许，应设置大容积的沉淀池。考虑到土渣沉淀会减少沉淀池的有效容积，沉淀池的容积一般为一个单元槽段挖土量的1.5～2.0倍。沉淀池设于地下、半地下、地上皆可，要考虑到泥浆循环、再生、舍弃等工艺要求，一般分隔成几个，其间由埋管或开槽口连通。

2. 污染泥浆的化学处理(化学再生处理)

浇筑混凝土置换出来的泥浆因混入土渣并与混凝土接触而恶化，因为当膨润土泥浆中混入阳离子时，阳离子吸附于膨润土颗粒的表面，土颗粒就易互相凝聚而增强泥浆的凝胶化倾向。如水泥中含有大量钙离子，浇筑混凝土时亦会使泥浆产生凝胶化。泥浆产生凝胶化后，泥浆的泥皮形成性能减弱，槽壁稳定性较差；黏性较差，土渣分离困难；在泵和管道内的流动阻力增大。

对上述恶化泥浆要进行化学处理，即使用化学絮凝剂沉淀，使土渣分离，然后清出沉淀的泥渣。由于这类絮凝剂的价格较高，且使用量往往比较大，因此处理费用也较高。此外，为了防止化学元素对环境的污染，对使用化学絮凝剂有严格的限制，故在施工中单独使用化学方法对泥浆的处理也比较少。

3. 机械化学联合处理

机械化学联合处理首先用振动筛将泥浆中的大颗粒土渣筛出，再加入高效的高分子絮凝剂对细小土渣进行絮凝沉淀，然后送到压滤机或真空过滤机进行泥土分离，基本工艺流程如图 5-4 所示。国外较多采用此方法。

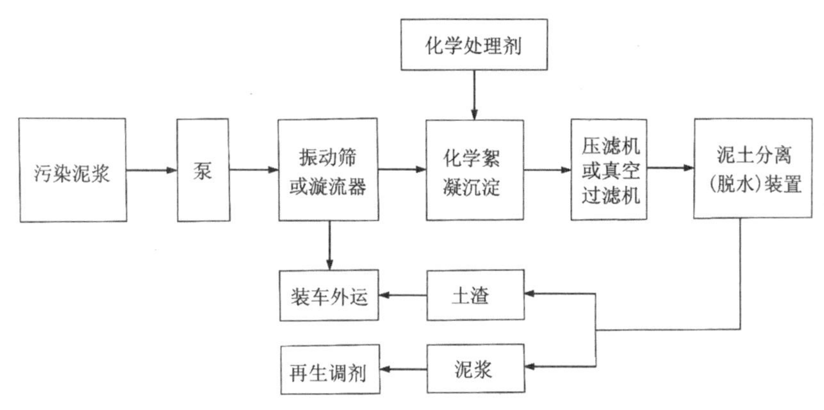

图 5-4 机械化学处理泥浆基本工艺流程

泥浆经过处理后，用控制泥浆质量的各项指标进行检验，如果需要可再补充加入材料进行再生调剂。经再生调剂的泥浆送入贮浆池(罐)，待新加入的材料与处理过的泥浆完全溶合后再重复使用。

三、深槽挖掘

在槽式地下连续墙施工中，挖槽(成槽)工艺是施工中最重要的工序，是决定施工效率及保证工程质量的关键。深槽挖掘约占整个施工时间的一半，成槽的精度又是保证地下连续墙质量的因素之一，因此必须高度重视挖槽工作。

（一）挖槽方法

挖槽方法虽有很多不同的种类，但各种挖槽方法的施工工序基本相同，所不同的是各有其专用的成槽机具，以及墙身的建造、成槽机具的使用、挖出的土砂排除等方面采用的不同作业方法。因而各种挖槽方法的成槽效率、噪声状态及附近地区的振动影响、墙身的垂直度与墙面的平面状态等各不相同。目前国内外采用的各种挖槽方法归纳起来大致分为以下 3 种。

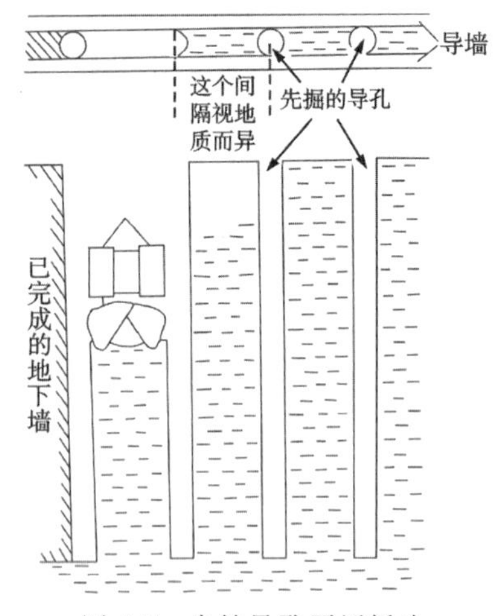

图 5-5　先钻导孔再用抓斗挖掘成槽形

（1）第一种方法如图 5-5 所示，先间隔一定距离跳跃式挖出直径与墙厚相同的钻孔，称为先行导孔，然后用导杆抓斗将导孔与导孔间的土方挖去形成槽段。导孔相互间的距离不相等，根据成槽机种类及墙厚以及地基的软硬而定。这种方法是由 ICOS 公司创造的。用导杆抓斗施工要将槽底的微细土砂完全清除，在构造上是办不到的。此外，要考虑抓斗频繁剧烈地上下运动会碰塌槽壁面，或者影响槽的垂直精度。因此，在施工中使用这种成槽机时，必须特别注意排除槽底的残余土砂与调整泥浆的性能以及抓斗的上下运动。

（2）第二种方法如图 5-6 所示，是在墙段的两端先钻导孔作为基孔，再采用连续重叠的圆柱孔钻挖方式挖掘导孔间的土体。这种先行导孔也要一次性钻挖到设计规定的深度，而后续的圆柱孔则分层作业，每层钻挖 50～80cm 的深度。即当钻头钻挖 50～80cm 后就要提钻，将挖掘机横移一下，使孔位与前次的稍有重叠，再钻到规定的分层深度。这样的作业在槽内反复进行，直到完成槽段，然后依次逐步向前推进。这种方法因施工复杂、工效低、墙壁的平滑程度与尺寸精度较低等缺点，目前已很少应用。

（3）第三种方法如图 5-7 所示，从一开始就挖成长条的沟槽，并一次挖到规定的墙体深度，这样往返几次完成一个槽段。这种方法作业单纯，从建筑地下连续墙的观点来说是最为理想的形式，ELSE 工法和 BW 工法属于这种方式。

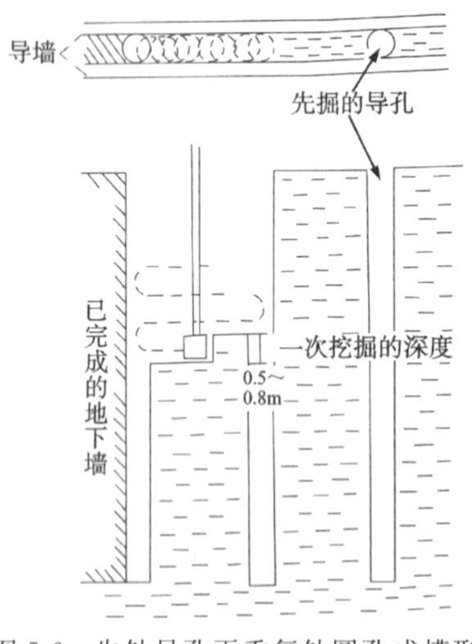

图 5-6　先钻导孔再重复钻圆孔成槽形

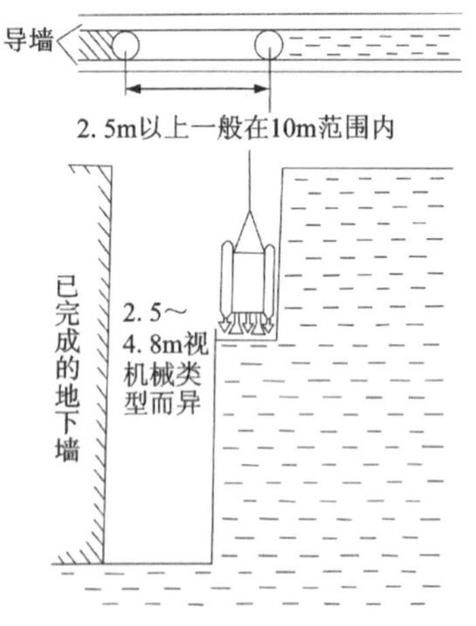

图 5-7　一次钻挖成槽形

（二）挖槽机械

地下连续墙施工用的挖槽机械是在地面上操作，穿过泥浆向地下深处开挖一条预定断面深槽（孔）的工程施工机械。由于地质条件复杂，地下连续墙的深度、宽度和技术要求不同，目前还没有能够适用于各种情况下的万能挖槽机械，因此需要根据不同的地质条件和工程要求选用合适的挖槽机械。

目前，国内外常用的挖槽机械按工作原理分为挖斗式、冲击式、回转式和铣轮式四大类，而每一类中又分为多种，如图 5-8 所示。

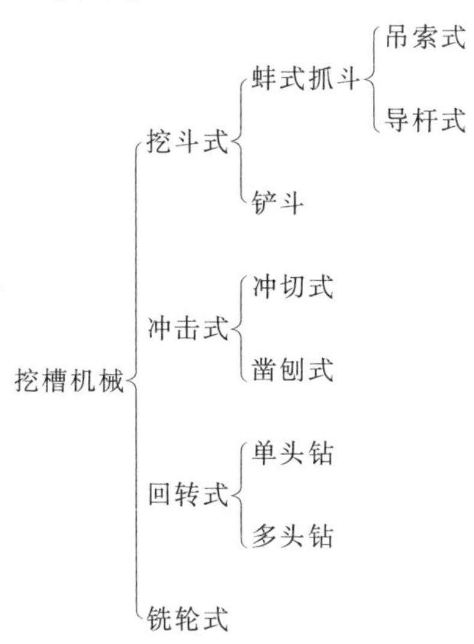

图 5-8　国内外常用挖掘机械分类

我国在地下连续墙施工中，应用最多的是吊索式蚌式抓斗、导杆式蚌式抓斗、多头钻和冲击式挖槽机，尤以前三者为多。而铣轮式是国外后期研发一种铣槽机械，目前我国已引进和研发应用。

1. 抓斗式挖槽机

抓斗式挖槽机以斗齿切削土体，切削下的土体收容在斗体内，从沟槽内提出地面开斗卸土，然后又返回沟槽内挖土，如此反复循环作业进行挖槽。抓斗式挖槽机的挖掘动作有斗齿铲挖和斗刃切削，都是先把斗齿或斗刃切入土体，然后进行挖掘。切入土体靠斗体重量，由于斗体也是排土容器，因此增加斗体重量虽然对挖土有利，但对排土却增加了无益的动力消耗。

这类挖槽机械适用于较松软的土层，根据经验，土的 N 值超过 30 则挖掘速度急剧下降，N 值超过 50 即难以下挖。对于较硬的土层宜用钻挖法，即预钻导孔，在抓斗两侧形成垂直自由面，挖土时不需靠斗体自重切入土体，只需闭斗挖掘即可。由于每挖一斗都需提出地面卸土，为了提高施工效率，施工深度不能太大，在我国一般认为不宜超过 20m。为了保证挖掘方向，提高成槽精度，一种方法是在抓斗上部安装导板，即我国常用的导板抓斗。另一种方法是在挖斗上装长导杆，导杆沿着机架上的导向立柱上下滑动，成为液压抓斗，这样既保证了挖掘方向又增加了斗体自重，提高了对土的切入力。

抓斗式挖槽机构造简单，耐久性好，故障少，载运机械多为履带式起重机等，易于施工单位选配和自制。常用者为蚌式抓斗。

蚌式抓斗最早是用于开挖壁板式地下连续墙的挖槽机械，如意大利的ICOS法、法国的Soletanche法、日本的OWS法和FEW法等皆用蚌式抓斗。从国内外施工情况来看，它可用于开挖墙厚450～2000mm、深50m、土的N值不超过50的地下连续墙。一些标准规格的蚌式抓斗参数如表5-4所示。

表5-4 标准规格的蚌式抓斗参数

墙厚/mm	450	500	600	800	1000	1200
闭斗高度 A/mm	4250	4250	4250	4540	4540	4540
闭斗宽度 B/mm	2200	2200	2200	2420	2420	2420
抓斗厚度 C/mm	450	470	570	760	960	1200
开斗高度 D/mm	3740	3740	3740	3816	3816	3815
开斗宽度 E/mm	2500	2500	2500	2700	2700	2700
质量/kg	3800	3900	4300	4450	4750	5750
钢索道数	4	5	5	6	6	6
闭斗力/kN	160	180	190	210	225	266
斗齿数/个	2+2	2+3	2+3	3+4	3+4	3+4
钢索最大直径/mm	22	22	22	22	25	26

蚌式抓斗与普通抓斗不同，为了提高抓斗的切土能力，一般都要加大斗体重量，为了提高挖槽的垂直精度，要在抓斗的两个侧面安装导向板，故亦称导板抓斗。蚌式抓斗通常以钢索操纵斗体上下和开闭，即索式抓斗，分中心提拉式导板抓斗（图5-9）和斗体推压式导板抓斗两类（图5-10），也有用导杆使抓斗上下并通过液压开闭的导杆液压抓斗（图5-11）。

蚌式抓斗的装运机械是履带式起重机，起重臂长度因抓斗的高度及重量而异，一般为15～20m，起重臂的倾角越大，起重机越稳定，但这会使起重机越靠近导墙，影响导墙和周围地基的稳定，给抓斗卸土和装车带来不便。因此，起重臂的仰角通常采用65°～70°，挖土、卸土和装车应在起重臂的回转范围之内。挖槽过程中起重臂只作回转动作而无仰俯动作。起重机履带的方向与导墙成直角时，稳定性最好，但考虑到导墙能承受的荷载，还有采用平行于导墙布置的，个别情况下还有跨在导墙上进行挖槽的。

如果土层软弱挖槽速度过快，或在土层软硬变化处，均易造成槽壁弯曲，影响垂直精度。另外，挖槽深度越大越易造成垂直误差，因此深度大的挖槽宜用钻抓法或用导杆液压抓斗。

当抓斗无导孔进行挖槽时，要使抓斗的切土阻力均衡，避免因抓斗切土阻力不均衡造成槽壁弯曲，宜按图5-12(a)的方式进行抓槽，而不宜采用图5-12(b)的方式。因此，在确定一个单元槽段的挖掘顺序时，亦要考虑抓斗切土阻力的均衡问题，对直线形单元槽段或转角部位宜按图5-13所示的顺序进行挖掘。

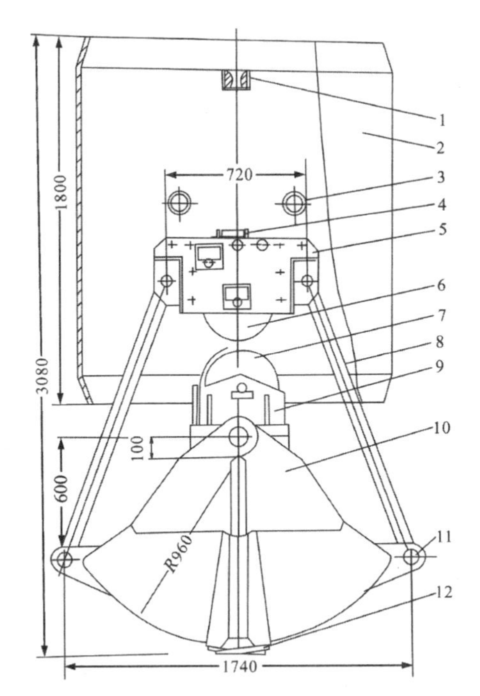

图 5-9 索式中心提拉式导板抓斗

1-导向块；2-导板；3-撑管；4-导向辊；5-斗脑；6-上滑轮组；7-下滑轮组；8-提杆；9-滑轮座；10-斗体；11-斗耳；12-斗齿

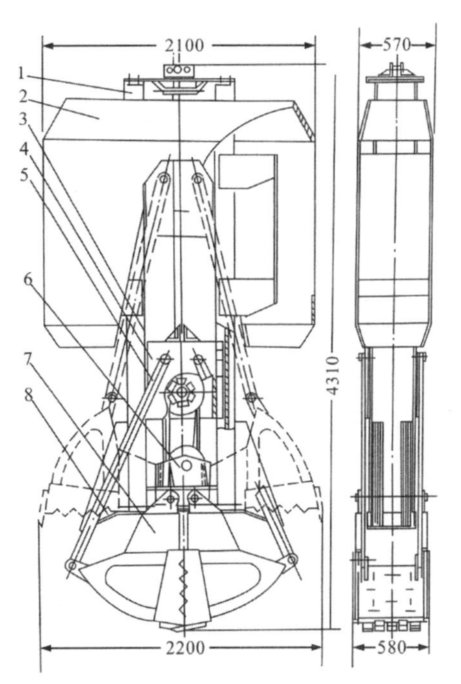

图 5-10 索式斗体推压式导板抓斗

1-导轮支架；2-导板；3-导架；4-动滑轮座；5-提杆；6-定滑轮；7-斗体；8-弃土压板

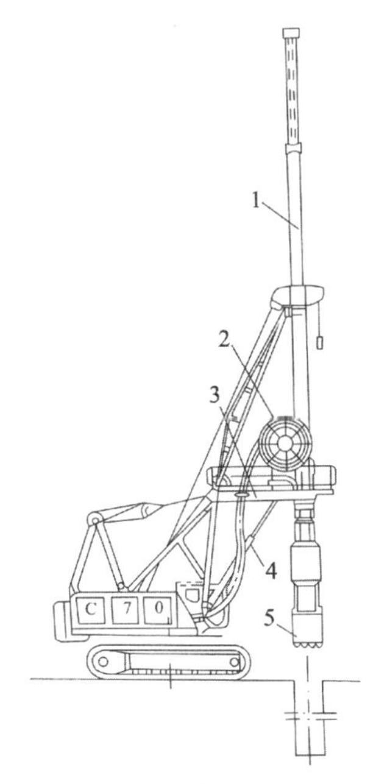

图 5-11 导杆液压抓斗

1-导杆；2-液压管线回收轮；3-平台；4-调整倾斜度用的千斤顶；5-抓斗

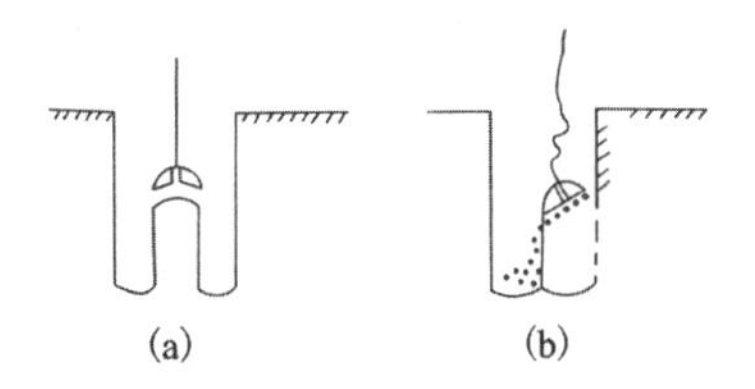

图 5-12 抓斗切土状态

(a)抓斗切土时切土阻力均衡；(b)抓斗切土时切土阻力不均衡

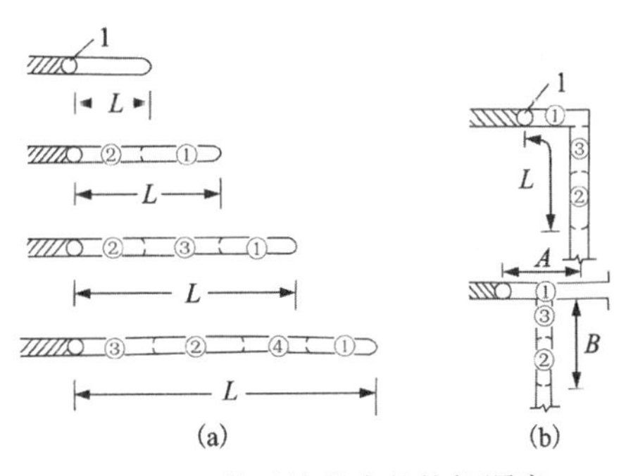

图 5-13 单元槽段内的挖掘顺序

(a)直线形单元槽段；(b)转角部位单元槽段

1-接头管处的孔；L(或 $A+B$)-单元槽段长度；①、②、③、④-抓斗挖掘顺序

我国徐州工程机械集团有限公司 XG700E 2018 年在杭州地铁施工中得到了成功应用。大吨位地下连续墙液压抓斗 XG700E 在可靠性、动力、效率、噪声排放、抓取能力等方面有大幅改进升级，具有发动机功率动力强劲，在硬地层、大负载工况优势更突出等诸多特点。它的发动机功率可提升至 315kW，且全液控双卷同步收、放技术，大功率温控独立液压散热器，满足高温地区施工，散热器风扇随油温自动调节，长导向、大闭合力的重型推板纠偏抓斗，硬地层抓取效率更高，同时有智能化故障监测技术及安全操作技术，确保施工安全、操作便捷。

2. 冲击式挖槽机

冲击式挖槽机包括钻头冲击式和凿刨式两类。

1)钻头冲击式

钻头冲击式挖槽机是通过各种形状钻头的上下运动冲击破碎土层，借助泥浆循环把土渣携出槽外。

钻头冲击式挖槽机的种类很多，如 YKC 型、SPC-300H 型、SPJ-300 型、MT-150 型等。如图 5-14 所示为 ICOS 冲击钻机组，它不但具有冲击钻，而且配有泥浆制备和输送、处理的设备。

钻头冲击式挖槽机是依靠钻头的冲击力破碎地基土层，因此它不仅适用于一般土层，亦适用于卵石、砾石、岩层等地层。另外，钻头的上下运动受重力作用保持垂直，挖槽精度亦可保证。这种钻机的挖槽速度取决于钻头重量和单位时间的冲击次数，但这两者不能同时增大，一般一个增大另一个有减小的趋势，因此钻头重量和冲击次数都不能超过一定的极限，因而冲击钻机的挖槽速度较其他挖槽机低。冲击钻机钻头有各种形式，视工作需要选择。

此类型挖槽机排土方式有泥浆正循环方式和泥浆反循环方式两种。泥浆正循环时，泥浆作用在挖槽工作面上的压力较大，由于泥浆携带土渣的能力与其上升速度成正比，而泥浆的上升速度又与挖槽的断面积成反比，因此不宜用于断面大的挖槽施工。同时，此法土渣上升速度慢，易于混在泥浆中，使泥浆的相对密度增大。

泥浆反循环时，由于钻杆断面积较小，其上升速度快，排渣能力强。泥浆反循环方式与挖槽断面积无关，土渣排出量和土渣的最大直径取决于排浆管的直径。但当挖槽断面较小时，泥浆向下流动较显著，作用在槽壁上的泥浆压力较泥浆正循环方式低，会减弱泥浆的护壁作用。

2)凿刨式

凿刨式挖槽机靠凿刨沿导杆上下运动以破碎土层，破碎的土渣由泥浆携带从导杆下端吸入经导杆排出槽外。施工时每凿刨一竖条土层，挖槽机移动一定距离，如此反复进行挖槽。

3. 回转式挖槽机

回转式挖槽机是以回转的钻头切削土体进行挖掘，钻下的土渣随泥浆的循环排出地面。钻头回转方式与挖槽面的关系有直挖和平挖两种，钻头数目有单头钻和多头钻之分，单头钻主要用来钻导孔，多头钻用来挖槽。

多头钻是日本利根公司开发的地下连续墙挖槽机械，称为 BW 钻机，用 BW 钻机挖槽的方法称为 BW 工法。日本的 BW 钻机有 3 种型号：BWN-4055、BWN-5580 和 BWN-80120。每种钻机的型号数字代表该型号钻机可能成槽宽度的范围，例如 BWN-80120 型成槽宽度即为 80～120cm。这种钻机可以全断面钻进，一次完成一定长度和宽度的深槽。钻机的钻头数量，BWN-4055 型有 3 个，BWN-5580 型和 BWN-80120 型各有 5 个。

我国所用的 SF-60 型和 SF-80 型多头钻是参考 BW 钻机并结合我国国情设计和制造的。这种多头钻是一种采用动力下放、泥浆反循环排渣、电子测斜纠偏和自动控制给进成槽的机械，具有一定的先进性。多头钻机的构造如图 5-15 所示，技术性能如表 5-5 所示。

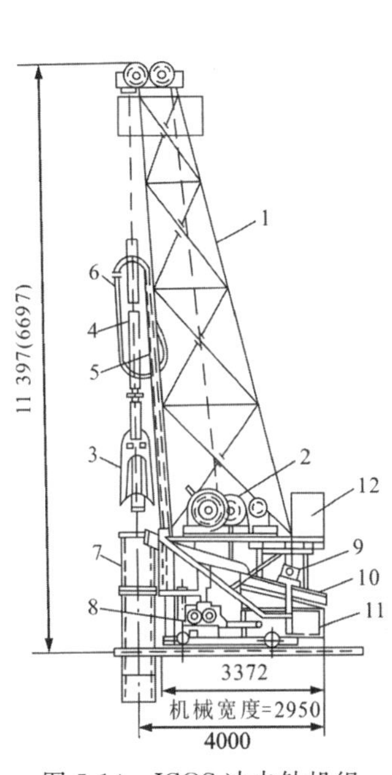

图 5-14 ICOS 冲击钻机组

1-机架；2-卷扬机；3-钻头；4-钻杆；5-中间输浆管；6-输浆软管；
7-导向套管；8-泥浆循环泵；9-振动筛电动机；10-振动筛；

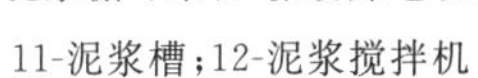
11-泥浆槽；12-泥浆搅拌机

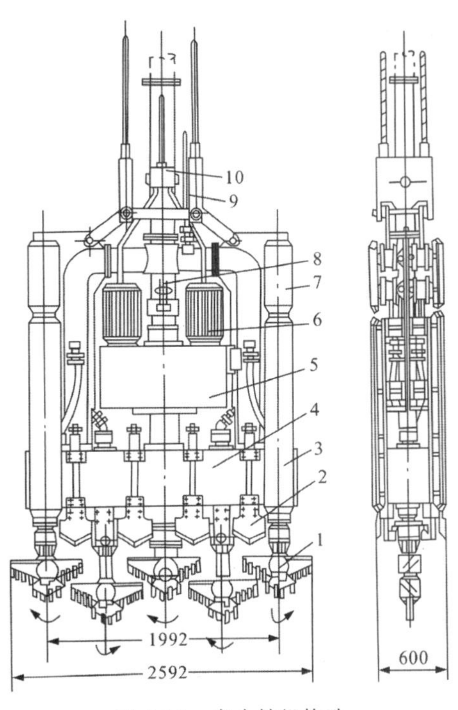

图 5-15 多头钻机构造

1-钻头；2-侧刃；3-导板；4-齿轮箱；5-减速箱；6-潜水电动机；
7-纠偏装置；8-高压进气管；9-泥浆管；10-电缆接头

表 5-5 SF 型多头钻的技术性能

类别	项目	SF-60 型	SF-80 型
钻机尺寸	外形尺寸/mm	4340×2600×600	4540×2800×800
	钻头个数/个	5	5
	钻头直径/mm	600	800
	机头质量/kg	9700	10 200
成槽能力	成槽厚度/mm	600	800
	一次成槽有效长度/mm	2000	2000
	设计挖掘深度/m	40～60	
	挖掘效率/$(m \cdot h^{-1})$	8.5～10.0	
	成槽垂直精度	1/300	

续表 5-5

类别	项目	SF-60 型	SF-80 型
机械性能	潜水电机/kW	4 极 18.5×2	
	传动速比	$i=50$	
	钻头转速/(r·min^{-1})	30	
	反循环管内径/mm	150	
	输出扭矩/(N·m)	7000	

多头钻是利用两台潜水电钻带动行星减速机构和传动分配箱的齿轮，驱动钻头下部的 5 个钻头等速对称旋转切割土体，并带动两边的 8 个侧刃(每边 4 个侧刃)上下运动，以切除钻头工作圆周间所余的三角形土体，因此它与其他单头钻机钻成一个圆孔不同，而是能一次钻成平面为长圆形的槽段。多头钻的 5 个钻头分上、下两层配置，相互搭接。各个钻头的转动方向相向，各钻头的钻进反力相互抵消，整个多头钻就不会因钻进反力而产生扭转。

多头钻的两侧装有一对与槽宽相等的导板以控制墙厚，在钢索悬吊下进行挖槽，能保持自然的垂直状态。为进一步提高成槽的垂直精度，钻机还设有电子测斜自动纠偏装置，当测斜仪显示多头钻已偏离设计位置时，可通过操作台上的阀门以高压气体操纵纠偏气缸推动纠偏导板，四片纠偏导板可以进行 4 种组合，自动纠正多头钻两个方向的偏差。多头钻还设有钻压测量装置，在悬挂多头钻机头的钢丝绳固定端装有拉力传感器，电子秤可直接读出拉力值，由此可以换算出钻压，利用调节钢丝绳的荷重来调节钻压，以调节钻机的挖槽状态。

多头钻成槽机一般在轨道上行驶，亦可将多头钻装在履带式动载机上或其他特殊机架上。成槽机为泥浆反循环排出土渣，钻头切削下来的土渣由泥浆作为输送介质从中间一个钻头的空心钻杆吸上排出槽段。多头钻挖槽的槽壁垂直精度取决于钻机操作人员的技术熟练程度，应合理控制钻压、下钻速度和钻机工作电流，在钻进过程中随时观测偏斜情况及时加以纠正。挖槽时，待钻机就位和机头中心对准挖掘槽段中心后，将钻压加压 0.1～0.15MPa，并随机头下放深度的增加而逐步加压，然后将机头放入槽内，当先导钻头刚接触槽底即启动钻头旋转，钻头的正常工作电流约为 40A，最大工作电流应在 75A 以下，如工作电流出现升高现象时，应立即停钻检查。在每次提钻后或下钻前均应检查润滑油和密封油是否符合设计要求。

多头钻的钻进速度取决于土质坚硬程度和排泥速度。一般对于坚硬土层钻进速度取决于土层坚硬程度，而对于软土则主要取决于排泥速度。用多头钻挖槽对槽壁的扰动少，完成的槽壁光滑，吊放钢筋笼顺利，混凝土超量少，无噪声，现场人员少，施工文明，适用于软黏土、砂性土及小粒径的砂砾层等地质条件。特别是在密集的建筑群内或邻近高层及重要建筑物处皆能安全而高效率地进行施工。

4. 铣轮式铣槽机

铣轮式铣槽机采用铣轮切削土体形成沟槽，能够在槽底连续切削岩土，切削产生的岩土碎屑与槽内泥浆混合，通过胶管被泵送到地面振动筛，浆液经过净化处理后再次泵回槽内(图 5-16)。

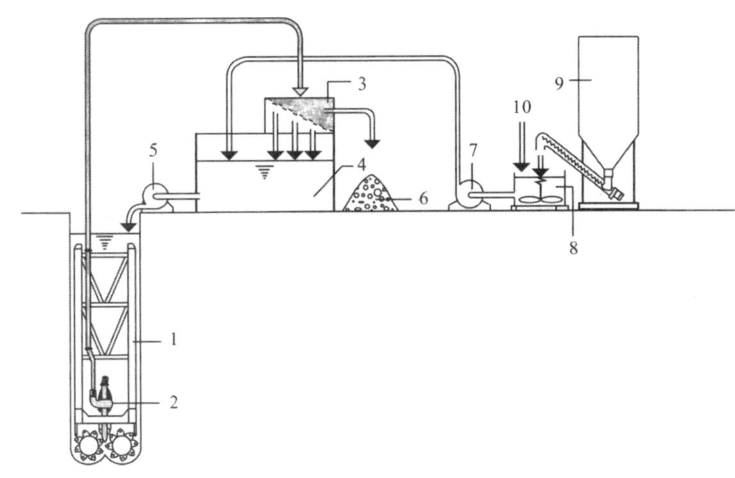

图 5-16 铣槽机工作原理示意图

1-铣槽机;2-泥浆泵;3-振动筛;4-泥浆池;5-离心泵;
6-岩上碎屑;7-离心泵;8-搅拌机;9-黏土粉;10-水

德国宝峨公司生产的双轮铣槽机结构如图 5-17 所示。机架的底端安装了两个液压马达,由液压马达驱动两个铣轮相向旋转,切削岩土,并使切削下来的岩屑向吸管入口方向移动,然后由泥浆泵抽吸到地面进行除渣。这种铣槽机在土层中挖槽效率高,对于抗压强度为 $100N/mm^2$ 的硬岩层,可装配切削硬岩的特殊铣轮,切削工作能力可达 $40m^3/h$。此外,铣槽机上还安装了电子测斜仪,用于在挖槽过程中测量铣槽机的垂直偏差,可连续地显示铣槽机的中心位置和垂直偏差角度。如果铣槽机的方位偏离了垂直轴线,可通过操作液压导向台肩来调整铣槽机的方位,以保证沟槽具有较高的垂直度。

国内中联重科股份有限公司 ZC40 液压双轮铣槽机是在多年设计制造连续墙成槽机的技术基础上结合国际先进技术开发的高自动化、高性能、高可靠性的产品。该产品机、电、液高度集成,以良好的操作性能、强大的铣削能力适用于基础建设中地质坚硬、防渗性能和效率要求高的连续墙成槽作业,如地铁连续墙、桥梁锚定、大厦地基、大坝防渗墙、核电地下护盾等工程。

目前出现了集多种成槽方式于一体的设备,如徐州工程机械集团有限公司多功能地下连续墙施工设备 XTC80/55。XTC80/55 2016 年成功下线,是根据市场和用户需求倾力打造的一款高效、节能、多功能型机器,集连续墙液压抓斗与双轮铣槽机于一体,工作装置可配置抓斗和铣轮。该机有多种铣轮配置供选择,可满足不同厚度、不同强度地层的施工要求,铣轮具有独特的防渗处理,施工深度可达 55m;同时可配置多种抓斗导向体,抓斗施工深度可达 105m。

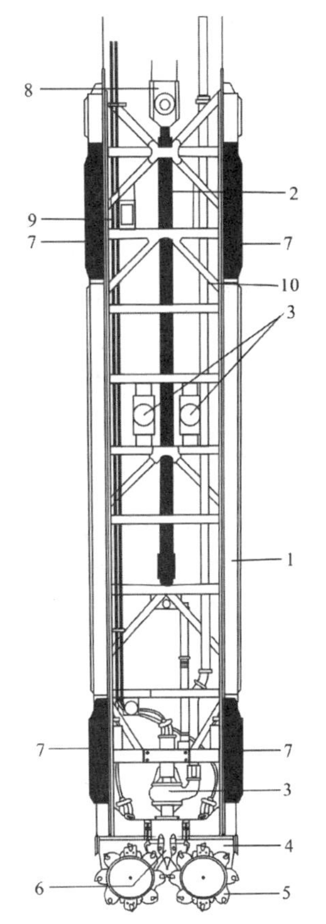

图 5-17 双轮铣槽机结构

1-机架;2-给进油缸;3-泥浆泵;4-齿轮箱;5-铣轮;6-抽吸管;7-导向台肩;8-滑车;9-液压管;10-泥浆管

(三)防止槽壁坍塌的措施

地下连续墙施工时保持槽壁稳定、防止槽壁坍塌十分重要。如发生坍塌,不仅可能导致挖槽机被埋,同时可能引起地面沉陷,对邻近的建筑物和地下管线造成破坏。如在吊放钢筋笼之后,或在浇筑混凝土过程中产生塌方,坍塌的土体会混入混凝土内造成墙体出现缺陷,甚至会使墙体内外贯通,成为产生管涌的通道。因此,槽壁坍塌是地下连续墙施工中极为严重的事故。

与槽壁稳定有关的因素是多方面的,但可以归纳为泥浆、地质条件和施工3个方面。通过近年来的实测与研究可知,开挖后槽壁的变形是上部大、下部小,一般在地面以下7～15m范围内有外鼓现象,因此绝大部分的坍塌发生在地面以下12m的范围内。坍塌体多呈半圆筒形,中间大、两头小,多是内、外两侧对称出现坍塌。此外,槽壁的变形还与机械振动有关。

通过试验和理论研究还证明地下水越高,平衡它所需的泥浆相对密度也越大,即槽壁的失稳可能性越大。因此,地下水位的相对高度对槽壁的稳定影响很大,同时它也影响泥浆相对密度的大小。地下水位即使有较小的变化,对槽壁的稳定亦有显著影响,特别是当挖深较浅时影响更为显著。如果降雨使地下水位急剧上升,地面水再绕过导墙流入槽段,这样就使泥浆对地下水的超压力减小,极易产生槽壁坍塌,故采用泥浆护壁开挖深度大的地下连续墙时,更要重视地下水的影响。必要时可部分或全部降低地下水位,对保证槽壁稳定会起很大的作用。

泥浆质量和泥浆液面的高低对槽壁稳定亦有很大的影响。泥浆液面越高,所需泥浆的相对密度越小,即槽壁失稳的可能性越小,由此可知泥浆液面一定要高出地下水位一定高度。从目前计算结果来看,泥浆液面宜高出地下水位0.5～1.0m。因此,在施工期间如发现有漏浆或跑浆现象,应及时堵漏和补浆,保证泥浆规定的液面,以防止出现坍塌,这一点在开挖深度15m以内的沟槽时尤为重要。

地基土的条件直接影响槽壁稳定。试验证明,土的内摩擦角越小,所需泥浆的相对密度越大,反之所需泥浆的相对密度就越小。因为土的内摩擦角在一定程度上反映土质好坏,内摩擦角大,土质条件好,就不容易发生坍塌,所以在施工地下连续墙时,要根据不同的土质条件选用不同的泥浆配合比。各地的经验只能作为参考,不能照搬,尤其在地层中存在软弱的淤泥质土层或粉砂层时。

施工单元槽段的划分亦影响槽壁的稳定性。因为单元槽段的长度决定了基槽的深长比(H/l),而深长比的大小影响土拱作用的发挥,土拱作用又影响土压力的大小。一般情况下,深长比越小,土拱作用越小,槽壁越不稳定;反之,土拱作用越大,槽壁趋于稳定。研究证明,当$H/l>9$时,基槽的土拱作用宜作为二维问题处理;如$H/l<9$,则基槽的土拱作用宜作为三维问题处理。另外,上单元槽段长度亦影响挖槽时间,若挖槽时间长,泥浆质量将恶化,影响槽壁的稳定性。

在制订施工组织设计时,要对是否存在坍塌的危险进行详尽的研究,并采取相应的措施。根据上述分析可知,能够采取的措施包括:缩小单元槽段长度;改善泥浆质量,根据土质选择泥浆配合比,保证泥浆在安全液位以上;注意地下水位的变化;减小地面荷载,防止附近的车辆和机械对地层产生振动等。

当挖槽出现坍塌迹象时，如泥浆大量漏失、液位明显下降、泥浆内有大量泡沫上冒或出现异常的扰动、导墙及附近地面出现沉降、排土量超过设计断面的土方量、多头钻或蚌式抓斗升降困难等，应首先及时将挖槽机械提至地面，避免发生挖槽机械因塌方被埋入地下的事故，然后迅速采取措施避免坍塌进一步扩大，以控制事态发展。常用的措施是迅速补浆以提高泥浆液面和回填黏性土，待所填的回填土稳定后再重新开挖。

四、清槽工艺

挖槽结束后，悬浮在泥浆中的颗粒将逐渐沉淀到槽底。此外，在挖槽过程中未被排出而残留在槽内的土渣以及吊放钢筋笼时从槽壁上刮落的泥皮等都堆积在槽底。因此，在挖槽结束后必须清除以沉渣为代表的槽底沉淀物，这项作业称为清底。

1. 清底的必要性

在槽底沉渣存在的状态下，如果插入钢筋笼和浇灌混凝土，沉渣会给地下连续墙带来许多重大的缺陷，以致影响它的使用。因此，清除槽底的沉渣是地下连续墙施工中的一项重要工作，其重要性主要如下：

(1)沉渣在槽底很难被灌注的混凝土置换出地面，它残留在槽底成为墙底和持力层地基之间的夹杂物，使地下连续墙的承载力降低，造成墙体沉降。沉渣还影响墙体底部的截水防渗能力，成为产生管涌的隐患，有时还需进行注浆以提高防渗能力。

(2)沉渣混进混凝土之后，不但会降低混凝土的强度，而且会妨碍浇灌混凝土的工作。另外，浇灌过程中混凝土流动会使沉渣集中到单元槽段的接头处，严重影响接头部位的强度和防渗性。

(3)沉渣会降低混凝土的流动性，降低混凝土的浇灌速度，有时还会造成钢筋笼的上浮。

(4)沉渣会使所浇筑混凝土的上部不良部分(需清除者)增加，同时在浇灌混凝土过程中会加速泥浆的变质。

(5)沉渣过多会使钢筋笼插不到预定位置，导致结构的配筋发生变化。

2. 土渣的沉降

关于在挖槽结束后相隔多长时间开始清底，这主要取决于土渣的沉降速度。它与土渣的大小、土渣的形状、泥浆和土渣的相对密度、泥浆的黏滞系数有关。

泥浆中土渣的沉降可用假定球形单颗粒下降速度的斯托克斯实验公式进行估算：

$$v=\frac{(\rho_s-\rho_m)gd^2}{18\mu} \tag{5-10}$$

式中：v 为土渣的沉降速度(cm/s)；ρ_s 为土渣的相对密度；ρ_m 为泥浆的相对密度；g 为重力加速度(cm/s^2)；d 为土渣的粒径(cm)；μ 为泥浆的黏滞系数(g/cm・s)。

根据土渣的沉降速度和挖槽深度，可以计算挖槽结束后开始清底的时间，计算公式如下：

$$t = \frac{H}{v} \tag{5-11}$$

式中：t 为挖槽结束后开始清底的时间(s)；H 为挖槽深度(cm)；v 为土渣的沉降速度(cm/s)。

沉降土渣的最小粒径取决于泥浆的性质。当泥浆性质良好时，沉降土渣的最小粒径为0.06～0.12mm，这些颗粒的沉降速度为1.23～2.75m/h。一般认为挖槽结束后静止2h，约80%悬浮在泥浆中的土渣可以沉淀，4h左右几乎沉淀完毕。

3. 清底的方法

清底的方法一般有沉淀法和置换法两种。沉淀法是在土渣基本都沉淀到槽底之后再进行清底；置换法是在挖槽结束之后，对槽底进行认真清理，然后在土渣还没有再沉淀之前就用新泥浆把槽内的泥浆置换出来，使槽内泥浆的相对密度在1.15以下。我国多用置换法进行清底，但是不论哪种方法都有从槽底清除沉淀土渣的工作。

常用清除沉渣的方法有：砂石吸力泵排泥法、压缩空气升液排泥法、带搅动翼的潜水泥浆泵排泥法、水枪冲射排泥法、抓斗直接排泥法。前三者应用较多，它们工作原理如图5-18所示。

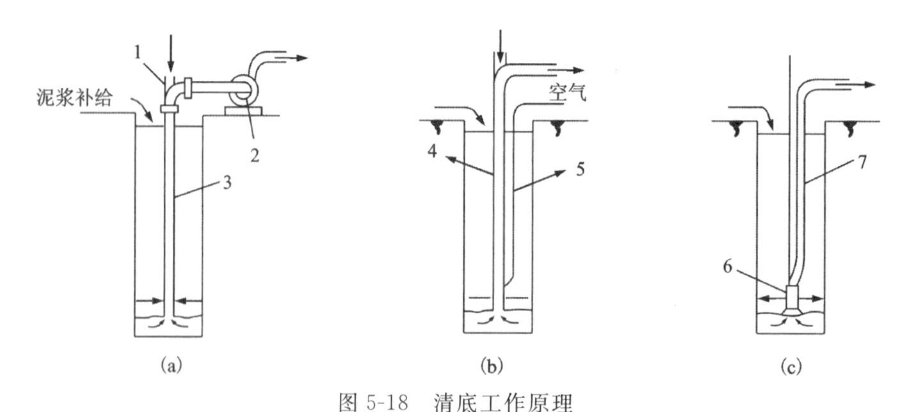

图5-18 清底工作原理

(a)砂石吸力泵排泥；(b)压缩空气升液排泥；(c)潜水泥浆泵排泥

1-接合器；2-砂石吸力泵；3-导管；4-导管或排泥管；5-压缩空气管；6-潜水泥浆泵；7-软管

不同的方法清底时间亦不同。置换法是在挖槽之后立即进行，对于以泥浆反循环法进行挖槽的施工，可在挖槽后紧接着进行清底施工。沉淀法一般在插入钢筋笼之前进行清底，如插入钢筋笼的时间较长，亦可在浇筑混凝土之前进行清底。

单元槽段接头部位的土渣会显著降低接头处的防渗性能。这些土渣的来源，一方面是在混凝土浇筑过程中，由于混凝土的流动挤到单元槽段的接头处；另一方面是在先施工的槽段接头面上附有泥皮和土渣。因此，宜用刷子刷除或用水枪喷射高压水流对泥坡和土渣进行冲洗。

五、钢筋笼的制作与吊放

钢筋笼通常是在现场加工制作，然而当现场作业用地狭窄、加工困难，会显著降低制作效率时，往往也可在工厂或其他适当场所加工。

1. 钢筋笼加工

钢筋笼一般根据地下连续墙墙体配筋图和单元槽段的划分制作。钢筋笼最好按单元槽段做成一个整体。如果地下连续很深或受起重能力的限制需要分段制作，吊放连接时，接头宜用绑条焊接，纵向受力钢筋的搭接长度如无明确规定时，可采用 60 倍的钢筋直径。

钢筋笼端部与接头管或混凝土接头面间应留有 15～20cm 的空隙。主筋净保护层厚度应满足设计要求，保护层垫块厚 5cm，在垫块和墙面之间留有一定的间隙。由于用砂浆制作的垫块容易破碎，又易擦伤壁面，近年来多用塑料块或薄钢板制作，焊于钢筋笼上。

制作钢筋笼时要预先确定浇筑混凝土用的导管位置，由于这部分要上下贯通，因而周围需增设箍筋和连接筋进行加固。尤其在单元槽段接头附近插入导管，由于此处钢筋较密集，更需特别加以处理。

横向钢筋有时会阻碍导管插入，所以纵向主筋应放在内侧，横向钢筋应放在外侧(图 5-19)。纵向钢筋的底端应距槽底面 100～200mm，底端稍向内弯折，以防止吊放钢筋笼时擦伤槽壁，但向内弯折的程度亦不应影响插入混凝土导管。纵向钢筋的净距不得小于 100mm。

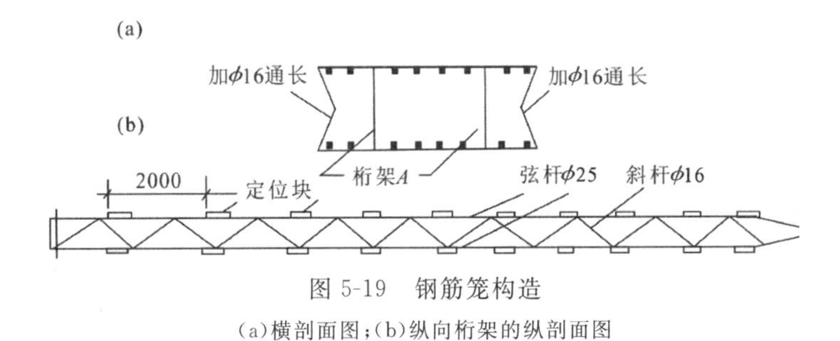

图 5-19　钢筋笼构造

(a)横剖面图；(b)纵向桁架的纵剖面图

加工钢筋笼时，要根据钢筋重量、尺寸以及起吊方式和吊点位置，在钢筋笼内布置一定数量(一般 2～4 榀)的纵向桁架(图 5-20)。由于钢筋笼尺寸大、刚度小，起吊时易变形，故纵向桁架的弦杆断面应计算确定，一般将相应受力钢筋的断面加大用作桁架的弦杆。

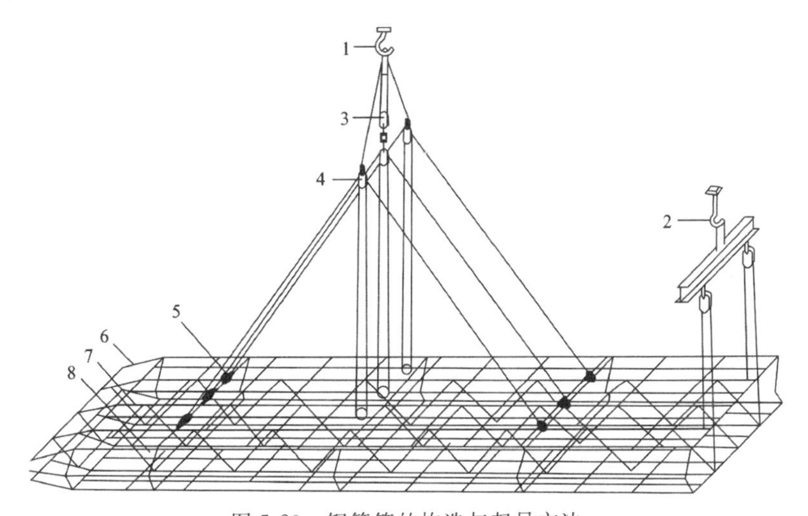

图 5-20　钢筋笼的构造与起吊方法

1、2-吊钩；3、4-滑轮；5-卸甲；6-端部向里弯曲；7-纵向桁架；8-横向架立桁架

制作钢筋笼时，要根据配筋图确保钢筋的正确位置、间距及根数。纵向钢筋接长宜用气压焊接、搭接焊接等。钢筋连接时，除四周两道钢筋的交点须全部点焊外，其余的可采用50%交错点焊。成型用的临时扎结铁丝焊后应全部拆除。地下连续墙与基础底板以及内部结构的梁、柱、墙的连接，如采用预留锚固钢筋的方式，锚固钢筋一般用光圆钢筋，直径不超过20mm。锚固筋的布置还要确保混凝土自由流动以充满锚固筋周围的空间。

如果钢筋笼上贴有泡沫苯乙烯塑料块等预埋件时，一定要固定牢固。如果泡沫苯乙烯塑料块在钢筋笼上安装过多，或由于泥浆相对密度过大，对钢筋笼会产生较大的浮力，阻碍钢筋笼插入槽内，在这种情况下有时需对钢筋笼施加配重。如钢筋笼单面装有过多的泡沫材料块时，会对钢筋笼产生偏心浮力，钢筋笼插入槽内时会擦落大量土渣，此时亦应增加配重加以平衡。

钢筋笼应在型钢或钢筋制作的平台上成型，平台应有一定的尺寸（应大于最大钢筋笼尺寸）和平整度。为便于纵向钢筋定位，宜在平台上设置带凹槽的钢筋定位条。加工钢筋所用设备皆为通常用的弧焊机、气压焊机、点焊机、钢筋切断机、钢筋弯曲机等。钢筋笼制作速度应与挖槽速度协调一致，由于制作时间较长，因此必须有足够大的场地。

2. 钢筋笼吊放

钢筋笼的起吊、运输和吊放应制订周密的施工方案，在此过程中不允许产生不能恢复的变形。

钢筋笼起吊应用横吊或吊梁，吊点位置和起吊方式要防止起吊时引起钢筋笼变形。起吊时钢筋笼下端不能在地面上拖引，以防下端钢筋笼弯曲变形。为防止钢筋笼吊起后在空中摆动，应在钢筋笼下端系上曳引绳以人力操作。

插入钢筋笼时，最重要的是使钢筋对准单元槽段的中心，垂直而又准确地插入槽内。钢筋笼插入槽内时，吊点中心必须对准槽段中心，然后徐徐下降，此时须注意避免因起重臂摆动而使钢筋笼产生横向摆动造成槽壁坍塌。

钢筋笼插入槽内后，应检查顶端高度是否符合设计要求，然后将其搁在导墙上。如果钢筋笼是分段制作，吊放时需接长，下段钢筋笼应垂直悬挂在导墙上，然后将上段钢筋笼垂直吊起，上下两端钢筋笼成垂直连接。如果钢筋笼不能顺利插入槽内，应重新吊出，查明原因后加以解决。如需要修槽，则在修槽之后再吊放钢筋笼，不能强行插放，否则会引起钢筋笼变形或使槽壁坍塌，产生大量沉渣。

3. 钢筋笼连接

对于地下连续墙来说，应尽量避免分段连接钢筋笼，但是在净空小、槽段深的情况下，不得已要将钢筋笼分几段吊入时，应加以纵向连接。钢筋笼的纵向连接通常用竖筋搭接的方法，在这种情况下，纵向多段连接须十分小心，因此要消耗很长的时间与大量的劳动力。

为了改进这个问题，目前已研究出新的连接方法，如图5-21所示。该方法就是事先制作连接钢板，在钢筋笼加工平台上将纵向钢筋正确地焊接在连接钢板上。由于钢筋笼的端部已连接了钢板，因此分段吊放时只需将上下钢筋笼的连接钢板对齐，用夹板和高强螺栓将上下端之间连接起来。

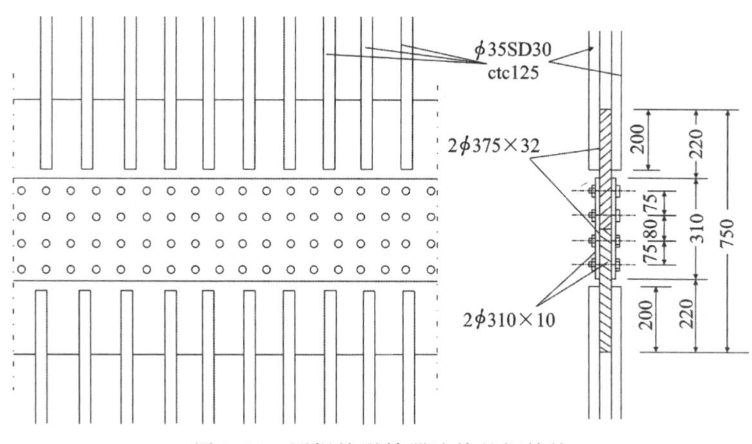

图 5-21 用螺栓联结器连接的钢筋笼

采用这种方法无须将钢筋笼搭接，也可以制成有足够长度的钢筋笼。虽然必须用连接钢板及夹板等，然而由于施工时间缩短，并减少了钢筋搭接长度，仍可降低总的造价，并提高施工质量。

六、墙体混凝土灌注工艺

地下连续墙混凝土灌注方法与钻孔灌注桩混凝土灌注方法基本相同(参见第二章第二节)，只是灌注量大，一般需采用多根导管同时灌注。根据施工经验，混凝土供应量计算式为：

$$Q = KvLB \tag{5-12}$$

式中：K 为超灌系数，取值与土质、地下水、泥浆性能、成槽工艺及槽体体积等有关，一般黏土 $K=1\sim1.02$，粉土 $K=1.05\sim1.10$，砂层 $K=1.1\sim1.15$，砂砾层 $K=1.15\sim1.25$，含卵石砂砾层 $K=1.2\sim1.3$；v 为槽内混凝土液面上升速度(m/h)，一般取 2～3m/h；L 为单元槽段长度(m)；B 为槽宽(m)。

灌注的混凝土配比及性能应满足以下要求：

(1)混凝土的实际配制强度等级应比设计强度等级提高一级，或实际配比强度比设计强度提高 5MPa。

(2)采用 425＃或 525＃普通水泥或矿渣水泥，水泥用量不少于 370kg/m^3，水灰比不大于 0.6。

(3)砂子宜用中砂，含砂率一般为 35％～45％；石子用卵石时粒径小于 40mm；用碎石时粒径小于 20mm。

(4)坍落度一般为 16～20cm，并有一定的流动度保持率和较好的和易性，坍落度降低至 15cm 的时间一般应大于 1h，扩散度宜为 34～38cm。

(5)混凝土的实际初凝时间应满足灌注和接头施工工艺要求，一般不低于 3～4h。

(6)若运输距离较远，混凝土灌注量较大，一般应在混凝土中加入木质素减水剂(加量小于 5％)以延缓初凝时间。

第四节　地下连续墙接缝技术

一、地下连续墙接头的形式及施工方法

地下连续墙的接头形式很多，一般根据受力和防渗要求进行选择，总的来说，地下连续墙的接头分为两大类：施工接头和结构接头。施工接头是浇筑地下连续墙时横向连接两相邻单元墙段的接头；结构接头是已竣工的地下连续墙在水平向与其他构件（地下连续墙和内部结构如梁、柱、墙、板等）相连接的接头。

（一）施工接头

确定槽段间接头的构件设计应考虑以下因素：

（1）对下一单元槽段的成槽施工不会造成影响。

（2）不会造成混凝土从接头下端及侧面流入背面。

（3）能承受混凝土侧压力，不致严重变形。

（4）根据结构设计的要求，传递单元槽段之间的应力，并起到伸缩接头的作用。

（5）槽段较深需将接头分段吊入时应装拆方便。

（6）在难以准确进行测定的泥浆中能够较准确地进行施工。

（7）造价低廉。

常用的施工接头有以下几种类型。

1. 接头管接头

接头管接头又称锁口管接头，是当前地下连续墙施工应用最多的一种。接头管接头施工时，待一个单元槽段土方挖好后，于槽段端部放入接头管，然后吊放钢筋笼并浇筑混凝土，待混凝土强度达到 0.05～0.20MPa 时（一般在混凝土浇筑 3～5h 后，视气温而定），开始用吊车或液压顶升机提拔接头管，上拔速度应与混凝土浇筑速度、混凝土强度增长速度相适应，一般为 2～4m/h，应在混凝土浇筑结束后 8h 以内将接头管全部拔出。接头管直径一般要比墙厚小 50mm，可根据需要分段接长。接头管拔出后，单元槽段的端部形成半圆形，继续施工即形成相邻两单元槽段的接头，可以增强墙体的整体性和防渗能力，施工程序如图 5-22 所示。

当施工宽 900～1200mm、深 50～100m 的地下连续墙时，用液压顶升机在混凝土浇筑结束后再就位顶拔较困难。为此我国曾试用过一种注砂钢管接头工艺（图 5-23），这种工艺是在浇筑混凝土前插入一直径与槽宽基本相同的喇叭状钢管，浇筑混凝土时，在注砂钢管中注入粗砂，随着混凝土的浇筑徐徐上拔钢管，便在槽段接头处形成一个砂柱，该砂柱起侧模作用，如接头管一样。这种方法设备简单，上拔的摩阻力小，上拔速度快，接头质量亦好，只是需消耗一些砂子，如何回收利用还需进一步研究。

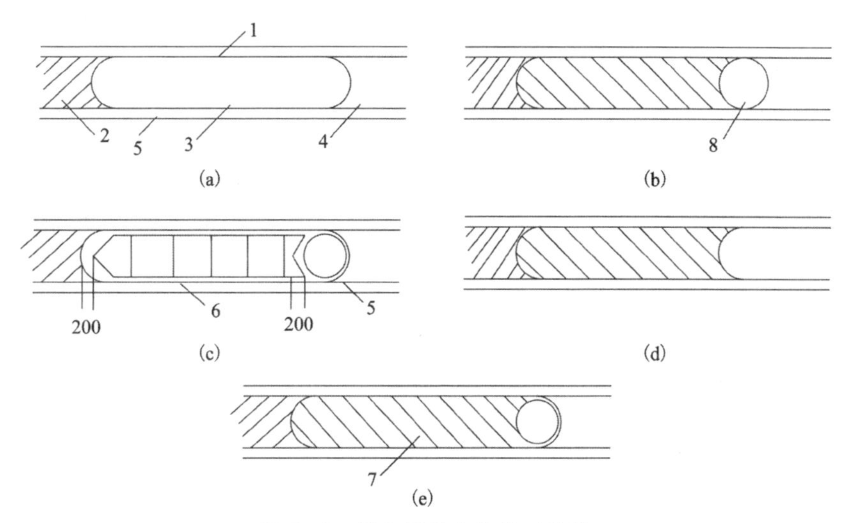

图 5-22　接头管接头的施工程序

(a)开挖槽段；(b)吊放接头管和钢筋笼；(c)浇筑混凝土；(d)拔出接头管；(e)形成接头

1-导墙；2-已浇筑混凝土的单元槽段；3-开挖的槽段；4-未开挖的槽段；5-接头管；

6-钢筋笼；7-正浇筑混凝土的单元槽段；8-接头管拔出后的孔洞

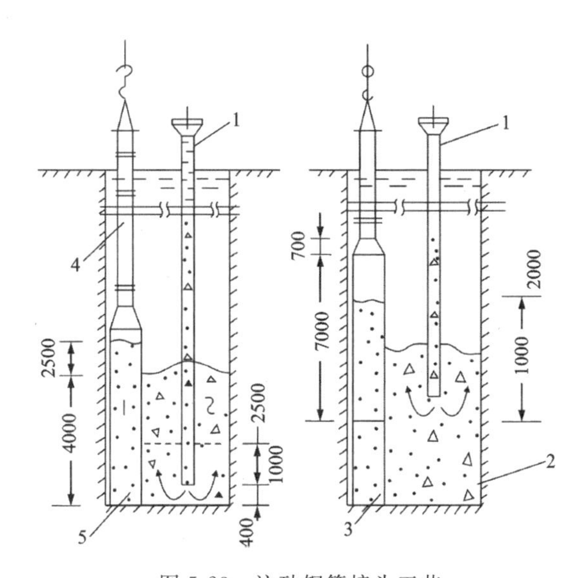

图 5-23　注砂钢管接头工艺

(a)开始浇筑混凝土时；(b)注砂钢管开始上拔

1-混凝土导管；2-浇筑的地下连续墙混凝土；3-砂柱；4-注砂钢管；5-注砂钢管用的砂

2. 接头箱接头

接头箱接头可以使地下连续墙形成整体接头，接头的刚度较好。接头箱接头的施工方法与接头管接头相似，只是以接头箱代替接头管。一个单元槽段挖土结束后，吊放接头箱，再吊放钢筋笼。接头箱在浇筑混凝土的一方是开口的，所以钢筋笼端部的水平钢筋可插入接头箱内。浇筑混凝土时，接头箱的开口面被焊在钢筋笼端部的钢板封住，因而浇筑的混凝土不能进入接头箱，混凝土初凝后，与接头管一样逐步吊出接头箱，待后一个单元槽段的水平钢筋交错搭接，而形成整体接头，其施工程序如图 5-24 所示。

此外，如图 5-25 所示，用“U”形接头管与滑板式接头箱施工的钢板接头，是另一种整体式接头的施工方法，经过我国的实践已证明是有效的。

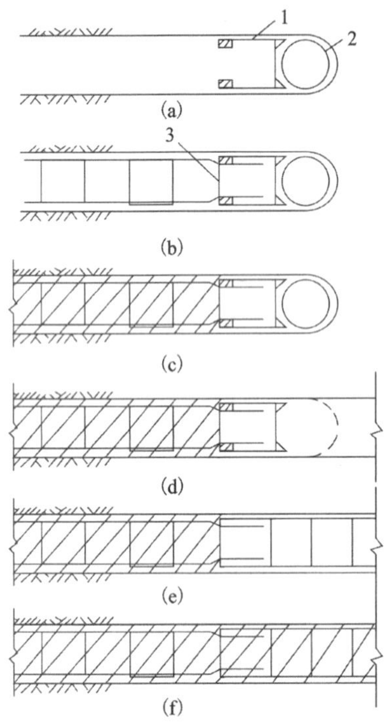

图 5-24　接头箱接头的施工程序

(a)插入接头箱；(b)吊放钢筋笼；(c)浇筑混凝土；

(d)吊出接头管；(e)吊放后一槽段的钢筋笼；

(f)浇筑后一槽段的混凝土，形成整体接头

1-接头箱；2-接头管；3-焊在钢筋笼上的钢板

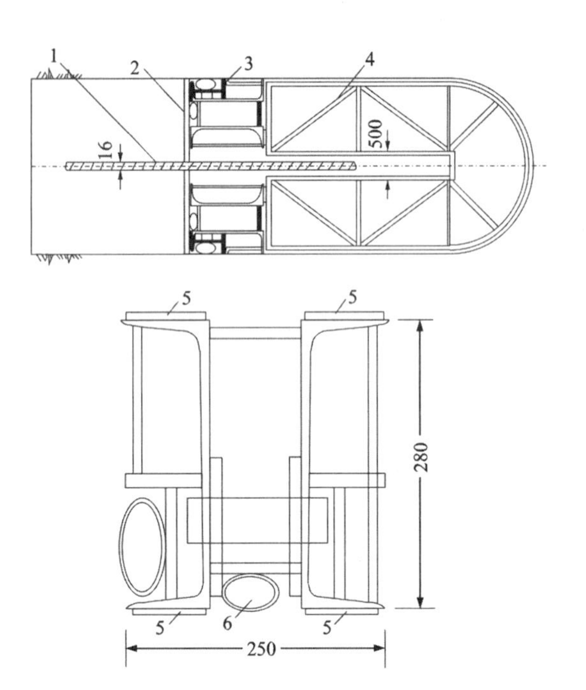

图 5-25　“U”形接头管与滑板式接头箱

(a)“U”形接头管；(b)滑板式接头箱

1-接头钢板；2-封头钢板；3-滑板式接头箱；

4-“U”形接头管；5-聚四氟乙烯滑板；6-锦纶塑料管

这种整体式钢板接头是在两相邻单元槽段的交界处，利用“U”形接头管放入开有方孔且焊有封头钢板的接头钢板，以增强接头的整体性。接头钢板上开有大量方孔，其目的是增强接头钢板与混凝土之间的黏结。滑板式接头箱的端部设有充气的锦纶塑料管，用来密封止浆，防止新浇筑混凝土浸透。为了便于抽拔接头箱，在接头箱与封头钢板和“U”形接头管接触处皆设有聚四氟乙烯滑板。

施工这种钢板接头时，由于接头箱与“U”形接头管的长度皆为按设计确定的定值，不能任意接长，因此要求挖槽时严格控制槽底标高，吊放“U”形接头管时，要紧贴半圆形槽壁，且下部应一直插到槽底，不得将上部搁置在导墙上。这种整体式钢板接头的施工程序如图 5-26 所示。

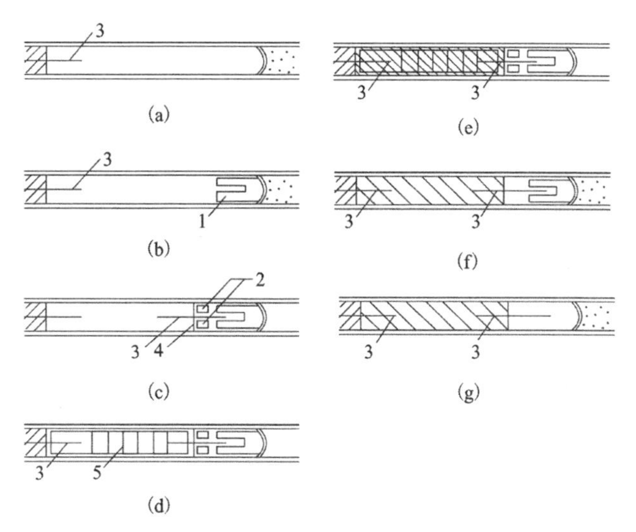

图 5-26 “U”形接头管与滑板式接头的施工程序

(a)单元槽段成槽;(b)吊放“U”形接头管;(c)吊放接头钢板和接头箱;

(d)吊放钢筋笼;(e)浇筑混凝土;(f)拔出接头箱;(g)拔出“U”形接头管

1-“U”形接头管;2-接头箱;3-接头钢板;4-封头钢板;5-钢筋笼

接头钢板的抗剪强度,需同时满足下列两式的要求:

$$KQ \leqslant 9.8 + 12.65F + 1.045 f_{cc} \cdot A_c \cdot 10^{-3} \tag{5-13}$$

$$KQ \leqslant A_0 f_v \cdot 10^{-3} \tag{5-14}$$

式中:K 为强度安全系数,按抗裂设计时 $K=3.0$,按极限设计时 $K=2.0$;Q 为接头处承受的剪力(kN);F 为扣除开孔后的钢板两面净表面积(m^2);f_{cc} 为混凝土轴心抗压强度设计值(kN/m^2);A_c 为接头钢板的总局部受压面积(m^2),$A_c = L \cdot \delta$,其中 L 为接头钢板的总局部受压边长(m),δ 为接头的钢板厚度(m),$L = n \cdot \frac{\text{一个孔洞的边长}}{2} + \frac{\text{钢板长度}}{2}$,$n$ 为半块接头钢板的孔洞数;A_0 为接头钢板在接头处的截面积(m^2);f_v 为钢板的抗剪强度设计值(kN/m^2)。

3. 隔板式接头

隔板式接头按隔板的形状分为平隔板、榫形隔板和“V”形隔板(图 5-27)。由于隔板与槽壁之间难免有缝隙,为防止新浇筑的混凝土渗入,应用钢筋笼全部罩住,也可以只有 2~3m 宽,吊放钢筋笼时不得损坏化纤布。

带有接头钢筋的榫形隔板式接头,能使各单元墙段形成一个整体,是一种较好的接头方式。但插入钢筋笼较困难,且接头处混凝土的流动亦受到阻碍,施工时要特别加以注意。

(二)结构接头

地下连续墙与内部结构的楼板、柱、梁、底板等连接的结构接头,常用的有以下几种类型。

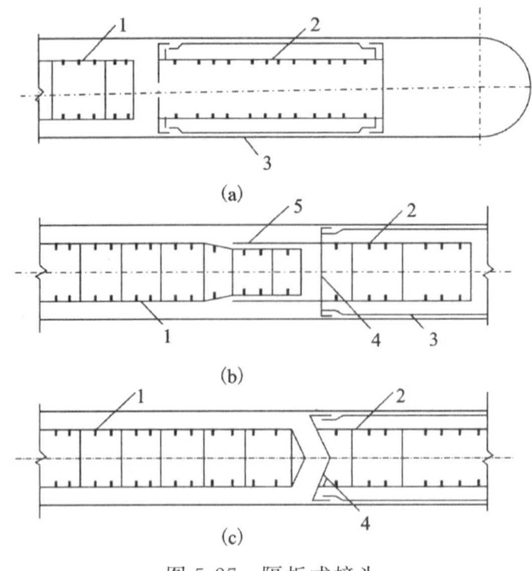

图 5-27 隔板式接头

(a)平隔板；(b)榫形隔板；(c)“V”形隔板

1-正在施工槽段的钢筋笼；2-已浇筑混凝土槽段的钢筋笼；

3-化纤布；4-钢隔板；5-接头钢筋

1. 预埋连接钢筋法

预埋连接钢筋法是应用最多的一种方法。该方法是在浇筑混凝土之前，将加设的设计连接钢筋弯折后预埋在地下连续墙内，将内部土体开挖后露出墙体时，凿开预埋连接钢筋处的墙面，将露出的预埋连接钢筋弯成设计形状，与后浇筑结构的受力钢筋连接(图 5-28)。为便于施工，预埋的连接钢筋直径不宜大于 22mm，且弯折时加热宜缓慢进行，以免连接钢筋的强度降低过多。考虑到连接处往往是结构的薄弱处，设计时连接钢筋一般要有 20%的富余。

2. 预埋连接钢板法

预埋连接钢板法是一种钢筋间接连接的接头方式。该方法在浇筑地下连续墙的混凝土之前，将预埋连接钢板放入并与钢筋笼固定，浇筑混凝土后凿开墙面使预埋连接钢筋外露，用焊接方式将后浇结构中的受力钢筋与预埋连接钢板焊接(图 5-29)。施工时要注意保证预埋连接钢板后面的混凝土饱满。

3. 预埋剪力连接件法

预埋剪力连接件的形式有多种，但以不妨碍浇筑混凝土、承压面大且形状简单的为好(图 5-30)。该方法剪力连接件先预埋在地下连续墙内，然后弯折出来与后浇结构连接。地下连续墙内有时还有其他的预埋件或预留孔洞等，可利用泡沫苯乙烯塑料、木箱等覆盖，但是注意不要因泥浆浮力而产生位移或损坏，而且在基坑开挖时要易于从混凝土面上取下。

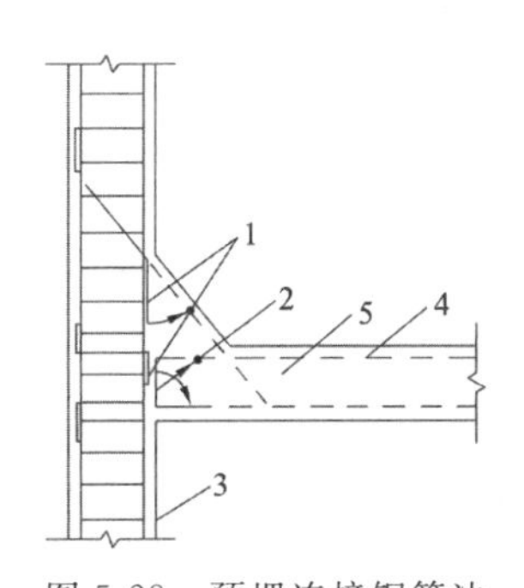

图 5-28 预埋连接钢筋法

1-预埋的连接钢筋；2-焊接处；3-地下连续墙；4-后浇结构中的受力钢筋；5-后浇结构

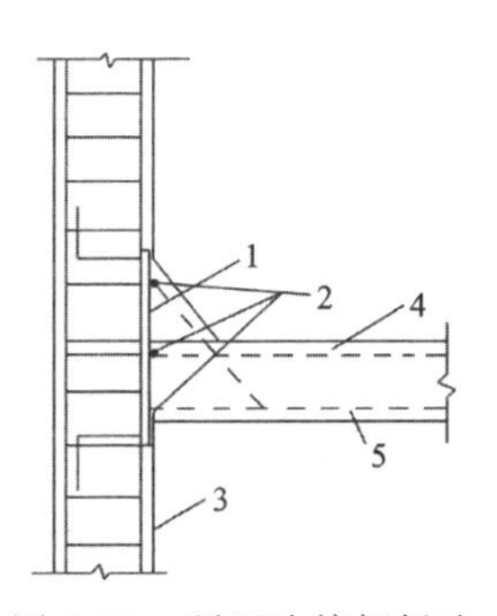

图 5-29 预埋连接钢板法

1-预埋的连接钢板；2-焊接处；3-地下连续墙；4-后浇结构；5-后浇结构中的受力钢筋

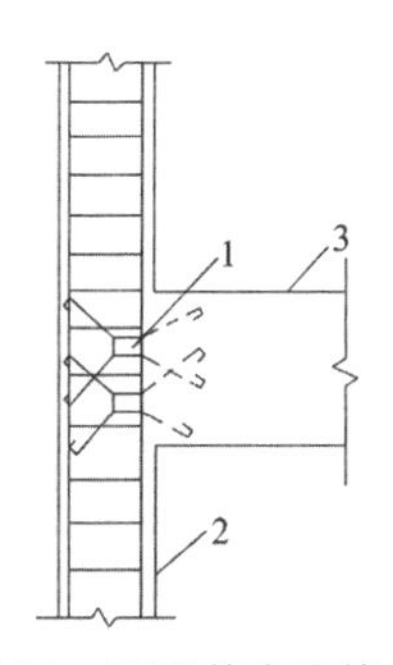

图 5-30 预埋剪力连接件法

1-预埋剪力连接件；2-地下连续墙；3-后浇结构

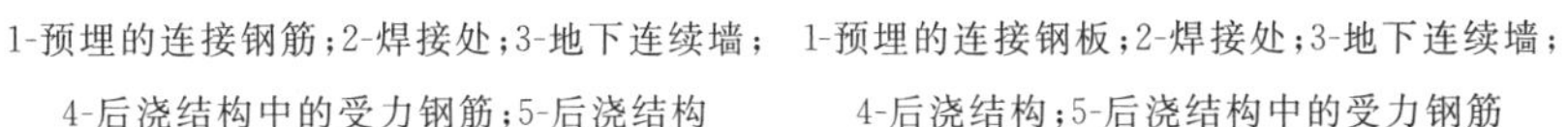

二、接缝表面处理及接头管起拔时间

1. 接头表面沉渣及凝胶物的清除

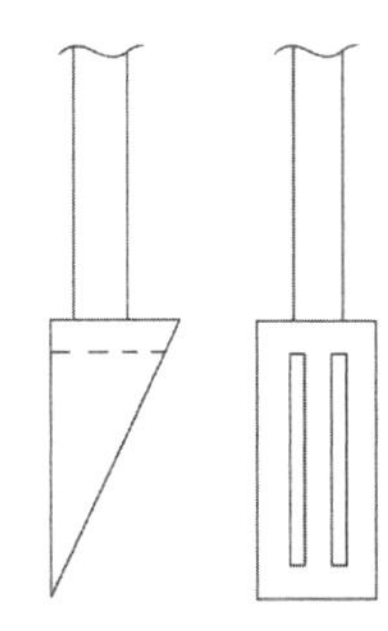

图 5-31 清理接头表面的工具

在单元槽段的接头部位挖槽之后，必须清除干净黏附在接头表面上的沉渣或由于泥浆管理不善而产生的凝胶物。否则，这些杂物不仅会使接头部分的混凝土强度降低，还会影响混凝土防渗效果。

根据接头的构造形式不同，可用带刃角的专用工具（图 5-31）沿接头表面插入而将附着物清除，或用特殊的喷嘴高压水冲洗接头表面。

2. 接头管的最佳起拔时间

接头管应在混凝土浇灌结束后根据混凝土的硬化速度依次适当地起拔，不得影响地下连续墙的强度和形状以及接头的强度和形状。起拔接头管的时间不宜过早，否则混凝土会因尚处于流动状态而坍塌；但也不宜过晚，否则接头管在混凝土中放置时间过长，混凝土的黏附力增加，接头管将起拔困难或者不能拔出。因此，起拔时间应控制在保证混凝土不坍塌、起拔阻力最小时。接头管的起拔阻力包括混凝土对接头管表面的摩擦力、黏结力以及管子的自重。黏结力在初凝前很小，但一过初凝期会很快增大，使起拔阻力增大，因此应在混凝上初凝期一过立即起拔套管。根据实验研究及现场施工经验，接头管的最佳起拔时间为 $1.1t$（t 为混凝土初凝时间）。

第五节 地下连续墙检测技术

地下连续墙检测应根据检测方法的适用范围和特点，结合地质条件、地下连续墙类型、施工工艺及施工质量可靠性、使用要求等因素，合理选择检测方法，正确判定检测结果。地下连续墙质量检测可分为导墙质量检测、成槽质量检测、墙体质量检测和接头质量检测。当需对试成槽段承载力进行检测时，可采用静载试验或自平衡载荷试验。我国目前编制了较多的地下连续墙检测技术规程，如中国工程建设标准化协会发布的《地下连续墙检测技术规程》（T/CECS 597—2019）以及上海、江苏、湖北和河南等编制的地方标准。

1. 地下连续墙检测数量及抽样

地下连续墙作为永久结构时，每槽段均应进行100%成槽质量检测；作为临时结构时，成槽质量抽测应不少于总槽段数的20%，每个槽段检测断面不应少于3个。试成槽应全部进行成槽检测。作为永久结构的墙段，应100%进行声波法检测；作为临时结构的墙段，声波法检测数量应不少于总数的20%且不少于4幅。接头刷壁质量可采用超声波法在成槽过程中进行检测，检测数量与成槽检测数量一致。浇筑混凝土后墙体接头质量检测采用超声波法，检测数量宜为墙体质量检测数量的2倍。

成槽检测的槽段或墙体检测的墙段的抽样，可根据检测项目的特点选定。特别是对施工质量有疑问，采用不同机台或不同工艺施工，地层性质差异大或容易发生偏斜、坍塌等不利于施工质量，设计认为重要结构部位的槽段、墙段和地下连续墙墙体转角处以及自纠偏装置成槽机械施工的槽段、墙段等应重点关注。随机抽样宜均匀分布，且具有代表性。

2. 检测前调查、资料收集

检测前调查、资料收集应包括以下内容：

（1）收集被检测工程的岩土工程勘察资料、设计图纸、施工方案、施工记录，了解施工工艺特点和可能出现的异常情况。

（2）进一步明确委托方的具体要求。

（3）通过现场踏勘，了解现场实施检测的可行性。

检测时应根据调查结果和委托方要求，选择合理的检测方法，并编制检测方案。检测方案应征求委托方意见，必要时应经过专家论证。成槽检测应在清槽完毕、泥浆内气泡消散后于灌注混凝土前进行。当采用声波透射法检测墙体时，受检墙段混凝土强度不应低于设计强度的70%，且不应低于20MPa。当采用钻芯法检测墙体时，受检墙段的混凝土龄期应达到28d或同条件养护试块强度应达到设计强度。

3. 检测报告

检测报告应包括以下主要内容：

（1）检测报告编号，委托方名称，工程名称、地点，建设、勘察、设计、监理和施工单位，检测机构的名称和地址等基本信息。

（2）检测目的、检测依据、检测日期。

（3）主要岩土层结构及其物理力学指标资料。

（4）槽段（墙段）编号、（墙段）设计和施工参数。

（5）检测仪器设备型号、编号及现场仪器校验结果。

（6）检测方法及检测工作量。

（7）检测结果。列表叙述所有被测槽段（墙段）的检测结果。

(8)附图附表。包括槽段(墙段)平面布置图、每槽段(墙段)的测试记录图和现场检测记录表。

声波透射法检测报告还应包括声测管布置图及声测剖面编号;受检墙段每个检测剖面声速-深度曲线、波幅-深度曲线,并将相应判据临界值所对应的标志线绘制于同一个坐标系;当采用主频值、PSD值或接收信号能量进行辅助分析判定时,应绘制相应的主频-深度曲线、PSD曲线或能量-深度曲线;各检测剖面实测波列图;对加密测试、扇形扫测的有关情况说明;当对管距进行修正时,应注明进行管距修正的范围及方法。

钻芯检测报告尚应包括钻芯设备情况;检测墙体数量,钻孔位置,钻孔数量,混凝土芯进尺、总进尺,混凝土试件组数;每孔的柱状图;芯样单轴抗压强度试验结果;芯样彩色照片;异常情况说明。

一、导墙质量检测

地下连续墙导墙质量检测包括原材料检测和成品检测两部分。原材料检测应符合设计文件和有关现行规范的规定,成品检测包括导墙尺寸检测(表5-6)。

表5-6 地下连续墙导墙的质量检测指标

序号	检查项目		允许偏差	检查方法
			数值	
1	导墙尺寸	宽度(设计墙厚+40mm)	±10mm	钢尺量测
2		垂直度	≤1/500	绳锤测
3		导墙顶面平整度	±5mm	钢尺量测
4		导墙平面定位	≤10mm	钢尺量测
5		导墙顶标高	±20mm	水准测量

二、成槽质量检测

地下连续墙成槽的质量检测项目包括槽宽、槽深、垂直度和沉渣厚度。临时结构地下连续墙成槽检测时检测数量应不小于总槽段的20%,且每幅不少于2个测点;永久结构地下连续墙成槽应100%检测,且每幅不少于2个测点。地下连续墙成槽的检测方法可根据成槽尺寸、现场具体条件等按表5-7的规定选择,成槽质量的各项指标应符合表5-8的要求。

1. 槽深

槽深可采用测绳法单独检测,或在槽宽、垂直度检测时,利用设备的深度编码器及滑轮同步进行检测。采用测绳法检测槽深时,测绳宜采用钢丝绳,与测绳相连的锥状重物质量不宜小于2kg,锥角不宜大于45°。深度编码法的检测设备应进行标定,检测值应通过槽深系数进行修正。测绳法或深度编码法起算标高应与地下连续墙成槽起算标高一致。

表 5-7 地下连续墙成槽检测方法和仪器

检测项目	检测方法	仪器设备	备注
槽深	深度编码法	深度编码器系统	—
	测绳法	测绳	—
槽宽	超声波法	超声波成孔(槽)检测仪	泥浆相对密度不超过 1.2
	机械接触法	伞形孔径仪	槽宽不大于 3.0m
	探笼法	探笼装置	—
垂直度	超声波法	超声波成孔(槽)检测仪	泥浆相对密度不超过 1.2
	顶角测量法	测斜仪	槽宽不大于 3.0m
沉渣厚度	视电阻率法	视电阻率沉渣检测仪	—
	探针法	探针沉渣检测仪	—
	测锤法	沉渣测锤	—

表 5-8 地下连续墙成槽质量检验标准

序号	检验项目		允许偏差
1	槽深		不小于设计值
2	槽宽		不小于设计值
3	垂直度	永久结构	≤1/300
		临时结构	≤1/200
4	沉渣厚度	永久结构	≤100mm
		临时结构	≤150mm

2. 槽宽

(1)采用伞形孔径仪检测。机械臂张开时末端应能接触槽壁,伞形孔径仪在检测前应进行标定。标定完毕后的标定系数及起始值在检测过程中不应变动。伞形孔径仪进行槽宽检测的要求:应自槽底向槽口连续进行检测;应在槽口检测并记录地下连续墙的方位角;仪器降至槽底后,仪器的机械臂应同时张开;探头提升速度不宜大于 0.2m/s,且应保持匀速。

(2)采用超声波法检测仪器设备检测。需注意以下事项:①超声波探头升降速度可实时调节;②超声波探头在遇到槽壁或槽底时应能自动停机,且具有紧急返回功能;③测量系统应为超声波脉冲系统;④超声波换能器的检测方向至少为相互垂直的两个方向;记录方式宜为数字式。

超声波法进行槽宽检测应符合以下规定:①检测宜在清槽完毕、槽中泥浆内气泡消散后进行;②检测前应对仪器系统进行标定,标定应至少进行 2 次;③标定完成后相关参数在该槽的检测过程中不应变动;④仪器探头起始位置应对准槽的轴线,用于检测的探头超声波发射面应与导墙平行；⑤探头提升速度不宜大于 0.3m/s，且应保持匀速；⑥宜正交 $X\text{-}X'$、$Y\text{-}Y'$ 两方向检测，在两槽段端头连接部位可做三方向检测；⑦应标明检测剖面 $X\text{-}X'$、$Y\text{-}Y'$ 走向与实际方位的关系；⑧试成槽连续跟踪监测时间宜为 12h，每间隔 3～4h 监测 1 次，比较数次实测槽宽曲线、槽深等参数的变化；⑨现场检测应保证检测信号清晰有效。

(3)采用探笼法设备检测。探笼直径宜较桩槽宽小 5～10cm，笼身等直径段高度宜为 3～5 倍槽宽。现场槽宽检测记录图应具有槽宽及深度的刻度标记，能准确显示任何深度截面的槽宽及槽壁的形状，具有设计槽宽基准线、槽深基准零线及深度标记，记录图纵横比例尺应根据设计槽宽及槽深合理设定，并应满足分析精度需要。

3. 垂直度

采用顶角测量法检测垂直度时，测斜仪倾角测量范围不应超过 $-15°$～$+15°$ 区间。需要扶正器时，测斜仪应与配套的扶正器稳固连接，扶正器的直径应根据槽宽及垂直度要求进行选择。进行检测时应符合下列规定：①检测前应在仪器主机上设置槽宽、扶正器外径等参数；②应将测斜仪下降至槽中预设起始深度位置，测斜仪及扶正器不应碰触槽壁且保持自然垂直状态，并在此处做零度值校验；③测斜仪下行时，每间隔一定深度应暂停，待顶角显示值稳定时保存该测点数据；④每个测点的间距不宜大于 5.0m，在顶角变化较大处宜加密检测点数，在接近槽底位置应检测最后一个测点。

4. 沉渣厚度

(1)视电阻率法。电极系绝缘电阻不宜小于 50m·Ω。探头总质量不宜小于 5kg，探头直径不宜大于 100mm，探头总长度不宜小于 800mm，探头微电极长度不宜大于 50mm。仪器应具备实时显示功能，倾角传感器角度误差不宜超过 $\pm 1°$。检测时应符合下列规定：①探头触碰到孔底后应进行提升，首次提升高度宜为 1.0m，每次提升高度增加量宜为 0.3～0.5m，直至探头下沉深度不再增加；②测量视电阻率时，倾角传感器和重力线夹角不应超过 $\pm 5°$。

(2)探针法。探针最大伸出长度不宜小于 200mm，探头重量、探针刚度和截面尺寸应根据槽深、泥浆性能指标等确定，探针行程范围内应具有刺穿沉渣的能力。检测时应符合下列规定：①探头下行到槽底部沉渣层上表面时，探头内的探针应归于初始位置；②主机控制探针伸出时，应同时记录各伸出长度对应的探头倾斜角度和探针压力；③探针伸出到量程极限应能自动停止，并保存数据。

(3)测锤法。测锤宜采用质量不小于 2kg 的平底金属锤，测锤的长度和直径之比宜为 1.5∶1～2∶1，悬挂绳宜为钢丝绳。检测时应符合下列规定：①测试起算标高应与孔深测试起算标高一致；②测锤触碰到槽底后应进行二次提升，提升高度应能落到沉渣面层。

三、墙体质量检测

墙体质量检测内容包括墙体完整性、墙体混凝土强度、墙体深度、墙底沉渣厚度和持力层岩土性状，一般采用声波透射法、钻芯法和孔内成像法进行检测。

1. 声波透射法

声波透射法适用于已预埋声测管的地下连续墙墙体完整性检测，判定墙体缺陷的程度及位置。采用声波透射法对墙体质量检测时，当地下连续墙作为永久结构时，每墙段均应进行声波透射法检测；其他受检墙段数量不应少于同条件下总墙段数的20%，且不得少于3幅墙段；预埋声测管的墙段总数不应少于受检墙段数量的1.3倍。当采用声波透射法检测墙体混凝土完整性，Ⅲ类及Ⅳ类墙体数量达到2幅或2幅以上时，除进行复测外，尚应在未检测墙体中扩大检测。

检测墙体前应采用标定法确定仪器系统延迟时间，计算声测管及耦合水层声时修正值。在墙顶测量相应声测管外壁间净距离时，将各声测管内注满清水，检查声测管畅通情况，换能器应能在全程范围内正常升降。声波发射与接收换能器应符合下列要求：圆柱状径向换能器沿径向振动应无指向性；外径小于声测管内径，有效工作段长度不大于150mm；谐振频率宜为30～60kHz；水密性满足1MPa水压不渗水。声波检测仪应满足下列要求：实时显示和记录接收信号时程曲线以及频率测量或频谱分析；最小采样时间间隔应小于或等于0.5μs，系统频带宽度应为1～200kHz，声波幅值测量相对误差应小于5%，系统最大动态范围不得小于100dB；声波发射脉冲应为阶跃或矩形脉冲，电压幅值应为200～1000V；发射与接收声波换能器同步提升，相对高差不应大于20mm；首波实时显示；自动记录声波发射与接收换能器位置。

现场平测和斜测应符合下列规定：

(1)发射与接收声波换能器应通过深度标志分别置于两根声测管中。

(2)平测时，声波发射与接收声波换能器应始终保持相同深度[图5-32(a)]；斜测时，声波发射与接收换能器应始终保持固定高差，且两个换能器中点连线的水平夹角不应大于30°[图5-32(b)]。

(3)声波发射与接收换能器应从墙体底部向上同步提升，声测线间距不应大于100mm；提升过程中，应校核换能器的深度和校正换能器的高差，并确保测试波形的稳定性，提升速度不宜大于0.5m/s。

(4)应实时显示、记录每条声测线的信号时程曲线，并读取首波声时、幅值。当需要采用信号主频值作为异常声测线辅助判据时，尚应读取信号的主频值。保存检测数据的同时应保存波列图信息。

(5)同一检测剖面的声测线间距、声波发射电压和仪器设置参数应保持不变。

在墙体质量可疑的声测线附近，可采用增加声测线或采用扇形扫测、交叉斜测、CT影像技术等方式进行复测和加密测试，确定缺陷的位置和空间分布范围，排除因声测管耦合不良等非墙体缺陷因素导致的异常声测线。采用扇形扫测时，两个换能器中点连线的水平夹角不应大于40°(图5-33)。

墙体完整性类别应结合墙体缺陷处声测线的声学特征、缺陷的空间分布范围，按表5-9和表5-10所列特征进行综合判定。

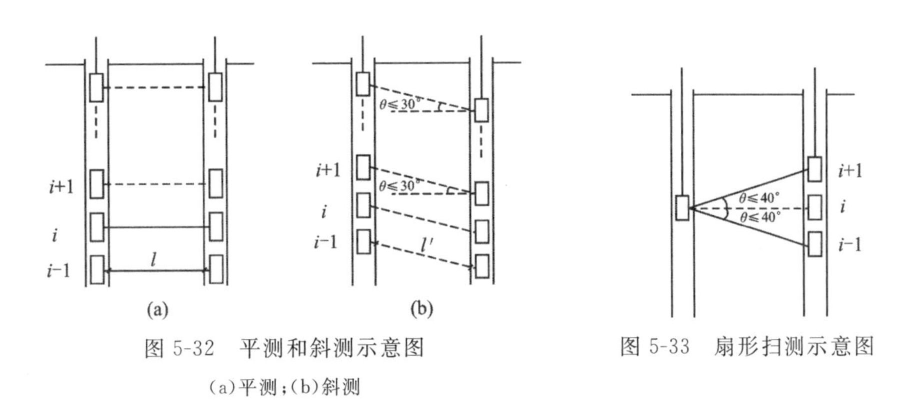

图 5-32　平测和斜测示意图

(a)平测;(b)斜测

图 5-33　扇形扫测示意图

表 5-9　墙体完整性分类表

墙体完整性类别	分类原则
Ⅰ类墙体	墙体完整,所有检测剖面的完整性均为Ⅰ类
Ⅱ类墙体	墙体有轻微缺陷,但不影响墙体的正常使用,检测剖面中完整性最差为Ⅱ类
Ⅲ类墙体	墙体有明显缺陷,影响墙体的正常使用,检测剖面中完整性最差为Ⅲ类
Ⅳ类墙体	墙体存在严重缺陷,任一检测剖面的完整性为Ⅳ类

表 5-10　检测剖面完整性判定

类别	特征
Ⅰ	所有声测线声学参数无异常,接收波形正常
Ⅱ	某一检测剖面个别测点的声学参数出现异常,无声速低于低限值异常;存在声学参数轻微异常、波形轻微畸变的异常声测线,异常声测线在一个或多个检测剖面的一个或多个区段内纵向连续分布
Ⅲ	某一检测剖面连续多个测点的声学参数出现异常;局部混凝土声速出现低于低限值异常
Ⅳ	某个检测剖面连续多个测点的升序参数出现明显异常;墙身混凝土声速出现普遍低于低限值异常或无法检测首波或声波接收信号严重畸变

2. 钻芯法

钻芯法适用于检测地下连续墙的墙体深度、墙体混凝土强度、墙底沉渣厚度和墙体完整性,判定或验证持力层岩土类别。当地下连续墙经声波透射法检测不合格或对检测结果难以判定时,可采用钻芯法进行验证。当不具备声波透射法检测条件时也可采用钻芯法对浅部存在缺陷处开挖验证。采用钻芯法对墙体质量检测时,每幅受检墙段的钻芯孔数和位置应符合下列规定:墙段长度不大于 6m 的地下连续墙不应少于 1 个孔,墙段长度大于 6m 的地下连续墙不宜少于 2 个孔;拐角处钻芯孔开孔位置宜位于墙体短边中心处,当钻芯孔为 1 个时,宜在距墙体中心位置开孔;当钻芯孔为 2 个或 2 个以上时,开孔位置宜在墙体长度内均匀对称布置,且开孔位置距离地下连续墙接头不小于 500mm;对墙底持力层的钻探,每幅受检墙体不应少于1个孔，钻孔深度应满足设计要求。

钻芯法检测设备钻取芯样宜采用液压操纵的钻机，钻机设备参数应符合以下规定：①额定最高转速不低于790r/min；②转速调节范围不少于4挡；③额定配用压力不低于1.5MPa。

地下连续墙混凝土钻芯检测应采用单动双管钻具，并配备适宜的水泵、孔口管、扩孔器、卡簧、扶正稳定器及可捞取松软渣样的钻具，钻杆应顺直，直径宜为76mm，严禁使用单动单管钻具。应根据混凝土设计强度等级选用合适粒度、浓度、胎体硬度的金刚石钻头，且钻头外径不宜小于91mm。锯切芯样的锯切机应具有冷却系统和夹紧固定装置，配套使用的金刚石圆锯片应有足够刚度。芯样试件端面的补平器和磨平机应满足芯样制作的要求。

现场检测时钻机设备安装必须周正、稳固、底座水平。钻机在钻芯过程中不得发生倾斜、移位，钻芯孔垂直度偏差不得大于0.3%，每回次钻孔进尺宜控制在1.5m内。钻至墙体底部时，宜采取减压、慢速钻进、干钻等适宜的方法和工艺，钻取沉渣并测定沉渣厚度。对于墙底强风化岩层或土层，可采用标准贯入试验、动力触探等方法对墙底持力层的岩土性状进行鉴别，钻取的芯样应按回次顺序放进芯样箱中，检测人员应对钻进情况、钻进异常情况、芯样混凝土、墙底沉渣和墙底持力层等详细编录。钻芯结束后，应对芯样和钻探标示牌的全貌进行拍照。当墙体混凝土质量评价满足设计要求时，应从钻芯孔孔底往上用水泥浆回灌封闭。当墙体混凝土质量评价不满足设计要求时，应封存钻芯孔，留待处理。

芯样试件截取与加工应符合下列规定：①当墙体深度小于10m时，每孔应截取不少于2组芯样；②当墙体深度为10～30m时，每孔应截取6组(上、中、下各2组)芯样；③当墙体深度大于30m时，每孔应截取不少于6组芯样；④上部芯样位置距墙顶设计标高不宜大于1倍墙段宽度或1m，下部芯样位置距墙底不宜大于1倍墙段宽度或1m，中间芯样宜等间距截取；⑤缺陷位置能取样时，应截取一组芯样进行混凝土抗压试验；⑥同一幅墙段的钻芯孔数大于1个，且其中一孔在某深度存在缺陷时，应在其他孔的该深度处截取芯样进行混凝土抗压试验；⑦每组混凝土芯样应制作3个芯样抗压试件；⑧当墙底持力层为中、微风化岩层且岩芯可制作成试件时，应在接近墙底部位1m内截取岩石芯样；⑨遇分层岩性时，宜在各分层岩面取样。

芯样试件抗压强度检测值取值原则如下：①当一组3块试件强度值的极差不超过平均值的30%时，可取其算数平均值作为该组混凝土芯样试件抗压强度检测值；②当极差超过平均值的30%时，应分析原因，结合施工工艺、地基条件、基础形式等工程具体情况综合确定该组混凝土芯样试件抗压强度检测值；③当不能明确极差过大的原因时，宜增加取样数量；④同一幅受检墙体同一深度部位有两组或两组以上混凝土芯样试件抗压强度检测值时，取其平均值为该墙体该深度处混凝土芯样试件抗压强度检测值；⑤墙体混凝土芯样试件抗压强度检测值应取同一幅受检墙体不同深度位置的混凝土芯样试件抗压强度检测值中的最小值。

墙底持力层性状应根据持力层芯样特征，并结合岩石芯样单轴抗压强度检测值(若持力层为岩层)、动力触探或标准贯入试验结果，进行综合判定或鉴别。墙体身完整性类别应结合钻芯孔数、现场混凝土芯样特征、芯样试件抗压强度试验结果，按表5-10和表5-11所列特征进行综合判定。

表 5-11　墙体完整性判定

类别	特征
Ⅰ	混凝土芯样连续、完整、胶结好，芯样呈长柱状，断口吻合，侧表面光滑，骨料分布均匀
Ⅱ	混凝土芯样连续、完整、胶结较好，芯样呈柱状，断口基本吻合，侧表面较光滑，局部有蜂窝麻面、沟槽或较多气孔，骨料分布基本均匀
Ⅲ	大部分混凝土芯样胶结较好，无松散、夹泥现象。有下列情况之一：①芯样不连续，多呈短柱状或块状；②局部混凝土芯样破碎段长度不大于 10cm
Ⅳ	有下列情况之一：①因混凝土胶结质量差而难以钻进；②混凝土芯样任一段松散或夹泥；③局部混凝土芯样破碎长度大于 10cm

3. 孔内成像法

孔内成像法适用于钻孔或预留孔孔径大于 100mm 的墙体质量检测，以识别缺陷及其位置、形式和程度。孔内成像法检测仪器设备所采用的探头成像设备分辨率不应低于 1080×1920 像素，并应具有深度记录装置和成像设备定位装置。摄像头应自带光源，防水能力应大于 50m，成像分辨率不应低于 720×756 像素，且具有图形观察、记录保存、逐帧回放、分析打印功能，深度、宽度、倾斜角度等量值应能溯源。当需要定量描述缺陷时，应采用已知尺寸的标定装置确定缺陷尺寸换算值，缺陷的尺寸等应按标定值确定。

检测前应对仪器设备进行检查和调试，且应先进行孔内清理，清理范围应满足检测深度的要求。采用钻孔成像检测仪进行检测时，应控制提升速度，保证对孔壁进行全面检测。采用单镜头多次成像时，应合理安排次数、速度、角度、保证孔壁影像信息全面。采用多镜头一次成像时，应针对可能的缺陷位置放慢速度重点拍摄。现场检测中应全面、清晰地记录孔内图像。

墙身缺陷应根据摄像的视频、图像确定。孔内缺陷程度评判分为不可见缺陷、轻微缺陷（某一深度局部截面存在）、明显缺陷（某一深度全截面存在）、严重缺陷（某一深度错位）等，也可根据预先标定的缺陷尺寸模板，定量分析缺陷。检查结果应包含孔内成像视频（连续）和关注部位的照片，当孔内有缺陷时，记录应包括各缺陷及深度、部位的照片，换算后的尺寸，缺陷程度评判等内容。

四、接头质量检测

地下连续墙成槽后应对平行于墙身方向的接头垂直度进行检测，垂直度不宜大于 1/300。当采用套铣接头时，垂直度不宜大于 1/500。作为永久结构的地下连续墙，平行于墙身方向的接头垂直度应全数检测；作为临时结构的地下连续墙，平行于墙身方向的接头垂直度检测数量为 20%，且不少于 3 幅。永久结构的地下连续墙接头应在槽段两端预埋声测管，采用声波透射法进行检测，检测数量为 20%，且不少于 3 幅。

1. 接头刷壁质量检测

接头刷壁质量的检测采用超声波法，并宜与成槽质量检测同时进行。超声波法现场检测时，应在接头处做三方向检测。现场检测记录图应有明显的刻度标记，能准确体现任何深度截面的接头处槽壁形状。

2. 接头混凝土质量检测

接头混凝土质量检测可采用声波透射法。声波透射法可用于圆锁口管接头、工字钢接头、十字钢板接头、“V”形钢板接头、铰接接头、铣接头等混凝土接头以及金属接头，不宜用于橡胶接头。检测前应在相邻两幅地下连续墙接头处预埋声测管，根据声波透射法的结论对接头混凝土质量做出评价。当声波透射法对接头混凝土质量难以给出检测结论时，可采用土方开挖及其他技术手段进行验证。

第六章 锚固技术

第一节 概 述

锚固(杆)技术是将受拉杆件的一端固定在边坡或地基的岩层或土层中,另一端与工程建筑物相联结,用以承受土压力、水压力或风压力等所施加于建筑物的推力,从而利用地层的锚固力维持建筑物(或岩土层)的稳定。

在20世纪50年代以前,锚固(杆)技术只作为施工过程中的一种临时措施,例如临时的螺旋地锚以及采矿工业中的临时性木锚杆或钢锚杆等。20世纪50年代中期以后,在国外的隧道工程中开始广泛采用小型永久性的灌浆锚杆和喷射混凝土代替过去的隧道衬砌结构。20世纪60年代以后,锚杆技术迅速发展并广泛应用到土木工程的许多领域中。锚固(杆)技术已发展出多种不同的类型。在天然地层中的锚固方法以钻孔灌浆的方法为主,受拉杆件有粗钢筋、高强钢丝束和钢铰线3种不同类型;施工工艺有简易灌浆、预压灌浆及许多特殊的专利锚固灌浆技术。在人工填土中的锚固方法有锚定板和加筋土两种。单层锚定板应用于码头板桩墙,已有一百多年历史,我国铁路于20世纪70年代研究采用的多层锚定板结构则将锚定板的应用技术发展到一个新的阶段。加筋土20世纪60年代始于法国,它不同于一般的锚固技术,但在原理和所解决的问题两方面有相似之处。

作为轻型的挡土结构,锚杆挡土墙取代了笨重的重力式圬工挡土墙,可以节省大量圬工材料和经费,广泛用于铁路、公路、码头护岸和桥台。作为经济有效的加固措施,锚杆技术已大量用于基坑护壁、地下厂房、隧洞、船坞、水坝加固和边坡加固等工程。

一、锚固技术的特点

相对于依靠自身的强度、重力使结构保持稳定的传统方法,锚固技术具有以下主要特点:

(1)能在地层开挖过程中随即提供支护抗力,有利于保护地层固有强度,阻止对地层的进一步扰动,控制地层变形进一步发展,提高施工过程的安全性。

(2)提高地层软弱结构面和潜在滑移面的抗剪强度,改善地层以力学性能。

(3)改善岩土体的应力状态,使其向有利于稳定的方向转化。

(4)锚杆的作用部位、方向、结构参数及数量等可以根据工程情况灵活设定和调整,从而能以较小的支护抗力获得良好的稳定效果。

(5)结构物与地层紧密连锁在一起,形成共同工作体系,整体稳定性增强。

(6)与传统的重力式挡墙相比,能节约大量的工程材料,有效提高了土地利用率。

二、锚固技术的应用

1. 深基坑和地下结构工程支护

锚固技术应用于深基坑支护如图 6-1(a)所示,应用于高层建筑地下室抗浮如图 6-1(b)所示,不同国家应用案例如下。

(1)美国纽约世界贸易中心基坑周长为 950m,深 21m,穿过有机质黏土、砂和硬土层直达基岩,采用厚 0.9m 的地下连续墙,并由临时锚杆支承。锚杆倾斜为 45°,工作荷载为 3000kN。

(2)新加坡 CPE 建筑群基坑面积为 98m×33m,深 19.5m,采用厚 0.6m 的地下连续墙,由 4 排锚杆支承,连续墙建于硬黏土与页岩上。尽管邻近的高速公路上交通工具的超载很大,但墙的质量令人满意,也没有发现对相邻建筑的损害。

(3)西班牙卡塔其纳一个船坞改建工程对声纳设施进行了大修,需将船坞底面(面积为 $25cm^2$)降低 2m,采取的办法是凿除底板 2m 厚的混凝土,即把原来 4.5m 厚的底板改为 2.5m,凿除部分混凝土重量,由 $55.5kN/m^2$ 的预应力锚杆加以稳定(图 6-2)。如用传统方法改建就需拆除整个底板,从已有基底标高处深挖 4.9m,然后灌浆 6.9m 厚的新底板。对这两种改建设计方法的材料用量进行比较可以看出,应用 1MN 的锚固力可以代替挖除 $4.5m^3$ 旧混凝土和 $82m^3$ 土方,并能节省 $120m^3$ 新灌混凝土。用传统方法进行改建的费用比锚固方法高 5 倍。

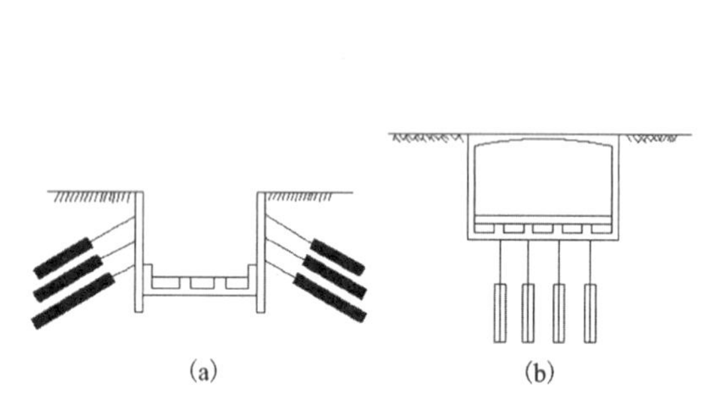

图 6-1 锚固技术应用于深基坑支护(a)和高层建筑地下室抗浮(b)

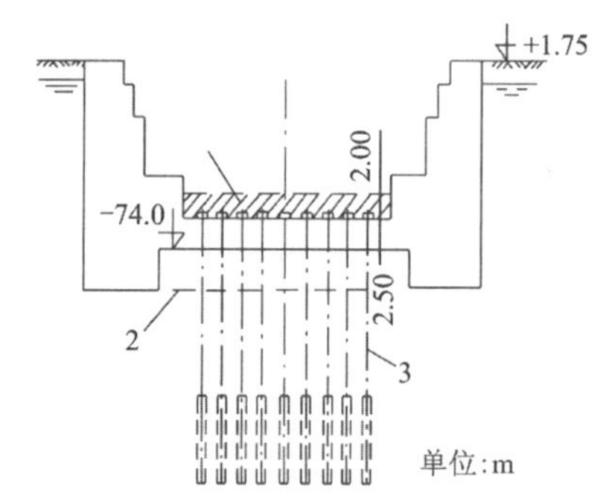

图 6-2 将减薄了的底板锚固于地层中以抵抗上浮力

1-凿除部分混凝土;2-不用锚杆时的基底水平面;3-预应力锚杆

2. 边坡稳固工程

锚固技术应用于山体边坡加固如图 6-3(a)所示,应用于滑坡防治如图 6-3(b)所示,不同国家应用案例如下。

(1)瑞士阿尔普纳德附近的某铁路和公路路堑,体积为 $250\ 000m^3$ 的亚黏土质土体有沿下卧岩层斜坡表面滑移的风险,对高达 20m 的路堑用 289 根预应力锚杆予以加固,每根锚杆的承载力为 1400kN,长度为 12～38m,锚杆头部固定在分布荷载的混凝土板上,每块混凝土板的面积为 5m×5m(图 6-4)。

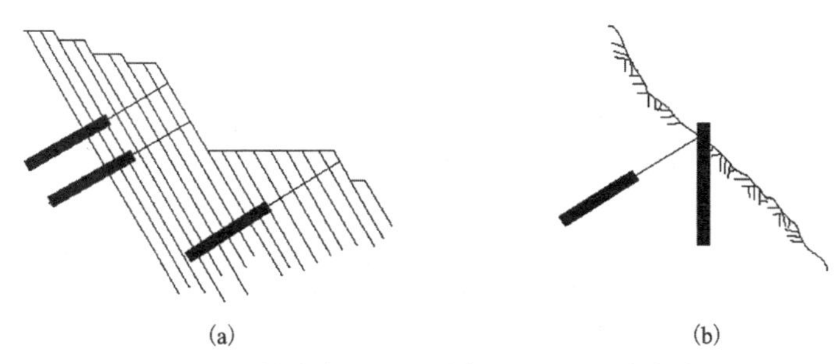

图 6-3　锚固技术应用于边坡加固(a)和滑坡防治(b)

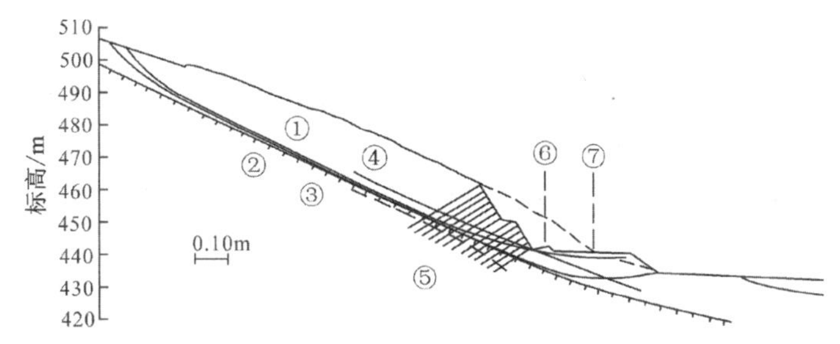

图 6-4　用固定在混凝土板上的预应力锚杆稳定有滑移风险的高斜坡

①、②-可能的滑动面;③-下卧岩层;④-亚黏土斜坡;⑤-锚杆;⑥-铁路;⑦-公路

(2)我国攀枝花钢铁公司新建的热电鼓风机站处于昔格达组土层上,曾发生体积为300 000m^3的土体滑坡现象,采用预应力锚索对处于滑坡体后缘的高压线铁塔基础进行加固,有效地控制了滑移的扩张。

(3)1961 年捷克斯洛伐克首先使用预应力锚杆作为稳定黏土质挖方边坡的手段,保证了Cebiu 附近一段铁路的安全。用于这一工程的钢丝索由 7 根直径为 4.5mm 的钢丝组成,下端固定在爆炸成形的锚固孔内,上端固定在荷载分布板上,锚杆间距为 170cm,对每根锚杆施加的预应力达 120kN。

3. 结构抗倾覆

许多结构,如发射天线架、供电铁塔、高架管道支座、高耸烟囱和其他类似结构在使用期间,由于作用于结构顶部的水平力所产生的倾覆力矩很大,一般情况下这类结构的基础要采用大块体混凝土才能确保稳定。这需要大量开挖,并浇灌大量混凝土,特别是在难以接近的场地,这种方法是很不经济的。采用锚固技术可以大幅度提高结构的抗倾覆力,增加稳定性(图 6-5)。不同国家和地区应用案例如下。

(1)瑞典克拉格朗特(Kullagrund)海上灯塔的施工费用为 2 万瑞典克朗,施工时使用 6 根垂直设置的永久性预应力锚杆,沿圆筒形混凝土墙等距分布,如果不用锚杆,而以重力结构抵抗 10m 高波浪产生的水平推力来使安全系数达到 1.3,则该结构的基础板就要加厚许多,直径将由 15m 增加到 19.5m,总费用将增加 14%。

(2)美国加利福尼亚建造在威尔逊山顶的一个高达 162m 的电视发射塔架,其海拔高度为1740m,由于使用了锚固技术,使基础重量大为降低。塔架的支柱由单独的底脚支承,把每一

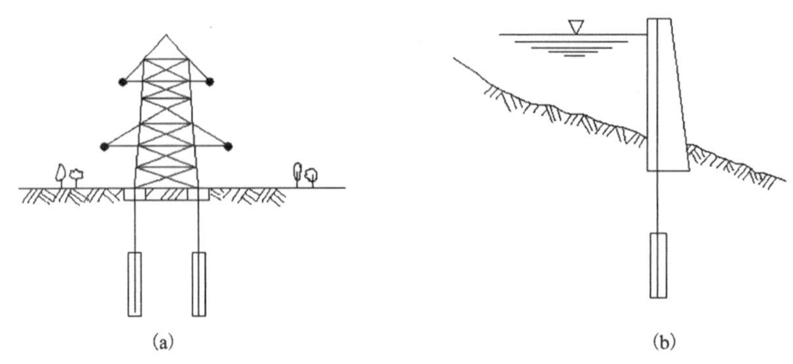

图 6-5　锚固技术应用于高塔抗倾覆(a)和水坝防倾倒(b)

底脚锚固于基岩,使用了 8 根直径为 44.5mm 的高强钢条。锚固长度为 3.0m,水泥浆硬化后,施加的预应力达 600～800kN。

(3)苏格兰一座高 22m 的 Alltnalatrige 重力坝(图 6-6),由于使用了锚固技术,使混凝土用量减少 50%,施工费用降低 17%。

(4)法国在 Michel 地区多拱坝的施工中(图 6-7),在一座新坝的设计中首次使用了锚固技术,结果平均每吨锚固钢材能节省 $340m^3$ 混凝土,使总施工费用降低 2.0%左右。

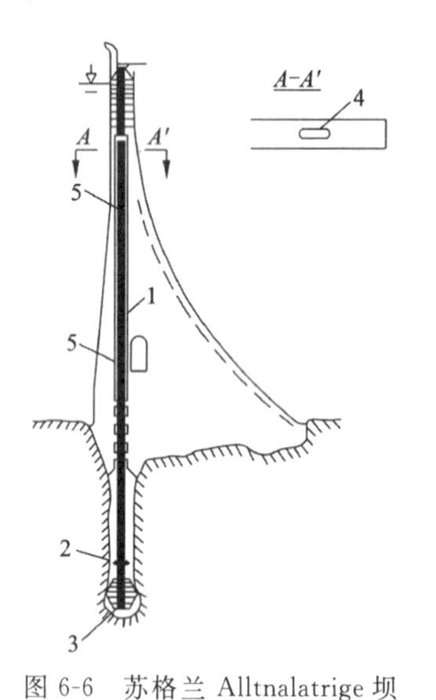

图 6-6　苏格兰 Alltnalatrige 坝

1-锚杆钢束;2-锚固孔;3-锚固体;4-锚头;5-定位联结器

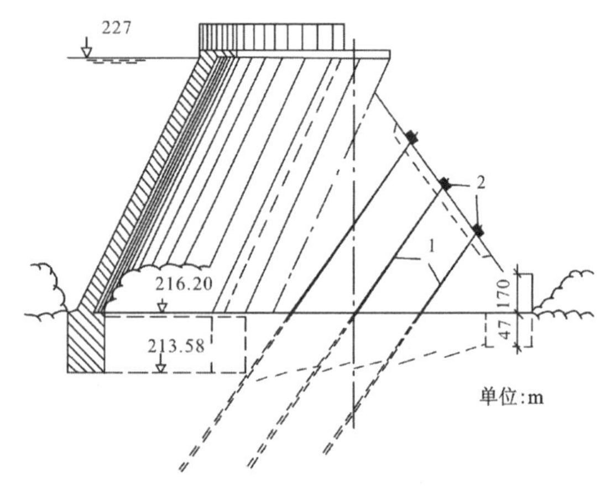

图 6-7　法国 Michel 多拱坝

1-锚索;2-锚头

4. 隧道和矿山巷道支护

锚固技术应用于防止隧道坍塌如图 6-8(a)所示,应用于控制矿山巷道围岩变形如图 6-8(b)所示。

5. 基础工程中的锚杆加压装置

锚固技术应用于测桩加载如图 6-9(a)所示,应用于沉箱基础下沉加压如图 6-9(b)所示。

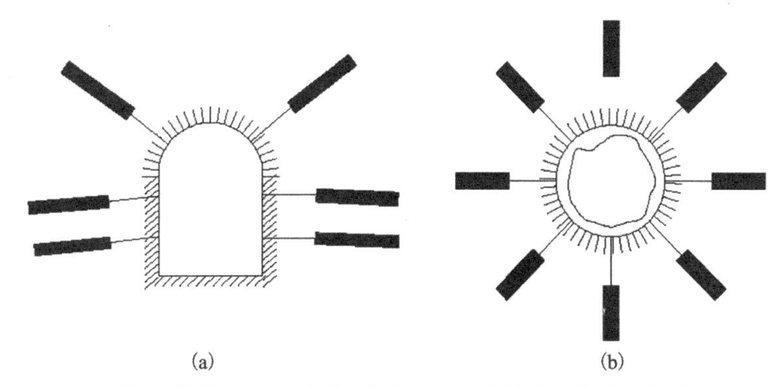

图 6-8 锚固技术应用于隧道防坍塌(a)和控制矿山巷道围岩变形(b)

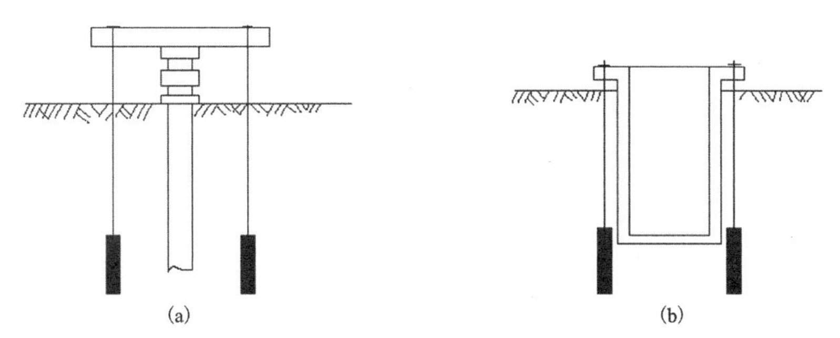

图 6-9 锚固技术应用于测桩加载(a)和沉箱基础下沉加压(b)

6. 道桥基础加固和大跨度拱形结构稳固

锚固技术应用于道桥基础加固如图 6-10(a)所示,应用于大跨度拱形结构加固如图 6-10(b)所示。不同国家和地区应用案例如下。

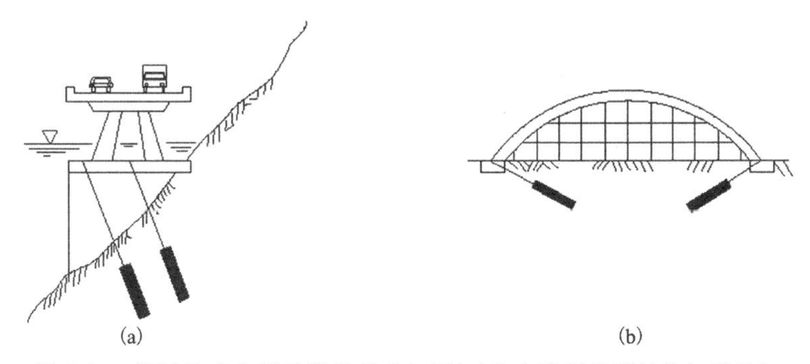

图 6-10 锚固技术应用于道桥基础加固(a)和大跨度拱形结构加固(b)

(1)国外某运动中心有一个面积为 8500m^2 的帐幕结构,屋顶采用了钢丝网、聚脂纤维乙烯材料盖面和 8 个支撑杆。周界上的钢丝绳系在钢筋混凝土地梁上,该地梁用 187 根偏离锚杆垂线 15°～45°的永久性锚杆拉住,锚固于密实的细砂层。锚杆锚固长为 5m,并有一对直径为 30cm 的扩孔锥,锚杆总长 9.5m,足以承受 250kN 的工作荷载。

(2)德国多特蒙地区体育场悬索屋顶的锚固,使悬索拉力传入下卧地层中(图 6-11)。

(3)慕尼黑机场的飞机库悬吊屋顶也采用了锚固结构(图 6-12)。

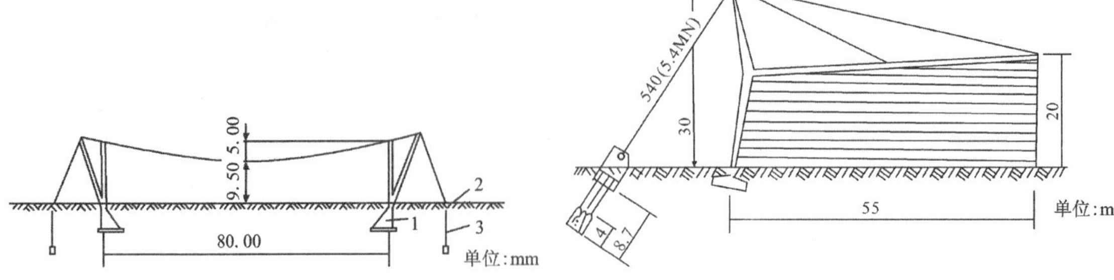

图 6-11 德国多特蒙地区体育场悬索屋顶的锚固

1-基础;2-锚固块;3-预应力锚杆

图 6-12 慕尼黑机场飞机库的悬吊屋顶的锚固

三、锚固技术的发展

锚杆技术的发展尤为迅速,它集中表现在下述几个方面。

(1)发展新型土锚施工机具,不断提高施工效率。许多国家都致力于新型锚固钻机的研制,以提高效率,降低成本,改善锚杆对多变地层的适应性。已研发出多种自带行走机构的全液压钻孔机,既可用于土层,也可用于岩层。钻机都带有护孔装置,并能进行全方位钻孔。在张拉机具方面,意大利等国对锚杆施加预应力多采用分离式千斤顶(即每束钢铰线采用一独立的千斤顶)张拉,由一个油泵同时操纵几个千斤顶。这样对锚索施加高预应力时,不需要大型千斤顶,施工简便,并可使每束钢铰线受力均匀。

(2)改进锚杆的结构与工艺,增强土锚在不同条件下的适应性。上海太平洋饭店深基工程,采用了二次高压灌浆型锚杆。这种锚杆能在锚固体上形成一串扩大的球状注浆体,使承载力得以成倍提高。它与钢筋混凝土板桩相结合,成功地解决了饱和淤泥质地层中的基坑稳定问题。瑞典 Atlas 公司研究成带膨胀头的土层锚杆。这种膨胀头由折叠的薄钢片组成,当向薄钢片头注入水泥浆后,即膨胀扩大,压密周围土体,从而提高锚杆承载力。此种锚杆还可通过测定注浆压力来测定锚杆的承载力。上海展览中心基坑稳定工程中采用拆除芯子的锚杆工法,在工程结束后能将残余锚索全部拆除,不会构成市区地下的障碍物。

(3)应用领域日益拓宽,工程规模明显扩大。目前,土锚技术在国内外已广泛使用。日本在 1980 年土锚使用量只有 30×10^4m,而近年来锚杆的使用量已增加了很多倍。在德国和奥地利的地下开挖工程中,把锚杆作为施工的重要辅助手段,无论硬土层或软土层,几乎没有不使用锚杆的。国外单根锚杆(索)的最大锚固力已超过 16 000kN,并用于飞机库等重要工程的受拉结构体系。我国举世瞩目的三峡水利工程中,长 1607m 的船闸边坡处于风化程度不等的闪云斜长花岗岩中,采用 4000 余根长 25～61m 设计承载力为 3000kN(部分为 1000kN)的预应力锚杆和近 10 万根长 8～14m 的高强锚杆作系统加固或局部加固。它对阻止不稳定岩体塌滑、改善边坡的应力状态、抑制塑性区扩展、提高边坡的整体稳定性发挥了重要作用。

(4)锚杆技术标准相继制定,并不断修订完善。国外在加速发展岩土锚固技术的同时,还普遍重视标准规范的制定工作,以确保锚杆工程的质量。西德早在 1972 年制定了《土中锚杆工业标准》(DIN-4125),法国也于 1972 年制定了《锚杆设计、施工和检验规程》,美国于 1974

年制定了《土中预应力锚杆暂行规程》。日本、瑞士、奥地利、瑞典、法国、中国香港等国家和地区相继编制了锚杆标准。中国工程建设标准化协会制定颁发《土层锚杆设计施工规范》(CECS 22-90),我国颁发了国家标准《岩土锚杆与喷射混凝土支护技术规范》(GB 50086-2001),并不断逐年修订。

(5)加强对锚杆设计理论和工法应用问题的研究。国内外业内普遍认为应着重研究以下课题,以推动锚固技术的进一步发展:①土锚的蠕变及预应力损失;②锚杆承载力的时空效应;③锚杆的防腐;④地震荷载、邻近爆破及重复荷载条件下锚杆的性能;⑤地基位移对锚杆性能的影响及允许标准;⑥单根锚杆的破坏对邻近锚杆性能的影响;⑦锚杆用于海洋工程的地基处理。

第二节　锚杆的承载机理

一、锚杆的构造

锚杆是受拉杆件的总称。当与构造物共同作用而要采用锚杆作为加固或支撑的受力杆件时,从力的传递机理来看,锚杆由锚杆头部、拉杆和锚固体 3 个基本部分组成(图 6-13)。现将各组成部分的材料、作用等分述如下。

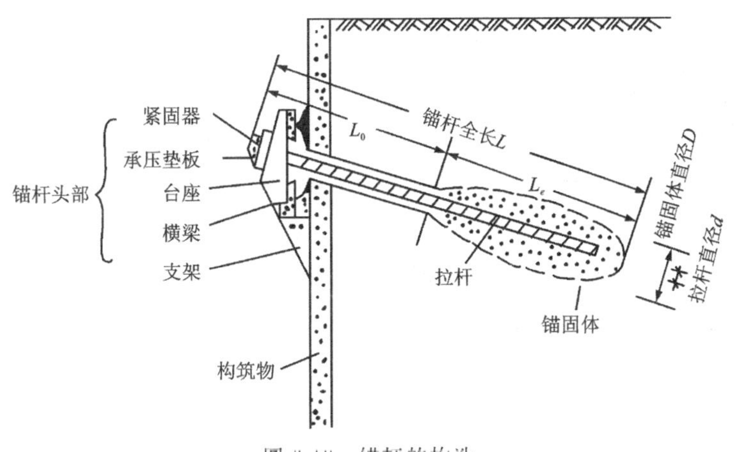

图 6-13　锚杆的构造

(一)锚杆头部

锚杆头部是构造物与拉杆的连接部分。在一般情况下,拉杆设置水平向下,具有一定的倾斜角度,因此与作用在构造物上的侧向土压力不在同一方向上。为了使来自构造物的力得到传递,一方面必须保证构件本身的材料具有足够的强度,相互的构件能紧密固定,另一方面又必须将集中力分散开。因此,锚头由下列几部分组成。

1. 台座

构造物与拉杆方向不垂直时，需要用台座作为拉杆受力调整的插座，并能固定拉杆位置，防止其横向滑动和有害的变位。台座用钢板或混凝土做成。

2. 承压垫板

为使拉杆的集中力分散传递，并使紧固器与台座的接触面保持平顺，粗钢筋必须与承压垫板正交，一般采用20～40mm厚的钢板。

3. 紧固器

拉杆通过紧固器的作用与垫板、台座、构造物贴紧并牢固联结。如拉杆的材料采用粗钢筋，则在拉杆端部焊螺丝端杆，用螺母或专用的联接器作为紧固器。为了减少螺丝端杆加工的工作量，必要时也可直接采用焊接的方法。如用钢铰线等，则需用公锥及锚销等零件。

（二）拉杆

拉杆是锚杆的中心受拉部分，从锚杆头部到锚固体尾端的全长即是拉杆的长度。拉杆的全长（L）实际上包括有效锚固段长度（L_e）和非锚固段长度（L_0）两部分（图6-14），即：

$$L = L_e + L_0$$

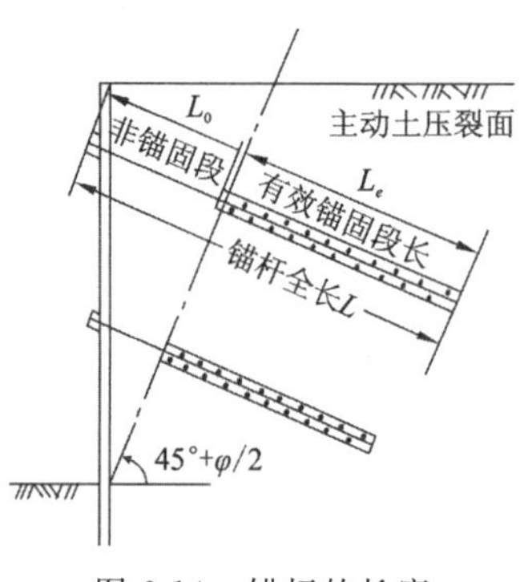

图6-14　锚杆的长度

有效锚固段长度即锚固体长度，主要根据每根锚杆需承受多大的抗拔力决定。非锚固段长度也称自由长度，按构造物与稳定地层之间的距离决定。我国早期常用的拉杆材料为热轧螺纹粗钢筋，直径采用ϕ22～32mm，单根或2～3根点焊成束，现已发展成采用45SiMnV等高强度钢材制作锚杆、钢铰线及钢丝束等。

（三）锚固体

锚固体是锚杆尾端的锚固部分，通过锚固体与土之间的相互作用将力传递给地层。锚固力能否保证构造物的稳定要求是锚杆技术成败的关键。从力的传递方式来看，锚固体可分为以下3种类型。

1. 摩擦型

典型的摩擦型锚杆是在已钻好的孔内插入钢筋并灌注浆液，使形成一柱状的锚固体，这种锚杆通常称为灌浆锚杆。在实际的施工中，有时采用压力灌浆，因此实际的锚固体一般要比设计的锚固体大。柱状锚固体周表面与土层之间的摩擦力将来自拉杆的拉力传递给地层。在一般情况下，锚固体周围土层内部的抗剪强度（τ_1）比锚固体混凝土面与土层之间的摩擦力

(f_1)小,所以锚固力的估算应按 τ_1 来考虑比较合理(τ_1 是经验数值,由抗拔试验求得)。可认为摩擦锚杆的锚固力是以摩擦力(F)($F = \tau_1 \times$灌浆锚固体的周边面积)为主的,即 $F \gg Q$(支承力)。在实际工作中以摩擦型为主的锚杆占绝大多数。

2. 承压型

锚固体有一个支承的面,支承型的锚固体一部分或大部分是局部扩大,所以锚杆的拉力与其说是依靠锚固体与土之间的摩擦,不如说是依靠作用于锚固体的被动土压力来获得支承,亦即锚固体的支承机理是 $F \ll Q$ 。

承压面可由几种不同的途径得到。在天然地层中可采用机械装置,如施工时在拉杆的后端装有辅助设施,即从地面钻到预定的深度时,通过机械作用将端部的装置张开,如图 6-15 所示;或采用注浆塞加压灌浆扩大孔径;或在填土中采用预制的钢筋混凝土板开挖埋设,这种锚杆属于锚定板结构型式,如图 6-16 所示。

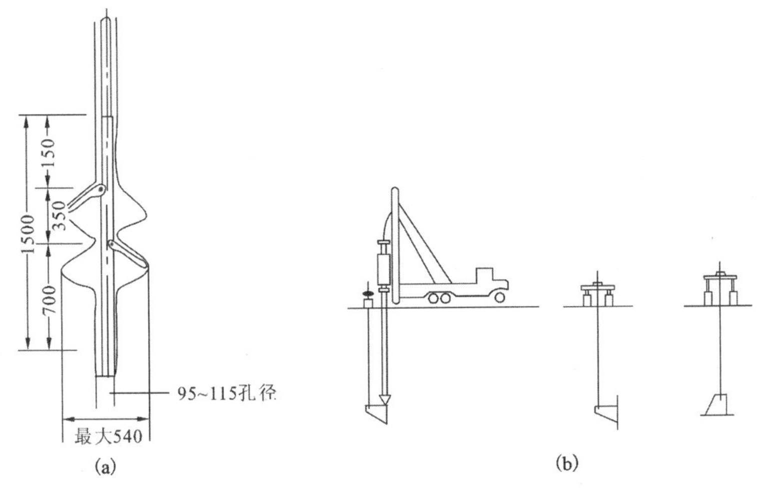

图 6-15 扩孔型锚杆

(a)机械扩孔锚杆;(b)灌浆扩端锚杆

3. 复合型

在软弱地层中采用扩孔灌浆锚杆、在成层地层中采用串铃状锚杆或类似扩孔型的螺旋锚杆[图 6-17(a)、(b)]均为复合型锚杆。扩大部分是一个或几个,周边面积很大,摩擦力也有相当大的数值。复合型锚杆的支承方式比较复杂,实际上是摩擦力及支承力两者兼而有之,共同承担。可以认为,摩擦力与支承力的大小近似相等($F \approx Q$)的锚杆属于复合型锚杆。值得注意的是,在砂土和黏性土中,使摩擦力达到最大值的变位量相差很大,因此当锚固层为黏性土或软的粉砂土时,对摩擦力的取值要十分慎重,必须经过现场抗拔试验来确定。

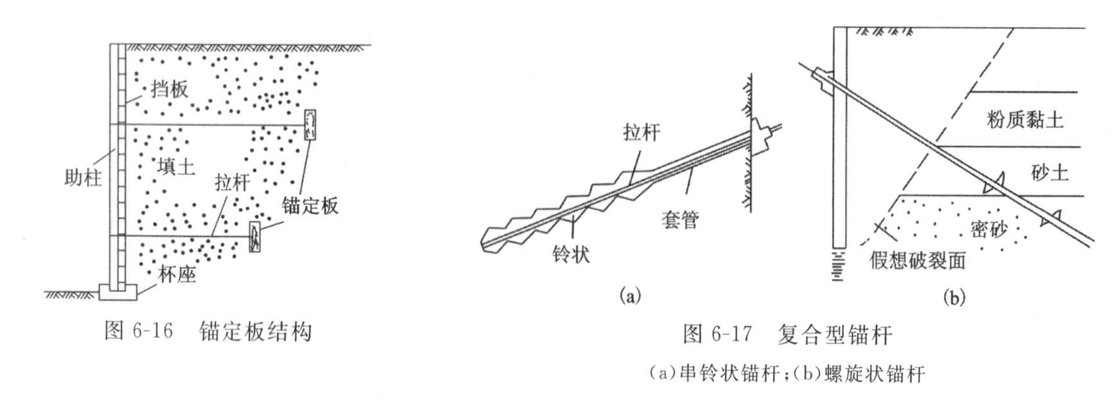

图 6-16　锚定板结构

图 6-17　复合型锚杆

(a)串铃状锚杆;(b)螺旋状锚杆

二、灌浆锚杆的工作原理

图 6-18 表示一根灌浆锚杆中的砂浆锚固段受力状态,如将锚固段的砂浆作为自由体,则可对其受力状态作如下的分析。

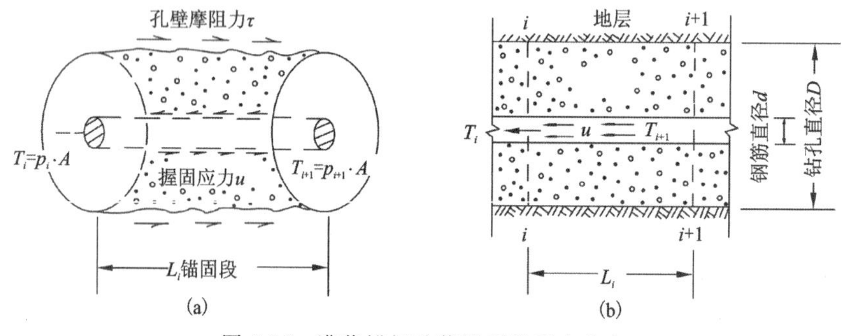

图 6-18　灌浆锚杆砂浆锚固段受力状态

(a)锚固段砂浆受力分析;(b)锚杆杆体受力分析

当锚固段受力时,拉力(T_i)首先通过拉杆周边的砂浆握固应力(u)传递到砂浆中,然后再通过锚固段钻孔周边的地层摩擦阻力(τ)而传到锚固地层中。因此,拉杆如受到拉力的作用,除了钢筋本身需要足够的截面积(A)承受拉力外,即 $T_i = p_i \times A$ (p_i 为钢筋单位面积上的应力)。锚杆的抗拔作用还必须同时满足以下 3 个条件:①锚固段的砂浆对于拉杆的握固力需能承受极限拉力;②锚固段的地层对于砂浆的摩擦力需能承受极限拉力;③锚固的土体在最不利的条件下需能保持整体稳定性。

三、灌浆锚杆的抗拔力

(一)锚固段的砂浆对钢筋的握固力

1. 岩层中的砂浆握固力

在一般完整的岩层中灌注锚孔,此时灌注的水泥砂浆强度不低于 30MPa,如果严格按照规定的灌浆工艺施工,岩层孔壁的摩擦阻力(τ)一般大于砂浆的握固应力(u)。因此,岩层锚

杆的极限抗拔力($T_{u岩}$)和最小锚固长度一般取决于砂浆的握固应力,因此

$$T_{u岩} \leqslant \pi d L_e u \tag{6-1}$$

式中:d 为拉杆的直径(m);L_e 为锚杆的有效锚固长度(m);u 为砂浆对于拉杆的平均握固应力(kN/m^2)。

在式(6-1)中,砂浆的平均握固应力(u)是一个关键数值,假定 T_i 和 T_{i+1} 分别为钢筋在 i 截面和 $i+1$ 截面上所受的拉力,P_i 为钢筋单位面积上的应力,若令 u_i 为这一段砂浆对于钢筋的单位面积握固应力,则

$$T_i - T_{i+1} = \pi d L_i u_i \tag{6-2}$$

所以

$$u_i = \frac{T_i - T_{i+1}}{\pi d L_i} = \frac{(p_i - p_{i+1})d}{4L_i} \tag{6-3}$$

因此,只需将孔口内的钢筋划分成不同区段,就可根据两端截面上钢筋应力(p)的数值,按式(6-3)计算求得各个区段中砂浆对钢筋的握固应力 u。

在实际工作中,锚孔内砂浆握固应力的分布相当复杂,计算相当困难,因此一般只需选取平均握固应力,并研究其必需的锚固长度。有些钢筋混凝土试验资料建议,钢筋与混凝土之间的黏着力为其标准抗压强度的 10%~20%,u 可采用 2500~4000kN/m^2,如果按照这种方法去计算一根钢筋所需的最小锚固长度 L_{emin},并令钢筋的极限拉应力为 σ_s,则

$$\frac{\pi d^2}{4} \cdot \sigma_s = \pi d L_{emin} \cdot u$$

$$L_{emin} = \frac{\sigma_s \cdot d}{4u} \tag{6-4}$$

按式(6-4)计算,在岩层中一般所需的锚固长度只需 1~2m。这个估计在岩层抗拔试验中得到了证实。

影响岩层锚杆抗拔力的主要因素是砂浆的握固能力。当岩层锚固深度为 0.5m 时,钢筋能从砂浆中拔出。但当锚固段长度为 1~4m 时,试验证明各根拉杆均达到钢筋屈服强度,而锚固段未发生破坏。一般来说,钢拉杆在完整硬质岩层中的锚固深度只要超过 2m 就已足够。但在使用中,为了保证岩层锚杆的可靠性,还必须事先判明锚固区的山体有无塌方、滑坡的可能,并需防止个别被节理分割的岩块承受拉力发生松动。因此,根据经验灌浆锚固段达到岩层内部(除去表面风化层)的深度应不小于 4m。

2. 土层中的砂浆握固应力

上述平均握固应力和最小锚固长度只适用于岩层中的锚杆,如果锚固段是在土层中,由于土层对锚孔砂浆的单位摩擦力小于砂浆对拉杆的握固应力,则土层锚杆的最小锚固长度将受土层性质的影响,主要由土层的抗剪强度控制。

(二)锚固段孔壁的抗剪强度

在风化层和土层中,锚杆的极限抗拔力(T_u)取决于锚固段地层对砂浆所能产生的最大

摩擦阻力为：

$$T_u = \pi D L_e \tau \tag{6-5}$$

式中：D为锚杆钻孔的直径(m)；L_e为锚杆的有效锚固长度(m)；τ为锚固段周边的抗剪强度(kN/m²)；除取决于地层特性外，锚杆的极限抗拔力还与施工方法、灌浆质量有关，需要根据抗拔试验得出的统计数据参考使用。

由式(6-5)知，锚杆的锚孔直径、有效锚固长度和砂浆与孔壁周边的抗剪强度是直接影响锚杆抗拔力的几个因素。其中，锚固周边抗剪强度(τ)的数值又受地层性质、锚杆埋藏深度、锚杆类型和灌浆工艺等许多复杂因素的影响，不仅在不同地层中和不同深度处τ值有很大差异，即使在相同地层和相同深度处，τ值也可能由于锚杆类型和灌浆工艺的差别而有大幅度的变化。锚杆孔壁与砂浆接触面的抗剪强度，有3种不同的破坏情况：

(1)砂浆接触面外围的岩层剪切破坏，这只有当岩石强度低于砂浆和接触面强度时才会发生。

(2)沿着砂浆与孔壁的接触面剪切破坏，这只有当灌浆工艺不符合要求以致砂浆与孔壁粘结不良时才会发生。

(3)接触面内砂浆的剪切破坏。

现将对于τ值有所影响的因素做如下讨论。

1. 岩层锚杆孔壁的摩擦阻力

在较完整的岩层中，最危险的剪切面往往不是在孔壁附近，而是发生在沿钢筋周边的握固力作用面上，亦即岩层锚杆孔壁的摩擦阻力一般均大于砂浆对钢筋的握固力。表6-1列举了岩层锚杆抗拔试验资料，从表中可看出，尽管抗拔试验的锚固长度有差别(1.5～5.17m)，但试验所得的屈服点和变位数都与锚固长度无关，而完全由钢筋的屈服力所决定。

表6-1 岩层锚杆抗拔试验资料

岩层	钻孔深度/m	锚固长度/m	钻孔直径/mm	极限抗拔力/kN	钢筋及其直径/mm	锚杆受力端长度/m	平均握固力/(kN·m^{-2})
砂岩 1#	3.32	2.82	130	560	32及25 (16MN)	1.80	174
3#	5.67	5.17	130	560	32及25 (16MN)	1.80	174
4#	2.56	2.15	130	580	2ϕ32	2.00	143.5
6#	1.70	1.20	130	600	2ϕ32	1.60	186
片麻岩 1#	5.00	4.50	49	140	32	0.5	
4#	2.00	1.50	49	290	32	0.7	
5#	3.70	2.70	49	190	25	1.0	

2. 土层锚杆孔壁的摩擦阻力

土层的抗剪强度一般是低于砂浆的抗剪强度的。因此，如果施工灌浆的工艺良好，土层锚杆孔壁对于砂浆的摩擦阻力取决于沿接触面外围的土层抗剪强度。土层抗剪强度的表达式为：

$$\tau = c + \sigma \tan\varphi \tag{6-6}$$

式中：c 为锚固区土层的黏结力（kN/m^2）；φ 为土的内摩擦角（°）；σ 为孔壁周边法向压应力（kN/m^2）。c、φ 值完全取决于锚固区土层的性质，但 σ 则受到地层压力和灌浆工艺两方面因素的影响。

一般灌浆锚杆在灌浆过程中未加特殊压力，其孔壁周边的法向压力 σ 主要取决于地层压力，因而式(6-6)可改写为：

$$\tau = c + K_0 \gamma h \tan\varphi \tag{6-7}$$

式中：h 为锚固段以上的地层覆盖厚度（m）；K_0 为锚固段孔壁的土压系数；γ 为土的重度（kN/m^3）。

在一般情况下，孔壁土压系数（K_0）可能接近 1.0 或略小于 1.0，如果采用特殊的高压灌浆工艺，则孔壁土压系数（K_0）将大于 1.0，其具体数值需根据地层和施工工艺的情况由试验决定。但如果是在松软地层中进行高压灌浆，高压灌浆所产生的局部应力将逐渐扩散减小，因而 K_0 值的增大也是有限度的。因此，在松散地层中往往采用加压和用扩孔的方法以增大锚杆的抗拔力。

综上所述，锚杆内部的应力分布复杂而不均匀。因此，土层抗剪强度的具体数值必须依靠现场抗拉试验确定。同时，还需进一步确定砂浆和地层在长期受力条件下的蠕变作用对抗拔力的影响。

第三节　锚杆的施工技术

锚杆作为一种新技术得到迅速的发展与大量新建工程的兴起有关，但主要还是由各种高效率锚杆钻机的问世以及有了特殊的施工工艺与专利装置所促成。不少土木工程技术专家认为，锚杆是利用先进的技术装置和特殊的工艺专利取得了成就，目前还处于施工技术走在设计理论之前的状态。

从安全和经济的角度而言，在各种不同土质条件下采用哪些施工方法，选用何种机械设备是施工的重要环节。机械设备选用合适，施工工艺采用得当，锚杆技术才能发挥较大的经济效益。与此同时，只有保证施工质量才能提高锚杆技术可靠性。为满足设计要求并制作可靠的锚杆，必须针对锚杆使用目的、环境状况、施工条件等编制施工计划书。锚杆施工是在复杂的地基内不能直接观察的状况下进行的，施工前必须了解施工地段地形地质情况、地层的性状、地下水的状态、地下埋设管道与障碍物的情况、邻近建筑物状况。这些都必须在设计施工前调查清楚，并在施工计划中研究确定。

锚杆的施工包括施工准备、锚杆孔钻凿、锚杆的制作与安放、锚杆的张拉和锁定等环节。

施工准备工作包括钻机作业空间及场地的平整、钻孔机械与张拉机具等机械设备的选定、材料的准备、电力供应以及给排水条件。锚杆施工工序见图6-19。

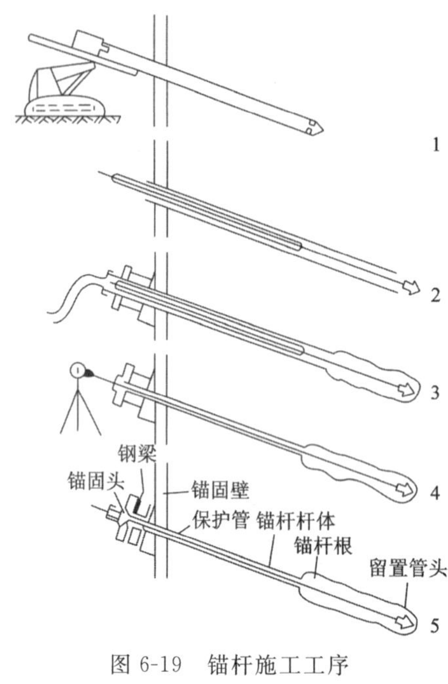

图 6-19　锚杆施工工序

1-成孔；2-拉杆安放；3-注浆；4-张拉；5-锁定锚固

一、锚杆的成孔工艺

锚杆的成孔通常是锚固工程中费用最高和控制工期的作业，因而也是影响锚固工程经济效益的主要因素。锚杆成孔应满足设计要求的孔径、长度和倾向，采用适宜的钻孔方法确保精度，使后续杆体插入和注浆作业能顺利进行。

（一）一般要求

锚杆成孔的一般要求如下：

（1）在钻孔过程中，对锚固区段的位置和岩土分层厚度进行验证，如计划的锚固地层过分软弱，则要采取注浆加固或变更锚固地层。

（2）应根据不同的岩土条件选用不同的钻机和钻孔方法，以保证在杆体插入和注浆过程中孔壁不至于塌陷；钻机直径应符合设计要求，以使孔壁不至于过分扰动。

（3）钻孔以清水为好，膨润土悬浊液和泥浆水都会减弱锚杆的锚固力，且应避免使用。钻孔用水对周边地基和锚固地层地基有不良影响时，应考虑无水钻孔法。

（4）锚固长度区段内的孔壁有沉渣或黏土附着，会使锚杆锚固力下降，因此要求清水充分清洗孔壁。

（5）施工过程中若有地下水从钻孔内流出，必要时采取注浆堵水，以防止锚固段浆液流出而影响锚杆的锚固力。

(6)可采用透水试验或从钻孔时送入水的回流情况判断地层的透水强度。

(7)对于滑坡整治和斜坡稳定等工程,钻孔水会产生不良影响,可采用固结灌浆以改良地层,或采用无水钻孔法。

(二)钻孔精度

钻孔精度视结构物的重要程度和使用目的有所不同。钻孔过程中,应经常检查钻孔的准直度,一般偏离钻孔轴线的误差为钻孔长度的2%。

我国工程建设标准化协会编制的《土层锚杆设计与施工规范》(CECS22:90)规定:

①钻孔水平方向孔距误差不应大于50mm,垂直方向孔距误差不应大于100mm;②钻孔底部的偏斜尺度不应大于锚杆长度的3%。

国际预应力混凝土协会(FIP)编制的《注浆锚杆规范》(1982)提出的钻孔精度如下:①钻孔入口点的允许误差为±75mm;②钻孔入口点与轴线的倾角、水平角的允许误差为±2.5°以下;③锚杆孔任何长度上偏离轴线的允许误差不大于锚杆长度的1/30。

(三)钻孔机械和钻孔方法

锚杆孔一般分为荷载较小的小直径短锚杆钻孔和传递较大拉力的大直径长锚杆钻孔两类。

1. 小直径短锚杆钻孔

在岩石上钻凿短锚杆的钻孔(孔径小于45mm,长度小于4.0m),一般采用气动冲击钻机,用于加固地下大型硐室的锚杆孔的钻凿,也可使用高效移动式单臂或多臂凿岩台车。国内一些单位也曾研制并使用专门用作锚杆成孔、安装的机具。

2. 大直径长锚杆钻孔

承载力大的锚杆一般要求采用大直径(60~168mm)的深钻机(5~50m),可以用冲击钻、旋转钻或两者相结合的方式来钻凿长的锚杆孔,应根据岩土类型、钻孔直径和长度、接近锚固工作面的条件、所用冲洗介质的种类以及锚杆类型和所要求的钻进速度来选择合适的钻机。

在岩石中钻孔,宜采用气动冲击钻,如漫湾水电站边坡预应力锚杆加固工程,采用KQJ-100B型和QZ-100K型钻机,白山水电站地下主厂房预应力锚索工程采用YQ-100A型及YQ-100B型潜孔钻机。

在土层中钻孔,一般采用回转式、冲击回转式和回转冲击反循环式。国内土锚工程中常用的钻机主要有:

(1)日本矿研株式会社RPD型钻机。它为全液压多功能钻机,配有液压凿岩机,适用于各类岩土中钻孔,有履带行走机构,既可采用干式麻花钻钻进,也可采用清水循环护壁套管钻进。该机曾用于上海展览中心二期工程,其外形和主要性能参数分别见图6-20和表6-2。

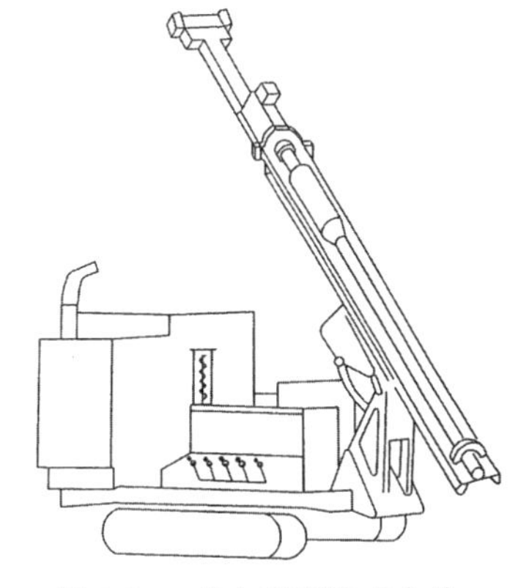

图6-20 日本矿研株式会社RPD型钻机

表 6-2　日本矿研株式会社钻机性能参数表

项目	钻机类型	
	RPD-65LC	RPD-65HC
钻孔直径/mm	101～137	60～80
钻孔深/m	10～60	0～150
扭矩/(N·m)	4000	1000
冲击次数/(次·mm^{-1})	1350	2000
进给力/kN	40	40
钻臂长/mm	2600	2600
发动机功率/kW	50	50
质量/t	6.8	6.6
外形尺寸(长×宽×高)/mm	5700×2100×2250	5700×2100×2330

(2)德国克虏伯公司 DHR80A 型钻机。它性能与日本 RPD 型钻机相似。该机较广泛地用于北京许多深基坑土锚的钻孔，该机的外形和主要性能参数见表 6-3 和图 6-21。

表 6-3　德国克虏伯公司钻机性能参数表

项目	钻机类型	
	HB101	HB105
钻孔直径/mm	64～127	由锚固要求而定
扭矩/N·m	950	6000
冲击次数/(次·min^{-1})	1800	1800
转速/(r·min^{-1})	0～140	0～32～55
进给力/kN	最大 25	最大 25
钻臂总长/mm	6250	6250
发动机功率/kW	74	74
质量/t	8.3	8.3
外形尺寸(长×宽×高)/mm	6610×2300×2200	6610×2300×2200

(3)意大利 WORTHINGTON 公司 WD101 型钻机。该机可实现钻杆与套管同步回转，靠轴压力和坚固的合金钻头对付各种复杂的地层，在上海太平洋饭店基坑土锚工程中被应用，效果良好。该机的外形和主要性能参数见图 6-22 和表 6-4。

(4)原冶金工业部建筑研究总院研制的 YTM87 型土锚钻机。该机是轮胎式底盘、电力驱动的全液压钻机，既可使用螺旋钻杆的干式钻孔，也可使用带护壁套管的湿式钻孔。该机可在水平和垂直方向的任意角度上钻孔，构造及性能参数见图 6-23 和表 6-5。

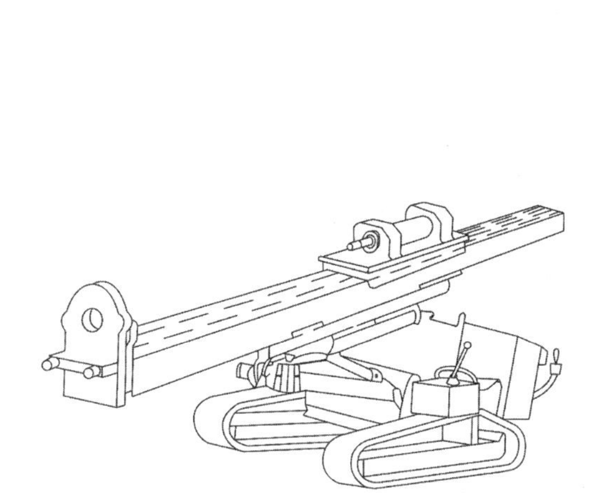
图 6-21 德国克虏伯公司 DHR80A 型钻机

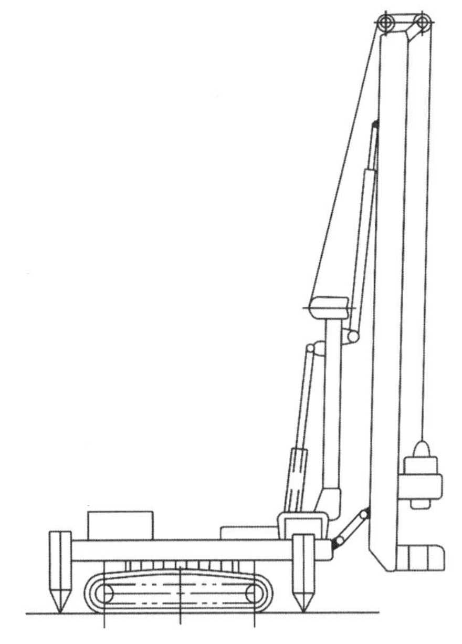
图 6-22 意大利 WORTHINGTON 公司 WD101 型钻机

表 6-4 意大利 WORTHINGTON 公司钻机性能参数表

项目	参数
钻孔直径/mm	168
扭矩/N·m	最大 9300
转速/($r \cdot min^{-1}$)	0～212
进给力/kN	60
钻臂长/mm	最长 9550
电动机功率/kW	74
质量/t	12.95
外形尺寸(长×宽×高)/mm	6300×2050×2750

(5)原地质矿产部机械电子研究所研制的土星-881L 型钻机。该机是卧式底盘，在轨道上行驶，电动机功率为 30kW，钻孔直径为 150mm，成孔采用干护壁套管与内螺旋钻杆同时钻进，内螺旋钻杆用来向孔外排土，钻孔深度可达 30m 以上。

此外，国内的一些土锚工程还使用地质钻机和自制干螺旋钻机，如 SQ100 型地质钻机、东风-30 型地质钻机、SGZ-1 型地质钻机和近年研发的锚杆专用钻机。

(四)锚杆孔的扩孔方法

为了增大锚杆的承载力，有时需要对钻孔深处的端部进行扩孔处理，可通过专门的扩孔机具或在孔内放入少量炸药进行扩孔，扩孔方法包括机械扩孔、爆炸扩孔、水力扩孔和压浆扩孔。

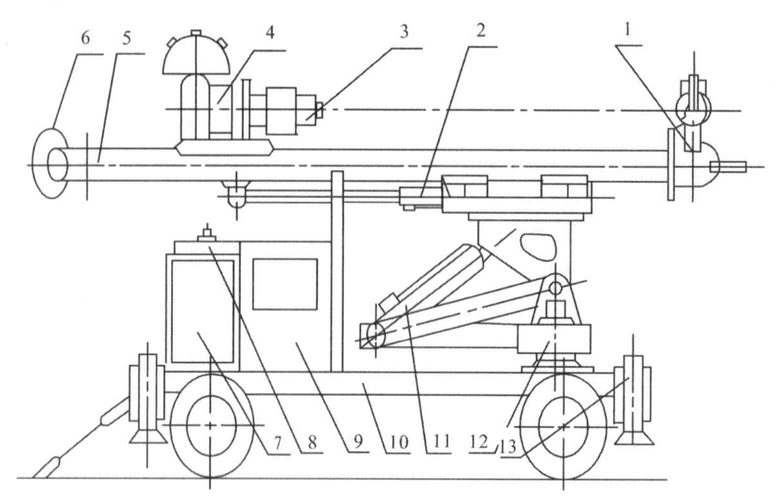

图 6-23　YTM87 型土锚钻机

1-卡头；2-主梁伸缩油缸；3-进排水接头；4-动力头；5-主梁；6-进给液压马达；7-配电箱；8-液压油箱；9-泵；10-底盘；11-主梁俯仰油缸；12-立轴；13-液压支腿

表 6-5　YTM87 型钻机性能参数表

项目	参数
钻孔直径/mm	150(可变动)
主梁总长/mm	4510
给进长度/mm	2815
推进力/kN	45
扭矩/(N·m)	最大 7350
电动机功率/kW	37
质量/t	3.75
外形尺寸(长×宽×高)/mm	4510×2000×2300

1. 机械扩孔

机械扩孔需用专门的扩孔装置，该装置将一种扩张式刀具置于一鱼雷形装置中，刀具能通过机械方法随着鱼雷式装置缓慢地旋转而逐渐张开，直到所有切刀都完全张开完成扩孔为止。如英国 Fondedile 公司生产的一种专门用于黏土层的扩孔设备，该设备能在钻孔中同时形成几个扩大的铃状体。该机由一系列铰刀组成，操作时铰刀能连续开启，在孔中形成与扩孔点数量相同的串联四边形。与此同时，被铰刀切削下来的破碎物料则通过冲洗水带至钻孔表面。

我国台湾卢锡焕先生发明的保壮 PCBA 扩孔地锚，已在很多工程中应用，并积累了丰富的经验，该扩大头锚杆的构造见图 6-24。

机械扩孔方法适用于密实土和黏土的扩孔作业。

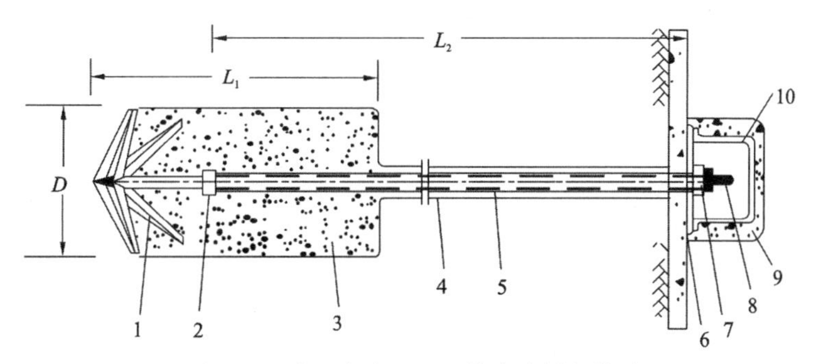

图 6-24 我国台湾 PCBA 扩大头锚杆构造

1-扩孔叶片；2-旋转变化头；3-水泥体；4-PE 管；5-钢铰线(ϕ12.7)；6-承压板；7-锚具；8-预应力调节杆；9-水泥浆封盖；10-塑胶保护套；L_1 -自由端；L_2 -扩孔长度；D-直径

2. 爆炸扩孔

爆炸扩孔是将计算好的炸药放入钻孔内引爆，使土向四周挤压形成球形扩大头。此法一般适用于砂性土。对于黏性土，爆炸扩孔扰动大，易使土液化，有时反而使地层承载力降低。即使用于砂性土，也要防止扩孔坍落。爆炸扩孔在钻孔灌注桩施工中已有成熟的经验，但在锚杆施工中我国尚缺乏完整的经验，在城市中要慎用。

3. 水力扩孔

水力扩孔较合适用于土层锚杆扩孔施工。当土层锚杆钻进锚固段时换上水力扩孔钻头，将合金钻头的头端封住，只在中央留一直径为 10mm 的小孔，而在钻头侧面按 120°角，与中心轴线成 45°角开设 3 个直径为 10mm 的射水孔。水力扩孔时，保持射水压力为 0.5～1.5MPa，钻进速度为 0.5m/min，用改装过的直径为 150mm 的合金钻头即可将钻孔扩大为直径 200～300mm，如果钻进速度再减小，钻机直径还可以增大。

在饱和软黏土地区用水力扩孔，如果孔内水位低，由于淤泥质粉质黏土和淤泥质黏土本身呈软塑或流塑状态，易出现缩颈现象，甚至会出现卡钻使钻杆提不出来。如果孔内保持必要的水位，钻孔则不会坍孔。

4. 压浆扩孔

压浆扩孔在国外广泛采用，但需用堵浆设施，我国多采用二次灌浆法来达到扩大锚固段直径的目的。

二、锚杆杆体的制作与安放

(一)锚杆杆体的制作

锚杆材料的确定取决于锚固工程对象、锚杆承载力、锚杆长度、数量及现场提供的施加应力及锁定的设备，材料可用普通钢筋、精轧螺纹钢筋和高强钢丝、钢铰线。

在施工方面，短锚杆的制备、安放就位和施加预应力较简单，而长锚杆处理起来较困难，因此制作长锚杆最好使用钢丝或多股钢铰线。钢铰线柔性好，便于运输，可以插入钻孔达数十米，在较小的操作平台上，不论钻孔的方向如何，均可使用这种锚杆。

1. 棒条锚杆的制作

棒条锚杆一般按锚杆要求的长度切割钢筋，并在杆体外端加工成螺纹以便安放螺母，在杆体上每隔 2～3m 安放隔离件，以使杆体在孔内居中，保证有足够的保护层。国内生产的精轧螺纹钢筋屈服强度达 750MPa，可用套筒连接钢筋及锁定预应力，使用方便。国内生产的 ϕ32mm 和 ϕ25mm 两种规格的精轧螺纹钢筋，是制作极限拉力值小于 600kN 的棒条锚杆的较为理想材料。预应力锚杆的自由段(张拉段)除涂刷防腐涂料外，还应套上塑料管或包裹塑料布，使之与水泥浆体分隔开。

2. 多股钢铰线锚杆的制作

国内常用的锚杆钢铰线为 7ϕ4mm 和 7ϕ5mm 两种，它们的主要力学性能见表 6-6。

表 6-6 钢铰线的主要力学性能 单位：N/m^2

种类	强度标准值(f_{ptk})	强度设计值(f_{py})	弹性模量(E_s)
d =12.0(7ϕ4)	1570	1070	1.8×10^5
d =15.0(7ϕ5)	1470	1000	1.8×10^5

多股钢铰线制作的锚杆构造见图 6-25 和图 6-26。图 6-25 为临时性预应力锚杆(索)的构造，其锚固段的钢铰线呈波浪形，由夹紧环与扩张环(隔离环)的交替设置而成。经常使用的隔离环构造如图 6-27 所示，它同时具有两种功能，既能使钢铰线分离，使周边有足够的水泥浆黏附，又能保证所需的保护层厚度不小于 20mm。隔离环的间距为 1.0～1.5m。图 6-26 为永久性预应力锚杆(索)的构造，它与临时性预应力锚杆(索)的主要区别是用塑料波形管对锚固段进行封闭，波形管与杆体间用灰浆或树脂充填，并借助波形管粗糙的外表面使它与周围的灰浆有可靠的黏结。这样即使在杆体施荷以后，波形管外表面的灰浆体出现横向裂缝，也不会再有危险，因为它被完好的波形管保护着。

由法国土层锚杆公司发明的已广泛应用的 IRP 锚固工法，虽然也是一种多股钢铰线锚杆，但在构造上却有自己的特色。它主要靠把锚杆自由段与锚固段分离开来的密封袋和带环圈的套管(图 6-28)，通过对锚固段进行高压灌浆处理(必要时可重复进行)，从而实现锚固。

这种密封袋在对岩层进行灌浆时可以取代钻孔中的橡胶或皮革密封圈。无纺布密封袋长 2.0m，采用滑动方法套在锚杆锚固段上端，袋的两端紧固在杆体上，当杆体插入钻孔并拔出护壁套管后，以低压注入灰浆的袋将挤压钻孔壁并把锚固段分开。

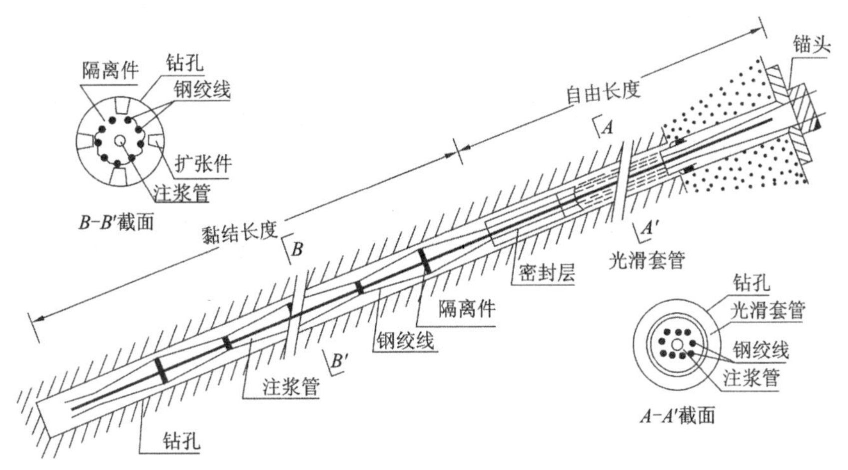

图 6-25　临时性多股钢铰线锚杆的构造

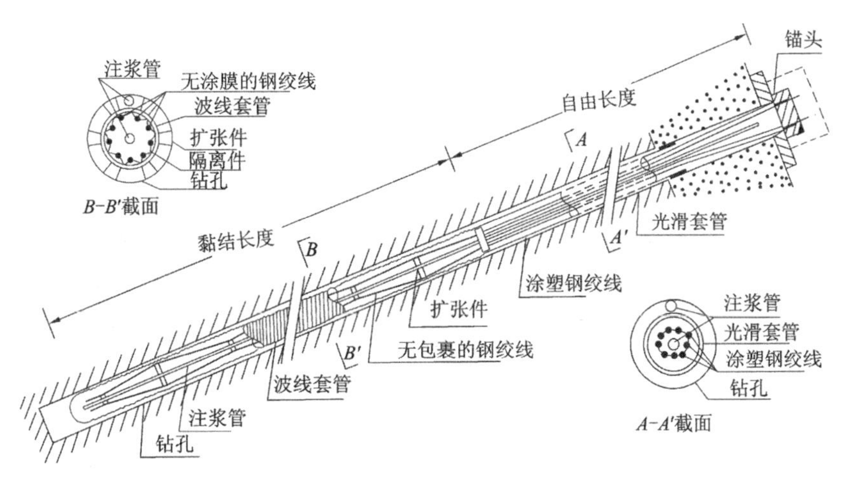

图 6-26　永久性多股钢铰线锚杆的构造

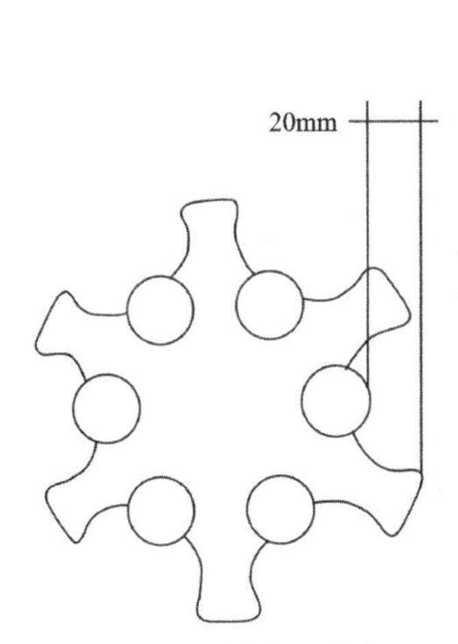

图 6-27　隔离环构造

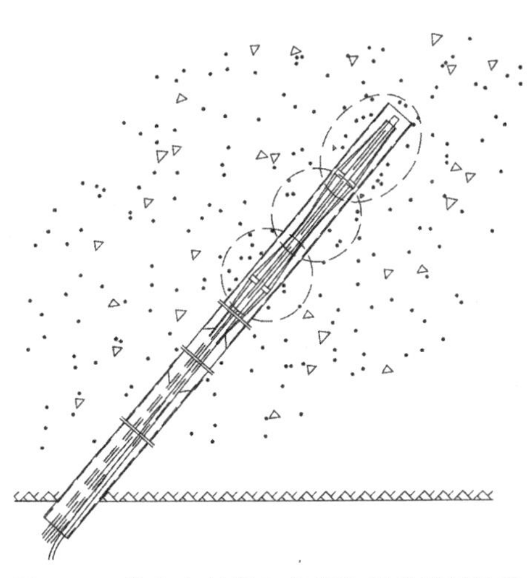

图 6-28　带有密封袋和套管装置的锚杆构造

带环圈的套管是一根直径较大的塑料管，它的侧壁每隔 1.0m 就开有小孔，孔的外部用橡胶环圈盖住(图 6-29)，从而使灰浆能从该管流入钻孔内，但不能反向流动，一根小直径的注浆钢管通入套管，注浆钢管上有限定注浆区段的两个密封圈，当其位于必要深度的橡胶环圈处，在压力作用下即可向钻孔内注入灰浆。

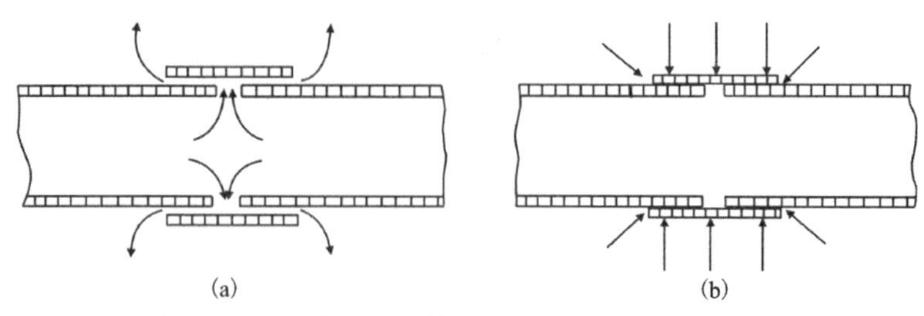

图 6-29　开有小孔的注浆套管(孔洞用橡胶环圈覆盖)
(a)管内高压挤开橡胶圈，使灰浆进入管外土体；
(b)从外部高压挤压橡胶圈，使管上的孔洞封闭

3. 多根钢丝锚杆的制作

用钢丝组成大型锚索不仅费时而且需要占用较大的加工场地。多根钢丝锚杆的制作过程：首先将钢丝校直并切割成要求的长度，然后借助带孔的金属分线板将钢丝按层次布置好，并在每隔 0.5～1.0m 处接合在一起。制作过程中，最重要的是钢丝就位，因为放置的钢丝若在全长上不是相互平行的，就不能利用钢丝的截面，而且会降低钢丝的强度。

在捷克斯洛伐克使用的承载力为 1MN 的锚杆(由直径为 7mm 的 24 根钢丝组成)就是分两层布置的(图 6-30)。内层由 8 根直径为 7mm 的钢丝组成，钢丝绕在内径为 12mm 的螺旋圈上，每个圈的径向间距为 5～6mm，围绕每层再缠上直径为 2.2mm 的钢丝，绕在内层上的钢丝可作为两层钢丝间的隔离物，并和中心螺旋线一起确保灰浆渗入钢索内。外层缠绕 16 根钢丝。

(二)锚杆杆体的安放

一般情况下，锚杆杆体与灌浆管应同时插入钻孔底部，尤其是土层锚杆，要求钻孔完后立即插入杆体。插入时将锚杆有支架一面向下方，若钻孔时使用套管，则在插入杆体灌浆后再将套管拔出。若是使用风钻钻出的小口径锚杆孔，则要求灌浆后再插入杆体。

锚杆插入时要求顺直，并应除锈，如采用的杆体为两根以上，应按需要的长度将锚杆点焊成束，间隔 2～3m 点焊一点。杆体长度不够设计长度时，则要求采用对焊或帮焊的焊接方式。帮焊时可采用 T-55 电焊条。帮焊长度按钢筋混凝土工程施工及验收规范钢筋焊接技术要求，例如采用 2 根帮条 4 条焊缝，帮条长度不小于 $4d$(d 为锚杆钢筋直径)，焊缝高度一般不小于 7mm，焊缝宽度不小于 16mm。

三、锚杆注浆材料与注浆工艺

通常用水泥浆或水泥砂浆将锚杆与地层固定并对锚杆加以保护。锚杆的黏结强度和防

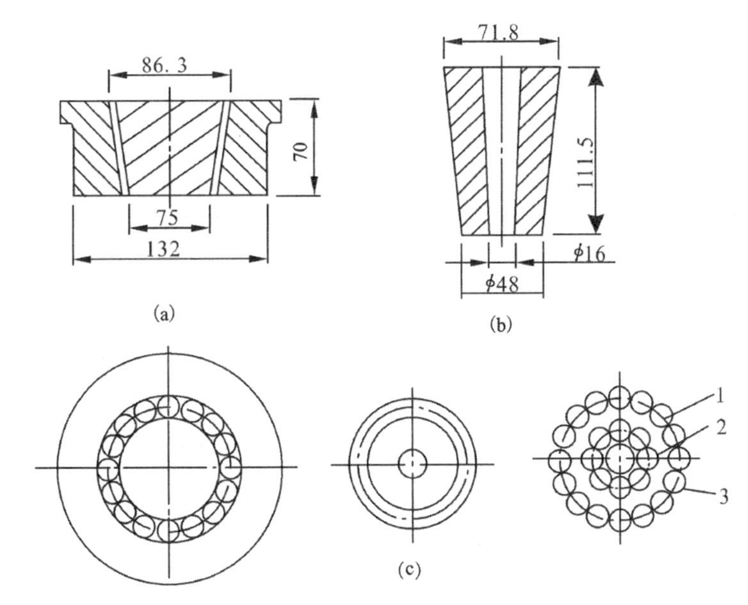

图 6-30 锚头和用 24 根 φ7 钢丝制作的锚索

(a)锚固体；(b)锥体；(c)钢丝

1-中心螺旋线；2-内层(8 根钢丝组成)；3-外层(16 根钢丝组成)

腐效果在很大程度上取决于拌合料的成分及其注入方式。注浆是锚杆施工中的一个关键工序，施工时应将有关数据记录下来，以备发生事故时查用。

注浆设备一般有磅秤、搅拌机、压浆泵等。锚杆灌浆一般使用水泥砂浆，并要求砂浆的强度不小于 30 000kN/m^2，小孔径锚杆在必要时才使用纯水泥浆。水泥通常使用不过期的、不低于 325$^{\#}$ 的普通硅酸盐水泥，必须具有防止水和土侵蚀的化学稳定性，为了防止对钢制拉杆的腐蚀，氯盐的总含量不应超过 0.10%(永久锚杆)和 0.15%(临时锚杆)；不宜采用干缩性大的火山灰水泥和泌水性高的矿渣水泥。水也应符合要求，硫酸盐含量超过 0.1%、氯盐含量超过 0.5%且含有糖分或有悬浮物有机质的水是不适用的。一般情况下，凡适合于饮用的水均可作为拌合水。一般选用中砂，在拌料前要过筛，以免较粗的砂粒混入。水灰比对水泥浆起着特别重要的作用。过量的水会使拌合料发生泌水并降低其强度，同时也会产生较大的收缩，将降低硬化砂浆的耐久性。经验表明，固定锚杆所用砂浆的最适宜水灰比为 0.4～0.5，灰砂比为 1∶1 或 1∶0.5(质量比)。

为了增加砂浆的流动度，降低硬化后的收缩，并提高强度，可在砂浆中加入外加剂。但应注意，外加剂不能对拉杆材料有腐蚀作用，常用的外加剂及其掺量见表 6-7。

表 6-7 水泥浆外加剂及其掺量表

外加剂	名称	掺量(占水泥重量的百分比)/%	说明
早强剂	三乙醇胺	0.05	加速凝结、硬化
缓凝剂	木质磺酸钙	0.2～0.5	缓凝并增大流动度
膨胀剂	铝粉	0.005～0.02	膨胀量可达 15%

续表 6-7

外加剂	名称	掺量(占水泥重量的百分比)/%	说明
抗泌剂	纤维素醚	0.2～0.3	相当于拌合水的 0.5%,起防泌作用
减水剂	UNF-5 等	0.6	提高强度并减少收缩

注浆方法有一次注浆法和二次注浆法两种。我国一般采用一次注浆法，即利用注浆泵通过注浆管将砂浆泵入锚孔，待浆液流出孔口时封闭孔口，再以较高压力进行补灌，稳压数分钟，灌浆即告结束。注浆管一般用 ϕ30mm 左右的钢管或胶皮管做成，一端与压浆泵连接，另一端与锚杆拉杆同时送入孔内，管端距孔底应预留 0.5m 左右的空隙。注浆管如采用胶管，使用时应用清水洗净内外管，开动注浆泵将搅拌好的砂浆注入钻孔底部，自孔底向外灌注。随着砂浆的泵入，应逐步将注浆管向外拔出直至孔口。这样灌注可将孔内的水和空气挤出孔外，以保证注浆质量。用压缩空气注浆时，压力不宜过大，以免吹散砂浆。

二次注浆法是把锚杆的锚固段与非锚固段分两次进行灌注。先灌注锚固段，在灌注的水泥砂浆具有一定强度后，对锚固段进行张拉，然后再灌注非锚固段。因此，有些国家称二次注浆法为预应力注浆法。二次注浆法可使锚固段与非锚固段界线分明，还便于在锚固段用质量好的水泥砂浆进行压力注浆，而在非锚固段可用贫水泥砂浆不加压力进行灌注。

目前最有效的对锚杆锚固段实现高压灌浆的方法就是采用带套环的管子，这在前文已讨论过。这些套环管的直径不小于 36mm，侧向小孔用橡胶圈覆盖。将钢制注浆枪插入套环管内，然后用密封圈把所要求注浆的位置封住。当完成对密封圈限定段的注浆处理并用水冲洗套环管后，再移至下一个侧向孔处注浆。这种方法的主要优点是在第一次注满整个锚固段后，借助自由段与锚固段交界处的密封袋，可以两次或多次高压注浆，直至达到所要求的承载力为止。

注浆压力影响锚杆的承载能力，因为锚杆的承载力与锚固体外围土层的抗剪强度直接有关，根据库仑摩擦定律 $\tau=\sigma\tan\varphi+c$，注浆压力越高，孔壁周边土压应力(σ)值越大，锚固体与周边土结合得越紧密，c、φ 值也随之提高，τ 值显著增大。如果注浆压力很低或为无压力灌浆，锚固体与外围土层抗剪强度(τ)则取决于原状土的物理力学性能和土层的静压力：$\tau=K_0 rh\tan\varphi+c$。

国外曾就注浆压力对土层锚杆的承载能力的影响做过试验，结果如图 6-31 所示。从图中可以看出，土层锚杆的承载力随着注浆压力的提高而增大。

注浆时要注意对于靠近地面的土层锚杆，若注浆压力过大，可能引起地表面膨胀隆起，或者影响附近原有的地下构筑物和管道的使用。在确定注浆压力时，每米厚度的注浆压力可按 2.2MPa 考虑。

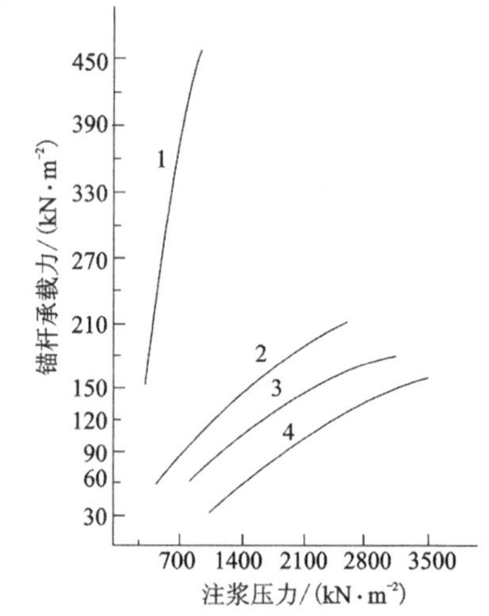

图 6-31 锚杆承载力与注浆压力关系曲线

1-石灰岩；2-砂夹卵石；3-泥灰土；4-细砂

四、锚杆的张拉与锁定

锚杆的张拉就是通过张拉设备使锚杆杆体的自由段产生弹性变形，从而对锚固结构产生所要求的预应力值。

锚杆张拉前，应对张拉设备进行标定。当锚固体与台座混凝土强度为 15.0MPa 时，方可进行张拉。正式张拉前，应取 10%～20%设计轴向拉力值，对锚杆预张拉一次，使其各部位紧密接触，杆体完全平直。永久锚杆的张拉控制应力(σ_{con})不应超过 $0.60f_{ptk}$，临时锚杆的张拉控制应力(σ_{con})不应超过 $0.65f_{ptk}$。当锚杆张拉至设计轴向拉力的值 1.1～1.2 倍时，应保持一定的时间(如砂质土保持 10min，黏性土保持 15min)，然后卸至锁定荷载进行锁定。锚杆的锁定可视锚杆杆体的材料而定，若用一般钢筋做锚杆，则可用锁母锁定；若用钢铰线做锚杆，则要用 QM 型或 XM 型锚具锁定。锚杆张拉荷载分级及观测时间见表 6-8。

表 6-8 锚杆张拉荷载分级及观测时间

张拉荷载分级	观测时间/min	
	砂质土	黏性土
$0.10N_t$	5	5
$0.25N_t$	5	5
$0.50N_t$	5	5
$0.75N_t$	5	5
$1.00N_t$	5	10
$1.1\sim20N_t$	10	15
锁定荷载	10	10

注：N_t 为锚杆轴向拉力设计值。

施工预应力的张拉设备可采用各种空心千斤顶和高压油泵。目前与 QM 型、XM 型锚具相配的有国产的 YCQ 型、YCD 型等型号的千斤顶(表 6-9、表 6-10)。

表 6-9 QM 型锚具及其配套千斤顶

预应力钢铰线	锚具		张拉千斤顶		
	型号	外形尺寸/mm	型号	外形尺寸/mm	质量/kg
1ϕ15	QM15-1	50×ϕ48	YC-18		116
3ϕ15	QM15-3	50×ϕ90	YCQ-100	440×ϕ258	116
4ϕ15	QM15-4	50×ϕ105	YCQ-100	440×ϕ258	116
5ϕ15	QM15-5	50×ϕ120	YCQ-100	440×ϕ258	116
6ϕ15	QM15-6	50×ϕ135	YCQ-100	440×ϕ258	116
7ϕ15	QM15-7	50×ϕ135	YCQ-100	440×ϕ258	116

续表 6-9

预应力钢铰线	锚具		张拉千斤顶		
	型号	外形尺寸/mm	型号	外形尺寸/mm	质量/kg
8ϕ15	QM15-8	50×ϕ150	YCQ-200	458×ϕ340	196
9ϕ15	QM15-9	50×ϕ160	YCQ-200	458×ϕ340	196
12ϕ15	QM15-12	50×ϕ175	YCQ-200	458×ϕ340	196
14ϕ15	QM15-14	50×ϕ195	YCQ-350	446×ϕ420	320
19ϕ15	QM15-19	50×ϕ220	YCQ-500	530×ϕ490	580

表 6-10 XM 锚具及其张拉千斤顶

预应力筋				锚具		张拉千斤顶		
ϕ15 钢丝		ϕ15 钢铰线						
每束根数/根	拉断力/kN	每束根数/根	拉断力/kN	型号	外形尺寸/mm	型号	外形尺寸/mm	质量/kg
7	≥229	1	≥217	XM15-1	50×ϕ44	YC200	606×ϕ116	19
21	≥688	3	≥652	XM15-3	50×ϕ98	YCD80		
28	≥918	4	≥869	XM15-4	50×ϕ110	YCD80		
35	≥1147	5	≥1087	XM15-5	55×ϕ115	YCD120	755×ϕ315	180
42	≥1377	6	≥1304	XM15-6	60×ϕ145	YCD120	755×ϕ315	180
49	≥1606	7	≥1522	XM15-7	60×ϕ145	YCD120	755×ϕ315	180
56	≥1836	8	≥1739	XM15-8	70×ϕ155	YCD200	755×ϕ390	280
63	≥2065	9	≥1956	XM15-9	70×ϕ165	YCD200	776×ϕ390	280
70	≥2295	10	≥2174	XM15-10	70×ϕ175	YCD200	776×ϕ390	280
77	≥2524	11	≥2391	XM15-11	75×ϕ184	YCD200	776×ϕ390	280
84	≥2754	12	≥2608	XM15-12	75×ϕ184	YCD200	776×ϕ390	280
133	≥4360	19	≥4130	XM15-19	78×ϕ240	YCD300	894×ϕ420	420
147	≥4819	21	≥4565	XM15-21	86×ϕ270	YCD500		
189	≥6196	27	≥5869	XM15-27	90×ϕ295	YCD500		
217	≥7114	31	≥6738	XM15-31	110×ϕ305	YCD500		
259	≥8491	37	≥8042	XM15-37	110×ϕ384	YCD800		

锚头位于锚杆(索)在孔口外露的一端,通过它可对锚杆施加预应力,用锚具锁定后通过荷载分布板将力传递给结构物。荷载分布一般由钢垫板和混凝土垫座组成。锚头装置见图6-32~图 6-34。

图 6-32　用钢铰线制作的锚杆锚头

1-钢束；2-楔块；3-钢承载板

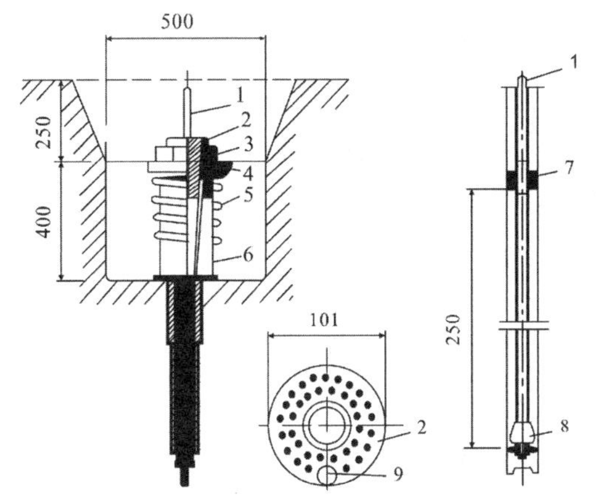

图 6-33　用钢丝制作的锚杆锚头

1-灰浆管；2-锚头；3-支承环；4-荷载分布板；5-加固线圈；6-护套；7-密封圈；8-锚杆基底；9-排气管

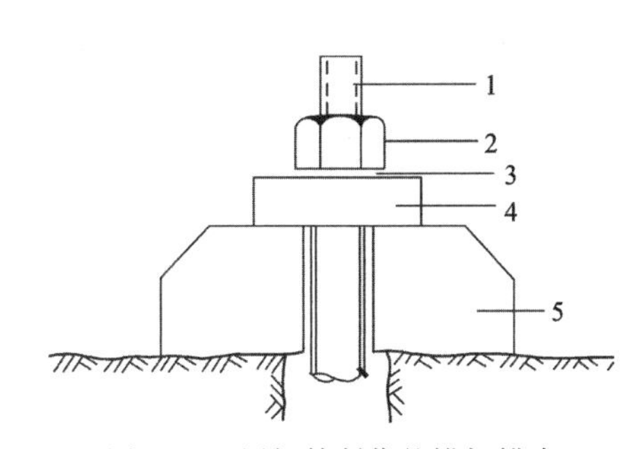

图 6-34　用钢筋制作的锚杆锚头

1-钢筋；2-螺帽；3-垫圈；4-承载板；5-混凝土座

第四节　锚杆的测试

一、锚杆试验

为了确定锚杆的极限承载力，验证锚杆设计参数和施工工艺的合理性，检验工程锚杆的工程质量或掌握锚杆在软弱地层中工作的变形特性，需对锚杆进行各种试验。

锚杆由锚头、拉杆和锚固体 3 个基本部分组成。因此，锚杆的承载能力是由锚头传递荷载的能力、拉杆的抗拉力和锚固体与土之间的摩擦阻力决定的。锚杆的承载能力决定于上述 3 种能力中的最小值。拉杆的抗拉力易于确定。锚头可用预应力构件的锚具，其传递荷载的能力也容易确定，所以锚杆试验的主要内容是确定锚固体与岩土之间的摩擦阻力。

锚杆试验一般分为基本试验、验收试验、蠕变试验和特殊试验等。各种试验均须满足下列基本要求：

(1)试验用加荷装置(千斤顶、油泵)的额定压力必须大于试验压力；

(2)试验用反力装置在最大试验荷载作用下应保持足够的强度和刚度；

(3)试验用检测装置(测力计、位移计、计时表)应满足设计要求的精度；

(4)对采用黏结型锚固体的锚杆,应当在锚固体抗压强度分别达到15MPa(土层锚杆)和20MPa(岩石锚杆)时才能进行试验,相应地,当时的混凝土传力板的抗压强度也应大于20MPa。

(一)基本试验

任何一种新型锚杆或已有锚杆用于未曾应用过的地层时均应进行基本试验。基本试验的目的是确定锚杆的极限承载力,掌握锚杆抵抗破坏的安全程度,揭示锚杆在使用过程中可能影响其承载力的缺陷,以便在正式使用锚杆前调整锚杆结构参数或改进锚杆制作工艺。

1. 试验方法

基本试验的锚杆数量一般为3根。用作基本试验的锚杆参数、材料及施工工艺应与工程锚杆相同,而且试验必须在与安设工程锚杆相同的地层上进行。进行锚杆基本试验的设备各国基本相同,多使用穿心千斤顶,试验装置如图6-35所示。

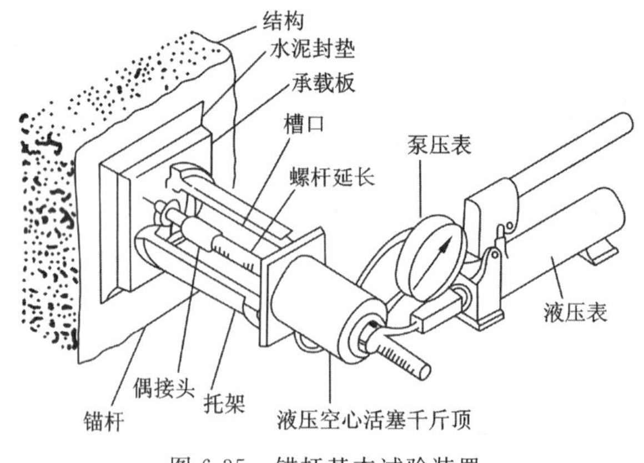

图6-35 锚杆基本试验装置

试验采用循环加载,每次加载后保持一定时间,记录相应的位移值(S)和拉力值(Q),直至锚杆破坏。最大试验荷载(Q_{max})不应超过钢丝、钢铰线、钢筋强度标准值的0.8倍。如果试验时锚杆的破坏发生在拉杆或锚头上,那就要缩短锚固体长度与直径,重新进行试验,务必使破坏产生在岩土与锚固体间的摩擦阻力处,以达到试验的目的。锚杆的基本试验一般应遵循以下规定。

(1)岩石、砂质土、硬黏土中的锚杆:①采用循环加荷,初始荷载宜取(Af_{pth})(A为锚杆杆体的断面积,f_{pth}为锚杆杆体的强度标准值)的0.1倍,每级加荷量宜取Af_{pth}的0.1~0.15倍。②试验中各加荷等级的观测时间宜按表6-11确定。③在每级加荷等级的观测时间内,测读锚头位移不少于3次。④在每级加荷等级观测时间内,锚头位移量不大于0.1mm时,才可施加下一级荷载,否则要延长观测时间,直至锚头位移量为2.0h小于2.0mm时,再施加下一级荷载。

表 6-11 砂质土、硬黏土中锚杆基本试验加荷等级与观测时间

初始荷载/%	—	—	—	10	—	—	—
第一循环/%	10	—	—	30	—	—	10
第二循环/%	10	20	30	40	30	20	10
第三循环/%	10	30	40	50	40	30	10
第四循环/%	10	30	50	60	50	30	10
第五循环/%	10	30	50	70	50	30	10
第六循环/%	10	30	60	80	60	30	10
观测时间/min	5	5	5	10	5	5	5

(2)淤泥、淤泥质土中的锚杆：①初始荷载宜取 Af_{pth} 的 0.1 倍，每级加荷增量宜取 Af_{pth} 的 0.1～0.15 倍，加荷等级为 Af_{pth} 的 0.5 倍和 0.7 倍，采用循环加荷。循环加荷等级与每级荷载下的观测时间可见表 6-12。②在每一加荷等级观测时间，测读锚头位移不少于 3 次。③加载等级小于 Af_{pth} 的 50%时，每分钟加荷不宜大于 20kN；加荷等级大于 Af_{pth} 的 50%时，每分钟加荷不宜大于 10kN。④当加荷等级为 Af_{pth} 的 0.6 倍和 0.8 倍时，锚头位移增量在观测时间 2.0h 内小于 2.0mm 时，才可施加下一级荷载。

表 6-12 淤泥及淤泥质土中锚杆基本试验及加荷等级的观测时间

加荷等级	初始荷载	第一级	第二级	第三级	第四级	第五级	第六级
Af_{pth} /%	10	30	40	50	60	70	80
观测时间/min	15	15	15	30	120	30	120

2. 锚杆破坏标准

(1)后一级荷载产生锚头位移量达到或超过前一级荷载产生的位移量的 2 倍。

(2)锚头位移不收敛。

(3)锚头总位移超过允许位移值。

3. 试验结果

试验结果应按专门表格整理，并绘制锚杆荷载-位移(Q-S)曲线、锚杆荷载-弹性位移(Q-S_c)曲线、锚杆荷载-塑性位移(Q-S_p)曲线，如图 6-36、图 6-37 所示。

基本试验所得的总弹性位移应超过杆体自由段长度理论伸长的 80%，且小于杆体自由段长度与 1/2 锚固段长度之和的理论弹性伸长。否则试验锚杆的实际锚固段长度及自由段长度与设计值有较大的误差，试验结果不能被采用。

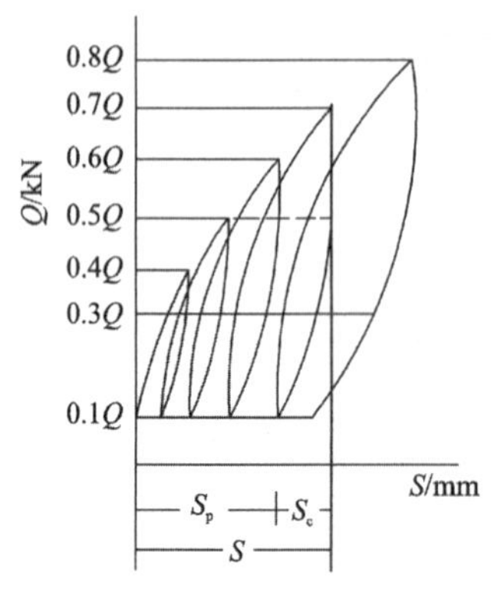

图6-36 基本试验 Q-S 曲线（$Q = Af_{pth}$）

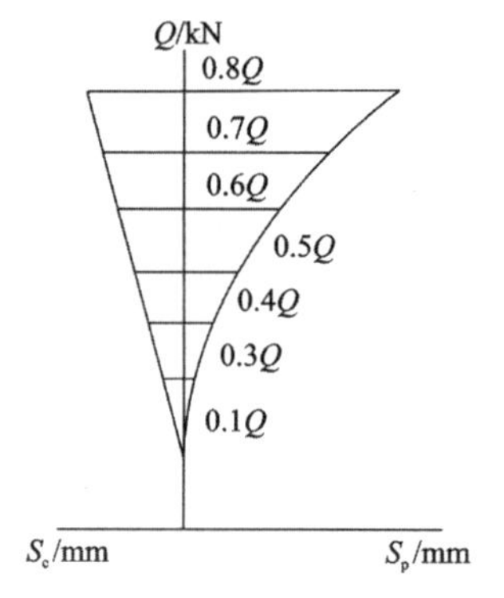

图 6-37 基本试验 Q-S_c 及 Q-S_p 曲线

锚杆极限承载力取破坏荷载值的 95%，试验得到的锚杆安全系数 K_0 由下式确定：

$$K_0 = R_u / N_t \tag{6-8}$$

式中：R_u 为锚杆极限承载力(kN)；N_t 为锚杆设计拉力值(kN)。

基本试验完成后，必要时还应把锚杆挖出来检验，检查的内容包括：①锚杆的形状、尺寸是否和设计相等；②注浆质量是否良好、饱满；③拉杆是否位于锚固体的中心。

这种检验对锚固工程设计施工具有十分重要的意义。

(二)验收试验

验收试验指在很短的时间内对工程锚杆施加较大的力，其目的是检验锚杆在超过设计拉力并接近极限拉力的条件下的工作性能，及时发现锚杆设计施工中的缺陷，并鉴别工程锚杆是否符合设计要求。验收试验所用设备和基本试验相同。作验收试验用的锚杆数量应取锚杆总数的 5%，且不得少于 3 根，试验的最大荷载值不应超过锚杆预应力筋 Af_{pth} 值的 0.8 倍。永久性锚杆的最大试验荷载为锚杆设计拉力值的 1.5 倍，临时性锚杆的最大试验荷载为锚杆设计拉力值的 1.2 倍。

验收试验的初始荷载取锚杆设计拉力值的 0.1 倍。加荷等级与各等级观测时间应满足表 6-13 的规定。在每级加荷等级的观测时间内，测读锚头位移不少于 3 次。在最大试验荷载作用下，观测 15min，放松至初始荷载，再加至锁定荷载锁定。按专门表格整理验收试验数据，并绘制锚杆验收试验图(图 6-38)。

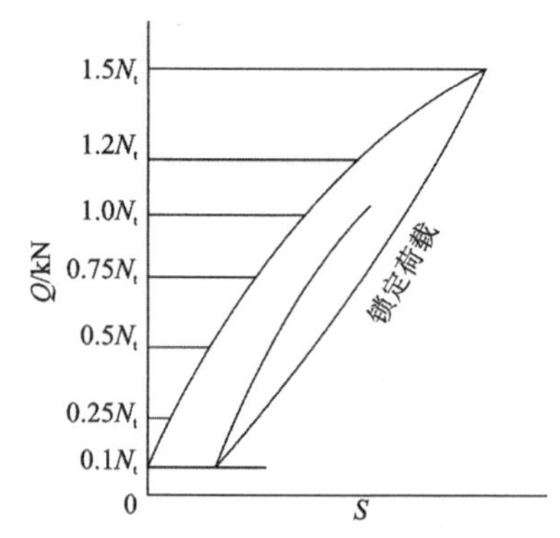

图 6-38 锚杆验收试验 Q-S 曲线

锚杆验收合格的标准是锚杆的总弹性位移超过杆体自由段长度理论弹性伸长的 80%，且小于杆体自由段长度与 1/2 锚固体长度之和的理论弹性伸长，同时锚杆在最大试验荷载作用下锚头位移要达到稳定状态。如果锚杆验收试验不合格，则要降级使用或作废，在附近重新设置。

表 6-13 验收试验锚杆的加荷等级与观测时间表

加荷等级	观测时间/min	
	临时锚杆	永久锚杆
$Q_1=0.10\ N_t$	5	5
$Q_2=0.25\ N_t$	5	5
$Q_3=0.50\ N_t$	5	10
$Q_4=0.75\ N_t$	10	10
$Q_5=1.00\ N_t$	10	15
$Q_6=1.20\ N_t$	15	15
$Q_7=1.50\ N_t$	—	15

（三）蠕变试验

软黏土层中设置的锚杆在较大荷载作用下会产生很大的蠕变变形，为了掌握软黏土中锚杆的工作特性，国内外的有关标准都对锚杆的蠕变试验作出了相应的规定。国内通常是塑性指数大于 17 的淤泥及淤泥质土层中的锚杆应进行蠕变试验。而国外一般是当锚杆处于塑性指数大于 20 的土层时，应进行蠕变试验，用作蠕变试验的锚杆不应少于 3 根。

锚杆蠕变试验加荷等级与观测时间参照表 6-14 进行设定。在观测时间内，荷载必须保持恒定。每级荷载按时间间隔 1min、2min、3min、4min、5min、10min、15min、20min、30min、45min、60min、75min、90min、120min、150min、180min、210min、240min、270min、300min、330min、360min 记录蠕变量。

表 6-14 锚杆蠕变试验加荷等级与观测时间

加荷等级	观测时间/min	
	临时锚杆	永久锚杆
$Q_1=0.25\ N_t$	—	10
$Q_2=0.50\ N_t$	10	30
$Q_3=0.75\ N_t$	30	60
$Q_4=1.00\ N_t$	60	120
$Q_5=1.20\ N_t$	90	240
$Q_6=1.33\ N_t$	120	360

蠕变试验的结果除按专门表格整理外，还应绘制锚杆蠕变量-时间对数（S-lg$t$）曲线（图 6-39）。图 6-39 蠕变曲线表示各级荷载作用下蠕变量与时间的对数函数关系。反映不同荷载作用下各观测时间内蠕变曲线的斜率值常称为蠕变系数（K_s），即：

$$K_s = \frac{s_2 - s_1}{\lg t_2 - \lg t_1} \tag{6-9}$$

式中：s_1 为 t_1 时所测得的蠕变量(mm)；s_2 为 t_2 时所测得的蠕变量(mm)。

锚杆蠕变试验测得的最后一级荷载作用下的最终一段观测时间内的蠕变系数不应大于 2.0mm。

(四)特殊试验

为达到特殊目的，或者在特殊条件下对锚杆进行的试验称为特殊试验，常用的特殊试验如下。

(1)锚杆群的抗拉试验。由于不得已的情况而使锚杆间距较小(小于 10d 或 1m)时需做该试验，以判明锚杆群的效果。

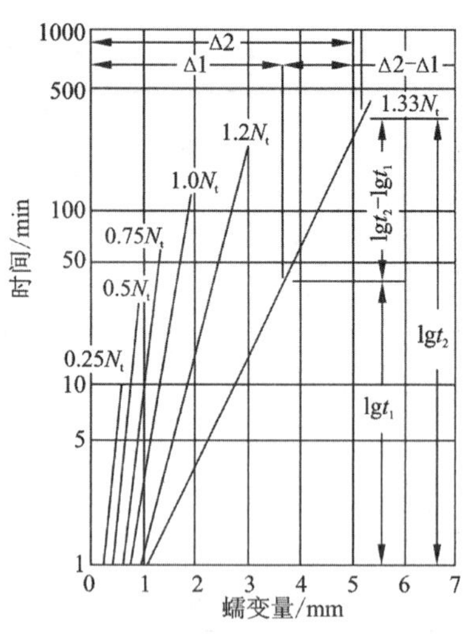

图 6-39 蠕变试验的锚杆蠕变量-时间对数曲线

(2)多循环的抗拉试验。承受风力、波浪和反复式振动力的锚杆，需判断由于地基在重复荷载作用下的性状变化所引起的效果。

此外，像锚杆支护体系的试验、支护体系的整体稳固性试验、摩擦阻力在锚固体各部分的分布试验等皆属特殊试验。

二、锚杆的长期观测

锚杆设置后，连续观测超过 24h 就可称为锚杆的长期观测，其目的是监测锚杆预应力或位移的变化，确认锚杆的长期工作性能。对于锚头位移的观测，恒定荷载下锚头位移量和位移量的发展应符合验收试验的要求。如果位移量的增加与时间对数成比例关系或位移量随时间而减小，则锚杆是符合要求的。对于预应力锚杆荷载变化进行观测，可采用按机械、液压、弦式、引伸式和光弹原理制作的各种不同类型的测力计。这些测力计通常都布置在传力板与锚具之间，并保证测力计中心承受荷载。

1. 机械测力计

该类测力计是根据各种不同钢衬垫或弹簧的弹性变形进行工作的即将标定的弹簧垫圈置于紧固螺母之下，就能对短锚杆的应力进行简单的监测，测得的这些垫圈的压力变化可以表示锚杆的应力变化。尽管这类测力计的量测范围都较小，但它们坚固耐用。法国 Bachy 公司利用一组弹簧垫圈来检验大荷载(10MPa)作用下的锚杆预应力变化，用封套把垫圈连同锚固头一起覆盖起来，该封套内装有传感器，可以自动记录超过允许量的锚杆变形(图 6-40)。

2. 液压测力计

这类测力计主要由压力表的充油密闭压力容器组成，它的主要优点是可直接由压力表读出压力值，体积小、重量轻，除压力表外，不容易损坏。这种测力计制作也较容易，只要制作一个小型压力容器，并在该容器上备有能安装压力表的出口即可。

德国的 F. GLOETZL 公司生产了一种测锚杆荷载的精密液压测力计，可测得 250～5000kN 范围的荷载(图 6-41)。这类测力计的质量为 4～125kg，精度可达±1%，在温度差 20℃下测量范围的热误差也只有 1.2%。此测力计还可以在压力表上安装触点信号灯，当压力达到规定的极限时，该信号灯就会发亮。

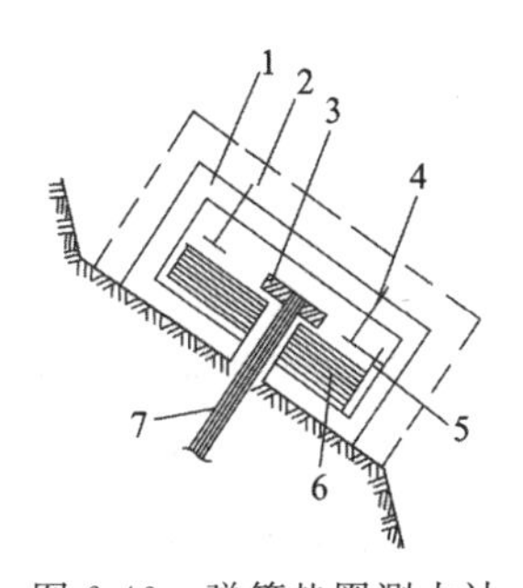

图 6-40　弹簧垫圈测力计

1-活动封套；2-混凝土；3-锚杆头；4-传感器；5-固定传感器的调节距离；6-弹簧垫；7-锚杆

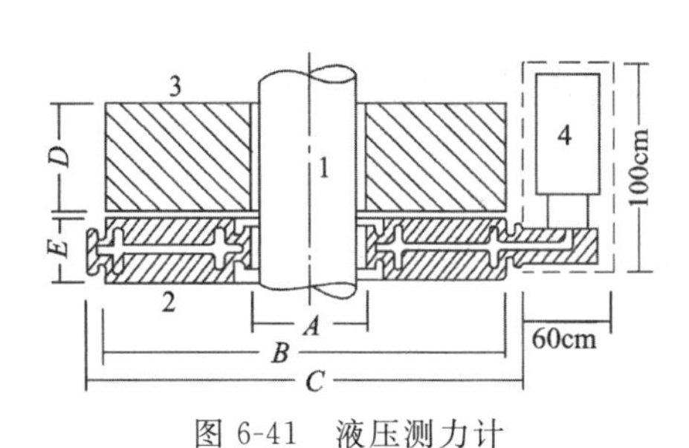

图 6-41　液压测力计

1-锚杆；2-盛有液体的高压容器；3-均衡垫圈；4-压力表；*A*～*D*-尺寸符号

3. 弦式测力计

弦式测力计是最可靠和最精确的荷载传感器。我国生产的 GMS 测力计就是一种弦式测力计。它选用钢弦作传感器，采用双线圈连续激振的工作原理，由中孔承载环和钢弦式压力传感器组成，能测定 250～3000kN 的锚杆应力变化，长期稳定性小于或等于 0.5%/a，分辨率为 0.15%，可在－40～60℃温度下工作。该测力计采用液体传递压力的方法，一套传感器可一次完成数据测读。

4. 引伸式测力计

引伸式测力计采用应变计或应变片对预应力锚杆的荷载进行测试能获得满意的效果，这些应变计或应变片固定在受荷的钢制圆筒壁上，然后记录下这些应变片的变形。我国研制的 LC-6000kN 级轮辐式测力计，就是将差动电阻丝式的应变计固定在带有内外环的轮辐上进行工作的。该测力计可测最大荷载为 6000kN，适应的工作温度范围为－25～60℃。该测力计还可在有一定水压和各种电磁场干扰的条件下长期工作。

5. 光弹测力计

光弹测力计装有一种会发生变形的光敏材料。在荷载作用下光敏材料图形与压力线的标准图形加以对比，即可获得锚杆的拉力值。这类测力计的精度可达±1%，测试范围是 20～6000kN，价格较便宜，应用方便，而且不受外界干扰。

对预应力锚杆变化进行长期观测可以揭示锚杆的长期工作性能，从而决定是否采取相应的补救措施。必要时，可根据观测结果采用二次张拉锚杆或增设锚杆数量等措施，保证锚固工程的可靠性。

第五节　锚固技术应用工程实例

此节主要介绍一个锚固技术应用工程案例，该案例采用对穿式预应力锚杆和钢筋混凝土空心挡墙组成一种新型复合式支挡结构，加固失稳的加筋土路堤。

一、锚固工程背景与条件

内蒙古自治区集宁榆树湾立交桥是110国道与208国道交会点，横跨京包铁路，是内蒙第一座加筋土挡墙结构的互通分立式公路立交桥。该桥南北方向引道长约600m，东西方向引道长约450m。引道采用加筋土与混凝土面板结构。引道路堤是以砂性土、碎石和聚丙烯塑料编织带填筑，路堤两侧竖直临空面采用混凝土面板拼接挡土。路堤宽12m，路堤两侧面挡墙最高处为14.55m。

该立交桥于1990年竣工。使用多年后，部分路堤混凝土面板出现鼓胀，变形量逐年增大，最大侧胀变形达27cm，有的面板出现挤裂，路堤局部填土出现严重下沉，最大处已达30cm。其中一段路堤护栏和挡块突发大面积垮塌，病害十分严重，威胁着过往车辆和行人的安全。

集宁立交桥路堤产生病害的主要原因是车流量和重载车辆的增多(最大载重达80t)，使路堤加筋土的自稳力和竖直面板所能提供的水平支挡力已经小于路堤土体自重和车流荷载产生的水平推力。

二、锚固技术方案

(1)竖直土体边墙支挡结构一般选用土层锚杆提供水平抗力。对于厚度为12m的竖直路堤，将锚杆孔布置成水平方向，穿过整个路堤，形成对穿式锚杆，其加固原理与机械螺栓紧固结构相似[图6-42(a)、(b)]。因此，对穿式锚杆更能有效地限制路堤的侧向变形，加固效果好。

(2)为了提高路堤中土壤的自稳力，对穿锚杆施加一定的预拉力，改变土堤的应力状态，使路堤受到主动侧向约束力，有利于控制和减少路堤侧胀变形。

(3)由于原加筋土的面板已出现部分垮塌、挤裂和侧胀变形，因此在对穿锚杆的两端设置加强垫板。

(4)采用现浇钢筋混凝土挡墙替代路堤上部垮塌的挡土墙面板和变形过大而拆除的挡土墙面板，并通过现浇的钢筋混凝土挡墙使锚头、加强垫板与路堤原有的面板结构和加筋土体连成一体，提高路堤的整体稳定性和抗倾覆能力。

(5)在路堤土体挡墙垮塌较为严重的地段，采用空心结构的混凝土挡墙以减轻混凝土挡墙的重量对下部原挡墙的不良影响。

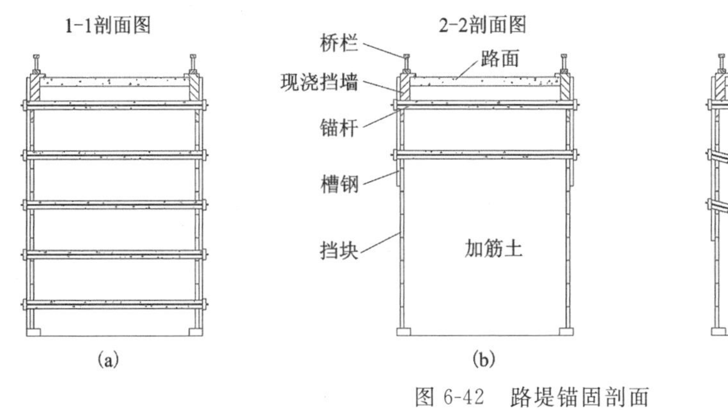

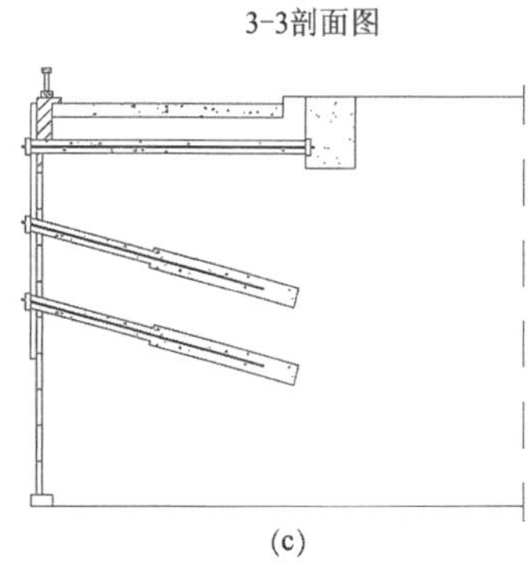

图 6-42 路堤锚固剖面

三、锚固设计与施工

1. 锚杆设计

经现场取样和土工试验，确定基本参数取值如下：路堤填土为砂性土，$\varphi=32^{\circ}$，$c=45\text{kPa}$，$\gamma=19\text{kN/m}^3$。为保证安全，未考虑原来聚丙烯塑料工程带、土工布和土壤的影响。

设计载荷：车辆荷载 30kPa。

依据相关标准采用专业计算机软件进行设计计算，并在加固施工过程中，根据现场实际情况对设计进行修正。

(1)锚杆的直径。经过计算，作用在锚杆的最大拉力为 195.47kN(表 6-15)。选用Ⅳ级精轧螺纹圆钢时，直径为 ϕ32mm 的锚杆设计强度为 504kN，选用直径为 ϕ25mm 锚杆设计强度为 308kN。

表 6-15 锚杆有效抗拉承载力计算结果表

序号	工序	道号	设计长度/m	有效锚固长度/m	有效极限抗拉承载力/kN	抗拉承载力设计值/kN
121	18	(M)1	12.00	4.61	86.82	66.78
122	18	(M)2	12.00	6.32	119.13	91.64
123	18	(M)3	12.00	8.24	155.23	119.41
124	18	(M)4	12.00	10.37	195.47	150.36

(2)锚杆张拉力。设计锚杆的张拉力时，不同直径的锚杆选择不同的张拉力，其值不超过锚杆抗拉强度的一半，即当锚杆直径约为 ϕ25mm 时，张拉力不大于 154kN；当锚杆直径约为 ϕ32mm 时，张拉力不大于 252kN。施工时，结合张拉对结构的影响情况，具体进行调整。

(3)锚头构造。对穿锚杆两端头采用扎丝锚，即锚杆杆体为精扎螺纹钢筋、配垫板、垫圈和螺母。

(4)锚杆的布置。按水平间距 2.5m、竖向间距 1.8m 在路堤的上部布置两排锚杆。锚杆长度为路面实际宽度。从经济和安全两方面考虑，主要是在垮塌和变形十分严重的部位安设了 298 根锚杆(图 6-43)。

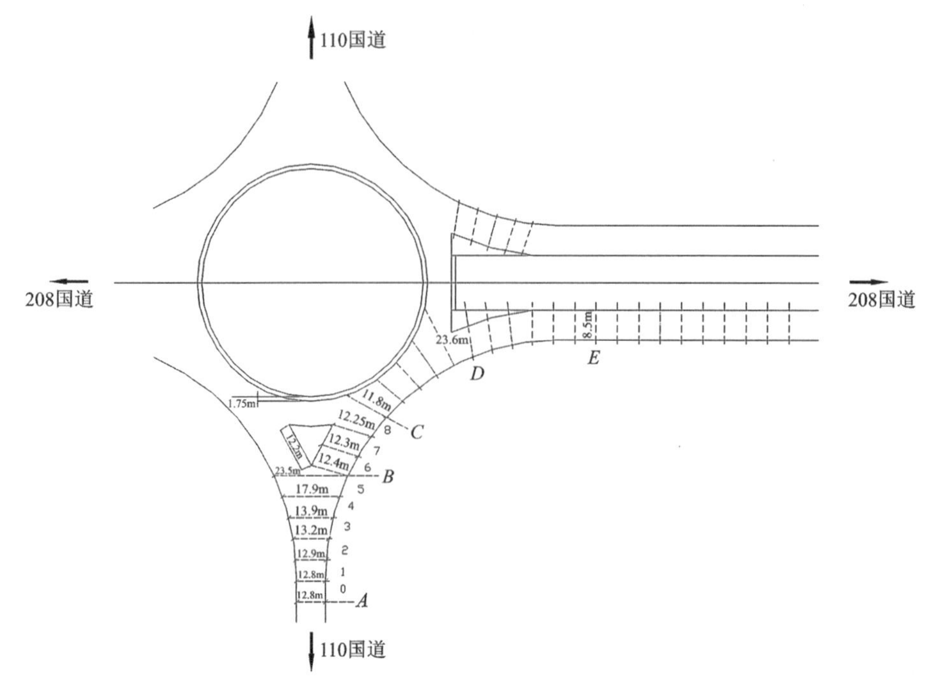

图 6-43　集宁立交桥加固平面

2. 施工技术方法

(1)由于该立交桥是东西方向的110国道和南北方向的208国道的交会处,车流量较大。施工期间不允许阻断交通;路堤侧面挡墙高度为12.6m,必须搭设悬空工作平台,锚杆施工有较大难度。一方面要求所选用的设备既要有足够的功率,又要轻便;另一方面要保证高空作业时设备的稳定性和施工人员的人身安全。因此选用MK-2型全液压钻机和XY-100型钻机。

(2)路堤填土为含有碎石的砂土,并有聚丙烯塑料编织带,因此选择硬质合金回转钻进方法。

(3)在砂土地层中钻水平孔,必须配制优质护孔钻进液,防止塌孔和渗漏。

(4)为保证水平孔的方向和位置满足设计要求,钻具应进行优化组合。

(5)穿锚后,采用高标号水泥对钻孔进行压力灌浆。一方面充填在钻孔中的水泥浆替代了原来的土体,提高路堤的土体强度;另一方面浆液以渗透、劈裂及压密的形式在路堤土体的裂隙中扩渗,形成网状胶结。这种置换和扩渗作用将大大地提高土体的强度和刚度,使土体的 c、φ 值明显提高。此外,在浆液中加入适量的膨胀剂,可以减少水泥浆凝固时的收缩率,以保证浆液凝固后与土体结合紧密,有效地控制路基的沉降量,提高道路的承载能力。

(6)在路堤弯道处采用对穿锚杆和斜拉锚杆相结合[图6-42(c)]的方式,锚杆的数量和位置根据实际情况调整。

集宁立交桥锚杆加固施工现场如图6-44所示。

图 6-44 集宁立交桥锚杆加固施工现场

3. 施工主要设备仪器

(1)钻机:MK-2 型全液压钻机和 XY-100 型钻机。

(2)泥浆泵:BW150 型和 BW120 型。

(3)钻具及钻头:ϕ91mm、ϕ75mm 硬质合金钻头、金刚石钻头配单管钻具。

(4)钻杆:DX 型钻杆,具有良好的柔性和强度。

(5)钻孔导向测量仪:RD-380 型(英国雷迪公司),可随钻测量钻头顶角、面向角、深度、钻具、温度等 6 个参数。

(6)动力设备:10kW 发电机、1115 型柴油机。

(7)全套土工实验仪器。

四、锚固效果及特点

集宁立交桥的引道路堤加固工程竣工后,经实用检验证明锚杆加固工程效果良好。这种锚固技术具有以下特点:

(1)采用预应力对穿锚杆,由于预应力方向垂直于路堤两侧挡墙立面,因此最高效率地、主动地限制了加筋土竖直路堤的侧胀。预加应力的作用和浆液置换作用,使路堤土体 c、φ 值都有显著提高,增强了土体的自稳力。

(2)采用预应力对穿锚杆和局部钢筋混凝土挡墙,组成一种新型复合式支挡结构,用以治理竖直高填土路堤病害,在加固结构形式、施工工艺等方面,均具有新颖性。

(3)所用设备轻巧,施工速度快,并依据路堤挡墙结构本身的强度条件和变形状况,决定预应力大小和锚杆数量,因而在公路边坡加固抢险工程中具有实用性和推广价值。

(4)这项加固工程不足之处是没有设置锚杆应力和路堤沉降变形长期观测的元件和设施,不利于对该方法作进一步研究。

第七章 基坑工程技术

第一节 概 述

一、基坑工程的主要内容

基坑工程是指建(构)筑物在施工地下部分时开挖基坑岩土,进行基坑降排水和基坑周边的围挡,并对基坑周边的建(构)筑物进行监测和维护,以保证建筑施工顺利和安全的综合性工程。基坑工程的服务工作领域很广,涉及有建工、水利、港口、路桥、市政、地下工程以及近海工程等众多领域。

基坑工程内容丰富,涉及到工程地质、土力学、基础工程、结构力学、原位测试技术、施工技术、土与结构相互作用以及环境岩土工程等多学科问题,是一门综合性很强的学科。基坑工程大多是为建筑主体工程服务的临时性工程,影响因素很多,如地质条件、地下水情况、具体工程要求、天气变化、施工顺序及管理、场地周围环境等,因此基坑工程具有一定风险。

基坑工程的设计与施工要保证整个支护结构在施工过程中的安全,控制结构和周围土体的变形,以保证相邻建筑及地下公共设施等周围环境的安全,故应正确选择设计理论和计算方法,参考和借鉴以往设计和施工经验教训,选择合理的支护结构体系,在保证安全的前提下,节约造价、方便施工、综合短工期。国家建筑基坑工程技术规范以及各省市的地方性基坑工程技术规程是建筑基坑工程设计与施工的重要参考和依据。

二、基坑工程的主要特点

(1)基坑支护体系通常是临时结构。临时结构设计采用的安全储备一般较小,因此基坑工程具有一定的风险性。

(2)基坑场地工程地质条件和水文地质条件对基坑工程设计与施工具有极大的影响。软黏土、砂性土、黄土等地基中的基坑工程设计与施工差别很大。同是软黏土地基,不同地区之间也有较大差异。地下水,尤其是承压水对基坑工程性状也有重要影响。

(3)基坑工程与周围环境条件紧密相关。周围环境条件复杂需要严格控制围护结构体系的变形时,则基坑工程设计需要按变形控制设计。如基坑处在空旷区,围护结构体系的变形不会对周围环境产生不良影响,基坑工程设计可按稳定控制设计。基坑围护体系的变形和地下水位下降都有可能对基坑周围的道路、地下管线和建筑物产生不良影响，严重的可能导致破坏。

(4)基坑工程受时空效应的影响。基坑空间大小和形状对围护体系受力有影响，基坑土方开挖顺序对基坑围护体系受力影响较大。土体具有蠕变性，随着蠕变量的增大，结构变形增大，抗剪强度降低。因此在基坑围护设计和土方开挖中要重视和利用基坑工程的时空效应。

(5)基坑工程的设计计算理论不完善。作用在围护结构上的主要荷载是土压力。土压力大小与土的抗剪强度、围护结构的位移、作用时间等因素有关，十分复杂。基坑围护结构又是一个很复杂的体系，基坑围护结构设计计算理论仍不完善。

三、基坑工程类型及适用范围

基坑形式分为下述四大类：

(1)放坡开挖及简易支护。该类围护形式主要包括：放坡开挖；以放坡开挖为主，辅以坡脚采用短桩、隔板及其他简易支护；以放坡开挖为主，辅以喷锚网加固等。

(2)加固边坡土体形成重力式支护体系。对基坑边坡土体进行土改良或加固形成自立式围护，包括水泥土重力式围护结构、各类加筋水土墙围护结构、土钉墙围护结构、复合土钉墙围护结构、冻结法围护结构等。

(3)桩(墙)式支护。该类又可分为悬臂式挡墙式围护结构、内擦式挡墙式围护结构和锚拉式挡墙式围护结构 3 类。另外还有内探式挡墙与锚拉相结合挡墙式围护结构等形式有关。挡墙式围护结构中常用的挡墙形式有排桩墙、地下连续墙、板桩墙、加筋水泥土墙等。排桩墙中常采用的桩型有钻孔灌注桩、沉管灌注桩等，也有采用大直径薄壁筒桩、预测制桩等不同桩型。

(4)其他形式围护结构。该类常用形式有门架式围护结构、重力式门架围护结构、拱式组合型围护结构、沉井围护结构等。

几种围护形式都有一定的适用范围，存在合理围护高度。每种围护形式的合理围护高度施工程和水文地质条件以及周围环境条件的差异，可能产生较大的差异。如当土质较好时，地下水位以上十多米深的基坑可能采用土钉墙围护，而对软黏土地基土钉墙围护极限高度只有 5m 左右，且变形较大。

第二节　基坑的稳定性与支护选型设计

一、基坑的稳定性

基坑的稳定性主要指基坑土体是否出现整体剪切破坏，基坑土体变形和坑底隆起是否超过安全允许范围。

基坑失稳的模式主要有以下几种：①支护结构顶部向坑内严重倾斜[图 7-1(a)]；②支护

结构与土体一起整体滑移，基坑出现整体剪切破坏[图 7-1(b)]；③基坑降水没有达到安全程度，产生管涌或流砂，基坑底部隆起，严重时导致基坑失稳[图 7-1(c)]。进行基坑设计和施工时，为了防止基坑失稳，需根据土力学原理对基坑支护结构进行整体稳定性计算及选择合适的支护型式。

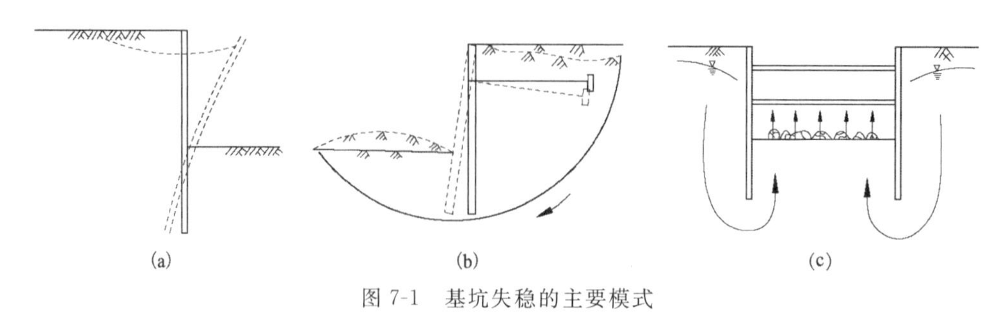

图 7-1　基坑失稳的主要模式

(一)作用于支护结构上的荷载

作用在支护结构上的荷载主要有土压力、水压力、施工荷载、地面超载、结构自重、撑锚顶压力、温度变化和周围建筑物引起的附加载荷。

1. 土压力

土压力是指土体作用在支护挡墙上的侧向土压力，是由土的自重和地面荷载产生的。土压力的大小与土的密度、土的抗剪强度、支护结构侧向变形的条件以及墙与土界面上的摩擦力等因素有关。作用在护墙墙背上的土压力可分为静止土压力、主动土压力、被动土压力(图 7-2)。

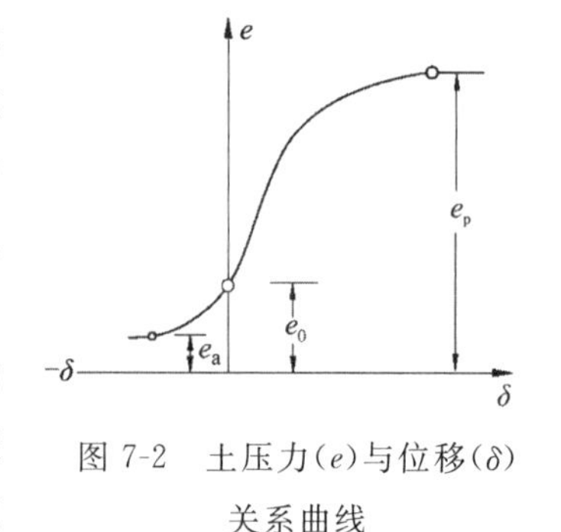

图 7-2　土压力(e)与位移(δ)关系曲线

(1)静止土压力。指墙体未产生变位前作用在墙背面上的土压力，其相应的土压力系数称为静止土压力系数，以 K_0 表示。静止土压力可以根据直线变形体无侧向变形理论或近似方法求得，土体内相应的应力状态称为弹性平衡状态。

静止土压力(e_0)计算公式如下：

$$e_0 = K_0 \gamma Z \tag{7-1}$$

式中：γ 为土的重度(kN/m^3)；Z 为计算点的深度(m)；K_0 为静止土压力系数，有多种取法，可参阅有关手册取值。

(2)主动土压力。指支护挡墙产生背离土体方向的位移时作用在墙背面上的土压力，其相应的土压力系数称为主动土压力系数，以 K_a 表示。此时土体内相应的应力状态称为主动极限平衡状态。

(3)被动土压力。指支护挡墙产生向着土体方向的位移时作用在墙背面上的土压力，其相应的土压力系数称为被动土压力系数，以 K_p 表示。此时土体内相应的应力状态称为被动极限平衡状态。

根据库仑土压力理论可以计算出主动土压力和被动土压力。在挡土墙后滑动土体的极限平衡条件下，假定墙后土体为理想散体材料，颗粒间黏聚力 c 为零，土体滑裂面为平面，墙背与滑裂面之间的土体视为刚体。从滑动楔体处于极限平衡状态时力的静力平衡条件出发而求解主动土压力或被动土压力。库仑主动与被动土压力公式为：

$$\begin{cases} E_a = \dfrac{1}{2}\gamma H^2 K_a \\ E_p = \dfrac{1}{2}\gamma H^2 K_p \end{cases} \tag{7-2}$$

式中：E_a、E_p分别为库仑主动与被动土压力(kPa)；γ 为基坑开挖深度内土层平衡重度(kN/m^3)；H 为基坑开挖深度(m)；K_a、K_p分别为库仑主动与被动土压力系数，表达式为：

$$\begin{cases} K_a = \dfrac{\cos^2(\varphi-\alpha)}{\cos^2\alpha\cos(\delta+\alpha)\left[1+\sqrt{\dfrac{\sin(\alpha+\varphi)\sin(\varphi-\beta)}{\cos(\delta+\alpha)\cos(\alpha-\beta)}}\right]^2} \\ K_p = \dfrac{\cos^2(\varphi+\alpha)}{\cos^2\alpha\cos(\alpha-\delta)\left[1-\sqrt{\dfrac{\sin(\alpha+\varphi)\sin(\varphi+\beta)}{\cos(\alpha-\delta)\cos(\alpha-\beta)}}\right]^2} \end{cases} \tag{7-3}$$

式中：α 为墙背倾斜角(°)，即墙背与垂线的夹角，逆时针为正(叫俯斜)，顺时针为负(叫仰斜)；β 为墙后填土表面的倾斜角(°)；δ 为墙背与填土间的摩擦角(°)，与填土性质、墙背粗糙程度、排水条件、填土表面轮廓和它上面有无超载等有关，由实验确定；φ 为内摩擦角(°)。

式(7-2)考虑土的黏聚力影响，在黏性土中考虑黏聚力对土压力的影响时，可假定土中各个方向均有黏聚力 c 作用，并按黏聚力换算为黏结压力 $q_c = c/\tan\varphi$，此时，主动和被动土压力仍可用式(7-2)计算，但式中系数 K_a、K_p 可参见《建筑基坑支护技术规程》(JGJ 120—2012)库仑主动与被动土压力系数。

2. 地面荷载引起的侧压力

地面荷载对侧压力的影响可以应用库仑理论计算。假设前提是墙体不发生位移，计算出来的侧压力分布一般偏大，因此在应用时要根据具体工程实际情况进行修正。

(1)地表有集中力 Q_p作用时(图 7-3)：

$$\begin{cases} \text{当 } m \leqslant 0.4 \text{ 时}, \sigma_m = \dfrac{Q_p}{H^2}\dfrac{0.28n^2}{(0.16+n^2)^2} \\ \text{当 } m > 0.4 \text{ 时}, \sigma_m = \dfrac{Q_p}{H^2}\dfrac{1.77m^2n^2}{(m^2+n^2)^2} \\ \sigma'_n = \sigma_n\cos(1.1\theta) \end{cases} \tag{7-4}$$

(2)地表有线荷载 Q_L作用时(图 7-4)：

$$\begin{cases} \text{当 } m \leqslant 0.4 \text{ 时}, \sigma_m = \dfrac{Q_L}{H^2}\dfrac{0.2n^2}{(0.16+n^2)^2} \quad P_H = 0.55Q_L \\ \text{当 } m > 0.4 \text{ 时}, \sigma_m = \dfrac{Q_p}{H^2}\dfrac{1.28m^2n^2}{(m^2+n^2)^2} \quad P_H = \dfrac{0.64Q_L}{m^2+1} \end{cases} \tag{7-5}$$

(3)地表有条形均布荷载 q 作用时(图 7-5)：

$$
\begin{cases}
\sigma_n = \dfrac{2q}{\pi}(\beta - \sin\beta\cos2\alpha) \\
P_H = \dfrac{q}{\pi}[H + (\theta_2 - \theta_1)] \\
h = H - \dfrac{H^2(\theta_2 - \theta_1) + (R - Q) - 57.3\alpha H}{2H(\theta_2 - \theta_1)}
\end{cases}
\tag{7-6}
$$

式中：$\theta_1 = \tan^{-1}\left(\dfrac{b}{H}\right)$；$\theta_2 = \tan^{-1}\left(\dfrac{a+b}{H}\right)$；$R = (a^2 + b^2)(90 - \theta_2)$；$Q = b^2(90 - \theta_1)$。

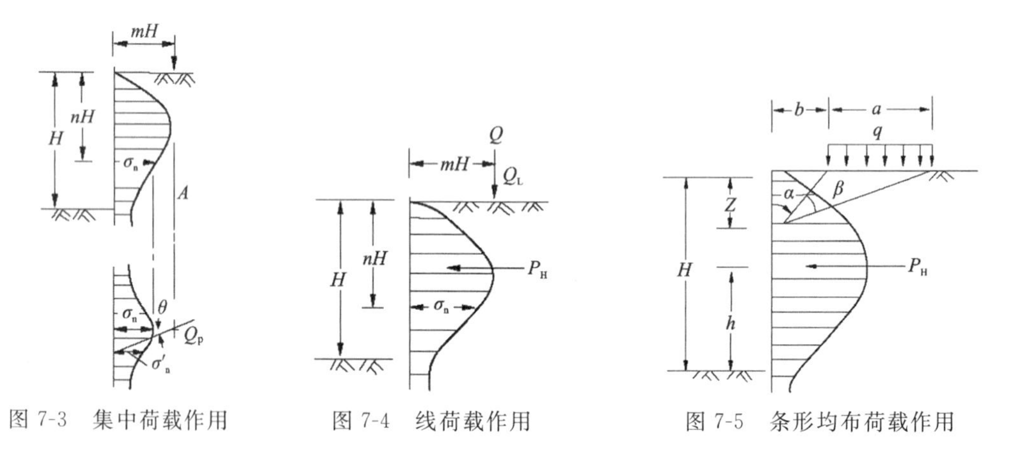

图 7-3　集中荷载作用　　图 7-4　线荷载作用　　图 7-5　条形均布荷载作用

3. 水压力

按有效应力原理分析地下水位以下的水压力和土压力时，应分开计算水压力和土压力。但是在实际应用中，特别是对黏性土有效抗剪强度指标的确定，往往难以解决。因此在许多情况下，往往采用总应力法计算土压力，即将水压力和土压力混合计算。然而，这种方法存在一些问题，如低估了水压力的作用。

如果基坑现场地下水位较高，基坑内外水位差较大，应当围护墙下端插入至不透水的土层中时可以认为基坑外的地下水不会发生渗流，计算水压力时可不考虑渗流的影响，反之应考虑地下水渗流对侧压力的影响。

1)地下水无渗流时的水压力

当地下水无渗流时，可按静水压力考虑。在按总应力法计算时，作用在围护墙上的土压力用土的天然重度和总应力抗剪强度指标进行计算，不另计水压力，这种方法通常称为水土合算。在黏性土中(渗透系数$\leqslant 10^{-7}$ cm/s)宜采用水土合算。

当按有效应力法计算时，土中的孔隙水压力按静水压力考虑，土压力用土的浮重度和有效应力抗剪强度指标计算，同时还必须加上静水压力的作用，如图 7-6 所示。这种计算方法通常称为水土分算法。在砂性土中宜用水土分算。由于采用有效应力抗剪强度指标，必须要知道超静水压力才能得出有效应力，在工程上为了方便计算也可采用总应力指标代替有效应力指标进行计算。

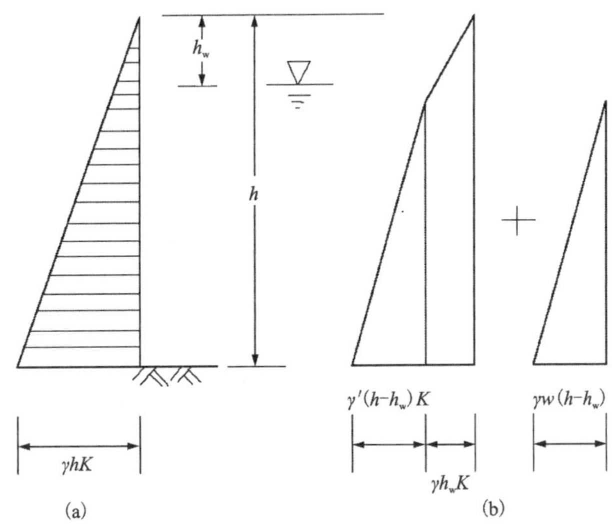

图 7-6　无渗流时的土压力计算

(a)水土合算;(b)水土分算

2)地下水有渗流时的水压力

地下水有渗流时的水压力应按动水压力考虑,动水压力计算公式为:

$$P = Kh\frac{\gamma \cdot v^2}{2g} \tag{7-7}$$

式中:P 为每延米板桩护壁上的动水压力(kN/m);h 为水深度(m);v 为水的流速(m/s);γ 为水的重度(kN/m³);g 为重力加速度(9.8m/s²);K 为系数,矩形木板桩护壁 $K=1.33$,正方形 $K=1.47$,圆形 $K=0.73$,槽形钢板桩护壁 $K=1.8\sim2.0$。

动水压力可假定为作用于水面以下 1/3 水深处的集中力,动水压力由板桩的一定入土深度所得的被动土压力来平衡。

(二)稳定性计算

1. 悬臂式支挡结构稳定性

悬臂式支挡结构绕挡土构件底部的转动力矩、单支点结构绕支点的转动力矩,都是通过嵌固段土的抗力对相应转动点的抵抗力矩来平衡的,因此,其安全系数称为嵌固稳定安全系数。抗力是作用在嵌固段的被动土压力,转动力矩荷载是作用在支挡结构上的主动土压力。嵌固深度越大,作用在嵌固段的被动土压力合力就越大,嵌固稳定性验算实质上是挡土构件嵌固深度验算。

1)悬臂式支挡结构嵌固深度计算

悬臂式支挡结构嵌固深度的验算是验算绕挡土构件底部转动的整体极限平衡,实质上是控制挡土构件的倾覆稳定性,验算如图 7-7 所示。

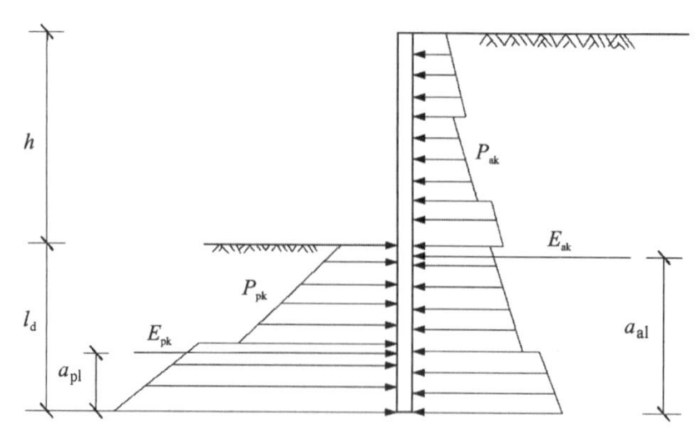

图 7-7　悬臂式支挡结构嵌固稳定性验算

嵌固稳定安全系数按下式计算：

$$\frac{E_{pk}a_{p1}}{E_{ak}a_{a1}} \geqslant K_c \tag{7-8}$$

式中：K_c为嵌固稳定安全系数，安全等级为一级、二级、三级的悬臂式支挡结构，K_c分别不应小于1.25、1.20、1.15；E_{ak}、E_{pk}分别为基坑外侧主动土压力、基坑内侧被动土压力合力的标准值(kN)；a_{a1}、a_{p1}分别为基坑外侧主动力土压力、基坑内侧被动土压力合力作用点至挡土构件底端的距离(m)。

2)单层锚杆和单层支撑支挡结构嵌固深度验算

单支点支挡结构嵌固深度验算，是验算绕支点转动的整体极限平衡，当嵌固稳定安全系数满足要求时，挡土构件嵌固段将不会出现踢脚稳定性问题，验算如图7-8所示。

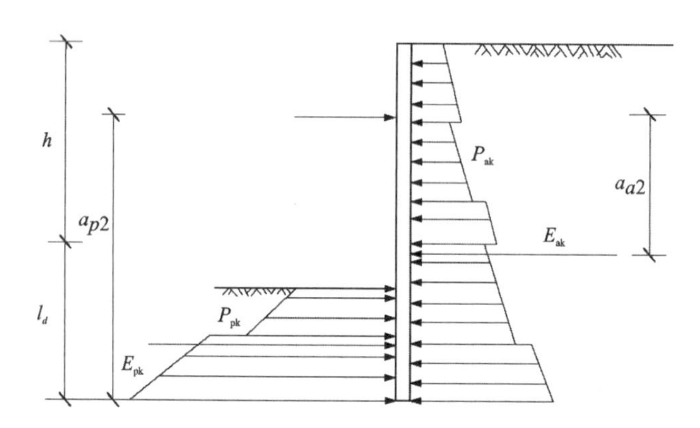

图 7-8　单支点锚拉式和支撑式嵌固稳定性验算

嵌固稳定安全系数按下式计算：

$$\frac{E_{pk}a_{p2}}{E_{ak}a_{a2}} \geqslant K_e \tag{7-9}$$

式中：K_e为嵌固稳定安全系数，安全等级为一级、二级、三级的锚拉式支挡结构和支撑式支挡结构，K_e分别不应小于1.25、1.20、1.15；a_{a2}、a_{p2}分别为基坑外侧主动土压力、基坑内侧被动土压力合力作用点至支点的距离(m)。

2. 整体稳定性验算

基坑支护体系整体稳定性验算的目的，就是要防止基坑支护结构与周围土体出现整体滑动失稳破坏，悬臂式支挡结构、锚拉式支挡结构、双排桩支挡结构均需进行基坑整体稳定性验算。整体滑动稳定性可采用圆弧滑动条分法进行验算，其原理是土力学中所说的土坡稳定分析的瑞典条分法，稳定安全系数是抗滑力矩与滑动力矩的比值。对于锚拉式支挡结构，抗滑力应计入墙后土体中锚杆的作用。圆弧滑动条分法整体稳定性验算如图 7-9 所示。

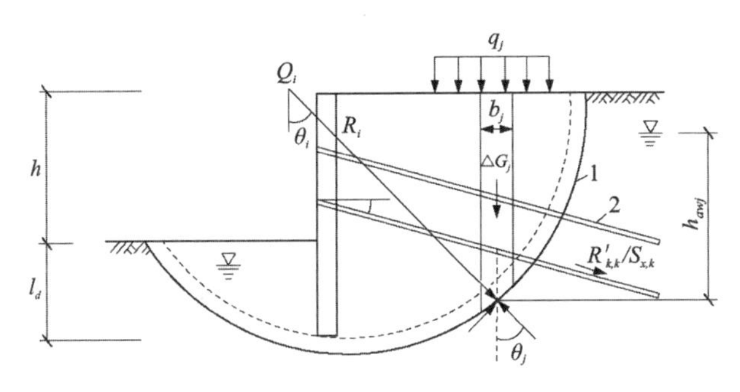

图 7-9　圆弧滑动条分法整体稳定性验算

1-任意圆弧滑动面；2-锚杆

在一定范围内可以确定很多的潜在滑动面，计算时采用搜索法得到若干滑动面的稳定安全系数，某一滑动面稳定安全系数最小时，则此值就定义为整体稳定安全系数。圆弧滑动条分法整体稳定性验算按下式计算：

$$\min\{K_{s,1},K_{s,2},\cdots,K_{s,i},\cdots\}\geqslant K_s$$

$$K_{s,i}=\frac{\sum\{c_jl_j+[(q_jb_j+\Delta G_j)\cos\theta_j-u_jl_j]\tan\varphi_j\}+\sum R'_{k,k}[\cos(\theta_k+\alpha_k)+\psi_v]/s_{x,k}}{\sum(q_jb_j+\Delta G_j)\sin\theta_j} \tag{7-10}$$

式中：K_s为圆弧滑动稳定安全系数，安全等级为一级、二级、三级的支挡式结构，K_s分别不应小于 1.35、1.3、1.25；$K_{s,i}$为第 i 个圆弧滑动体的抗滑力矩与滑动力矩的比值，抗滑力矩与滑动力矩之比的最小值宜通过搜索不同圆心及半径的所有潜在滑动圆弧确定。c_j为第 j 土条滑弧面处的黏聚力(kPa)。φ_j 为第 j 土条滑弧面处的内摩擦角(°)。b_j为第 j 土条的宽度(m)。θ_j为第 j 土条滑弧面中点处的法线与垂直面的夹角(°)。l_j为第 j 土条的滑弧长度(m)，取 $l_j=b_j/\cos\theta_j$ 。q_j为第 j 土条上的附加分布荷载标准值(kPa)。ΔG_j 为第 j 土条的自重(kN)，按天然重度计算。u_j为第 j 土条滑弧面上的水压力(kPa)，采用落底式截水帷幕时，对地下水位以下的砂土、碎石土、砂质粉土，在基坑外侧可取 $u_j=\gamma_w h_{wn,j}$；在基坑内侧，可取 $u_j=\gamma_w h_{wp,j}$；滑弧面在地下水位以上或对地下水位以下的黏性土，取 $u_j=0$。其中，γ_w 为地下水重度(kN/m^3)；$h_{wn,j}$为基坑外侧第 j 土条滑弧面中点的压力水头(m)；$h_{wp,j}$为基坑内侧第 j 土条滑弧面中点的压力水头(m)。$R'_{k,k}$ 为第 k 层锚杆在滑动面以外的锚固段的极限抗拔承载力标准值与锚杆杆体受拉承载力标准值($f_{pnk}A_p$)的较小值(kN)，对悬臂式、双排桩支挡结构，不考虑

$\sum R'_{k,k}[\cos(\theta_k+\alpha_k)+\psi_v]/s_{x,k}$ 项。α_k 为第 k 层锚杆的倾角。θ_k 为滑弧面在第 k 层锚杆处的法线与垂直面的交角(°)。$s_{x,k}$ 为第 k 层锚杆的水平间距(m)。ψ_v 为计算系数,可按 $\psi_v=0.5\sin(\theta_k+\alpha_k)\tan\varphi$ 取值;其中,φ 为第 k 层锚杆与滑弧交点处土的内摩擦角(°)。

锚拉式支挡结构的整体滑动稳定性验算式(7-10)以瑞典条分法边坡稳定性计算式为基础,在力的极限平衡关系上,增加了锚杆拉力对圆弧滑动体圆心的抗滑力矩项。极限平衡状态分析时,仍以圆弧滑动土体为分析对象,假定滑动面上土的剪力达到极限强度的同时,滑动面外锚杆拉力也达到极限拉力。

在圆弧滑动稳定性验算中,稳定系数由土条的抵抗力矩总和除以下滑力矩总和得到。如图 7-9 所示的滑弧,基坑外的土体有向坑内滑动(向左)的趋势,则在整个滑弧面上出现向坑外的抵抗力(向右)为 $c_jl_j+(q_jb_j+\Delta G_j)\cos\theta_j\tan\varphi_j$,由土的抗剪强度以及沿滑弧的摩擦力构成(超载、土体自重沿滑弧法线的分量乘以摩擦系数)。而下滑力 $(q_jb_j+\Delta G_j)\sin\theta_j$ 是土条夹角 θ_j 在竖直线右侧的土条自重沿滑弧切向的分量,该分量方向必然与抵抗力方向相反。对于图 7-9 中的滑弧,滑动力方向向左。

计算时要注意的是,如果土条夹角 θ_j 在竖直线右侧,自重沿滑弧切向分量必然向左,性质为下滑力。而如果土条角 θ_j 在竖直线左侧,则自重沿滑弧切向分量必然向右,这时的自重沿滑弧切向分量 $\Delta G_j\sin\theta_j$ 转化为抵抗力。计入这部分抵抗力矩,则完整的圆弧滑动条分法整体稳定性验算变为下述公式:

$$K_{s,i}=\frac{\sum_{j=1}^{n}\{c_jl_j+[(q_jb_j+\Delta G_j)\cos\theta_j-u_jl_j]\tan\varphi_j\}+\sum_{j=i+1}^{n}\Delta G_j\sin\theta_j+\sum_{k=1}^{n'}R'_{k,k}[\cos(\theta_k+\alpha_k)+\psi_v]/s_{x,k}}{\sum_{j=1}^{i}(q_jb_j+\Delta G_j)\sin\theta_j} \tag{7-11}$$

式中:n 为土条数,θ_j 在垂直面右侧的土条数为 $1,2,\cdots,i$;θ_j 在垂直面左侧的土条数为 $i+1,\cdots,n$。n' 为锚杆总层数。θ_j 为第 j 土条滑弧面中点处的法线与垂直面的夹角(°)。第 j 土条的夹角在垂直面右侧时,土条自重沿滑面切向力为下滑力;夹角在垂直面左侧时,土条自重沿滑面切向力为抗滑力。

最危险滑弧的搜索范围限于通过挡土构件底端和在挡土构件下方的各个滑弧。因支挡结构强度已通过结构分析解决,在截面抗剪强度满足剪应力作用下的抗剪要求后,挡土构件不会被剪断。因此,穿过挡土构件的各滑弧不需验算。当挡土构件底端以下存在软上卧土层时,整体稳定性验算滑动面中应包括由圆弧与软弱土层层面组成的复合滑动面。

3. 抗隆起稳定性验算

对深度较大的基坑,当嵌固深度较小、土的强度较低时,土体从挡土构件底端以下向基坑内隆起挤出,是锚拉式支挡结构和支撑式支挡结构的一种破坏模式,这是一种土体丧失竖向平衡状态的破坏模式。由于锚杆和支撑只能对支护结构提供水平方向的平衡力,对特定基坑深度和饱和软黏土地层,只能通过增加挡土构件嵌固深度来提高坑底土的抗隆起稳定性。

在软土区基坑中，坑底隆起不但会给基坑内的施工造成影响，还会使基坑周边地面和建(构)筑物下沉，引发工程事故。目前《建筑基坑支护技术规程》(JGJ 120—2012)对坑底抗隆起的验算法方法主要采用坑底地基土极限承载力方法和整体圆弧滑动法，整体圆弧滑动法适用于软土基坑抗隆起稳定性验算。

坑底土抗隆起验算主要解决支挡结构嵌固深度不足问题，悬臂式支挡结构在底部转动稳定性满足要求时的嵌固深度，自动满足这里所说的抗隆起稳定性。因此，悬臂式支挡结构不需进行坑底土抗隆起稳定性计算。支挡结构抗隆起验算，主要针对锚拉式支挡结构和支撑式支挡结构。

锚拉式支挡结构和支撑式支挡结构的嵌固深度验算，依据地基极限承载力模式的抗隆起分析方法，验算简图如图 7-10 所示。

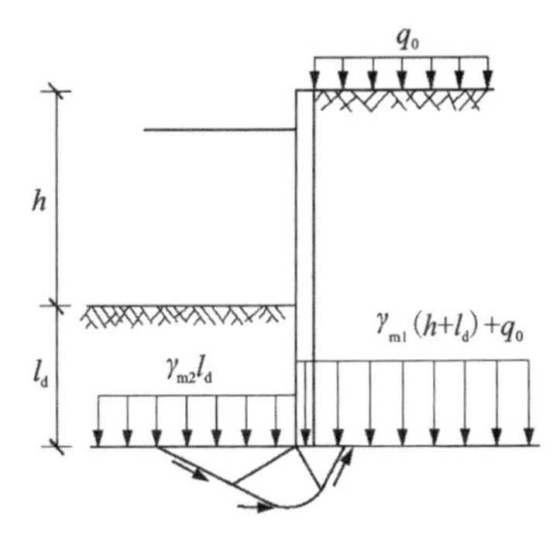

图 7-10 挡土构件底端平面下土的隆起稳定性验算简图

根据太沙基(1943)建议的计算模式，浅基础地基极限承载力是土体黏聚力、土体重力以及地面超载 3 项贡献的叠加。在基坑抗隆起稳定分析中，基础宽度是不能明确界定的，为简化分析，地基承载力模式的抗隆起按下式验算：

$$\frac{\gamma_{m2} l_d N_q + cN_c}{\gamma_{m1}(h + l_d) + q_0} \geqslant K_b \tag{7-12}$$

式中：K_b为抗隆起安全系数，安全等级为一级、二级、三级的支护结构，K_b分别不应小于 1.8、1.6、1.4；γ_{m1}、γ_{m2} 分别为基坑外、基坑内挡土构件底面以上土的天然重度(kN/m³)，多层土取各层土按厚度加权的平均重度；l_d为挡土构件的嵌固深度(m)；h 为基坑深度(m)；q_0为地面均布荷载(kPa)；N_c、N_q分别为承载力系数；c 为土的黏聚力(KPa)。

由于支护体的底端平面并非实际意义上的基础底面，如果按光滑情况考虑，则地基承载力系数由普朗特(prandtl，1920)给出：

$$N_q = \tan^2\left(45^\circ + \frac{\varphi}{2}\right)e^{\pi\tan\varphi} \tag{7-13}$$

$$N_c = (N_q - 1)/\tan\varphi \tag{7-14}$$

式中：c 为挡土构件底面以下土的黏聚力(kPa)；φ 为挡土构件底面以下土的内摩擦角(°)。

当挡土构件底面以下有软弱下卧层时，挡土构件底面土的抗隆起稳定性验算的部位尚应包括软弱下卧层(图 7-11)，按下式进行验算：

$$\frac{\gamma_{m2} DN_q + cN_c}{\gamma_{m1}(h + D) + q_0} \geqslant K_b \tag{7-15}$$

式中：γ_{m1}、γ_{m2} 分别为软弱下卧层顶面以上土的加权平均重度(kN/m³)；D 为基坑底面(开挖面)至软弱下以顶面的土层厚度(m)。

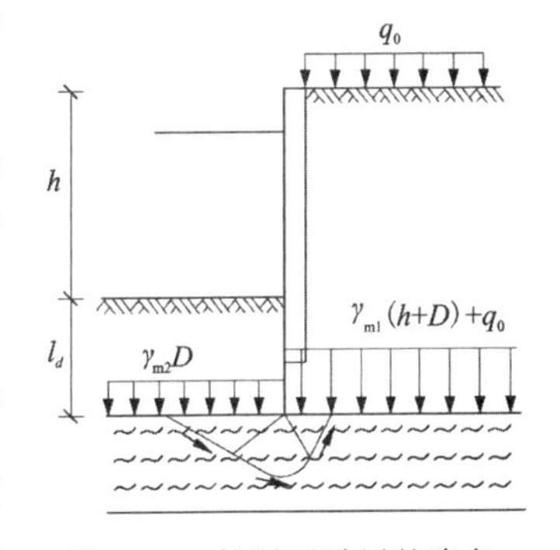

图 7-11 软弱下卧层的隆起稳定性验算

二、基坑支护结构选型设计

基坑支护结构可以分为桩(墙)式支护结构和重力式支护结构两类体系。桩(墙)式支护结构的墙体厚度相对较小,靠墙体的埋入深度和支撑体系(或锚拉抵抗墙后的水土压力)保持墙后土体的稳定。重力式支护墙的厚度一般较大,主要靠墙体的自重和埋入深度保持墙后土体的稳定。

常用的桩(墙)式支护结构有地下连续墙、柱列式钻孔灌注桩、钢板桩、钢筋混凝土板桩以及由间隔立柱和横板组成的挡土墙体等。采用连续搭接施工方法将水泥土加固体组成的格栅形挡土墙属于重力式支护墙体系。

桩(墙)式支护结构一般由支护墙和支撑系统组成,选型时应综合考虑以下资料:工程水文地质资料、场地环境条件资料、所建工程的有关资料及与施工条件有关的资料。对于地下连续墙设计时,还应根据不同的安全等级提供有关实验资料。这些资料的详细内容可参阅有关规程或规范,应本着安全、经济、便利施工和缩短工期的原则,通过方案比较确定。

桩(墙)式支护结构的设计计算步骤如图 7-12 所示。

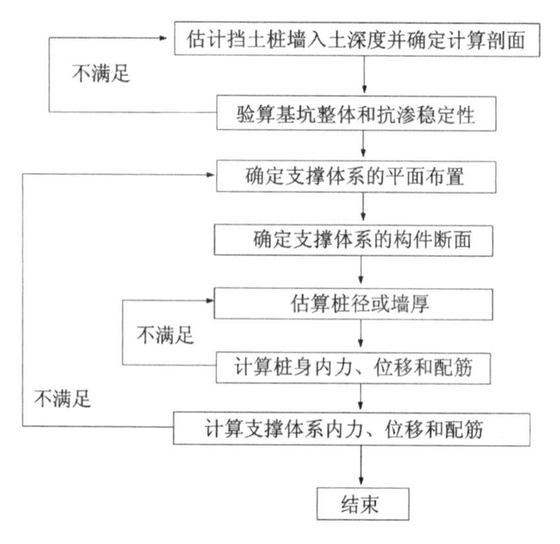

图 7-12　桩(墙)式支护结构设计计算步骤

第三节　桩(墙)式支护结构设计与施工

现代建筑基坑多采用桩(墙)式支护结构。设计桩(墙)式支护结构时应满足施工工艺及环境保护要求,保证其在使用过程中具备必要的强度、刚度、稳定性和抗渗性,且宜将钢筋混凝土围挡墙作为主体结构的一部分加以利用。通常在结构的顶部设置沿基坑四周统长的连续圈梁,以增加墙体的整体工作性能。墙顶圈梁兼作第一层支撑(或锚杆)的围檩。当圈梁采用现浇钢筋混凝土时,圈梁宽度应大于墙体厚度,墙体顶端伸入圈梁底部的厚度应不小于50mm。钢板桩支护墙的顶部圈梁一般常用一对通长槽钢置于墙前,用螺栓与墙体连接。

当基坑深度不大(在地下水位较高的软土地区不超过 4m),环境条件允许有较大的变形时,可以采用不设支撑(或锚拉)的悬臂式支护墙。设计桩(墙)式支护结构时需要验算以下内容:

(1)支护结构(包括墙体、支撑或锚拉体系)和地基的整体抗滑动稳定性及墙体入土深度来确定。一般采用通过墙底的圆弧滑动面计算。

(2)基坑底部土体的抗隆起回弹、抗渗流或管涌稳定性验算。

(3)确定支撑系统的布置及架、拆撑顺序,进行支撑构件的内力、变形及稳定性计算。

(4)支护结构的内力和变形计算,通常采用弹性地基反力法计算,对于自立式支护墙以及单道支撑(或锚钉)的支护墙也可以采用极限平衡法计算。对于钢筋混凝土墙体,当采用弹性地基反力法计算时,墙体的抗弯刚度应乘以 0.65~0.75 的拆减系数(预应力墙体除外)。对于有支撑(或锚拉)的支护结构当采用极限平衡法计算时,由于支撑(或锚拉)点假定为墙体的不动支点,因此墙体跨中最大弯矩计算值一般偏大,截面设计时应乘以 0.6~0.8 的折减系数。

(5)桩(墙)式支护结构构件和节点构造设计。

(6)当必须严格控制施工引起的地面沉降时,分析和预估基坑开挖产生的墙体水平位移、墙脚下沉、坑底土隆起及降水等对墙背地层位移的影响,提出相应的技术措施。

(7)当支护墙作为主体结构的一部分时,应考虑在使用荷载作用下的内力及变形。设计时应根据桩(墙)式支护结构的使用目的,分别计算在施工和使用过程中的不同阶段可能出现的最不利状况下的内力进行截面设计。构件承载力应满足下式:

$$\gamma_0 S \leqslant R \tag{7-16}$$

式中:γ_0 为支护结构的重要性系数,对安全等级为一级、二级、三级基坑的支护结构,施工阶段分别取 1.10、1.05、1.00;S 为内力组合设计值,各荷载作用下的内力组合系数取 1.0,综合荷载分项系数一般取 1.20;R 为支护结构的承载力设计值。

支护墙一般按纯弯构件设计。对逆作法施工、兼作主体结构的侧墙或支撑采用斜锚杆时,可按弯压构件设计。现浇钢筋混凝土桩(墙)式结构的混凝土强度等级不得低于 C20,但也不宜高于 C30;预制挡墙的混凝土强度等级不宜低于表 7-1 中的数值。支护墙结构采用自防渗时,墙体的抗渗等级不宜低于 S6 级。

钢筋混凝土桩(墙)式支护结构应根据使用目的和环境条件等确定其在外荷载作用下的最大裂缝宽度允许值。仅作为基坑支护时一般不作限制,作为主体结构使用时一般不大于 0.2mm。当与内衬墙结合时,迎土面一侧一般不大于 0.2mm,基坑面一侧不大于 0.3mm。处于侵蚀环境等不利条件下的支护墙,其最大裂缝宽度允许值应根据具体情况而定。

表 7-1 预制挡墙混凝土的最低强度等级

构件类型	强度等级
地下连续墙	C30
普通钢筋混凝土板桩	C25
预应力钢筋混凝土板桩	C35

一、钻孔灌注桩支护结构

利用并列的钻孔灌注桩组成的支护墙体因施工简单、墙体刚度较大、造价低在工程中用的较多。就挡土而言，钻孔灌注桩支护墙可用于开挖深度较大的基坑。在地下水位较高地区则应采取有效的隔水措施，防止发生基坑失稳事故。

1. 墙体构造

用于支护墙体的钻孔灌注桩直径一般不宜小于400～500mm(在饱和软土地层中取较大值)。人工挖孔桩的直径不应小于800mm。邻桩的中心距一般不大于桩径的1.5倍，在地下水位低的地区，当墙体没有隔水要求时，中心距还可以再大一些，但不宜超过桩径的2倍。为防止桩间土塌落，可采用在桩间土表面抹水泥砂浆或对桩间土注浆加固等措施予以保护。

在地下水位较高地区采用钻孔灌注桩支护墙时，必须在墙后设置隔水帷幕。图7-13为采用不同隔水方法的钻孔灌注桩墙体构造。图7-13(a)由于施工偏差，桩间的树根桩或注浆体往往难以封堵灌注桩的间隙而导致地下水流入基坑，因此在开挖深度超过5m时，必须慎重使用。其余几种形式的隔水帷幕效果相对比较可靠。隔水帷幕下端深度应满足地基土抗渗流稳定的要求。

墙体顶部圈梁构造如图7-14所示，当圈梁兼作支撑围檩时，其截面尺寸应根据静力计算确定，梁宽通常不宜小于支撑间距约的1/6。圈梁顶面标高宜低于主体工程地下管线的埋设深度，以便于今后管线施工。

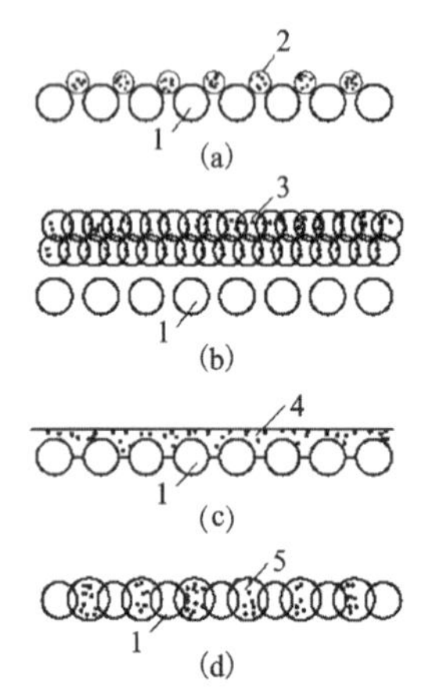

图7-13　采用不同隔水方法的钻孔灌注桩墙体构造

1-灌注桩；2-注浆或树根桩；3-搅拌桩；

4-高压喷射(180°摆喷)；5-旋喷桩

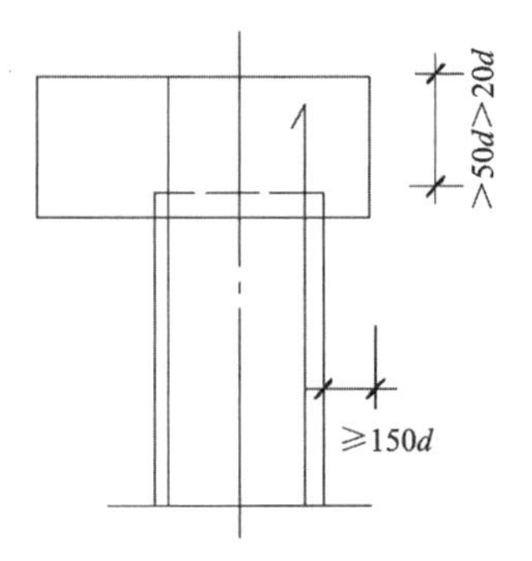

图7-14　墙体顶部圈梁构造

2. 墙体截面计算

钻孔灌注桩墙体截面内力应根据支护结构静力计算确定，截面承载能力可按现行《混凝土结构设计规范》(GB 50010—2011)中的圆截面受弯构件正截面受弯承载力计算。桩内钢筋笼通常全长配筋，也可根据弯矩包络图分段配筋以节省钢材。

3. 墙体施工

柱列式钻孔灌注桩支护墙体可以采用一般钻孔灌注桩施工机械和施工规程中有关技术要求进行施工。在钻孔时为了防止邻桩混凝土坍落或损伤，相邻桩位的施工间隔时间不应小于72h，实际施工时一般应采取每间隔3～5根桩位跳打方法。此时在每一个跳打间隔内，总有一根桩是在左右已成桩的条件下嵌入施工。为使桩正确就位，要求支护桩的允许施工误差小于普通工程桩。桩位偏差应控制在正负30mm以内。桩身垂直度偏差小于1/200，桩径变化应控制在5%以内。因此，在地下水位较高的软土地区，当采用一般回转式钻机成孔时，除必须采用优质泥浆护壁外，钻杆直径不应小于89mm，最好采用114mm钻杆，必要时可在钻头上加配重，以保证成孔垂直度。此外，钻头旋转速度应控制在40～70r/min范围内，在淤泥土内应小于40r/min，钻进速度应控制在4～5m/h以内。

二、钢板桩支护结构

钢板桩支挡墙一般采用"U"形或"Z"形截面形状，当基坑较浅时也可采用正反扣的槽钢；当基坑较深、荷载较大时，也可采用钢管、H钢及其他组合截面钢桩。

1. 墙体构造

钢板桩的边缘一般应设置通长锁口，使相邻板桩能相互咬合成既能截水又能共同承力的连续护壁。国内常用"U"形钢板桩的性能和特点可参阅有关手册。当采用钢管或其他型钢作支护墙时，也应在其两侧加焊通长锁口，如图7-15(a)所示。带锁口的钢板桩一般能起到隔水作用，但考虑到施工中的不利因素，在地下水位较高的地区、环境保护要求较高时，应与柱列式支护墙一样，在钢板桩背面另外加设水泥土之类的隔水帷幕。

钢板桩支护墙可以用于圆形、矩形、多边形等各种平面形状的基坑，对于矩形和多边形基坑在转角处应根据转角平面形状做相应的异型转角桩，如无成品角桩，可将普通钢板桩裁开后，加焊型钢或钢板后拼制成角桩。角桩长度应适当加长。

2. 墙体截面计算

截面内力应根据支护结构静力计算确定，截面承载力按现行《钢结构设计标准》(GB 50017—2017)计算。如图7-15(a)所示为相互咬合的钢板桩如能发挥整体作用，其截面性能指标要比单块钢板桩大得多。根据材料力学知识，此时同中性轴应在咬合部位，截面最大剪应力也将产生在这一部位。但实际上这种咬合连接构造能否有效地传递剪力是有疑问的。根据有关实验资料，这种组合截面受力后，中性轴并不在咬合处，而是位于单块钢板桩上。对于支护墙，钢板桩的应力和变形是重要的控制参数，因此设计时应把整体截面的惯性矩和截面抵抗矩阵适当折减后使用。

3. 墙体施工

钢板桩通常采用锤击、静压或振动等方法沉入土中，这些方法可以单独或相互配合使用。沉桩前，现场钢板桩应逐块检查并分类编号，钢板桩尺寸的允许偏差应按下列标准控制：截面高度±3mm；桩端平面平整不超过3mm；截面宽度−5～10mm；长度挠曲1%。板桩边缘锁口应以一块长1.5～2m同型标准锁口做通长检查，不合格时应予修正。经检验合格的锁口应涂上黄油或其他厚质油脂后待用。

当板桩长度不够时，可采用相同型号的板桩按等强度原则接长，通常先对焊，再焊接头加强板。打钢板桩应分段进行，不宜单块打入。封闭或半封闭支护墙应根据板桩规格和封闭段的长度事先计算好块数，第一块沉入的钢板桩应比其他的桩长2～3m，并应确保它的垂直度，否则应采取措施纠正。有条件时最好在打桩前在地面以上沿支护墙位置先设置导架，将一组钢板桩沿导架正确就位后逐根沉入土中，如图7-15(b)所示。

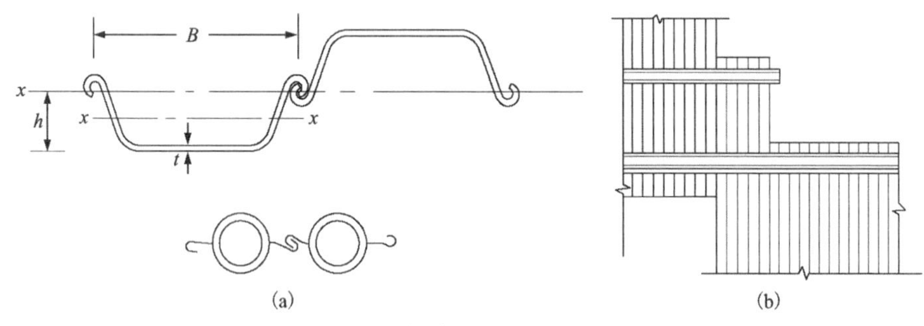

图7-15　钢板桩断面图(a)和立面图(b)

钢板桩一般作为临时性的基坑支护，在地下主体工程完成后即可拔出，但是在拔出时容易引起周围地基土体的侧向位移和沉降，从而影响周边环境安全。发生这种情况的主要原因如下：

(1)主体工程完成后，基坑内四周回填土没有充分填实，板桩拔出后将使坑壁土体卸载而变形。

(2)拔钢板桩时，黏着在钢板桩内表面的土体被随之带出，在土中形成宽度相当于板桩截面高度、深度接近于板桩长度的空隙，此空隙很难用常规方法填实。根据近年来的实践经验，在这种情况下采用跟踪注浆的办法效果较好。具体做法有两种：①沿着拔桩方向在钢板桩外侧土中事先插入注浆管，待板桩起拔后随即通过临近的注浆管往土层中压浆，使浆液充填钢板桩留下的空隙；②在钢板桩起拔后，随即在桩位孔中插入套好布袋或塑料袋的压浆管直至空隙底部，然后马上压浆，浆液使布袋(或塑料袋)膨胀而充填空隙。

三、钢筋混凝土板桩支护结构

钢筋混凝土板桩的截面尺寸应根据受力要求按强度和抗裂计算结果确定，并满足打桩设备的能力。墙体一般由预制钢筋混凝土板桩组成，当考虑重复使用时，宜采用预制的预应力混凝土板桩。桩身截面通常为矩形，也可以用“T”形或工字形。

1. 墙体构造

板桩两侧一般做成凹凸榫，如图 7-16 所示，也有做出“Z”形缝或其他形式的企口缝。阳榫各面尺寸应比阴榫短 5mm。板桩的桩尖沿厚度方向做成楔形，为使邻桩靠接紧密，减小接缝和倾斜，在阴榫一侧的桩尖削成 45°～60°的斜角，阳榫一侧不削。角桩及定位桩的桩尖做成对称形。矩形截面板桩宽度通常用 50～80cm，厚度 25～50cm。“T”形截面板桩的肋厚一般为 20～30cm，肋高 50～75cm，混凝土强度等级不宜小于 C25，预应力板桩不宜小于 C40。考虑沉桩时的锤击应力作用，桩顶都应配 4～6 层钢筋网，桩顶以下和桩尖以上各 1.0～1.5m 范围内箍筋间距不宜大于 100mm，中间部位箍筋间距 250～300mm。当板桩打入硬土层时，桩尖宜采用钢桩靴加强，在榫壁内应配构造钢筋。在基坑转角处应根据转角的平面形状做成相应的异型转角桩，转角桩或定位桩的长度应比一般部位的桩长 1～2m。

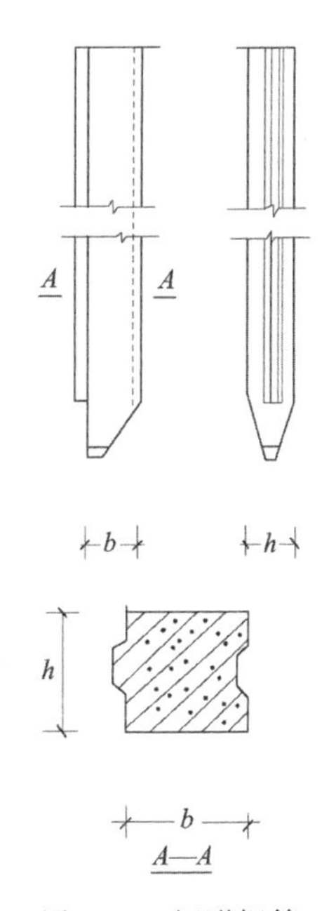

图 7-16　矩形钢筋混凝土板桩

2. 墙体截面计算

截面内力根据支护结构的静力特征来计算确定，并应考虑板桩在起吊和运输过程中产生的内力。截面承载力应按现行钢筋混凝土设计规范确定。

3. 墙体施工

钢筋混凝土板桩通常采用锤击、静压和振动等方法沉入土中，这些方法可以单独使用，也可以相互配合使用，打桩前应根据支护墙的水平总长度和板桩规格事先确定所需要的板桩数量。沉桩应分段进行，不应单独打入。定位桩应确保沉桩垂直度，否则应采取纠正措施。其他板桩在定位桩打好后，以此沿着导架逐块打入土中。

第四节　撑锚支护结构设计与施工

支撑和锚拉（简称撑锚）是基坑支护结构的主要组成部分，也是基坑设计中的重要内容，锚撑材料和结构形式的选择，直接关系到土方开挖和基坑安全，而且对基坑的工程造价和施工周期影响很大。撑锚结构设计一般应包括材料选择和结构体系的布置、结构的内力和变形计算、构件的强度和稳定验算、构件的节点设计、结构的安装和拆除设计。

撑锚结构设计时还应注意以下问题：

（1）撑锚体系一般只适用于由钢和混凝土材料组成的墙式和桩式支护结构，如钢板桩、混凝土钢板桩、柱列式钻孔灌注桩和地下连续墙等。对于水泥土支护墙，由于墙身材料强度较低，不宜加设撑锚。

（2）撑锚结构必须采用稳定的结构体系和可靠的连接构造，锚撑体系应具有足够的刚度。

对于安全等级为一级的基坑内支撑，除应满足承载力要求外，还应满足变形的要求。

(3)撑锚结构形式应力求荷载传递路线简单，受力明确，施工方便，常用结构形式有单层或多层平面支撑体系和竖向斜撑体系。

(4)撑锚体系应结合土方开挖方式，尽可能为土方作业创造条件。

(5)撑锚结构布置不应妨碍主体结构的施工。

(6)撑锚材料的设计强度、弹性模量和线膨胀系数等物理力学指标，以及撑锚构件的变形、稳定和截面承载力验算应符合国家现行《钢结构设计标准》(GB 50017—2017)和《混凝土结构设计规范》(GB 50010—2011)的规定。

一般情况下，在撑锚结构上不考虑施工机械运行和材料堆放等作用。当必须利用撑锚构件兼作施工平台或栈桥时或采取逆作法施工时，应进行专门的设计。

一、内支撑材料的选择

内支撑材料主要有木材、钢材和钢筋混凝土等材料。除了一些小型基坑有时采用木支撑外，目前在一般的建筑工程和市政工程的基坑中都采用钢结构或钢筋混凝土结构体系。有时在一个基坑中也有将钢和混凝土支撑混用的情况。钢结构支撑和混凝土结构支撑的优缺点见表 7-2。

表 7-2　钢结构和混凝土结构支撑的优缺点

材料	优点	缺点
钢材	自重小，安装和拆除方便，可重复使用，可随挖随撑，能很好地控制基坑变形；一般情况下可优先考虑采用钢结构支撑	安装节点较多，当构造不合理或施工不当时，很容易造成节点变形而导致基坑过大的水平位移；施工技术水平要求高
混凝土	具有较大的平面刚度，适用于各种复杂平面形状的基坑，现浇节点不会产生松动而增加基坑变形，施工技术水平要求较低	自重大；材料不能重复利用，安装和拆除需要较长工期，不能做到随挖随撑，对控制变形不利；当采用爆破拆除支撑时，会出现噪声、振动以及碎块飞出等危险

对于水泥土支护墙，由于它的材料强度和变形模量比钢和混凝土要低得多，一般情况下不适宜设置支撑。在特殊情况下，需要对水泥土墙体架设支撑时，除了应验算节点处的墙体强度外，还应对墙体和支撑锚点部位采取加强措施。

柱列式或桩墙式支护结构墙体厚度通常较小，而且在水平方向往往是不连续的，必须靠撑锚结构才能建立起整体刚度。此外，挡土结构所受的外力作用也不同于其他结构，除了场地的岩土工程性质外，还受到环境条件、施工方法、时空效应等诸多因素的影响，往往会产生常规计算难以预估的意外变形。撑锚结构的设计必须适应上述的特殊情况，因此必须采用稳定的结构体系和可靠的连接构造，避免由于局部构件失效而影响整个支撑结构的稳定。

二、内支撑体系选型和布置

内支撑体系的选型和布置应根据下列因素综合考虑确定：①基坑平面的形状、尺寸和开挖深度；②基坑周围环境保护和邻近地下工程的施工情况；③场地的工程地质和水文地质条件；④主体工程地下结构的布置，土方工程和地下结构工程的施工顺序和施工方法；⑤地区工程经验和材料供应情况。

一般情况下，支撑结构的形式有平面支撑体系和竖向斜撑体系。平面支撑体系由腰梁（或围檩）水平支撑和立柱组成，可以直接平衡支撑两端支护墙上所受到的部分侧压力，且构造简单，受力明确，适用范围较广。但当构件长度较大时，应考虑弹性压缩对基坑位移的影响。此外，当基坑两侧的水平作用力相差悬殊时，支护墙的位移会通过水平支撑而相互影响，此时应调整支护结构的计算模型。水平支撑为对撑或对撑桁架、斜角撑或斜撑桁架、边桁架及八字撑等形式组成的平面结构体系，如图 7-17 所示。平面支撑体系整体性好，水平力传递可靠，平面刚度较大，适合于大小、深浅不同的各种基坑。

竖向斜撑体系的作用是通过斜撑将支护墙上侧压力传到基坑开挖面以下的地基上。该体系由竖向斜撑、腰梁（或围檩）和斜撑基础以及水平连系杆及立柱等构件组成，如图 7-18 所示。它要求土方采取“盆式”开挖，即先开挖基坑中部土方，沿四周支护墙边预留土坡（即放坡开挖），待斜撑安装后再挖除四周土坡。对于平面尺寸较大、形状不规则但深度较浅的基坑采用竖向斜撑体系施工比较简单，可节省支撑材料。但是墙体位移受到坑内土坡变形、斜撑的弹性压缩以及斜撑基础变形等多种因素的影响，土方施工和支撑安装必须保证其对称性。

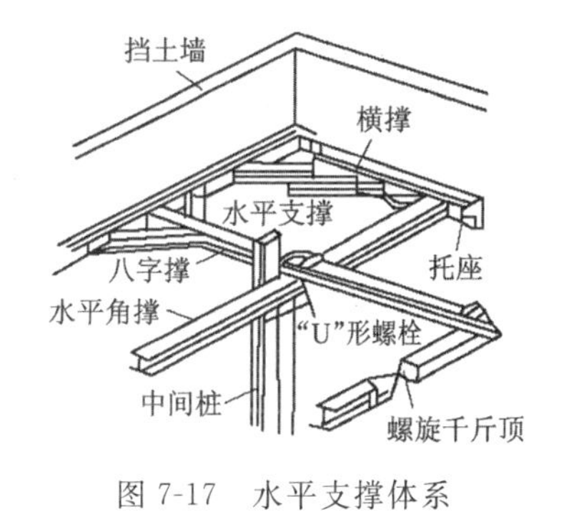

图 7-17　水平支撑体系

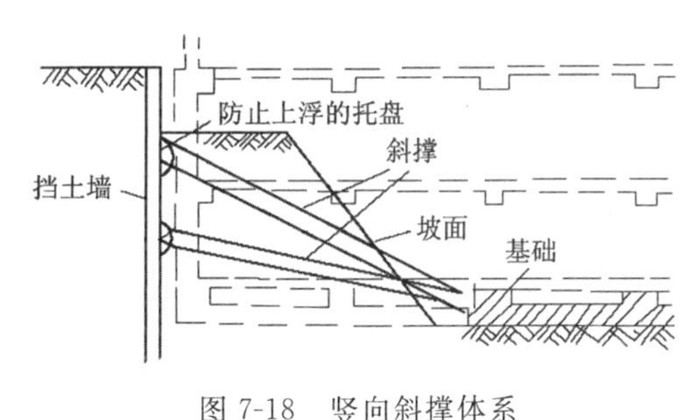

图 7-18　竖向斜撑体系

（一）平面支撑体系

1. 平面布置

支撑布置要注意不妨碍土体工程施工，通常支撑轴线平面位置应避开主体工程的柱网轴线。相邻支撑之间的水平距离不宜小于 4m，当采用机械挖土时不宜小于 8m。各层支撑端部与支护墙之间一般都应设置腰举杯。当为地下连续墙时，如果在每个槽段的墙体上有不少于两个支撑点，可用设置在墙体内的暗梁代替腰梁。

1)钢结构支撑平面布置

钢结构支撑钢腰梁和支护墙之间的水平力传递性能较差，不宜采用斜角撑或斜撑桁架为主体的体系，一般情况下应优先采用相互正交、均匀布置的对撑或对撑桁架体系，后者可以为土方开挖留出较大的作业空间。对于宽度不大的长条形基坑，可以采用单向布置的对撑体系，水平支撑体系见图 7-19 和图 7-20。

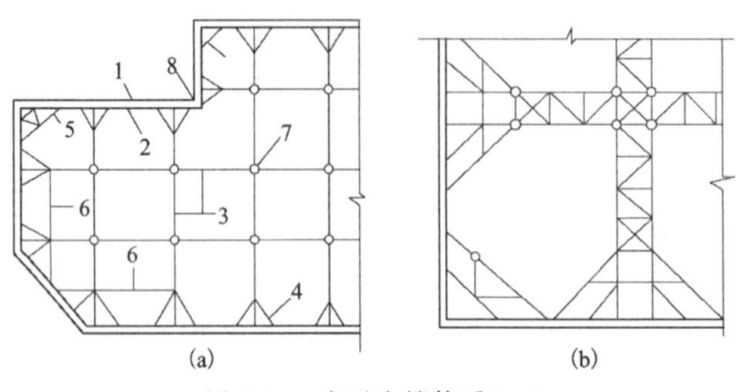

图 7-19　水平支撑体系(一)

1-支护墙；2-腰梁；3-对撑；4-八字撑；5-角撑；6-系杆；7-立柱；8-阳角

(a)多边形基坑水平支撑体系；(b)矩形基坑水平支撑体系

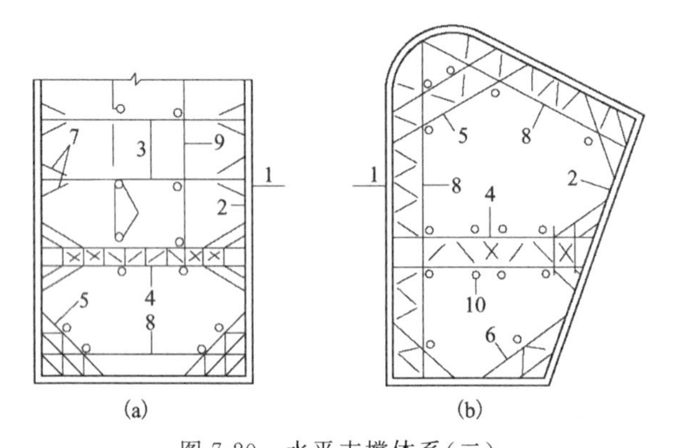

图 7-20　水平支撑体系(二)

1-支护墙；2-腰梁；3-对撑；4-桁架式对撑；5-桁架式斜撑；

6-角撑；7-八字撑；8-边桁架；9-系杆；10-立柱

(a)长条形基坑支撑体系；(b)异形基坑支撑体系

当相邻支撑之间水平距离较大时，为减少腰梁的计算跨度，可在支撑端部设置八字撑。八字撑应左右对称，长度不宜大于 9m，与腰梁夹角以 60°为宜。沿腰梁长度方向上的支撑点(包括八字撑)间距不宜大于 4m，以减少腰梁的截面尺寸。

2)混凝土支撑平面布置

混凝土支撑除可以采用钢支撑的布置方式外，根据具体情况还可以采取以下布置方式：

(1)平面形状比较复杂的基坑可采用边桁架和由对撑或斜角撑组成的平面支撑体系。边桁架可以加强支撑体系的整体刚度，提高腰梁的水平抗弯能力，在基坑形状复杂的区段可方便布置。边桁架的矢高不宜大于 12m，在其两端支座处应设置对撑或斜角撑加强。

(2)在基坑平面中需要留设较大作业空间时,可采用边桁架和对称桁架或斜撑桁架组成的平面支撑体系;对于规则的方形基坑,可采用布置在基坑四角的斜撑杵架所组成的平面支撑体系。在布置对撑杵架或斜撑桁架时,要注意避免使支撑两端受到相差悬殊的侧压力。因为在这种情况下,支护结构容易产生不对称的变形,导致部分构件或局部节点受到事前没有估计到的内力和变形面提前遭到破坏。

2. 竖向布置

在基坑垂直平面内,根据需要可以设置一道或多道支撑,具体支撑数量应根据开挖深度、地质条件和环境保护要求等因素来计算确定。在地下水位较高的软土地区,基坑深度小于8m时,可设置1道支撑;基坑深度为10～16m时,可设置2～4道竖向支撑。支护结构水平支撑数量可参考表7-3。

表7-3 支护结构水平支撑数量参考表

基坑开挖深度/m	水平支撑数量/道	
	软土地区	一般地区
≤8	1～2	1
8～12	2～3	1～2
12～15	3～4	2～3
15～18	4～5	3～4

当有多道支撑时,上、下各层水平支撑轴线应尽量布置在同一竖向平面内,竖向相邻支撑的净距离不能小于3m,采用机械挖土时不能小于4m。为了不妨碍主体工程结构施工,支撑顶面与地下室楼盖梁底面或楼板底面之间的净距离不宜小于300mm,当支撑和腰梁位于地下室竖向承重构件(如柱子或混凝土墙)的垂直平面时,支撑底面与地下室底板顶面之间的净距离不应小于600mm。一般情况下,应利用支护墙的顶圈梁作为第一道支撑的腰梁。当第一道支撑标高低于墙顶圈梁时,应另设腰梁,但在软土地区不宜低于自然地面以下3m,在其他地区也不宜超过4m,此时应考虑支撑设置前支护墙所产生的初始位移对支护结构各个计算工况的影响。在不影响地下室底板施工的情况下,最下面一道支撑的标高应尽可能降低,以改善支护结构的受力性能。

各层水平支撑通过立柱形成空间结构,加强了水平支撑的刚度,对控制支护结构的位移起有效作用。但立柱的下沉或由于坑底土回弹而上抬,以及相邻立柱间的差异沉降等因素,会导致水平支撑产生次应力,同时削弱支护结构的刚度,因此立柱应有足够的埋入深度,应尽可能结合主体结构的工程桩设置,并与工程桩整体连接,一次沉桩。且立柱应布置在纵横向支撑的交点处或桁架式支撑的节点位置上,并要避开主体工程梁、柱及混凝土承重墙的位置。立柱的间距应根据支撑构件的稳定要求和竖向荷载的大小来确定,一般情况下不宜小于15m,立柱下端应支撑在较好的土层上,开挖面以下的埋入长度应满足支撑结构对立柱承载力和变形的要求。

（二）竖向斜撑体系

竖向斜撑体系通常应由斜撑、腰梁和斜基础等构件组成，如图 7-18 所示。斜撑宜采用型钢或组合型钢截面。斜撑坡度应与土坡的稳定边坡一致，与基坑底面之间的夹角一般不宜大于 35°，在地下水位较高的软土地区不宜大于 26°。为防止开挖面以下墙前土体被动抗力受到斜撑基础上水平作用力的影响而降低，斜撑基础边缘与支护墙内侧之间距离不小于墙体在开挖面以下埋入深度的 1.5 倍。

在不影响主体结构施工的前提下，斜撑应尽可能沿腰梁长度方向均匀对称布置，水平方向的间距不宜大于 6m，在基坑的角部可辅以布置水平支撑。当斜撑长度超过 15m 时，应在斜撑中部设置立柱，并在立柱与斜撑的节点上设置纵向连系杆。斜撑与腰梁、斜撑与基础以及腰梁与支护墙之间的连接应满足斜撑水平分力和垂直分力的传递要求。

（三）混合支撑体系

前述两种基本支撑体系可以演变成其他支撑形式，如“中心岛”方案类似竖向斜撑方案，先在基坑中部放坡挖土，施工中部主体结构，然后利用完成的主体结构安装水平支撑或斜撑，再挖除四周留下的土坡。在特殊情况下，同一个基坑里也可同时布置两种支撑形式，如图 7-21 所示。

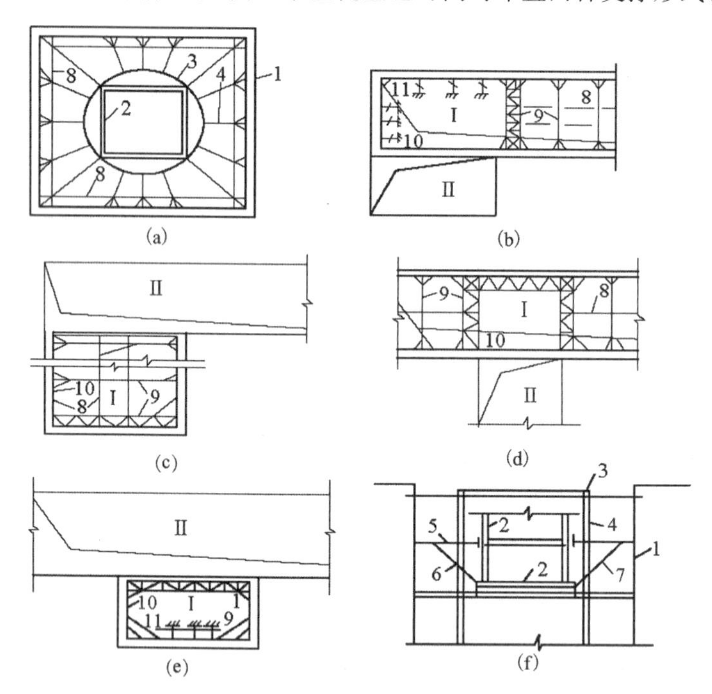

图 7-21　混合支撑形式

Ⅰ-深坑部位（或新开基坑）；Ⅱ-浅坑部位（或原有地下工程）

1-支护墙；2-主体工程的芯部结构；3-环形支撑；4-环形支撑的径向直撑；5-借助主体结构的水平支撑；6-预留土坡（待支撑 5 安装后挖除）；7-立柱；8-连系杆；9-水平支撑或桁架；10-腰梁；11-竖向斜撑

(a)“中心岛”方案支撑；(b)深基坑一端有预留土坡的混合支撑；(c)深基坑一边有预留土坡的混合支撑；(d)深基坑中部一边有预留土坡的混合支撑；(e)深基坑位于预留土坡一边中间的混合支撑；(f)混合支撑立面

“中心岛”方案可以充分利用主体工程，加强基坑支护结构的整体刚度，尤其对大型基坑可方便支撑布置和施工，节省支撑材料。

三、支撑结构的设计与施工

（一）荷载及内力计算

作用在支撑结构上的竖向荷载，除了自重以外，还应考虑一定数量的施工活荷载，一般可取 4kPa。当支撑结构需要兼作施工作业平台或栈桥时，应进行专门设计。作用在支撑结构上的水平荷载，主要是由支护墙传来的，即由坑外地表荷载和水、土压力和坑外地面荷载引起的支护墙对腰梁的侧压力和支撑预加压力。当支撑长度大于 40m 时，应考虑温度变化对支撑轴向力的影响。对于钢结构支撑，当实际建立的预加压力值大于由地表荷载和水土压力所引起的轴向力的 50%时，应考虑预压力对支撑轴向力的影响。

支撑结构计算模型的尺寸取支撑构件的中心距。对于现浇混凝土支撑构件考虑到使用时有裂缝产生，抗弯刚度应乘以 0.8～0.9 的折减系数。对于钢结构腰梁，当采用分段拼装或拼接点的构造不能满足截面的等强度连接要求时，应将拼接点作为铰接考虑。

当支护结构采用空间模型分析时，支撑结构的内力和变形可直接采用其计算结果。当支护结构采用简化的平面计算模型分析时，一般只给出单位墙段长度在腰梁上的分布反力，在这种情况下，支撑结构的内力和变形可以按以下方法确定。

(1)开状比较规则的基坑，采用相互正交的支撑体系时，各支撑构件的内力可以按以下方法确定：①支撑轴向力可以近似采用支护墙在腰梁上的水平分布力沿支撑长度方向上的投影乘以中心距。在垂直荷载作用下的内力和变形可以近似按单跨或多跨梁分析，计算跨度取相邻立柱中心距；②腰梁在水平分布力作用下的内力和变形，可近似按多跨或单跨水平梁分析，计算跨度一般情况下可取相邻支撑点中心距。

(2)较为复杂的平面支撑体系，宜对每层支撑用空间杆系模型进行分析，计算模型的边界可作如下假定：①支撑与腰梁、支撑与立柱的节点处以及腰梁的转角处设置竖向约束，防止计算模型竖向移动；②沿腰梁四周并与腰梁长度方向正交的水平荷载不是均匀分布时，需要在适当位置设置防止计算模型整体平移或转动的假想水平约束。由于在假想约束中会产生水平反力，影响支撑结构的实际内力，因此假想水平约束应设置在对主要构件内力影响最小的位置上，总数量应尽量少。这是因为在实际结构中，约束支撑结构水平位移的构件是四周的支护墙，其约束反力就是支护结构内力分析时得出的在支撑位置上的水平分布反力。因此在假想水平约束中的反力在实际结构中是不存在的。

在斜撑安装前，作用在墙背的水土压力通过支护墙，部分由墙前开挖面以下的地基抗力承受外，其余的侧压力与墙前预留土坡的被动抗力相平衡。在斜撑安装后，并挖除了墙前土坡，此时墙背的部分水土压力通过墙体传到腰梁上，再由腰梁传给斜撑，并通过斜撑传给基础。作用在基础上的斜撑轴向力可以分解为垂直和水平方向两个分力，其中垂直分力由基础底面的地基反力平衡，水平分力通常由基础压杆与基坑对面斜撑基础上的水平分力相平衡。当具备下列条件之一时，也可不设基础压杆：①斜撑基础支承在基岩上，水平分力可由基底与基岩之间的摩擦力平衡。②允许利用地下室底板兼作斜撑基础。③主体工程采用群桩，斜撑基础与主要结构整体铺设的混凝土垫层整浇时，此时垫层厚度不宜小于 15cm，强度等级不小于 C15 级。采用斜撑体系时，支护结构的内力和变形也可以用平面支撑体系的简化平面计算模型进行分析。当需要考虑支撑与墙体的变形协调时，应考虑斜撑基础位移的影响。④对于采用边桁架、斜撑桁架等构件组成的较为复杂的平面支撑体系，宜对每层支撑用三维杆系模型分析进行计算。在计算模型中，对于支撑与腰梁的节点处、立柱和支撑的节点处，以及腰梁的转角处应设置竖向铰支座或弹簧。

(3)在支护结构简化的平面计算模型中，考虑支撑与支护墙之间的变形协调时，其变形协调方程可分别按下列情况采用。

①在水、土压力及地面荷载作用下的变形协调方程如下：

$$P = K_z U \tag{7-17}$$

$$K_z = \frac{\beta AE}{SL}\sin\theta \tag{7-18}$$

式中：P 为支护墙在单位长度腰梁上的水平反力；K_z 为支撑在腰梁长度方向上的折算弹簧系数；U 为支撑两端沿支撑长度方向上的墙体水平位移之和；β 为支撑松弛系数，现浇混凝土支撑 $\beta=1.0$，施加预压力的钢支撑 $\beta=0.75\sim1.0$，不加预压力的钢支撑 $\beta=0.5\sim0.6$；A 为支撑的截面积，对于桁架式对撑或斜撑取桁架的两根弦杆截面积之和；E 为材料弹性模量；S 为支撑在水平方向的中心距；L 为支撑全长；θ 为支撑与腰梁之间的夹角。

②考虑环境温度变化影响时的变形协调方程如下：

当环境温度升高时，

$$P_t = K_z(\alpha tl - U_t) \tag{7-19}$$

当环境温度下降时，

$$P_t = K_z(U_t - \alpha tl) \tag{7-20}$$

式中：P_t 为由于温度变化引起支护墙在单位长度腰梁上的水平反力；α 为支撑材料的线膨胀系数；t 为施工期间环境温度变化，根据施工工期、施工季节及地区的季节和昼夜温度变化确定；U_t 为由于温度变化在支撑两端沿支撑长度方向上产生的墙体水平位移之和；l 为支撑长度。

③当需要考虑支撑预加压力的影响时，可将预压力作为外荷载，把施加预压力后和继续向下开挖之前的支护结构工作状态作为一个独立工况进行分析。此时不计该层支撑的截面特征。

(4)支撑构件的截面承载力应根据支护结构在各个施工阶段花卉作用效应的包络图进行计算，其承载力表达式为：

$$\gamma_0 F \leqslant R \tag{7-21}$$

式中：γ_0 为支护结构的重要性系数，对于安全等级为一级、二级和三级的基坑支撑构件，应分别取 1.0、0.95、0.9；F 为支撑构件内力的组合设计值，各项花卉作用下的内力组合系数均取 1.0；R 为按现行国家的有关结构设计规范确定的截面承载力设计值。

一般情况下，腰梁的截面承载力计算可按水平方向的受弯构件计算。当腰梁与水平支撑斜交或腰梁作为边桁架的弦杆时，还应按偏心受压构件进行验算，此时腰梁的受压计算长度可取相邻支撑点的中心距。支撑应按偏心受压构件计算。截面的偏心弯矩除由竖向花卉产生的弯矩外，还应考虑轴向力对构件初始偏心距的附加弯矩。构件截面的初始偏心距可取支撑计算长度的2‰～3‰，对于混凝土支撑不宜小于20mm，对于钢结构支撑不宜小于40mm。

支撑的受压计算长度按以下规定确定：在竖向平面内取相邻立柱的中心距；在水平面内取与计算支撑相交的相邻横向水平支撑的中心距。对于钢结构支撑，当纵横向支撑不在同一标高上相交时，其平面内受压计算长度应取与计算支撑相交的相邻横向水平支撑中心距的1.5～2.0倍。

当纵横向水平支撑交点处未设置立柱时，支撑的受压计算长度按以下规定确定：在竖向平面内，现浇混凝土支撑取支撑全长，钢结构支撑取支撑全长的1.2倍。斜角撑和八字撑的受压计算长度在两个平面内均取支撑全长。现浇混凝土支撑在竖向平面内的支座弯矩可以乘以0.8～0.9的折减系数，但应相应增加跨中弯矩。

(5)立柱应按偏心受压构件计算，开挖面以下立柱的竖向和水平承载力可按单桩承载力的计算方法验算。

立柱截面上的偏心弯矩应包括以下各项：竖向荷载对立柱截面形心的偏心弯矩；使水平支撑纵向稳定所需要的横向作用力对立柱验算截面的力矩；土方开挖时，作用于立柱的单向土压力对验算截面的弯矩。立柱受压计算长度取竖向相邻水平支撑中心距，最下一层支撑以下的立柱计算长度取该层支撑中心线至开挖面以下5倍立柱直径（或边长）处之间的距离。支撑构件的长细比应不大于75；连系构件的长细比应不大于120；立柱的长细比应不大于25。

目前在实际工程中，大多数基坑支护结构的内力和变形都采用平面杆系模型进行计算。在这种情况下，通常把支撑结构视为平面框架另行分析，即将支撑结构从支护结构中截离出来，在截离处加上相应的支护结构内力，以及作用在支撑上的其他内力，用平面杆系模型进行分析。为简化计算，加在截离处的内力通常只考虑由支护结构静力计算确定沿腰梁长度方向正交分布的水平反力，对于其他的内力（或变形）则通过设置约束来代替。约束的性质、数量和位置应根据其对主要支撑构件内力和变形影响最小的原则确定。这样的假定虽然会给计算结果带来一定的误差，但由于支护结构的平面杆系模型本身就是近似的，对支撑结构采用很精确的计算模型就无多大意义了。当必须加设水平支撑时，通常宜设置在基坑平面的转角处，以避免计算模型产生"漂移"现象，这样处理虽然可能使腰梁的轴向力不符合实际情况，但在设计时只要把握腰梁主要是受弯构件这一概念就容易处理了。如果沿基坑四周与腰梁长度方向正交的水平反力是均匀分布的，而且在计算平面内的支撑刚度分布也是均匀的，在这种情况下，通常可不必设置水平方向的约束。

（二）内支撑结构的构造与联结

支撑结构，尤其是钢支撑结构的整体刚度更依赖构件之间的合理连接构造。支撑结构的设计除确定构件截面外，还需重视节点的构造设计。

1. 钢结构支撑的构造

钢支撑的钢腰梁常用截面有钢管、H型钢、工字钢和槽钢以及它们的组合截面，如图7-22所示。

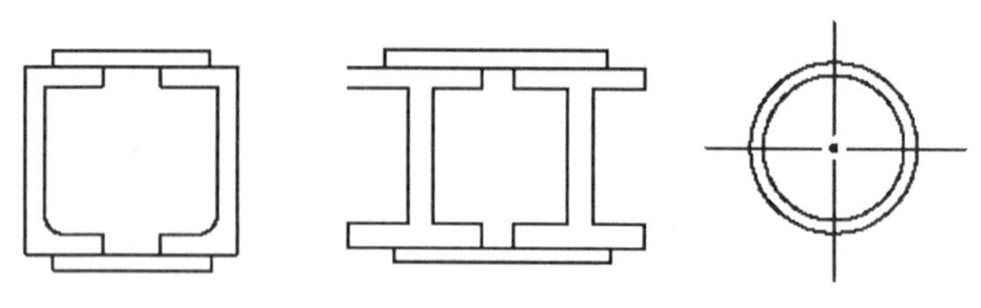

图 7-22 钢支撑截面形式

节点构造是钢结构支撑设计中需要注意的一个重要内容,不合适的连接构造容易使基坑产生过大变形。

钢结构支撑构件的拼接应满足截面等强度的要求。常用的连接方式有焊接和螺栓连接,图 7-23 是 H 型钢和钢管的几种拼接方法。其中,图 7-23(a)为螺栓连接,图 7-23(b)为焊接。焊接连接一般可以达到截面等强度要求,传力性能较好,但现场工作量大。螺栓连接的可靠性不如焊接,但可方便现场拼装,为减小节点变形宜采用高强螺栓。构件在基坑内的接长,由于焊接条件差、焊缝质量不易保证,通常采用螺栓连接。

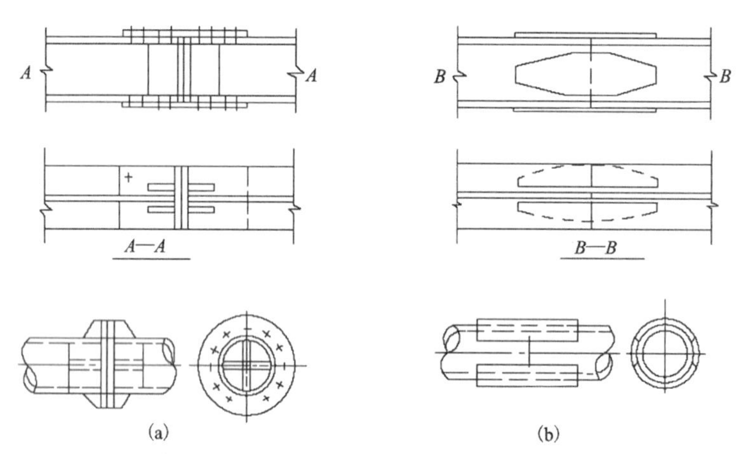

图 7-23 H 型钢和钢管的拼接

(a)螺栓连接;(b)焊接

钢腰梁的截面形式如图 7-24 所示。对于钢腰梁的现场拼装,无论采用哪一种连接方法,由于受到操作条件限制,腰梁在拼接点处的全截面强度很难得到发挥,尤其在靠支护墙一侧的翼缘连接板较难施工,影响整体性能,因此在设计时应把安装节点设置在内力较小的位置上,同时应在可能条件下尽量增加现场安装段的长度。在腰梁内力分析时应把安装节点作为铰接处理。

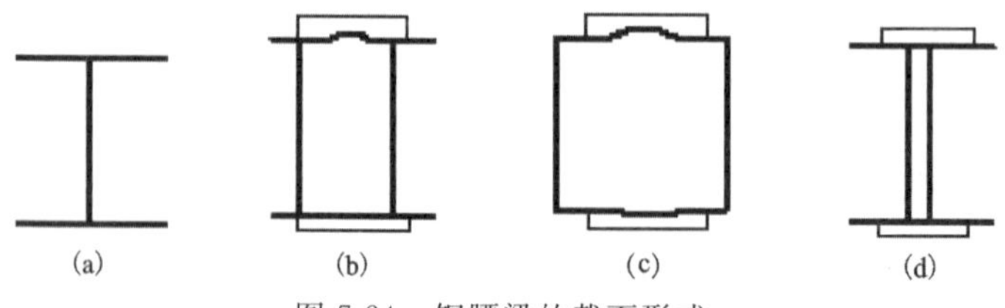

图 7-24 钢腰梁的截面形式

(a)H 型钢;(b)H 型钢或工字钢组合截面;(c)、(d)槽钢组合截面

由于支护墙表面通常不平整，尤其是钻孔灌注桩墙体，为了使腰梁与支护墙结合紧密，防止腰梁截面产生扭曲，在腰梁与支护墙之间采用细石混凝土填实，如图 7-25 所示。

如缝宽较大时，为了防止所填充的混凝土脱落，缝内宜放置钢筋网。用 H 型钢作腰梁时，虽然在它的主平面内抗弯性能很好，但抗剪和抗扭性能较差，需要采取合适的构造措施加以弥补。当支撑和腰梁斜交或角撑承受较大轴向力，需要考虑将沿腰梁长度方向的水平分力通过有效途径传给支护墙体，地下连续墙可通过预埋钢板，钻孔灌注桩则通过钢腰梁的焊接件，构造如图 7-26 所示。钢腰梁和混凝土墙体之间传递水平剪力的能力通常是有限的。因此，在斜交的情况下，支撑轴向力较大时不宜采用钢腰梁。

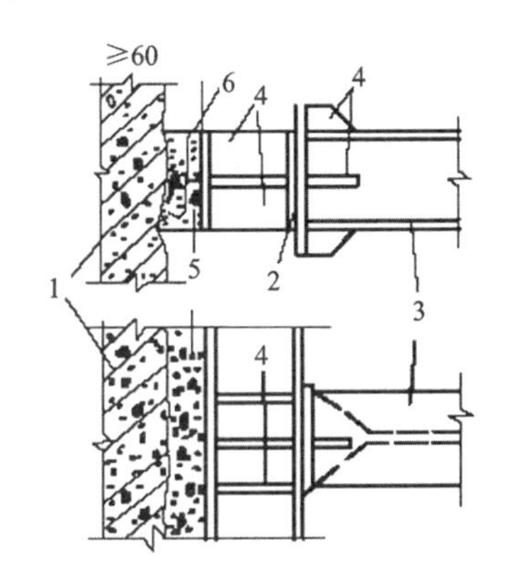

图 7-25 钢支撑与腰梁正交时连接

1-支护墙；2-钢腰梁；3-钢支撑；

4-加劲板；5-填充混凝土；6-钢筋网

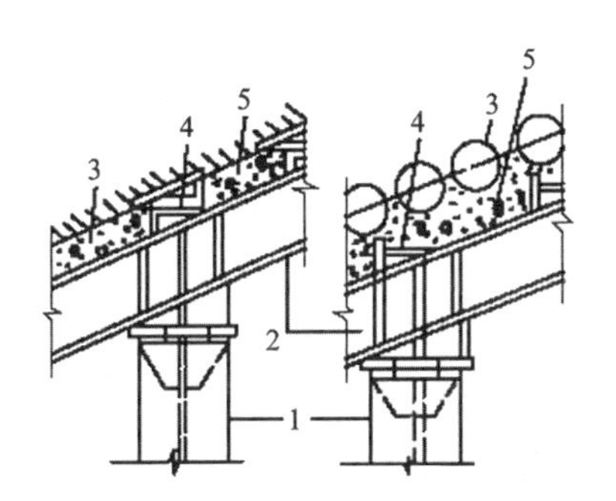

图 7-26 钢支撑与腰梁斜交时连接

1-钢支撑；2-钢腰梁；3-支护墙；

4-剪力块；5-填充混凝土

纵横向水平支撑交叉点的连接有平接和叠接两种。一般来说，平接节点比较可靠，可以使支撑体系形成较大的平面刚度；叠接（即相应的腰梁在基坑拐角处不在同一平面处相交）连接施工方便，但是这种连接能否有效限制支撑在水平面内的压屈变形是值得怀疑的。一般应在转角处的腰梁端部采取加强的构造措施。

2. 现浇混凝土结构支撑的构造

现浇钢筋混凝土支撑及腰梁一般采用矩形截面。支撑的截面高度除应满足受压构件的长细比要求外（不大于 75），不应小于其竖向平面内计算跨度（一般取相邻立柱中心距）的 1/20，腰梁的截面高度（水平向尺寸）不应小于其水平方向计算距度的 1/8，腰梁的截面宽度（竖向尺寸）不应小于支撑的截面高度。整个混凝土支撑体系应在同一平面内整浇。

支撑和腰梁内的纵向钢筋直径不应小于 16mm，沿截面四周纵向钢筋的最大间距应小于 200mm。箍筋直径应不小于 8mm，间距应不大于 250mm。支撑的纵向钢筋在腰梁内的锚固长度不宜小于 30 倍的钢筋直径。混凝土腰梁与支护墙之间应不留水平间隙。对于地下连续墙与混凝土腰梁的结合面通常不考虑传递水平剪力。当基坑形状比较复杂、支撑与腰梁斜交时，应在墙体上沿腰梁的长度方向预留经过验算的剪力钢筋或剪力槽，如图 7-27 所示。墙体剪力槽的高度一般与腰梁截面相同，间距为 150～200mm，槽深为 50～70mm。

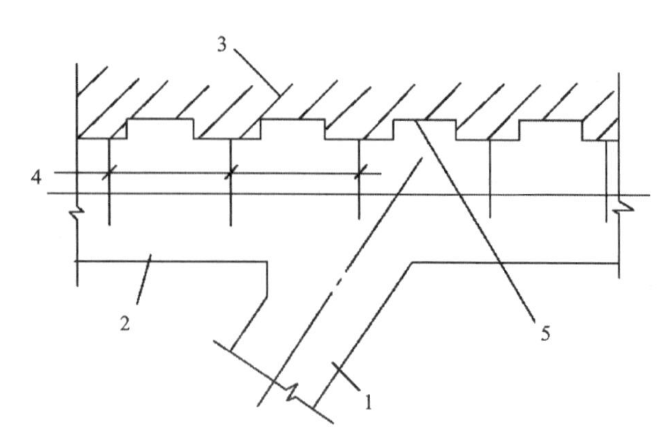

图 7-27　混凝土腰梁与地下连续墙之间剪力传递构造

1-混凝土支撑；2-腰梁；3-地下连续墙；4-墙内预留筋；5-墙上预留剪力槽

3. 立柱构造

立柱的长细比应不大于 25。立柱截面可以采用型钢或组合型钢，一般情况下在基坑开挖面以上宜采用格构式钢柱，以方便主体工程基础底板钢筋施工，同时也便于和支撑构件连接。立柱在开挖面以下部分可以用与开挖面以上相同截面的钢柱，当主体工程采用灌注桩或挖孔桩时，宜将上部钢柱插入灌注桩或挖孔桩内，插入长度不小于钢柱边长的 4 倍，并应一次成桩。有条件时应尽可能利用工程桩支承上部钢立柱，为防止立柱沉降或坑底土回弹对支撑结构的不利影响，立柱的下端应支承在较好的土层上。在软土地区，立柱在开挖面以下的埋置深度不宜小于基坑开挖深度的 2 倍。当主体工程桩不为钻孔灌注桩时，为方便施工，也可采用截面不小于 350mm×350mm 的 H 型钢或钢管。

立柱与水平支撑连接可采取铰接构造，但连接件在竖向和水平方向的连接强度应大于支撑轴向力的 1/50，以保证支撑构件的稳定。当采用钢牛腿连接时，钢牛腿的强度和稳定应通过计算确定。

（三）支撑构件的截面承载力验算

支撑构件的截面承载力应根据各个施工阶段中最不利的荷载组合作用效应进行验算。

1. 腰梁截面验算

腰梁的截面承载力一般情况下按受弯构件验算。当支撑与腰梁斜交时，还应验算偏心受压时的截面强度，此时构件的受压计算长度取内力分析时的计算跨度。对于按连续梁计算的钢筋混凝土腰梁，支座负弯矩可以考虑塑性变形内力重分布，乘以折减系数 0.8～0.9，但此时梁的跨中正弯矩应相应增加。

2. 水平支撑截面验算

水平支撑的截面承载力通常应按偏心受压构件验算。在竖向平面立柱计算长度取相邻立柱的中心距；在水平面内的受压计算长度取与计算支撑相交的相邻横向水平支撑的中心距；对于钢支撑，当纵横向支撑不在同一标高上相交时，其平面内的受压计算长度取与之相交的相邻横向水平支撑中心距的1.5～2.0倍。支撑截面上的偏心弯矩除由竖向荷载所引起的附加弯矩外，构件的初始偏心距可取支撑计算长度的2‰～3‰，对于混凝土支撑不宜小于20mm，钢支撑不宜小于40mm。现浇混凝土支撑在竖向平面内的支座弯矩可以乘以0.8～0.9的折减系数，但跨中弯矩应相应增加。

3. 立柱截面验算

立柱截面承载力应按偏心受压构件验算，受压计算长度取竖向相邻水平支撑中心距，最下一层支撑以下的立柱受压计算长度取该层支撑中心线至开挖面以下5倍立柱直径(或边长)处之间的距离。除了截面承载力验算外，开挖面以下立柱尚应按单桩承载力的计算方法验算竖向和水平承载力。

4. 竖向斜撑体系截面验算

竖向斜撑体系应验算以下项目：

(1)预留土坡的边坡稳定验算，稳定安全系不宜小于1.5。

(2)斜撑截面承载力可近似按轴心受压构件验算，受压计算长度(当不设立柱时)取支撑全长。

(3)腰梁截面承载力验算同水平支撑体系中心腰梁验算方法。

(4)斜撑基础验算按天然地基上浅基础的设计方法验算其竖向承载满力。

(5)基础压杆可近似按轴心受压构件验算截面承载力。

(四)支撑结构的施工要点

支撑的安装和拆除顺序必须与支护结构的设计工况相符合，并与土方开挖和主体工程施工顺序密切配合。所有支撑应在地基上开槽安装，在分工开挖原则下做到先安装支撑，后开挖下部土方，在同层土开挖过程中做到边开挖边安装支撑。主体结构底板或楼板完成并达到一定的设计强度后，可借助底板或楼板构件的强度和平面刚度，拆除相应部位的支撑，但在此之前必须先在支护墙与主体结构之间设置可靠的传力构造，如图7-28所示。传力构件的截面应按楔撑工况下的内力确定。当不能利用主体结构楔撑时，应按楔撑工况下的内力先安装好新的支撑系统后，才能拆下原来的支撑系统。一般情况下，在区段的土方挖好后，对于钢结构支撑应在24～36h内发挥作用，对于混凝土结构支撑应在48～72h内开始起作用。

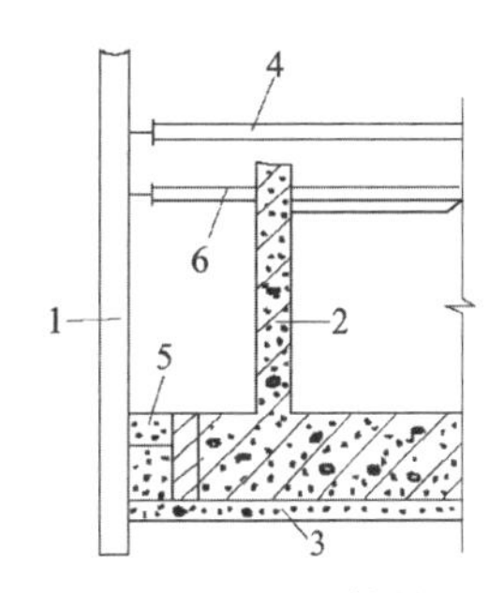

图7-28 利用主体结构换撑传力构造

1-支护墙；2-地下室外墙；3-混凝土垫层；4-待拆支撑；5-现浇混凝土带；6-短撑

对于混凝土支撑，施工应遵循现行的钢筋混凝土施工规程。一般应在混凝土强度达到设计强度的80%后，方可开挖支撑面以下的土方。混凝土支撑拆除一般采取爆破方法或其他破碎方法。爆破作业应由专业单位操作，事先应做好施工组织计划，严格控制药量和引爆时间，并做好安全防护措施，以免支撑坍落时受到损伤。位于城市道路旁的基坑爆破时，应临时封闭交通。当采取分区拆除支撑时，应注意未拆区段支撑的整体性和稳定性。

对于钢结构支撑，必须制订严格的质量检验措施，保证构件和连接节点的施工质量。根据场地条件、起重设备能力和具体的支撑布置，尽可能在地面将构件拼装成较长的安装段，以减少在基坑内的拼装节点，钢腰梁的坑内安装段长度不宜小于相邻4个支撑点之间的距离。拼装点宜设置在主支撑点位置附近。支撑构件穿越主体工程中的底板或外墙板时，应设置止水片，如图7-29所示。

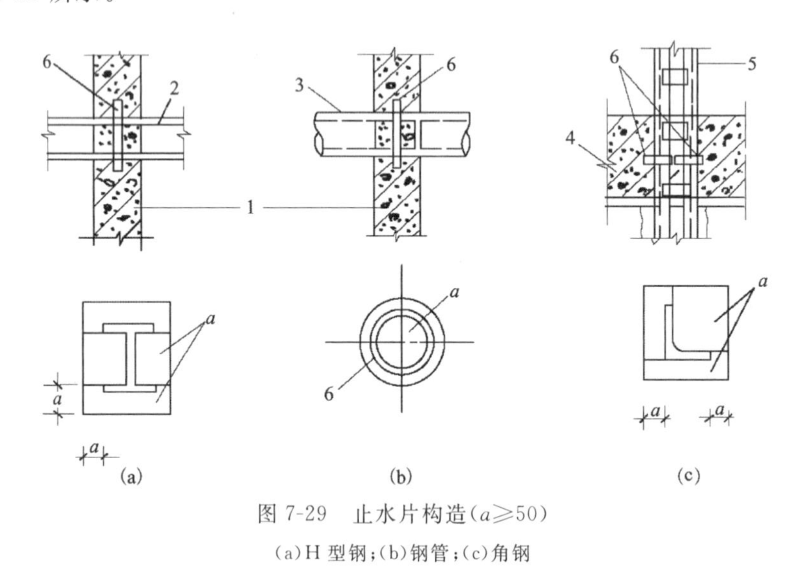

图7-29　止水片构造（$a \geqslant 50$）

(a)H型钢；(b)钢管；(c)角钢

1-地下室外墙；2-H型钢支撑；3-钢管支撑；4-底板；5-角钢组合立柱；6-止水板

钢支撑在安装就位后，应按设计要求施加预压力，有条件时应在重要支撑上设置计量千斤顶，这样可以防止预压力松弛。当逐根加压时，应复校邻近支撑预压力。当支撑长度超过30m时，宜在两端同时加压。支撑预压力不宜小于支撑轴向力的30%，也不宜大于支撑轴向力80%。

利用主体结构换撑时，地下室外墙与支护墙之间的换撑传力构造可以采用厚度不小于300mm的现浇混凝土板块或者短撑。短撑截面应按传力大小设计确定。对于钻孔灌注桩支护墙，当每根支护桩都设置相应的短撑时可不设腰梁。

第五节　土钉与喷锚支护结构

基坑开挖时，常用的边坡加固方法有土钉墙、喷锚、螺旋锚、片石及砖砌体、土袋堆置护坡等许多措施，均应按临时性工程设计。以下主要介绍土钉墙和喷锚的相关加固措施。

一、土钉墙

土钉墙由被加固土体、锚固于土体中的土钉群和面板组成，类似于重力式的挡土墙，土钉与土体构成的复合体，以此来抵挡墙后传来的土压力或其他附加荷载，从而保护开挖面的稳定，而土钉间的变形则通过钢筋网喷射混凝土面层给予约束力。土钉墙分为不注浆和钻孔全长范围注浆两种。前者适用于土体面层维护或开挖较浅的边坡维护，后者适用于开挖较深的边坡维护，其构造如图 7-30 所示。

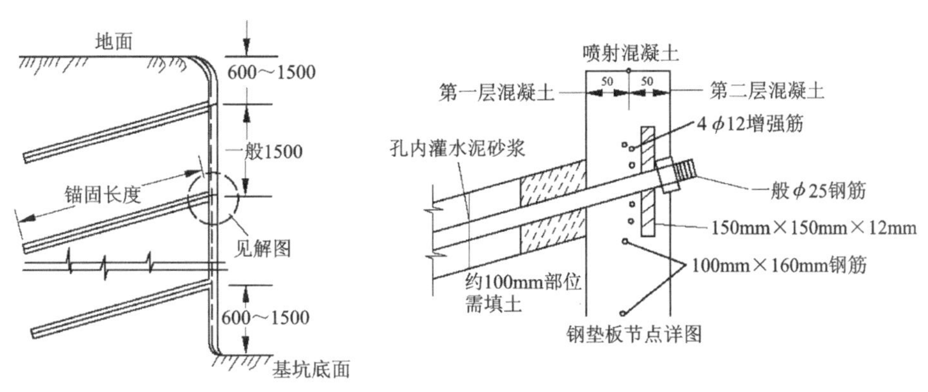

图 7-30　土钉墙结构

1. 土钉墙的形式

土钉墙是通过打入、射入或钻孔置入土钉的方法构成的。

(1)打入型土钉。用气动土钉机将长度不超过 6m 的小型角钢打入土内，摩阻力较低，但用钢量大。

(2)射入型土钉。用气动射钉机将土钉射入土中，土钉可以是粗钢筋或钢管，直径 25～38mm，长度在 6m 以内。

(3)钻孔置入土钉。先在基坑侧壁上用人工或机具钻孔到达预定深度后，插入钢筋、钢杆件或钢丝束，并用压力注浆，与周围土体形成密实黏结的土钉，在基坑外露的插筋端部与坡面结构(混凝土垫板、承压板、螺母)联结，并连挂钢筋网及喷射细石混凝土面层材料，构成土钉墙面，是常用的土钉墙形式。

2. 土钉墙的特点

土钉墙融合了锚杆挡墙和加筋土墙的优点，应用于基坑开挖支护和挖土方边坡稳定，有以下特点：

(1)形成土钉墙复合体，显著提高了边坡整体稳定性和承受坡顶超载的能力。

(2)设备简单。由于钉长一般比锚杆的长度要小得多，故所用的施工设备要简单得多，不论是钻孔、注浆，还是喷射混凝土面板，施工单位均易办到。

(3)随基坑开挖逐次分段实施作业，不占或少占单独作业时间，施工效率高，一旦开挖完成，土钉墙也就建好了，这一点对膨胀土的边坡尤其重要。

(4)施工不需单独占用场地，对施工场地狭小、放坡困难、有相邻低层建筑或堆放材料、大小护坡施工机械不能进场的场地具有独特的优越性。

(5)成本费用比护坡桩、板桩支撑墙及锚拉挡墙等明显要少。

(6)土钉由低强度钢材制成，与永久性锚杆相比，大大地减少了防腐的麻烦。

(7)施工噪声、振动小。

(8)本身的变形很小，对邻近建筑影响小。

(9)适合于地下水位以下或经排降水措施后的杂填土、普通黏性土和非松散砂土边坡，一般认为适用于 N 值在 5 以上的砂质土和 N 值在 3 以上的黏性土。

3. 土钉墙的应用

土钉墙不仅可用于临时性构筑物，也可用于永久性构筑物。当用作永久性构筑物时，宜增加喷射混凝土层厚度或敷设预制板，并有必要考虑美观度。

二、喷　锚

对于破碎岩石、软质岩石及老黏土边坡，为维护基坑侧壁的稳定，可采用喷锚加固方法。该方法是通过向坑壁钻孔插入锚杆，向锚杆孔注浆(分为非锚固段和锚固段)，挂钢丝网，先后向受喷面高速喷射水泥砂浆及混凝土。对于较深基坑可根据计算，隔一定间距设置槽钢并张拉锁定锚杆。

1. 喷锚设计

风化岩石的混凝土面层厚度应不低于 60mm，一般土层取 100～200mm，软土层取大值，硬土层取小值，混凝土等级不应低于 C20。混凝土面层的钢筋网除按计算配筋外，一般不宜小于 $\phi 6$@200mm×200mm 的网眼。钢筋网喷射混凝土面层应向上翻过边坡顶部 1.0～1.5m，以形成护坡顶，向下伸至基坑底以下不小于 2.0m，以形成护脚；在坡顶和坡脚应做好防水；位于喷锚护面顶部的预应力锚杆的锚固端，宜加长 $0.1 \sim 0.2H$(H 为基坑开挖深度)，软土层取大值。

钢筋网、喷射混凝土板上的均布荷载按下式计算：

$$q = \frac{p_0}{Lh} \tag{7-22}$$

式中：q 为板上均布荷载(kPa)；p_0 为锚杆锚头对喷射混凝土板实际施加的轴向力(kN)；L 为混凝土板的计算宽度(m)；h 为混凝土板的计算高度(m)。

锚头处加强筋的设计计算见图 7-31。加强筋宽度取 $b=3d_0$(d_0 为喷射混凝土层的厚度)加强筋上荷载取值如下：

有纵横向暗梁时，

$$qA_0 = \lambda P/(L+h) \tag{7-23}$$

仅有横向暗梁时，

$$qA_0 = \lambda P/L \tag{7-24}$$

式中：qA_0为作用于暗梁上的均布压力（kPa）；λ 为折减系数，$\lambda = P_0/P$，如无实测资料可取 $\lambda = 0.5 \sim 0.7$，P_0为锚头对喷射混凝土板施加的轴向力（kN），P 为锚杆抗拔设计荷载最大轴力（kN）；L 为混凝土板的计算宽度（m）；h 为混凝土板的计算高度（m）。

当加强钢筋在锚杆头纵横布设时，按双向板计算；当仅有水平加强筋时，按单向板计算。由于钢筋网一般只设一层，所以板的嵌固条件可近似按双向四边简支和单向两端简支计算。

对于软弱土层，可根据场地条件设置竖向锚管，以增加喷锚平面的整体性和承受喷锚混凝土面层的重量。竖向锚管的直径和间距分别宜取 108～150mm 和 500～1000mm。

锚管伸入基坑底的深度 h_λ（图 7-32），按下式计算：

$$h_\lambda = \frac{\Delta \gamma_R W_j - \pi d^2 R}{4\pi d f} \tag{7-25}$$

式中：W_j为结构支护层的单位长度质量（kg/m），$W_j = \lambda d_0 Ha$ ；γ 为结构支护层重度（kN/m^3）；a 为超前锚管间距（m）；d 为注浆后超前锚管锚固体外径（m）；d_0为结构层厚（m）；γ_R 为抗力分项系数，取 $\gamma_R = 1.5$；R 为超前锚管底部土体的允许端承力（kPa）；f 为基底土摩擦力（kPa）。

在竖向锚管上应加焊两道不小于 2ϕ16mm 钢筋与钢筋网和喷射混凝土形成整体。喷锚支护结构应验算不同施工阶段和使用阶段的整体稳定性、内部稳定性和抗隆起稳定性。

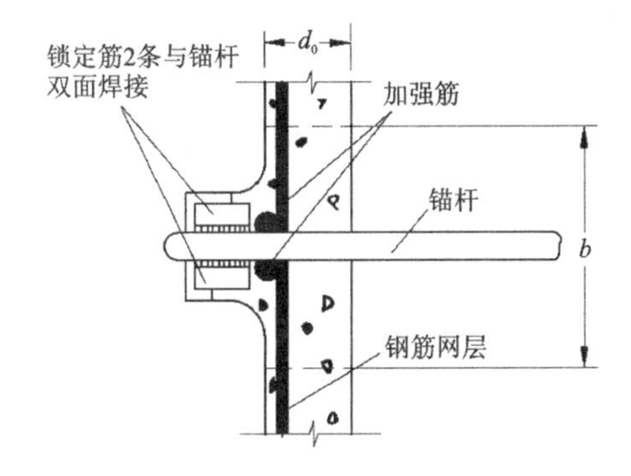

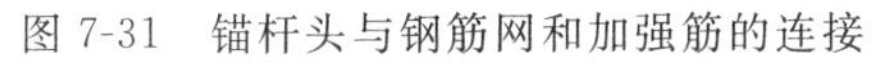
图 7-31 锚杆头与钢筋网和加强筋的连接

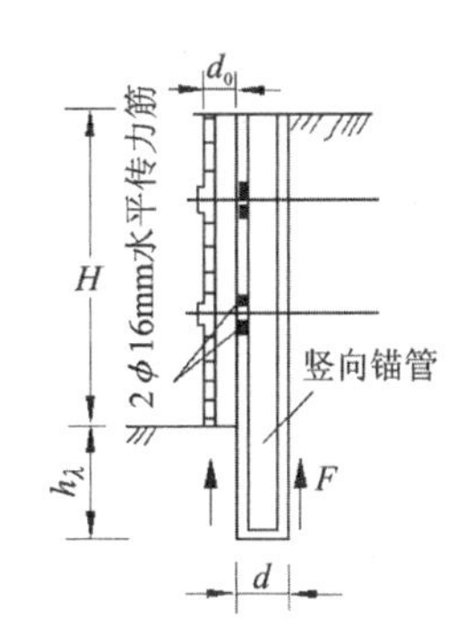

图 7-32 竖向锚管与钢筋网间传力筋

2. 喷锚支护结构施工

喷锚支护的施工应包括基坑开挖、修坡、挂网（对于不稳定土层应先喃层砂浆后挂网，对基坑稳定土层可先挂网后喷第一层混凝土；对稳定土层可先成孔后挂网）、成孔、安放锚杆、注浆、焊锚、喷射混凝土（对基本稳定土层为二次喷射）、养护、预应力张拉等。

第六节 基坑变形监测与信息化施工

一、基坑变形监测

为监测深基坑工程施工质量和基坑边坡的稳定性及验证有关基坑工程设计理论与设计

参数的准确性，通常要在基坑开挖施工过程中对基坑变形进行监测，即对设置在基坑影响范围内的观测点进行重复观测，以确定被观测点的变化情况。基坑变形监测项目主要包括基坑开挖回弹观测、基坑侧向变形观测、侧土压力监测和孔隙水压力监测等。

（一）基坑开挖回弹观测

基坑开挖后，由于卸除了基坑底部以上土的自重荷载以及可压缩土层不排水蠕变等原因，基坑底面会隆起（又称基底回弹）。为了测定基底回弹量的大小，需要于基坑开挖前在坑底的各个部位埋设回弹观测标，并在基坑开挖前后分别测出回弹观测标的高差变化，这种高差变化的大小就是坑底因挖土方卸荷产生的回弹量。实践证明：①基坑回弹现象不仅在深、大基坑内发生，在小、浅基坑中也会发生；②基坑回弹现象不仅会发生在基坑内，基坑外一定距离内也会受到不同程度的影响，且在基坑开挖好后，回弹现象并不会马上停止，而是要持续一段时间。较小基坑由于控制土方卸荷较小，一般可不考虑其影响。深、大基坑的回弹量大，对建筑物本身和邻近建筑物都有较大影响，因此需要进行基坑回弹观测，以确定其数值的大小。

当建筑物建成后，坑底因挖土方所产生的回弹量经建筑物上部的再压缩，就会变成基础的沉降量。因此回弹观测的目的之一就是通过实测基坑回弹量来估计今后地基可能产生的再压缩量，以改进基础设计；回弹观测还可用来估计基坑开挖卸荷对邻近建（构）筑物的影响，以便及时采取保护措施。

基坑回弹观测存在的主要问题是对精度要求较严，由于回弹量相对来说较小，如误差过大就会影响到观测数据的准确性。采用辅助测杆观测时，事先必须精确测定辅助测杆的长度和线膨胀系数，需进行温度修正。如采用钢尺垂测，在观测前后应对所有钢尺进行尺长检定。

通常采用几何水准法观测基坑回弹，观测次数不少于3次，即第一次在基坑开挖之前，第二次在基坑开挖好之后，第三次在浇灌基础底板混凝土之前。

1. 回弹观测点布设

基坑回弹观测点的布设要与设计、施工、岩土工程等工程技术人员共同确定，应按基坑形状及地质条件，以最少的点数测出所需的各纵横断面回弹量为原则进行，可充分利用基坑回弹变形的近似对称性特点选择观测点。如在基坑中央、距坑底边缘约1/4坑底宽度处及其他变形特征位置必须设点；方形、圆形基坑可按单向对称布点；矩形基坑可按纵横向布点；复合矩形基坑可多向布点。地质情况复杂时，应适当增加点数。

基坑外的观测点应选在基坑内观测点方向的延长线上一定距离（一般为基坑深度的1.5～2.0倍）布置。当所选点遇到地下管道或其他构筑物时应避开，可将观测点移到与之对应方向线的空位上。在基坑外相对稳定和不受施工影响的地点，应选设工作基点（水准点）以及为寻找标志用的定位点。

2. 回弹标规格及埋设

回弹观测标如图7-33所示。其中，Ⅰ型回弹观测标由圆钢或圆管一段（其直径应小于护壁管内径)制成,长约 20cm,上端中心加工成半球状,半径 $r=15\sim20$mm,另一端沿圆钢周边加工成楔形,埋设时与钻孔护壁管合用。Ⅱ型回弹观测标(钻杆送入式标志)头部用圆钢(其直径应与钻杆相配合)一段制成,长约 10cm,顶端加工成半球状($\phi=20$mm,高 25mm),并用反丝扣方式与钻杆相接,尾部长 400～500mm 的角钢(50mm×50mm×5mm)上端焊在圆盘底部,一端削尖,圆盘中直径为 100mm,厚 18mm,由钢板加工而成,半球、丝扣接头、圆盘和角钢这 4 个部分应焊接成整体,采用钻杆输送埋设回弹标。Ⅱ型回弹观测标(直埋式标志)可用于深 10m 以内的基坑,直接用一段长约 400mm、ϕ20～24mm 的圆钢或螺纹钢,上端加工成半球状,另一端锻尖即可,埋设时结合探井(直径不应大于 1m)用。

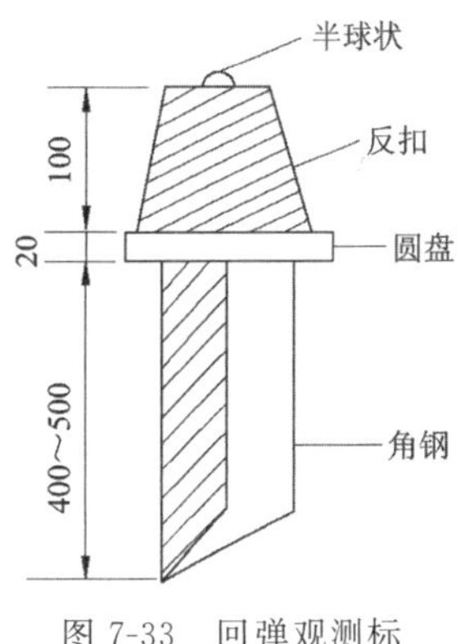

图 7-33 回弹观测标

回弹观测标埋设时,一般采用钻孔埋设。如采用Ⅱ型回弹观测标时,先用 127mm 钻头打孔,孔壁应垂直,孔口与孔底中心点偏差不能超过 5cm,保护管应下至钻孔底部。当钻孔深度达到设计坑底标高以下 20cm 时,应提起钻杆,卸下钻头,换上回弹标,打入或压入土中,使回弹观测标顶部低于基坑底标高 20cm 左右,以防开挖基坑时被破坏。当回弹观测标在指定深度埋好后,即可拧动钻杆与回弹标头脱开(回弹标与钻杆为反丝扣),提起钻杆后即可进行高程测量,测量完毕才能将套管拔出并回填钻孔。回弹观测标也可采用探井埋设,挖一口较小探井(70～80cm),井深达到基坑底部设计标高以下 10cm 将Ⅱ型回弹标直接打入井底土中,至顶端低于基坑设计标高数厘米为止。回弹观测标高程测量完毕后,井内应用白灰和素土回填。

3. 回弹观测方法和要求

回弹观测方法有辅助测杆观测法、磁锤观测法和电磁探头观测法。

(1)辅助测杆观测法。将回弹标压入孔底后,提起保护套管约 10cm,将其临时固定,并将事先准备好的辅助测杆(长度比孔深长约 30cm,顶部安装一个圆气泡水准器)下至孔底,竖立在回弹标上,保持垂直(气泡居中),再在轴助测杆上立水准尺进行高程测量。辅助测杆应在使用前各精确测定长度一次,另外应找一陡壁处立杆,用精密水准测量杆底和杆顶两点高差,并需测定测杆的线膨胀系数,需要考虑温度变化的影响,如系探井埋设回弹标,应取井口和井底两个温度读数的平均数进行测杆长度的修正。施测最好在温度变化不大时的时间段进行。

(2)磁锤观测法。此法的成孔方法和回弹标的埋设方法均与辅助测杆观测法相同。孔内重锤底面应设置磁铁块,凭借磁铁的吸力与回弹标紧密接触,用手缓慢提起重锤感觉接触情况。孔外重锤起垂直拉力的作用,当孔内重锤与回弹标接触良好时,应使重锤保持平衡;当用水准仪观测基准点与回弹标间的高差时,钢尺应保持垂直,并测量孔内温度;所用钢尺在观测前应进行尺长检定,特别是使用那一段的长度应精确测定,同时要考虑拉力、尺长、温度变化和钢尺自重的影响。采用探井埋设回弹标时,磁锤观测法可不用磁铁,而是要人下到井底监督重锤与回弹标的接触情况和测量井底温度。

(3)电磁探头观测法。此法观测装置与磁锤法相同,通电后探头产生磁力吸住回弹标顶,其质量超过孔外重锤的质量,因此钢尺被拉直。测量完毕,关闭电源前应先托住重锤,以免重锤猛然落地而造成事故。

无论采用哪种方法观测,每测3组读数为一测回,至少应测2个测回。测量精度要求各回弹点的高差误差应小于±1mm。

(二)基坑侧向变形观测

在深基坑开挖与支护工程中,必须保证支护结构和被支护土体的稳定性,防止破坏极限状态发生。破坏极限状态主要表现为静力平衡的丧失或支护结构的结构性破坏。发生破坏极限状态前,基坑侧向的不同部位上几乎都会出现较大的变形。虽然有些破坏是脆性的,从出现变形到破坏的过程时间比较短暂,但是侧向变形的观测与及时分析工作,无疑有利于采取相应的措施,在最大程度上避免破坏现象的发生。

支挡结构和被支护土体的位移过大,有可能造成邻近结构和设施的结构性破坏。例如,由于基坑附近土体位移过大,引起邻近建筑开裂;基坑的侧向位移,引起基坑侧面的管道渗漏等。这类破坏极限状态的出现,往往有一个侧向变形的过程,破坏后果也是随着侧向变形的增加而不断加重的。因此,准确及时地做好侧向位移的监测工作,依据监测信息采取相应的措施,完全可以避免或减少破坏的发生。

1. 侧向变形观测的技术要求

侧向变形的观测须满足下列技术要求:

(1)观测工作应严格按照有关的观测任务技术文件执行。这类技术文件的内容至少应该包括观测方法和使用的仪器、观测精度、测点的空间分布、观测周期等。

(2)观测数据必须是可靠的,数据的可靠性由观测的精度和可靠性来保证。

(3)观测必须及时,因为基坑开挖是一个动态的施工过程,即使是在开挖完成之后,侧向位移也是随时间变化的,只有保证及时观测才能有利于及时发现隐患问题。当外界环境因素发生变化时,观测次数也应随之调整。

(4)一般来说,对于侧向位移,应该按照工程情况预先设定预警值。当观测发现位移超过预警值时,要进一步核查位移资料的准确性,立即考虑采取应急补救措施的必要性。

(5)每个工程的侧向位移观测都有完整的图表、曲线和观测报告。

2. 侧向变形观测的方法

基坑侧向变形的观测方法多种多样,因观测的目标比较直观,实践证明在一些工地因地制宜地采用一切简易量测方法都是行之有效的。常用的方法有下列几种:

(1)肉眼巡检。很多工程实例表明,由有经验的工程师按期进行的肉眼巡检工作是一项易于被忽视而又十分有意义的工作。很多影响基坑侧向位移、不利于侧向稳定的因素,例如支护结构的施工质量、施工条件的改变、槽边堆载的变化、管道渗漏和施工用水不适当的排放,乃至气候条件的改变等,都可在巡检工作中被及时发现。此外,某些工程事故隐患,如基坑周围的地面裂缝、支护结构工作失常、邻近结构及设施的裂缝、流土或局部管涌现象更可通过巡检早期发现，使出现的问题能得到及时处理，将大大减少可能出现的事故。应特别注意的是，巡检工作应正式列入观测计划，按期进行，并保持正式的记录。

(2)光学仪器观测。这里所说的光学仪器观测方法是指工程测量方法。在建筑基坑观测中，在有条件的场地用视准线法比较简便。采用视准线法测量时，需沿欲测槽壁设置一条视准线(图 7-34)，在该线的两端设置工作基点 A、B。在此基线上沿坑壁按照需要设置若干个测点。测量时可用觇牌法或小角度法用经纬仪测出各测点横向位移。应注意的是，测量基点 A、B 须设置在距坑口一定距离的稳定地段，各测点最好设在刚度较大的支护结构上。视准线法一般只能测到支护结构和基坑顶端的位移量，需要了解测点位置沿垂直方向的位移分布情况后，可与测斜仪配合使用，即可得到该点沿槽深的总体情况。由于深基坑开挖支护工程的场地一般比较狭窄，施工障碍物较多，视准线的建立比较困难，在这种情况下可用前方交会法。前方交会法是在距坑口一定距离的稳定地段设置一条交会基线，或者设置两个或多个工作基点，以此为基准，用交会方法测出各测点的位移量。当然这种方法一般也只能测出基坑顶部的位移情况。

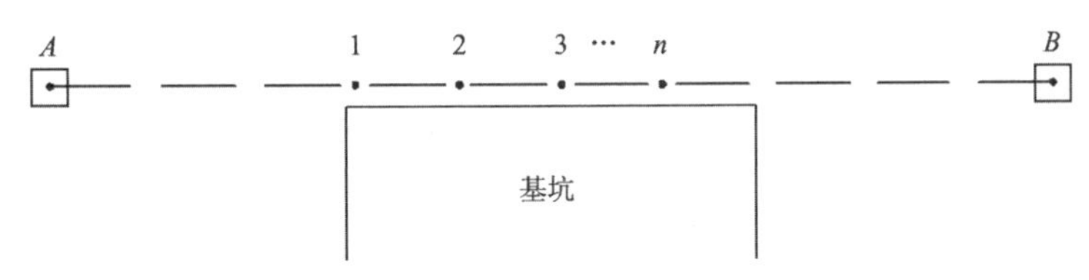

图 7-34　用视准线法测基坑顶部侧向位移

(3)测斜仪测量。测斜仪一般由测头、导向滚轮、连接电缆及读出仪器等部分组成。测量时，将测头沿埋于坑边的垂直柔性管放下，使导向滚轮置于管内的纵向定向槽中，沿槽滚动，这样就可测到一定距离内柔性管与垂直方向的倾斜角。如果该柔性管的下端已伸入到位移为零的稳定土层中时，位移便可根据倾斜角和测读点间的距离换算出来。关于柔性管的埋入要求及具体的测量方法，可按照有关的操作规程进行。

(三)侧土压力监测

侧土压力是基坑工程周围土体介质传递给围护结构的水平力，包括土体自重应力、附加应力及水压力等对围护结构的共同作用，土压力大小直接决定着围护结构的稳定性、结构的安全度及地基的稳定性。由于影响土压力的因素较多，如周围土体介质的性质及结构组成、围护结构的柔度及位移、水位变化及波浪作用、附加应力及地震力作用、施工工艺、墙背土的回填工艺、墙前土的挖除工艺以及相邻土层水平剪应力的影响等，这些影响因素给理论分析带来了一定的困难，因此仅用理论分析土压力大小及沿深度分布规律是相当困难的。从基坑工程安全及经济合理性考虑，对于重要的基坑工程，应在较完善的理论计算基础上进行必要的现场原型观测工作。

土压力是基坑工程周围土体介质、附加应力等外力与围护结构位移共同作用的综合指标，按围护结构施工方法(通常分为开挖施工，就地灌注施工及打入式施工)的影响，为全面掌握围护结构承受土压力大小及变化规律，应对以下内容进行观测：①静止(包括挤压应力变化)、主动及被动土压力;②围护结构的位移,主要为转动及沿深度各点的水平位移;③拉锚(或顶撑)结构拉力(或顶撑压力),支撑结构内力;④水压力,主要为静水压力,超静水压力,浸润线及波浪力。

设计前应具备的资料:围护结构特点;周围介质的性质及作用条件;周围附加应力大小及作用条件;施工荷载大小及作用条件;与围护结构有关的回填及挖除工艺;施工及使用期间水位变化及波浪作用特征;围护结构设计理论分析的有关内容,如:土压力计算基本图式及边界条件,土性计算指标及有关参数选择,围护结构的安全度及整体稳定安全度,围护结构的允许沉降、水平位移及转角。

土压力现场原型观测设计原则:应符合荷载与围护结构的相互作用关系;应反映各特征部位(拉锚或顶撑点、滑体破裂面底部、反弯点及最大变形点)及围护结构沿深度变化规律。

主动土压力和被动土压力与土体介质特性、特征点的位置、滑体底部的摩擦力及围护结构的变形紧密相关,应进行全深多点观测。一般情况下,观测点的布置可参照图7-35。

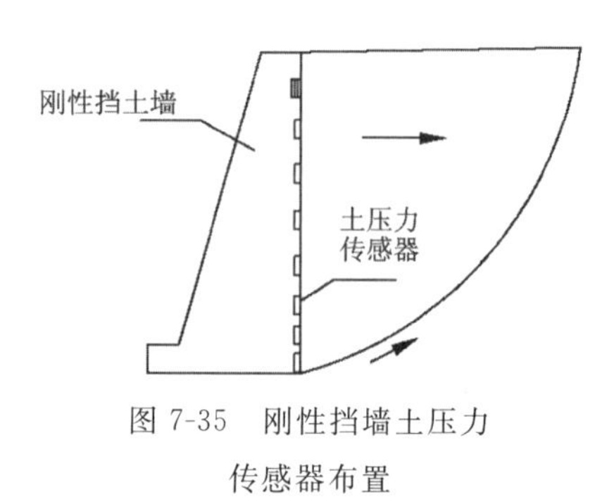

图 7-35　刚性挡墙土压力传感器布置

拉锚或顶撑点的受力在结构设计中比较明确,属单点观测,应按要求布置。一般情况下,为分析观测断面土压力变化规律,应在观测断面两侧各布置一个观测点,顶撑压力观测点应根据开挖深度及顶撑数量确定。

工程中使用较广泛的压力传感器是土压力盒。目前使用的土压力盒,按盒体构造分为单膜压力盒和双膜压力盒。用土压力盒可以测量围护结构与土体接触表面的压力,通过对土压力的观测,了解围护结构或支撑结构的工作状态,验证应力分布的理论,检算假设前提和计算公式的可靠程度以提供设计依据。从土压力测量的原理上看,主要采用电测法,即主要采用电测传感元件测量土压力,它们又可分为电阻应变计式、变磁阻式及振弦式等。这些传感方式按传递转换的特性大体可分为两类:一类是将非电量的压力变化转变为电量(电阻、电感或电容等)的变化,通称调幅型;另一类则是将非电量的压力变化转变为频率的变化,称为调频型。

(四)孔隙水压力监测

地基土中孔隙水压力的变化与地基所受到的应力变化和地下水的排水条件密切相关,孔隙水压力是影响基坑边坡稳定的重要因素,施工中应有效地监测其变化。

土是三相体,由骨架(矿物颗粒)、液体(水)、气体组成。饱和土在外力作用下的总应力由土骨架的粒间应力(有效应力)和孔隙水所承担的孔隙水压力所承担,计算公式如下:

$$\sigma = u + \bar{\sigma} \tag{7-26}$$

式中:σ 为土中某点总应力(kPa);u 为土中某点孔隙水压力(简称孔隙压力)(kPa);$\bar{\sigma}$ 为土中某点的有效应力(kPa)。

式(7-26)即为有效应力原理的数学表达式。由于直接测量土中有效应力很困难,因此可以通过测量土中的总应力与孔隙压力推算有效应力，这样孔隙压力的研究与实测也就得到了发展。

孔隙压力可按三轴试验的结果，由下式计算：

$$u = B[\sigma_3 + A(\sigma_1 - \sigma_3)] \tag{7-27}$$

式中：σ_1 为土中某点的最大主应力(kPa)；σ_3 为土中某点的最小主应力(kPa)；A、B 为由三轴试验得到的孔隙压力系数。

在实际工程中如能实测土中某一点的孔隙压力，则更符合实际情况。孔隙压力的测量可应用于固结计算及有效应力法的稳定性分析，具体用于堆载预压的施工速率控制、沉桩施工基坑开挖等的施工监测中。

孔隙水压力计(或称孔隙压力计、孔压计)的基本工作原理是把多孔元件放置在土中，使土中水连续通过元件的孔隙(透水后)，把水收集在一个容器中，再测量容器中水的水位或水压力，即可测出孔隙压力。

孔隙压力计应符合如下要求：①能准确测得土中的孔隙压力，不论是正的还是负的(吸力)，误差在已知和允许范围内；②在天然土中埋设孔压计时，对土的扰动最小；③对孔隙压力变化的反应迅速；④坚固可靠，长期稳定性好。

为了增加测量系统内的压力，不论何种孔隙压力计都要有一定量的水从土中流入元件，这会使仪器不能立即显示孔隙压力的变化。因为土的渗透性是有限的，在地下水压力变化和孔隙压力计显示这个压力之间有一个时间差，这个时间差越小，孔压计的反应就越迅速。

1. 孔隙水压力计

目前国内外所使用的孔隙水压力计的种类很多，但在我国常用的孔隙水压力计主要为双管液压式(SKY)、钢弦式(GKD)及电感调频式(BSY)，它们的工作原理见表 7-4。

表 7-4 孔隙水压力计工作原理

类别	工作原理
双管液压式(SKY)	常用的为封闭双管液压式，工作原理：当地基土中的孔隙水压力透过滤水石及传导管至零位指标器时，水银面发生变化，用活塞调压筒调节压力使水银面回到起始位置，则应力表所示的压力值就是测读的孔隙水压力值，经计算可得地基土中的孔隙水压力值
钢弦式(GKD)	当地基土中的孔隙水压力透过滤水石作用在变形膜上时，膜片将发生挠曲变形，使孔隙水压力的变化转化为机械量的变化。钢弦的一端固定在支架上，另一端固定在变形膜片中心，钢弦的作用是将变形的挠曲变形所引起的钢弦应力转化为弦的自振频率变化，通过线圈接收并输送到接收仪上测读
电感调频式(BSY)	当地基土中的孔隙压力透过滤水石进入感压腔作用于传感单元的弹磁膜片上时，膜片变形，使磁路气隙、磁阻和线圈电感发生变化，从而改变了 L-C 振荡电路的输出信号频率。正压作用时，膜片向内变形，气隙减小，磁阻减小，电感增大，频率上升；负压作用时，膜片向外变形，气隙增大，磁阻增大，电感减小，频率下降

(1)孔隙水压力的率定。每个孔隙水压力计在埋设之前均应进行率定,以求得压力计的标定系数(k)及零点压力下的频率值(f_0)。有些压力计在出厂时提供标定系数及零点压力下的频率值。由于埋设的气压气温等环境条件与率定现场不同,零点压力的频率值(f)可能会出现漂移现象,故在压力计埋设之前,需重新测得零点压力下的频率值。

(2)孔隙水压力计的选用。双管液压式能较直观地得到孔隙水压力的数据,但是操作较为繁琐,受气候的影响较大;钢弦式和电感调频式操作较为简单,受气候的影响较小,但需进行动态观测。

(3)孔隙水压力观测的仪器设备。主要由两部分组成,即压力计和测读器。压力计是受压的部分,由锥头、滤水石、承压部件、传压(管)线组成。双管液压式压力计的测读器是零位计、调压筒和压力表直接测读孔隙水压力值;钢弦式和电感调频式压力计的测读器是由数字显示频率仪测得频率值的,经换算求得孔隙水压力值。

2. 孔隙水压力计的埋设

孔隙水压力计埋设时,首先要根据埋设压力计的深度、孔隙水压力的变化幅度以及大气降水可能会对孔隙水压力造成的影响等因素,确定埋设孔隙水压力计的量程,以免造成孔隙水压力超出量程范围,或是量程选用过大,影响测量精度,且应将滤水石洗净、排气,避免由于气体造成所测的孔隙水压力值错误。其次应备足直径为 1～2cm 的干燥黏土球,黏土的塑性指数 I_p 不得小于 17,最好采用膨润土,以供封孔使用。此外,应备足纯净的砂作为压力计周围的过滤层,以及计算所需的管长度或电缆长度。

孔径大小原则上要求与压力计的直径相同,一般采用 ϕ91mm 或 ϕ108mm 的钻具成孔。原则上不得采用泥浆护壁工艺成孔,如采用泥浆护壁的工艺,在钻孔完成之后须用清水洗孔,直至泥浆全部清除。孔隙水压力计的安装与埋设均须在水中作业,滤水石不得与大气接触,一旦与大气接触须重新排气。

孔隙水压力计的埋设方法一般有以下 3 种:

(1)压入法。如果土质较软,可将压力计缓缓压入埋设深度。若有困难时,可先成孔至埋设深度以上 1m 处,再将压力计压入土中,上部用黏土球将孔封好。

(2)钻孔埋设法。在埋设处用钻机成孔,达到埋设深度之后,先在孔内填入少许纯净砂,将压力计送入埋设位置,再在周围填入部分纯净砂,然后上部用黏土球封孔。

(3)设置法。采用其他方法将压力计设置于预定的深度,此方法主要用于探井或填土内设置孔隙水压力计。

采用以上 3 种方法中的任何一种都不可避免地会改变地基土中的孔隙水压力,为了减小对所测的孔隙水压力值的影响,最好在施工前较早地埋好压力计。

封孔要求使用干燥黏土球。封孔时应从压力计埋设处一直封至孔口,如在同一钻孔中埋设多个探头,则封至下一个压力计埋设的深度。需注意的是,每个压力计之间的间距不得小于 1m,且一定要保证封孔质量,避免水压力的贯通;在地层的分界处也应注意封孔的质量,避免上下层水压力的贯通。孔隙水压力计引出的管接头或电缆应做好保护工作,避免在施工中损坏。

二、基坑工程信息化施工

由于工程地质条件及施工环境条件变化复杂，目前基坑工程定量设计计算还不是十分精准，计算结果只是一个接近实际的近似的数值，因此基坑工程监测十分重要。尤其是对于大型复杂工程，基坑监测是设计者的“护身符”。

在基坑施工过程中，根据定期监测得到的信息，与原来设计计算结果比较，并反演计算参数，根据反演计算参数重新分析计算，必要时适当修改设计或施工步骤，再继续施工和监测，如此一次一次地反复，一次一次地趋于正确，这就是反分析法或信息化施工。信息化施工的实质是以施工过程的信息为纽带，通过信息收集、分析、反馈等环节，不断地优化设计方案，确保基坑开挖安全可靠而又经济合理。基坑设计中，常常会遇到以下问题：

(1)在常规设计中将侧土压力作为已知外荷条件求解结构内力，实际上它是整个围护结构与土相互作用系统中的未知变量，具有显著的模糊性，会引起包括方案选择等一系列设计与实际工程产生较大偏差。

(2)施工中非规律性和突发因素干扰十分突出，形成了多变的作业姿态，因此，固定荷载的锚护结构设计是难以与实际相符合的。

(3)由于城市密集建筑群和管网、交通等问题，深基坑护坡安全与环境的关系日益严峻。根据已有资料，造成相邻建筑、道路下沉开裂，甚至不能正常使用的情况，占高大护坡工程的20%，尤其在高地下水位的软土地区内。造成此种结果的主要原因在于设计预测不准、计算偏差和对施工缺乏有效控制。

因此，基础工程应采用信息化施工方法，转换设计观念，强化设计与施工的关系，充分利用计算机与现代测试技术，形成新的设计施工体系，以提高工程质量和施工安全保障。

1. 动态设计

常规设计是在空域内对工程目标进行静态设计，往往局限于平面问题的简化分析计算，动态设计是在空域和时域内对工程目标进行设计。这里所指的时域，不仅包括在常规设计期间内进行的预测分析，而且包括随施工过程，结合信息施工技术进行的信息反馈处理。施工信息反馈这一重要环节，将设计与施工过程密切结合起来，从而扩展了设计范畴，充实了设计内容，完善和提高了设计质量。

动态设计应包括以下内容：①设计工程目标方案优化；②动态设计计算模型；③预测分析与可靠性评估；④施工跟踪监测系统；⑤控制与决策。

预测分析是动态设计的重要步骤，包括运行状态预测、风险性预测、效益优化预测，着重于支护结构、土体和相邻建筑的运行状态预测。变形预测则是预测的主要项目，它主要对不同施工阶段、不同施工措施的规律性因素或突发性因素进行综合的或单目标的预测分析，如随开挖深度增加，不同阶段施加预应力锚杆产生的变形是否满足控制变形量的预测与优化分析，又如在有相邻建筑条件下，护坡桩加角支撑体系、开挖深度、支撑受力状态与整个体系稳定性的综合预测分析。预测分析的关键在于建立较符合实际工程情况的动态设计计算模型、相应的结构构件及土体应力应变关系模型、反映相互作用的接触点和面的拟合模式以及上述模型的各种计算参数。

由于计算模型是一种逼近实际的拟合，而且是主要方面和主要因素的拟合，因此模型输出的数据系列是一种趋势预测，因为其计算结果不具唯一性，真实性和可靠性需要通过另一过程予以改善和提高，这一个过程这就是施工信息跟踪和信息反馈监测系统。由监测系统得到的时域和空域的大量信息，通过整理分析输出跟踪信息数据系列，是作为动态设计计算模型输出结果的约束集。换言之，信息反馈必将识别原预测分析的拟合精度，在不变动模型的条件下，将边界和计算参数作为可调集；欲寻求更好的拟合精度，应将可调集在允许范围内变动，再次拟合，这样就形成了一个逐次逼近的过程，这一过程恰恰与施工监测系统信息跟踪与信息反馈过程一致，这种拟合对原预测分析进行修正，进一步提供体系运行状态，对可能出现的突发性事件提出风险预测与可靠性评估，对尚未完成的施工任务提出调整和优化措施等决策，构成了一个新的设计系统优化动态设计法。

动态设计法包括了信息跟踪与信息反馈，而这些又必须通过现场监测系统完成，这一部分即为信息施工技术。可见动态设计与信息施工技术是不可分割的整体。对采集数据应及时进行初步整理，并绘制各种测试曲线以便随时分析与掌握支护结构的工作状态，对测试失误原因进行分析，及时改进与修正。信息的反馈主要通过计算机输入初步整理的数据，用预测程序进行系统分析。经过信息处理，定期发布监测简报，若发现异常现象，预示潜在危险时应发布应急预报，并迅速通报施工设计部门进行研究，对出现的各种情况作出决策，采取有效的措施，不断完善与优化下一步设计与施工，使动态设计始终处于空域和时域当中。

2. 信息采集与反馈系统

信息采集系统是通过设置于支护结构体系及与其相互作用的土体和相邻建筑物中（或周围环境）的监测系统进行工作的，可获取如下信息：支护结构的变形、支护结构的内力、土体变形、土体与支护结构接触压力、锚杆变形与应力、相邻建筑变形与开裂、地下水的变化。信息采集系统包括质量控制系统和监测系统两部分，对锚杆的质量控制主要是通过材料试验与现场张拉试验、拉拔试验等进行验证。

监测项目如下：①变形监测。包括桩（墙）身侧向位移观测、桩顶竖向沉陷观测、水平位移观测、相邻建筑及地面等沉降与水平位移观测、土体变形（回弹、沉陷、开裂）观测；②支护结构应力监测。包括钢筋应力观测、混凝土应力观测、锚杆浆体应变观测、锚杆应力观测、土压力监测、水压力与超静水压力监测、环境（气象、水文、振动等）监测。

如上所述，变形量既是支护结构物设计要求控制的指标，又可反映基坑开挖过程支护结构与土体相互作用的应力调整状况，同时可对各种突发性事件的发生或锚护体系的可能破坏与失稳提供了前兆信息。因此，变形量的观测不仅敏感性高，而且更为直观，是不可忽视的重要测试项目。

监测系统的布置应以工作量最少、费用最低而获取信息量最多为原则。监测系统的合理设置是选取有代表性的测试剖面，确定有效的测试项目，并选择可靠的测试元件。

第八章 托换技术

第一节 概 述

一、托换技术方法分类

托换技术是指解决原有建筑物地基需要处理、加固的问题和解决原有建筑物基础下需要修建地下工程以及需要建造新工程而影响到原有建筑物安全等问题的技术总称。凡进行托换技术的工程称为托换工程。根据实际工程对托换的要求不同，托换技术包括下述 3 种不同类型：①因既有建筑物的地基土未满足地基承载力和变形要求，而需进行地基处理基础加固者，称为补救性托换。②因既有建筑物基础下需要修建地下工程，或因邻近需要建造新建工程而影响既有建筑物的安全时而需进行托换者，称为预防性托换。如托换方式平行于既有建筑物而修建比较深的墙体者，称为侧向托换。③在新建的建筑物基础上设计预留好顶升位置，以便事后设置千斤顶，从而调整地基差异沉降者，称为维持性托换。

托换技术按加固机理分类如表 8-1 所示。

表 8-1 托换技术按加固机理分类表

基础扩大托换		
坑(墩)式托换		
桩式托换	压入桩托换	顶承式静压桩托换
		自承式静压桩托换
		锚杆静压桩托换
	预测制托换	
	灌注桩托换	
	树根桩托换	
	灰土井墩托换	
	灰土桩托换	石灰桩托换
		灰土桩托换
		灰砂土桩托换

续表 8-1

灌浆托换	硅化灌浆托换	
	水泥灌浆托换	
	碱液灌浆托换	
	高压喷射灌浆托换	
纠偏托换	加压纠偏	堆载加压纠偏
		锚桩加压纠偏
	掏土纠偏	
	顶升纠偏	
	浸水纠偏	
其他托换	基础减压或加强强度托换	
	热加固托换	
	套筒法托换	
	振动法托换	
	桩与承台共同受力托换	
	结构物的迁移托换	

结构物的迁移则是指将既有建(构)筑物的旧基础切断而转移到一个可移动的结构支承系统上,然后将它迁移到别处新的永久性基础上。国外也将结构物的迁移归入托换技术的范畴。迁移费用一般较高,通常是由于历史或其他特殊的原因才会对一个建(构)筑物进行迁移。

二、托换施工前地质环境条件调查

在制订托换设计和施工方案前,需周密地进行调查研究,主要包括以下几个方面:

(1)建筑物损坏程度的判别。建筑物损坏程度的判别见表 8-2、表 8-3。

(2)工程地质和水文地质条件。要求查清持力层、下卧层和基岩的性状与埋深,地基土的物理力学性质,地下水位的变化侵蚀性和补给的情况,特别要查明地基土的不均匀性,有必要时还需对地基进行复查和补勘。

(3)被托换建筑物的结构、构造和受力特性、基础形式、建筑物各部分沉降大小及其沉降速率、结构物的破坏情况和原因分析。

(4)周围环境、地下管线和邻近建筑物在托换施工时和竣工后可能产生的影响。如预估的施工周期较长,就必须充分考虑由此产生的季节性变化而引起的温度和雨雪的影响;挖土后土层卸载和基坑排水而引起的影响;一些临时性的支护结构的可靠性等问题。

由于托换工程是一项高难度的设计和施工技术,为了确保工程质量的安全,加快施工进度,加强施工监测工作是科学化和信息化施工的重要一环,它在很大程度上决定着工程的成败。监测工作的内容包括建筑物的沉降、倾斜和裂缝观测，地面沉降和裂缝观测；地下水位变化观测等。

托换技术需要应用各种地基处理与基础加固技术，由于地质条件、结构情况、环境影响和施工条件的不同，一个特定的托换工程可能有多种不同的托换技术措施，有时需因地制宜、巧妙而灵活地综合运用这些技术方法，达到托换的目的。

表 8-2　建筑物损坏程度判断表

损坏程度	损坏特征描述	裂缝宽度/mm
非常轻微	宽度小于 0.1mm 的发丝裂缝可不予考虑	＜0.1
	一般装修时容易解决的细小裂缝	＜1.0
	建筑物上产生个别细小裂缝	
	外砖墙在近距离才能见到的细小裂缝	
轻微	建筑物裂缝容易填充，或需要再装修	＜5.0
	在建筑物内部有一些细小裂缝	
	在建筑物外部有裂缝或需要勾缝，以保证不透风雨；或门窗可能关闭不灵	
中等	需要将裂缝凿开，用砖块修补	5～15mm 或有很多宽度大于 3mm 的裂缝
	经常发生裂缝可采用墙面涂料	
	外砖墙需要勾缝和少量砖块需要更换	
	门窗卡住，水管煤气管断裂，墙面透风雨	
严重	需拆除和更换部分墙段，尤其是门窗的上部	15～25mm，但亦取决于裂缝的多少
	门窗外框扭曲，楼板明显倾斜，墙体倾斜和明显鼓胀，梁端承压面积取有些减小，水管煤气管断裂	
非常严重	需要部分和全部修建，梁端承压面积减小，端体严重倾斜需要支撑，窗因扭曲而断裂建筑物面临失稳危险	

表 8-3　建筑物损坏程度判断表

裂缝宽度/mm	损坏程度			对结构和建筑物使用的影响
	住宅	商业及公共设施	工业建筑	
＜0.1	不考虑	不考虑	不考虑	没有影响
0.1～0.3	非常轻微	非常轻微	不考虑	
0.3～1.0	轻微	轻微	非常轻微	影响美观，加速墙面风化
1.0～2.0	轻微—中等	轻微—中等	非常轻微	

续表 8-3

裂缝宽度/mm	损坏程度			对结构和建筑物使用的影响
	住宅	商业及公共设施	工业建筑	
2.0～5.0	中等	中等	轻微	结构危险性增加
5.0～15.0	中等—严重	中等—严重	中等	
15.0～25.0	严重—非常严重	中等—严重	中等—严重	
>25.0	非常严重—危险	严重—危险	严重—危险	

第二节　托换施工技术方法

一、基础扩大托换法

在既有建筑物或改建加层工程中，建筑物常因基底面积不足导致地基承载力和变形不满足要求而开裂或倾斜，这时一般常用基础扩大托换法，即采用混凝土套或钢筋混凝土套加固基础。

在采用混凝土套加固基础时，要注意以下几点：①基础加大后应满足混凝土刚性的要求；②通常应将原墙凿毛，浇水湿透，并按 1.5～2.0m 长度划分成许多单独区段，错开时间进行施工，决不能在基础全长挖成连续的坑槽和使全长上地基土暴露过久，以免导致饱和土浸泡软化从基底下挤出，使基础随之产生很大的不均匀沉降；③在基础加宽部分两边的地基土上，进行与原基础下同样的原土压密施工和浇筑素混凝土垫层；④为使新旧基础牢固联结，应将原有基础凿毛并刷洗干净，可在每隔一定高度和间距处设置钢筋锚杆；⑤可在墙脚或圈梁处钻孔穿钢筋，再用环氧树脂填满，穿孔钢筋须与加固筋焊牢(图 8-1)。

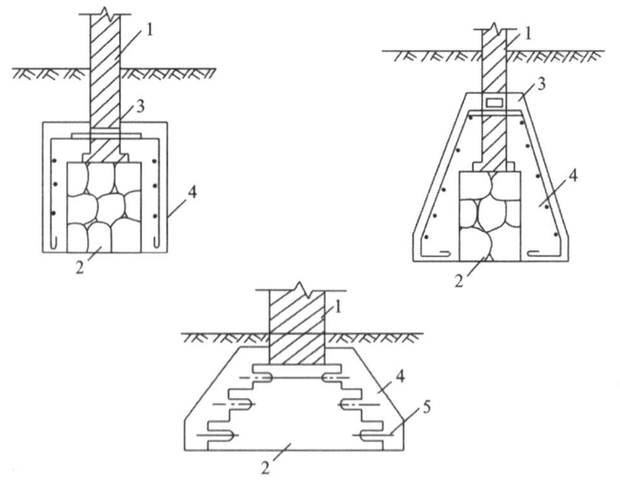

图 8-1　条基的双面加宽

1-原有墙身；2-原有墙基；3-墙脚钻孔穿钢筋，用环氧树脂填满再与加固筋焊牢；4-基础加宽部分；5-钢筋锚杆

当原基础承受中心荷载时，可采用双面加宽基础(图 8-2)；当原基础承受偏心荷载或受相邻建筑基础条件限制处于沉降缝处或为不影响室内正常使用时，可在单面加宽原基础(图 8-3)，亦可将柔性基础加宽改为刚性基础(图 8-4)，条形基础扩大成片筏基础(图 8-5)。

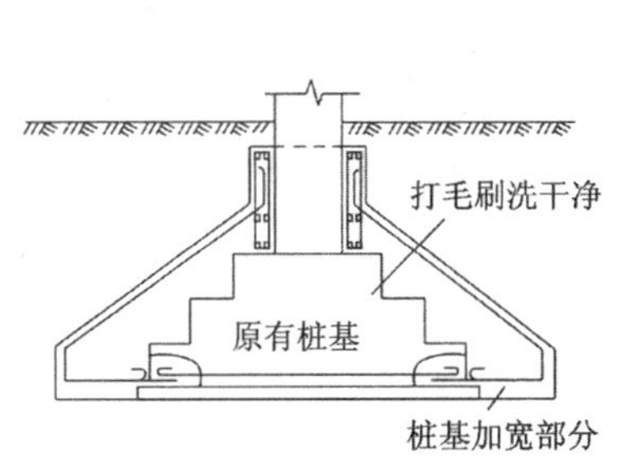

图 8-2　柱基的双面加宽

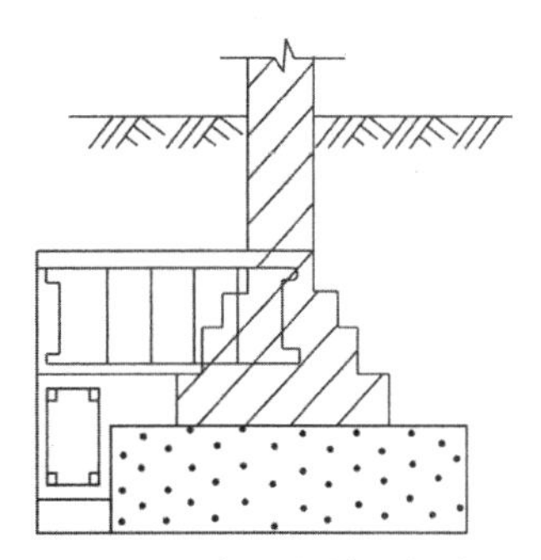

图 8-3　条基的单面加宽

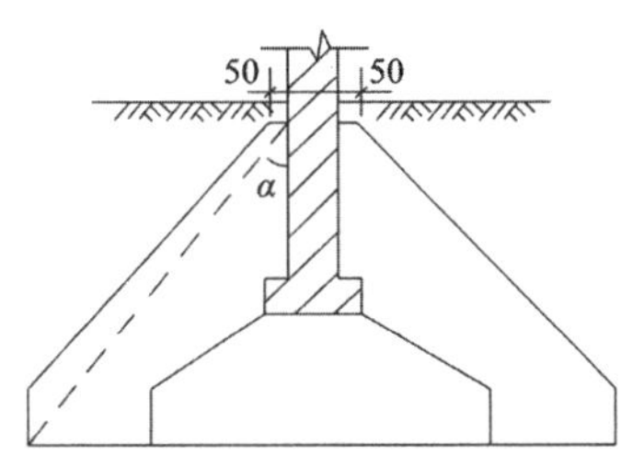

图 8-4　柔性基础加宽改成刚性基础

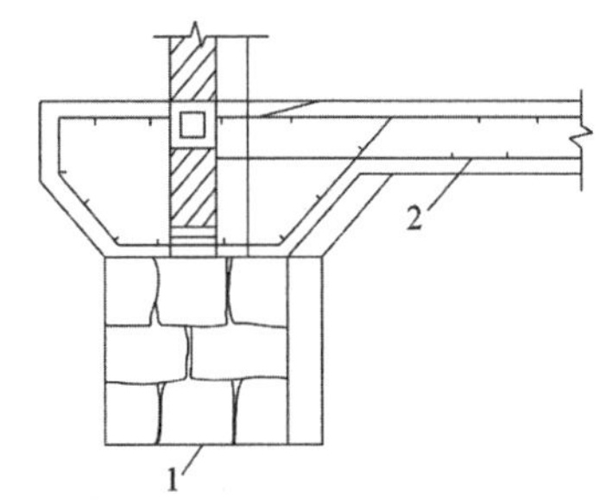

图 8-5　条形基础扩大成片筏基础

1-原基础；2-扩大部分

二、坑式托换法

在既有建筑物或改建工程中，由于基底面积不足而使地基承载力和变形不满足要求的，除采用基础扩大的方法外，尚可采用坑式托换法，即将基础坐落在较好的持力层上，以满足设计规范的地基承载力和变形要求。

1. 施工步骤

(1)在贴近被托换的基础前面，由人工开挖一个 1.2m×0.9m 的竖向导坑区段，直挖到比原有基底面下再深 1.5m 处(图 8-6)。

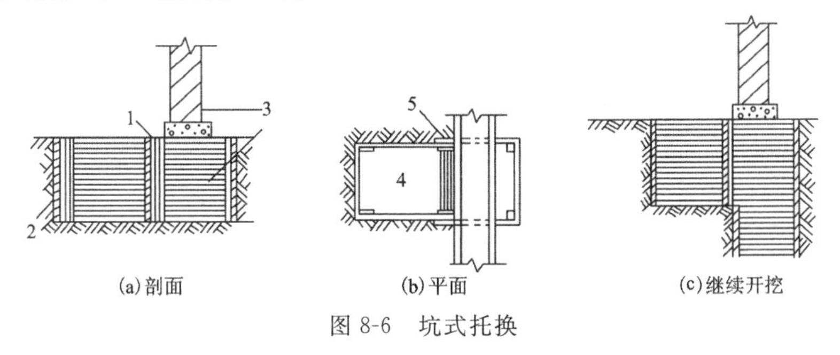

图 8-6　坑式托换

1-嵌条；2-横向挡板；3-直接在基础下挖坑；4-竖向导坑；5-挡板搭接

(2)再将竖向导坑朝横向扩展到直接的基础下面，并继续在基础下面开挖到要求的持力层标高。

(3)采用现浇混凝土浇筑已被开挖出来的基础下的挖坑体积，但在离原有基础底面80mm处停止浇筑，待养护1d后，再将1∶1的水泥砂浆塞进80mm的空隙内，用铁锤击短木，使填塞的砂浆得到充分捣实成为密实的填充层，这种填实的方法国外称为干填。由于这一层厚度很小，实际上可视为不收缩层，因此不会由此而引起附加收缩变形。有时也可通过漏斗注入液态砂浆，并在砂浆上保持一定的压力直到砂浆凝固结硬为止，如采用早强水泥，可同时加快施工进度。

(4)重复以上步骤，分段分批挖坑和修筑墩子，直到全部托换基础工作完成为止。由于最后由基础将力传递给新浇筑的混凝土墩子，这种方法亦称墩式托换。

(5)在基础下直接开挖小坑，对许多大型建筑物的基础进行托换时，由于墙身内应力的重新分布，开挖小坑时，不需要在原有基础下加临时支撑，即在托换支承构件前，局部基础下短时间内没有地基土的支承可以认为是允许的。但切忌相邻基础同时施工，凡开挖区段托换一开始，就要不间断地进行施工，直到该区段结束为止。

(6)在开挖过程中由于土拱作用，作用在坑内挡板上的荷载大为减少，且土压力的深度将不随深度的增加而增加，故所有坑壁都应用50mm×200mm的横向挡板，并可边挖边建立支撑，横向挡板间还可相互顶紧，再在坑角处用50mm×100mm的嵌条钉牢。

(7)在墩式基础施工时，基础内外两侧土体高差形成的土压力足可以使基础产生位移，故需提供类似挖土时的横撑、对角撑或锚杆。因为墩式基础不能承受水平荷载，侧向位移会导致建筑物的严重开裂。

2. 设计要点

(1)混凝土墩可以是间断的，也可以是连续的，主要取决于被托换加固结构的荷载和坑下地基土的承载力值大小。进行间断的墩式托换应满足建筑物荷载条件对坑底土层的地基承载力要求。当间断墩的底面积不能对建筑物荷载提供足够支撑时，则可设置连续墩式基础，施工时应首先设置间断墩以提供临时支撑。当开挖间断墩间的土时，可先将坑的侧板拆除，再在挖掉墩间土的坑内灌注混凝土，同样再进行干填砂浆后就形成了连续的混凝土墩式基础。由于拆除了坑侧板后，坑的侧面很粗糙，可起键的作用，故在坑间不需另作楔键。

(2)德国工业标准(DIN4123)规定：当坑井宽度小于1.25m、坑井深度小于5m、建筑物高度不大于6层、开挖的坑井间距不得小于单个坑井宽度的3倍时，允许不经力学验算就可在基础下直接开挖小坑。

(3)如基础墙为承重的砖石砌体、钢筋混凝土或其他的基础梁时，对间断的墩式基础，该墙基可从一墩跨越至另一墩。如发现原有基础的结构构件的抗弯强度不足以在间断墩间跨越，则有必要在坑间设置过梁以支承基础。此时，可在间隔墩的坑边作一凹槽，作为钢筋混凝土梁、钢梁或混凝土拱的支座，并在原来的基础底面下进行干填。

(4)国外用坑式托换大的柱基时，可将柱基面积划分成几个单元进行逐坑托换。单坑尺寸视基础尺寸大小而异，但在托换柱子而不加临时支撑的情况下，通常一次托换不宜超过基础支承面积的20%。由于柱子的中心处荷载最为集中，这就有可能首先从角端处开挖托换的墩。

(5)坑式托换适用于土层易于开挖、开挖深度范围内无地下水或采取降低地下水位措施较为方便者。因为它难以解决在地下水位以下开挖后会产生土的流失问题，所以坑式托换深度一般不大，且建筑物的基础最好是条形基础，亦即该基础可在纵向上对荷载进行调整，起梁的作用。坑式托换的优点是费用低、施工简便，施工期间仍可使用建筑物。缺点是工期较长，由于建筑物的荷重被置换到新的地基土上，被托换的建筑物将产生一定的附加沉降，这是不能完全避免的。

三、桩式托换法

桩式托换是采用各种桩型进行托换的总称，因而内容十分广泛，目前常用的桩式托换方法有静压桩、打入桩、灌注桩和树根桩。

(一)静压桩

静压桩是采用静压方式进行沉桩，有顶承静压桩、自承静压桩、锚杆静压桩和预制桩4种形式。

1. 顶承静压桩

顶承静压桩亦称压入桩，自1981年呼和浩特市开始使用以来，太原、宣化、邯郸等地随后多栋危房托换和加层加固也获得成功，它的施工步骤如下：

(1)在柱基或墙基下开挖竖坑和横坑，施工方法同坑式托换。

(2)根据设计荷载，使用直径为300～450mm的开口钢管(也可采用0.2m×0.2m的预制钢筋混凝土方桩)，用设置在基础底面下的液压千斤顶将钢管压进土层，此时液压千斤顶的荷载反力即为建筑物的重量。钢管可截成约1.0m长的若干段，在钢管间连接处用特制的套筒接头。当桩很长或土中有障碍物时，这些接头才需焊接；如采用预制方桩，则其配筋与一般预制方桩相同，底节桩可设计成带有锥角的形状。

(3)当钢管顶入土中时，每隔一定时间可根据土质的不同，用取土工具将土取出，也可用射水吸泥的方法来排土，但此时施工应当小心，以免坑周土软化，不应在低于管端处射水，以防土的流失。如遇漂石，必须用锤破碎或用冲击钻头钻除，决不能进行爆破。

(4)交替顶进、清孔和接高，直至桩尖到达设计深度为止。

(5)当桩达到要求的深度并已清孔到管底时，如管中无水，则可在管中直接灌注混凝土；如管中有水，则管底可用一个“砂浆塞”加以封闭，待砂浆结硬后将管中的水抽干，再在管内灌注混凝土并振捣密实。

(6)将桩与既有基础梁浇灌在一起，形成整体连接以承受荷载。

2. 自承静压桩

自承静压桩利用静压桩机械加配重作反力，通过油压系统，将预制桩分节压入土中，桩身接头可采用硫磺砂浆连接。

3. 锚杆静压桩

锚杆静压桩是锚杆和静力压桩结合形成的一种桩基工艺，适用于新旧建筑物的基础加固和托换。它是通过在基础上埋设锚杆固定压桩架（图 8-7），利用建筑物的自重荷载作压桩反力，用千斤顶将预制桩段从基础中预留或开凿的压桩孔（图 8-8）内逐段压入土中，再将桩与基础连接在一起，从而达到提高基础承载力和控制沉降的目的，迅速起到托换加固的效果。

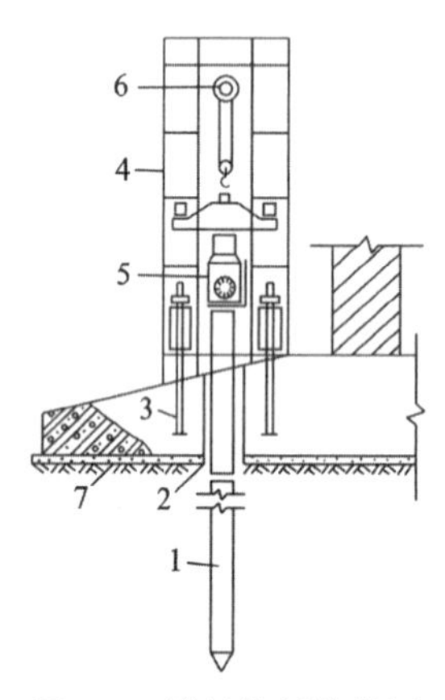

图 8-7　锚杆静压桩装置

1-桩；2-压桩孔；3-锚杆；4-反力架；5-千斤顶；5-电动葫芦；6-滑轮；7-基础

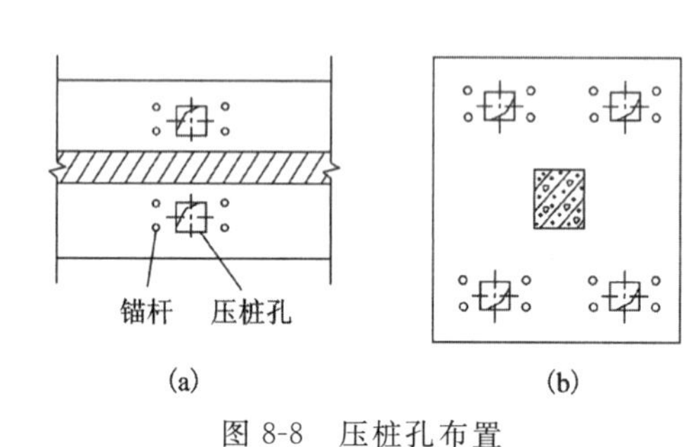

图 8-8　压桩孔布置

(a)墙下条形基础承台；(b)独立柱基础承台

锚杆静压桩具有施工机具轻便灵活、施工方便、作业面小、可在室内施工、无振动、无噪声、无污染、施工时不停产和不搬迁等优点，适用于粉土、黏性土、人工填土、淤泥质土、黄土等地基土（一般要求静力触探比贯入阻力 P_s＜80MPa）的基础托换工程或新建多层建筑、中小型构筑物和厂房的地基处理。它特别适用于在以下情况下进行基础托换或地基处理：①地基不均匀沉降引起上部结构开裂或倾斜；②建筑物加层或厂房扩大；③在密集建筑群中或在精密仪器车间附近建造多层建筑物；④新建建（构）筑物需采用桩基，但不具有单独的打桩工期；⑤桩基工程事故处理。锚杆静压是由冶金部建筑研究总院于 1982 年开始研究，并研制了YJ-50型压桩机，此法目前在国内各省市已广泛得到应用。锚杆静压桩施工要点如下：

（1）桩孔和锚杆的施工。先在被托换的基础上施工压桩孔和锚杆孔，然后埋置锚杆。压桩孔一般应布置在墙体的内外两侧或柱子四周，并尽量靠近墙体或柱子，压桩孔的形状可做成上小下大的截头锥形（图 8-9），以利于基础承受冲剪。锚杆埋深可通过计算确定，一般为锚杆直径的 10 倍，锚杆可采用前面直杆端部全墩粗或大直径胀锚螺栓等形式。

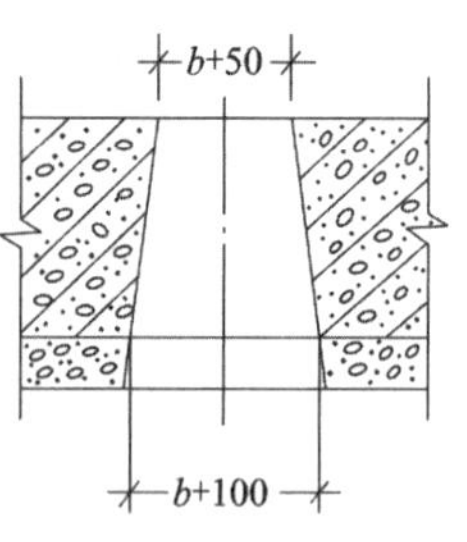

图 8-9　压桩剖面

b. 压桩断面尺寸

（2）压桩。压桩时可采用手动或电动千斤顶，加压时应对称进行，防止基础受力不平衡。在压桩施工过程中，桩段就位必须保持垂直，使千斤顶与桩段轴线保持在同一垂直线上，不得偏压。桩顶应垫 30～40mm 厚的木板或多层麻袋，套上钢桩帽再进行压桩。施工期间，压桩力总和不得超过该基础及上部结构所能发挥的自重，以防止基础上抬造成结构破坏。压桩施工不得中途停顿，应一次到位。如不得不中途停顿时，桩尖应停留在软土层中，且停歇时间不宜超过24h。

(3)接桩。采用硫磺胶泥接桩时，上节桩就位后应将插筋插入插筋孔内，待检查重合无误、间隙均匀后，将上节桩吊起100mm，装上硫磺胶泥夹箍，浇注硫磺胶泥，并立即将上节桩保持垂直放下。接头侧面应平整光滑，上下桩面应充分黏结。待接桩中的硫磺胶泥固化后，才能开始压桩施工。当环境温度低于5℃时，应对插筋和插筋孔作表面加温处理。硫磺胶泥的重量配合比(硫磺：水泥：粉砂：聚硫橡胶)为44：11：44：1。熬制时温度应严格控制在140～145℃范围内，浇注时温度不得低于140℃。新浇注的硫磺胶泥接头应有一定时间进行冷却，一般与环境温度有关，停歇时间为4～15min。硫磺胶泥主要物理力学性能见表8-4。采用焊接接桩时，应清除表面铁锈，进行满焊，确保焊接质量。硫磺胶泥接头用于承受垂直力，焊接接头可用于承受侧向水平力。

表8-4　硫磺胶泥主要物理力学性能指标

物理力学性能	性能指标
热交性	强度在60℃以内无明显影响；120℃时随着温度升高，由稠变稀；到140～145℃时，密度最大且和易性最好；170℃时开始沸腾；超过180℃时开始焦化，遇火燃烧
密度/(g·cm^{-3})	2.28～2.32
吸水率/%	0.12～0.24
耐酸性	在常温下能耐盐酸、硫酸、磷酸、40%以下的硝酸、25%以下的酪酸、中等浓度乳酸和醋酸
弹性模量/MPa	5×10^4
抗拉强度/MPa	4
抗压强度/MPa	40
抗弯强度/MPa	10
握裹强度	与螺纹钢筋为11MPa；与螺纹孔混凝土为4MPa
疲劳强度	参照混凝土的试验方法，当疲劳应力比值ρ为0.38时，疲劳强度修正系数$\gamma_\rho>0.8$

(4)封桩。在桩顶达到设计标高时，应对外露的桩头进行切除。切割桩头时先用楔块将桩固定住，然后用凿子开出30～50mm深的沟槽，对露出的钢筋加以切割，以便去除桩头，严禁在悬臂情况下乱砍桩头。封桩前，应先将压桩孔内的杂物清理干净，排除积水，清除孔壁和桩头浮浆，以增加黏结力。封桩施工分两步：首先按设计要求在桩顶用2根ϕ16mm钢筋与锚杆对角交叉焊牢；然后在桩孔内将桩与基础用C30早强微膨胀混凝土浇灌在一起(冬季施工时可加入抗冻外掺剂)。对房屋纠偏时，封桩应在不卸载条件下进行，并在封桩混凝土强度达

到 C15 以上时才可卸载。

(5)压桩控制标准。应以设计最终压桩力为主、桩入土深度为辅加以控制。

4. 预制桩

采用预制桩进行托换的方法，是由美国 Lazarus 和 Edmund 在纽约市修建威廉街地铁时所发明，于 1917 年取得专利。预制桩的设计意图是针对顶承静压桩的施工中存在不满意之处予以改正，亦即阻止顶承静压桩施工中在撤出千斤顶时压入桩的回弹。阻止压入桩回弹的方法是在撤出千斤顶之前，在被顶压的桩顶与基础底面之间加进一个楔紧的工字钢柱。

预制桩的施工方法在前阶段与顶承静压桩施工完全相同，即当钢管桩(或预制钢筋混凝土桩)达到要求的设计深度时进行清孔和灌注混凝土，待混凝土结硬后再进行预压(或称预试)工作(图 8-10)，一般要用两个并排设置的液压千斤顶放在基础底面和钢管桩顶面之间。两个千斤顶间要有足够的空位，以便安放楔紧的工字钢柱。两个液压千斤顶可由小液压泵手摇驱动，荷载施加到桩的设计荷载的 150%为止。在荷载保持不变的情况下(1h 内沉降不增加才被认为是稳定的)，截取一段工字钢竖放在两个千斤顶之间，再用铁锤打紧钢楔。经验证明，只要首先转移 10%～15%的荷载，就可有效地对桩进行顶压，并阻止了压入桩的回弹，亦即千斤顶已停止工作，并将其取出。然后用干填法或在压力不大的情况下将混凝土灌注到基础底面，最后用混凝土将桩顶与工字钢包起来，此时施工才算结束。

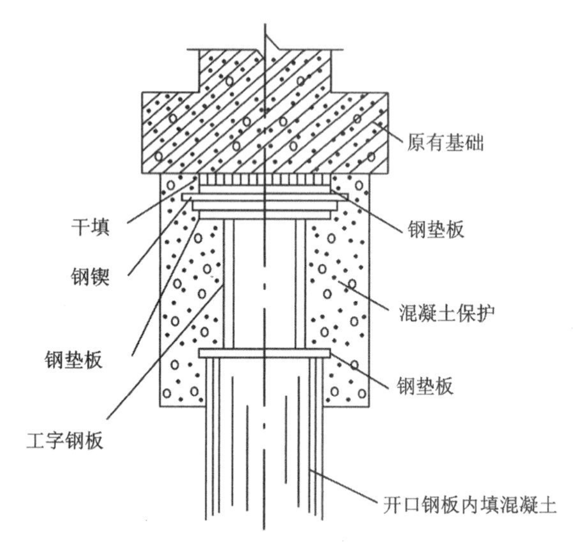

图 8-10　预制桩安放楔紧工字钢柱的施工

在预制桩的托换工作中，一般不宜采用闭口或实体的桩，因为顶桩的压力过高或桩端下遇到障碍物时，钢管桩或预制钢筋混凝土桩就难以顶进了。

(二)打入桩和灌注桩

静压桩托换在适用范围上有其局限性，特别是当桩必须穿过存在障碍物的地层，或托换的建筑物较轻及上部结构条件较差不能提供合适的千斤顶反力或桩必须设置得很深而费用又很贵时，应考虑采用打入桩或灌注桩进行托换。打入桩或灌注桩托换常用于隔墙或设备不多的建筑物，且沉桩时虽有一定的振动而对上部结构和邻近建筑物无多大危害的情况。另外，建筑物尚需提供为专门沉桩设备所需的净空条件。

打入桩一般采用钢管桩，因为它的接头由铸钢套筒或焊接而成，比其他型式的桩容易拼接。在国外使用装在叉式装卸车或特制的龙门导架上的压缩空气锤进行打桩。导架的顶端是敞口的，以便最充分地利用室内净空。另外，如从被托换建筑物的基础周边开挖的坑中开始沉桩，则可提供更大的有用净空，以便减少桩管的接头数。沉桩时尚需在桩管内不断取土，如遇障碍物时可使用一种小冲击式钻机，通过开口钢管管端劈碎或钻穿乱石层，当桩端已达合适的土层时，再进行清孔和浇筑混凝土。当设计要求的桩如数施工完成后，可用搁置在桩上的托梁或承台系统来支承被托换的柱或墙，其荷载的传递是靠钢楔或千斤顶来转移的。这类桩的另一个优点是钢管的桩端是开口的，因而对桩周围的土排挤较少。

灌注桩托换与打入桩托换的作用完全一样，同样靠搁置在桩上的托梁或承台系统来支承被托换的柱或墙，它与打入桩的不同点仅在于沉桩的方法不同。用于托换工程的灌注桩按成孔方式可分为螺旋钻孔灌注桩、潜水钻孔灌注桩、人工挖孔灌注桩、沉管灌注桩、冲孔灌注桩和扩底灌注桩等，其中以螺旋钻孔灌注桩、潜水钻孔灌注桩、人工挖孔灌注桩、沉管灌注桩应用的较为普遍。

国外采用一种压胀式灌注桩进行基础托换，其桩杆由铁皮折叠制成(图 8-11)，使用时靠压力灌浆而胀开，此种桩施工前要进行钻孔，然后放入钻杆。当为浅层处理时(图 8-12)，用气压将桩杆胀开，并截去外露端头后浇灌混凝土而成桩，当为深层处理时(图 8-13)，则采用压力灌浆设备和导管，将桩杆胀开，同时压入水泥砂浆而成桩。

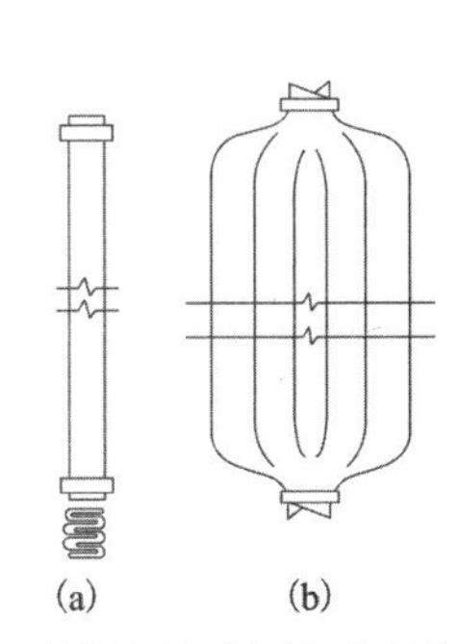

图 8-11 压胀式灌注桩采用铁皮桩杆和压胀后外形

(a)铁皮桩杆；(b)压胀后外形

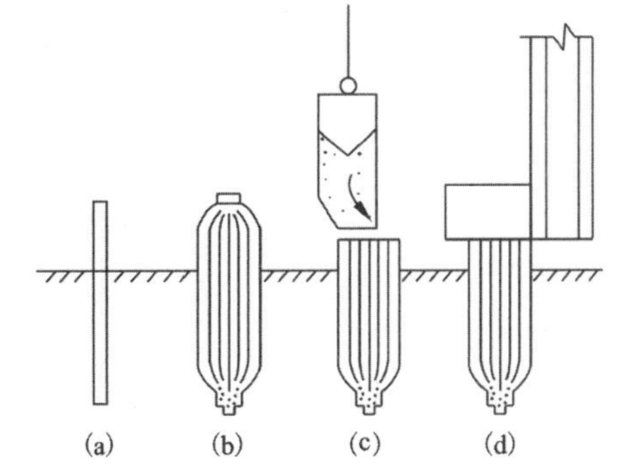

图 8-12 压胀式灌注桩浅层施工流程

(a)桩杆；(b)压胀；(c)截去端头后浇灌混凝土；(d)制作承台与被托换建筑物基础共同受力

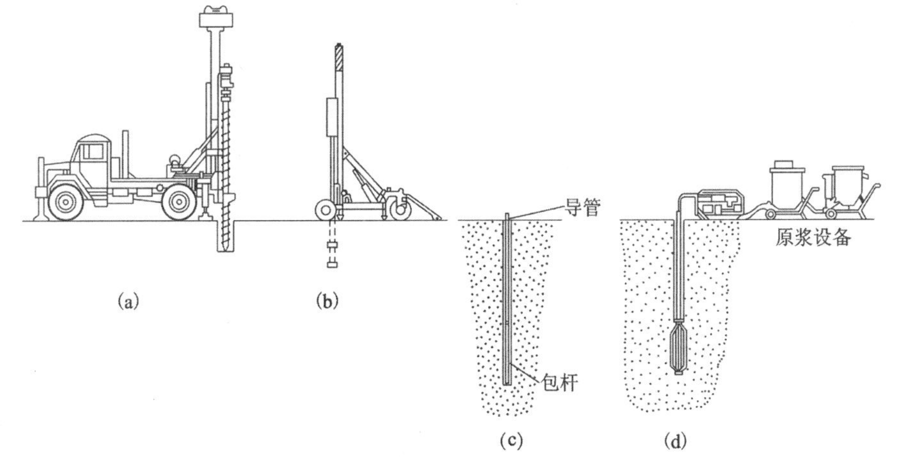

图 8-13 压胀式灌注桩深层施工流程

(a)钻孔；(b)放入包杆；(c)包杆与导管就位；(d)压力灌浆

（三）树根桩

所谓树根桩就是在地基中设置直径为100～300mm的小直径就地灌注桩，它可以是垂直的或倾斜的，也可以是单根的或成排的，因桩基形状如树根而得名。树根桩如布置成三维系统的网状体系者，称为网状结构树根桩，日本简称为RRR工法，而英、美各国将树根桩列入地基处理中土的加筋范畴。树根桩的问世使托换技术有了很大的改观。图8-14表示房屋建筑下条形基础的树根桩托换方法的典型设计，图8-15为桥墩基础下建造树根桩的托换。

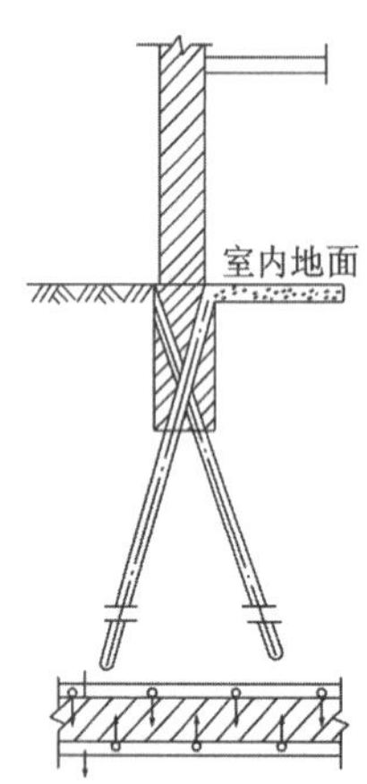

图8-14　房屋建筑下条形基础的树根桩托换

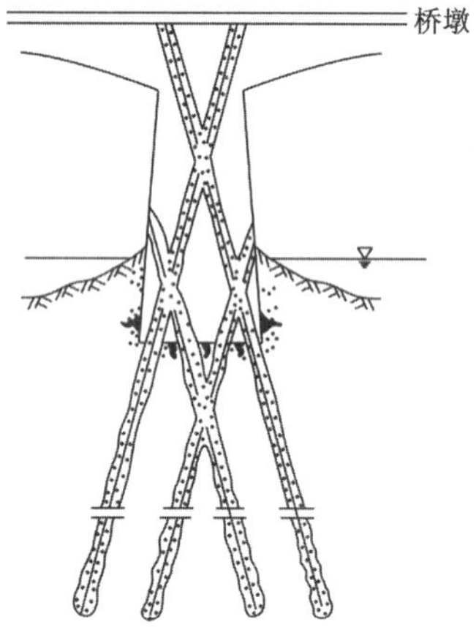

图8-15　桥墩基础下建造树根桩托换

树根桩托换的优点如下：

（1）所需施工场地较小，在平面尺寸为0.6m×1.8m、净空高度在2.1～2.7m时即可施工。

（2）施工噪声和振动小，不会影响既有建筑物的稳定性。

（3）所有施工都可在地面上进行，较为方便。

（4）施工时桩孔很小，因而对基础和地基几乎都不产生应力，也不会干扰建筑物的正常使用。

（5）压力灌浆使桩的外表面较为粗糙，使桩与地基土紧密结合，从而使桩、承台和墙身连成一个整体。

（6）适用于碎石土、砂土、粉土和黏性土等各种不同的地基土质条件。

（7）竣工后的加固体不会影响原有建筑物的外貌，这对修复古建筑物尤为重要。

树根桩托换施工步骤如下：

（1）钻进成孔。在软土中成孔采用合金钻进，钻进规程参数如下：压力为1.5～2.5MPa，转速为200～250r/min，配套供水压力为0.1～0.3MPa。不用套管成孔时，应在孔口处设置1～2m的套管，以保证孔口处土方不致坍落。

（2）清孔。钻孔时可采用泥浆或水护壁，清孔时注意观察泥浆溢出的情况，控制供水压力的大小，直至孔口溢出清水为止。

（3）钢筋笼制作安放和注浆管的埋设。根据设计要求制作钢筋笼，每节笼长取决于起吊空间和起重机械性能，下放钢筋笼时要对准孔位，吊直扶稳，缓慢下沉，避免碰撞孔壁，施工时应尽量缩短吊放和焊接时间。注浆管可采用相应直径的无缝钢管，随钢筋笼一起沉入孔底。为使注浆管外壁光滑，易从砂浆或混凝土中拔出，接头宜采用外缩节。一次注浆管可临时固定在钢筋笼上，便于注浆后拔出。二次注浆管应与钢筋笼绑扎固定。一次注浆管口离钢筋笼底部 0.5m，二次注浆管口离钢筋笼底部 1m。

(4)填灌骨料。钢筋笼和注浆管沉入钻孔后，应立即投入 5～25mm 粒径的碎石料，如果孔深超过 20m，骨料可分两次投入。石子过细对桩身强度有一定的影响，过粗则不宜填灌。填灌前石子必须清洗，并保持一定的湿度，计量后缓慢投入孔口填料漏斗内，并轻摇钢筋笼促使石子下沉和密实，直至灌满桩孔，在填灌过程中应始终利用注浆管注水清孔。

(5)浆液配制与注浆。根据设计要求，浆液的配制可采用纯水泥浆或水泥砂浆两种配比，通常采用 425# 或 525# 普通硅酸盐水泥，砂料需过筛，配制中可加入适量的减水剂及早强剂；纯水泥浆的水灰比一般采用 0.4～0.5；水泥砂浆一般采用水泥∶砂∶水＝1.0∶0.3∶0.4。注浆时应选用能兼注水泥浆和水泥砂浆的注浆泵，采用 UBJ2 型挤压式灰浆泵时，最大工作压力为 2.5MPa。注浆开始工作时，由于注浆管底部设置管帽，其注浆压力需较大，一般控制在 2.0MPa 左右。正常情况时，工作压力如下：一次注浆压力为 0.3～0.5MPa；二次注浆压力为 1.5～2.0MPa，并需在一次注浆的浆液达到初凝后及终凝前进行，以使浆液挤压到桩体和土壁之间，提高侧摩阻力。压浆过程会引起振动，使桩顶部石子有一定数量的沉落，故在整个压浆过程中，应逐步灌入石子至桩顶，浆液泛出孔口，压浆才算结束。从开始注浆起，注浆管要不定时上下松动，但注浆管要埋入水泥浆中 2～3m。在注浆结束后要立即拔出注浆管，每拔 1m 必须补浆一次，直至拔出。为防止出现穿孔和浆液沿砂层大量流失的现象，可采用跳孔施工、间歇施工或加入速凝剂等措施来防范上述现象。额定注浆量应不超过按桩身体积计算量的 3 倍，当注浆量达到额定注浆时应停止注浆。用作防渗漏的树根桩，允许在水泥浆液中掺入不大于 30%的磨细粉煤灰。注浆后由于水泥浆收缩较大，故在控制桩顶标高时应采用施工标高，根据桩截面和桩长，施工标高一般高于设计标高的 5%～10%。

(6)浇筑承台。树根桩用作承重、支护或托换时，为使各根桩能连成整体和加强刚度，通常都需浇筑承台。此时应凿开树根桩桩顶混凝土，露出钢筋，锚入所浇筑的承台内。

四、灌浆托换法

(一)静压灌浆托换

静压灌浆法是地基处理中一种广泛使用的方法，而灌浆法应用于托换工程中尤为常见。应用灌浆托换时，钻孔或注灌管的布置(图 8-16)以及加压注浆过程要事先进行设计，使得所形成的加固土体具有一定的形状，从而能在基坑开挖时或在地基土承载力不足、变形太大的部位使建筑物保持稳定(图 8-17、图 8-18)。注浆的孔距按土质的情况和浆液材料确定，一般为 0.6～1.0m。

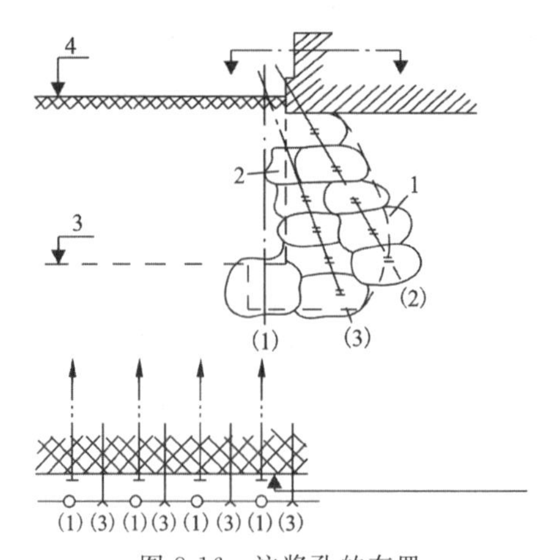

图 8-16　注浆孔的布置

1-设计灌浆体范围；2-超灌部分；3-预定开挖坑底面；4-地表面

(1)～(3)为灌浆先后次序

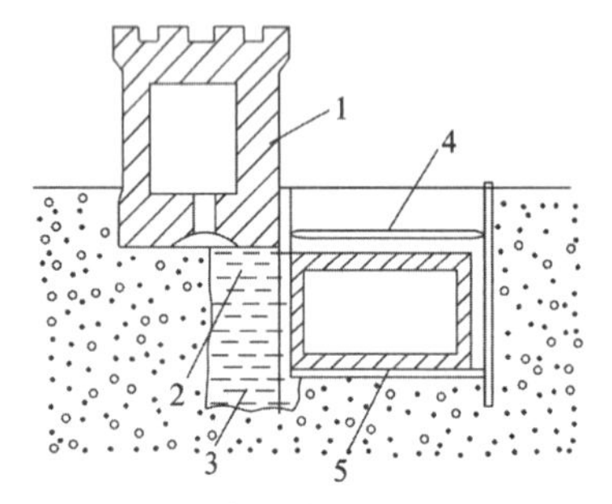

图 8-17　地铁线路旁科隆市略曼尔塔的注浆托换

1-略曼尔塔；2-注浆孔；3-黏土、水泥和化学注浆范围；4-辅助支撑；5-地铁隧道

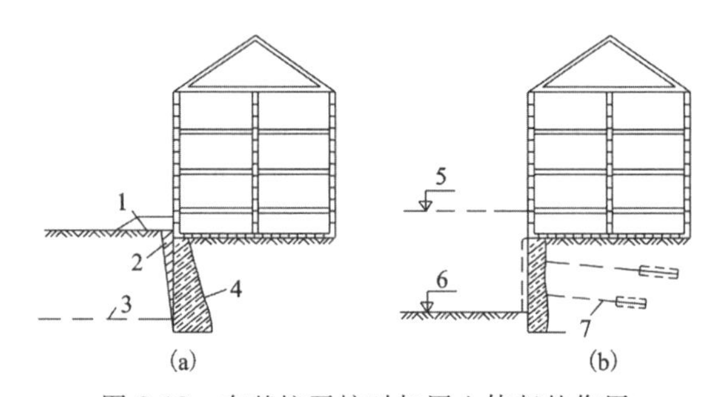

图 8-18　在基坑开挖时加固土体起的作用

(a)加固土体起重力式挡土墙作用；

(b)用锚杆加固土体承担水平土压力

1-房屋前原有填土；2-部分加固土体将被挖去；3-基坑底面；4-加固土体；5-原地表面；6-基坑底面；7-锚杆

在基坑开挖时，对加固土体有两种不同的设计方法：

(1)加固土体按重力式挡土墙设计以抵抗水平土压力[图 8-18(a)]；

(2)加固土体只能承担建筑物基础上传下来的垂直荷载，并传递到基坑底面以下的地基土上，而水平方向的土压力由锚杆承受[图 8-18(b)]。

在既有建筑物下进行地铁穿越时，在覆盖层厚度较薄时，作为安全保护措施，国外最常用的是在建筑物基础下地基土进行注浆加固。注浆加固按加固土体的形状可分为支承墙式[图 8-19(a)]、加固板式[图 8-19(b)]和加固拱式[图 8-19(c)、(d)]。

不论采用何种方法加固土体，都对被加固土体有力学强度上的要求，以及要求加固成由力学计算来确定的一定形状和尺寸，并以此为基础设计灌浆孔的数量、位置、深度、角度及灌浆材料、灌浆压力等数据。同时，需在施工现场进行试验和验证，对被托换建筑物及四周邻近建筑物是否会在灌浆过程中产生抬高或下降需进行监测。

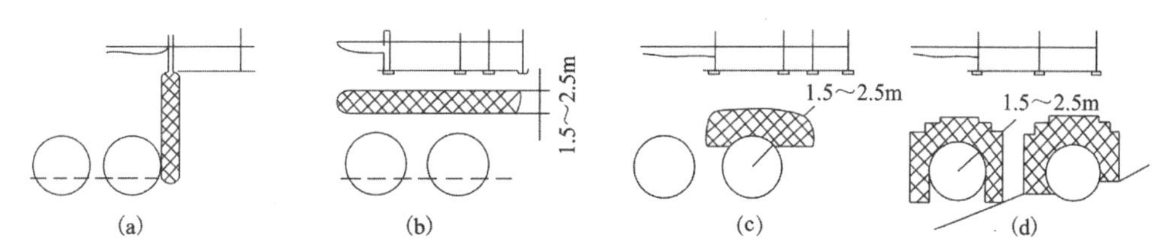

图 8-19　盾构掘进时在既有建筑物下采取的灌浆托换加固措施

(a)基础下灌筑加固墩墙；(b)基础下灌筑加固板；(c)基础下灌筑单独加固拱；

(d)基础下灌筑加固拱，拱脚深至隧道底板平面以下

灌浆结束后，要对灌浆效果进行检验，即在深井或检验孔中取直径大于 150mm 的岩芯，或边长大于 200mm 的立方体进行抗压强度试验，在检验孔中还要测定加固土体中浆液的充填密实程度。特别要注意的是，粉土层会引起浆液渗流困难，而砾石层又容易产生浆液流失，尤其是当这些土层在边界位置上时往往不容易达到灌浆要求。因此，对局部土体达不到加固要求时，须将缺陷部分挖去，再用混凝土加以填充。此外，对灌浆加固的建筑物仍要求进行监测。

（二）高压喷射注浆托换

采用高压喷射注浆进行事故处理可使建筑物下沉迅速停止，地基很快可稳定，甚至部分回升。经托换加固的建筑物有多层的民用住宅楼和工业厂房，也有濒临河流土层有整体滑动可能的建筑物。应用高压喷射注浆的优点如下：

(1)改善桩身质量。当灌注桩存在裂缝、空洞、质地松散和断桩等问题时，可在桩中心钻孔取出岩芯、检查质量的同时，在钻孔内注射高压浆液，使裂缝、空洞及断桩的部位得到浓水泥填充，增加桩身的整体性。对缩颈的发生部位，可在硬软土层间的交接面处的瓶颈部分布置一个至数个旋喷桩，将桩部分地包裹起来，用以增大该部位的横断面积。

(2)改良土性，增大桩的侧摩阻力。对于摩阻力小的软土，可采用旋喷、定喷或摆喷，固结体的形状不要求为桩状，只要求改变原有土性，增大桩的侧摩阻力，从而提高灌注桩的承载力。

(3)加固持力层。原桩长不足，桩尖未达到持力层，桩存在软土夹层、岩石裂隙和空洞、沉渣、虚土过厚时，可采用接桩措施，在灌注桩下端部至持力层的范围内，高压喷射注浆形成的桩状固结体与灌注桩相连接，接桩长度要适当超过桩底一定高度(图 8-20)。由于高压喷射注浆的射流能量较大，除了在有效射程范围内有一定直径或长度较大的固结体，对四周还有一定的挤压力，使软土的密度增大，承载力提高和桩侧摩阻力加大。因此，上述措施具有多种效应。

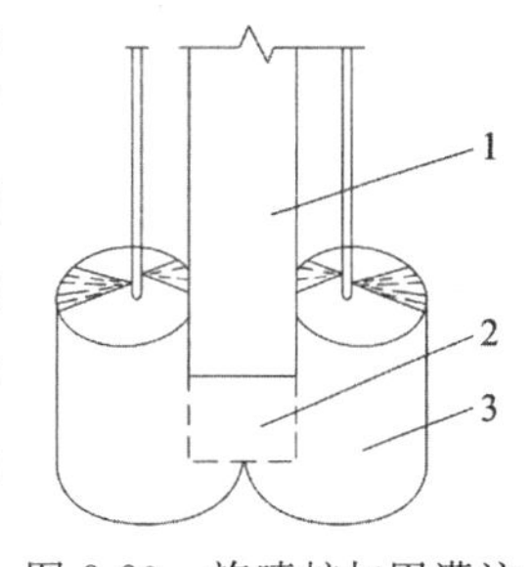

图 8-20　旋喷桩加固灌注桩持力层

1-灌注桩；2-虚土和沉渣；3-旋喷桩

(4)增补旋喷桩。根据建筑物上部结构的要求和基础承台的尺寸，在事故桩附近增补旋喷桩，用以直接参加承受建筑物荷载，旋喷桩须与基础紧密连接，不得脱空，一般应在承台上钻孔下管后再进行旋喷。当不便钻孔时，可在承台边缘下管旋喷，就受力条件而言，以前者为好。

五、热加固托换法

热加固是将经过加热的空气或灼热的烧成物，在压力作用下通过钻孔穿过土的孔隙加热土体，借以改善地基土的物理力学性质，以达到加固地基土的目的。当黄土加热到300～500℃时即失去湿陷性，同时地基土的强度也大大提高。在20世纪50年代末，热加固在洛阳、兰州等地的事故处理中采用过，此法在西安铁路局科学技术研究所处理天津铁厂地基事故中也得到应用并获得成功。

热加固钻孔直径一般为100～200mm，可用洛阳铲或钻机成孔，每个钻孔加固半径为0.75～1.25m，它与土的透气性、燃烧时间和燃烧过程中钻孔内的压力有关。钻孔一般沿基础周边布置，经热加固后，每个钻孔形成的加固范围类似一个混凝土墩，其加固深度应根据需要消除的湿陷性土层厚度确定。

热加固的主要设备为带喷嘴的燃烧器、带铁盖板的燃烧室以及传送气体或液体的管道与空气压缩机。热加固所用燃料有气体和液体两种。气体燃料有天然气、炼焦煤气、炼铁煤气、发生炉煤气等，其中以天然气的热值最高，其次是炼焦煤气。液体燃料为石油与重油等。由于热加固需耗用大量燃料，我国应用实例不多，在实际工程中应根据能源供应情况通过技术经济比较后再采用。但在某些能源供应方便、价格低廉的地方，仍不失为一个较好的地基处理和托换加固的方法。

第三节　建筑纠偏技术

纠偏托换是指既有建筑物偏离垂直位置发生倾斜而影响正常使用时所采取的托换措施。纠偏中采用的思路和手段与其他托换加固方法类同，故纠偏是托换技术中的一个重要分支。

造成建筑物倾斜的原因大致如下：

(1)软土地层不均匀。填土层厚薄和松密不一，局部地区遇有暗浜、暗塘等。

(2)设计方案不合理。如地基基础的设计及基础选型不当，建筑物的平面(包括体型)布置、荷载重心位置及沉降缝的布置欠妥。

(3)施工工艺不当。如施工计划中主楼和裙房同时建造、邻近建筑物开挖深基坑或降水、建筑材料单边堆放。

造成建筑物整体倾斜的主要因素是地基的不均匀沉降，而纠偏是利用地基的新不均匀沉降来调整建筑物已存在的不均匀沉降，用以达到新的平衡和矫正建筑物的倾斜。

纠偏方法分类如下：

(1)迫降纠偏。迫降纠偏有掏土纠偏、浸水纠偏和降水纠偏、堆载加压纠偏、锚桩加压纠偏、锚杆静压桩加压纠偏。

(2)顶升纠偏。顶升纠偏有在基础下加千斤顶顶升纠偏及在地面上切断墙柱体后再加千斤顶顶升纠偏。故应在新建工程设计中预留千斤顶的位置，以便今后顶升的顶升纠偏。

(3)综合纠偏。用组合以上两种纠偏方法，如顶桩掏土纠偏、浸水加压纠偏。

除以上3种方法纠偏外，有时必须辅以地基加固，用以调整沉降尚未稳定的建筑物。值得注意的是，纠偏工作切忌矫枉过正，一定要遵循由浅到深、由小到大、由稀到密的原则，须经沉降—稳定—再沉降—再稳定的反复工作过程，才能达到纠偏目的。因为在软弱地基上建造的建筑物沉降往往需要经过一段时间才能最终稳定，所以纠偏决不能急于求成，否则将适得其反。由于纠偏过大，造成原建筑物沉降小的一侧又倾斜的工程实例也有所见。

一、堆载加压纠偏

在软弱地基上建造的某些活荷载较大的构筑物（如料仓、油罐、储气柜等）对倾斜要求严格，因而在设计和使用时，必须充分考虑由于荷载增加速率过快而造成倾斜的可能性。由于地基得不到充分固结，当外荷载超过地基的临塑荷载时，地基中开始出现塑性区，部分土体将沿基底向外侧挤出，引起构筑物的大量沉降，甚至出现严重倾斜。

堆载加压纠偏是指在建筑物沉降小的一侧施加临时荷载，适当增加这个侧边的沉降，用以减小不均匀沉降差和倾斜。实践证明，在软土地基上，如果产生建筑物的不均匀沉降，尤其对某些高耸构筑物的倾斜，采用堆载加压纠偏应是行之有效的。然而，有时加载重量不足，则强迫产生的沉降量满足不了纠偏的需要；或有时设计加载量过大，从施工角度也难以实施。因此，能否使用加载纠偏措施，还应该因工程制宜，决不能盲目使用或一概否定。

在设计活荷载较大的构筑物时，必须慎重选择地基土的抗剪强度指标。当加荷较快时，采用三轴快剪指标与实际较为接近；在构筑物投产使用初期，应根据沉降情况控制加载速率；加载时应分期、对称和均匀，严格控制加载间隔时间；必要时可调整活载部分，以免倾斜太大。重心较高的构筑物产生倾斜后，由于偏心的影响，原来下沉多的部位压力会增大，从而促使下沉更多，倾斜将进一步发展。因此，这类构筑物在使用期间应加强观测，以便及时采取相应措施。

二、锚桩加压纠偏

锚桩加压纠偏是指在被托换基础沉降小的一侧修筑一个与原基础连接的悬臂钢筋混凝土梁，利用锚桩和加荷机具，根据工程需要进行一次或多次加荷，直至纠偏或超纠偏达到预期纠偏目的的纠偏方法。根据土力学的基本原理，地基的变形不仅取决于土质条件，还取决于基础及荷载条件。而锚桩加压纠偏是采取人为地改变荷载条件，迫使地基土产生不均匀变形，调整基础不均匀沉降，因此加压过程就是地基应力重分布和地基变形的过程，也是基础纠偏的过程。

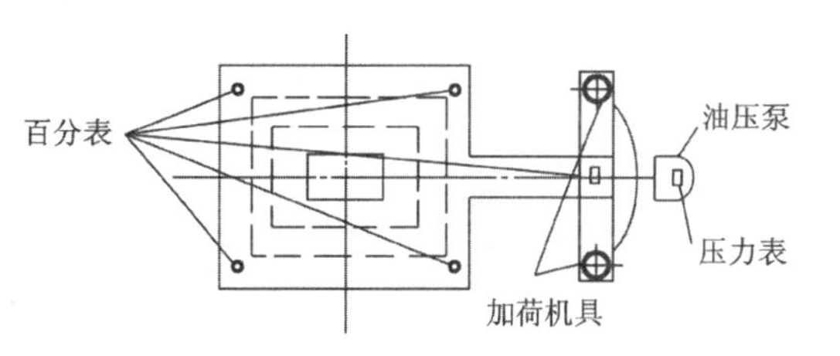

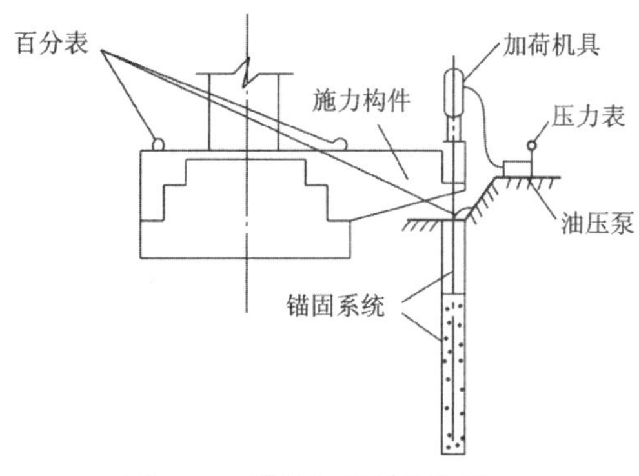

图 8-21　锚桩加压纠偏装置

锚桩加压纠偏（图 8-21）的工艺如下：首先开动油压泵，以压力表控制油压大小，继而经加荷机具按计算要求施加第一级荷载，并以百分表测定各部位的变形值，待变形稳定后，再施加下一级荷载，当调整不均匀沉降已达到预期目的时，纠偏才告停止。这可有效且简便地对既有建筑物柱基进行纠偏处理。

对不均匀沉降很敏感且要求严格控制倾斜的建(构)筑物，则可在一开始的设计和施工中设置纠偏装置，以后再根据具体情况随时予以调整，这是一种处理与防止建(构)筑物倾斜的治本方法，与其他托换方法比较，可减少对场地原有土体结构的破坏。

三、掏(排)土纠偏

掏(排)土纠偏是指在倾斜建筑物基础沉降小的部位采取掏(排)土的迫降措施，形成基底下土体部分临空，使这部分基础的接触面积减少，接触应力增加，产生一定侧向挤出变形，迫使基础下沉，使不均匀沉降得到调整并达到纠偏的目的。

掏(排)土纠偏时要求满足式(8-1)和式(8-2)，即

$$\frac{\Delta P}{P_a} = \beta \tag{8-1}$$

式中：ΔP 为基底压力增量(kPa)，根据原地基土的极限承载力及不同倾斜速率确定；P_a 为原基底压力(kPa)；β 为基底压力增长率(%)(一般为 25%～40%)。

$$\frac{\Delta S}{v} = t \tag{8-2}$$

式中：ΔS 为角点沉降差，相对于纠倾相对值(mm)；v 为纠倾沉降速率(mm/d)，根据结构物的类型确定(一般为 5～12mm/d)；t 为所需纠偏时间(d)。

掏(排)土纠偏法有抽砂法、穿孔掏土法、钻孔掏土法、沉井深层冲孔排土法等。早在 20 世纪 60 年代初，福建省民间歌舞团排演厅就采用掏(排)土纠偏的迫降方法。随后在杭州、福州、武汉、南京、南昌和上海等地曾多次采用过，用以对建(构)筑物的整体或局部纠偏，获得很好的纠偏效果，应用历史已有 60 年之久。

1. 抽砂纠偏法

抽砂纠偏法(图 8-22)是在建筑物设计时，在基底预先做一层 0.7～1.0m 厚的砂垫层，砂垫层材料可用中粗砂，除需满足一般砂垫层的施工技术要求外，其最大粒径宜小于 3mm。

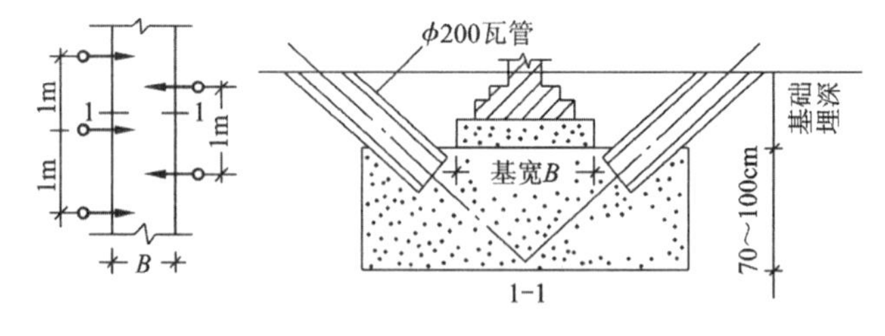

图 8-22 抽砂纠偏法抽砂孔平面布置

在可能发生沉降量较小的部位，按平面交叉布置每隔一定距离(约 1m)预留一个抽砂孔，抽砂孔可由预埋斜放的 ϕ200 瓦管做成。当建筑物出现不均匀沉降时，可在沉降较小的部位

用铁管在抽砂孔中分阶段掏砂；当抽砂孔四周的砂体不能在自重作用下挤入孔洞时，则应在砂孔中冲水，促使周围的砂体下陷，从而迫使建筑物下沉，以达到沉降均匀的目的。施工时应注意下列事项：

(1)要求严格控制抽砂的体积和抽砂孔的位置，力求抽砂均匀。

(2)有时向抽砂孔内冲水是迫降基础下沉的关键，可单排也可并排进行，每孔的冲水量不宜过多，水压不宜过大，一般以抽砂孔能自行闭合为限。

(3)抽砂的深度不宜过大，至少应小于垫层厚度100mm，以免扰动砂垫层下面的软黏土地基。

(4)为谨慎起见，抽砂可分阶段进行，每阶段沉降可定为20mm，待下沉稳定后再进行下阶段的抽砂。

2. 穿孔掏土纠偏法

对基础底面下含有瓦砾的人工杂填土，经较长时间压密后，如果只削弱少量基底支承面积，瞬时塑性变形是难以出现的，而短期浸水也不能使其“软化”。因此，必须适量地削弱原有支承面积，急剧地增加其所受的附加应力，才足以使局部区域产生塑性变形。而穿孔掏土纠偏就是采取在基底下穿孔掏土和冲水扩孔的施工措施对建筑物进行纠偏的。采用穿孔掏土纠偏对消除建筑物的差异沉降效果较好，且施工简便，费用较低。

3. 钻孔掏土纠偏法

软黏土的特征是强度低而变形大，如果控制加荷速率，则可提高地基承载力和减少地基变形；如果加荷速率过大，有可能使地基进入不排水的剪切状态，从而产生较大的塑性流动使基底软土侧向挤出，这不但增大了地基变形，有时甚至还会导致地基剪切破坏。而钻孔掏土纠偏法就是利用基底软土侧向挤出的原理，用以调整变形和倾斜的。

4. 沉井冲水掏土纠偏法

沉井冲水掏土纠偏是指在基础沉降小的建筑物一侧，设置若干个沉井，沉井内预留4～6个成扇形的冲孔，当沉井到达预计的设计标高后，通过井壁预留孔，用高压水枪伸入基础下进行深层冲水，被冲烂的泥浆随水流通过沉井排出，实际上泥浆排出的过程就是建筑物进行纠偏扶正的过程。

四、降水掏土纠偏

降水掏土纠偏是在建筑物倾斜的相反方向，按一定角度打斜孔，先掏土而后进行降水，在上部自重荷载的作用下，由于孔壁附近产生应力集中，孔周土体侧向挤出；与此同时，边界条件改变后将产生应力重分布，使在整个基础范围下的土体均产生沉降，沉降速率外侧大于内侧。沉降速率大小取决于抽水的强度，抽水时曲线很快下降，停抽后曲线出现平缓段，沉降渐趋稳定。

该方法不仅适用于深厚软土区桩基房屋倾斜的纠偏(如南京市水西门外茶西小区住宅

楼），同样也适用于其他类型基础房屋倾斜的纠偏。

五、压桩掏土纠偏

压桩掏土纠偏是锚杆静压桩和掏土技术的有机结合。它的工作原理是：先在既有建筑物沉降大的一侧先压桩，并立即将桩与基础锚固在一起，起到迅速制止建（构）筑物沉降的作用，使其处于一种沉降稳定状态；然后在沉降小的一侧进行掏土，减少基础底面下地基土的承压面积，增大基底压力，使地基土达到塑性变形，从而使建（构）筑物缓慢而又均匀的回倾。同时，可在掏土一侧再设置少量保护桩，以提高回倾后建筑物的永久稳定性。压桩掏土纠偏过程的基底压力状态如图 8-23 所示。

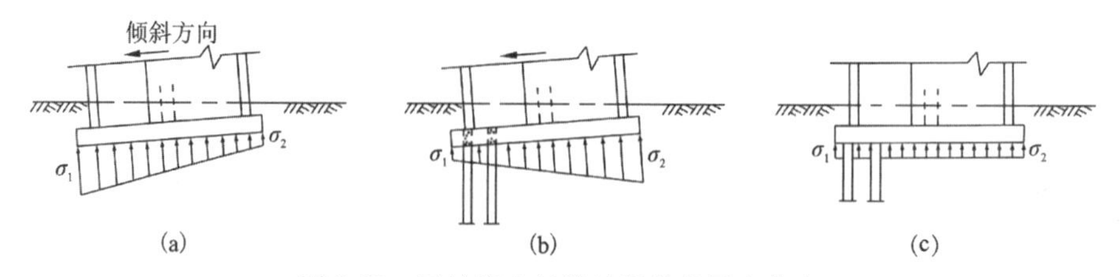

图 8-23　压桩掏土纠偏过程基底压力状态

(a)纠偏前 $\sigma_1 > \sigma_2$；(b)压桩后 $\sigma_1 < \sigma_2$；(c)掏土纠偏后 $\sigma_1 \approx \sigma_2$

纠偏加固设计原则如下：

(1)制订方案前必须对拟纠偏工程的沉降、倾斜、裂缝、地下管网和周围环境等情况做周密的调查研究。

(2)为增加建(构)筑物的刚度，纠偏前要酌情对建筑物底层进行加固，如设置拉杆和砌筑横墙。

(3)提出建筑物的合理回倾速率（一般建筑物可定为 4～6mm/d），并在纠偏掏土全过程中切实贯彻均匀缓慢、平移的原则。

(4)必须做好沉降观测工作，及时分析，用以指导纠偏和信息化施工。

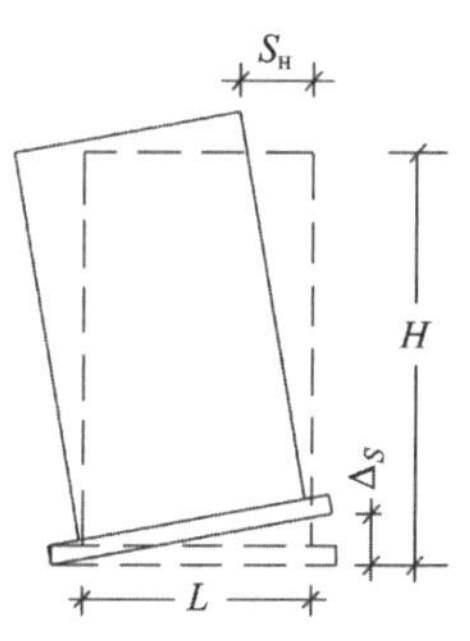

图 8-24　纠偏量计算简图

(5)建筑物垂直纠偏量的计算(图 8-24)如下：

$$S_H = \Delta S \cdot \frac{H}{L} \tag{8-3}$$

式中：H 为建(构)筑物高度(mm)；L 为纠偏方向建(构)筑物宽度(mm)；ΔS 为设计纠偏量(mm)。

目前压桩纠偏的方法有多种，具体如下：

(1)压桩掏砂纠偏。当基础底下有砂垫层而建筑物整体刚度又较好时，压桩掏砂纠偏可取得良好的效果，如福州市状元新村大板楼纠偏。

(2)压桩水平掏土纠偏。当基底下有较好土质时可采用此法。实践表明，当掏土量大于沉降所需掏土量的 2～3 倍时，基础才开始下沉。选用这种纠偏法时，上部结构应有较好的刚度，而施工作业面较大。

(3)压桩钻孔掏土纠偏。当基础下有厚层软黏土时，利用软土侧向变形的特点可采用此法纠偏。

(4)压桩冲水纠偏。当基础下为软土时，可采用高压水切割土体，将土冲成泥浆形成孔穴，利用软土受力后塑性变形的特性，使建筑物不断沉降和回倾。

(5)压桩顶升纠偏。利用建筑物自重将加固和顶升用的桩全部压入基础的桩位孔内，经休停两周后，利用桩的反作用力安装顶升装置，将基础上抬到设计要求，满足允许倾斜率，然后快速将桩与基础锚固在一起。

六、浸水纠偏

建于湿陷性黄土地基上的一些高耸构筑物或刚度较大的建筑物，由于地基局部浸水，基础往往会产生不均匀沉陷，从而导致建(构)筑物倾斜。此时可利用湿陷性黄土遇水湿陷的特性，采用浸水纠偏和浸水与加压相结合的纠偏两种方法进行纠偏。浸水纠偏适合于低含水量的而湿陷性又较强的黄土地基，加压纠偏适合于高含水量的黄土地基。一般情况下，浸水与加压相结合时纠偏效果更为显著。

浸水纠偏一般采用注水孔进行，孔径为 100～300mm，注水孔深度视基底尺寸大小而定，通常应达基底以下 1～3m，然后用碎石或粗砂填至基底标高处，再插入注水管，注水管为 ϕ30～100mm 塑料管或钢管，管周用黏土填实，管内设一控制水位用的浮标，注水时用水表计量。各注水孔底部既可设在同一标高上，也可设在不同标高处，注水管可根据基底尺寸布置成 1～3 排。

纠偏设计时应根据主要受力层范围内土的湿陷系数和饱和度预估总的注水量与纠偏值分批注入。注水时开始宜少，根据纠偏速率逐渐增多，一般应为 5～10mm/d，上述数值指与倾斜相反方向一侧基础的沉降值。如实际纠偏轨迹偏离设计纠偏轨迹线，则可通过增减各孔注入水量来调节，使基础底面均匀地回复到水平位置。注水时要防止水流入倾斜一侧地基中，以免倾斜增大使事故恶化。

在纠偏过程中，对倾斜的变化情况要随时进行监测。纠偏过程中还应采取一定的安全措施，如设置 3～6 根钢缆绳，以防矫枉过正，缆绳可设在构筑物顶部或 2/3 高度处，与地面成 25°～30°夹角为宜，采用花篮螺丝连接。浸水和加压纠偏都是在沉降较小的一侧施工，在矫正初期，浸水和加压的速率可稍快；在后期特别是高耸构筑物接近竖直位置时，宜降低矫正速率并停止浸水，而后再用加压方法矫正至竖直位置。

七、顶升纠偏

顶升纠偏是指在倾斜建筑物基础沉降大的部位采用千斤顶顶升的措施，用调整建筑物各部分的顶升量，使建筑物沿某一点或某一直线作整体平面转动以达到纠偏的目的。

(一)顶升纠偏分类

根据纠偏建(构)筑物对象，顶升纠偏可分为以下 3 种形式。

1. 对新构筑物上预先设置顶升措施的顶升纠偏

在新建的构筑物基础上预先设计好设置千斤顶的顶升措施，以适应发生预估不允许出现的地基差异沉降值时安置千斤顶调整差异沉降，用以恢复构筑物的使用功能。这种顶升纠偏国外亦称维持性托换。

上海金山石化总厂在软土地基上建造万吨油罐，在环梁基础（图 8-25）上预留沉降调整孔，孔距约 6m，沿环梁均匀布置，施工安装油罐时，可先用砖砌体填充砌筑，若之后油罐产生的差异沉降值妨碍正常使用时，可将砖砌体凿去后，在预留沉降调整孔内设置千斤顶，再进行差异沉降的调整。

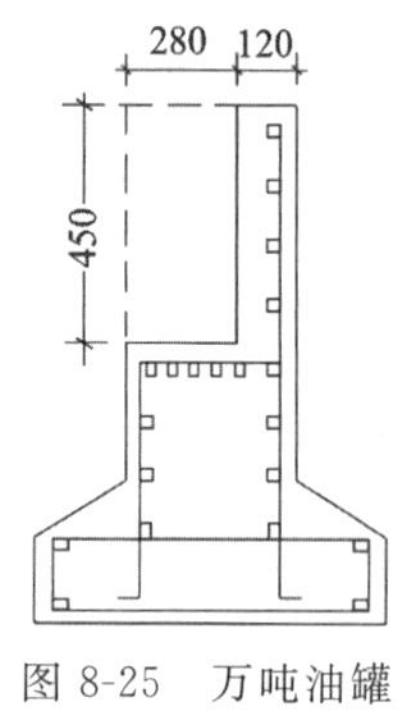

图 8-25 万吨油罐环梁基础维持性托换

2. 对既有构筑物的顶升纠偏

图 8-26 为某除钴槽的顶升纠偏。某除钴槽使用时因不均匀沉降妨碍了使用功能，其顶升纠偏措施是先在地面上用 M5（50#）砂浆砌筑砖墩，再在其上设置千斤顶将除钴槽体顶住，然后将支承原槽体的 4 根钢筋混凝土柱在 0.8m 处切断，操纵千斤顶上升 400mm 进行纠偏，最后加固钢筋混凝土柱子，待柱子的混凝土达到计算强度后，即可拆除模板和砖墩，恢复除钴槽的使用功能。

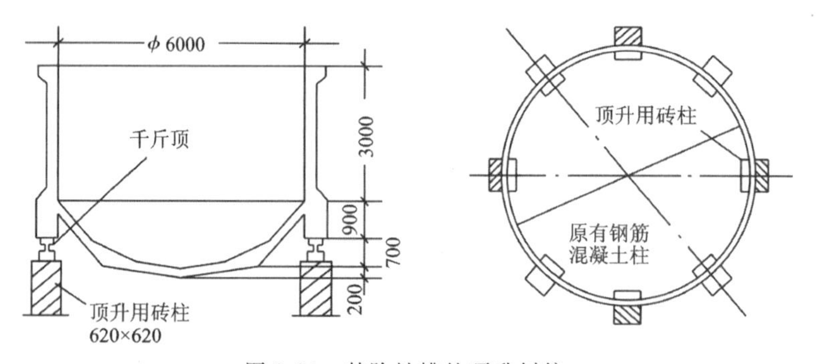

图 8-26 某除钴槽的顶升纠偏

3. 对既有建筑物整体顶升纠偏

掏土纠偏往往会带来降低建筑标高和排污困难等副作用。因此，当倾斜建筑物的场地条件不允许对沉降小的部位进行迫降纠偏时，采用整体顶升纠偏可恢复或提高原设计标高。

整体顶升纠偏是针对软土地基已建工程出现倾斜大、结构开裂、室内地面标高过低时所采用的一项新纠偏技术。整体顶升的对象都是经过几年使用的多层房屋，沉降已稳定或接近稳定，如果倾斜度不超过危险值，则地基不必进行处理。此时可利用原来的基础作为顶升的反力支座，基本思路是从上部结构入手来使建筑物的倾斜得以扶正。顶升纠偏实际工期通常 3 个月，而顶升却在 7h 内完成。

整体顶升纠偏（图 8-27）是在上部结构的底层墙体选择一个平行于楼面的平面，做一个水平钢筋混凝土框梁（或顶升梁）。框梁的作用是使顶升力能扩散传递和使上部结构顶升时比较均匀地上升。它类似于一般建筑物中的圈梁，作为相对于墙面的“刚性面”，框梁下与墙体隔离，在地梁上安设千斤顶，由原地基提供反力(因为上部重量未增加，故原地基具备足够的强度)，用千斤顶顶起框梁以上结构，通过千斤顶顶升的距离来调整框梁平面，使之处于水平位置，再将顶升后的墙体空隙用砖砌体妥善连接，建筑物就可恢复到垂直位置。若底层地面过低，还可将上部结构平行上移提高地面标高。

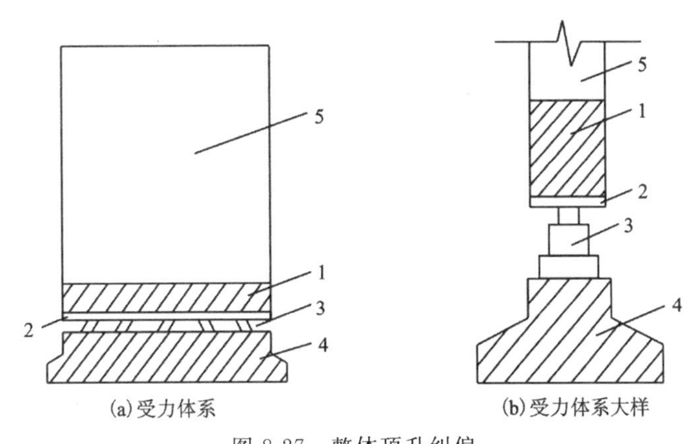

图 8-27 整体顶升纠偏

1-顶升框梁；2-钢垫梁；3-千斤顶；4-基础；5-砖墙

顶升位置一般选择在底层平面上，由于顶升时上部结构要经历一次变形调整，因而要求建筑物有较好的完整性和整体刚度，对已设置了圈梁或现浇楼板的砖混结构能够满足这个要求。

顶升前对建筑物要进行沉降观测，如果沉降尚未稳定，则可用双曲线法延伸来推算残余沉降，并从顶升量上加以调节，使楼房在沉降完成后处于垂直位置或倾斜度在允许范围内(3‰)。由于顶升纠偏对地基没有扰动，顶升后基底压力几乎没变，故可认为沉降发展将按此曲线规律发展。

(二)顶升纠偏的设计

顶升纠偏设计包括以下几方面：

(1)选择顶升平面和反力提供体系。

(2)千斤顶数量、分布、顶升力大小的计算。

(3)顶升框梁设计(断面、配筋)和施工顺序。

(4)各顶升点顶升量的计算。各顶升点顶升总高度是根据纠偏要求和整体提升的要求确定的，顶升高度需分次进行，每次最大顶升量须根据墙体的允许相对弯曲来确定。

(三)顶升施工的组织和实施

(1)严密的施工组织是顶升纠偏成功的关键，顶升框梁托换过程中要注意承重墙的安全。

(2)掏墙时要轻锤快打、及时支垫，并尽快浇捣混凝土，以防留空隙部位时间过长，使墙体产生变形而开裂。

(3)梁段间的连接要牢靠，保证框梁的整体性。

(4)设置好各顶点的分次顶升高度标尺,严格控制各点的顶升量。

(5)顶升时要统一指挥。正式顶升前要进行一次试顶升,全面检验各项工作是否完备,水电管线及附属体与顶升体分离妥当与否,框梁强度及整体性是否达到要求。

(6)当顶升的千斤顶行程不够时,要合理安排千斤顶逐台倒程,防止同时倒程框梁受力过于集中而发生危险。

(7)顶升到预定位置后立即将墙体主要受力部位垫牢,并进行墙体连接,待连接体能传力后才能卸去千斤顶。

附　件　部分基础工程施工技术视频

回转钻进卵石地层

冲击钻进卵石地层

井径测量演示

单向阀注浆

螺杆桩成桩过程

灌注混凝土

静压桩施工

主要参考文献

陈晓平,2005.基础工程设计与分析[M].北京:中国建筑工业出版社.

陈仲颐,叶书麟,1995.基础工程学[M].北京:中国建筑工业出版社.

程良奎,范景伦,韩军,等,2003.岩土锚固[M].北京:中国建筑工业出版社.

崔江余,梁仁旺,1999.建筑基坑工程设计计算与施工[M].北京:中国建材工业出版社.

地基处理手册编写委员会,1993.地基处理手册[M].北京:中国建筑工业出版社.

地基处理手册编写委员会,2008.地基处理手册[M].2版.北京:中国建筑工业出版社.

段新胜,顾湘,1996.桩基工程[M].武汉:中国地质大学出版社.

高峰,1997.桩基工程动测技术与方法[M].武汉:中国地质大学出版社.

高俊强,严伟标,2005.工程监测技术及其应用[M].北京:国防工业出版社.

高谦,罗旭,吴顺川,等,2006.现代岩土施工技术[M].北京:中国建材工业出版社.

工程地质手册编写委员会,1993.工程地质手册[M].北京:中国建筑工业出版社.

龚晓南,1992.复合地基[M].杭州:浙江大学出版社.

华南理工大学,浙江大学,湖南大学,2019.基础工程[M].4版.北京:中国建筑工业出版社.

黄强,1996.桩基工程若干热点技术问题[M].北京:中国建筑工业出版社.

黄熙龄,1994.高层建筑地下结构及基坑支护[M].北京:宇航出版社.

江正荣,1997.地基与基础施工手册[M].北京:中国建筑工业出版社.

李世京,刘小敏,杨建林,1990.钻孔灌注桩施工技术[M].北京:地质出版社.

李世忠,1989.钻探工艺学[M].北京:地质出版社.

刘惠珊,徐攸,2002.地基基础工程283问[M].北京:中国计划出版社.

刘建航,侯学渊,1997.基坑工程手册[M].北京:中国建材工业出版社.

刘金励,1993.桩基工程检测技术[M].北京:中国建材工业出版社.

刘金励,1994.桩基工程设计与施工技术[M].北京:中国建材工业出版社.

刘金励,1996.桩基工程技术[M].北京:中国建材工业出版社.

罗强,朱国平,王德龙,等,2014.岩土锚固新技术的工程应用[M].北京:人民交通出版社.

罗晓辉,2007.基础工程设计原理[M].武汉:华中科技大学出版社.

马海龙,梁发云,2018.基坑工程[M].北京:清华大学出版社.

莫海鸿,杨小平,2014.基础工程[M].北京:中国建筑工程出版社.

秦惠民,叶政青,1992.深基础施工实例[M].北京:中国建筑工业出版社.

史佩栋,2008.桩基工程手册(桩和桩基础手册)[M].北京:人民交通出版社.

孙钧,1996.地下工程设计理论与实践[M].上海:上海科学技术出版社.

屠厚泽,1988.钻探工程学[M].武汉:中国地质大学出版社.

吴佳晔,2015.土木工程检测与测试[M].北京:高等教育出版社.

夏才初,潘国荣,2001.土木工程监测技术[M].北京:中国建筑工业出版社.

徐至钧,2005.软土地基和预压法地基处理[M].北京:机械工业出版社.

岩土工程手册编写委员会,1994.岩土工程手册[M].北京:中国建筑工业出版社.

杨嗣信,1994.高层建筑施工手册[M].北京:中国建筑工业出版社.

杨跃,2011.现代高层建筑施工[M].武汉:华中科技大学出版社.

冶金部建筑研究总院,1992.地基处理技术[M].北京:冶金工业出版社.

冶金部建筑研究总院,1993.基坑开挖与支护[M].北京:冶金工业出版社.

赵明华,2010.基础工程[M].2版.北京:高等教育出版社.

赵志缙,1996.新型混凝土及其施工工艺[M].北京:中国建筑工业出版社.

赵志缙,赵帆,1994.高层建筑基础工程施工[M].北京:中国建筑工业出版社.

桩基工程手册编写委员会,1995.桩基工程手册[M].北京:中国建筑工业出版.